旗 標 FLAG

好書能增進知識 提高學習效率 卓越的品質是旗標的信念與堅持

旗 標 FLAG

http://www.flag.com.tw

旗標 FLAG

好書能增進知識　提高學習效率　卓越的品質是旗標的信念與堅持

旗 標 FLAG

http://www.flag.com.tw

文科生也學得會的網路爬蟲

Excel VBA + Web Scraper

感謝您購買旗標書，
記得到旗標網站
www.flag.com.tw
更多的加值內容等著您…

<請下載 QR Code App 來掃描>

- FB 官方粉絲專頁：旗標知識講堂
- 旗標「線上購買」專區：您不用出門就可選購旗標書！
- 如您對本書內容有不明瞭或建議改進之處，請連上旗標網站，點選首頁的 聯絡我們 專區。

若需線上即時詢問問題，可點選旗標官方粉絲專頁留言詢問，小編客服隨時待命，盡速回覆。

若是寄信聯絡旗標客服 email，我們收到您的訊息後，將由專業客服人員為您解答。

我們所提供的售後服務範圍僅限於書籍本身或內容表達不清楚的地方，至於軟硬體的問題，請直接連絡廠商。

學生團體　訂購專線：(02)2396-3257 轉 362
　　　　　傳真專線：(02)2321-2545

經銷商　服務專線：(02)2396-3257 轉 331
　　　　將派專人拜訪
　　　　傳真專線：(02)2321-2545

國家圖書館出版品預行編目資料

文科生也學得會的網路爬蟲：Excel VBA + Web Scraper / 陳會安 著.-- 初版.-- 臺北市：旗標，2020.2：面；公分

ISBN 978-986-312-618-8(平裝)

1. Excel(電腦程式)

321.49E9　　108020340

作　　者／陳會安

發 行 所／旗標科技股份有限公司

台北市杭州南路一段15-1號19樓

電　　話／(02)2396-3257(代表號)

傳　　真／(02)2321-2545

劃撥帳號／1332727-9

帳　　戶／旗標科技股份有限公司

監　　督／陳彥發

執行企劃／陳彥發

執行編輯／林佳怡

美術編輯／林美麗

封面設計／吳語涵

校　　對／林佳怡・張根誠

新台幣售價：599 元

西元 2021 年 10 月 初版 4 刷

行政院新聞局核准登記-局版台業字第 4512 號

ISBN 978-986-312-618-8

序

大數據分析的首先任務是取得資料（或稱為「數據」），我們可以使用**網路爬蟲**直接從網路取得所需的資料，在成功取得資料後，才能進行資料分析。不過，隨著資料的巨幅成長，我們無法馬上從大量的數據資料中找出脈胳，必須將資料以視覺化的方式來呈現，才能快速理解。所謂的大數據分析，就是一種資料視覺化，也是人工智慧和機器學習必備的先修課程。

本書是使用免寫程式的 Chrome 瀏覽器擴充功能：Web Scraper 和 Excel VBA 來實作網路爬蟲，在取得資料後使用 Excel 的內建功能進行資料清理，接著再進行資料視覺化和資料分析。本書可作為大專院校、科技大學和技術學院在「網路爬蟲、資料視覺化或大數據分析」等相關課程的教材。

由於「學習網路爬蟲一定要了解 HTML 標籤 +CSS 選擇器」，所以本書是使用著名的 Chrome 擴充功能 Web Scraper 來執行網路爬蟲，讓你不用撰寫任何一行程式碼，就可以建立 CSS 選擇器的爬取地圖從網站中擷取資料，不只能夠輕鬆爬取大部分的網站內容，本書更透過 Web Scraper 讓你一邊爬取資料一邊學習 HTML 標籤 +CSS 選擇器，輕鬆了解 Web 網站的網頁內容和各種巡覽結構。此外，也將說明如何建立 Excel VBA 程式碼來爬取 JavaScript 產生的動態網頁及使用者互動網站，我們不只可以使用 Excel VBA ＋ IE 自動化來爬取互動網站，還可以建立 Excel VBA ＋ Selenium 網路爬蟲程式，讓你在 Web 網頁上「看得到資料就爬得到這些資料」。最後，也會說明 Excel 的資料清理和資料視覺化。

在學習程式的過程中，「實作」是不可缺少的部分，本書不只用實例來說明兩大爬蟲方法，更提供豐富的實作案例，在說明 Web Scraper 擴充功能時，提供超過 60 個網站爬取實例，包含：新聞、BBS 貼文、大量商務資料和金融數據。而在說明 Excel VBA 時，則實際使用相關定位方法、DOM 屬性與方法（Method）和相關工具建立爬取動態和互動網站的網路爬蟲程式，讓讀者實際應用所學從網路爬取資料，並用這些資料進行資料清理和資料視覺化，最後以圖表的方式來呈現。

陳會安於台北 2019.11.30
hueyan@ms2.hinet.net

如何閱讀本書

本書的架構是循序漸進從網路爬蟲的基礎知識開始介紹，在使用 Web Scraper 說明 HTML 和 CSS 選擇器後，才真正使用 Excel VBA 來建立網路爬蟲程式，最後並說明如何使用 Excel 進行資料清理和資料視覺化，以及詳細介紹相關好用的 Chrome 擴充功能。

第一篇：免寫程式學網路爬蟲：邊爬邊學 HTML 標籤＋CSS 選擇器

第一篇說明如何使用 Web Scraper 爬蟲工具來取得網路資料，這是一個免寫程式的工具，我們只需建立爬取網站的 CSS 選擇器地圖，就可以從 HTML 網頁取得資料。第 1 章說明 HTML、CSS 和網路爬蟲的基礎，以及在 Chrome 瀏覽器中安裝 Web Scraper 擴充功能。第 2 章說明如何爬取 HTML 標題與文字編排標籤，並且說明 CSS 的 id 和型態選擇器。第 3 章是爬取 HTML 清單項目和表格標籤，同時解說 CSS 樣式類別和群組選擇器，在說明網頁的多筆記錄和欄位資料的爬取後，也會說明如何新增多個起始 URL 網址的網站地圖。第 4 章則是爬取 HTML 圖片和超連結標籤，可以讓我們輕鬆爬取需要多頁面瀏覽才能取得的資料。

第 5 章是爬取 HTML 容器標籤和 HTML 版面配置標籤，詳細說明如何建立 Web Scraper 的多層網站地圖和使用正規表達式來清理欄位資料。從第 6 章開始則說明各種分頁網站的資料爬取，第 6 章是爬取階層選單和上、下頁巡覽網站。第 7 章是爬取頁碼、「更多」按鈕和捲動頁面巡覽的網站。第 8 章則提供多達 50 個網站爬取範例，包含新聞、商務和金融數據資料的實作範例。

✪ 第二篇：Excel VBA 網路爬蟲：網路資料擷取實戰

第二篇的主軸為：說明如何建立 Excel VBA 爬蟲程式來取得網路資料。第 9 章先說明什麼是 Excel VBA 網路爬蟲，並使用實例讓使用者在分辨出伺服端、客戶端、混合產生網頁內容後，擬定出正確的爬取策略，最後介紹 Chrome 開發人員工具的用法。第 10 章介紹使用 Excel VBA 建立爬蟲程式，包含 Excel 的「從 Web」功能、建立 XmlHttpRequest 和 Internet Explorer 物件的爬蟲程式。第 11 章則是 Excel VBA 爬蟲的資料擷取方法，詳細說明 HTML DOM 的網頁資料定位、瀏覽和取出的相關方法與屬性。

第 12 章是使用 Excel VBA 爬取 AJAX 網頁與 Web API，我們不只可以正確分辨出 AJAX 網頁，更可以直接使用 Web API 來下載 CSV 和 JSON 資料。第 13 章是用 VBA 控制 IE 瀏覽器的自動化以及使用 Selenium 爬取互動網頁，詳細說明 IE 自動化、HTML 表單標籤和 Selenium+XPath 定位技術。第 14 章是 Excel VBA 爬蟲實戰，提供各種 Web API、AJAX 技術與互動網頁爬取的實作範例。

✪ 第三篇：Excel 資料分析：資料清理與資料視覺化

第三篇的重點是 Excel 資料清理及資料視覺化。第 15 章先說明如何使用 Excel 的內建功能進行資料清理，第 16 章再使用 Excel 的圖表功能進行資料視覺化。

✪ 附錄

附錄 A 說明 Excel VBA 程式設計入門的相關語法，附錄 B 則說明如何離線安裝本書使用的 Chrome 擴充功能。

編著本書雖力求完美，但學識與經驗不足，謬誤難免，尚祈讀者不吝指正。

書附檔案說明

為了方便讀者學習 Web Scraper 擴充功能、Excel VBA 網路爬蟲，筆者已經將本書使用的網站地圖、Excel VBA 範例程式、相關檔案和工具都收錄在書附檔案中，請透過網頁瀏覽器（如：Firefox、Chrome、…等）連到以下網址，將書附檔案下載到您的電腦中，以便跟著書上的說明進行操作。

https://www.flag.com.tw/DL.asp?F0362

（輸入下載連結時，請注意大小寫必須相同）

將書附檔案下載至電腦後，只要解開壓縮檔案，就會看到如下表的資料夾內容：

檔案與資料夾	說明
Ch01 ～ Ch16 和 AppA、AppB 資料夾	本書各章 Web Scraper 網站地圖、Excel VBA 範例程式、HTML 網頁、CSV 檔、JSON 檔案等
HTMLeBook 資料夾	HTML 電子書
Tools 資料夾	在此目錄是本書使用的工具程式

在 Tools 資料夾下的檔案和資料夾說明，如下表所示：

檔案與資料夾	說明
CSS 選擇器互動測試工具 .zip	CSS 選擇器測試工具的 ZIP 格式壓縮檔
CSS 選擇器互動測試工具資料夾	CSS 選擇器測試工具

目錄

第一篇：免寫程式學網路爬蟲：邊爬邊學 HTML 標籤+ CSS 選擇器

1 CHAPTER 認識網路爬蟲、HTML 和 CSS

2 CHAPTER 爬取 HTML 標題、段落與文字格式標籤

3 CHAPTER 爬取清單項目和表格標籤

4 CHAPTER 爬取圖片和超連結標籤

5 CHAPTER 爬取HTML容器和版面配置標籤

10 CHAPTER 建立 Excel VBA 爬蟲程式

11 CHAPTER Excel VBA 爬蟲的資料擷取方法

12 CHAPTER 用 Excel VBA 爬取 AJAX 網頁與 Web API

13 CHAPTER 用VBA控制IE瀏覽器及使用Selenium爬取互動網頁

第三篇：Excel 資料分析：資料清理與資料視覺化

15 CHAPTER Excel 資料清理

16 CHAPTER 在 Excel 中進行「資料視覺化」

A APPENDIX Excel VBA 程式設計入門

B APPENDIX 離線安裝本書使用的 Chrome 擴充功能

1 CHAPTER

認識網路爬蟲、HTML 和 CSS

1-1 認識「網路爬蟲」

網路爬蟲（Web Crawler 或 Web Scraping）或稱為網路資料擷取（Web Data Extraction），是一個從網路擷取所需資料的過程，並將擷取後的資料整理成有用的資訊。

一般來說，Web 網站內容很多是從資料庫中取出結構化資料來產生網頁內容，但是為了配合網站的編排設計，在網頁中會新增標題、選單、導覽列和側邊欄等其他版面配置，造成網頁內容反而變成了一種結構不佳的資料。網路爬蟲可以幫我們從網站中取出非表格或結構不佳的資料，並轉換成可用且結構化的資料，如下圖所示：

author	href	push_count	title
vm04vm04	/bbs/NBA/M.1517289750.A.EC3.html	37	[花邊] LBJ：舅父們從小就教育我要好...
filmystery	/bbs/NBA/M.1517290055.A.D50.html	60	[討論] 有哪個球員的大約末期還能讓...
ChenWay	/bbs/NBA/M.1517291835.A.D08.html	11	Re: [情報] Blake Griffin被交易到活塞
asdf1256	/bbs/NBA/M.1517292834.A.B76.html	12	[新聞] 左手賣球員右手談續約 快艇玩...
tzeru592	/bbs/NBA/M.1517293010.A.632.html	3	[新聞] 厄文決勝節領軍 布朗致勝三分...
Yui5	/bbs/NBA/M.1517293174.A.CC6.html	1	[新聞] 裁判吹判屢爆爭議湖人主帥華...
Ayanami5566	/bbs/NBA/M.1517293371.A.219.html	14	[討論] 騎士有機會趁機換來小AB嗎？

從上圖可以看出我們從 PTT 的 NBA 板網頁中，爬取並轉換成結構化的資料（即以表格呈現的資料），所以，網路爬蟲的目的就是擷取 Web 網站的特定內容並轉換成結構化資料，例如：轉換成資料庫、Excel 試算表或 CSV 檔案等。

➲ 網路爬蟲的應用

網路爬蟲除了從網路上擷取資料外，還可以幫我們追蹤資料是否有變更。常見的應用如下：

- 線上商店可以周期性地使用網路爬蟲取得競爭者的商品價格，並且使用取得的資訊來即時調整商品價格。
- 消費者可以使用網路爬蟲，從相關網站取得指定商品價格、旅館房間價格、機票價格，輕鬆建立比價資訊。
- 想求職的人也可以使用網路爬蟲，取得各類徵才資訊。
- 想分析時下流行的趨勢，也可以用網路爬蟲從社群網站取得使用者評價和熱門討論話題。
- 想購屋、租屋或需要了解房地產趨勢的人，也可以用網路爬蟲從房地產網站取得相關資訊，以追蹤房地產趨勢。
- 對投資有興趣的人，可以從股票資訊網站取得相關新聞和股價資訊來了解趨勢，進而規劃投資策略。
- 想進行資料分析的人，也可以透過網路爬蟲從特定網站取得資料，例如：
  - ✓ 從網路書店爬取特定主題的圖書清單。
  - ✓ 從網路商店爬取熱門的商品排行榜。
  - ✓ 從影音網站爬取超過百萬人點閱的標題，轉換成有趣影片清單，以便分析哪種主題的影片最受歡迎。

➲ 不屬於網路爬蟲的範疇

在實務上，並非所有從網路取得資料的動作都稱為網路爬蟲，如果沒有資料擷取的操作，直接從 Web 網站下載可讀取的資料，這些操作並不是網路爬蟲，例如:

- **直接從網站下載資料檔**：有些網站已經提供現成的檔案供瀏覽者下載，例如：Excel、CSV、JSON 和 XML 檔案等，這些就不需要透過網路爬蟲爬取資料。

- **使用應用程式介面 Web API**：很多公司都會提供 Web 基礎的 API 介面，例如：REST API，我們可以透過 REST API 來下載結構化的資料，例如：JSON 或 XML 等資料。

> 請注意！上述應用程式介面 Web API 如果是公開 API，基本上，不能算是網路爬蟲，如果不是公開的 API，而是自行透過分析瀏覽器的 HTTP 請求（Request）來找出的 Web API，廣意來說，也稱為網路爬蟲。有關 Web API 的說明，請參考第 12 章。

1-2 了解瀏覽器瀏覽網頁的步驟

要進行網路爬蟲的第一步就是使用瀏覽器來瀏覽網頁，我們需要一步一步瀏覽到欲擷取資料的網頁，當找到所需的資料後，依據瀏覽過程的步驟，分析出如何建立網路爬蟲來擷取出資料，所以，我們得要了解瀏覽器瀏覽網頁的步驟，才能準確地描述出如何瀏覽到目標資料。

相信各位都曾經在瀏覽器中輸入網址，連結到想瀏覽的網頁，這個看起來十分簡單的操作，就是我們進行網路爬蟲的第一步，使用瀏覽器瀏覽網頁的步驟如下：

1. 在瀏覽器輸入網址就是向 Web 伺服器送出 HTTP 請求（HTTP Request），這是一種 GET 請求（即取得資源的請求），使用的是 HTTP 通訊協定。
2. Web 伺服器依據瀏覽器送出的 HTTP 請求來回應（Response）內容至瀏覽器，通常是 HTML 網頁。
3. 瀏覽器接收到伺服器回應的 HTML 網頁後，就會將網頁內容剖析建立成樹狀結構，每一個 HTML 標籤都是一個節點，這就是**文件物件模型** DOM（Document Object Model），稍後會做說明。
4. 瀏覽器依據 DOM 產生內容，成為我們在瀏覽器中看到的精美網頁。

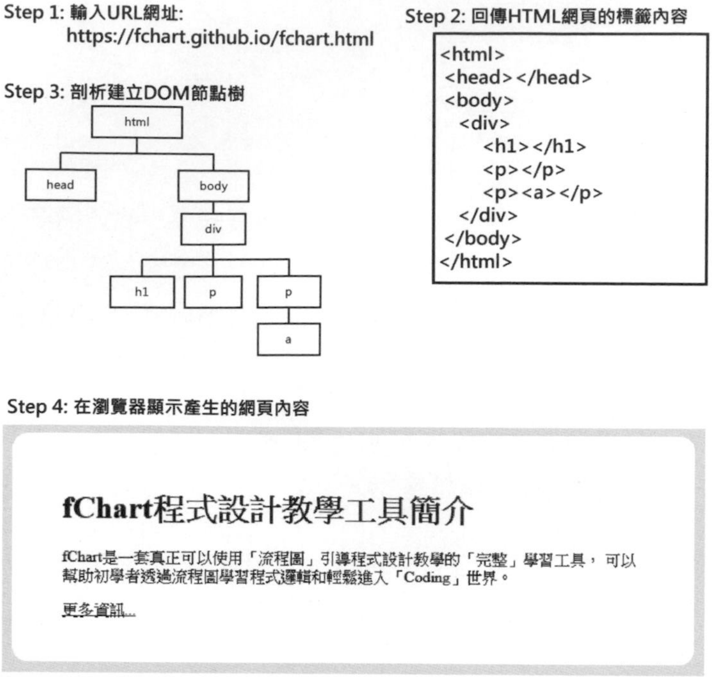

Step 1: 輸入URL網址:
https://fchart.github.io/fchart.html

Step 2: 回傳HTML網頁的標籤內容

```
<html>
 <head></head>
 <body>
  <div>
    <h1></h1>
    <p></p>
    <p><a></p>
  </div>
 </body>
</html>
```

Step 3: 剖析建立DOM節點樹

html
head
body
div
h1
p
p
a

Step 4: 在瀏覽器顯示產生的網頁內容

fChart程式設計教學工具簡介

fChart是一套真正可以使用「流程圖」引導程式設計教學的「完整」學習工具，可以幫助初學者透過流程圖學習程式邏輯和輕鬆進入「Coding」世界。

更多資訊...

➲ URL 網址

在瀏覽器輸入的網址是由幾個部分組成，例如底下的「fChart 程式設計教學工具簡介」是一頁測試網頁，其網址如下：

⁂ https://fchart.github.io/fchart.html

上述網址的目的是指出所需要的是哪一個 **Web 伺服器**和哪一個**資源**，資源有很多種，最常見的是 HTML 網頁和圖檔。

以上面的網址為例，「fchart.github.io」就是 Web 伺服器的名稱，fchart.html 就是資源名稱，詳細的網址說明請參閱第 1-3-2 節。

➲ HTML 網頁

Web 伺服器在接到網址的 HTTP 請求後，會依據請求回應 HTML 網頁內容，即回應資源。例如：在瀏覽器的**網址列**中輸入 https://fchart.github.io/fchart.html，就會看到回應的網頁內容，如下圖所示：

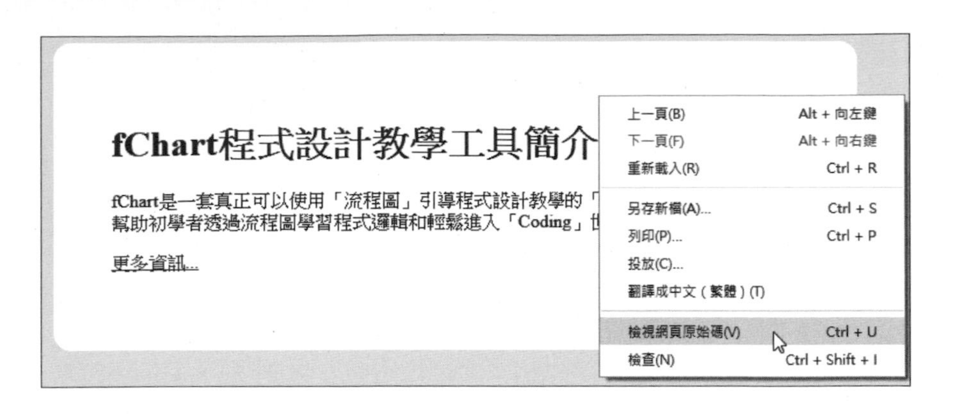

上述網頁內容是瀏覽器已經剖析 HTML+CSS 樣式所產生的網頁內容，可以看到在中間區塊顯示的網頁內容分別為：標題、段落和超連結。

事實上，我們在瀏覽器看到的是最後結果，並不是原始 Web 伺服器回傳資源的內容，請在瀏覽器（在此使用 Chrome）的網頁內容上，點選滑鼠右鍵，執行快顯功能表的**檢視網頁原始碼**命令，就會看到 Web 伺服器回傳的 HTML 網頁內容，這是 HTML 標籤，其中 <style> 標籤所定義的是 CSS 樣式（HTML 標籤的外觀描述），如下圖所示：

```
<!doctype html>
<html>
<head>
   <title>fChart程式設計教學工具簡介</title>
   <meta charset="utf-8" />
   <meta http-equiv="Content-type" content="text/html; charset=utf-8"/>
   <style type="text/css">
   body {
       background-color: #f0f0f2;
   }
   div {
       width: 600px;
       margin: 5em auto;
       padding: 50px;
       background-color: #fff;
       border-radius: 1em;
   }
   </style>
</head>
<body>
<div>
   <h1>fChart程式設計教學工具簡介</h1>
   <p>fChart是一套真正可以使用「流程圖」引導程式設計教學的「完整」學習工具，
   可以幫助初學者透過流程圖學習程式邏輯和輕鬆進入「Coding」世界。</p>
   <p><a href="https://fchart.github.io">更多資訊...</a></p>
</div>
</body>
</html>
```

上述回應的內容，是由 HTML 標籤和 CSS 樣式所組成的 HTML 標籤碼。

➲ DOM 樹狀結構

瀏覽器在產生 HTML 網頁內容前，會先將回傳的 HTML 標籤建立成樹狀結構的**節點**（Node），即 DOM 節點樹，這是一種階層結構的標籤，每個標籤都是成對的，其格式為：「< 標籤名稱 >…</ 標籤名稱 >」，在結尾標籤名稱前需加上「/」。此外，標籤中還可以包含其他 HTML 標籤，如下所示：

```
<div>
<p>…</p>
…
</div>
```

上述 <div> 標籤中包含了 <p> 標籤，這就是一種巢狀標籤的階層結構。

我們可以使用 Chrome 開發人員工具來顯示 HTML 標籤的階層結構，請在 Chrome 瀏覽器中按下 F12 鍵開啟**開發人員工具**，點選 **Elements** 標籤，即會看到下圖的 HTML 標籤結構：

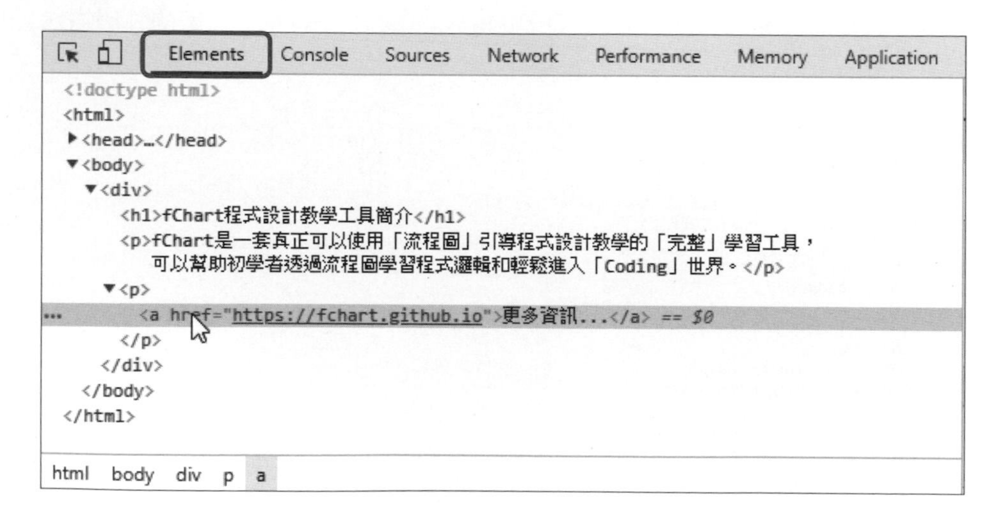

上圖的 HTML 標籤可以一層一層地展開或摺疊，例如依序展開 <body>、<div>、<div> 下的第 2 個 <p> 標籤，最後會展開到 <a> 標籤。下圖顯示 **html → body → div → p → a** 標籤，這就是 HTML 標籤的階層關係：

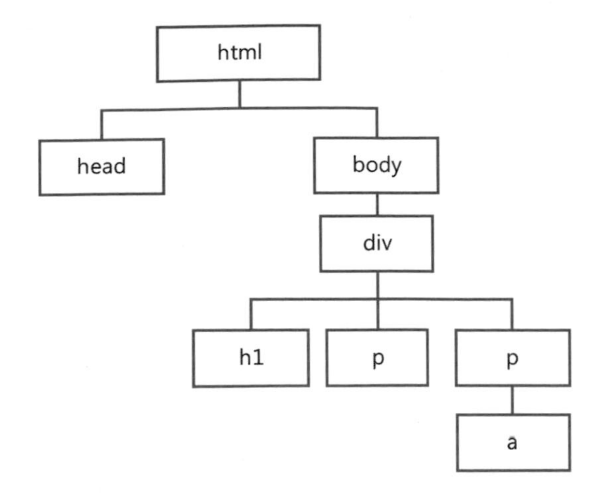

上圖是 HTML 網頁的 DOM 節點樹，在 <body> 標籤下有 <div> 標籤，之下是 <h1> 和 2 個 <p> 標籤，最後 1 個 <p> 標籤下還有 <a> 標籤。

網路爬蟲就是使用 DOM 節點樹的階層結構來定位 HTML 標籤，我們可以一層一層地展開 HTML 標籤，直到找到目標資料所在的 HTML 標籤。

在此使用 Chrome 開發人員工具帶您認識 HTML 標籤結構，有關 Chrome 開發人員工具的完整說明請參閱第 9 章 9-4 節。

➲ 瀏覽器呈現的網頁內容

最後瀏覽器會產生 HTML 標籤＋CSS 樣式編排的網頁內容，這就是瀏覽器最後顯示的 HTML 網頁內容，如下圖所示：

fChart程式設計教學工具簡介

fChart是一套真正可以使用「流程圖」引導程式設計教學的「完整」學習工具，可以幫助初學者透過流程圖學習程式邏輯和輕鬆進入「Coding」世界。

更多資訊...

從上述網頁內容可以知道 **fChart 程式設計教學工具簡介**標題文字是 <h1> 標籤，位在標題文字下方的第 1 個段落文字是第 1 個 <p> 標籤，**更多資訊…**是一個 <a> 超連結標籤，位在第 2 個 <p> 標籤之下。當我們點選超連結，會進入另一頁 HTML 網頁，如下圖所示：

從上圖瀏覽器的**網址列**中會看到一個新的網址：

⁂ https://fchart.github.io/

上述網址有 Web 伺服器的網域名稱，但沒有指定資源的 HTML 檔案名稱，因為這是 fChart 官方網站的首頁，其預設資源檔名就是 index.html，所以不用指名資源名稱。

現在，你應該可以了解我們在瀏覽網頁時背後的整個運作流程，第一次輸入的是開始網址，當點選超連結，就會進入另一個網址，我們可能需要點選多次超連結，才能找到欲擷取的目標資料。

當找到網頁內容的目標資料後，我們可以走訪 DOM 的節點到目標 HTML 標籤，或使用 **CSS 選擇器**直接定位出資料所在的 HTML 標籤，以取出所需的資料（有關 CSS 選擇器，稍後會做介紹）。

1-3 認識 HTTP 通訊協定與 URL 網址

上一節我們提過 HTTP Request 及 HTTP Response，或許有些讀者還是覺得很陌生，這一節我們將深入說明。首先以生活中的例子做比喻，平常我們打電話時需要輸入電話號碼進行撥號，在撥通後也會用簡短的對話來確認彼此的身份：

```
你好， 請問陳會安在不在？
我就是， 你是哪位？
我是旗標出版社的編輯
...
```

對比瀏覽網頁，網址是進入網站的電話號碼，打電話時的交談過程，就是使用 HTTP 通訊協定在瀏覽器和伺服器之間交換資料。

1-3-1 HTTP 通訊協定

網路爬蟲的第一步是向 Web 網站送出 HTTP 請求來取得網頁內容，有了網頁內容，我們才能爬取其中的資料。基本上，取得網頁內容的過程是一種**請求** (Request) 和**回應** (Response) 操作，兩者之間以 HTTP 通訊協定進行溝通，也就是說瀏覽器使用 HTTP 通訊協定送出請求，向 Web 伺服器請求所需的 HTML 網頁，如下圖所示：

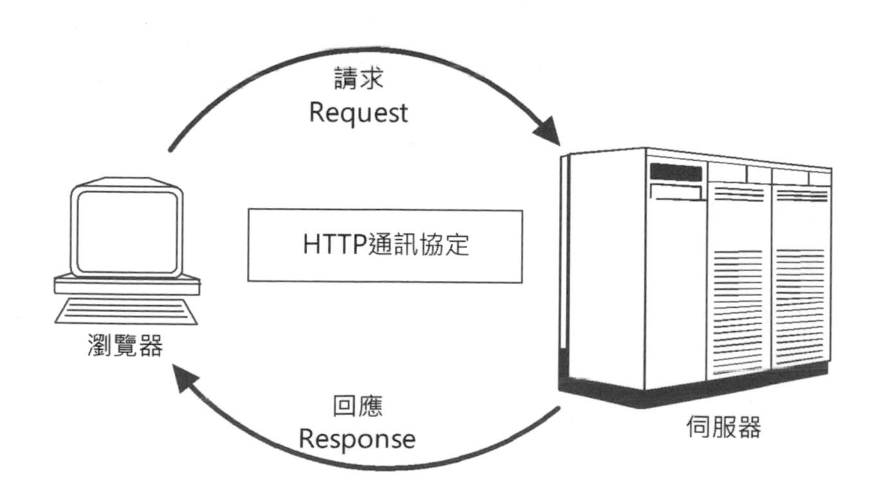

「**HTTP 通訊協定**」(Hypertext Transfer Protocol) 就是一種在**伺服端** (Server) 和**客戶端** (Client) 之間傳送資料的通訊協定，如下圖所示：

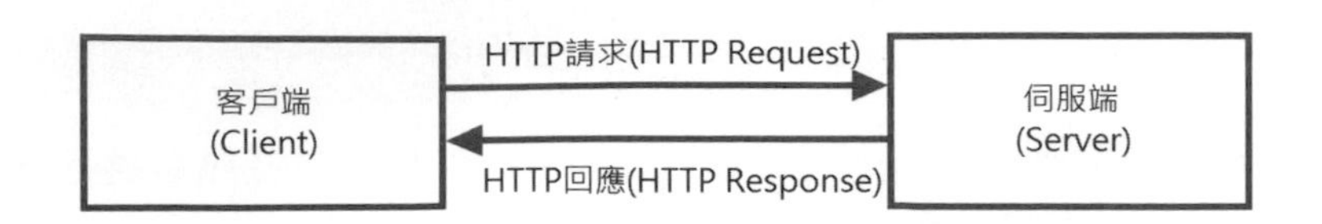

上述 HTTP 通訊協定是一種**主從架構** (Client-Server Architecture) 應用程式，在**客戶端** (瀏覽器) 使用 **URL** (**U**niform **R**esource **L**ocator) 指定連線的伺服端資源 (Web 伺服器)，傳送 HTTP 訊息 (HTTP Message) 進行溝通，可以請求指定的檔案，其過程如下所示：

- **Step 1**：客戶端要求連線伺服端。
- **Step 2**：伺服端允許客戶端的連線。
- **Step 3**：客戶端送出 HTTP 請求訊息，內含 GET/POST 請求取得伺服端的指定檔案 (GET 是請求資源；POST 是表單送回)。
- **Step 4**：伺服端以 HTTP 回應訊息來回應客戶端的請求，傳回訊息包含請求的檔案內容，和標頭資訊 (header information)。

請注意！在瀏覽器中顯示的 HTML 網頁內容不只有送出一個 HTTP 請求，所有組成網頁內容的 HTML 檔案和圖檔都擁有獨立的 HTTP 請求，例如：瀏覽「fChart 程式設計教學工具」的官方網站：

```
https://fchart.github.io/
```

請用 Chrome 瀏覽器瀏覽此網頁，接著按下 F12 鍵開啟開發人員工具，點選 **Network** 標籤後，按下 F5 鍵或 Ctrl + R 鍵，或是按下瀏覽器上方第 3 個**重新整理**鈕 C，重新載入網頁，就會顯示所有資源的 HTTP 請求，如下圖所示：

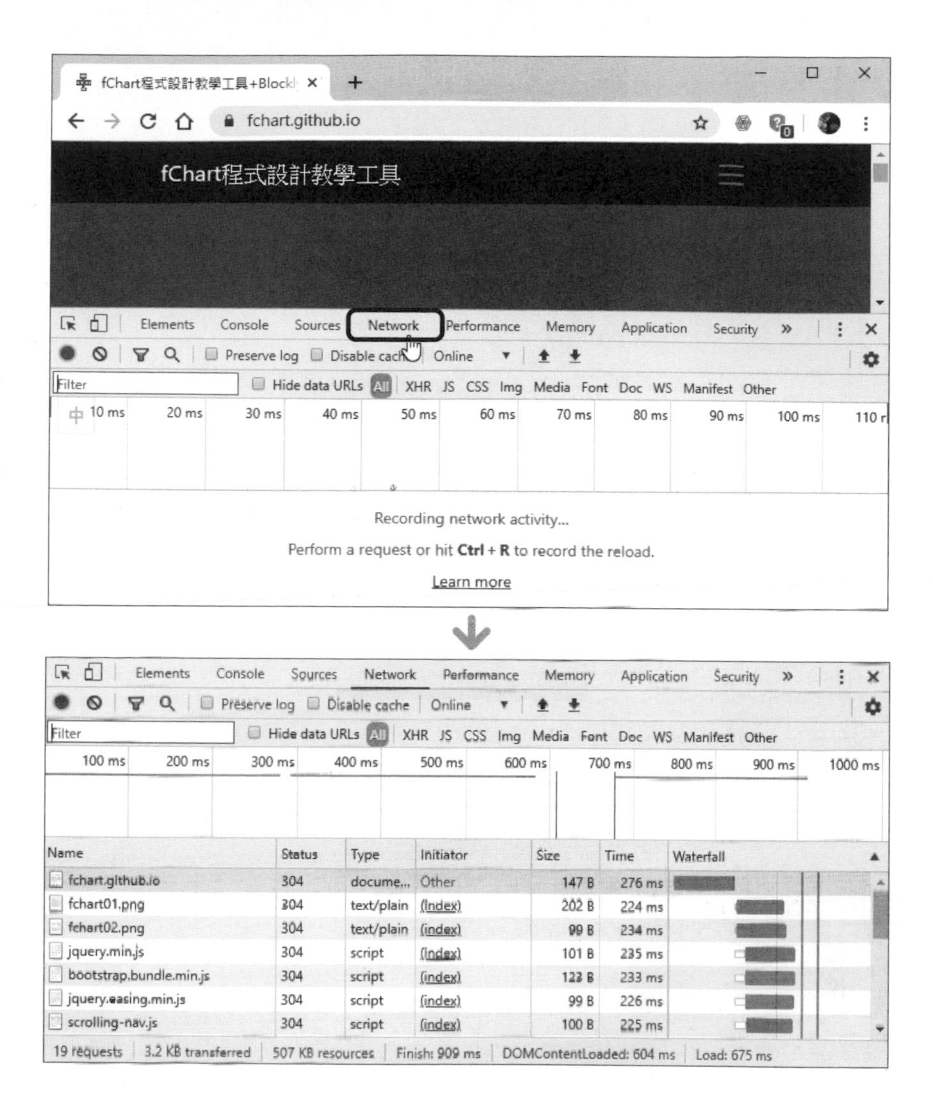

上圖第 1 個網址是 fchart.github.io，**Type** 欄是 document，即首頁的 index.html 檔案，這是我們在**網址列**輸入的網址，也是瀏覽器送出的第 1 個 HTTP 請求，當取得 Web 伺服器回應的 HTML 網頁後，瀏覽器在剖析 HTML 網頁產生內容前，需要再次提出 HTTP 請求來取得相關資源檔案，例如：副檔名 .png 的圖檔、.css 的 CSS 樣式表檔案和 .js 的 JavaScript 程式檔案。

以此例而言，瀏覽器下方的**狀態列**共顯示 19 個請求（Request），也就是這個網頁在提出網址的第 1 個 HTTP 請求後，還需要再提出 18 個 HTTP 請求，以取回 CSS、JavaScript 程式檔和圖檔，最後才會在瀏覽器產生我們看到的網頁內容。

1-3-2 URL 網址

在瀏覽器中輸入的網址是由幾個部分組成，例如：「fChart 程式設計教學工具」的官方網站，我們用以下三種網址來說明網址的組成：

```
https://fchart.github.io/
https://fchart.github.io:80/test/books.html
http://fchart.is-best/books.php?type=2
```

上述 URL 網址各部分的說明，如下所示：

- **http 和 https**：在「://」符號之前，代表所使用的通訊協定，http 是 HTTP 通訊協定，https 是 HTTP 的加密傳輸版本。
- **fchart.github.io 和 fchart.is-best**：Web 網站的網域名稱，此網域會透過 DNS（Domain Name System）服務轉換成 IP 位址。
- **80**：位在「:」後的是通訊埠號，Web 預設是使用埠號 80。
- **/test**：Web 伺服器請求指定網頁檔案的路徑。
- **books.html 和 books.php**：副檔名 .html 是 HTML 網頁檔案；.php 是伺服端網頁技術 PHP 的程式檔案。
- **type=2**：在「?」後面的是傳遞參數，位在「=」前是參數名稱，「=」之後是參數值，如果不只一個參數，請使用「&」連接，如下所示：

```
type=2&name=hueyan
```

1-4 HTML 標示語言

我們在瀏覽器中看到的網頁內容，是由 HTML 標示語言所組成。由於學習網路爬蟲必須了解 HTML 標籤，才能正確擷取資料，所以本節將帶您認識 HTML 的基本觀念，若您已經熟悉 HTML，也可以略過本節的內容。

1-4-1 認識 HTML 的「標籤」與「屬性」

HTML（**H**yper**T**ext **M**arkup **L**anguage），是一種文件內容的格式編排語言，主要是讓瀏覽器知道該如何呈現網頁內容。HTML 文件其實只是文字格式檔案，用 Windows 內建的**記事本**就能建立，編輯後的文件不需要經過**編譯**（Compile）可以直接透過瀏覽器看到結果。

HTML 主要是由**標籤**及**屬性**所組成：

- **標籤**（Tags）：HTML 標籤通常是成對出現，例如：<p>…</p>，只有少數標籤是單獨出現，例如：
。HTML 標籤可用來標示文字內容需套用的編排格式，例如：在 <p> **起始標籤**和 </p> **結尾標籤**中的文字內容，就是使用預設格式編排成一個文字段落，如下所示：

```
<p>這是一個測試網頁</p>
```

- **屬性**（Attributes）：HTML 標籤擁有一些屬性，用來定義細部的編排。例如：在網頁中顯示圖片的 <img> 標籤，其 src、width 和 height 屬性，可以分別指定圖檔來源和設定圖片的寬度與高度，如下所示：

```
<img src="sample.jpg" width="20" height="30" >
```

1-4-2 HTML 網頁結構

HTML 目前最新的版本是 HTML5，仍然遵循 HTML 4.01 的語法，只是擴充、改進 HTML 標籤和 API（Application Programming Interface）來建立複雜的 Web 應用程式，和處理 DOM（Document Object Model）。不只如此，HTML5 更支援手機和平板電腦等行動裝置，可以建立跨平台的 Mobile 應用程式。

HTML 網頁的基本標籤結構，如下所示：

```
<!DOCTYPE html>
<html lang="zh">
  <head>
    <meta charset="utf-8">
    <title>網頁標題文字</title>
  </head>
  <body>
    網頁內容
  </body>
</html>
```

上述 HTML 網頁結構是一種階層結構的標籤，在 <html> 標籤下分成 <head> 和 <body> 標籤。<html> 標籤表示這是一份 HTML 網頁文件；<head> 標籤是用來描述網頁本身；我們真正看到的內容是在 <body> 標籤的子標籤中。如下圖所示：

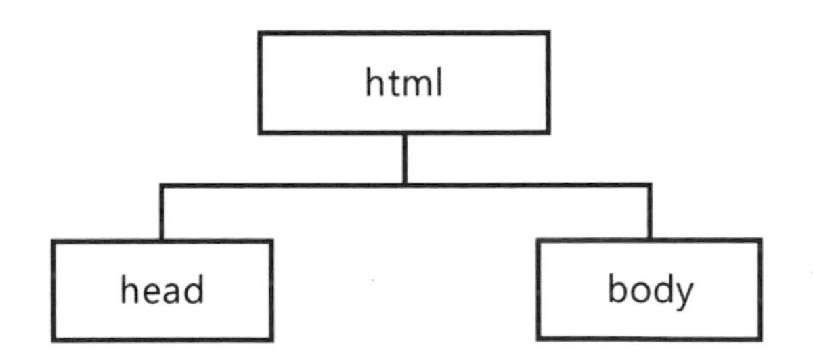

➲ <!DOCTYPE>

<!DOCTYPE> 位在 <html> 標籤前，這不是 HTML 標籤，其目的是告訴瀏覽器所使用的 HTML 版本，以便瀏覽器使用正確的引擎來產生 HTML 網頁內容。

請注意！在 <!DOCTYPE> 之前不可有任何空白字元，否則瀏覽器可能會產生錯誤。

➲ <html> 標籤

<html> 標籤是 HTML 網頁最上層的根元素，其內容為其它 HTML 標籤，包含 <head> 和 <body> 兩個子標籤。若有需要，<html> 標籤可以使用 lang 屬性指定網頁使用的語言，如下所示：

```
<html lang="zh-TW">
```

上述標籤的 lang 屬性值，常用的兩碼值有：zh（中文）、en（英文）、fr（法文）、de（德文）、it（義大利文）和 ja（日文）等。lang 屬性值也可以加上「-」分隔的兩碼國家或地區，例如：en-US 是美式英文、zh-TW 是台灣的繁體中文等。

➲ <head> 標籤

<head> 標籤的內容是標題元素，包含 <title>、<meta>、<script> 和 <style> 標籤。例如：<meta> 標籤可以指定網頁的編碼為 utf-8，如下所示：

```
<meta charset="utf-8">
```

➲ <body> 標籤

ch1_4_2.html

<body> 標籤才是真正在編排網頁內容，包含文字、超連結、圖片、表格、清單和表單等網頁內容。

底下我們示範用 HTML 標籤建立一份簡單的 HTML 網頁內容，請切換到書附檔案 Ch01 資料夾，雙按其中的 ch1_4_2.html，就會啟動瀏覽器看到網頁內容，如下圖所示：

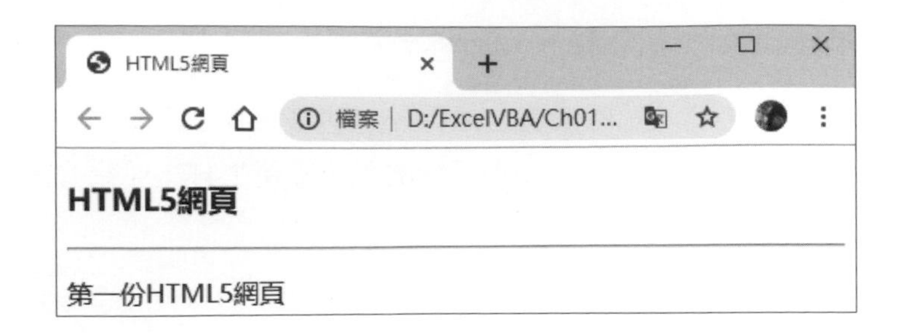

HTML 網頁的副檔名為 .html 或 .htm，因為是純文字格式，我們可以使用 Windows 的**記事本**來編輯 HTML 網頁內容，如下圖所示：

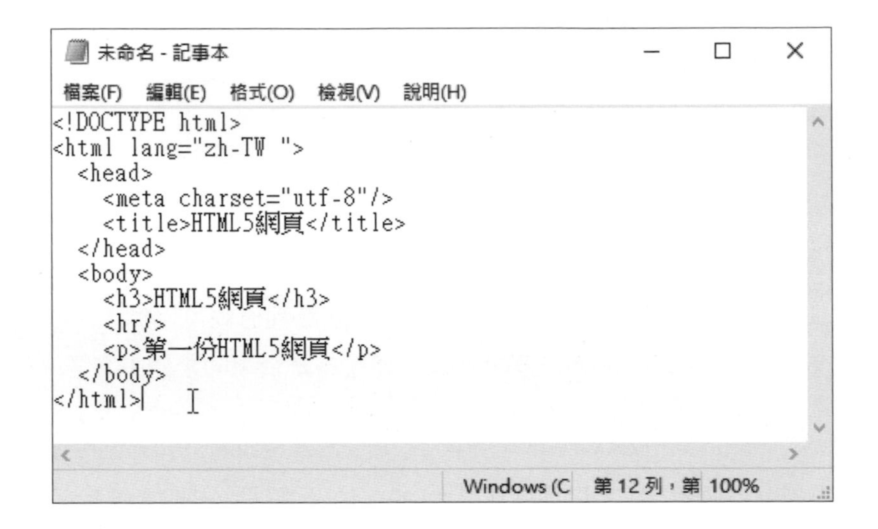

用**記事本**編輯過 HTML 內容後，請執行「檔案 / 另存新檔」命令，開啟「另存新檔」對話方塊，切換到要儲存的位置後，輸入檔名（需自行加上副檔名 .html）後，記得在**存檔類型**欄點選**所有檔案**；在下方的**編碼**欄指定 UTF-8 編碼後，按下**存檔**鈕儲存成 HTML 網頁檔案，如下圖所示：

標籤內容

```
01: <!DOCTYPE html>
02: <html lang="zh-TW ">
03:   <head>
04:     <meta charset="utf-8"/>
05:     <title>HTML5網頁</title>
06:   </head>
07:   <body>
08:     <h3>HTML5網頁</h3>
09:     <hr/>
10:     <p>第一份HTML5網頁</p>
11:   </body>
12: </html>
```

標籤說明

- ✓ 第 1 列：DOCTYPE 宣告，告訴瀏覽器這是 HTML 的文件類型。
- ✓ 第 2 列：在 <html> 標籤使用 lang 屬性指定繁體中文。
- ✓ 第 3 ～ 6 列：<head> 標籤包含 <meta> 和 <title> 標籤，<meta> 提供網頁內容屬性，<title> 則是宣告網頁標題。
- ✓ 第 7 ～ 11 列：<body> 標籤包含 <h3>、<hr> 和 <p> 標籤。設定文字標題的大小、加上水平分隔線及套用預設段落的文字。

1-5 CSS 基礎與 CSS 選擇器

「CSS」(Cascading Style Sheets) **層級式樣式表**(亦稱「階層式樣式表」)是一種樣式表語言，用來描述 HTML 網頁的顯示外觀和格式，其主要目的就是樣式化 HTML 標籤。

1-5-1 認識 CSS

ch1_5_1.html

我們在瀏覽器中看到編排美觀的功能表、字型、色彩和區塊，這些不是 HTML 標籤的原始樣式，而是透過 CSS 樣式產生出來的編排效果。

簡單地說，CSS 是在重新定義 HTML 標籤的顯示效果，我們可以想像 HTML 標籤是一位素顏的網紅，瀏覽器依據 CSS 替網紅化妝後，才能成為我們在網路上認識的網紅。

例如：HTML 的 <p> 標籤代表段落，預設是使用瀏覽器平淡無奇的字型及字級大小來顯示，我們可以使用 CSS 重新定義 <p> 標籤的樣式，例如將這個段落設為紅色，就如同替嘴唇（段落）化了一個紅色的妝，如下所示：

```
<style type="text/css">
p { font-size: 10pt;
    color: red; }
</style>
```

上述用 <style> 標籤定義 CSS，我們重新定義 <p> 標籤使用 10pt 的字級，色彩為紅色，之後只要在 HTML 網頁使用 <p> 標籤，都會套用此字級大小和色彩來顯示標籤的外觀。

請修改 HTML 網頁 ch1_4_2.html，在 <p> 標籤套用 CSS 樣式的紅色字，可以看到顯示的網頁內容，文字內容改為紅色比較小的字型尺寸，如下圖所示：

標籤內容

```
01: <!DOCTYPE html>
02: <html lang="zh-TW ">
03:   <head>
04:     <meta charset="utf-8"/>
05:     <title>HTML5網頁</title>
06:     <style type="text/css">
07:     p  { font-size: 10pt;
08:          color: red; }
09:     </style>
10:   </head>
11:   <body>
12:     <h3>HTML5網頁</h3>
13:     <hr/>
14:     <p>第一份HTML5網頁</p>
15:   </body>
16: </html>
```

標籤說明

✓ 第 6 ～ 9 列：在 <style> 標籤定義 CSS 樣式規則，重新定義 <p> 標籤的文字顯示樣式為紅色、尺寸為 10pt。

✓ 第 14 列：套用 CSS 樣式的 <p> 標籤。

請注意！ CSS 樣式規則並不是我們要爬取的目標，我們要的是資料，並不是樣式。對於網路爬蟲來說，我們需要了解 CSS 如何選出套用樣式的 HTML 標籤，即大括號前的「CSS 選擇器」（CSS Selectors），以此例而言就是 p，如下圖所示：

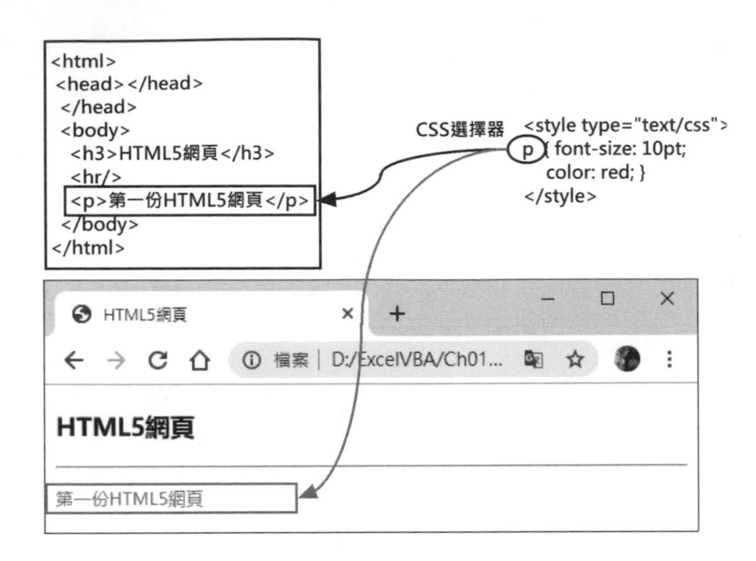

上述 CSS 選擇器是 p，即定義 <p> 標籤，我們可以在 HTML 網頁中找到此 <p> 標籤，並套用紅色、尺寸 10pt 的樣式，在分隔線下會顯示縮小的紅色段落文字。

HTML 網頁：ch1_5_1a.html 將 <h3> 標籤改成 <p> 標籤，會看到這次 CSS 選擇器 p，定義兩個 <p> 標籤，並且將這兩個 <p> 標籤都套用成紅色、尺寸 10pt 的樣式，如下圖所示：

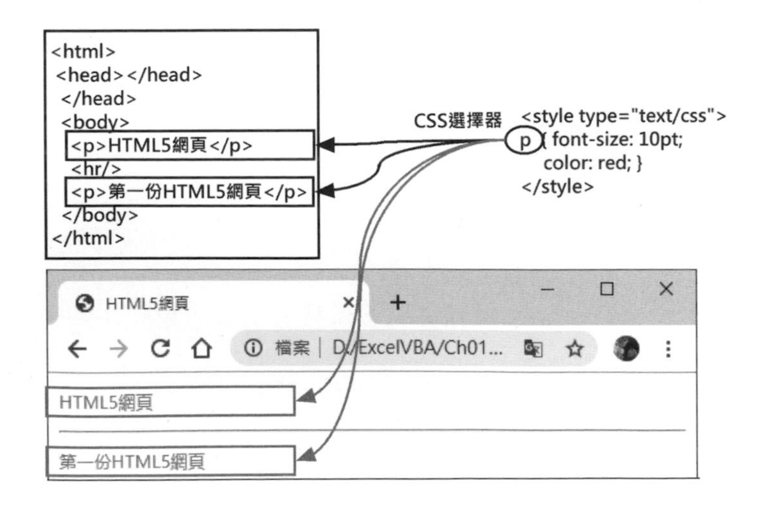

1-5-2 CSS 的基本語法

HTML 標籤可以套用 CSS 樣式來呈現不同的樣式，我們只需選擇要套用的 HTML 標籤，即可定義這些標籤要顯示的樣式規則，其基本語法如下所示：

語法

```
選擇器 {屬性名稱1: 屬性值1; 屬性名稱2: 屬性值2…}
```

上述 CSS 語法分成兩大部分，在大括號前是**選擇器**（Selector），可以選擇套用樣式的 HTML 標籤，在括號中是重新定義顯示樣式的樣式組，稱為**樣式規則**。

➲ 選擇器

選擇器可以定義哪些 HTML 標籤需要套用樣式，不同的 CSS 版本略有差異（可參考 4-5 節的說明）。CSS Level 1 提供基本選擇器：型態、巢狀和群組選擇器；CSS Level 2 提供更多選擇器，例如：屬性條件選擇；在 CSS Level 3 增加很多功能強大的選擇器，因為 CSS 選擇器可以在網頁中定位網頁元素，所以，網路爬蟲可以使用 CSS 選擇器來定位欲擷取的 HTML 標籤。

➲ 樣式規則

樣式規則是一組 CSS 樣式屬性，如下所示：

語法

```
屬性名稱1: 屬性值1; 屬性名稱2: 屬性值2…
```

上述樣式規則是多個樣式屬性組成的集合，各樣式之間使用「;」分號分隔，在「:」冒號後是屬性值，在「:」之前是樣式屬性的名稱，例如：定義 <p> 標籤的 CSS 樣式，如下所示：

```
p { font-size: 10pt;
    color: red; }
```

上述選擇器選擇 <p> 標籤，表示在 HTML 網頁中的所有 <p> 標籤都套用之後的樣式，font-size 和 color 是樣式屬性名稱；10pt 和 red 是屬性值，基於閱讀上的便利性，樣式規則的各樣式屬性都會自成一列。

1-5-3 CSS 選擇器互動測試工具

本書提供筆者使用 jQuery 開發的 **CSS 選擇器互動測試工具**，可以方便測試 CSS 選擇器語法，當我們輸入或開啟 HTML 標籤檔案後，只需在上方欄位輸入 CSS 選擇器，就可以標示選取 HTML 標籤。

➲ 安裝與啟動「CSS 選擇器互動測試工具」

請切換到書附檔案中的「Tools」資料夾，即會看到「CSS 選擇器互動測試工具」，此工具不需要安裝，只要解開壓縮檔，在資料夾中點選 **SelectorTester.html**，執行**右**鍵快顯功能表的「開啟檔案 /Google Chrome」命令，使用瀏覽器開啟網頁：

在上圖網頁的最上方，可以輸入 CSS 選擇器字串，右邊則是要測試的原始 HTML 標籤，左邊是依據原始 HTML 標籤自動產生的標籤結構，會標示 CSS 選擇器所選取的 HTML 標籤。

➲ 使用 CSS 選擇器互動測試工具

在 **CSS 選擇器**欄位輸入選擇器字串，例如：「h1」，即可看到下方標示選取了 <h1> 標籤，如下圖所示：

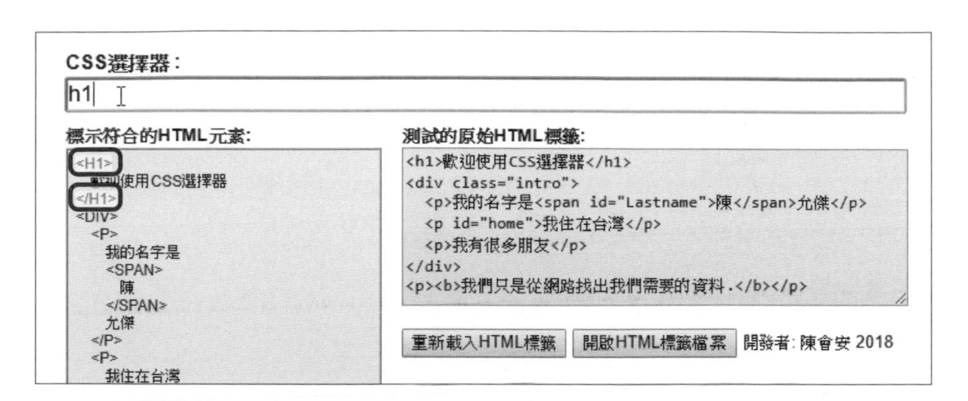

上圖的右邊是一個文字編輯器框，我們可以剪貼 HTML 標籤，也可以自行輸入。例如：在 <h1> 標籤下輸入「<h1> 網頁爬蟲 </h1>」後，按下下方的**重新載入 HTML 標籤**鈕，重建標籤結構，就會看到選取了兩個 <h1> 標籤：

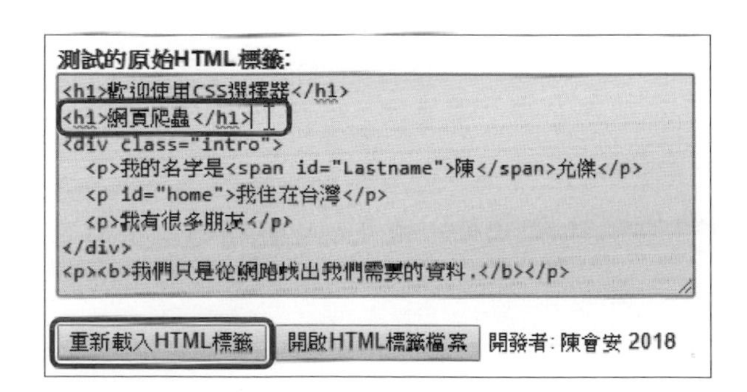

➲ 載入測試的 HTML 標籤檔

CSS 選擇器互動測試工具也可以載入 HTML 檔做測試（標籤內容是 <body> 子標籤，不可有 <html> 和 <head>），請按下**開啟 HTML 標籤檔案**鈕，即會開啟「開啟」對話方塊。

請切換至「Ch01」資料夾，點選 **ch1_5_3.html**，按下**開啟**鈕，載入測試的 HTML 標籤，如下圖所示：

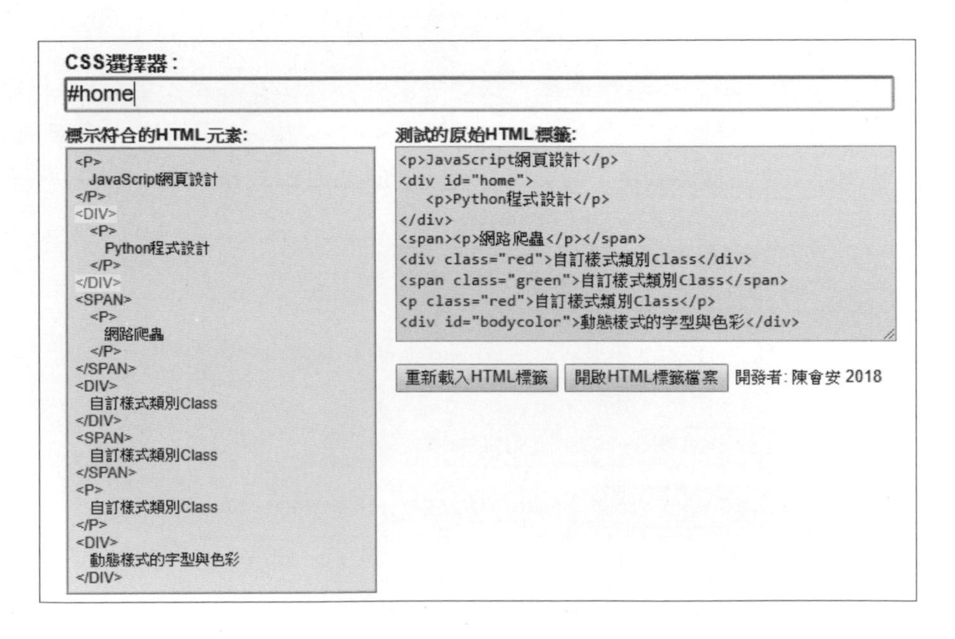

讀者可以使用此工具來測試第 2 章開始說明的各種 CSS 選擇器。

1-6 在 Chrome 瀏覽器安裝 Web Scraper 擴充功能

Chrome 的 Web Scraper 擴充功能是 WebScraper.io 的產品，能夠讓我們不用撰寫任何一行程式碼，就輕鬆使用 CSS 選擇器來爬取網站資料。

1-6-1 認識 Web Scraper 擴充功能

WebScraper.io 是一個提供雲端資料爬取服務的網站，這是透過 Chrome 的 Web Scraper 擴充功能提供的付費服務，當我們使用 Web Scraper 建立好網站擷取的 CSS 選擇器樹（即網站地圖）後，如果覺得自己爬取太慢，可以付費讓 WebScraper.io 雲端服務幫你執行你建立的網站地圖，來進行資料爬取。

Chrome 瀏覽器的 Web Scraper 擴充功能是一個免費工具，其設計理念是儘量簡化 Web 網站的資料擷取操作。Web Scraper 官方網址如下所示：

⁂ https://www.webscraper.io/

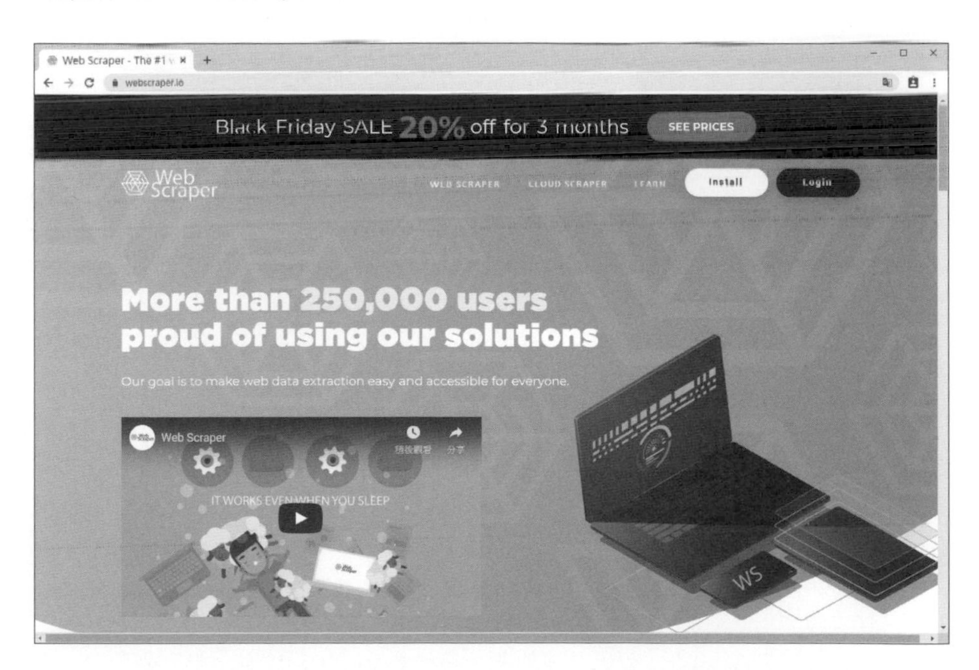

Web Scraper 擴充功能支援爬取多層巡覽結構的 Web 網站，包含：分類子目錄、分頁、頁碼和多層產品頁的資料擷取，不只如此，Web Scraper 能夠爬取 JavaScript 介面的網站，除了完整執行 JavaScript 和 AJAX 外，還可以處理 JavaScript 分頁、更多按鈕和捲動瀏覽。

1-6-2 安裝與使用 Web Scraper 擴充功能

Web Scraper 擴充功能可以從 **Chrome 線上應用程式商店**免費安裝（「附錄 B」會說明如何離線安裝 Web Scraper 擴充功能），安裝完成後，就可以使用 Web Scraper 擴充功能來執行網路爬蟲。

➲ 安裝 Web Scraper 擴充功能

Web Scraper 是 Chrome 瀏覽器的擴充功能，我們需要安裝 Chrome 瀏覽器後，才可以安裝 Web Scraper 擴充功能，其步驟如下所示：

1. 請啟動 Chrome 瀏覽器進入 **Chrome 線上應用程式商店**的首頁，其網址為：https://chrome.google.com/webstore，進入商店後，請在左上方的搜尋欄輸入 **Web Scraper**，按下 Enter 鍵，搜尋 Web Scraper 擴充功能。

2 找到 Web Scraper 擴充功能後，按下**加到 Chrome** 鈕，隨即會跳出一個訊息視窗，請按下**新增擴充功能**鈕安裝擴充功能。

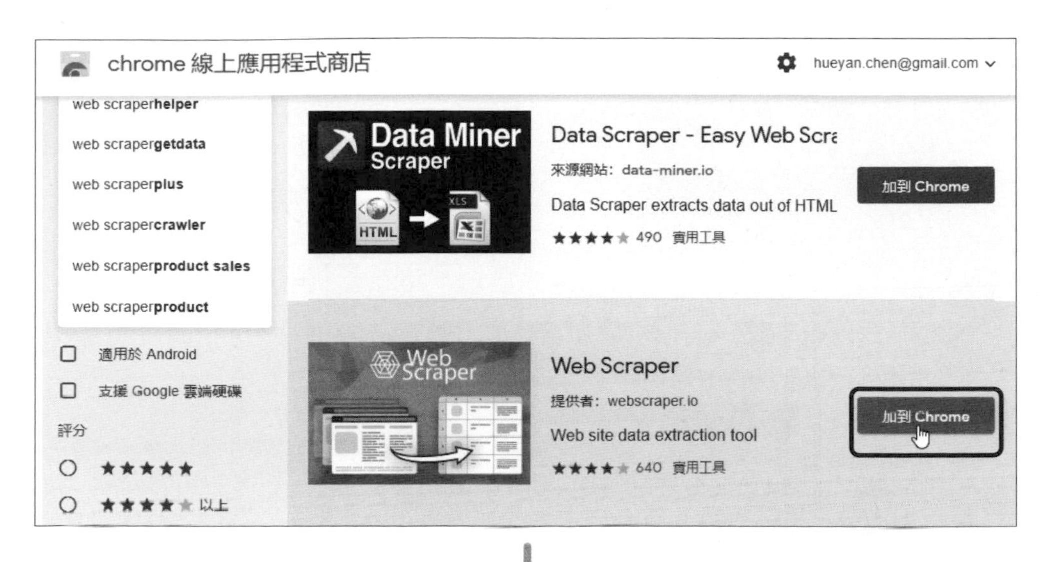

3 成功新增擴充功能後，會顯示已經將 Web Scraper 加到 Chrome 的訊息視窗。

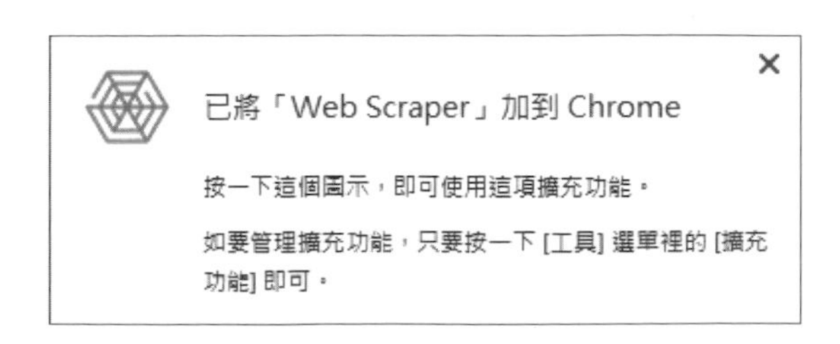

➲ 使用 Web Scraper 擴充功能

成功安裝 Web Scraper 擴充功能後，在 Chrome 瀏覽器右上方工具列會看到 WebScraper.io 的蜘蛛網圖示，點選圖示，會顯示使用說明、教學影片和文件的相關訊息視窗，如下圖所示：

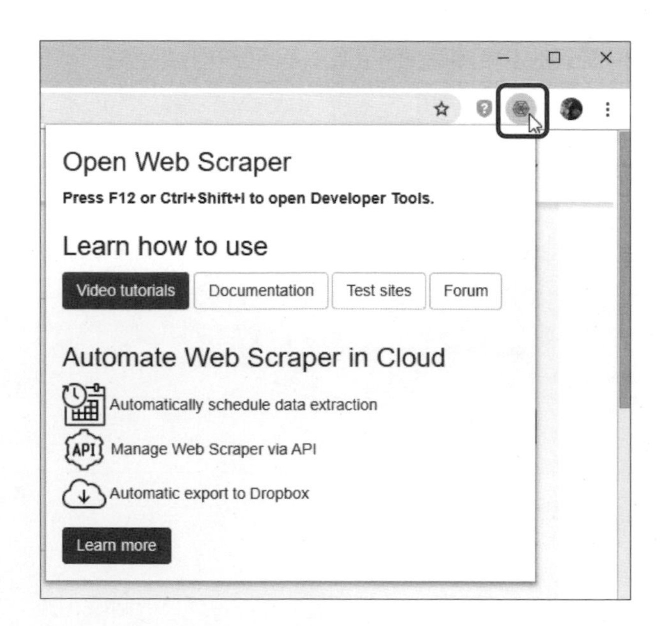

請在 Chrome 瀏覽器中按下 F12 鍵開啟 Chrome 開發人員工具，會在最後面看到 **Web Scraper** 標籤，點選此標籤，就可以開始用 Web Scraper 來爬取資料，如下圖所示：

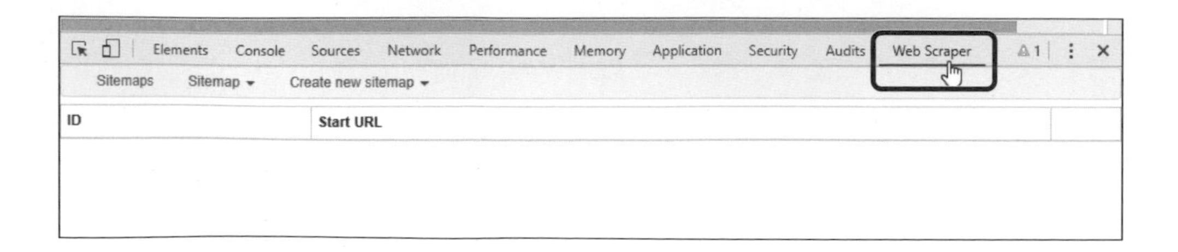

此外，Chrome 開發人員工具可以設定停駐在視窗的哪一邊，請在上方標籤頁點選最後的 **Customize and control DevTools** ⋮，即可看到功能表，如下圖所示：

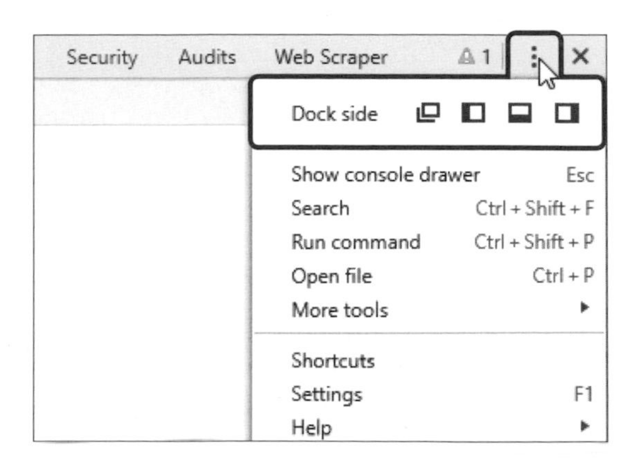

上述 **Dock side** 可以選擇開發人員工具要停駐在視窗的右邊、下方或左邊，以此例而言是停駐在下方。

1-6-3 使用 Web Scraper 網路爬蟲的基本步驟

Web Scraper 是透過瀏覽器瀏覽網頁來進行資料擷取，可以完整執行 JavaScript 程式和等待 AJAX 請求的完成，不只能夠避免網站的防爬機制（因為是從瀏覽器送出的 HTTP 請求），還可以處理 JavaScript 的網站巡覽介面，例如：頁碼的分頁按鈕。在實務上，大部分的網站都可以透過 Web Scraper 來執行網路爬蟲。

網路爬蟲涉及向 Web 網站送出 HTTP 請求，和在取回的 HTML 網頁中定位出所需資料，在擷取資料後也可以儲存到電腦中。底下說明使用 Web Scraper 執行網路爬蟲的流程，在此您只要先有個概念即可，第 2 章我們會詳細介紹操作步驟：

1. 決定目標資料所在的起始網址（可以新增多個），Web Scraper 擴充功能就是從這個起始網址開始，使用 CSS 選擇器節點來爬取多層的網頁資料，我們也可以在網址指定參數範圍來爬取分頁資料（即網址的分頁參數）：

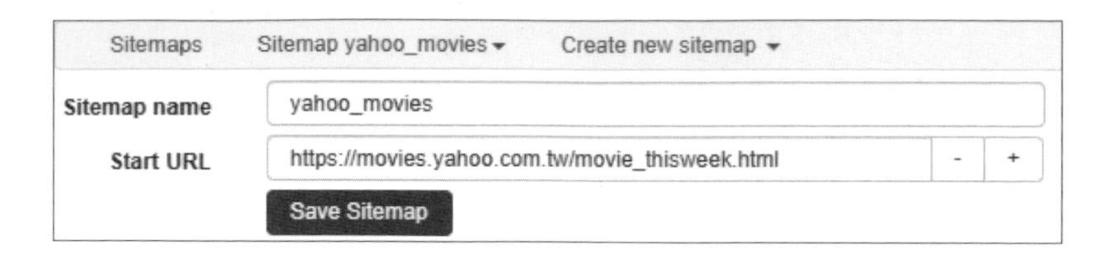

2. 在 HTML 網頁使用 CSS 選擇器定位目標資料，Web Scraper 提供內建工具來定位目標資料，使用的是 CSS 選擇器（也可自行輸入 CSS 選擇器字串），我們就是組織爬取資料過程的 CSS 選擇器節點來建立成一棵選擇器的節點樹，即爬取資料的網站地圖（Sitemap），如下圖所示：

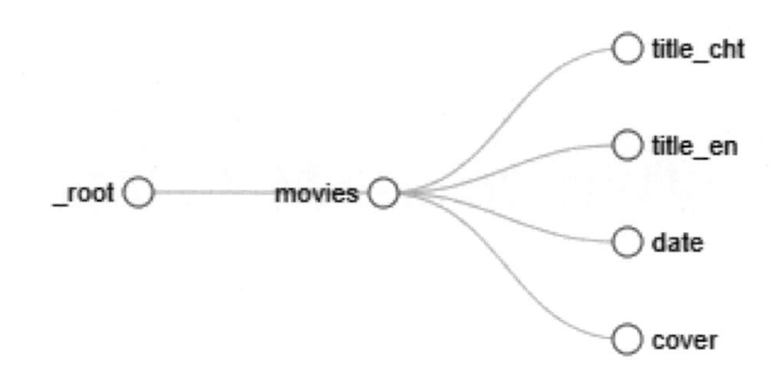

3. 在 Web Scraper 執行爬取網站地圖的命令後，即可從 Web 網站擷取出所需資料成為結構化的表格資料，如下圖所示：

web-scraper-order	web-scraper-start-url	title_cht	title_en	date	cover-src
1567992683-4	https://movies.yahoo.com.tw/movie_thisweek.html	花椒之味	Fagaro	上映日期 ： 2019-09-12	https://movies.yahoo.com.tw/x/r/w420/i/o/production/movies/July2019/XhjllYDZ1LjsYs4jr0Ye-1500x2144.jpg
1567992683-5	https://movies.yahoo.com.tw/movie_thisweek.html	4x4危機四伏	4x4	上映日期 ： 2019-09-12	https://movies.yahoo.com.tw/x/r/w420/i/o/production/movies/July2019/3b7zMnFy40E0vUxC1lud-504x720.jpg
1567992683-1	https://movies.yahoo.com.tw/movie_thisweek.html	好小男孩	Good Boys	上映日期 ： 2019-09-12	https://movies.yahoo.com.tw/x/r/w420/i/o/production/movies/March2019/o3RzsLhJRsXI3UuOxig-947x1500.JPG
1567992683-3	https://movies.yahoo.com.tw/movie_thisweek.html	我家有個開心農場	The Biggest Little Farm	上映日期 ： 2019-09-12	https://movies.yahoo.com.tw/x/r/w420/i/o/production/movies/July2019/wsCoFnhVgG58lySJHbjO-1280x1828.jpg
1567992683-2	https://movies.yahoo.com.tw/movie_thisweek.html	天氣之子	Weathering with You	上映日期 ： 2019-09-12	https://movies.yahoo.com.tw/x/r/w420/i/o/production/movies/July2019/Ff3kkEzMwiG9wanpdCGl-992x1418.JPG
1567992683-10	https://movies.yahoo.com.tw/movie_thisweek.html	金手套虐殺事件	Der goldene	上映日期 ： 2019-09-	https://movies.yahoo.com.tw/x/r/w420/i/o/production/movies/August2019/QEb9vLlgadEVrZjOUg6j-

4 在 Web Scraper 將取得的資料儲存成 CSV 檔案後，即可下載 CSV 檔案。接著，啟動 Excel 開啟或匯入 CSV 檔案，如下圖所示：

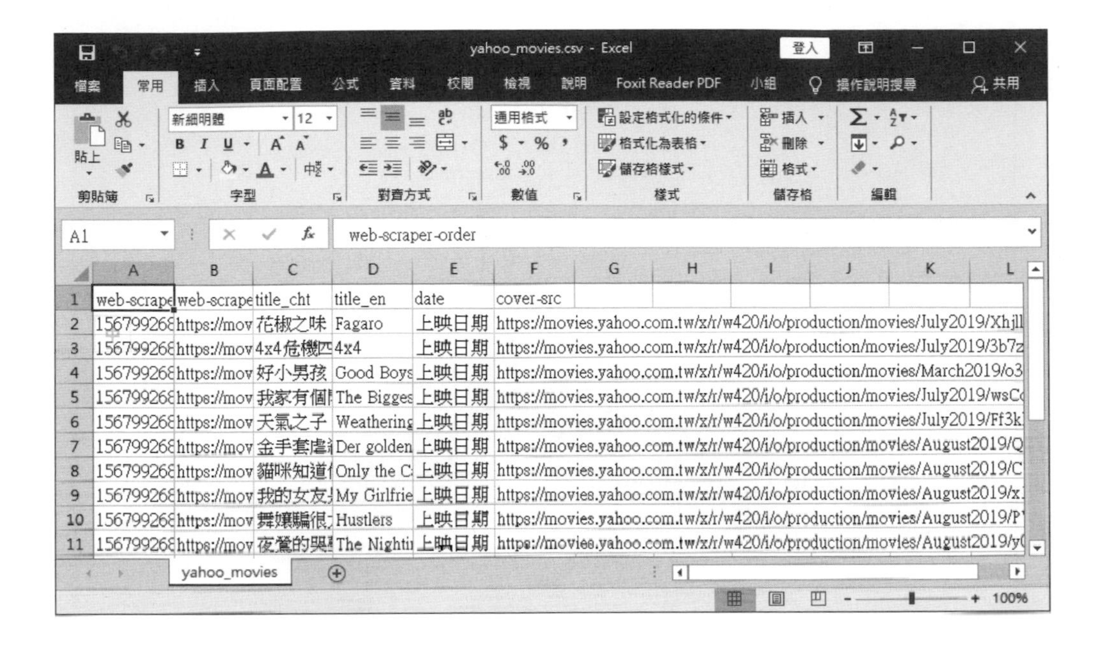

學 習 評 量

1. 請問何謂「網路爬蟲」，其用途為何？
2. 請舉例說明瀏覽器瀏覽網頁內容的步驟？
3. 請問什麼是 HTTP 通訊協定？何謂 URL 網址？
4. 請舉例說明 HTML / HTML5 網頁的基本結構為何？
5. 請舉例說明什麼是 CSS ？
6. 請問什麼是 Web Scraper 擴充功能？
7. 請參閱第 1-6-2 節的說明在 Chrome 瀏覽器安裝 Web Scraper。
8. 請舉例說明使用 Web Scraper 網路爬蟲的基本步驟？

2
CHAPTER

爬取 HTML 標題、段落與文字格式標籤

2-1 爬取 HTML 標題文字標籤

HTML 網頁的標題文字可以提綱挈領來説明文件內容，通常會用 <hn> 標籤（n 代表數字）來定義標題文字，<h1> 最重要，依序遞減至 <h6>，共有 6 種不同級數大小的標題文字，其基本語法如下所示：

語法

```
<hn>...</hn>   , n=1 ～ 6
```

上述 <h> 標籤加上 1 ～ 6 數字可以顯示 6 種大小的字級，數字愈大字級愈小，重要性也愈低，如下所示：

```
<h1> 標題文字 h1 標籤 </h1>
<h2> 標題文字 h2 標籤 </h2>
<h3> 標題文字 h3 標籤 </h3>
<h4> 標題文字 h4 標籤 </h4>
<h5> 標題文字 h5 標籤 </h5>
<h6> 標題文字 h6 標籤 </h6>
```

現在，我們就用上一節介紹過的 Web Scraper，爬取底下測試網址的 <h1>、<h2> 和 <h3> 前 3 個標題文字標籤。

➲ 步驟一：實際瀏覽網頁內容

網路爬蟲的第一步是實際瀏覽網頁內容來確認目標資料的所在，請在 Chrome 瀏覽器中輸入以下網址，進行練習：

⁂ https://fchart.github.io/vba/ex2_01.html

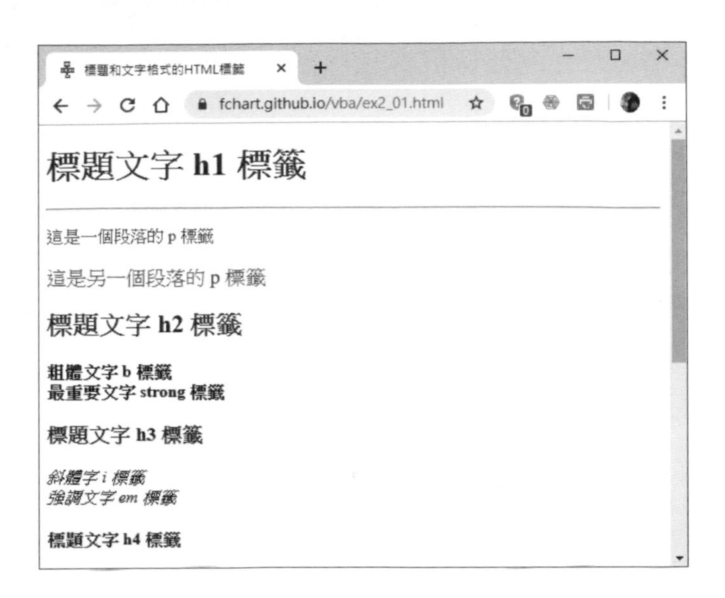

在上圖的網頁中，會看到 6 個藍色**標題文字 h1 ～ h6 標籤**的文字內容，這些標題就是套用 <h1> ～ <h6> 的 HTML 標籤，請在網頁內容裡，按滑鼠**右**鍵執行快顯功能表的**檢視網頁原始碼**命令，即可看到 Web 伺服器回傳的 HTML 網頁內容，如下圖所示：

```
1  <!DOCTYPE html>
2  <html lang="big5">
3   <head>
4    <meta charset="utf-8"/>
5    <title>標題和文字格式的HTML標籤</title>
6    <style>
7    h1 { color: blue }
8    h2 { color: blue }
9    h3 { color: blue }
10   h4 { color: blue }
11   h5 { color: blue }
12   h6 { color: blue }
13   p { font-size: 12pt; color: green }
14   #another { font-size: 14pt }
15   #red { font-size: 12pt; color: red; }
16   #brown { font-size: 12pt; color: brown; }
17   </style>
18  </head>
19 <body>
20 <h1>標題文字 h1 標籤</h1>
21     <hr>
22     <p>這是一個段落的 p 標籤</p>
23     <p id="another">這是另一個段落的 p 標籤</p>
24 <h2>標題文字 h2 標籤</h2>
25     <b>粗體文字 b 標籤</b><br>
26     <strong>最重要文字 strong 標籤</strong>
27 <h3>標題文字 h3 標籤</h3>
```

上述的回應內容是由 HTML 標籤（實際的顯示內容是位在 <body> 標籤）和 CSS 樣式（位在 <style> 標籤，在「{」前是 CSS 選擇器）所組成，這是從 Web 伺服器回傳至瀏覽器的 HTML 網頁內容。

請注意！在瀏覽器實際看到的網頁內容除了 HTML 標籤＋ CSS 樣式外，如果有 <script> 標籤，表示內含 JavaScript 程式碼，瀏覽器會二次加工，再執行 JavaScript 程式來建立動態網頁，換句話說，我們最後在瀏覽器看到的網頁內容是 JavaScript 程式碼的執行結果。

說 明

網頁設計的基礎語言是 HTML，HTML 的目的是呈現網頁內容，如果需要建立動態網頁或互動式網頁，在瀏覽器的客戶端是使用 JavaScript 語言，你可以想像 HTML 是從 Web 伺服器回傳的料理食材，使用 CSS 進行調味，經過 JavaScript 料理（動態或互動），最後才能產生美味的餐點，有關 JavaScript 的詳細說明請參閱第 9 章。

我們用 Web Scraper 爬取的資料，是在 Chrome 開發人員工具中顯示的 HTML 標籤內容，請在 Chrome 瀏覽器中按下 F12 鍵開啟開發人員工具，點選 **Elements** 標籤，如下圖所示：

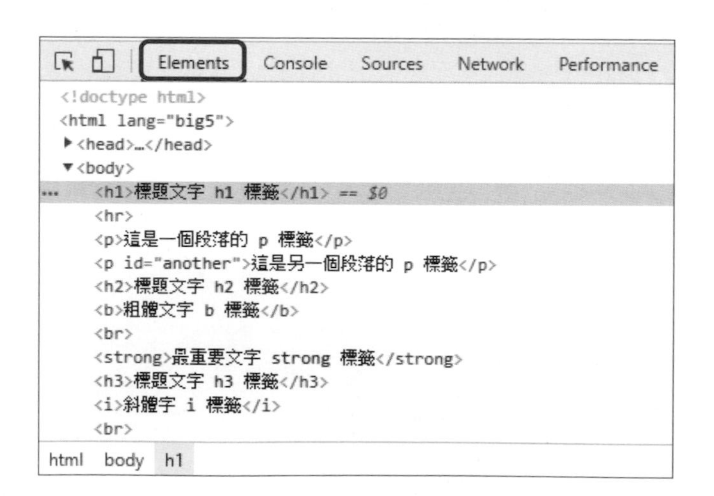

此範例只有 HTML＋CSS，沒有 JavaScript 程式碼，在 <body> 標籤下可以依序看到 <h1> ～ <h6> 標籤，這些就是目標資料所在的 HTML 標籤。

➲ 步驟二：在 Web Scraper 新增網站地圖的爬取專案

實際瀏覽網頁內容並確認要爬取的目標資料後，就可以將目前瀏覽的網址作為起始網址在 Web Scraper 中建立網站地圖專案，其步驟如下：

1. 請在 Chrome 瀏覽器按下 F12 鍵，切換顯示 Chrome 開發人員工具，點選 **Web Scraper** 標籤開啟 Web Scraper，執行「Create new sitemap/Create Sitemap」命令，新增網站地圖：

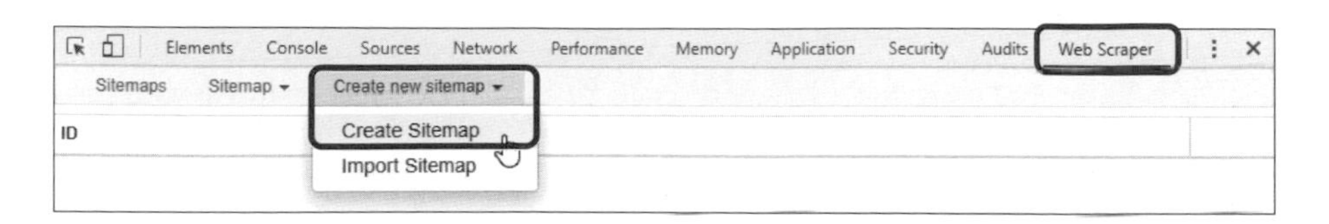

2. 在 **Sitemap name** 欄輸入網站地圖名稱（此例是以小寫英文字母及「_」底線），在 **Start URL** 欄輸入 **https://fchart.github.io/vba/ex2_01.html**，再按下 **Create Sitemap** 鈕新增網站地圖：

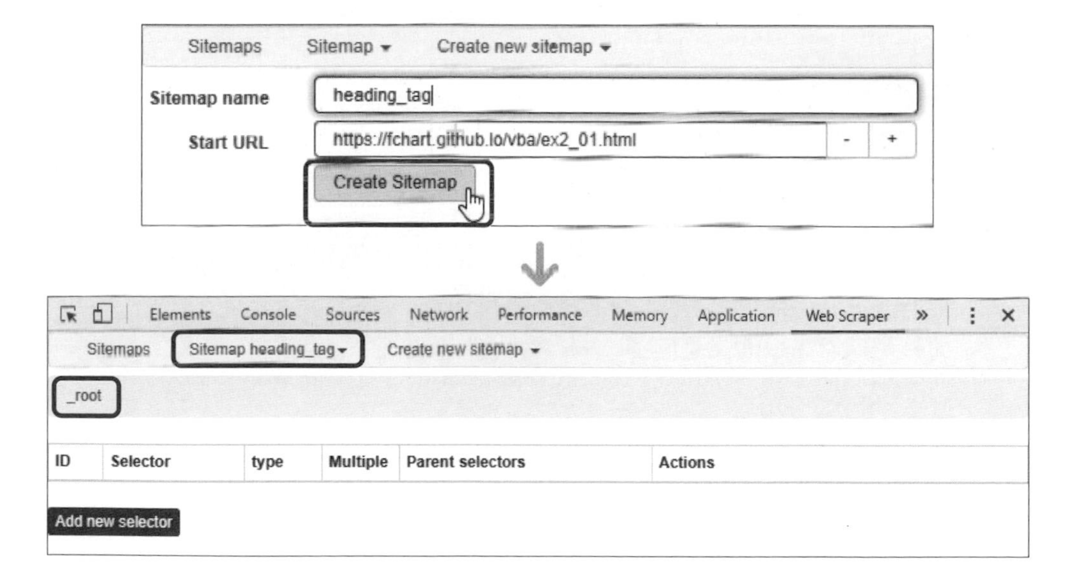

建立網站地圖後，可以在上方功能表看到網站地圖名稱，底下的「_root」是網站地圖的根節點。

➲ 步驟三：建立爬取網站的 CSS 選擇器地圖

成功建立網站地圖後，就可以開始新增 CSS 選擇器，Web Scraper 提供多種節點類型，讓我們可以新增不同功能的 CSS 選擇器節點，其步驟如下所示：

1 剛才在網站地圖的 **Start URL** 欄輸入的網址，是我們準備爬取資料的起始網址，請先用瀏覽器連到此網頁。接著，在下方的 **Web Scraper** 標籤，按下 **Add new selector** 鈕，新增 CSS 選擇器節點（目前所在的節點為 **_root**）：

2 在 **Id** 欄輸入選擇器名稱，在 **Type** 欄選擇節點類型，在此選擇 **Text**，**Text** 節點是擷取標籤的文字內容。

Sitemaps　Sitemap heading_tag　Create new sitemap

Id　h1_tag

Type　Text

Selector　Select　Element preview　Data preview

Multiple

Regex　regex

Parent Selectors　_root

Save selector　Cancel

說　明

Web Scraper 的選擇器名稱可以用數字和小寫英文字母，長度最少要 3 個字元，請注意！整個網站地圖的選擇器名稱必須是唯一、不可重複。如果需要使用中文名稱，第 1 個字母需為數字或英文小寫字母，例如：**a 股票**或 **1 股票**。

3. Web Scraper 內建選擇器工具，可以直接從網頁中選取文字內容後，自動幫我們取得此資料的 CSS 選擇器字串，請按下 **Select** 鈕，在網頁中移動游標，當移到文字時，會顯示綠色外框及淺綠色背景，表示是可選取的 HTML 元素，如下圖所示：

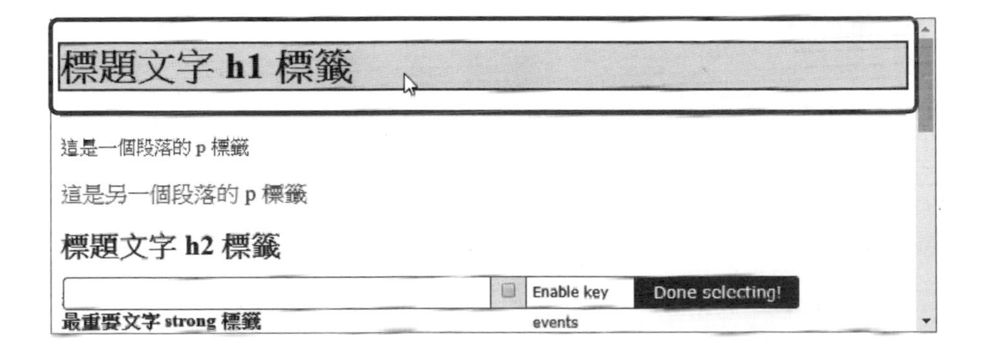

說　明

如果按下 **Select** 鈕，沒有看到 Web Scraper 內建的 CSS 選擇器工具列，請在 Chrome 瀏覽器按下 F5 鍵重新整理網頁後，再按一次 **Select** 鈕，應該就可以看到 CSS 選擇器工具。

4 將滑鼠游標移到目標資料後，點選滑鼠左鍵，會變成紅色框線及淺紅色背景，同時在下方的工具列中會顯示取得的 CSS 選擇器 **h1**，如下圖所示：

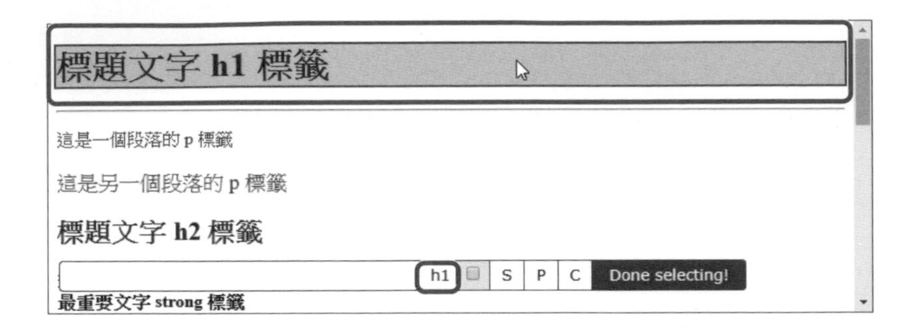

說　明

如果不小心選錯了目標 HTML 元素，請在下方 **Web Scraper** 標籤再按一次 **Select** 鈕，就可以重新選擇 HTML 元素。

5 選好標籤後，請按下方工具列中的 **Done selecting!** 鈕。在 **Selector** 欄位中會填入我們剛才點選元素所取得的 CSS 選擇器字串，如下圖所示：

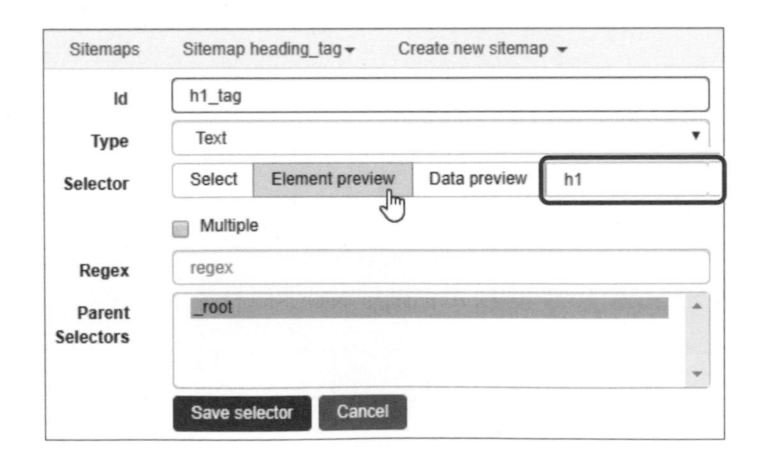

6 請按下上圖中的第 2 個 **Element preview** 鈕，即可在網頁中預覽選擇的 HTML 元素。

7. 按下上圖中的 **Data preview** 鈕，可以預覽 CSS 選擇器選擇的標籤內容，位在上方是節點名稱；下方是標籤內容，按右上方的 **X** 鈕可關閉預覽視窗。

8. 按下 **Save selector** 鈕儲存選擇器節點，即會在 **_root** 根節點下新增名為 h1_tag 的選擇器節點，如下圖所示：

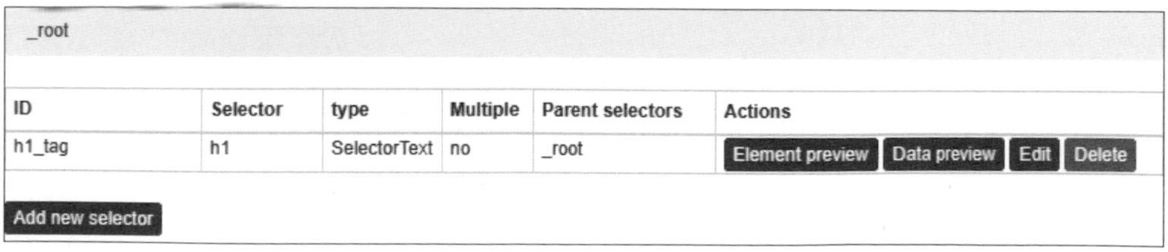

上述欄位依序是 ID 名稱、CSS 選擇器、節點類型（Type 是 SelectorText）、是否多筆、父選擇器節點是哪一個，在 Actions 欄是編輯此 CSS 選擇器節點的功能按鈕，依序是預覽 HTML 元素、預覽擷取的資料、重新編輯節點和刪除節點。

9 請依照步驟 1 的說明，重複按下 **Add new selector** 鈕，依序新增 h2_tag 和 h3_tag，共兩個 CSS 選擇器節點，首先是 h2_tag，如右圖所示：

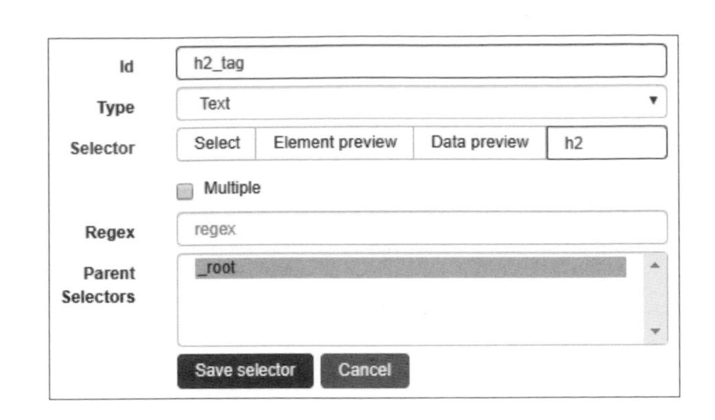

10 接著新增名為 h3_tag 的 CSS 選擇器節點，如右圖所示：

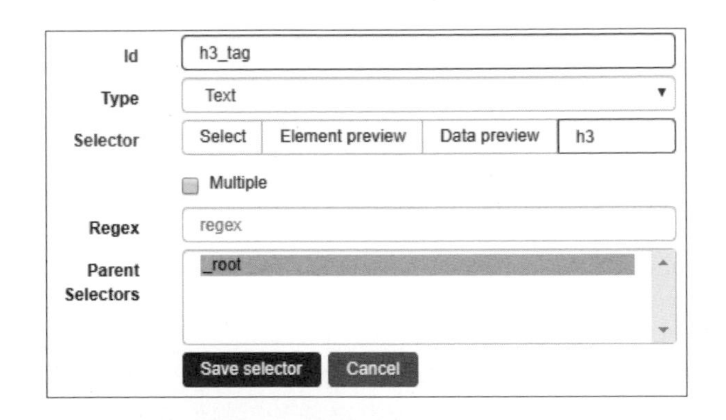

11 完成後，會在 _root（目前所在的那一層選擇器）下看到 3 個 Text 節點的 CSS 選擇器 h1_tag、h2_tag 和 h3_tag，如下圖所示：

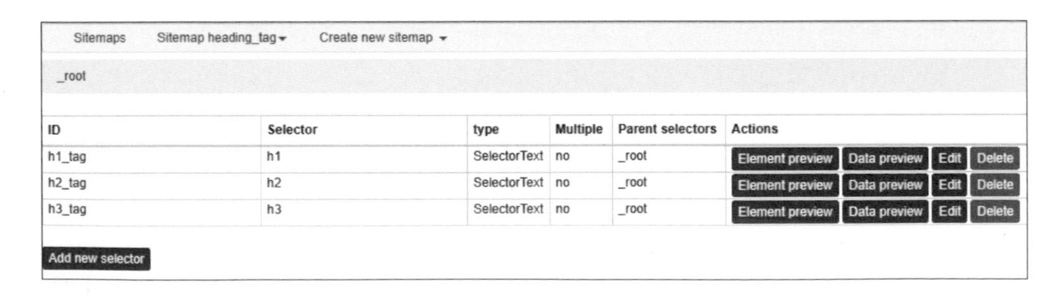

12 建立好 CSS 選擇器的網站地圖後，我們可以使用樹狀結構的圖形來顯示爬取地圖的 CSS 選擇器節點，請執行「Sitemap heading_tag/Selector graph」命令，如下圖所示：

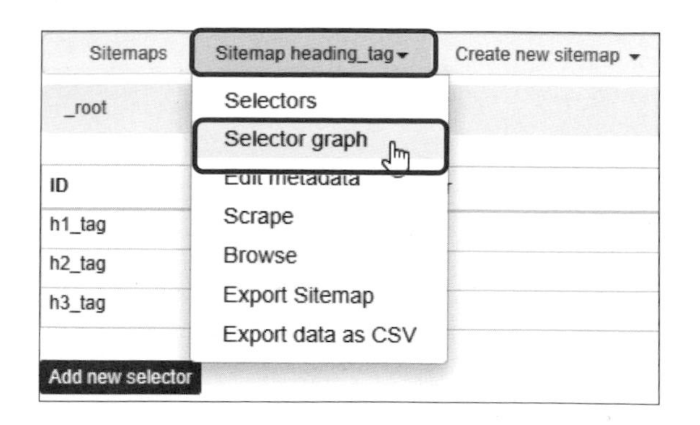

13 最初只會顯示 _root 節點，點開節點的圓圈後，會顯示下一層的 3 個 CSS 選擇器，如右圖所示：

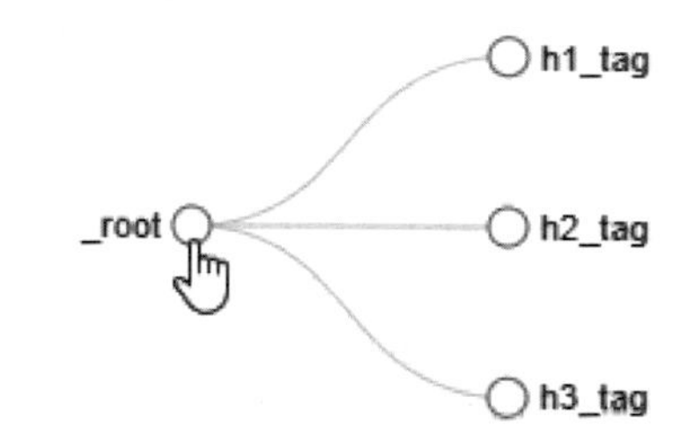

上述 Web Scraper 網站地圖就是 CSS 選擇器地圖，可以告訴 Web Scraper 擴充功能如何一層接著一層，透過 CSS 選擇器從起始網址擷取 HTML 網頁中的資料。

➲ 步驟四：執行 Web Scraper 網站地圖爬取資料

現在，我們已經建立好擷取資料的 Web Scraper 網站地圖，接著可以開始執行 Web Scraper 網站地圖來爬取資料，其步驟如下所示：

1 請執行「Sitemap heading_tag/Scrape」命令，開始爬取資料：

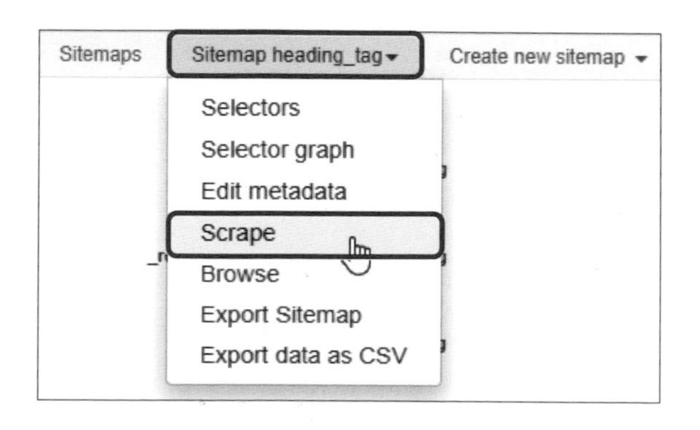

第 2 章 爬取 HTML 標題、段落與文字格式標籤

2 請依序輸入送出 HTTP 請求的間隔時間，和載入網頁的延遲時間，預設值都是 2000 毫秒（即 2 秒），按下 **Start scraping** 鈕開始爬取資料。

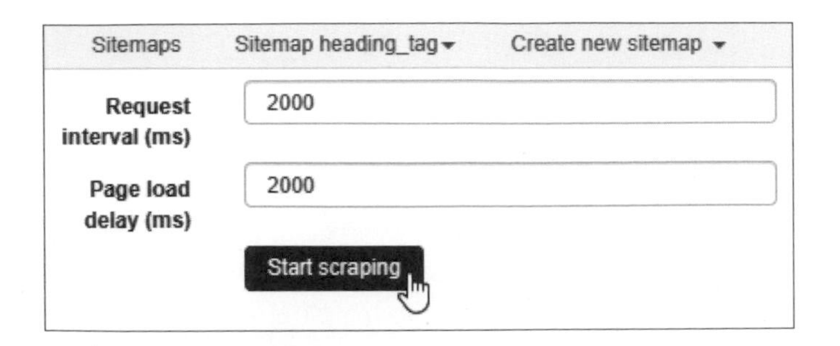

3 看到執行完成的彈出式視窗後，表示已爬完資料，請按下 **refresh** 鈕重新載入資料。

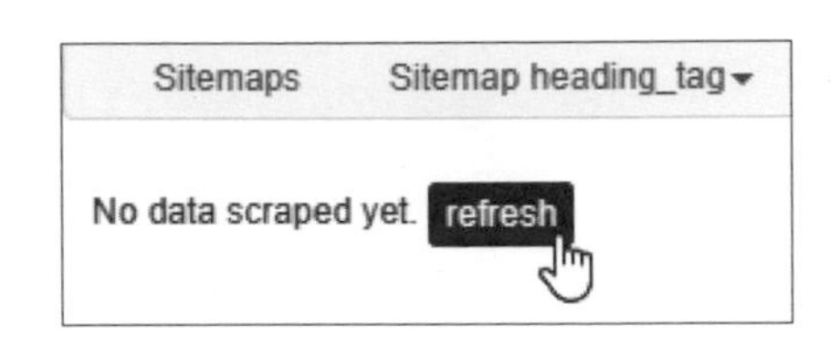

4 接著會看到我們從網頁擷取的資料，也就是 <h1>、<h2> 和 <h3> 這三個標籤的標題文字，如下圖所示：

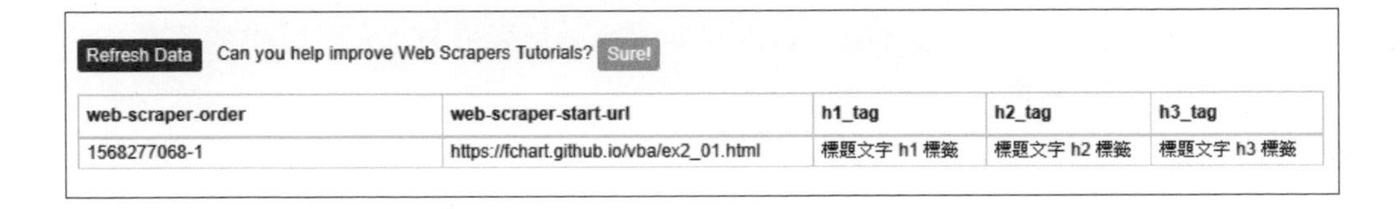

Refresh Data　Can you help improve Web Scrapers Tutorials? Sure!

web-scraper-order	web-scraper-start-url	h1_tag	h2_tag	h3_tag
1568277068-1	https://fchart.github.io/vba/ex2_01.html	標題文字 h1 標籤	標題文字 h2 標籤	標題文字 h3 標籤

上表的第 1 欄是 Web Scraper 擴充功能執行爬蟲的編號，第 2 欄是起始網址，之後才是從 HTML 網頁所擷取的資料，從這個表格可以看出同一層 CSS 選擇器屬於同一筆資料的不同欄位。

➲ 步驟五：將爬取的資料匯出成 CSV 檔案

Web Scraper 支援匯出成 CSV 檔案的功能，在成功從 HTML 網頁擷取出所需資料後，可以如下操作匯出成 CSV 檔案：

1 請執行「Sitemap heading_tag/Export data as CSV」命令，將爬取的資料匯出成 CSV 檔案，如下圖所示：

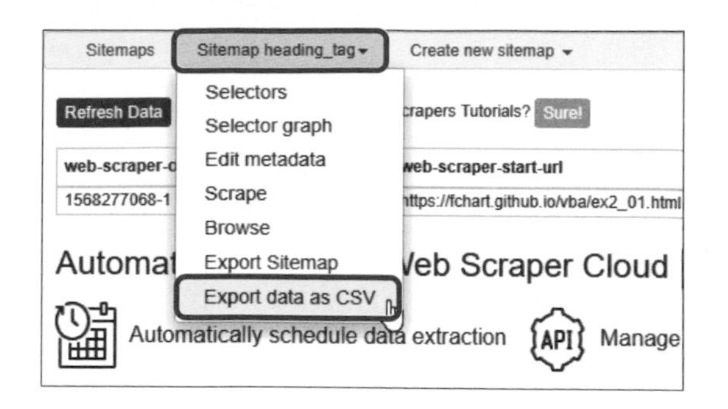

2 執行命令後，會看到 **Download now!** 超連結，請點選超連結下載 CSV 檔案，預設檔名就是網路地圖名稱 heading_tag.csv。

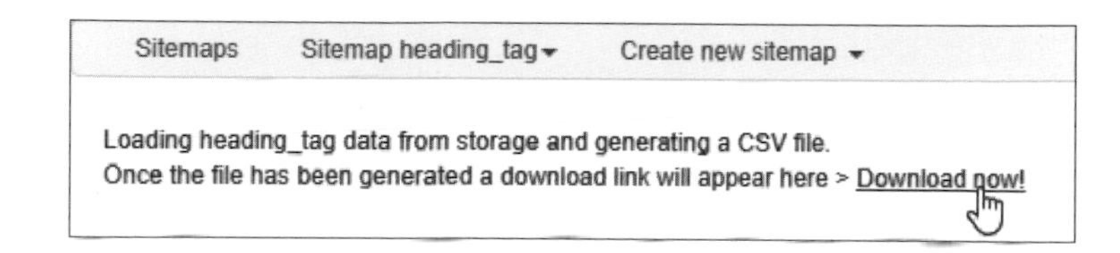

因為 CSV 檔案就是一般的文字檔案，我們可以使用**記事本**開啟下載的 heading_tag.csv，如下圖所示：

也可以用 Excel 直接開啟 CSV 檔案，如下圖所示：

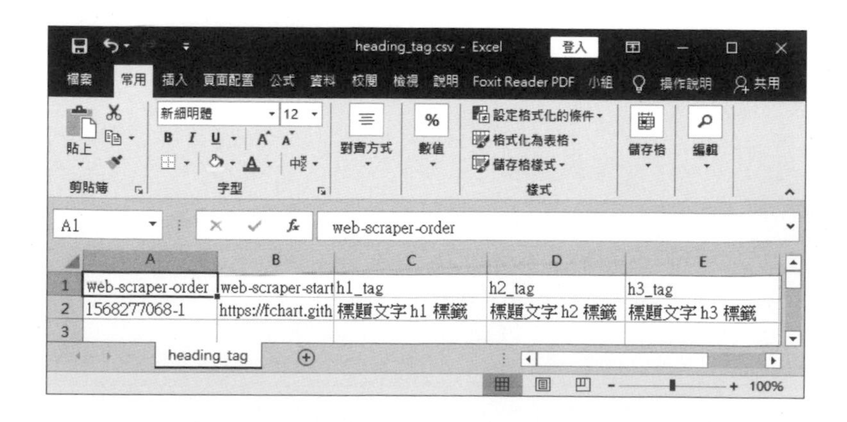

2-2 爬取 HTML 段落文字標籤

HTML 網頁的文字內容如同一篇文章，通常會以多個段落來編排內容，而每一個段落就是一個 <p> 標籤。

2-2-1 爬取全部的 HTML 段落標籤

HTML 的 <p> 標籤可以定義一個段落，瀏覽器預設會在段落的前、後增加間隔距離，如下所示：

```
<p>這是一個段落的 p 標籤</p>
```

上述的 <p> 標籤會換行成一個段落文字，不同於**記事本**或 Word 等文書處理軟體，在編輯時按下 Enter 鍵就是換行。HTML 網頁的換行需要使用
 換行標籤（不是建立段落），例如在底下的第一行最後加上
 標籤，就會將文字以兩行來呈現：

```
<b> 粗體文字 b 標籤 </b><br>
<strong> 最重要文字 strong 標籤 </strong>
```

此外，也可以善用 HTML 的 <hr> 標籤來做分隔，<hr> 標籤會在網頁中建立一條水平線，可美化版面也能達到區隔主題的作用，如下所示：

```
<h1> 標題文字 h1 標籤 </h1>
<hr>
<p> 這是一個段落的 p 標籤 </p>
```

上述的
 和 <hr> 標籤都只是在編排文字，只有 <p> 標籤含有文字內容，底下，我們將使用 Web Scraper 爬取測試網址中的所有 <p> 標籤，而且只要設定一個 Text 節點類型，就可以擷取出多筆資料。

➲ 步驟一：實際瀏覽網頁內容

實際瀏覽網頁步驟和第 2-1 節相同，這一次準備擷取所有 <p> 標籤，網址是：https://fchart.github.io/vba/ex2_01.html。在 Chrome 開發人員工具的 **Elements** 標籤，會看到有 9 個 <p> 標籤，如下圖所示：

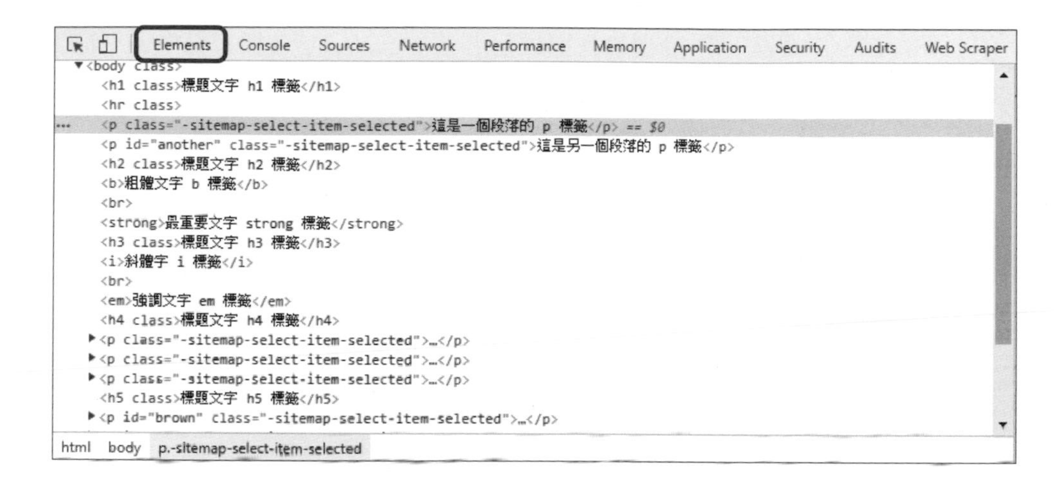

➲ 步驟二：在 Web Scraper 新增網站地圖的爬取專案

在確認目標資料的 HTML 元素後，我們就可以將目前瀏覽的網址作為起始網址來建立網站地圖，如下圖所示：

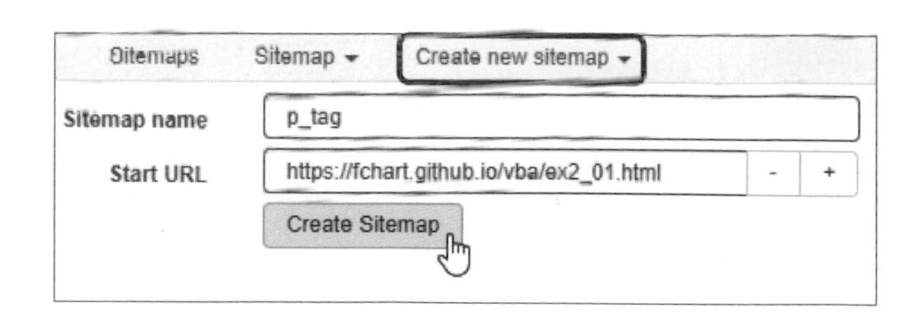

上述欄位的輸入資料，如下所示：

⁂ **Sitemap name**：p_tag。

⁂ **Start URL**：https://fchart.github.io/vba/ex2_01.html。

➲ 步驟三：建立爬取網站的 CSS 選擇器地圖

在成功建立網站地圖後，就可以開始新增 CSS 選擇器節點，這一節同樣是使用 Text 節點類型，其步驟如下所示：

1 在 **Web Scraper** 標籤下，按下 **Add new selector** 鈕，新增目前 **_root** 節點下的 CSS 選擇器。在 **Id** 欄輸入選擇器名稱 p_tag，**Type** 欄選擇 Text，因為要擷取多筆資料，請勾選 **Selector** 欄下方的 **Multiple**。

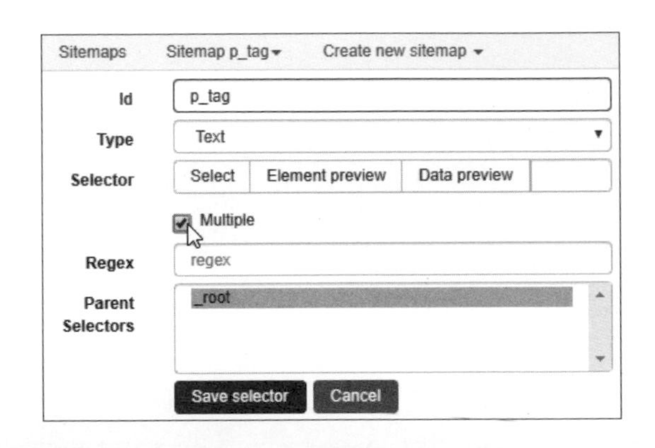

2 按下 **Select** 鈕後，在網頁中移動游標，點選第 1 個 <p> 標籤的 HTML 元素，如下圖所示：

標題文字 h1 標籤

這是一個段落的 p 標籤

這是另一個段落的 p 標籤

p:nth-of-type(1) S P C Done selecting!

在網頁的最下方欄位，會看到 CSS 選擇器是 **p:nth-of-type(1)**，在 : 前表示是選取 <p> 標籤，之後是 Pseudo-class 選擇器 nth-of-type(n)，可以選擇第 n 個標籤（n 是從 1 開始），1 表示是第 1 個 <p> 標籤（有關 Psudo-class 的說明，請參閱 4-5 節）。

3 此例我們要擷取所有 <p> 標籤，請繼續點選第 2 個 <p> 標籤，會看到取得的 CSS 選擇器 **p**，表示選取了所有的 <p> 標籤，如下圖所示：

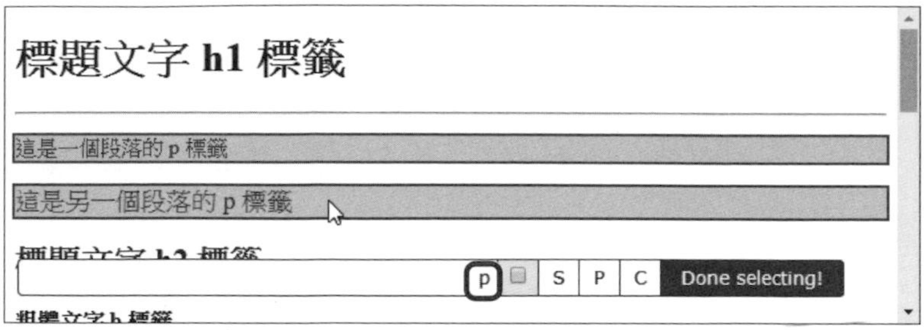

標題文字 h1 標籤
這是一個段落的 p 標籤
這是另一個段落的 p 標籤
p S P C Done selecting!

4 按下 **Done selecting!** 鈕完成選擇，即會在 **Selector** 欄中填入 CSS 選擇器 **p**，如下圖所示：

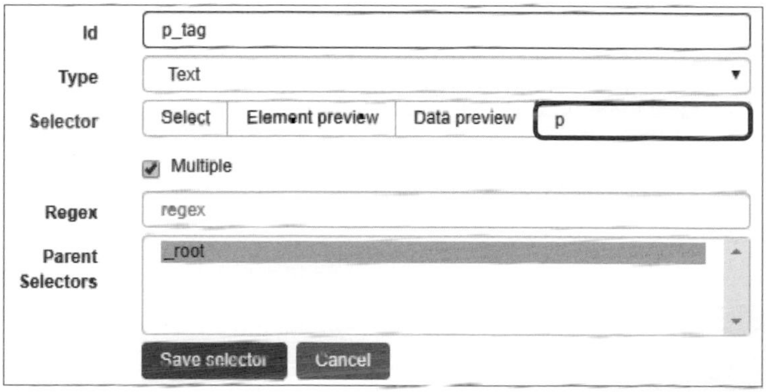

Id p_tag
Type Text
Selector Select Element preview Data preview p
Multiple
Regex regex
Parent Selectors _root
Save selector Cancel

5 按下上圖中的 **Element preview** 鈕，可以預覽選擇的 HTML 元素，按下 **Data preview** 鈕，則會看到擷取多筆 <p> 標籤的內容，如下圖所示：

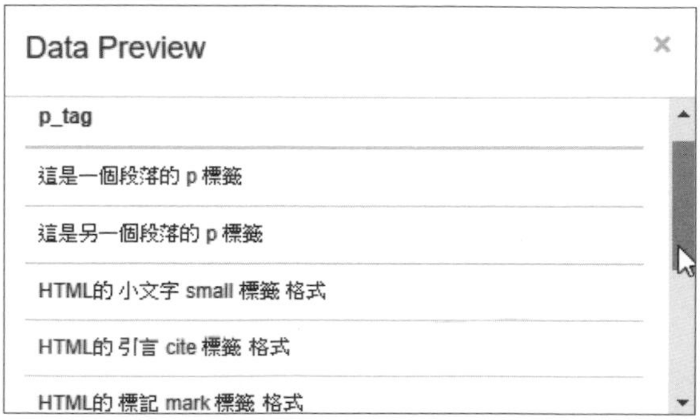

Data Preview
p_tag
這是一個段落的 p 標籤
這是另一個段落的 p 標籤
HTML的 小文字 small 標籤 格式
HTML的 引言 cite 標籤 格式
HTML的 標記 mark 標籤 格式

6 按下 **Save selector** 鈕，儲存選擇器節點，即可在 **_root** 根節點下新增名為 p_tag 的選擇器節點，**Multiple** 是 yes（多筆），如下圖所示：

_root

ID	Selector	type	Multiple	Parent selectors	Actions
p_tag	p	SelectorText	yes	_root	Element preview Data preview Edit Delete

Add new selector

7 請執行「Sitemap p_tag/Selector graph」命令，最初只會顯示 **_root** 節點，點選圓圈顯示下一層的 CSS 選擇器節點，如右圖所示：

上述 CSS 選擇器地圖只有一個 Text 節點，但是因為 CSS 選擇器是 p，再加上勾選 **Multiple**，一樣可以擷取多筆 <p> 標籤的資料。

➲ 步驟四：執行 Web Scraper 網站地圖爬取資料

我們已經建立好擷取資料的 Web Scraper 網站地圖，接著可以執行 Web Scraper 網站地圖來爬取資料，其步驟如下所示：

1 請執行「Sitemap p_tag/Scrape」命令，執行網路爬蟲，在輸入送出 HTTP 請求的間隔時間，和載入網頁的延遲時間後，按下 **Start scraping** 鈕就會開始爬取資料。

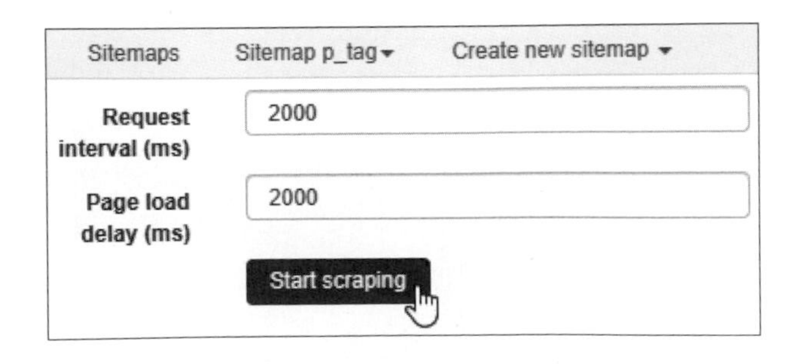

2 等到爬完後，請按下 **refresh** 鈕重新載入資料，就會看到擷取的資料，這是整份 HTML 網頁中的所有 <p> 段落標籤內容，每 1 個 <p> 標籤是 1 筆記錄，如下圖所示：

Refresh Data　Can you help improve Web Scrapers Tutorials? Sure!

web-scraper-order	web-scraper-start-url	p_tag
1568293175-5	https://fchart.github.io/vba/ex2_01.html	HTML的 標記 mark 標籤 格式
1568293175-9	https://fchart.github.io/vba/ex2_01.html	這是 上標 sup 標籤 的文字
1568293175-1	https://fchart.github.io/vba/ex2_01.html	這是一個段落的 p 標籤
1568293175-3	https://fchart.github.io/vba/ex2_01.html	HTML的 小文字 small 標籤 格式
1568293175-7	https://fchart.github.io/vba/ex2_01.html	我最喜愛的 顏色 是紅色
1568293175-2	https://fchart.github.io/vba/ex2_01.html	這是另一個段落的 p 標籤
1568293175-8	https://fchart.github.io/vba/ex2_01.html	這是 下標 sub 標籤 的文字
1568293175-6	https://fchart.github.io/vba/ex2_01.html	我最喜愛的顏色是 棕色 紅色
1568293175-4	https://fchart.github.io/vba/ex2_01.html	HTML的 引言 cite 標籤 格式

➲ 步驟五：將爬取的資料匯出成 CSV 檔案

Web Scraper 支援匯出成 CSV 檔案的功能，在成功從 HTML 網頁擷取出所需資料後，可以如下操作匯出成 CSV 檔案：

1 請執行「Sitemap p_tag/Export data as CSV」命令，將爬取的資料匯出成 CSV 檔案。

2 執行命令後，會看到 **Download now!** 超連結，請點選超連結下載 CSV 檔案，預設檔名就是網路地圖名稱 p_tag.csv。

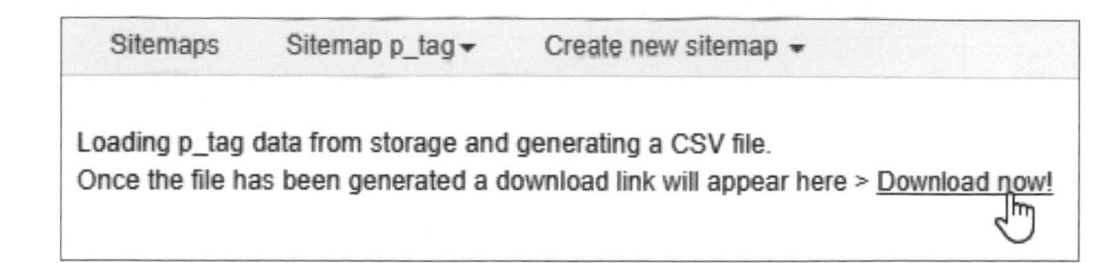
Sitemaps
Sitemap p_tag
Create new sitemap
Loading p_tag data from storage and generating a CSV file.
Once the file has been generated a download link will appear here > Download now!

2-2-2 爬取特定 HTML 段落標籤

我們可以再仔細檢視測試網頁的多個 <p> 標籤，有些 <p> 標籤有 id 屬性值，如下所示：

```
<p id="brown">我最喜愛的顏色是 <del>棕色</del> 紅色</p>
<p id="red">我最喜愛的 <ins>顏色</ins> 是紅色</p>
```

上述 id 屬性值是 brown 和 red，這個值是 HTML 元素的唯一識別名稱，在整頁 HTML 網頁中的名稱必須是唯一，換句話説，id 屬性值不能重複，我們可以透過唯一的 id 屬性值，在眾多 <p> 標籤中，選擇特定 HTML 段落標籤。

請使用相同的起始網址，新增名為 p_tag2 的網站地圖，如下圖所示：

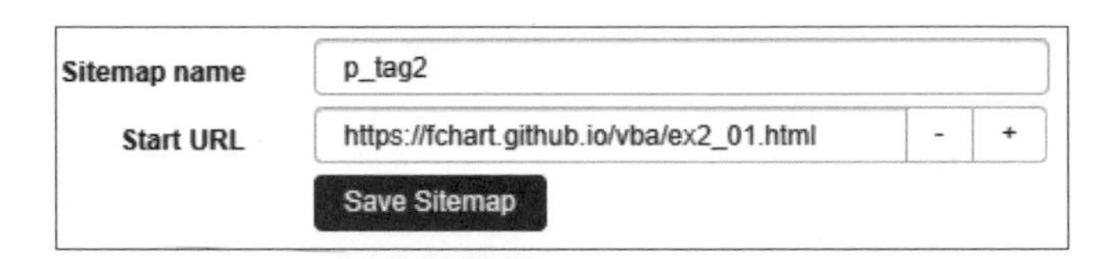

我們要在 **_root** 下新增 3 個 CSS 選擇器節點，第 1 個是 p_tag，CSS 選擇器是 **p#another**，這是 id 屬性值為 another 的 <p> 標籤，如下圖所示：

第 2 個是 p_tag2，CSS 選擇器是 **p#brown**，這是 id 屬性值為 brown 的 <p> 標籤，如下圖所示：

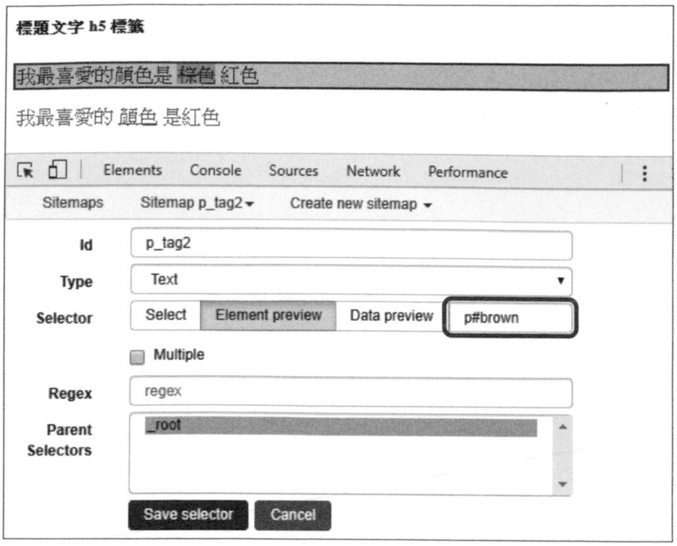

標題文字 h5 標籤

我最喜愛的顏色是 棕色 紅色

我最喜愛的 顏色 是紅色

Elements Console Sources Network Performance

Sitemaps Sitemap p_tag2 Create new sitemap

Id p_tag2

Type Text

Selector Select Element preview Data preview p#brown

Multiple

Regex regex

Parent Selectors _root

Save selector Cancel

第 3 個是 p_tag3，CSS 選擇器是 **p:nth-of-type(3)**，因為此 <p> 標籤並沒有 id 屬性值，所以使用 Pseudo-class 選擇器 nth-of-type(n)，n 是 3 表示是第 3 個 <p> 標籤，如下圖所示：

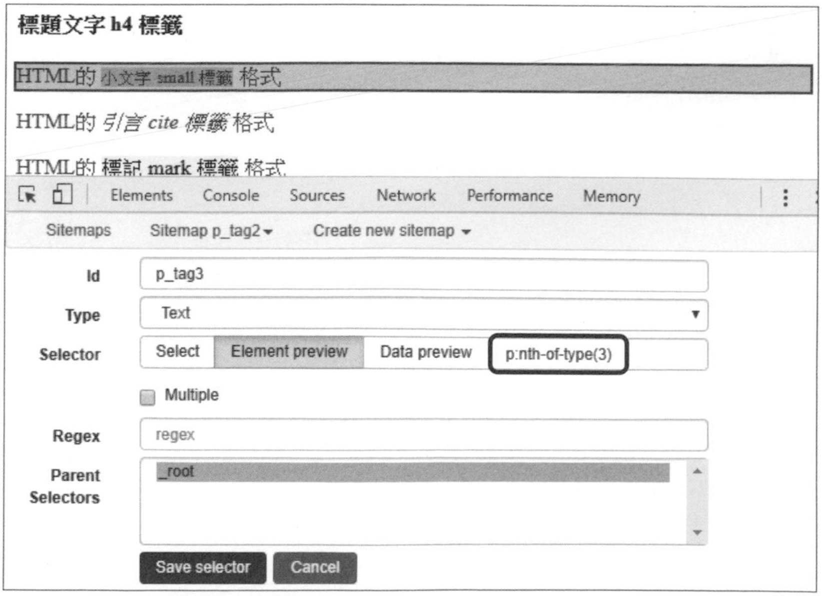

標題文字 h4 標籤

HTML的 小文字 small 標籤 格式

HTML的 *引言 cite 標籤* 格式

HTML的 標記 mark 標籤 格式

Elements Console Sources Network Performance Memory

Sitemaps Sitemap p_tag2 Create new sitemap

Id p_tag3

Type Text

Selector Select Element preview Data preview p:nth-of-type(3)

Multiple

Regex regex

Parent Selectors _root

Save selector Cancel

在 _root 下可以看到新增的 3 個 CSS 選擇器節點，如下圖所示：

_root				
ID	Selector	type	Multiple	Parent selectors
p_tag	p#another	SelectorText	no	_root
p_tag2	p#brown	SelectorText	no	_root
p_tag3	p:nth-of-type(3)	SelectorText	no	_root

網站地圖的樹狀結構，如下圖所示：

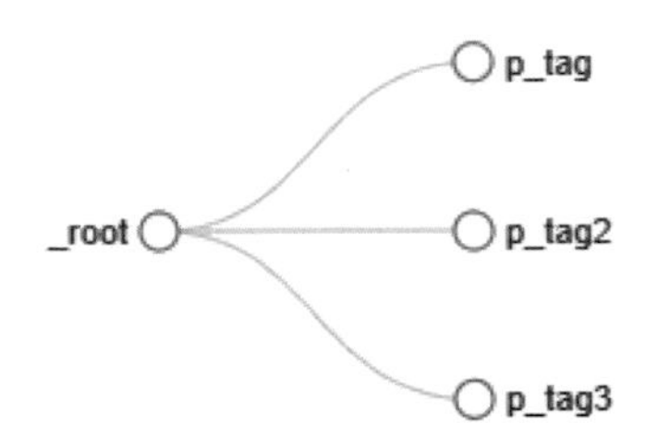

最後，我們可以看到網站地圖擷取回的資料，如下圖所示：

web-scraper-order	web-scraper-start-url	p_tag	p_tag2	p_tag3
1568338562-1	https://fchart.github.io/vba/ex2_01.html	這是另一個段落的 p 標籤	我最喜愛的顏色是 棕色 紅色	HTML的 小文字 small 標籤 格式

從上圖可以看出因為 Text 節點沒有勾選 Multiple，所以是單筆，在 _root 下同一層的 3 個選擇器是這筆記錄的 3 個欄位。

2-3 爬取 HTML 文字格式標籤

當 HTML 網頁內容有些名詞或片語需要特別格式（Text Formatting）來標示，就可以使用本節所介紹的標籤來標示特定文字，只需將文字包含在這些標籤中，就可以顯示不同的標示效果，如下表所示：

標籤	說明
<b>	使用粗體字來標示文字，HTML5 代表文體上的差異，例如：關鍵字和印刷上的粗體字等
<i>	使用斜體字來標示文字，HTML5 代表另一種聲音或語調，通常是用來標示其他語言的技術名詞、片語和想法等
<em>	顯示強調文字的效果，在 HTML5 是強調發音上有細微改變句子的意義，例如：因發音改變而需強調的文字
<strong>	HTML 4.x 是更強的強調文字，HTML5 是重要文字
<cite>	HTML 4.x 是引言或參考其他來源，HTML5 是用來定義產品名稱，例如：一本書、一首歌、一部電影或畫作等
<small>	HTML 4.x 是顯示縮小文字，HTML5 是輔助說明或小型印刷文字，例如：網頁最下方的版權宣告等
<mark>	HTML5 標籤，可以用來標示文字內容，其顯示效果如同在書本上劃上黃色螢光筆般
<sub>	顯示下標字
<sup>	顯示上標字

上表標籤在 HTML 4.x 版主要是替文字套用不同的顯示樣式，HTML5 進一步給予元素內容的意義，稱為語意（Semantics）。

一般來說，<b> 標籤是標示特別文字內容的最後選擇，首選是 <h1> ～ <h6>，強調文字使用 <em>，重要文字使用 <strong>，需要作記號的重點文字，請使用 <mark> 標籤。

基本上，格式標籤是用來格式化文字內容，爬取 HTML 文字格式標籤和 <hn> 與 <p> 標籤沒有什麼不同，唯一差異是格式化部分文字內容，所以通常是段落標籤的子標籤，如下所示：

```
<p>HTML 的 <small> 小文字 small 標籤 </small> 格式 </p>
<p>HTML 的 <cite> 引言 cite 標籤 </cite> 格式 </p>
<p>HTML 的 <mark> 標記 mark 標籤 </mark> 格式 </p>
```

上述 <small>、<cite> 和 <mark> 標籤都是 <p> 的子標籤。我們要在 Web Scraper 建立網站地圖 formatting_tag 來擷取上述 3 個 <p> 的子標籤，如下圖所示：

我們準備在 **_root** 下新增 3 個 CSS 選擇器，第 1 個是 small_tag（Text 節點），在按下 **Select** 鈕選擇 HTML 元素後，請先移至 <small> 標籤外的 <p> 標籤，如下圖所示：

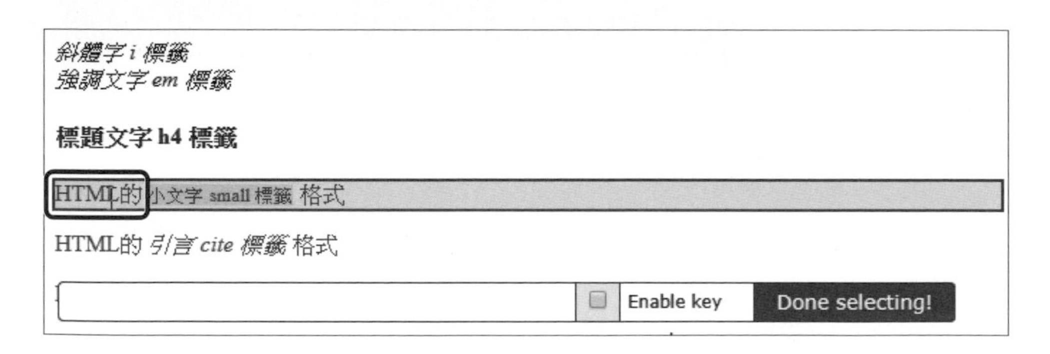

上述綠色背景中可以看出**小文字 small 標籤**比較深，表示有子標籤，請再移至 <small> 標籤來選擇 small 元素，如下圖所示：

斜體字 i 標籤
強調文字 em 標籤

標題文字 h4 標籤

HTML的 小文字 small 標籤 格式

HTML的 引言 cite 標籤 格式

Enable key Done selecting!

在選擇子標籤後，會看到紅色框是位在 <p> 標籤之中的子元素，CSS 選擇器是 small，如下圖所示：

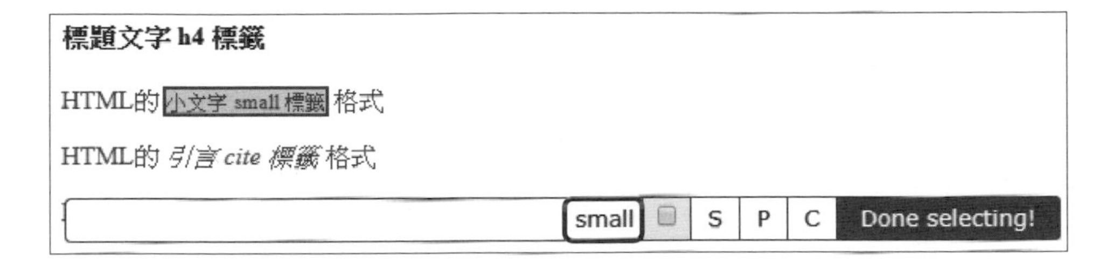

按下 **Done selecting!** 鈕新增此 CSS 選擇器，如下圖所示：

Id: small_tag
Type: Text
Selector: Select | Element preview | Data preview | small
Multiple
Regex: regex
Parent Selectors: _root
Save selector | Cancel

第 2 個是 cite_tag，CSS 選擇器是 **cite**，如下圖所示：

標題文字 h4 標籤

HTML的 小文字 small 標籤 格式

HTML的 引言 cite 標籤 格式

HTML的 標記 mark 標籤 格式

Elements Console Sources Network Performance

Sitemaps Sitemap formatting_tag Create new sitemap

Id cite_tag

Type Text

Selector Select Element preview Data preview cite

Multiple

Regex regex

Parent Selectors _root

Save selector Cancel

第 3 個是 mark_tag，CSS 選擇器是 **mark**，如下圖所示：

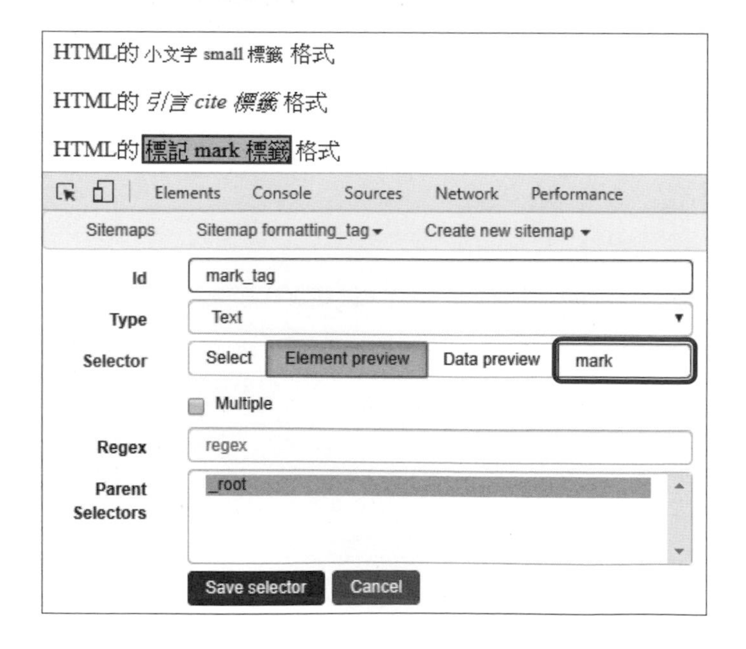

在 **_root** 下可以看到新增的 3 個 CSS 選擇器節點，如下圖所示：

_root				
ID	**Selector**	**type**	**Multiple**	**Parent selectors**
small_tag	small	SelectorText	no	_root
cite_tag	cite	SelectorText	no	_root
mark_tag	mark	SelectorText	no	_root

網站地圖的樹狀結構，如下圖所示：

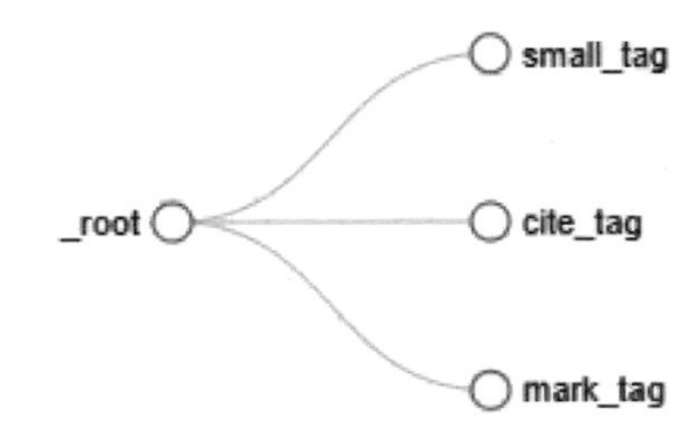

最後，我們可以看到網站地圖擷取回的資料，如下圖所示：

web-scraper-order	web-scraper-start-url	small_tag	cite_tag	mark_tag
1568344398-2	https://fchart.github.io/vba/ex2_01.html	小文字 small 標籤	引言 cite 標籤	標記 mark 標籤

2-4 CSS 的型態和 id 屬性選擇器

最基本的 CSS 選擇器就是使用標籤名稱和 id 屬性值來選取 HTML 元素。請在 **CSS 選擇器互動測試工具**載入 Ch2_4.html 的測試標籤。

➲ CSS 的型態選擇器

型態選擇器（Type Selectors）就是單純選擇 HTML 標籤名稱，在選擇器後，可以定義大括號括起的樣式組，此樣式組是用來重新定義標籤樣式，例如：<p> 標籤的新樣式，如下所示：

```
p { font-size: 12pt; color: green }
```

上述 CSS 選擇器選擇 <p> 標籤，表示在 HTML 網頁中的所有 <p> 標籤都會套用後面的樣式組。請在上方欄位輸入 **p**，可以選擇所有 p 元素，如下圖所示：

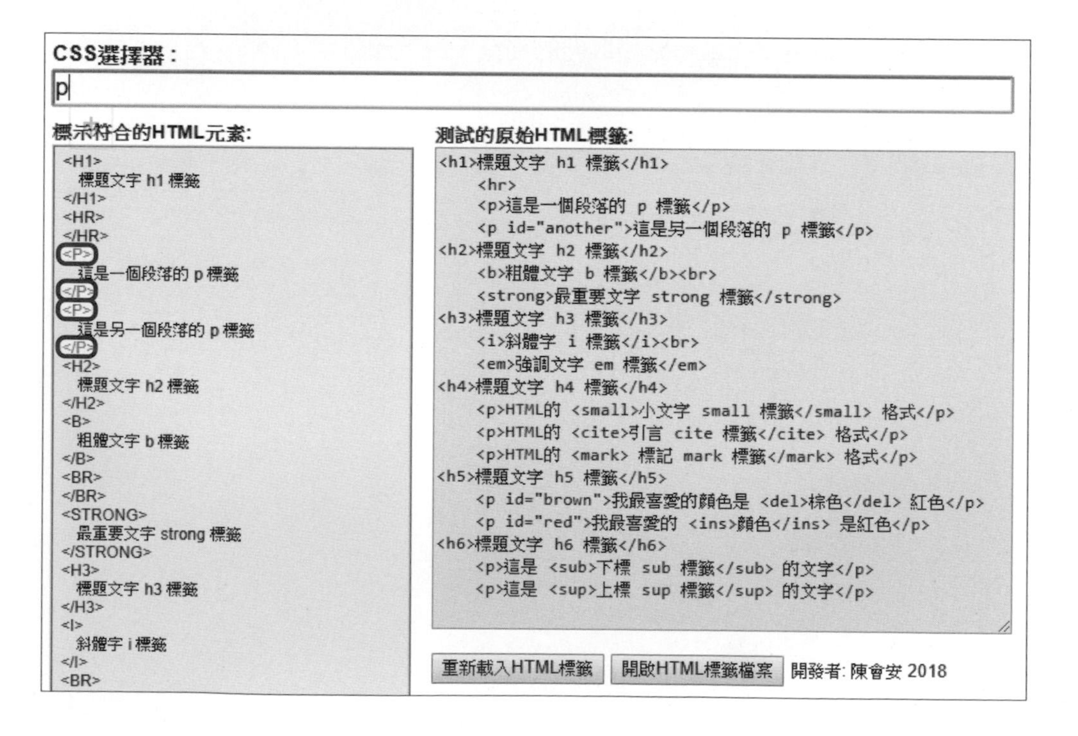

同樣的，你可以輸入 h1、h2、h3、b、small、strong 等標籤名稱，在 HTML 網頁定位目標的 HTML 元素。

➲ CSS 的 id 屬性選擇器

HTML 標籤如果有 id 屬性值，這是用來指定元素的唯一識別名稱，如下所示：

```
<p id="another">這是另一個段落的 p 標籤</p>
```

上述 HTML 標籤是名為 another 的元素，CSS 選擇器是使用「#」開頭的 id 屬性值來定義選擇哪一個 id 屬性值的元素來套用 CSS 樣式，如下所示：

```
#another { font-size: 14pt }
```

上述 CSS 樣式組可以替 another 元素套用 font-size 樣式屬性。在上方欄位輸入 **#another**，可以選擇指定的 p 元素，如下圖所示：

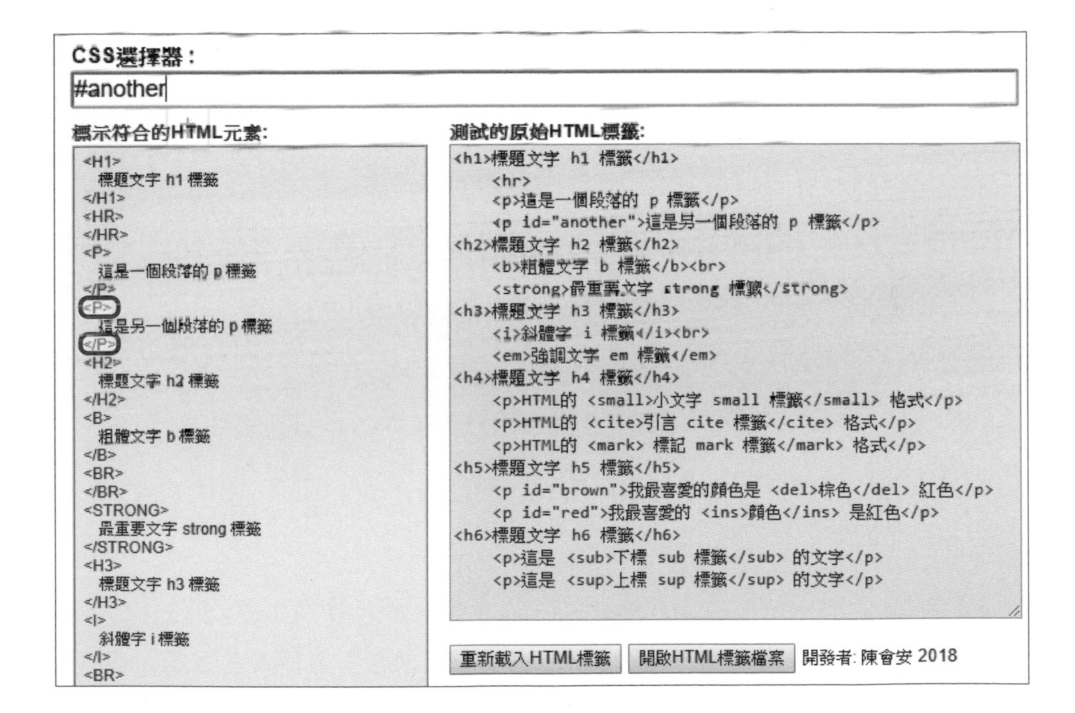

除了 id 屬性值外，我們也可以在前方加上 p 標籤，表示是名為 id 屬性值的 p 標籤（因為 id 屬性是唯一值，所以不指名標籤也可以），如下圖所示：

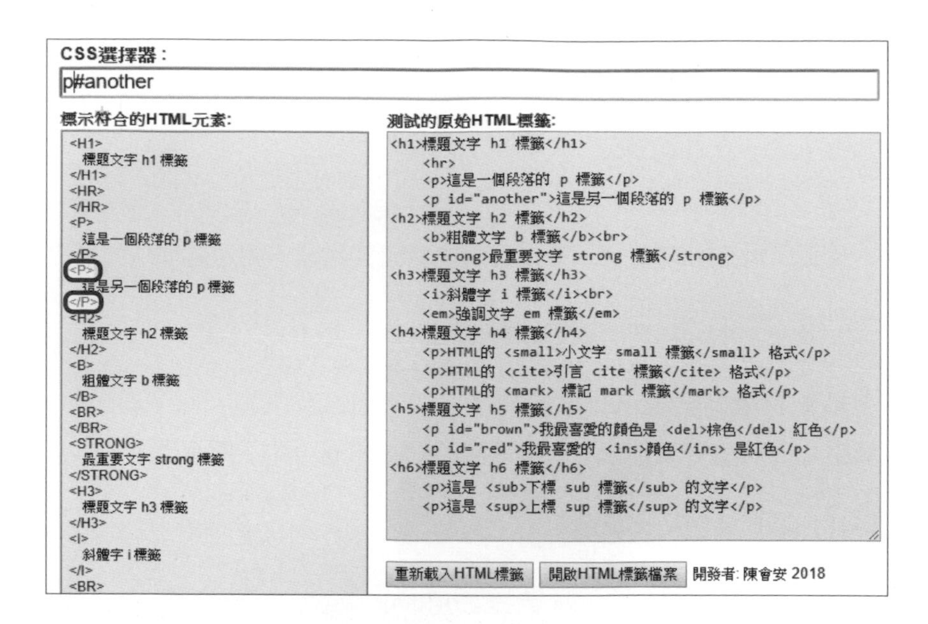

➲ 如何在 HTML 網頁選擇特定的 HTML 元素？

實務上，如果在 HTML 網頁使用標籤名稱的型態選擇器，例如：之前的 h1、h2、h3 和 p，因為可能有多個同名標籤，我們定位的資料可能是多筆資料。但是，因為 id 屬性值是唯一值，換句話説，使用 id 屬性選擇器定位的資料一定只有一筆。

當需要在 HTML 網頁中取出特定單筆的 HTML 元素，我們可以使用的 CSS 選擇器，如下所示：

- 如果 HTML 網頁確認只有 1 個這種標籤，可以使用型態選擇器，例如：使用 small 定位 <small> 標籤。
- 如果 HTML 標籤擁有 id 屬性值，使用 id 屬性選擇器，例如：使用 #another 定位 <p> 標籤。
- 如果 HTML 網頁有多個同名標籤，但都沒有 id 屬性值，Web Scraper 擴充功能是使用 Pseudo-class 選擇器 nth-of-type(n)，以便在同名標籤選擇第 n 個標籤（n 是從 1 開始），例如：第 1 個和第 3 個 <p> 標籤，如下所示：

```
p:nth-of-type(1)
p:nth-of-type(3)
```

2-5 編輯與管理 Web Scraper 網站地圖

Web Scraper 擴充功能的上方標籤列有三個功能表命令，提供編輯與管理 Web Scraper 網站地圖的功能，如下圖所示：

Sitemaps　Sitemap heading_tag ▾　Create new sitemap ▾

上述功能表的第 1 個 **Sitemaps** 可以顯示目前建立的網站地圖清單，第 2 個功能表是管理目前開啟的網站地圖，所以在 Sitemap 後是網站地圖名稱 heading_tag，最後 1 個功能表是用來新增和匯入網站地圖。

➲ 顯示網站地圖清單

在 Web Scraper 點選 **Sitemaps**，會顯示目前建立的網站地圖清單，如下圖所示：

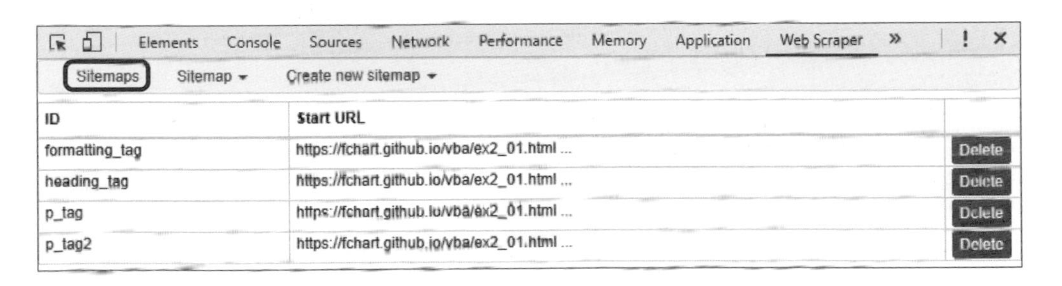

點選項目即可開啟指定的網站地圖，按最後的 Delete 鈕則會刪除該列的網站地圖。

➲ 顯示和編輯網站地圖的選擇器清單

當從網站地圖清單開啟指定的網站地圖後，例如：點選 heading_tag，預設會顯示 **_root** 根節點下的 CSS 選擇器清單（也可以執行「Sitemap heading_tag/Selectors」命令來顯示），如下圖所示：

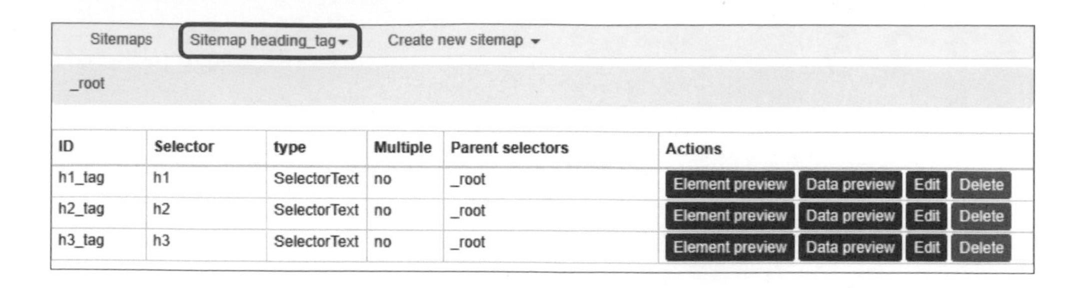

在上述 Actions 欄可以編輯此列的 CSS 選擇器節點，其說明如下所示：

- **Element preview**：點選此鈕，會顯示此列選擇器所選擇的 HTML 元素，例如：h1_tag，如下圖所示：

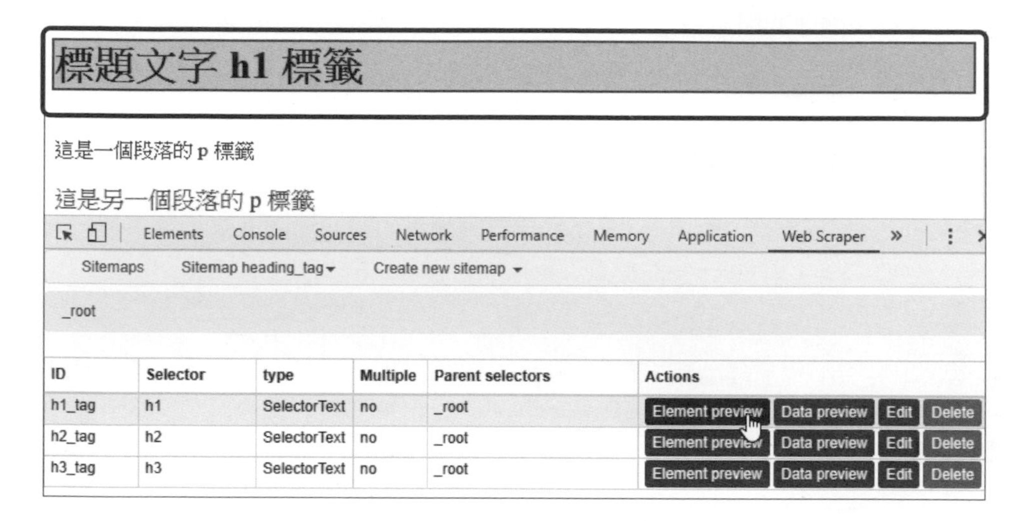

- **Data preview**：點選此鈕，會顯示此列選擇器選擇的 HTML 元素所擷取的資料，例如：h1_tag，如下圖所示：

Data Preview ×

h1_tag

標題文字 h1 標籤

* Edit：重新編輯此列的 CSS 選擇器節點，可以重新點選 Select 鈕來選擇元素，和編輯其他欄位，例如：h1_tag，如下圖所示：

標題文字 h1 標籤

這是一個段落的 p 標籤

這是另一個段落的 p 標籤

Elements Console Sources Network Performance

Sitemaps Sitemap heading_tag Create new sitemap

Id h1_tag

Type Text

Selector Select Element preview Data preview h1

Multiple

Regex regex

Parent Selectors _root

Save selector Cancel

* Delete：刪除此列的 CSS 選擇器節點。

➲ 重新編輯網站地圖的 Metadata 資料

如果需要，我們也可以重新編輯網站地圖的 Metadata 資料，即網站地圖的定義資料，請執行「Sitemap heading_tag/Edit metadata」命令，如下圖所示：

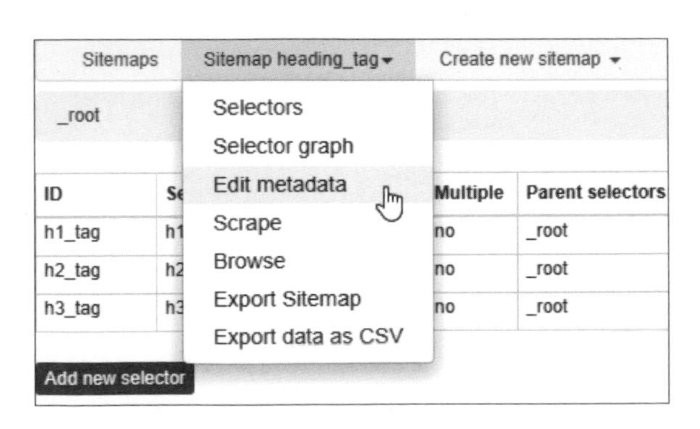

執行命令後，可以看到和新增網站地圖時相同的畫面，如下圖所示：

Sitemaps　Sitemap heading_tag▾　Create new sitemap ▾

Sitemap name: heading_tag

Start URL: https://fchart.github.io/vba/ex2_01.html

Save Sitemap

完成編輯後，例如：更改網站地圖名稱，按下 **Save Sitemap** 鈕儲存網站地圖。

➲ 匯出網站地圖檔案

已經建立好的 Web Scraper 網站地圖，我們可以將它匯出成文字檔案，之後再匯入 Web Scraper。匯出網站地圖檔案的步驟，如下所示：

1 請開啟欲匯出的網站地圖，例如：heading_tag 後，執行「Sitemap heading_tag/Export Sitemap」命令。

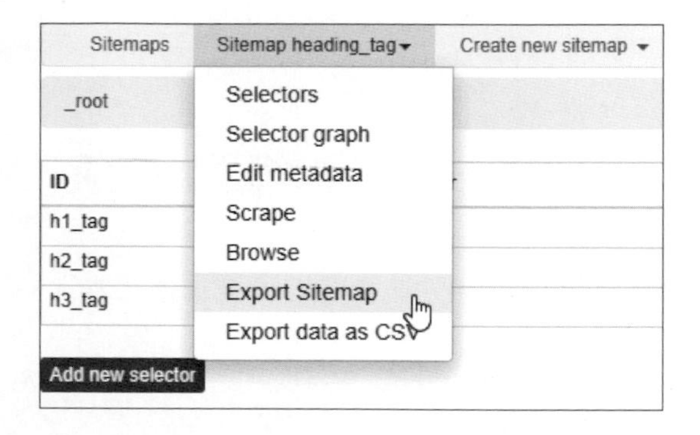

2 可以馬上在下列方框看到網站地圖的 JSON 格式字串。

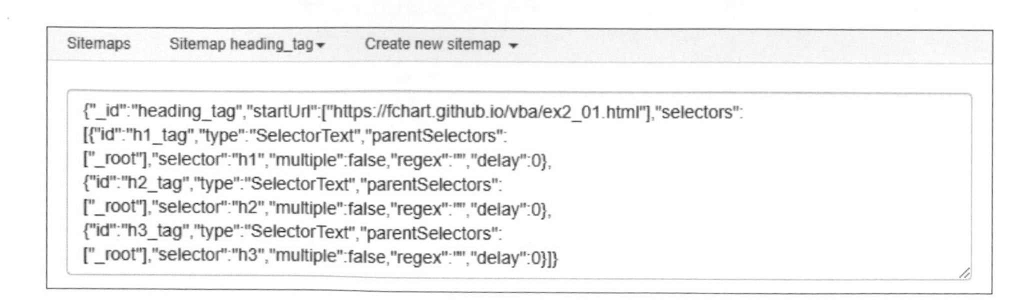

> **說 明**
>
> 「JSON」的全名為（JavaScript Object Notation），這是一種資料交換格式，事實上，JSON 就是 JavaScript 物件的文字表示法，其內容就是單純的文字內容（Text Only），在第 12 章有進一步的說明。

3 請全選方框的 JSON 字串後，執行**右**鍵快顯功能表的**複製**命令，然後啟動**記事本**，貼上複製的 JSON 字串，如下圖所示：

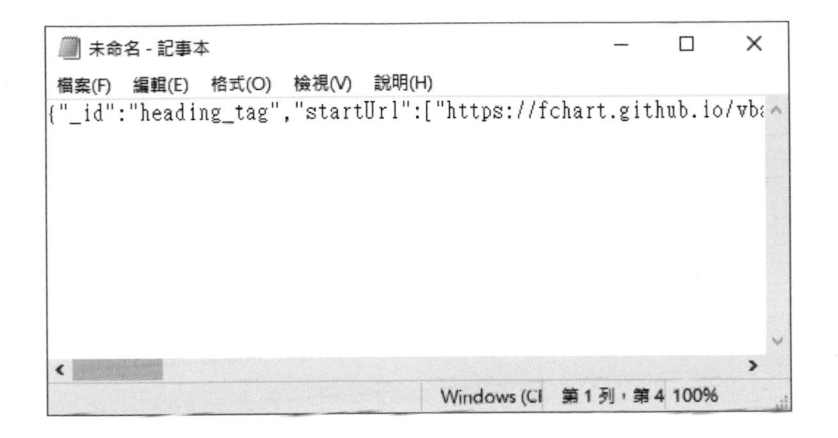

4 執行「檔案 / 儲存檔案」命令儲存網站地圖的 .txt 檔案，此例儲存成 heading_tag.txt。

➲ 匯入網站地圖檔案

對於從 Web Scraper 匯出的網站地圖檔案，例如：yahoo_movies.txt，我們可以再重新匯入 Web Scraper，其步驟如下所示：

1 請執行「Create new sitemap/Import Sitemap」命令。

Sitemaps　Sitemap ▾　Create new sitemap ▾

Create Sitemap
Import Sitemap

ID	
formatting_tag	ex2_01.html ...
heading_tag	https://fchart.github.io/vba/ex2_01.html ...
p_tag	https://fchart.github.io/vba/ex2_01.html ...
p_tag2	https://fchart.github.io/vba/ex2_01.html ...

2 在 **Sitemap JSON** 欄位的方框貼上 yahoo_movies.txt 文字檔案內容的 JSON 字串，如下圖所示：

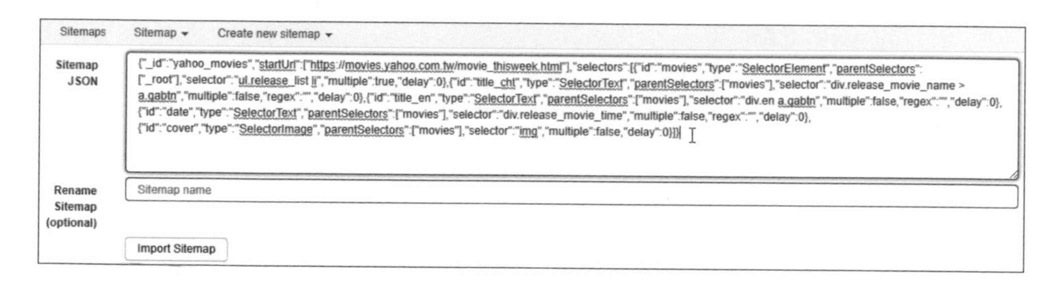

3 如果有同名的網站地圖，在上述 **Rename Sitemap** 欄可以更改匯入的網站地圖名稱，按下 **Import Sitemap** 鈕，可以看到匯入的網站地圖 yahoo_movies，如下圖所示：

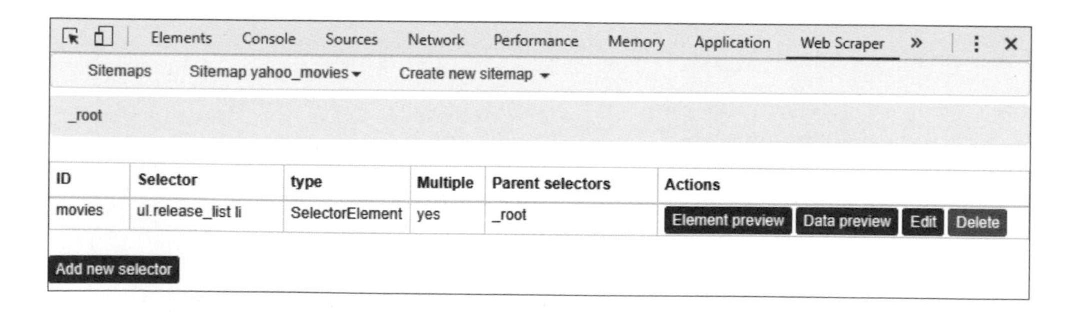

4 點選 **Sitemaps**，可以在網站地圖清單中看到新增的 yahoo_movies，如下圖所示：

Sitemaps	Sitemap ▾	Create new sitemap ▾

ID	Start URL	
formatting_tag	https://fchart.github.io/vba/ex2_01.html ...	Delete
heading_tag	https://fchart.github.io/vba/ex2_01.html ...	Delete
p_tag	https://fchart.github.io/vba/ex2_01.html ...	Delete
p_tag2	https://fchart.github.io/vba/ex2_01.html ...	Delete
yahoo_movies	https://movies.yahoo.com.tw/movie_thisweek.html ...	Delete

➲ 瀏覽爬取回來的資料

如果已經執行過網路地圖且擷取回資料，我們可以執行「Sitemap heading_tag/Browse」命令瀏覽已經擷取回的資料，如下圖所示：

web-scraper-order	web-scraper-start-url	h1_tag	h2_tag	h3_tag
1568277068-1	https://fchart.github.io/vba/ex2_01.html	標題文字 h1 標籤	標題文字 h2 標籤	標題文字 h3 標籤

學習評量

1. 請說明使用 Web Scraper 爬取資料的基本步驟？

2. 請問 HTML 的標題文字和段落標籤分別是什麼？

3. 請簡單說明 HTML 文字格式標籤有哪些？

4. 請說明什麼是 CSS 的型態和 id 選擇器？

5. 請說明如何用 CSS 選擇器在 HTML 網頁選擇特定 HTML 元素？

6. 請簡單說明 Web Scraper 的網站地圖管理功能？

7. 請修改第 2-2-1 節的網站地圖，新增選擇器節點來擷取所有標題文字標籤。

8. 請在匯入 yahoo_movies.txt 後，執行網站地圖來爬取資料，並且匯出成 CSV 檔案。

3

CHAPTER

爬取清單項目和表格標籤

3-1 爬取 HTML 清單標籤

文字內容除了可以用標題、段落和格式來呈現外，也可以使用清單標籤將同屬性的文字群組成列表，或使用 HTML 表格標籤以表格方式來編排。

3-1-1 認識 HTML 清單標籤

HTML 支援多種清單，可以將文字內容的重點綱要一一列出，常用的 HTML 清單標籤有：項目符號和項目編號（HTML 網頁：ch3_1_1.html）。

➲ 項目編號（Ordered List）

項目編號就是有數字順序的 HTML 清單，如下所示：

```
<ol start="2">
  <li> 漢堡 </li>
  <li> 三明治 </li>
  <li> 蛋餅 </li>
</ol>
```

2. 漢堡
3. 三明治
4. 蛋餅

上述的例子，用 <ol> 標籤建立項目編號，每一個項目是一個 <li> 標籤。<ol> 標籤的屬性，如下表所示：

屬性	說明
start	指定項目編號的開始，HTML 4.x 不支援此屬性
type	指定項目編號是數字、英文等，例如：1、A、a、I、i，HTML 4.x 不支援此屬性
reversed	HTML5 新增的屬性，指定項目編號是反向由大至小

➲ 項目符號（Unordered List）

項目符號就是無編號的 HTML 清單，在項目前使用小圓形、正方形等符號來表示，如下所示：

```
<ul>
  <li>紅茶</li>
  <li>奶茶</li>
  <li>咖啡</li>
</ul>
```

- 紅茶
- 奶茶
- 咖啡

➲ 定義清單（Definition List）

HTML5 定義清單是名稱和值成對群組的一種結合清單，例如：詞彙說明的每一個項目是定義和說明，如下所示：

```
<dl>
   <dt>JavaScript</dt>
      <dd>客戶端腳本語言</dd>
   <dt>HTML</dt>
      <dd>網頁製作語言</dd>
</dl>
```

JavaScript
　　客戶端腳本語言
HTML
　　網頁製作語言

上述 <dl> 標籤建立定義清單，使用 <dt> 標籤定義項目，<dd> 標籤描述項目。

3-1-2 從網頁爬取 <ol> 和 <ul> 兩種標籤

我們準備使用 Web Scraper 爬取本書測試網址的 <ol> 和 <ul> 標籤，和說明如何在 CSS 選擇器節點選擇 2 種不同的標籤。

➲ 步驟一：實際瀏覽網頁內容

請啟動 Chrome 瀏覽器後，在**網址列**中輸入網址：https://fchart.github.io/vba/ex3_01.html。在 Chrome 開發人員工具的 **Elements** 標籤，可以看到 <ol> 和 <ul> 標籤，如下圖所示：

從上圖可以看到 <ul> 和 <ol> 標籤，因為是兩種不同的標籤，所以使用 CSS 群組選擇器來選擇 2 個不同的 HTML 標籤。

➲ 步驟二：在 Web Scraper 新增網站地圖的爬取專案

在確認目標資料的 HTML 元素後，我們就可以將目前瀏覽器的網址作為起始網址來建立網站地圖，如下圖所示：

上述欄位內容的輸入資料，如下所示：

⁂ **Sitemap name**：list_tag。

⁂ **Start URL**：https://fchart.github.io/vba/ex3_01.html。

➲ 步驟三：建立爬取網站的 CSS 選擇器地圖

在成功建立網站地圖後，就可以新增 CSS 選擇器節點，在這一節是使用 Text 節點類型來擷取 2 個清單標籤的內容，其步驟如下所示：

1 請在 Chrome 瀏覽器進入剛才在 **Start URL** 欄輸入的網頁，因為我們要在此網頁選取擷取資料的 HTML 元素。

2 按下 **Add new selector** 鈕，新增目前 **_root** 節點下的 CSS 選擇器節點，在 **Id** 欄輸入選擇器名稱 list_tag，**Type** 欄選擇 Text，因為有多筆 HTML 清單標籤，請勾選 **Multiple**，如下圖所示：

3 按下 **Select** 鈕後，在網頁移動游標，首先點選第 1 個 <ul> 標籤的 HTML 元素（點選標籤後，以深紅色呈現的是 <li> 標籤），如下圖所示：

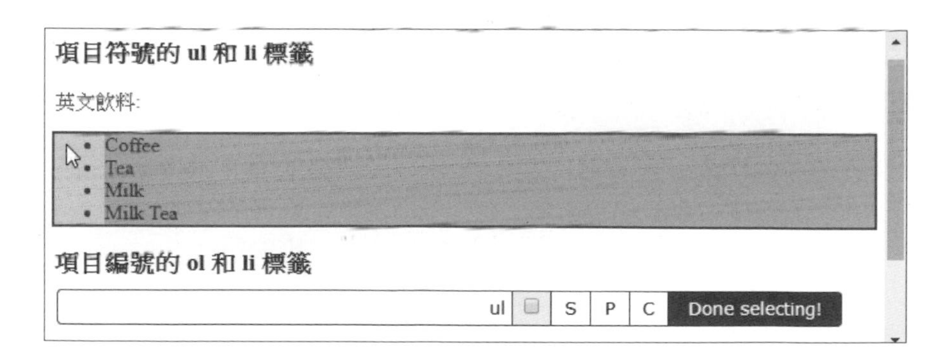

4 上述欄位的 CSS 選擇器是 **ul**，請再點選第 2 個 <ol> 標籤，此時會顯示一個浮動訊息框，因為 Web Scraper 預設不允許選取不同種類的標籤，請先在工具列勾選核取方塊後，即可選擇第 2 個 <ol> 標籤，如下圖所示：

上述取得的 CSS 選擇器是 **ul, ol**，我們可以使用「,」逗號分隔多個型態選擇器，表示同時選擇多種不同 HTML 標籤。

5 按 **Done selecting!** 鈕完成選擇，即會在下方欄位填入 CSS 選擇器 **ul, ol**，如果需要，請分別按下 **Element preview** 和 **Data preview** 鈕，預覽選擇的 HTML 元素和擷取資料。

6 按下 **Save selector** 鈕儲存選擇器節點，可以在 _root 根節點下新增名為 list_tag 的選擇器節點，Multiple 是 **yes**（多筆），如下圖所示：

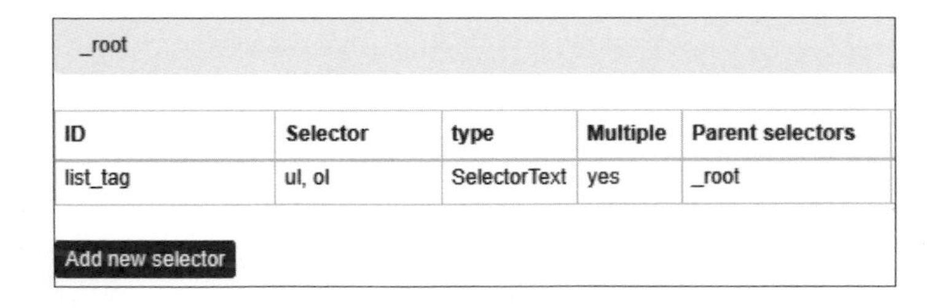

_root

ID	Selector	type	Multiple	Parent selectors
list_tag	ul, ol	SelectorText	yes	_root

Add new selector

7 請執行「Sitemap list_tag/Selector graph」命令，最初只有 _root 節點，點選後會顯示下一層的 CSS 選擇器 list_tag，如下圖所示：

➲ 步驟四：執行 Web Scraper 網站地圖爬取資料

到此，我們已經建立好擷取資料的 Web Scraper 網站地圖，請執行 Web Scraper 網站地圖來爬取資料，其步驟如下所示：

1. 請執行「Sitemap list_tag/Scrape」命令執行網路爬蟲，在輸入送出 HTTP 請求的間隔時間和載入網頁的延遲時間後，按 **Start scraping** 鈕開始爬取資料。

2. 等到爬完後，請按下 **refresh** 鈕重新載入資料，可以看到擷取的資料是 2 個清單的 <li> 標籤內容，和使用空白字元分隔，如下圖所示：

web-scraper-order	web-scraper-start-url	list_tag
1568533046-3	https://fchart.github.io/vba/ex3_01.html	Coffee Tea Milk Milk Tea
1568533046-4	https://fchart.github.io/vba/ex3_01.html	咖啡 茶 牛奶 奶茶

➲ 步驟五：將爬取的資料匯出成 CSV 檔案

Web Scraper 支援匯出成 CSV 檔案的功能，成功爬取所需的資料後，可以如下操作匯出成 CSV 檔案：

1. 請執行「Sitemap list_tag/Export data as CSV」命令，匯出爬取資料成為 CSV 檔案。

2. 在匯出後，可以看到 **Download now!** 超連結，請點選此超連結下載 CSV 檔案，預設檔名是網路地圖名稱 list_tag.csv。

3-1-3 使用 CSS 樣式類別的選擇器

在 3-1-2 節是擷取兩種不同的 <ul> 和 <ol> 清單標籤，如下所示：

```
<ul class="list">…</ul>
…
<ol class="list">…</ol>
```

上述 2 個 HTML 標籤雖然不同，但都有相同的 class 屬性值 list，我們可以改用 class 屬性的樣式類別選擇器來選擇 2 個清單項目。請在 Web Scraper 建立名為 list_tag2 的網站地圖，如下圖所示：

接著，在 **_root** 新增名為 list_tag 的選擇器，因為 Web Scraper 選擇器工具不容易選出樣式類別選擇器，請自行在欄位輸入選擇器 **.list**，前方是「.」句點，之後是 class 屬性值，如下圖所示：

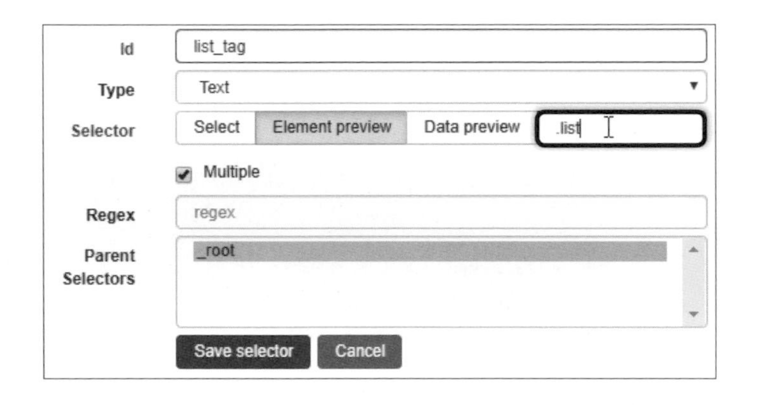

按下 **Element preview** 鈕，可以看到成功選擇這 2 個 <ul> 和 <ol> 標籤，如右圖所示。

在儲存後，就可以執行爬蟲程式，其執行結果擷取出的資料和第 3-1-2 節完全相同。

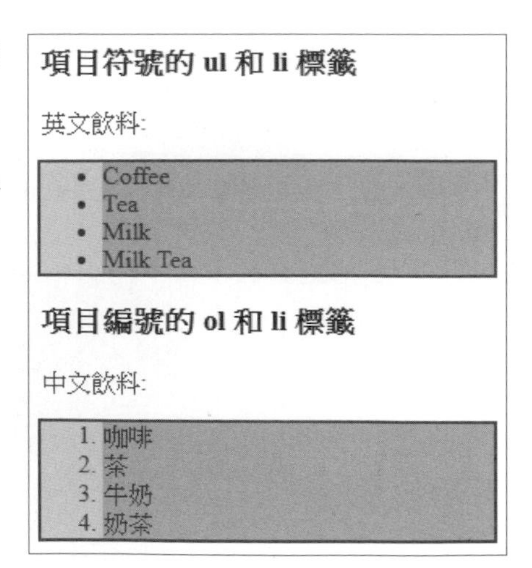

3-1-4 使用 Element 選擇器類型

Web Scraper 的 Element 選擇器類型可以擷取網頁中的多筆記錄資料，這一節我們準備使用 Web Scraper 爬取本書測試網址的 3 個問卷調查題目，每一題都有問題描述和 2 個答案。

➲ 步驟一：實際瀏覽網頁內容

請啟動 Chrome 瀏覽器後，在**網址列**輸入網址：https://fchart.github.io/vba/ex3_02.html，如下圖所示：

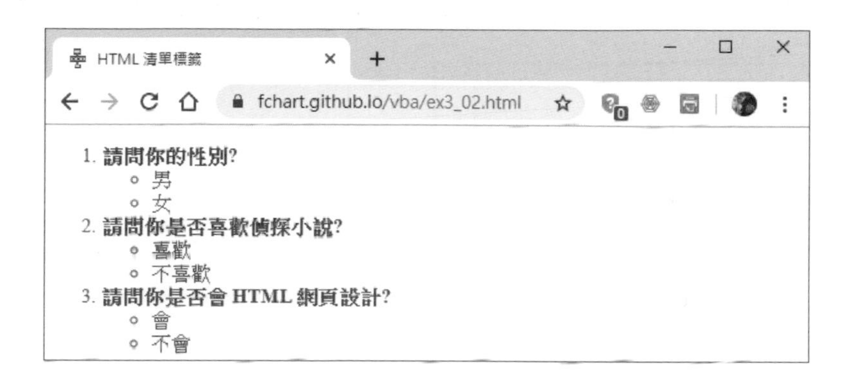

上述網頁類似問卷調查，共有 3 個題目（即 3 筆記錄），切換到 Chrome 開發人員工具的 **Elements** 標籤，會看到 3 個題目的 HTML 標籤，這是巢狀清單，如下圖所示：

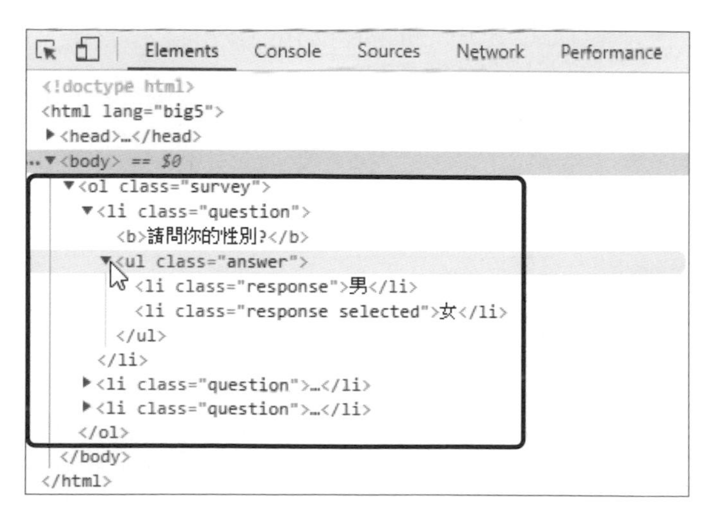

上述巢狀清單的外層是 <ol> 標籤，每一個 <li> 標籤是一個題目，問題是 <b> 子標籤，2 個答案是內層 <ul> 清單的 <li> 子標籤，這三個問卷題目和答案的 HTML 標籤結構完全相同。

Web Scraper 的 Element 選擇器類型就是在處理這種記錄資料（每一筆記錄的 HTML 標籤結構需相同），首先使用 Element 選擇多筆記錄的 <li> 父標籤（每一筆記錄），然後針對 <li> 標籤的每一筆記錄，使用 Text 選擇器選擇子標籤 <b> 和內層 <ul> 的 <li>，如下圖所示：

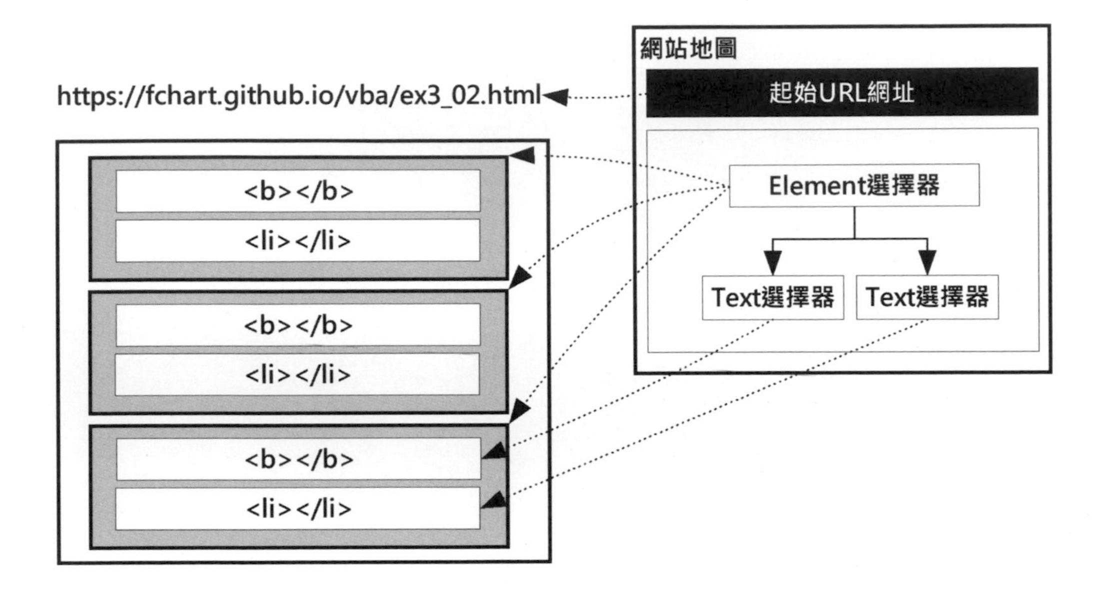

➲ 步驟二：在 Web Scraper 新增網站地圖的爬取專案

在確認目標資料的 HTML 元素後，我們就可以將目前瀏覽器的網址作為起始網址來建立網站地圖，如下圖所示：

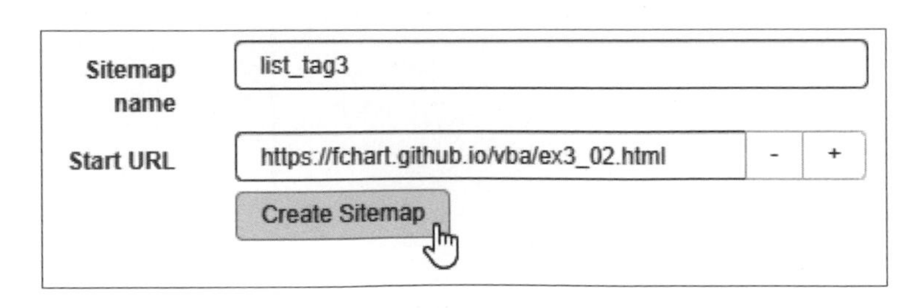

上述欄位內容的輸入資料，如下所示：

- Sitemap name：list_tag3。
- Start URL：https://fchart.github.io/vba/ex3_02.html。

➲ 步驟三：建立爬取網站的 CSS 選擇器地圖

在成功建立網站地圖後，就可以新增 CSS 選擇器，這一節我們需要使用 Element 和 Text 節點類型來擷取資料，其步驟如下所示：

1. 請在 Chrome 瀏覽器進入 **Start URL** 欄的網頁，因為我們要在此網頁選取欲擷取資料的 HTML 元素。

2. 按下 **Add new selector** 鈕，新增目前 _root 節點下的 CSS 選擇器節點，在 **Id** 欄輸入選擇器名稱 element_tag，**Type** 欄選擇 **Element**，因為有多筆記錄，請勾選 **Multiple**，如下圖所示：

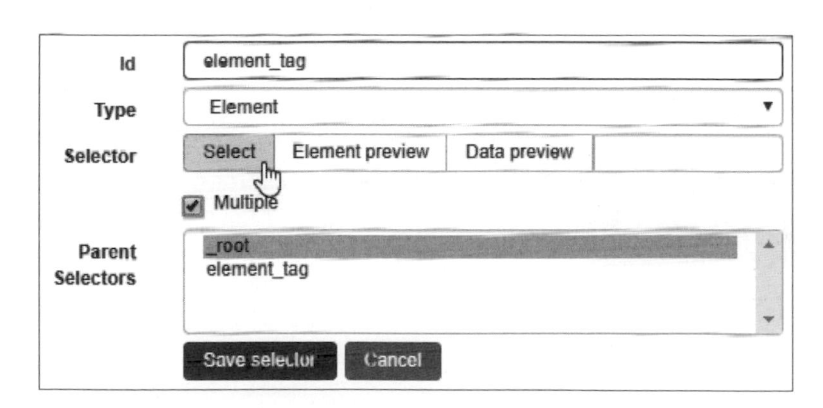

3. 按下 **Select** 鈕後，在網頁移動游標，點選外層 <ol> 標籤下的第 1 個 <li> 標籤（包含之下的問題和答案），如下圖所示：

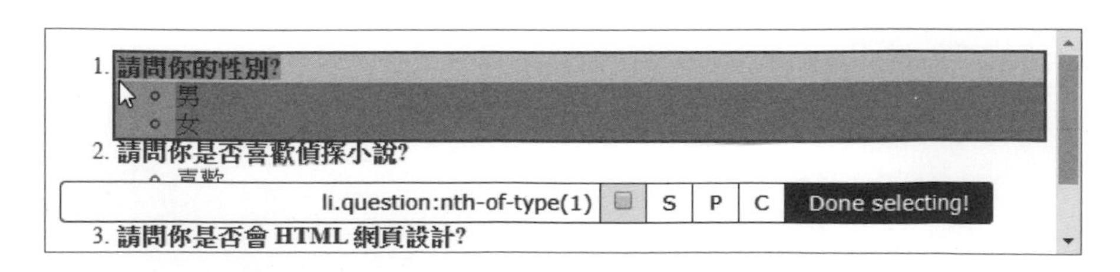

4. 再點選第 2 個 <li> 標籤，可以看到 3 個問卷調查題目和答案都已經選擇，如下圖所示：

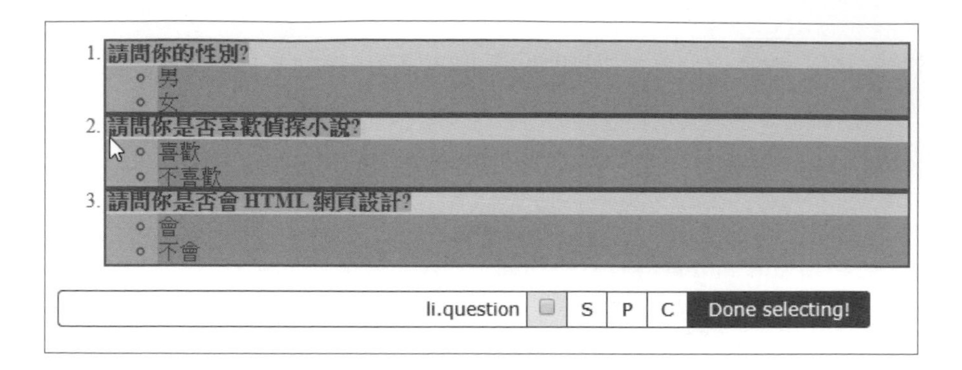

上述取得的 CSS 選擇器是 **li.question**，即選擇 class 屬性值 question 的 <li> 標籤。

5. 按下 **Done selecting!** 鈕完成選擇，即會在下方欄位填入 CSS 選擇器 **li.question**，如果需要，請分別按 **Element preview** 和 **Data preview** 鈕，預覽選擇的 HTML 元素和擷取資料。

6. 按下 **Save selector** 鈕儲存選擇器節點，可以在 _root 根節點下新增名為 element_tag 的選擇器節點，type 是 **SelectorElement**（即 Element 類型），Multiple 是 **yes**（多筆），如下圖所示：

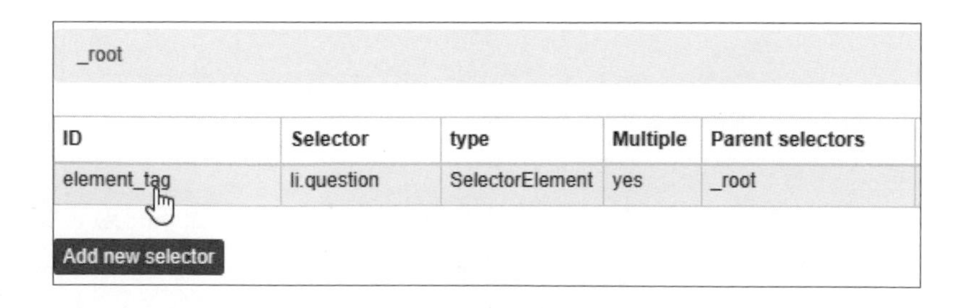
_root

ID	Selector	type	Multiple	Parent selectors
element_tag	li.question	SelectorElement	yes	_root

Add new selector

7. 請點選 **element_tag**，進入下一層的選擇器節點，我們準備新增擷取每一筆記錄各個欄位的選擇器，目前的路徑是 **_root/element_tag**，如下圖所示：

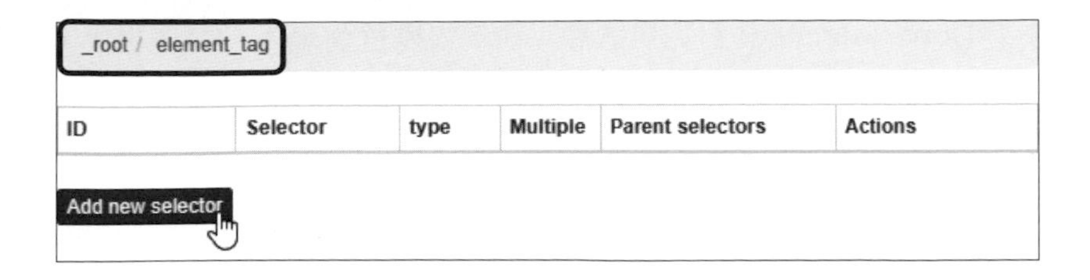

8 按下 **Add new selector** 鈕新增選擇器節點，因為是 Element 類型的子選擇器，所以是選擇此記錄各欄位的 HTML 元素。在 **Id** 欄輸入選擇器名稱 question_tag，**Type** 欄選擇 **Text**，不需勾選 **Multiple**（每一筆記錄只有一個問題），如下圖所示：

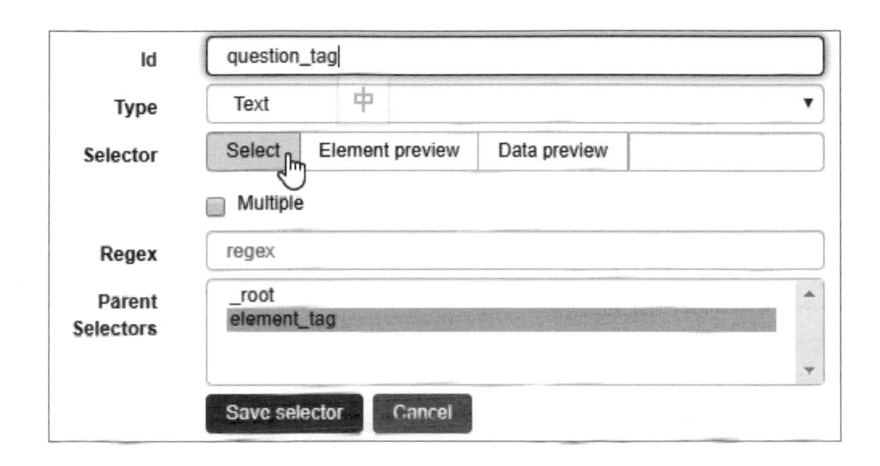

9 按下 **Select** 鈕後，在網頁可以看到黃色背景和框線的方框，這就是每一筆記錄，請點選問題的 <b> 標籤，如下圖所示：

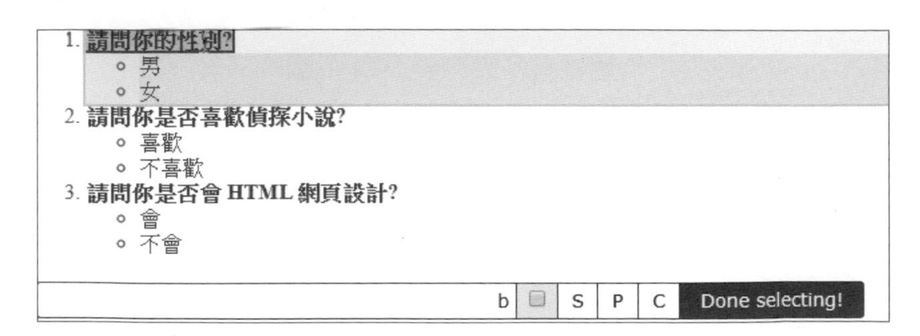

10 按下 **Done selecting!** 鈕完成選擇，在下方欄位會填入 CSS 選擇器 **b**，按下 **Save selector** 鈕儲存選擇器節點，會在 **_root/element_tag** 下新增選擇器節點，如下圖所示：

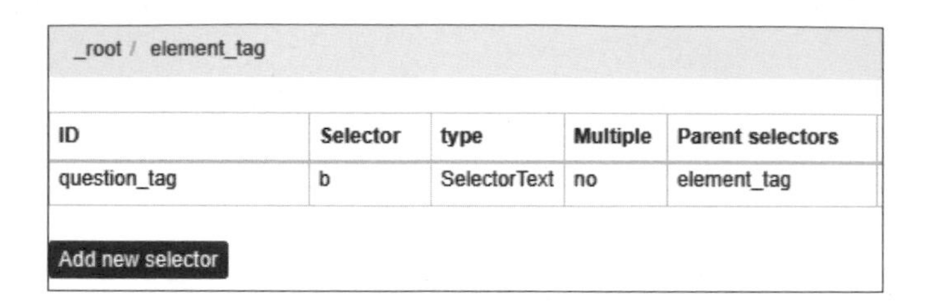

ID	Selector	type	Multiple	Parent selectors
question_tag	b	SelectorText	no	element_tag

11 繼續按下 **Add new selector** 鈕新增答案的選擇器節點，在 **Id** 欄輸入選擇器名稱 answer_tag，**Type** 欄選擇 **Text**，因為有多個答案，請勾選 **Multiple**，如下圖所示：

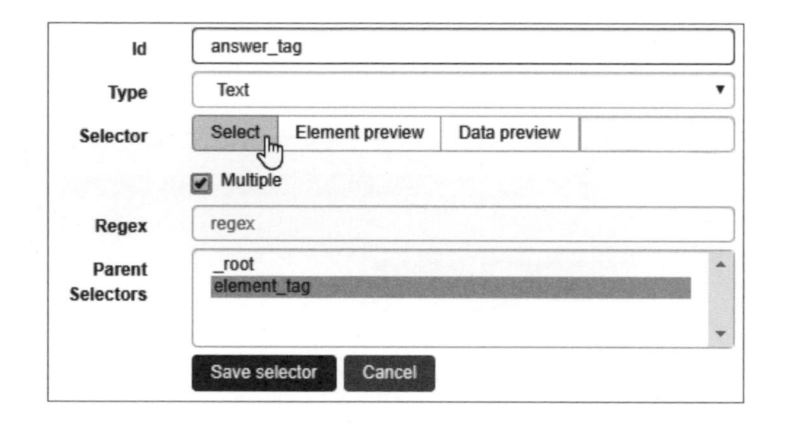

12 按下 **Select** 鈕後，在黃色背景的方框，請先點選第 1 個答案的 <li>；再點選第 2 個答案的 <li>（因為有多個答案），如下圖所示：

13 按下 **Done selecting!** 鈕完成選擇，會在下方欄位填入 CSS 選擇器 **li**，按下 **Save selector** 鈕儲存選擇器節點，會在 _root/element_tag 下新增選擇器節點，如下圖所示：

_root / element_tag

ID	Selector	type	Multiple	Parent selectors
question_tag	b	SelectorText	no	element_tag
answer_tag	li	SelectorText	yes	element_tag

Add new selector

14 請執行「Sitemap list_tag3/Selector graph」命令，展開後會看到兩層階層結構的 CSS 選擇器節點樹，如下圖所示：

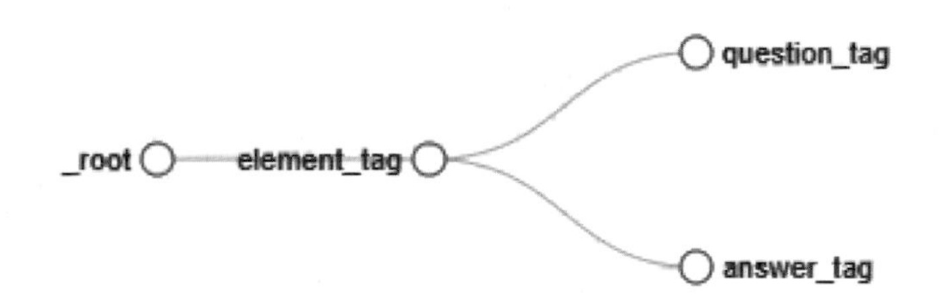

上述第 1 層 element_tag 是 Element 類型擷取多筆記錄，第 2 層的 2 個 Text 類型分別擷取每一筆記錄的問題和答案。

➲ 步驟四：執行 Web Scraper 網站地圖爬取資料

現在，我們已經建立好擷取資料的 Web Scraper 網站地圖，請執行 Web Scraper 網站地圖來爬取資料，其步驟如下所示：

1 請執行「Sitemap list_tag3/Scrape」命令，執行網路爬蟲，在輸入送出 HTTP 請求的間隔時間，和載入網頁的延遲時間後，按下 **Start scraping** 鈕開始爬取資料。

2 等到爬完後，請按下 **refresh** 鈕重新載入資料，會看到擷取的資料是每個答案為一筆記錄，如下圖所示：

web-scraper-order	web-scraper-start-url	question_tag	answer_tag
1568539576-6	https://fchart.github.io/vba/ex3_02.html	請問你是否會 HTML 網頁設計?	不會
1568539576-2	https://fchart.github.io/vba/ex3_02.html	請問你的性別?	女
1568539576-3	https://fchart.github.io/vba/ex3_02.html	請問你是否喜歡偵探小說?	喜歡
1568539576-5	https://fchart.github.io/vba/ex3_02.html	請問你是否會 HTML 網頁設計?	會
1568539576-4	https://fchart.github.io/vba/ex3_02.html	請問你是否喜歡偵探小說?	不喜歡
1568539576-1	https://fchart.github.io/vba/ex3_02.html	請問你的性別?	男

➲ 步驟五：將爬取的資料匯出成 CSV 檔案

Web Scraper 支援匯出成 CSV 檔案的功能，在成功從 HTML 網頁擷取出所需資料後，可以如下操作匯出成 CSV 檔案：

1. 請執行「Sitemap list_tag3/Export data as CSV」命令，匯出爬取資料成為 CSV 檔案。

2. 在匯出後，可以看到 **Download now!** 超連結，請點選超連結下載 CSV 檔案，預設檔名是網路地圖名稱 list_tag3.csv。

3-1-5 將多個答案改成同一筆記錄

在第 3-1-4 節的每個答案是一筆記錄，但是，因為問卷調查的每一個問題都是 2 個答案，我們可以建立網站地圖 list_tag4，將題目和多個答案改為同一筆記錄，即每 1 個答案是 1 個欄位，如下圖所示：

web-scraper-order	web-scraper-start-url	question_tag	answer1_tag	answer2_tag
1568540484-24	https://fchart.github.io/vba/ex3_02.html	請問你是否會 HTML 網頁設計?	會	不會
1568540484-22	https://fchart.github.io/vba/ex3_02.html	請問你的性別?	男	女
1568540484-23	https://fchart.github.io/vba/ex3_02.html	請問你是否喜歡偵探小說?	喜歡	不喜歡

網站地圖 list_tag4 的 CSS 選擇器節點樹，如右圖所示：

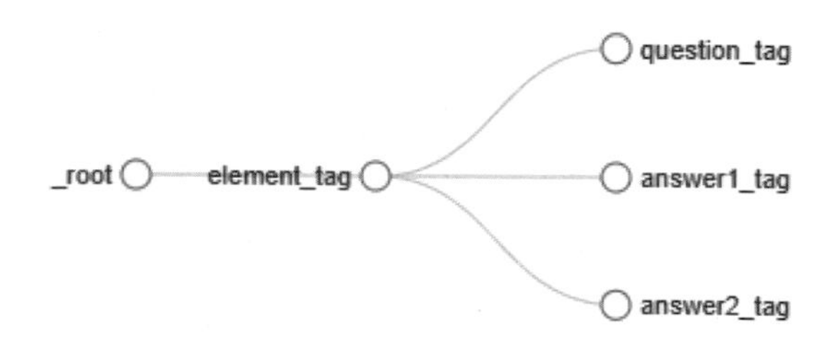

上述 CSS 選擇器節點的差異在於每一個答案是一個 Text 節點，第一層的 CSS 選擇器和第 3-1-4 節完全相同，如下圖所示：

_root

ID	Selector	type	Multiple	Parent selectors
element_tag	li.question	SelectorElement	yes	_root

Add new selector

點選 **element_tag**，可以檢視下一層的 CSS 選擇器，如下圖所示：

_root / element_tag

ID	Selector	type	Multiple	Parent selectors
question_tag	b	SelectorText	no	element_tag
answer1_tag	li:nth-of-type(1)	SelectorText	no	element_tag
answer2_tag	li:nth-of-type(2)	SelectorText	no	element_tag

Add new selector

上述 CSS 選擇器的 Multiple 都是 **no**，答案有 2 個 Text 節點，不過，因為 Web Scraper 的選擇器工具無法選出正確的 CSS 選擇器，請依序自行輸入 CSS 選擇器，如下所示：

```
answer1_tag → li:nth-of-type(1)
answer2_tag → li:nth-of-type(2)
```

請注意！如果是自行輸入 CSS 選擇器，請在輸入後，按下 **Element preview** 鈕，預覽是否可以正確定位 HTML 元素，再按下 **Data preview** 鈕，預覽是否可以正確擷取出所需資料。

3-2 爬取 HTML 表格標籤

如同 HTML 清單是使用 <ol>、<ul> 和 <li> 標籤的一組標籤，HTML 表格標籤也是一組 HTML 標籤，從大至小就是表格、列和儲存格。

3-2-1 認識 HTML 表格標籤

HTML 表格是一組相關標籤的集合，我們需要同時使用數個標籤才能建立表格。表格相關標籤的說明，如下表所示：

標籤	說明
<table>	建立表格，其他表格相關標籤都位在此標籤之中
<tr>	定義表格的每一個表格列
<th>	定義表格的標題列
<td>	定義表格列的每一個儲存格
<caption>	定義表格標題文字，其位置是 <table> 標籤的第 1 個子元素
<thead>	群組 HTML 表格的標題內容
<tbody>	群組 HTML 表格的本文內容
<tfoot>	群組 HTML 表格的註腳內容

HTML5 表格只支援 <table> 標籤的 border 屬性，而且屬性值只能是 1 或空字串 ""。

➲ 基本 HTML 表格標籤 ch3_2_1.html

HTML 表格是由一個 <table> 標籤和多個 <tr>、<th> 和 <td> 標籤所組成，每一個 <tr> 標籤定義一列表格列，<th> 標籤定義標題列，每一列使用 <td> 標籤建立儲存格，如下所示：

```
<table border="1">
<tr>
  <th>客戶端</th><th>伺服端</th>
</tr>
<tr>
  <td>JavaScript</td> <td>ASP</td>
</tr>
<tr>
   <td>VBScript</td><td>PHP</td>
</tr>
</table>
```

客戶端	伺服端
JavaScript	ASP
VBScript	PHP

➲ 複雜 HTML 表格標籤

複雜 HTML 表格可以使用 <caption> 標籤指定標題文字，<thead>、<tbody> 和 <tfoot> 標籤將表格內容群組成標題、本文和註腳，如下所示：

```
<table border="">
   <caption>每月存款金額</caption>
   <thead>
   <tr>
     <th>月份</th>
     <th>存款金額</th>
   </tr>
   </thead>
   <tbody>
   <tr>
     <td>一月</td>
     <td>NT$ 5,000</td>
   </tr>
   <tr>
     <td>二月</td>
     <td>NT$ 1,000</td>
   </tr>
   </tbody>
   <tfoot>
   <tr>
     <td>存款總額</td>
     <td>NT$ 6,000</td>
   </tr>
   </tfoot>
</table>
```

每月存款金額

月份	存款金額
一月	NT$ 5,000
二月	NT$ 1,000
存款總額	NT$ 6,000

3-2-2 使用 Table 選擇器類型

我們準備使用 Web Scraper 爬取本書測試網址的 <table> 標籤，Web Scraper 提供 Table 選擇器類型的選擇器來擷取表格資料。

➲ 步驟一：實際瀏覽網頁內容

請啟動 Chrome 瀏覽器，在**網址列**輸入：https://fchart.github.io/vba/ex3_03.html 網址，如右圖所示：

HTML 表格標籤

公司	聯絡人	國家	營業額
USA one company	Tom Lee	USA	3,000
Centro comercial Moctezuma	Francisco Chang	China	5,000
International Group	Roland Mendel	Austria	6,000
Island Trading	Helen Bennett	UK	3,000
Laughing Bacchus Winecellars	Yoshi Tannamuri	Canada	4,000
Magazzini Alimentari Riuniti	Giovanni Rovelli	Italy	8,000

接著，在 Chrome 開發人員工具的 **Elements** 標籤，會看到 <table>、<tr> 和 <td> 標籤，如下圖所示：

➲ 步驟二：在 Web Scraper 新增網站地圖的爬取專案

在確認目標資料的 HTML 元素後，我們可以將目前瀏覽器的網址作為起始網址來建立網站地圖，如右圖所示：

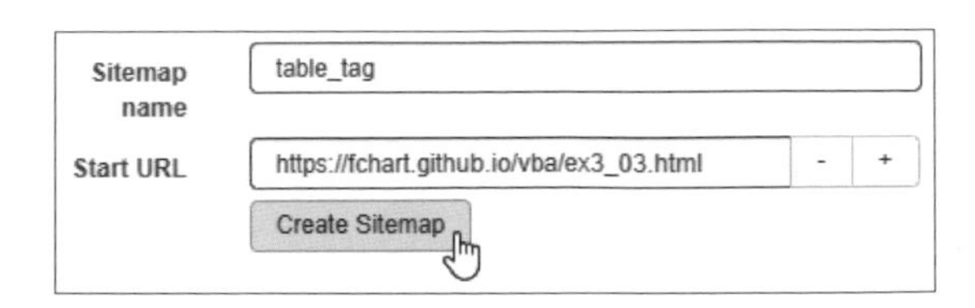

上述欄位內容的輸入資料，如下所示：

⁂ **Sitemap name**：table_tag。

⁂ **Start URL**：https://fchart.github.io/vba/ex3_03.html。

➲ 步驟三：建立爬取網站的 CSS 選擇器地圖

在成功建立網站地圖後，就可以新增 CSS 選擇器，這一節我們是使用 Table 節點類型來擷取 HTML 表格標籤，其步驟如下所示：

1. 請在 Chrome 瀏覽器進入剛才在 **Start URL** 欄輸入的網頁，我們要在此網頁選取擷取資料的 HTML 元素。

2. 按下 **Add new selector** 鈕，新增目前 _root 節點下的 CSS 選擇器，在 **Id** 欄輸入選擇器名稱 table_tag，**Type** 欄選擇 **Table**，如下圖所示：

上述 Table 選擇器類型共有 3 個 CSS 選擇器，其說明如下所示：

⁂ **Selector**：選取 HTML 表格的 <table> 標籤。

⁂ **Header row selector**：選取標題列的 HTML 標籤，這是單列。

⁂ **Data rows selector**：選取資料列的 HTML 標籤，這是多列。

3 在 **Selector** 欄裡按下 **Select** 鈕後，在網頁中移動游標，點選 HTML 表格的 <table> 標籤，如右圖所示：

公司	聯絡人	國家	營業額
USA one company	Tom Lee	USA	3,000
Centro comercial Moctezuma	Francisco Chang	China	5,000
International Group	Roland Mendel	Austria	6,000
Island Trading	Helen Bennett	UK	3,000
Laughing Bacchus Winecellars	Yoshi Tannamuri	Canada	4,000
Magazzini Alimentari Riuniti	Giovanni Rovelli	Italy	8,000

4 上述欄位的 CSS 選擇器是 **table**，按下 **Done selecting!** 鈕完成選擇，即會看到自動填入標題列和資料列的 CSS 選擇器（我們也可以自行按各欄的 **Select** 鈕來選擇標題列；資料列因為是多列，所以需選取表格的所有資料列），如下圖所示：

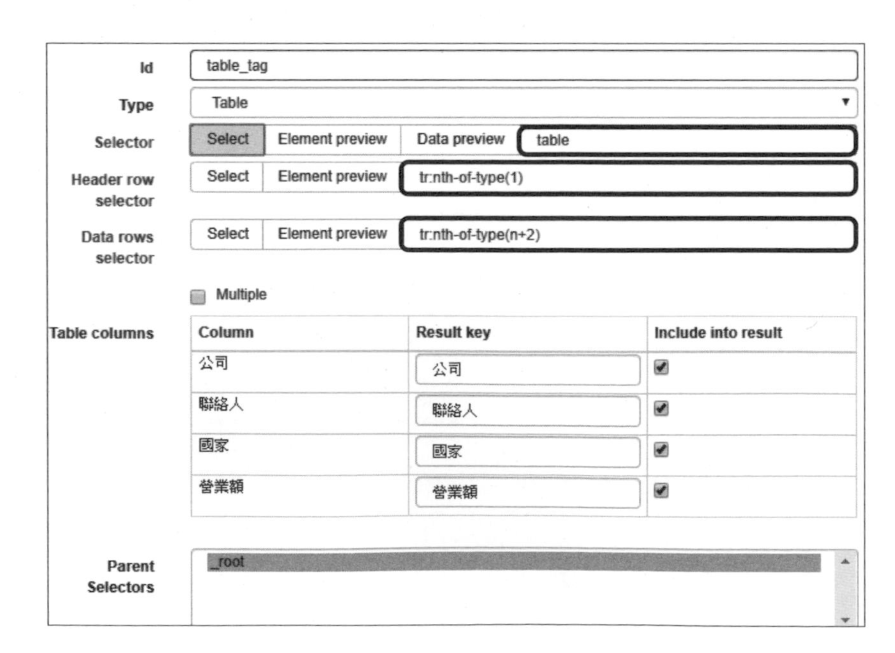

上述 Selector 欄是 **table**；Header row selector 欄是 **tr:nth-of-type(1)**（即第 1 列）；Data rows selector 欄是 **tr:nth-of-type(n+2)**（即第 1 列之後的所有列）。在下方列出取得的欄位清單，可在 **Include into result** 欄勾選擷取哪些欄位。

5 因為表格的資料列有多列，請勾選 **Multiple**（沒有勾選，只會擷取第 1 列資料列），欄位名稱必須是英文字母開頭，不允許使用中文字開頭，請將 **Result key** 欄都改為英文名稱 company、contact、country 和 sales，如下圖所示：

☑ Multiple

Table columns

Column	Result key	Include into result
公司	company	☑
聯絡人	contact	☑
國家	country	☑
營業額	sales	☑

Parent Selectors: _root

Save selector　Cancel

說 明

如果希望保留 HTML 表格的中文欄名，請在字首加 1 個英文字母或數字編號，例如：**t 公司**、**t 聯絡人**、**t 國家**和 **t 營業額**。請注意！ Result key 欄位名稱不允許使用「_」底線和「.」句點，如果名稱有錯誤，在下方會顯示紅色 invalid format 訊息文字。

6 按下 **Save selector** 鈕儲存選擇器節點，會在 _**root** 根節點下新增名為 table_tag 的選擇器節點，Multiple 是 **yes** 可以取回多列資料列，如下圖所示：

_root				
ID	Selector	type	Multiple	Parent selectors
table_tag	table	SelectorTable	yes	_root

Add new selector

7. 請執行「Sitemap table_tag/Selector graph」命令，點選藍色圓點可以顯示下一層的 CSS 選擇器 table_tag，如右圖所示：

_root ○————○ table_tag

➲ 步驟四：執行 Web Scraper 網站地圖爬取資料

現在，我們已經建立好擷取資料的 Web Scraper 網站地圖，請執行 Web Scraper 網站地圖來爬取資料，其步驟如下所示：

1. 請執行「Sitemap table_tag/Scrape」命令，執行網路爬蟲，在輸入送出 HTTP 請求的間隔時間，和載入網頁的延遲時間後，按下 **Start scraping** 鈕開始爬取資料。

2. 等到爬完後，請按下 **refresh** 鈕重新載入資料，就會看到擷取的表格資料，如下圖所示：

web-scraper-order	web-scraper-start-url	company	contact	country	sales
1568548517-26	https://fchart.github.io/vba/ex3_03.html	USA one company	Tom Lee	USA	3,000
1568548517-28	https://fchart.github.io/vba/ex3_03.html	International Group	Roland Mendel	Austria	6,000
1568548517-27	https://fchart.github.io/vba/ex3_03.html	Centro comercial Moctezuma	Francisco Chang	China	5,000
1568548517-29	https://fchart.github.io/vba/ex3_03.html	Island Trading	Helen Bennett	UK	3,000
1568548517-31	https://fchart.github.io/vba/ex3_03.html	Magazzini Alimentari Riuniti	Giovanni Rovelli	Italy	8,000
1568548517-30	https://fchart.github.io/vba/ex3_03.html	Laughing Bacchus Winecellars	Yoshi Tannamuri	Canada	4,000

➲ 步驟五：將爬取的資料匯出成 CSV 檔案

Web Scraper 支援匯出成 CSV 檔案的功能，在成功擷取出所需的資料後，可以如下操作匯出成 CSV 檔案：

1. 請執行「Sitemap table_tag/Export data as CSV」命令，匯出爬取資料成為 CSV 檔案。

2. 在匯出後，會看到 **Download now!** 超連結，請點選超連結下載 CSV 檔案，預設檔名是網路地圖名稱 table_tag.csv。

3-2-3 依序爬取多個 HTML 表格

如果網頁中有多個 HTML 表格，我們可以在同一層 CSS 選擇器節點使用多個 Table 類型節點依序爬取多個 HTML 表格。請啟動 Chrome 瀏覽器輸入以下網址：https://fchart.github.io/vba/ex3_04.html：

第一季的每月存款金額

月份	存款金額
一月	NT$ 5,000
二月	NT$ 1,000
三月	NT$ 3,000
四月	NT$ 1,000
存款總額	NT$ 10,000

第二季的每月存款金額

月份	存款金額
五月	NT$ 5,500
六月	NT$ 1,500
七月	NT$ 3,500
八月	NT$ 1,500
存款總額	NT$ 12,000

上述網頁共有兩季業積的 HTML 表格，Web Scraper 網站地圖 table_tag2 的 CSS 選擇器節點樹，如右圖所示：

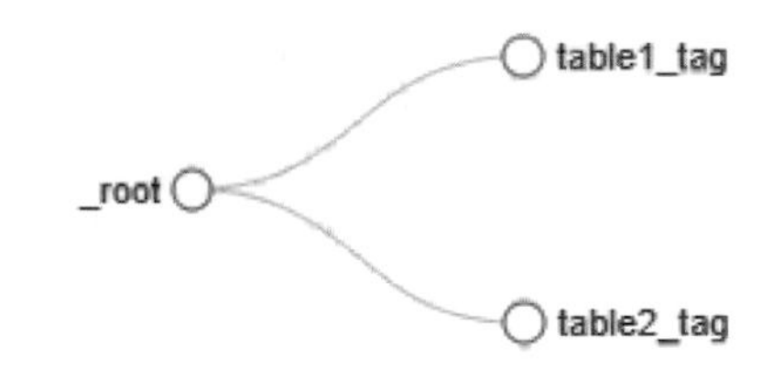

上述 CSS 選擇器節點使用兩個 Table 選擇器類型來擷取兩個表格的資料，**_root** 的 CSS 選擇器如下圖所示：

_root

ID	Selector	type	Multiple	Parent selectors
table1_tag	table#tb1	SelectorTable	yes	_root
table2_tag	table#tb2	SelectorTable	yes	_root

Add new selector

上述 CSS 選擇器節點的類型是 **SelectorTable**，Multiple 都是 **yes**，CSS 選擇器，如下所示：

```
table1_tag → table#tb1
table2_tag → table#tb2
```

上述 #tb1 和 #tb2 是對應 <table> 標籤的 id 屬性值 tb1 和 tb2，**table#tb1** 是定位 id 屬性值是 tb1 的 <table> 標籤；**table#tb2** 是定位 id 屬性值是 tb2 的 <table> 標籤。執行網站地圖擷取的資料，如下圖所示：

web-scraper-order	web-scraper-start-url	month	amount
1568551176-15	https://fchart.github.io/vba/ex3_04.html	七月	NT$ 3,500
1568551176-14	https://fchart.github.io/vba/ex3_04.html	六月	NT$ 1,500
1568551176-13	https://fchart.github.io/vba/ex3_04.html	五月	NT$ 5,500
1568551176-16	https://fchart.github.io/vba/ex3_04.html	八月	NT$ 1,500
1568551176-10	https://fchart.github.io/vba/ex3_04.html	二月	NT$ 1,000
1568551176-12	https://fchart.github.io/vba/ex3_04.html	四月	NT$ 1,000
1568551176-9	https://fchart.github.io/vba/ex3_04.html	一月	NT$ 5,000
1568551176-11	https://fchart.github.io/vba/ex3_04.html	三月	NT$ 3,000

3-3 網路爬蟲實戰：Yahoo! 股票資訊

我們準備使用 Web Scraper 爬取 Yahoo! 股票資訊的 <table> 標籤，使用的是 Web Scraper 的 Table 選擇器類型。

➲ 步驟一：實際瀏覽網頁內容

Yahoo! 股票資訊是使用 URL 參數來查詢股票資訊，例如：台積電的網址，如下所示：

⁂ https://tw.stock.yahoo.com/q/q?s=2330

資料日期: 108/09/12

股票代號	時間	成交	買進	賣出	漲跌	張數	昨收	開盤	最高	最低	個股資料
2330台積電 加到投資組合	14:30	**262.5**	262.5	263.0	▽0.5	25,983	263.0	265.0	265.0	261.5	成交明細 技術 新聞 基本 籌碼 個股健診

上述參數 s 的值是股票代碼，以此例的台積電而言，其代號是 2330，位在「?」參數前的網址，如下所示：

```
https://tw.stock.yahoo.com/q/q
```

上述網址和第 1-3-2 節說明的網址有些不同，沒有最後的資源檔案 index.html 或 index.php 等名稱，在網域名稱後是類似 Windows 作業系統的檔案路徑，如下所示：

```
/q/q
```

當我們看到上述網址，表示是一種 MVC 架構建立的 Web 網站（著名的網站建構架構），其網址是路由（Route），如同檔案路徑指明檔案在哪裡，路由是用來指明執行網站的哪一項功能，以此例就是執行查詢公司股價資訊的功能。

接著，開啟 Chrome 開發人員工具點選 **Elements** 標籤，由於此網頁結構比較複雜，不容易找到 HTML 表格的所在，請點選上方標籤列最前方的箭頭鈕，然後移動游標至上方 HTML 表格，如下圖所示：

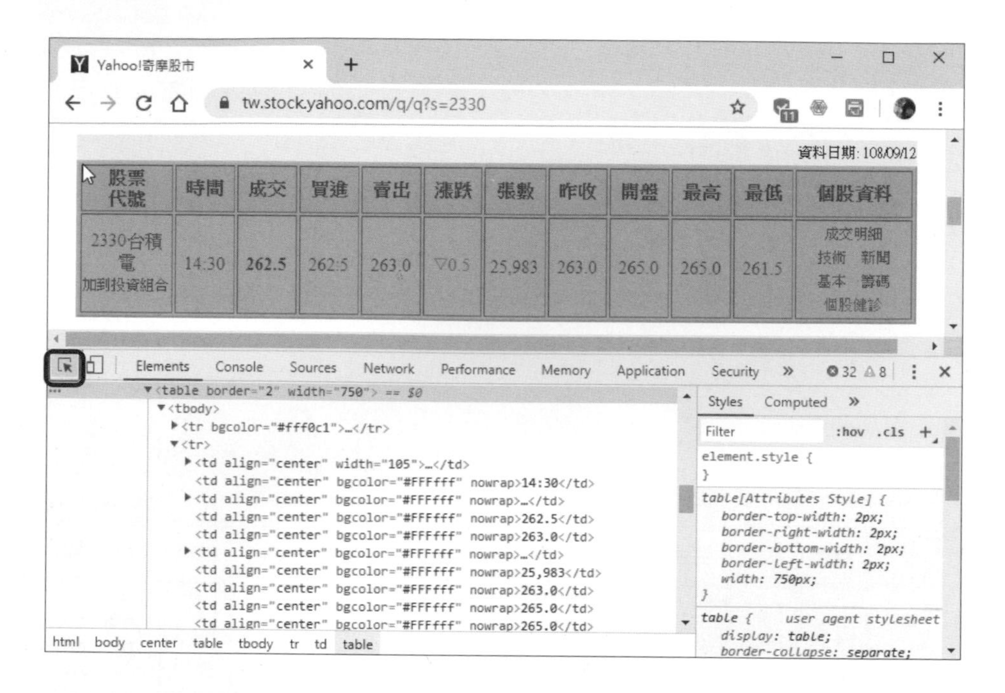

上述圖例顯示當我們在網頁上移動游標，可以反白顯示選擇的 HTML 元素，同時在下方跳至對應的 HTML 標籤，以此例是股票資訊表格的 HTML 標籤。

➲ 步驟二：在 Web Scraper 新增網站地圖的爬取專案

在確認目標資料的 HTML 元素後，我們就可以將目前瀏覽器的網址作為起始網址來建立網站地圖，如下圖所示：

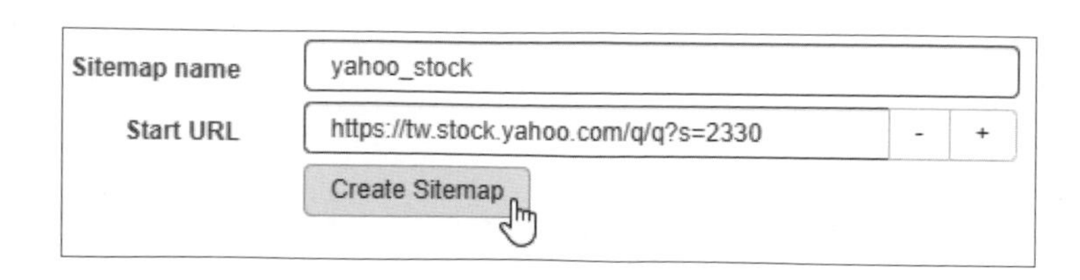

上述欄位內容的輸入資料，如下所示：

- **Sitemap name**：yahoo_stock。
- **Start URL**：https://tw.stock.yahoo.com/q/q?s=2330。

➲ 步驟三：建立爬取網站的 CSS 選擇器地圖

在成功建立網站地圖後，就可以新增 CSS 選擇器，這一節我們是使用 Table 節點類型來擷取 HTML 表格標籤，其步驟如下所示：

1. 請在 Chrome 瀏覽器進入剛才在 **Start URL** 欄輸入的網頁，我們要在此網頁選取擷取資料的 HTML 元素。

2. 按下 **Add new selector** 鈕，新增目前 **_root** 節點下的 CSS 選擇器節點，在 **Id** 欄輸入選擇器名稱 table_tag，**Type** 欄選擇 **Table**，如下圖所示：

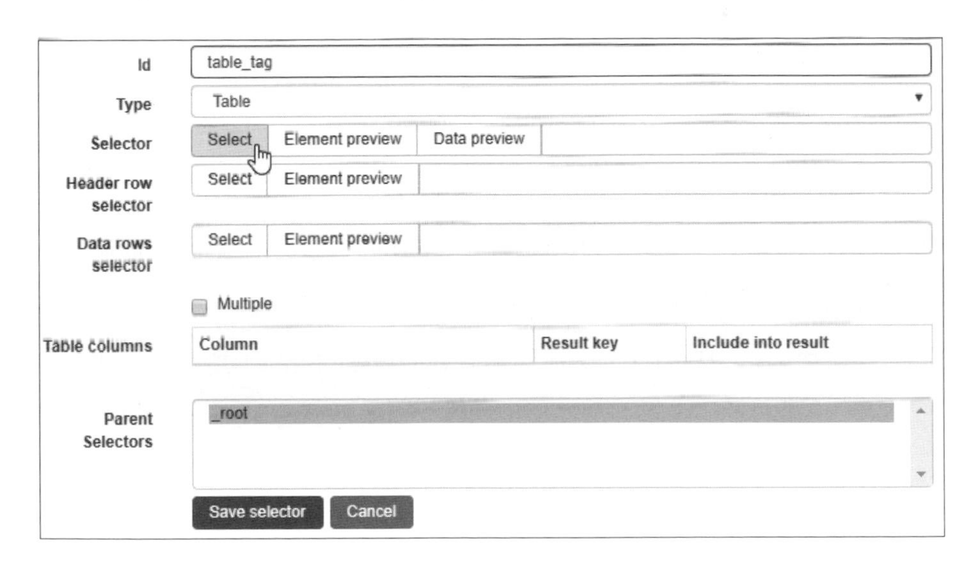

3. 在 **Selector** 欄按下 **Select** 鈕後，在網頁移動游標，點選 HTML 表格的 <table> 標籤，如下圖所示：

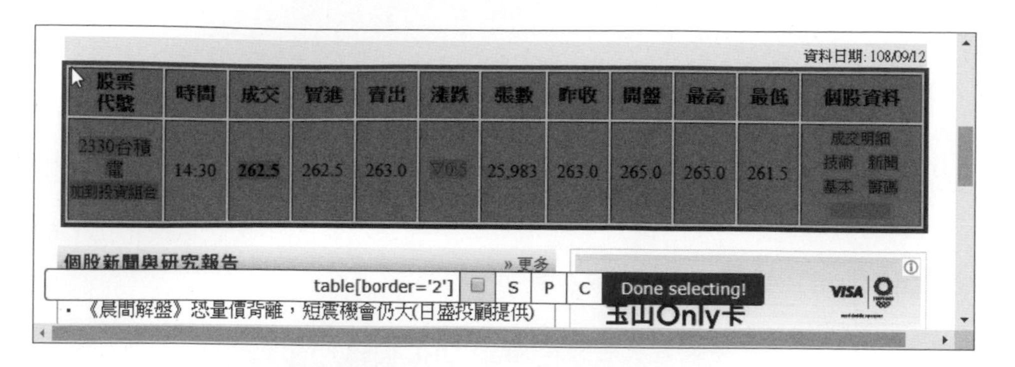

4. 上述欄位的 CSS 選擇器是 **table[border='2']**（使用 [ ] 方括號的 CSS 屬性選擇器），按下 **Done selecting!** 鈕完成選擇，會看到自動填入標題列和資料列的 CSS 選擇器，如下圖所示：

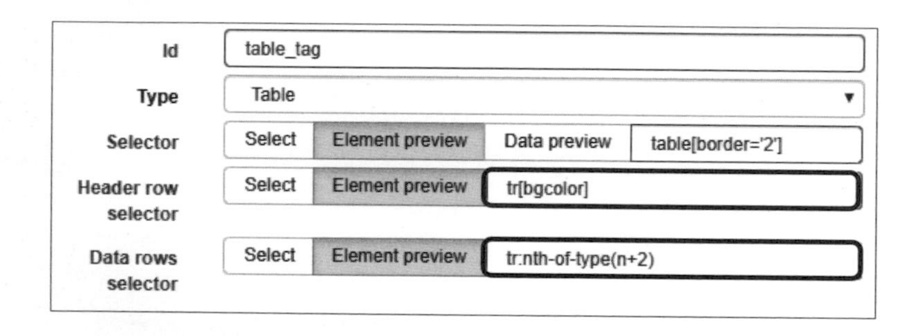

5. 因為表格資料列只有 1 列，所以不需要勾選 **Multiple**，請在 **Result key** 欄的字首加上 1 個英文字母 **s**（也可以加 1 個數字順序 1、2、…）。由於我們不需要最後的**個股資料**，請取消勾選**個股資料**的 **Include into result**，如右圖所示：

	Multiple		
Table columns	Column	Result key	Include into result
	股票代號	s股票代號	✔
	時間	s時間	✔
	成交	s成交	✔
	買進	s買進	✔
	賣出	s賣出	✔
	漲跌	s漲跌	✔
	張數	s張數	✔
	昨收	s昨收	✔
	開盤	s開盤	✔
	最高	s最高	✔
	最低	s最低	✔
	個股資料	s個股資料	

6 按下 **Save selector** 鈕，儲存選擇器節點，即可在 **_root** 根節點下新增名為 table_tag 的選擇器節點，如下圖所示：

_root

ID	Selector	type	Multiple	Parent selectors
table_tag	table[border='2']	SelectorTable	no	_root

7 請執行「Sitemap yahoo_stock/Selector graph」命令，點選藍色圓點會顯示下一層的 CSS 選擇器 table_tag，如下圖所示：

➲ 步驟四：執行 Web Scraper 網站地圖爬取資料

現在，我們已經建立好擷取資料的 Web Scraper 網站地圖，請執行 Web Scraper 網站地圖來爬取資料，其步驟如下所示：

1. 請執行「Sitemap yahoo_stock/Scrape」命令執行網路爬蟲，在輸入送出 HTTP 請求的間隔時間，和載入網頁的延遲時間後，按下 **Start scraping** 鈕開始爬取資料。

2. 等到爬完後，請按下 **refresh** 鈕重新載入資料，即可看到擷取的表格資料，如下圖所示：

s股票代號	s時間	s成交	s買進	s賣出	s漲跌	s張數	s昨收	s開盤	s最高	s最低
null	09:34	263.5	263.0	263.5	▽1.5	4,208	265.0	262.5	263.5	262.0

請注意！上述 **s 股票代號**欄位是 null 表示沒有擷取到資料，因為儲存格的 HTML 標籤結構問題，Web Scraper 的 Table 類型有少數儲存格無法正確擷取出資料。

➲ 步驟五：將爬取的資料匯出成 CSV 檔案

Web Scraper 支援匯出成 CSV 檔案的功能，在成功擷取出所需的資料後，可以如下操作匯出成 CSV 檔案：

1. 請執行「Sitemap yahoo_stock/Export data as CSV」命令，匯出爬取的資料成為 CSV 檔案。

2. 在匯出後，可以看到 **Download now!** 超連結，請點選超連結下載 CSV 檔案，預設檔名是網路地圖名稱 yahoo_stock.csv。

3-4 CSS 的樣式類別和群組選擇器

基本 CSS 選擇器除了標籤名稱和 id 屬性值外，還有群組和樣式類別選擇器。

➲ CSS 的樣式類別選擇器

HTML 標籤可以使用 class 屬性指定 CSS 樣式的類別名稱，如下所示：

```
<div class="red">自訂樣式類別Class</div>
```

上述 HTML 標籤的 class 屬性值是 red，這是對應使用「.」開頭的樣式名稱定義的 CSS 樣式組，稱為**樣式類別**（Class），如下所示：

```
.red { color: red }
```

上述 CSS 樣式是使用「.」句點開始的名稱，可以對應 HTML 標籤的 class 屬性值 red。請開啟 **CSS 選擇器互動測試工具**，載入 HTML 網頁：ch3_4.html，在 **CSS 選擇器**欄輸入「.red」：

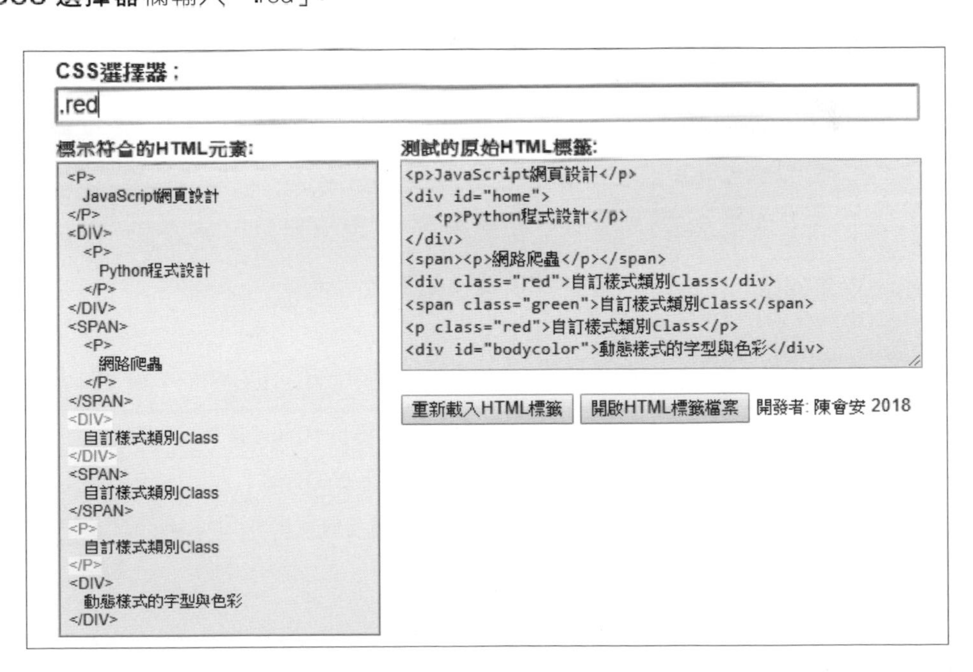

從上述圖例可以看到選取 class 屬性值 red 的 <div> 和 <p> 標籤，如果輸入「.green」，會選取 1 個 class 屬性值 green 的 <span> 標籤。

➲ CSS 的群組選擇器

我們可以使用**群組選擇器**（Grouping Selectors）來選取多個不同的 HTML 標籤，只需使用「,」分隔各標籤名稱，例如：輸入「div, p」（請載入 HTML 網頁：ch3_4.html），如下圖所示：

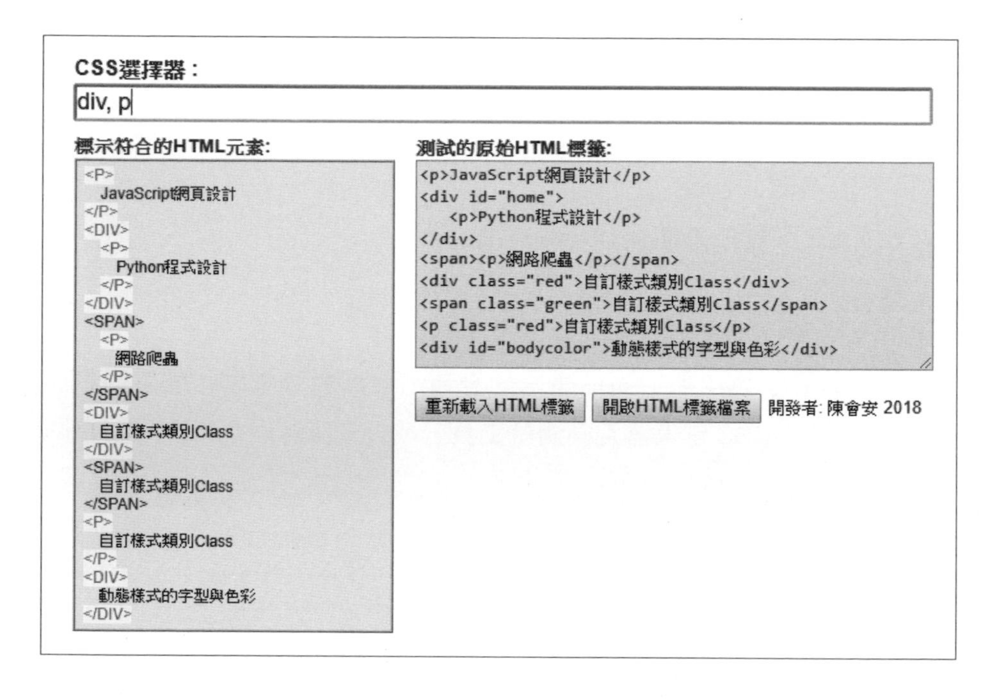

上述圖例可以選取所有 <div> 和 <p> 標籤。「,」號不只可以分隔 HTML 標籤名稱，也可以分隔樣式類別和 id 屬性選擇器，如下表所示：

CSS選擇器字串	說明
.red, span	選取所有 class 屬性值 red 的標籤和 <span> 標籤
.red, .green	選取所有 class 屬性值 red 和 green 的標籤
span, #home, #bodycolor	選取所有 <span> 標籤，和 id 屬性值是 home 和 bodycolor 的標籤

➲ CSS 的屬性選擇器

屬性選擇器（Attribute Selector）是依據 HTML 屬性名稱和值來選取擁有此屬性的 HTML 標籤。我們只需使用「[」和「]」方括號括起屬性名稱，即可選出擁有此屬性的 HTML 標籤。

例如：輸入「[id]」，可以選取所有擁有 id 屬性值的 HTML 標籤（請載入 HTML 網頁：ch3_4a.html），如下圖所示：

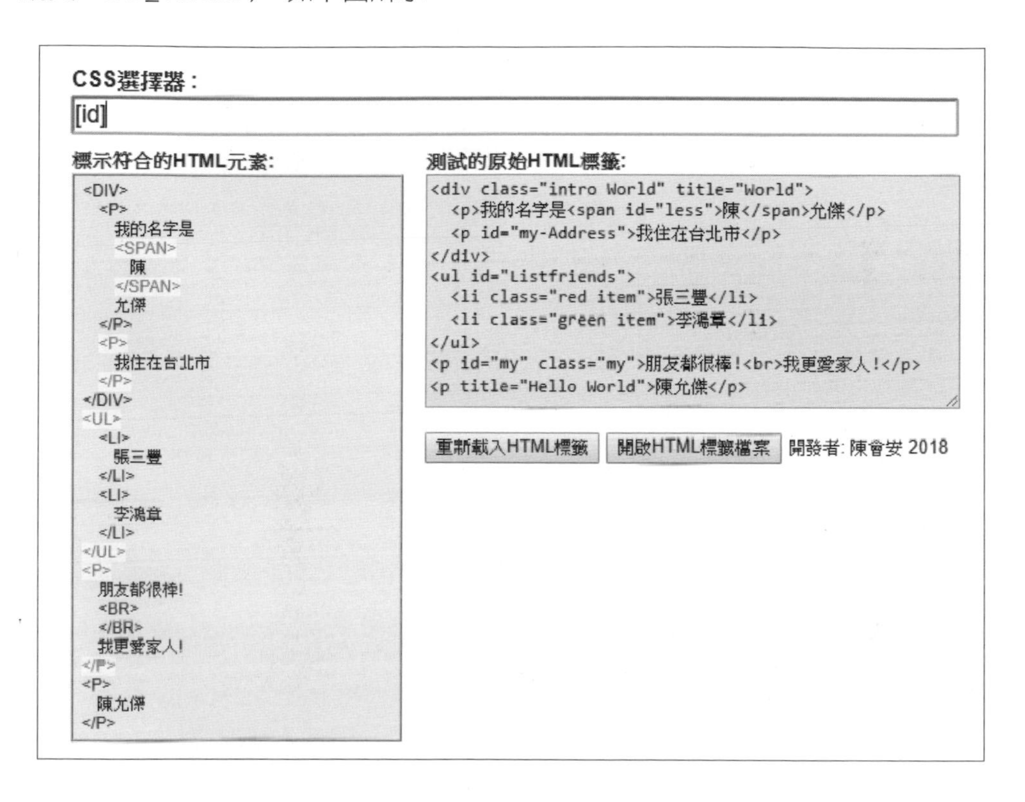

上圖選取了有 id 屬性的 <span> 和 <ul> 標籤，若輸入「[class]」可以選取所有擁有 class 屬性的 HTML 標籤。

除了屬性名稱外，還可以指定屬性值來選取指定屬性名稱和屬性值的標籤，例如：輸入「[id=my-Address]」，可以選取有此屬性和屬性值的 <p> 標籤：

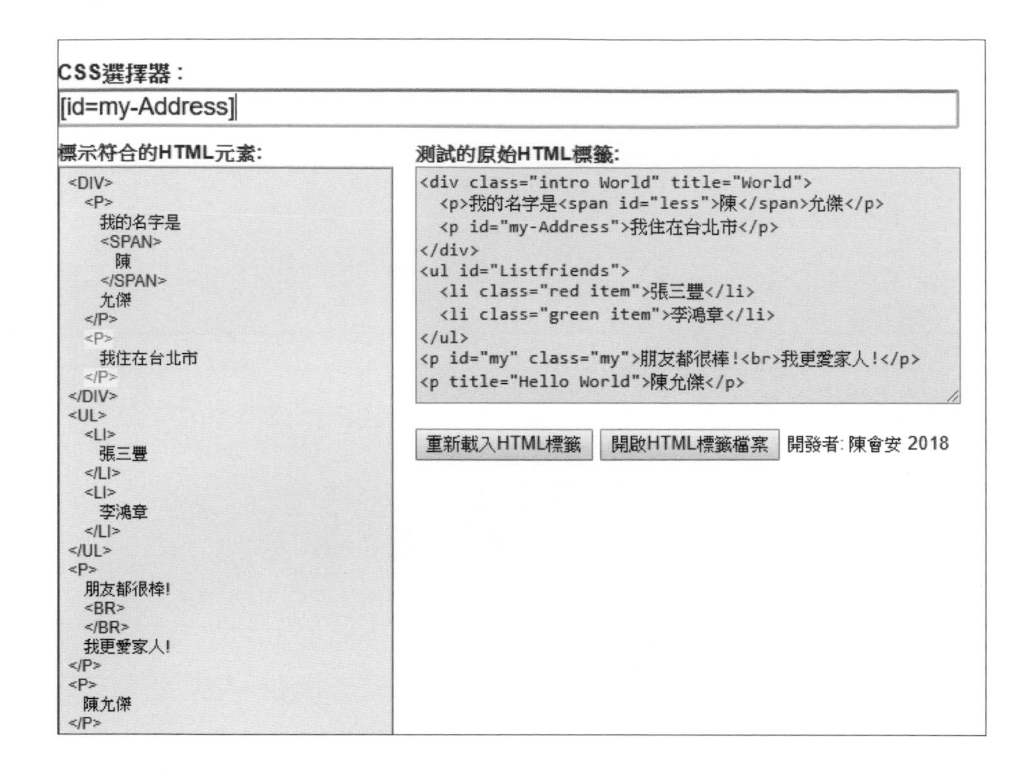

HTML 屬性的值可以用空白字元來分隔多個值，例如：底下兩個 <li> 標籤：

```
<li class="red item"> 張三豐 </li>
<li class="green item"> 李鴻章 </li>
```

上述 class 屬性值有空白字元，CSS 選擇器需要使用「""」括起屬性值，例如：[class="red item"]。

➲ 更多屬性選擇器的條件

在屬性選擇器名稱和值的「=」等號前，可以加上 $、|、^、~ 和 * 符號來建立所需的查詢條件，如下表所示：

<table>
<tr><th>CSS選擇器</th><th>說明</th></tr>
<tr><td>[id$=ess]</td><td>所有 id 屬性值是 ess 結尾的 HTML 標籤</td></tr>
<tr><td>[id|=my]</td><td>所有 id 屬性值是 "my" 或以 "my" 開始，之後是 "-"（即 "my-"）的 HTML 標籤</td></tr>
<tr><td>[id^=L]</td><td>所有 id 屬性值是以 "L" 開頭的 HTML 標籤</td></tr>
<tr><td>[title~=World]</td><td>所有 title 屬性包含 "World" 這個字的 HTML 標籤</td></tr>
<tr><td>[id*=s]</td><td>所有 id 屬性值包含字串 "s" 的 HTML 標籤</td></tr>
</table>

3-5 在網路地圖新增多個起始 URL

在第 3-3 節的「網路爬蟲實戰：Yahoo! 股票資訊」，我們只有擷取一家公司的股票資訊，如果想取得多家股票資訊時，就需要在網路地圖新增多個起始 URL。

例如：我們準備擷取台積電、聯發科、日月光和旺宏等多家股票資訊，其 s 參數值，如下所示：

```
https://tw.stock.yahoo.com/q/q?s=2330
https://tw.stock.yahoo.com/q/q?s=2454
https://tw.stock.yahoo.com/q/q?s=3711
https://tw.stock.yahoo.com/q/q?s=2337
```

我們準備使用 Web Scraper 爬取多家公司的股票資訊，因為每一家都是使用 Table 選擇器類型，所以需要在網路地圖新增多個起始 URL，其步驟如下所示：

1. 請匯入 yahoo_stock.txt 網站地圖，且在下方改名為 yahoo_stock2 後，按 **Import Sitemap** 鈕來匯入網站地圖。

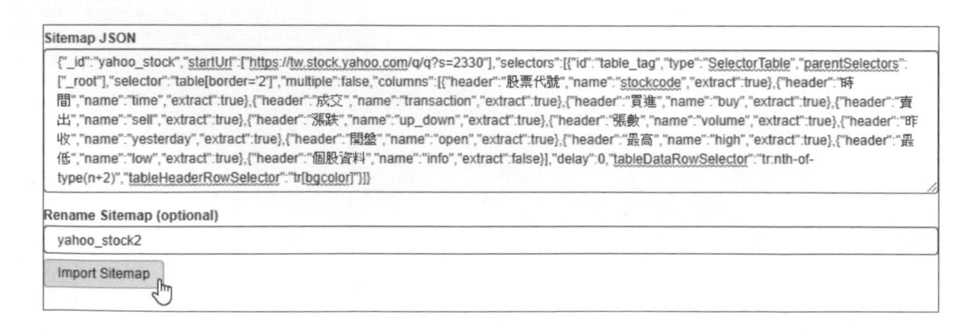

2. 請執行「Sitemap yahoo_stock2/Edit metadata」命令重新編輯網站地圖本身的資料，如下圖所示：

Sitemap name: yahoo_stock2
Start URL: https://tw.stock.yahoo.com/q/q?s=2330 - +
Save Sitemap

3. 請按下最後的 [+] 鈕新增起始 URL（[-] 鈕是刪除起始 URL），然後輸入新的起始 URL，如下圖所示：

Sitemap name: yahoo_stock2
Start URL: https://tw.stock.yahoo.com/q/q?s=2330
Start URL: https://tw.stock.yahoo.com/q/q?s=2454
Save Sitemap

4. 請重複相同的操作，將所有起始 URL 都新增至網站地圖，如下圖所示：

5. 請按下 **Save Sitemap** 鈕儲存網站地圖，再執行「Sitemap yahoo_stock2 / Scrape」命令，開始進行網路爬蟲，輸入送出 HTTP 請求的間隔時間，和載入網頁的延遲時間後，按下 **Start scraping** 鈕開始爬取資料。

6. 按下 **refresh** 鈕重新載入資料，會看到擷取的 HTML 表格資料（同樣無法抓到股票代碼欄位），如下圖所示：

web-scraper-start-url	s股票代號	s時間	s成交	s買進	s賣出	s漲跌	s張數	s昨收	s開盤	s最高	s最低
https://tw.stock.yahoo.com/q/q?s=2337	null	09:29	32.15	32.10	32.15	▽0.15	14,270	32.30	31.85	32.25	31.80
https://tw.stock.yahoo.com/q/q?s=2454	null	09:29	385.0	384.5	385.0	▽2.0	2,087	387.0	382.5	385.0	380.0
https://tw.stock.yahoo.com/q/q?s=2330	null	09:29	263.5	263.0	263.5	▽1.5	4,125	265.0	262.5	263.5	262.0
https://tw.stock.yahoo.com/q/q?s=3711	null	09:29	72.2	72.1	72.2	▽1.1	825	73.3	72.8	72.9	72.1

7. 請執行「Sitemap yahoo_stock2/Export data as CSV」命令，匯出爬取的資料成為 CSV 檔案。

8. 在匯出後，可以看到 **Download now!** 超連結，請點選超連結下載 CSV 檔案，預設檔名是網路地圖名稱 yahoo_stock2.csv。

3-6 使用 Element 節點爬取 HTML 標籤

Web Scraper 擴充功能的 Element 類型，是一種選取網頁中的多筆記錄和每一筆記錄中多個欄位資料的選擇器，可以幫助我們在 HTML 網頁中爬取「記錄」與「欄位」的 HTML 標籤。

在 HTML 網頁中建立記錄與欄位的 HTML 標籤是一種巢狀 HTML 標籤，外層是多筆記錄的父標籤，內層是多筆欄位的父標籤。Element 類型爬取的 HTML 標籤主要有三種，如下所示：

➲ HTML 清單標籤的記錄與欄位

HTML 清單標籤的記錄與欄位中，記錄是外層的 <ol> 或 <ul>（這是所有記錄的父標籤），每一筆記錄是一個 <li> 標籤（這是欄位的父標籤），如下所示：

```
<ul>
    <li> 記錄 1</li>
    <li> 記錄 2</li>
    …
</ul>
```

上述 <ul> 標籤包圍多筆 <li> 標籤的記錄，各欄位就是 <li> 標籤的子元素，你可以想像因為記錄與欄位有兩層，所以 Web Scraper 的 Element 選擇器節點需要使用兩層選擇器來擷取這些資料，第一層選擇多筆記錄的 <li> 標籤（所以需勾選 Multiple）；第二層才是一一選擇 <li> 標籤下的每一個欄位。

在 Element 選擇器節點的 **Selector** 欄位，我們需選取 <ul> 標籤下的所有 <li> 標籤，這也是為什麼使用 Web Scraper 選擇器工具時，需要先選取第 1 筆記錄後，再選取第 2 筆來選取所有 <li> 標籤的記錄，然後切換至第二層的 CSS 選擇器路徑，這一層就是選擇 <li> 標籤下各欄位的子元素。

➲ HTML 表格標籤的記錄與欄位

HTML 表格標籤在 Web Scraper 可以使用 Table 選擇器節點（只能擷取文字內容），事實上，表格就是記錄與欄位所組成，我們一樣可以使用 Element 選擇器節點來擷取表格資料，第 5-2 節的網路爬蟲實戰，就是使用 Element 類型來爬取 <table> 標籤，如下所示：

```
<table>
    <tr>
        <td>欄位 1</td>
        <td>欄位 2</td>
        …
    </tr>
    <tr>
        <td>欄位 1</td>
        <td>欄位 2</td>
        …
    </tr>
    …
</table>
```

上述 <table> 標籤包圍多筆 <tr> 標籤的記錄，各欄位是 <td> 標籤。在 Element 選擇器節點的 **Selector** 欄位，我們需選取 <table> 標籤下的所有 <tr> 標籤，在切換至下一層選擇器後，就可以選擇每 1 個 <td> 標籤的欄位。

➲ HTML 容器標籤 <div> 的記錄與欄位

除了 HTML 清單和表格標籤時，HTML 還可以使用兩層 HTML 容器標籤 <div> 來建立記錄與欄位（<div> 標籤詳見第 5 章的說明），如下所示：

```
<div>
    <div>記錄 1</div>
    <div>記錄 2</div>
    …
</div>
```

上述 <div> 父標籤包圍多筆下一層 <div> 標籤的記錄，各欄位就是第二層 <div> 標籤的子元素，第一層 <div> 標籤是群組多筆記錄；第二層 <div> 就是各筆記錄，其子元素就是記錄的欄位。

學習評量

1. 請說明 HTML 的清單標籤有哪三種？

2. 請問 HTML 表格標籤是哪些標籤的組合？

3. 請說明什麼是 CSS 的樣式類別和群組選擇器？

4. 請舉例說明 CSS 的屬性選擇器？我們可以在屬性值加上哪些條件？

5. 請說明在網站地圖如何新增多個起始 URL 網址？

6. 請問使用 Element 節點爬取的 HTML 標籤結構主要有哪幾種？

7. 請修改第 3-1-2 節的 Web Scraper 網站地圖，改用 Element 類型來爬取所有清單項目的 <li> 標籤。

8. 因為 HTML 表格也是一種記錄，每一列 <tr> 標籤是一筆記錄，<td> 標籤是欄位，請修改第 3-3 節的網站地圖，改用 Element 類型來爬取 HTML 表格資料。

4

CHAPTER

爬取圖片和超連結標籤

4-1 爬取 HTML 圖片標籤

在 HTML 網頁顯示的圖片讓網頁成為一個多媒體的舞台，超連結是網站巡覽的基礎，可讓我們輕鬆連接網站的其他網頁和全世界的資源。

4-1-1 認識 HTML 圖片標籤

HTML 網頁是一種「超媒體」(Hypermedia) 文件，除了文字編排的內容外，還可以顯示漂亮的圖片，其基本語法如下所示：

```
<img src="檔名或 URL 網址" width="寬度" height="高度" alt="替代文字"/>
```

上述 <img> 標籤的 src 和 alt 屬性是主要屬性，請注意！圖片並沒有真的插入 HTML 網頁，<img> 標籤只是建立一個長方形區域來連接外部圖檔，瀏覽器會依據 src 屬性值送出 HTTP 請求來取得此圖檔的資源。

<img> 圖片標籤的常用屬性說明，如下表所示：

屬性	說明
src	圖片檔案名稱和路徑的 URL 網址，支援 gif、jpg 或 png 格式的圖檔
alt	指定圖片無法顯示時的替代文字
width	圖片寬度，可以是點數或百分比
height	圖片高度，可以是點數或百分比

HTML 網頁 ch4_1_1.html 使用不同尺寸來顯示 views.gif 圖檔，如下所示：

```
<img src="views.gif" width="100" height="100" alt=" 風景 "/>
<img src="views.gif" width="100" height="150" alt=" 風景 "/>
<img src="views.gif" width="50" height="100" alt=" 風景 "/>
<img src="views.gif" width="100" height="50" alt=" 風景 "/>
```

上述 4 個 <img> 標籤可以顯示四張圖片，src 屬性值的圖檔都是 views.gif，只有圖片尺寸的 width 和 height 屬性值不同，其執行結果如下圖所示：

4-1-2 在網頁中找出圖片的 URL 網址

<img> 標籤的 src 屬性除了圖檔的路徑外，也可以是其他 URL 網址的圖片。請進入 fChart 的首頁 https://fchart.github.io 後，點選**流程圖直譯器**。接著，進入 Chrome 開發人員工具，點選 **Elements** 標籤，再點選標籤列最前方的箭頭鈕，將滑鼠游標移到圖片上，即可在浮動框看到 img 的圖片標籤。

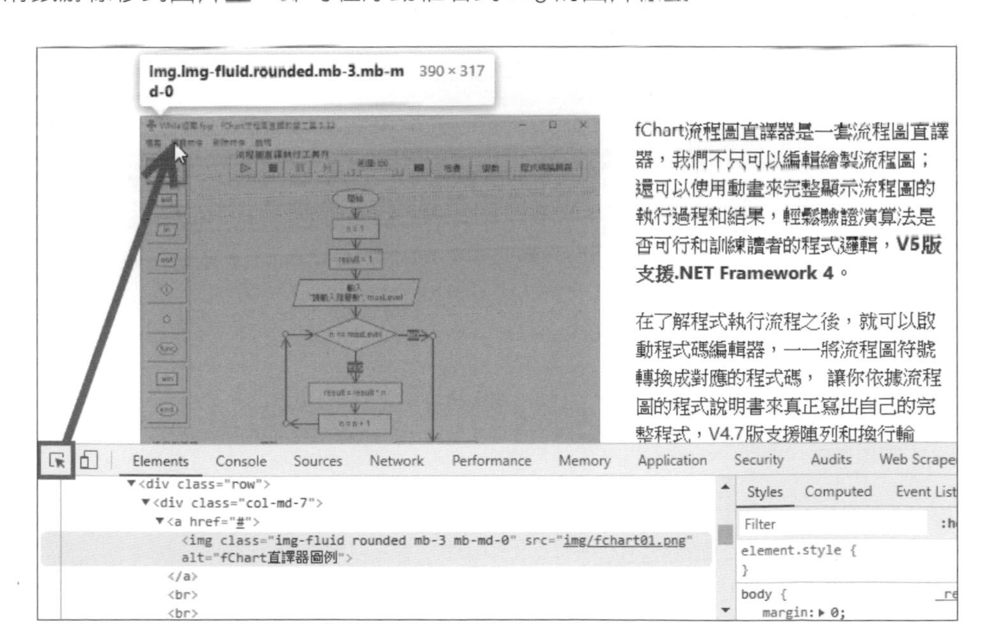

點選此圖片後，可以在 **Elements** 標籤下看到 <img> 標籤，如下圖所示：

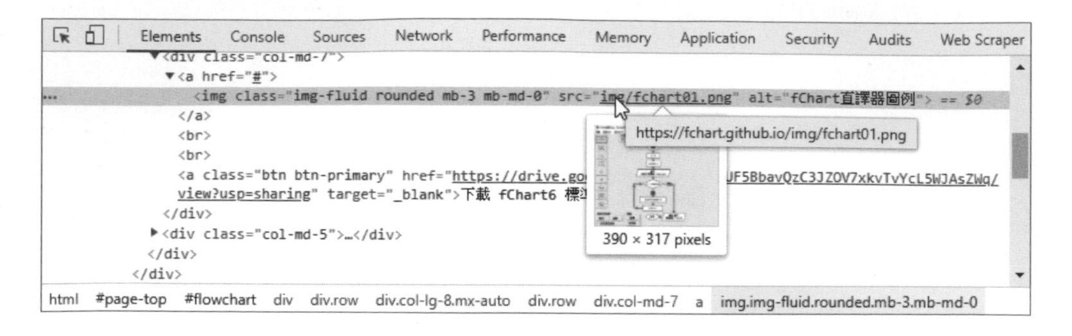

接著將游標移至 <img> 標籤的 src 屬性值，會看到圖片的縮圖，且浮動框會顯示完整的 URL 網址，如下所示：

```
https://fchart.github.io/img/fchart01.png
```

上述網址是圖片的 URL 網址，看到了嗎？這和 src 屬性值 img/fchart01.png 不同，因為屬性值是圖檔的相對路徑（位在相同網域下的檔案路徑），Chrome 開發人員工具會加上網域顯示完整 URL 網址。

請在 src 屬性值上，執行**右**鍵快顯功能表的 **Copy link address** 命令，可以複製圖片的 URL 網址，如下圖所示：

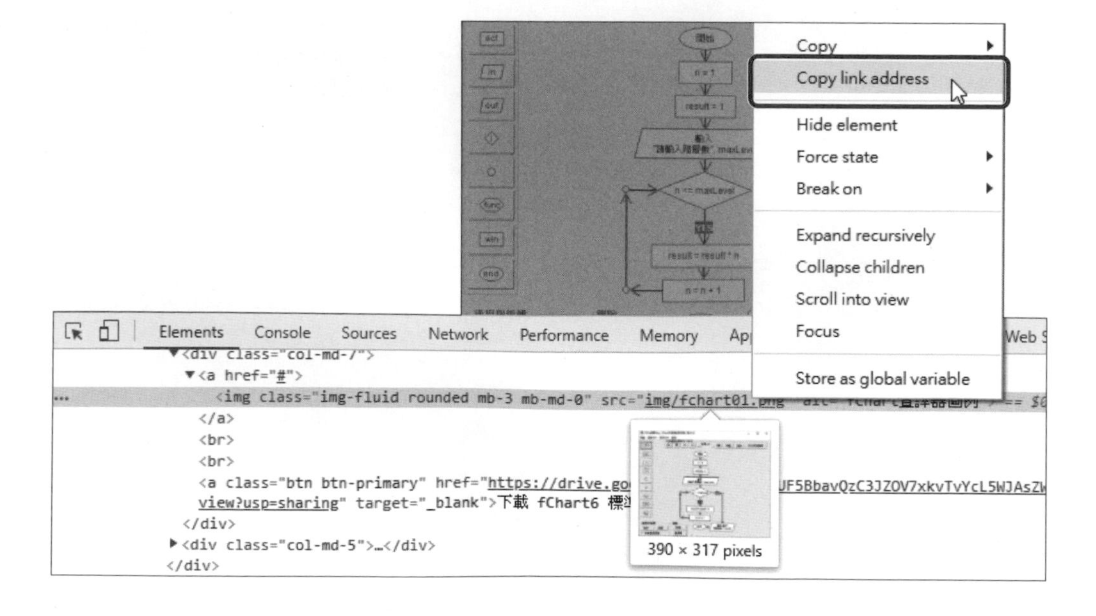

接著，我們可以利用**記事本**建立 ch4_1_2.html，在 <img> 標籤的 src 屬性值貼上剛才所複製的 URL 網址（別忘了前後要加上雙引號），如下所示：

```
<img src="https://fchart.github.io/img/fchart01.png"/>
```

上述 src 屬性值就是圖檔的完整 URL 網址，其執行結果會顯示此網頁上的圖片。

4-1-3 爬取 HTML 圖片標籤

Web Scraper 爬取 HTML 圖片標籤 <img> 是使用 Image 類型選擇器，請啟動 Chrome 瀏覽器輸入網址：https://fchart.github.io/vba/ex4_01.html，如下圖所示：

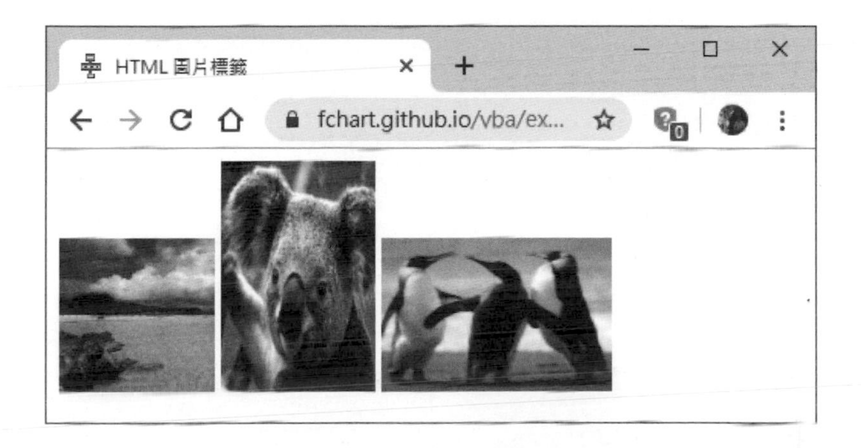

上述網頁共顯示 3 張圖片，在 Chrome 開發人員工具的 **Elements** 標籤，可以看到 3 個 <img> 標籤，如下所示：

```
<img src="https://fchart.github.io/vba/img/views.gif" width="100"
                                   height="100" alt="風景"/>
<img src="img/koala.png" width="100" height="150" alt="無尾熊"/>
<img src="img/penguins.png" width="150" height="100" alt="企鵝"/>
```

上述 <img> 標籤的 src 屬性值是三張不同的圖檔，第 1 個 src 是完整的圖片網址；後 2 個 src 是顯示相對路徑。請在 Web Scraper 新增名為 img_tag 的網站地圖，如下圖所示：

Sitemap name img_tag
Start URL https://fchart.github.io/vba/ex4_01.html - +
Create Sitemap

然後在 **_root** 根節點下，新增同名 img_tag 的 Image 類型選擇器，如下圖所示：

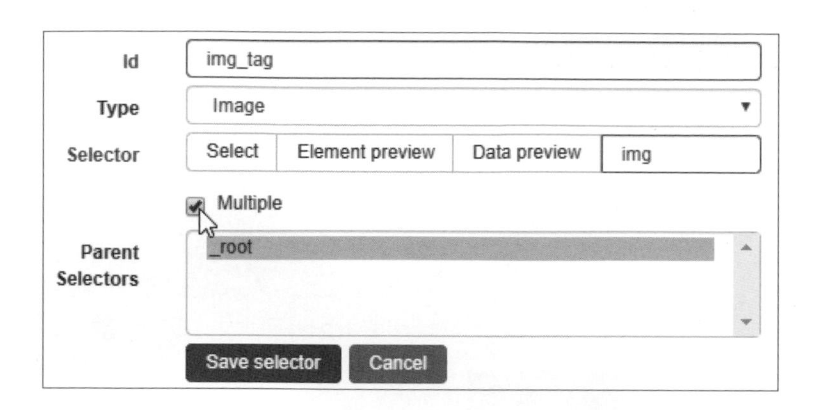

上述 **Type** 欄位是 Image 類型，選擇器請依序選擇 3 張圖，可以取得 CSS 選擇器 **img**，因為有多張圖片，請勾選 **Multiple**，然後按下 **Save selector** 鈕新增選擇器節點就完成網站地圖，如下圖所示：

請使用 Web Scraper 執行網站地圖來爬取圖片資料，會看到擷取到的表格資料，如下圖所示：

web-scraper-order	web-scraper-start-url	img_tag-src
1569205916-5	https://fchart.github.io/vba/ex4_01.html	img/koala.png
1569205916-4	https://fchart.github.io/vba/ex4_01.html	https://fchart.github.io/vba/img/views.gif
1569205916-6	https://fchart.github.io/vba/ex4_01.html	img/penguins.png

上述 **img_tag-src** 欄位就是 <img> 標籤的 src 屬性值，將圖檔路徑複製並貼到瀏覽器的網址列上，即會顯示圖片，在圖片上按滑鼠**右**鍵，執行「另存圖檔」命令，即可儲存圖片。

4-2 爬取 HTML 超連結標籤

HTML 網頁基本上就是一份「超文件」(Hypertext)，內含超連結可以連接網站的其他網頁，或全世界不同 Web 伺服器的資源，即連接其他網站的網頁。

4-2-1 認識 HTML 超連結標籤

HTML 超連結標籤 <a> 主要目的是用來建立網站的巡覽結構，讓我們可以從一頁網頁透過超連結來巡覽至下一頁的網頁，其基本語法如下所示：

```
<a href="URL網址">超連結名稱</a>
```

上述 <a> 超連結標籤預設會在瀏覽器顯示藍色底線字，點按過的超連結會顯示紫色底線字，正在點選的超連結是紅色底線字，<a> 標籤包圍的文字內容就是超連結名稱。

HTML 超連結 <a> 標籤包圍的內容，可以是文字內容，也可以是 <img> 等子標籤（這是圖片超連結），或是使用區塊元素。下面的例子是使用 <h3> 標籤：

```
<a href="http://www.flag.com.tw">
  <h3> 旗標出版公司 </h3>
</a>
```

超連結 <a> 標籤的常用屬性說明，如下表所示：

屬性	說明
href	指定超連結連接的目的地，其值可以是相對 URL 網址，即指定同網站的檔案名稱，例如：default.html，或絕對 URL 網址，例如：http://www.hinet.net
target	指定超連結如何開啟目的地的 HTML 網頁。屬性值為 **_blank** 是在新視窗或新標籤頁中開啟 HTML 網頁；**_self** 是在原視窗或標籤頁開啟 HTML 網頁（預設值）
type	指定連接 HTML 網頁的 MIME 型態

在 HTML 網頁 ch4_2_1.html 中，建立了多種文字和圖片超連結，首先是文字超連結，如下所示：

```
<a href="http://www.hinet.net">中華電信 HiNet</a>
<a href="http://www.flag.com.tw">
    <h3>旗標出版公司</h3>
</a>
```

上述 2 個 <a> 標籤是 2 個文字超連結，使用 href 屬性值指定超連結連接的目標 URL 網址，第 1 個文字超連結是單純文字內容，第 2 個文字內容是一個 <h3> 子標籤的標題文字。然後是圖片超連結，如下所示：

```
<a href="ch4_1_1.html">
  <img src="dragon.jpg" width="50" height="50">
</a>
```

上述 <a> 標籤的 href 屬性值是相對位址的 HTML 網頁檔案，其 <img> 子標籤是一張圖片，src 屬性值的圖檔是 dragon.jpg，其執行結果如下圖所示：

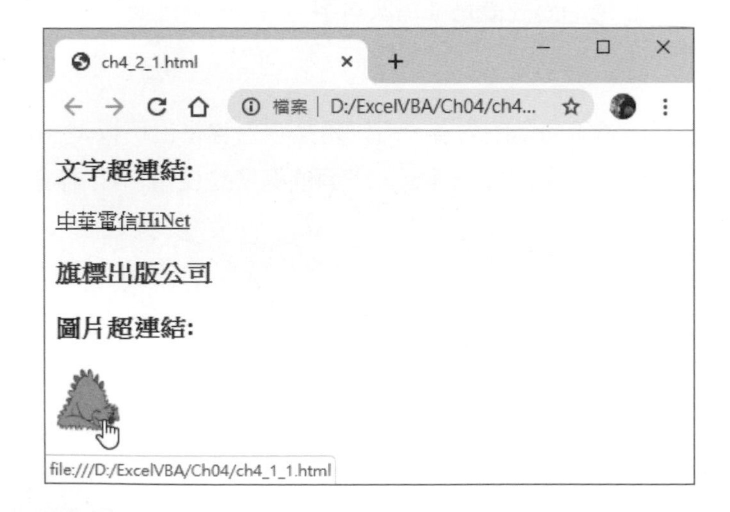

上圖藍色底線字是文字超連結，當游標移至圖片上，可以看到游標成為手形，表示是一個超連結，下方浮動框會顯示其連接的目標網址。

4-2-2 爬取 HTML 超連結標籤

Web Scraper 爬取 HTML 超連結標籤 <a> 是使用 Link 類型選擇器，請啟動 Chrome 瀏覽器，輸入此網址：https://fchart.github.io/vba/ex4_02.html：

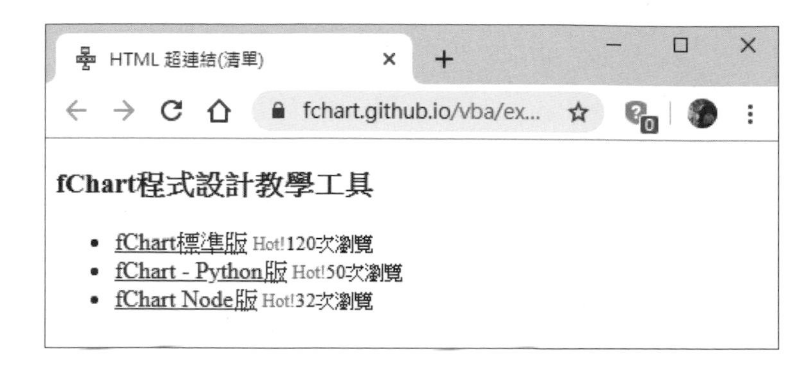

上述網頁使用清單顯示 3 個超連結文字，在 Chrome 開發人員工具的 **Elements** 標籤，可以看到 <ul>、<li> 和 <a> 標籤，如下所示：

```
<ul>
  <li><a href="fchart6.html">fChart 標準版 </a>
      <small>120 次瀏覽 </small></li>
  <li><a href="fchartPython6.html">fChart  - Python 版 </a>
      <small>50 次瀏覽 </small></li>
  <li><a href="fchartNode6.html">fChart Node 版 </a>
      <small>32 次瀏覽 </small></li>
</ul>
```

上述 <li> 清單項目標籤有 <a> 和 <small> 子標籤，<a> 子標籤的 href 屬性值連結三頁不同的 HTML 網頁。請在 Web Scraper 新增名為 a_tag 的網站地圖，如下圖所示：

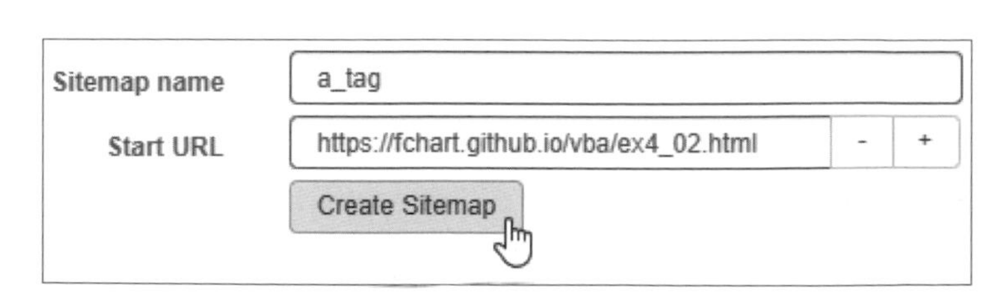

然後在 _root 根節點下，新增同名 a_tag 的 Link 類型選擇器，如下圖所示：

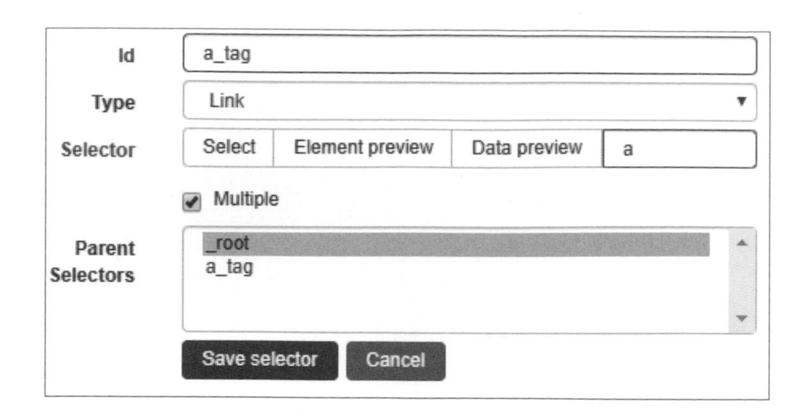

上述 **Type** 欄位是 Link 類型，請依序選擇網頁中的 3 個超連結，可以取得 CSS 選擇器 **a**，因為有多個超連結文字，請勾選 **Multiple**，然後按下 **Save selector** 鈕新增選擇器節點就完成網站地圖，如下圖所示：

請使用 Web Scraper 執行網站地圖來爬取超連結資料，會看到擷取的表格資料，如下圖所示：

web-scraper-order	web-scraper-start-url	a_tag	a_tag-href
1569206630-7	https://fchart.github.io/vba/ex4_02.html	fChart標準版	https://fchart.github.io/vba/fchart6.html
1569206630-9	https://fchart.github.io/vba/ex4_02.html	fChart Node版	https://fchart.github.io/vba/fchartNode6.html
1569206630-8	https://fchart.github.io/vba/ex4_02.html	fChart Python版	https://fchart.github.io/vba/fchartPython6.html

上述 **a_tag** 欄位是超連結名稱；**a_tag-href** 欄位就是 <a> 標籤的 href 屬性值。

4-2-3 使用 Link 類型爬取清單和詳細內容網頁

HTML 的 <a> 超連結可以連結到其他網頁，其最常見的應用之一，就是建立清單和詳細內容的網頁結構（一頁對多頁）。首先，說明清單網頁，請透過瀏覽器進入 https://fchart.github.io/vba/ex4_02.html 網頁，如下圖所示：

上述網頁內容是超連結清單，點選超連結文字會顯示詳細頁面，例如：點選 **fChart 標準版**超連結，會顯示此版本的詳細說明頁面，如右圖所示：

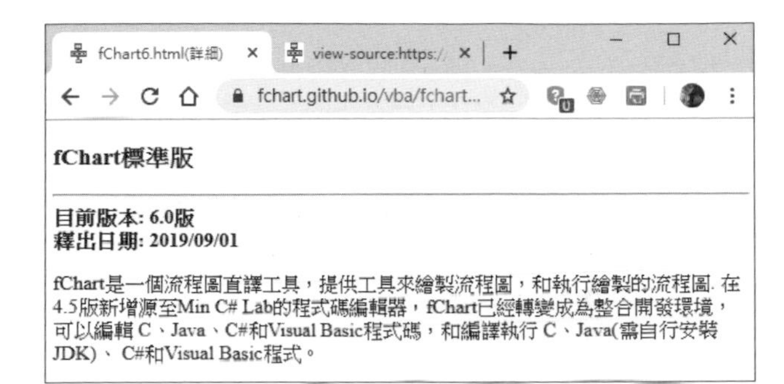

在 Web Scraper 爬取清單和詳細內容的網頁，我們需要先建立 Element 類型來擷取記錄，在記錄的欄位有 1 個 Link 類型的超連結，而且此超連結還有下一層選擇器（在第 4-2-2 節因為沒有下一層，所以是取出超連結的名稱和 URL 網址）。Web Scraper 就會使用此超連結的 href 屬性值來自動切換至下一層的網頁，然後再擷取此頁面的資料，如下圖所示：

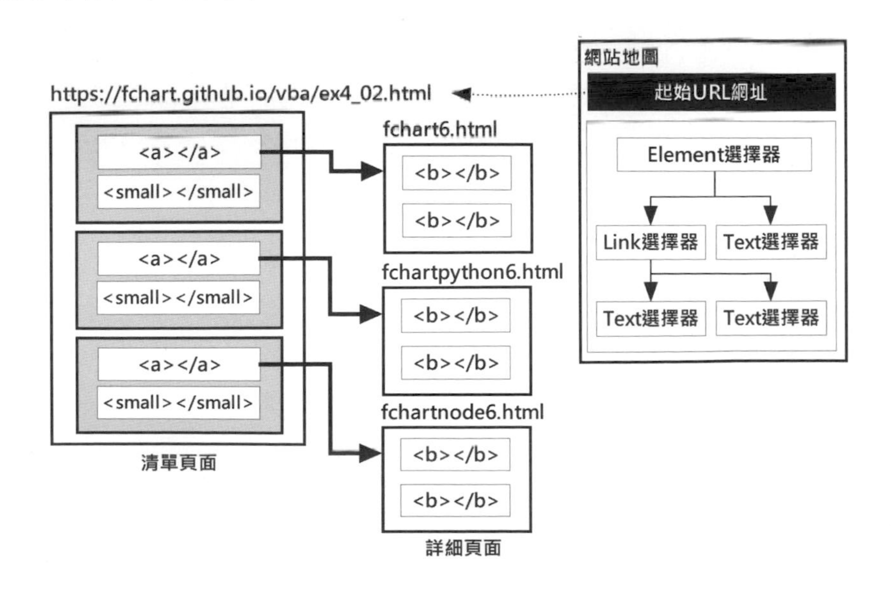

➲ 建立 Web Scraper 網站地圖

請在 Web Scraper 新增名為 a_nav 的網站地圖，如下圖所示：

Sitemap name　a_nav
Start URL　https://fchart.github.io/vba/ex4_02.html　-　+
Create Sitemap

➲ 第一層選擇器：使用 Element 爬取 HTML 清單的記錄

在 **_root** 根節點下，新增 items 的 Element 類型選擇器，如下圖所示：

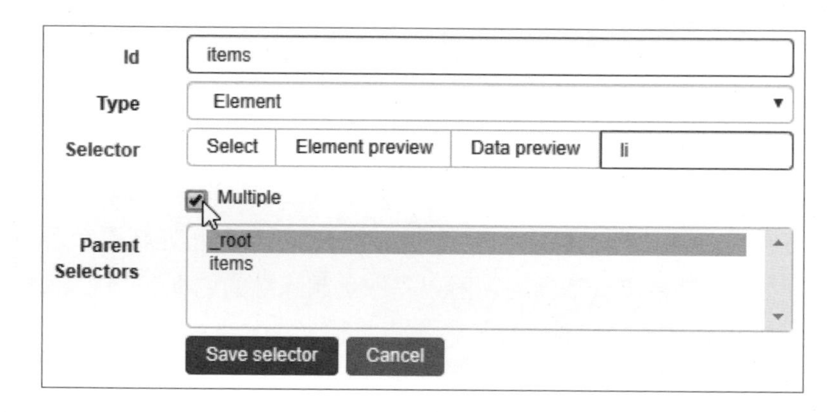

上述 **Type** 欄位是 Element 類型，請點選網頁中 3 個 <li> 標籤（點選項目的後方），可以取得 CSS 選擇器 **li**，因為有多筆記錄，請勾選 **Multiple**，按下 **Save selector** 鈕新增選擇器節點。

➲ 第二層選擇器：使用 Link 和 Text 爬取記錄的欄位

請在選擇器清單選 **items** 切換至 **_root/items** 路徑下，然後新增 id 名稱為 a_tag 的 Link 類型選擇器，如下圖所示：

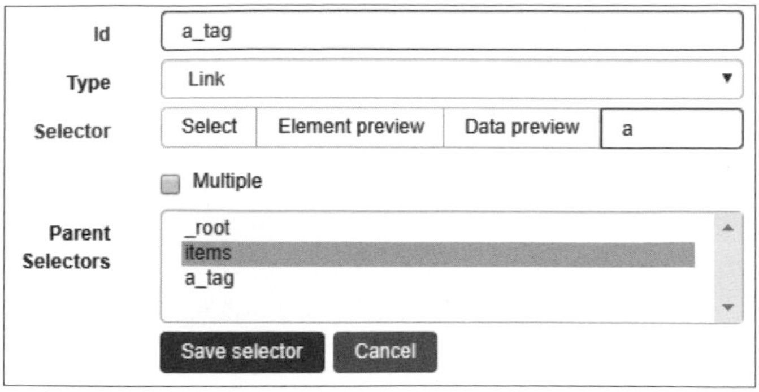

Id a_tag
Type Link
Selector Select | Element preview | Data preview | a
Multiple
Parent Selectors _root items a_tag
Save selector Cancel

上述 **Type** 欄位是 Link 類型，點選網頁中的超連結，可以取得 CSS 選擇器 **a**，在此不需勾選 **Multiple**，按下 **Save selector** 鈕新增選擇器節點。在 **_root/items** 路徑再新增 Text 類型，id 名稱為 views 的選擇器來取得瀏覽數，如下圖所示：

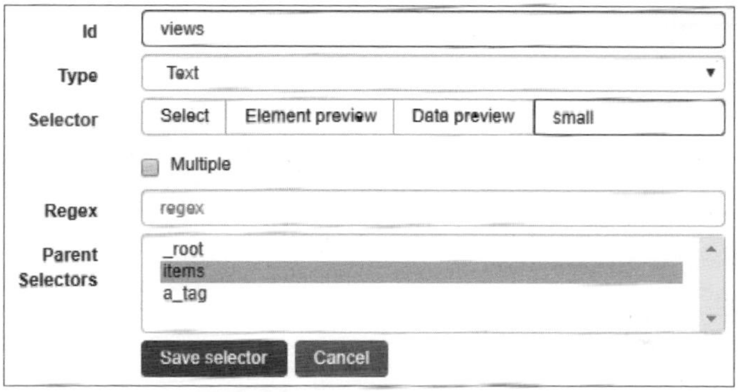

Id views
Type Text
Selector Select | Element preview | Data preview | small
Multiple
Regex regex
Parent Selectors _root items a_tag
Save selector Cancel

上述 **Type** 欄位是 Text 類型，請點選網頁中的瀏覽數，可以取得 CSS 選擇器 **small**，在此不需勾選 **Multiple**，按下 **Save selector** 鈕新增選擇器節點。

➲ 第三層選擇器：爬取詳細頁面的資料

請在 **_root/items** 路徑下，點選 **a_tag** 再切換至下一層選擇器，即 **_root/items/a_tag** 路徑，在瀏覽器上方也請瀏覽至詳細頁面後，就可以新增 id 名稱為 version 的 Text 類型選擇器，如下圖所示：

Id version
Type Text
Selector Select Element preview Data preview b:nth-of-type(1)
Multiple
Regex regex
Parent Selectors _root items a_tag
Save selector Cancel

上述 **Type** 欄位是 Text 類型，請在網頁中點選版本，可以取得 CSS 選擇器 **b:nth-of-type(1)**，不用勾選 **Multiple**，按下 **Save selector** 鈕新增選擇器節點。接著，在 **_root/items/a_tag** 路徑再新增 Text 類型，id 名稱為 release 的選擇器來取得釋出日期，如下圖所示：

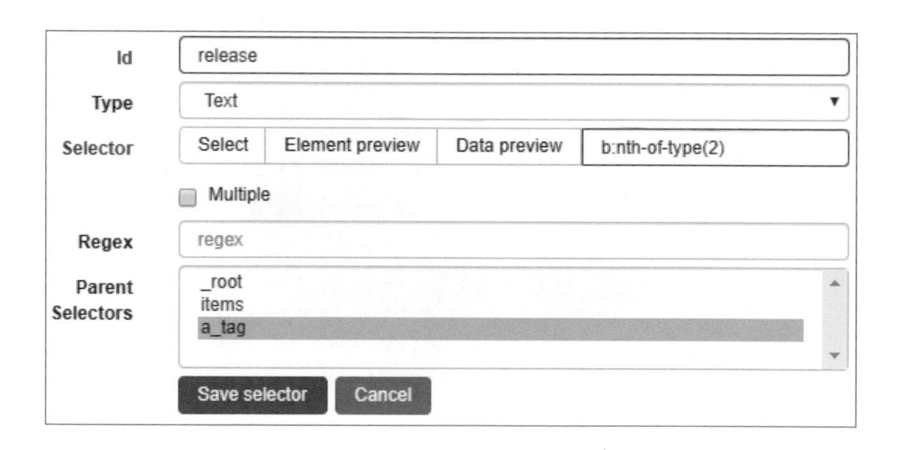

上述 **Type** 欄位是 Text 類型，請點選網頁中的釋出日期，可以取得 CSS 選擇器 **b:nth-of-type(2)**，不用勾選 **Multiple**，按下 **Save selector** 鈕新增選擇器節點後，就完成網站地圖，如下圖所示：

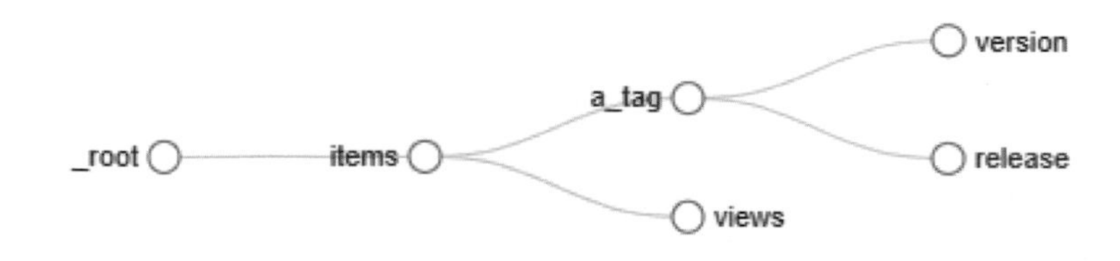

上述階層地圖的前兩層（_root 不算）分別是 Element 類型的記錄和 2 個欄位，第三層是因為第二層的 Link 類型，當 Link 類型有下一層選擇器，Web Scraper 就會巡覽至這一層的網頁來繼續擷取資料，第三層就是擷取詳細頁面的資料。

請使用 Web Scraper 執行網站地圖來爬取清單和詳細的一對多頁面的資料，可以看到擷取到的表格資料，如下圖所示：

a_tag	a_tag-href	views	version	release
fChart標準版	https://fchart.github.io/vba/fchart6.html	120次瀏覽	目前版本: 6.0版	釋出日期: 2019/09/01
fChart - Python版	https://fchart.github.io/vba/fchartpython6.html	50次瀏覽	目前版本: 6.1版	釋出日期: 2019/08/21
fChart Node版	https://fchart.github.io/vba/fchartnode6.html	32次瀏覽	目前版本: 6.11版	釋出日期: 2019/09/11

上述表格只顯示後面 5 個欄位，前 3 欄是清單頁面的資料；後 2 欄是詳細頁面的資料。

4-3 網路爬蟲實戰：「Yahoo! 電影」本週新片清單

我們準備使用 Web Scraper 爬取「Yahoo! 電影」的本週新片，在第 4-3 節是爬取 HTML 清單和圖片的整合應用，可以取得本週新片清單；第 4-4 節是瀏覽新片的詳細網頁，可以擷取出新片的進一步資訊。

➲ 步驟一：實際瀏覽網頁內容

Yahoo! 電影本週新片會顯示這星期上演的電影新片資料，其網址如下所示：

⁂ https://movies.yahoo.com.tw/movie_thisweek.html

上述網頁的每一個方框是一部新片。請開啟 Chrome 開發人員工具，點選 **Elements** 標籤，再點選上方標籤列最前方的箭頭鈕，然後移動游標至上方的劇照圖片，即會看到 <img> 圖片標籤，如下圖所示：

接著，移動游標至電影名稱，會看到 <a> 超連結標籤，如下圖所示：

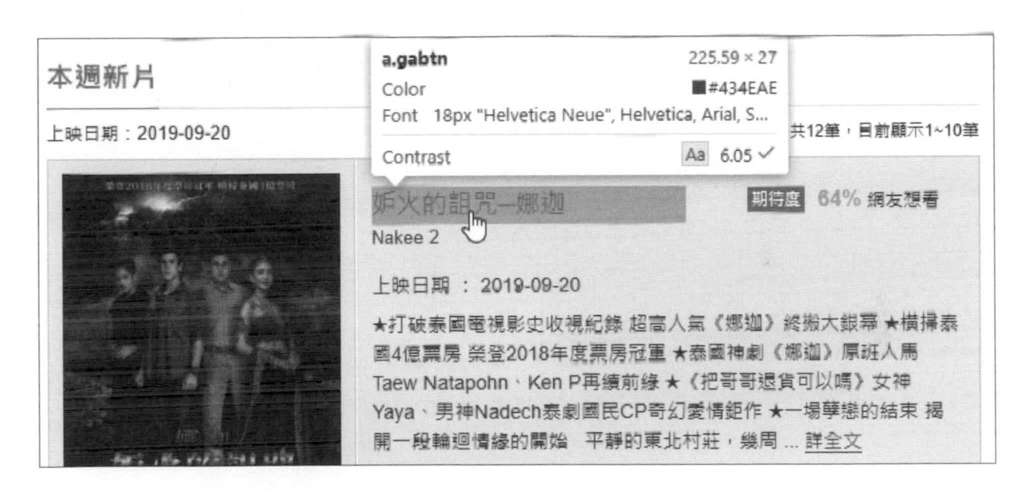

接著移到方框的邊界，會看到選取整個方框，此時顯示的是 <li> 清單項目標籤，如下圖所示：

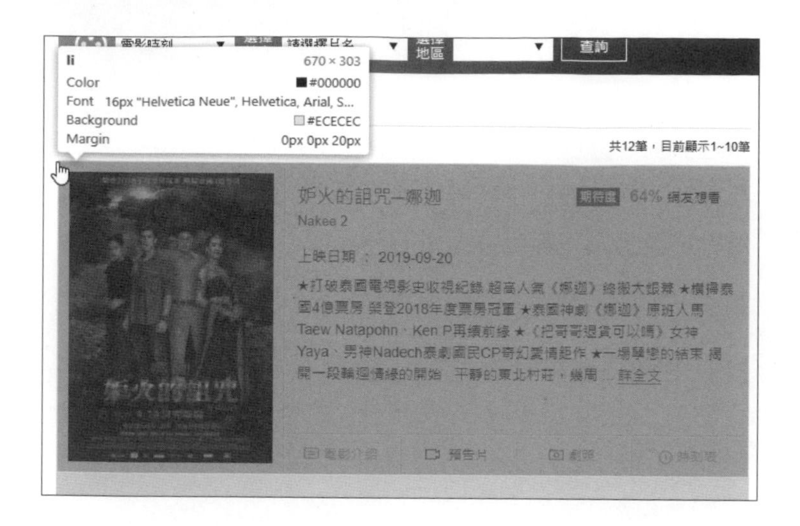

上述圖例反白顯示每一部電影的方框，可以在下方跳至對應的 HTML 標籤 <li>，這些新片是 <ul> 和 <li> 清單標籤，如下圖所示：

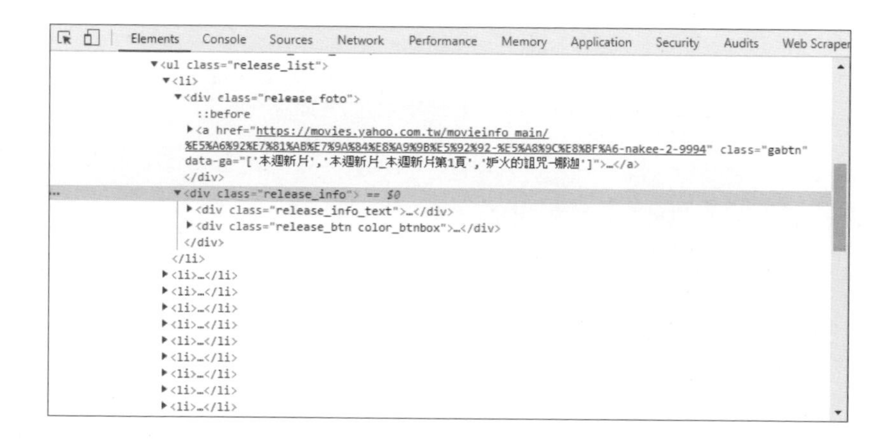

從上述的 **Elements** 標籤頁，可以看出新片清單是 class 屬性值 release_list 的 <ul> 標籤，每一部電影的記錄是之下的 <li> 子標籤，如下所示：

```
<ul class="release_list">
    <li>
      <div class="release_foto">…</div>
      <div class="release_info">…</div>
    </li>
    <li>…</li>
    …
</ul>
```

上述每一個 <li> 標籤分成 2 個 <div> 子標籤，分別是圖片和影片資訊，<div> 標籤是容器標籤用來群組資料，在第 5 章有進一步的說明。

很明顯地每一部電影的 <li> 標籤是一筆記錄，我們需要使用 Element 類型來爬取記錄，然後在下一層使用 Image 類型取出每一部電影的劇照圖片、片名（Text 類型）、上映日期（Text 類型）等新片資訊。

➲ 步驟二：在 Web Scraper 新增網站地圖的爬取專案

在確認目標資料的 HTML 元素後，我們就可以將目前瀏覽器的網址作為起始 URL 網址來建立網站地圖，如下圖所示：

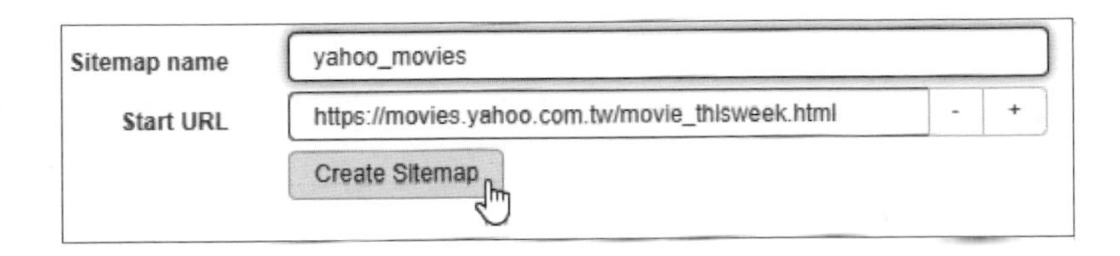

上述欄位內容的輸入資料，如下所示：

⁂ **Sitemap name**：yahoo_movies。

⁂ **Start URL**：https://movies.yahoo.com.tw/movie_thisweek.html。

請注意！如果在第 2 章已經匯入 yahoo_movies 網站地圖，因為 Web Scraper 不允許同名的網站地圖，請先點選 **Sitemaps**，刪除已存在的 yahoo_movies 後，再新增 yahoo_movies 網站地圖。

➲ 步驟三：建立爬取網站的 CSS 選擇器地圖

在成功建立網站地圖後，就可以新增 CSS 選擇器，因為是擷取多部電影的資訊，這是記錄，所以選擇器有兩層，第一層取出此頁的每一筆記錄，然後在第二層取出記錄的每一個欄位，其步驟如下所示：

1. 請在 Chrome 瀏覽器進入剛才在 **Start URL** 欄輸入的網頁，因為我們要在此網頁選取擷取資料的 HTML 元素。

2. 按下 **Add new Selector** 鈕，新增目前 **_root** 節點下的 CSS 選擇器節點，在 **Id** 欄輸入選擇器名稱 movies_tag，**Type** 欄選擇 **Element**，然後勾選 **Multiple** 多筆記錄，如下圖所示：

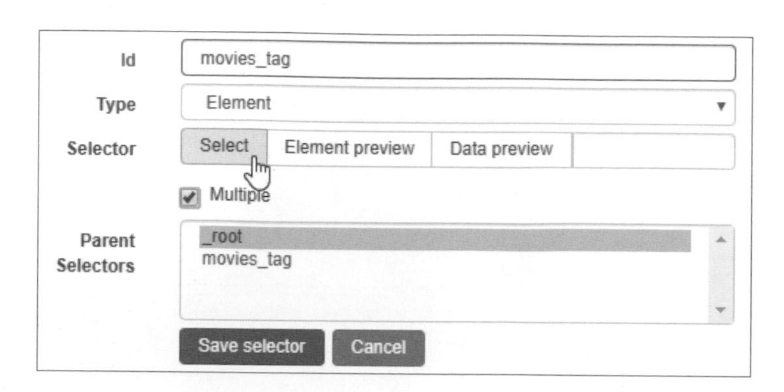

3. 在 **Selector** 欄按下 **Select** 鈕後，在網頁移動游標，點選 HTML 清單的 <li> 標籤，如下圖所示：

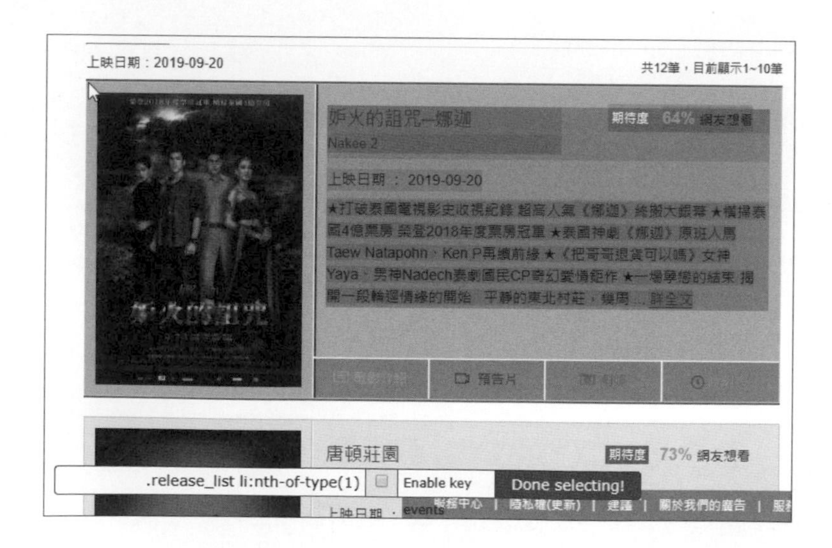

4 繼續點選第 2 個 <li> 標籤，會看到所有電影的方框都被選取，如下圖所示：

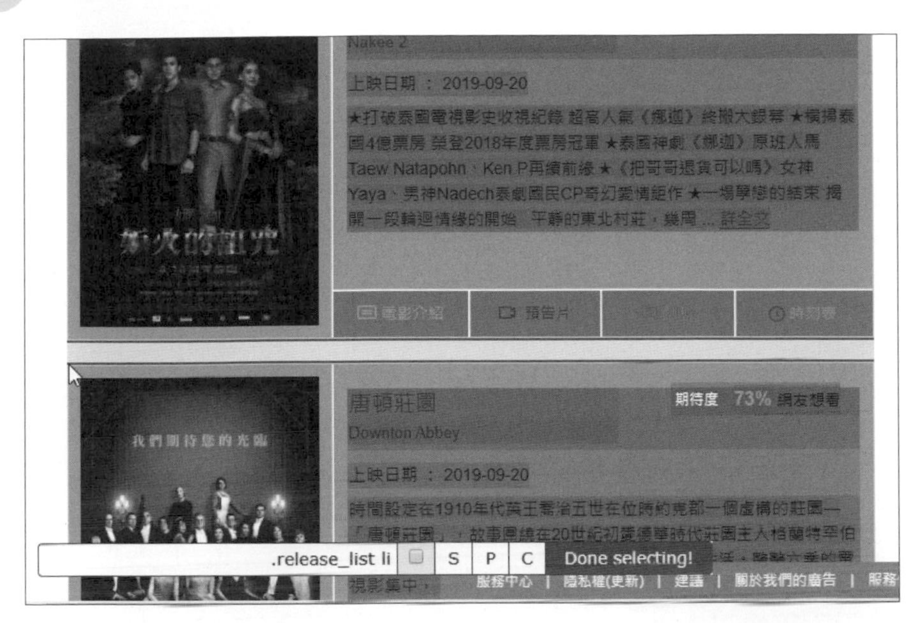

上述取得的 CSS 選擇器是 **.release_list li**，這是 CSS 的子孫選擇器（詳見第 4-5 節的 CSS Level 1），使用空格分隔 2 個選擇器，可以使用 class 屬性選取父的 <ul> 標籤下的所有 <li> 標籤。

5 按下 **Done selecting!** 鈕完成選擇，即會在下方欄位填入 CSS 選擇器，如果需要，請分別按下 **Element preview** 和 **Data preview** 鈕，預覽選擇的 HTML 元素和擷取資料。

6 按下 **Save selector** 鈕儲存選擇器節點，可以在 **_root** 根節點下新增名為 movies_tag 的選擇器節點，type 是 **SelectorElement** 的 Element 類型，Multiple 是 **yes**（多筆），如下圖所示：

_root

ID	Selector	type	Multiple	Parent selectors
movies_tag	.release_list li	SelectorElement	yes	_root

7 請點選 **movies_tag** 選擇器節點，我們準備新增擷取每一筆記錄中各欄位的選擇器，可以看到上方路徑是 **_root/movies_tag**，如下圖所示：

_root / movies_tag

ID	Selector	type	Multiple	Parent selectors	Actions

Add new selector

8 按下 **Add new selector** 鈕新增選擇器節點，第 1 個是片名，在 **Id** 欄輸入選擇器名稱 title_cht，**Type** 欄選擇 **Text**，不用勾選 **Multiple**，如下圖所示：

Id: title_cht
Type: Text
Selector: Select | Element preview | Data preview
Multiple
Regex: regex
Parent Selectors: _root / movies_tag
Save selector | Cancel

9 按下 **Select** 鈕後，在網頁會看到黃色背景和框線的方框，這是每一筆記錄，因為片名是 <a> 超連結，我們只準備取出片名，請在浮動工具列勾選啟用功能鍵，然後移至超連結上，按 [S] 鍵來取出超連結的片名，如下圖所示：

10 按下 **Done selecting!** 鈕完成選擇，會在下方欄位填入 CSS 選擇器，按下 **Save selector** 鈕儲存選擇器節點，可以在 **_root/movies_tag** 下新增選擇器節點，如下圖所示：

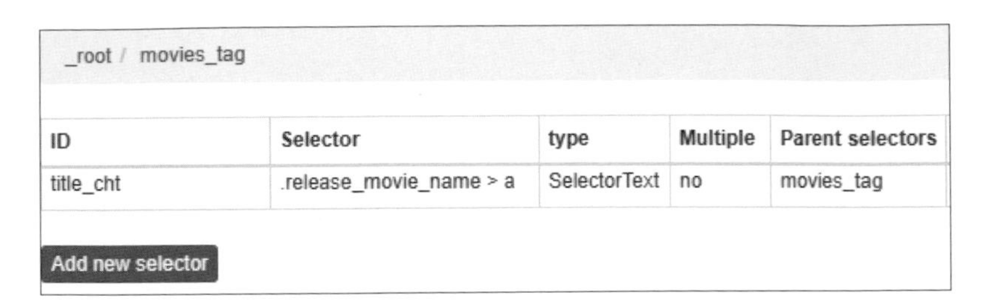

_root / movies_tag

ID	Selector	type	Multiple	Parent selectors
title_cht	.release_movie_name > a	SelectorText	no	movies_tag

Add new selector

11 再按下 **Add new selector** 鈕，新增英文片名的選擇器節點，在 **Id** 欄輸入選擇器名稱 title_en，**Type** 欄選擇 **Text**，請按下 **Select** 鈕後，因為英文片名也是 <a> 超連結，首先在浮動工具列勾選啟用功能鍵，然後移至超連結上，按 S 鍵來取出超連結的英文片名，如下圖所示：

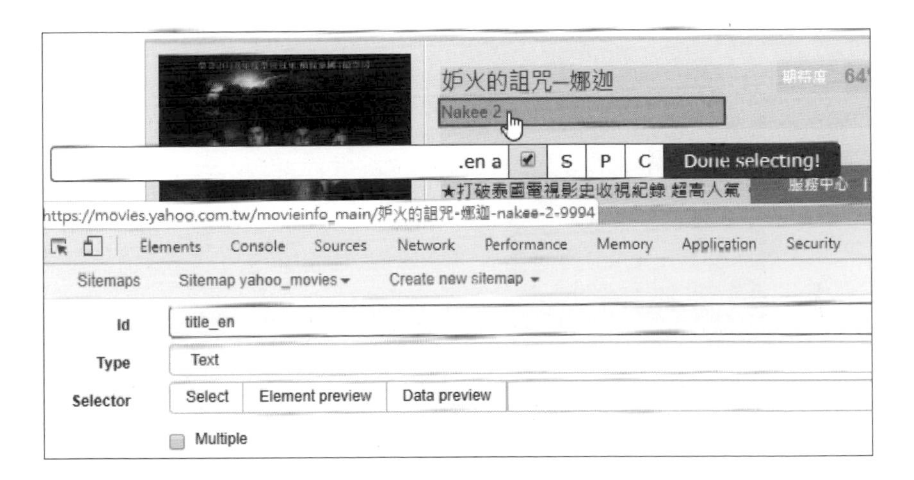

12 按 **Done selecting!** 鈕完成選擇，再按 **Save selector** 鈕儲存選擇器節點。

13 按下 **Add new selector** 鈕新增上映日期，在 **Id** 欄輸入選擇器名稱 pub_date，**Type** 欄選擇 **Text**，請按 **Select** 鈕後，選取上映日期，如下圖所示：

14 按下 **Done selecting!** 鈕完成選擇，再按 **Save selector** 鈕儲存選擇器節點。

15 再次按下 **Add new selector** 鈕新增劇照圖片，在 **Id** 欄輸入選擇器名稱 cover，**Type** 欄選擇 **Image**，請按下 **Select** 鈕，選取圖片，如下圖所示：

16 按下 **Done selecting!** 鈕完成選擇，再按 **Save selector** 鈕儲存選擇器節點，可以在 **_root/movies_tag** 下新增選擇器節點，如下圖所示：

_root / movies_tag

ID	Selector	type	Multiple	Parent selectors
title_cht	.release_movie_name > a	SelectorText	no	movies_tag
title_en	.en a	SelectorText	no	movies_tag
pub_date	div.release_movie_time	SelectorText	no	movies_tag
cover	img	SelectorImage	no	movies_tag

17 請執行「Sitemap yahoo_movies/Selector graph」命令，展開節點樹，如右圖所示：

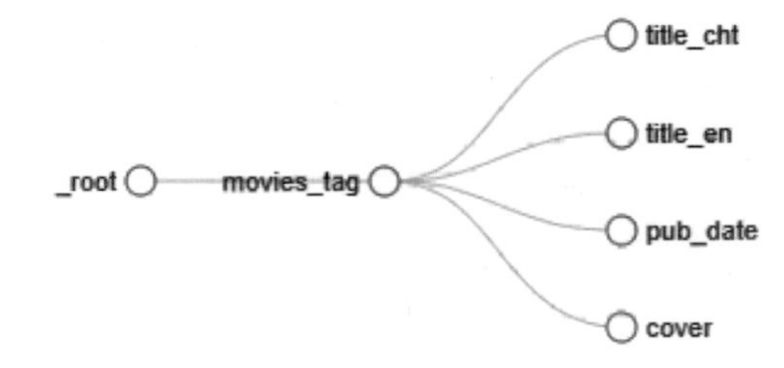

➲ 步驟四：執行 Web Scraper 網站地圖爬取資料

現在，我們已經建立好擷取資料的 Web Scraper 網站地圖，請執行 Web Scraper 網站地圖來爬取資料，其步驟如下所示：

1 請執行「Sitemap yahoo_movies/Scrape」命令執行網路爬蟲，在輸入送出 HTTP 請求的間隔時間，和載入網頁的延遲時間後，按下 **Start scraping** 鈕開始爬取資料。

2 等到爬完後，請按 **refresh** 鈕重新載入資料，就會看到擷取的表格資料，如下圖所示：

web-scraper-order	web-scraper-start-url	title_cht	title_en	pub_date	cover-src
1568620741-4	https://movies.yahoo.com.tw/movie_thisweek.html	殺手餐廳	Diner	上映日期：2019-09-20	https://movies.yahoo.com.tw/x/r/w420/i/o/production/movies/June2019/R2wrgz8Tn9Pr7XkU43Vj-504x720.jpg
1568620741-8	https://movies.yahoo.com.tw/movie_thisweek.html	忘了浪漫，記得你	Romang	上映日期：2019-09-20	https://movies.yahoo.com.tw/x/r/w420/i/o/production/movies/August2019/NeRiwFKX6vyk5EiZyyqm-504x720.jpg
1568620741-7	https://movies.yahoo.com.tw/movie_thisweek.html	星際救援	Ad Astra	上映日期：2019-09-20	https://movies.yahoo.com.tw/x/r/w420/i/o/production/movies/August2019/ERVdGazV3OOWCFTLqrYW-800x1142.jpg
1568620741-6	https://movies.yahoo.com.tw/movie_thisweek.html	窗中的女巫	The Witch in the Window	上映日期：2019-09-20	https://movies.yahoo.com.tw/x/r/w420/i/o/production/movies/August2019/SN79iyJL2GV8an7Wwa01-504x720.jpg
1568620741-10	https://movies.yahoo.com.tw/movie_thisweek.html	淺草的幸福吐司	Pelican：74 Years of Japanese Tradition	上映日期：2019-09-20	https://movies.yahoo.com.tw/x/r/w420/i/o/production/movies/August2019/iUM8q1sbbVEiT18wN7hW-504x720.jpg
1568620741-3	https://movies.yahoo.com.tw/movie_thisweek.html	返校	Detention	上映日期：2019-09-20	https://movies.yahoo.com.tw/x/r/w420/i/o/production/movies/August2019/WpmLtFlaAGZxvWEWTd1I-497x720.jpg

➲ 步驟五：將爬取的資料匯出成 CSV 檔案

Web Scraper 支援匯出成 CSV 檔案的功能，在成功爬取出所需的資料後，可以如下操作匯出成 CSV 檔案：

1. 請執行「Sitemap yahoo_movies/Export data as CSV」命令，匯出爬取資料成為 CSV 檔案。

2. 在匯出後，可以看到 **Download now!** 超連結，請點選超連結下載 CSV 檔案，預設檔名是網路地圖名稱 yahoo_movies.csv。

4-4 網路爬蟲實戰：「Yahoo! 電影」本週新片詳細資訊

在第 4-3 節的本週新片清單只有片名、劇照圖片、上映日期，如下圖所示：

當點選中文或英文片名，可以瀏覽新片的詳細資料，如下圖所示：

上述頁面提供發行公司、導演和 IMDb 分數等更多資訊。在這一節我們準備修改第 4-3 節的 yahoo_movies 網站地圖成為 yahoo_movies2，新增 Link 類型節點，可以瀏覽至第三層的 CSS 選擇器來擷取新片的詳細資訊，即發行公司和導演，其步驟如下所示：

1 請參閱第 3-5 節的步驟匯入 yahoo_movies.txt 網站地圖，且改名為 yahoo_movies2，並在上方瀏覽器進入 Yahoo! 電影本週新片的網址。

2 執行「Sitemap yahoo_movies2/Selectors」命令，顯示 **_root** 的選擇器清單，如下圖所示：

_root

ID	Selector	type	Multiple	Parent selectors
movies_tag	.release_list li	SelectorElement	yes	_root

Add new selector

3 點選 **movies_tag** 切換至下一層 **_root/movies_tag** 選擇器清單，我們準備在這一層新增連結詳細頁面的 Link 類型的選擇器，如下圖所示：

_root / movies_tag

ID	Selector	type	Multiple	Parent selectors
title_cht	.release_movie_name > a	SelectorText	no	movies_tag
title_en	.en a	SelectorText	no	movies_tag
pub_date	div.release_movie_time	SelectorText	no	movies_tag
cover	img	SelectorImage	no	movies_tag

Add new selector

4 按下 **Add new selector** 鈕新增 **_root/movies_tag** 下的選擇器節點。在 **Id** 欄輸入選擇器名稱 m_link，**Type** 欄選擇 **Link**，如右圖所示：

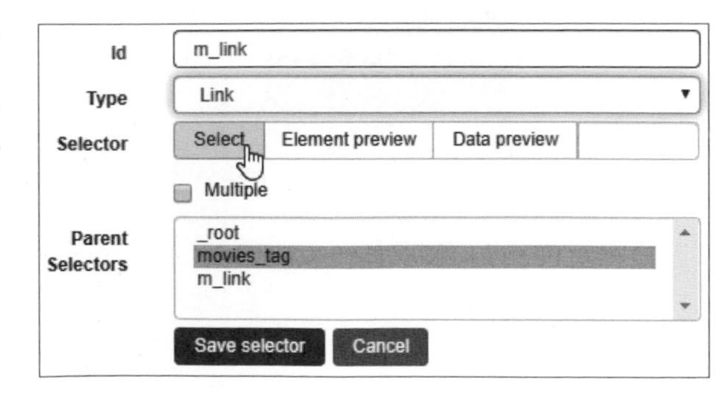

5 按下 **Select** 鈕後，請在浮動工具列勾選啟用功能鍵，然後移至超連結上，按下 S 鍵來選取片名的超連結，如下圖所示：

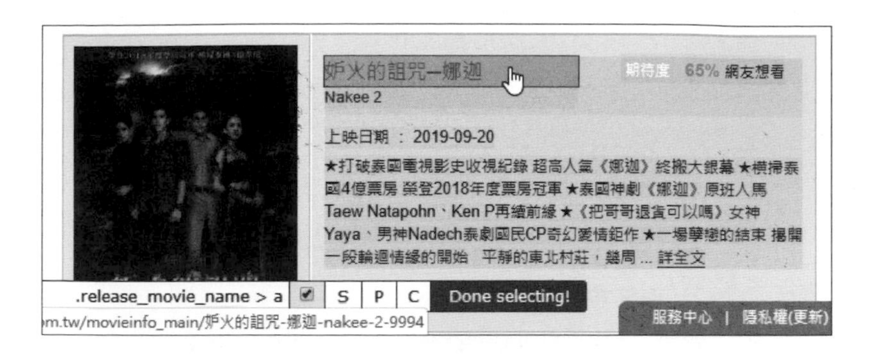

6 按下 **Done selecting!** 鈕完成選擇，再按下 **Save selector** 鈕儲存選擇器節點，即可在 **_root/movies_tag** 下新增選擇器節點，如下圖所示：

_root / movies_tag

ID	Selector	type	Multiple	Parent selectors
title_cht	.release_movie_name > a	SelectorText	no	movies_tag
title_en	.en a	SelectorText	no	movies_tag
pub_date	div.release_movie_time	SelectorText	no	movies_tag
cover	img	SelectorImage	no	movies_tag
m_link	.release_movie_name > a	SelectorLink	no	movies_tag

Add new selector

7 點選 **m_link** 切換至下一層 **_root/movies_tag/m_link** 選擇器清單，我們準備在這一層新增詳細頁面的 CSS 選擇器，如下圖所示：

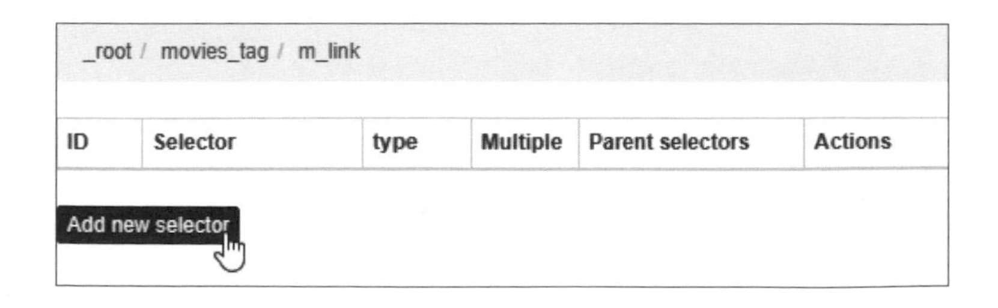

8 按下 **Add new selector** 鈕，新增 **_root/movies_tag/m_link** 下的選擇器節點。在 **Id** 欄輸入選擇器名稱 company，**Type** 欄選擇 **Text**，如下圖所示：

Id: company
Type: Text
Selector: Select | Element preview | Data preview
Multiple
Regex: regex
Parent Selectors: _root / movies_tag / m_link
Save selector | Cancel

9 請先在上方切換至新片的詳細頁面，再按下 **Select** 鈕，選取發行公司的 HTML 元素，如下圖所示：

10 按下 **Done selecting!** 鈕完成選擇，再按下 **Save selector** 鈕儲存選擇器節點，即會在 **_root/movies_tag/m_link** 下新增選擇器節點 company，如下圖所示：

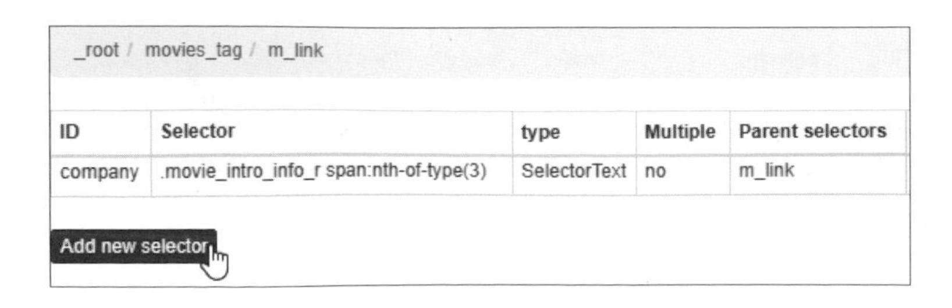
_root / movies_tag / m_link

ID	Selector	type	Multiple	Parent selectors
company	.movie_intro_info_r span:nth-of-type(3)	SelectorText	no	m_link

Add new selector

11 再按下 **Add new selector** 鈕，新增 **_root/movies_tag/m_link** 下的選擇器節點。在 **Id** 欄輸入選擇器名稱 director，**Type** 欄選擇 **Text**，如下圖所示：

Id	director
Type	Text
Selector	Select / Element preview / Data preview
	☐ Multiple
Regex	regex
Parent Selectors	_root movies_tag m_link
	Save selector / Cancel

12 按下 **Select** 鈕，選取導演的 HTML 元素，如下圖所示：

13 按下 **Done selecting!** 鈕完成選擇，再按下 **Save selector** 鈕儲存選擇器節點，即會在 **_root/movies_tag/m_link** 下新增選擇器節點 director，如下圖所示：

_root / movies_tag / m_link

ID	Selector	type	Multiple	Parent selectors
company	.movie_intro_info_r span:nth-of-type(3)	SelectorText	no	m_link
director	div.movie_intro_list:nth-of-type(3)	SelectorText	no	m_link

Add new selector

14 請執行「Sitemap yahoo_movies2/Selector graph」命令，展開節點樹，如下圖所示：

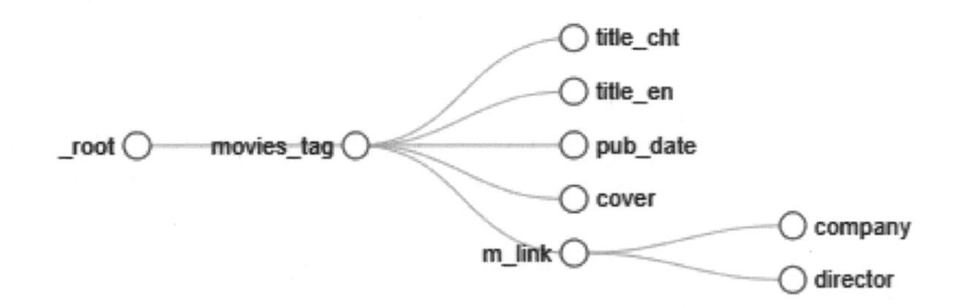

15 請執行「Sitemap yahoo_movies2/Scrape」命令執行網路爬蟲，在輸入送出 HTTP 請求的間隔時間，和載入網頁的延遲時間後，按下 **Start scraping** 鈕開始爬取資料。

16 再按下 **refresh** 鈕重新載入資料，可以看到擷取的 HTML 表格資料。

17 請執行「Sitemap yahoo_movies2/Export data as CSV」命令，匯出爬取的資料成為 CSV 檔案。

18 在匯出後，會看到 **Download now!** 超連結，請點選超連結下載 CSV 檔案，預設檔名是網路地圖名稱 yahoo_movies2.csv，我們可以使用 Excel 開啟此檔案，如下圖所示：

	A	B	C	D	E	F	G	H	I	J	K	L	M
1	web-scrape	web-scrape	title_cht	title_en	pub_date	cover-src	m_link	m_link-hre	company	director			
2	15686254{	https://mov	唐頓莊園	Downton A	上映日期	https://mov	唐頓莊園	https://mov	發行公司	麥可恩格勒(Michael Engler)			
3	15686254(	https://mov	淺草的幸礻	Pelican：7	上映日期	https://mov	淺草的幸礻	https://mov	發行公司	內田俊太郎			
4	15686254(	https://mov	我親愛的(	My Dear F	上映日期	https://mov	我親愛的(	https://mov	發行公司	洪伯豪			
5	15686254{	https://mov	殺手餐廳	Diner	上映日期	https://mov	殺手餐廳	https://mov	發行公司	蜷川實花(Mika Ninagawa)			
6	15686254{	https://mov	妒火的詛5	Nakee 2	上映日期	https://mov	妒火的詛5	https://mov	發行公司	潘派克華旭潘中(Pongpat Wachirabunjong)			
7	15686254(	https://mov	忘了浪漫	Romang	上映日期	https://mov	忘了浪漫	https://mov	發行公司	李昌根			
8	15686254	https://mov	窗中的女	The Witch	上映日期	https://mov	窗中的女	https://mov	發行公司	安迪米頓(Andy Mitton)			
9	15686254{	https://mov	返校	Detention	上映日期	https://mov	返校	https://mov	發行公司	徐漢強			
10	15686254	https://mov	我變笨了	I GO GAG	上映日期	https://mov	我變笨了	https://mov	發行公司	信友直子			
11	15686254	https://mov	星際救援	Ad Astra	上映日期	https://mov	星際救援	https://mov	發行公司	詹姆斯葛瑞(James Gray)			
12													

yahoo_movies2

4-5 CSS 選擇器的語法整理

基本上，CSS 選擇器就是一個範本字串，可以在 HTML 網頁定位出符合的 HTML 元素，CSS 選擇器的語法有很多種，分為：CSS Level 1、2 和 3 共三個版本。

➲ CSS Level 1 選擇器

CSS Level 1 選擇器的語法、範例和說明，如下表所示：

CSS Level 1 選擇器	範例	範例說明
.class	.test	樣式類別選擇器，選取所有 class="test" 的元素
#id	#name	id 屬性選擇器，選取 id="name" 的元素
element	p	型態選擇器，選取所有 p 元素
element,element	div,p	群組選擇器，選取所有 div 元素和所有 p 元素
element element	div p	子孫選擇器，選取所有是 div 子孫的 p 元素，不只父子，所有子孫都符合
:first-letter	p:first-letter	選取所有 p 元素的第 1 個字母
:first-line	p:first-line	選取所有 p 元素的第 1 行
:link	a:link	選取所有沒有拜訪過的超連結
:visited	a:visited	選取所有拜訪過的超連結
:active	a:active	選取所有可點選的超連結
:hover	a:hover	選取所有滑鼠游標在其上的超連結

請注意！上表使用「:」開頭的選擇器是 Pseudo-class 選擇器，這是用來定義 HTML 元素的特殊狀態，例如：a 超連結元素是否拜訪過、可點選或滑鼠游標位在其上。

➲ CSS Level 2 選擇器

CSS Level 2 選擇器的語法、範例和說明，如下表所示：

CSS Level 2 選擇器	範例	範例說明
*	*	選取所有元素
element>element	div>p	父子選擇器，選取所有父元素是 div 元素的 p 子元素
element+element	div+p	兄弟選擇器，選取所有緊接著 div 元素之後的 p 兄弟元素
[attribute]	[count]	選取所有擁有 count 屬性的元素
[attribute=value]	[target=_blank]	選取所有擁有 target="_blank" 屬性的元素
[attribute~=value]	[title~=flower]	選取所有元素擁有 title 屬性且包含 "flower"
[attribute|=value]	[lang|=en]	選取所有元素擁有 lang 屬性且屬性值是 "en" 開頭
:focus	input:focus	選取取得焦點的 input 元素
:first-child	p:first-child	選取所有是第 1 個子元素的 p 元素
:before	p:before	插入在每一個 p 元素前的 Pseudo 元素（Pseudo-elements），這是一個沒有實際名稱或原來並不存在的元素，可以視為是新元素
:after	p:after	插入在每一個 p 元素之後的 Pseudo 元素
:lang(value)	p:lang(it)	選取所有 p 元素擁有 lang 屬性，且屬性值是 "it" 開頭

➲ CSS Level 3 選擇器

CSS Level 3 選擇器的語法、範例和說明，如下表所示：

CSS Level 3 選擇器	範例	範例說明
element1~element2	p~ul	選取所有之前是 p 元素的 ul 兄弟元素
[attribute^=value]	a[src^="https"]	選取所有 a 元素的 src 屬性值是 "https" 開頭
[attribute$=value]	a[src$=".txt"]	選取所有 a 元素的 src 屬性值是 ".txt" 結尾
[attribute*=value]	a[src*="hinet"]	選取所有 a 元素的 src 屬性值包含 "hinet" 子字串
:first-of-type	p:first-of-type	選取所有是第 1 個 p 子元素的 p 元素
:last-of-type	p:last-of-type	選取所有是最後 1 個 p 子元素的 p 元素
:only-of-type	p:only-of-type	選取所有是唯一 p 子元素的 p 元素

CSS Level 3 選擇器	範例	範例說明
:only-child	p:only-child	選取所有是唯一子元素的 p 元素
:nth-child(n)	p:nth-child(2)	選取所有是第 2 個子元素的 p 元素
:nth-last-child(n)	p:nth-last-child(2)	選取所有反過來數是第 2 個子元素的 p 元素
:nth-of-type(n)	p:nth-of-type(2)	選取所有是第 2 個 p 子元素的 p 元素
:nth-last-of-type(n)	p:nth-last-of-type(2)	選取所有反過來數是第 2 個 p 子元素的 p 元素
:last-child	p:last-child	選取所有是最後 1 個 p 子元素的 p 元素
:root	:root	選取 HTML 網頁的根元素
:empty	p:empty	選取所有沒有子元素的 p 元素，包含文字節點
:enabled	input:enabled	選取所有作用中的 input 元素
:disabled	input:disabled	選取所有非作用中的 input 元素
:checked	input:checked	選取所有已選取的 input 元素
:not(selector)	:not(p)	選取所有不是 p 元素的元素

➲ CSS 的 Pseudo 元素

CSS 的 Pseudo 元素（Pseudo-elements）是使用「::」符號開頭，可以用來樣式化 HTML 元素的部分內容，如下表所示：

Pseudo 元素	範例	範例說明
::after	p::after	在每一個 p 元素的內容後插入一些東西
::before	p::before	在每一個 p 元素的內容前插入一些東西
::first-letter	p::first-letter	選取每一個 p 元素的第 1 個字母
::first-line	p::first-line	選取每一個 p 元素的第 1 行
::selection	p::selection	選取被使用者在 p 元素選取的部分內容

學 習 評 量

1. 請說明 HTML 的圖片和超連結標籤是什麼？
2. 請問如何使用 Chrome 開發人員工具找出網頁圖片的 URL 網址？
3. 請舉例說明如何使用超連結，建立清單和詳細頁面的網站巡覽結構？
4. 請問 Web Scraper 的 Link 類型如果沒有下一層選擇器節點，可以擷取到什麼資料？如果有下一層，Web Scraper 會如何處理？
5. 請問 CSS Level 1 的子孫選擇器和 CSS Level 2 的父子選擇器有何不同？
6. 請說明什麼是 CSS 的 Pseudo 元素？
7. 請修改 4-3 節的網站地圖，新增擷取影片期待度的 <span> 標籤。
8. 請修改第 4-4 節的網站地圖，新增擷取詳細頁面影片 IMDb 分數的 <span> 標籤（不是每一部影片都有）。

5

CHAPTER

爬取 HTML 容器和版面配置標籤

5-1 爬取 HTML 容器標籤

HTML 的 <div> 和 <span> 標籤是一般用途的結構標籤，主要是用來群組元素以建立網頁的版面配置（詳見第 5-3 節）。

5-1-1 認識 HTML 容器標籤

HTML 的 <div> 和 <span> 標籤是一個用來群組元素的容器，<div> 標籤通常不會單獨存在，一定有子元素，<span> 標籤是單行元素，可以用來在子元素套用 CSS 樣式。

> **請注意！** <div> 和 <span> 標籤本身沒有任何預設樣式，如同是網頁中的透明方框，我們需要自行使用 CSS 樣式來格式化容器標籤。

➲ <div> 標籤

HTML 的 <div> 標籤可以在 HTML 網頁定義一個長方形區塊，其主要目的是建立網頁結構和使用 CSS 格式化群組元素，如下所示：

```
<div>
   <h3>JavaScript</h3>
   <p> 客戶端網頁技術 </p>
</div>
```

➲ <span> 標籤

HTML 的 <span> 標籤也是用來群組元素，不過，這是單行元素，不會建立區塊，即換行，如下所示：

```
<p>外國人很多都是<span>淡藍色</span>眼睛</p>
```

HTML 網頁 ch5_1_1.html 使用 <div> 和 <span> 容器標籤來替 HTML 元素套用 CSS 樣式 .green 和 lightblue，如下所示：

```
<div class="green">
   <h3>JavaScript</h3>
   <p> 客戶端網頁技術 </p>
</div>
<p> 外國人很多都是 <span class="lightblue"> 淡藍色 </span> 眼睛 </p>
```

上述 <div> 標籤有 <h3> 和 <p> 兩個子標籤，因為 <div> 標籤使用 class 屬性套用 green 樣式，<span> 標籤是 lightblue 樣式，其執行結果可以看到前兩行套用綠色字；最後一段的淡藍色文字是套用淡藍色，如下圖所示：

5-1-2 爬取 HTML 容器標籤

基本上，如果使用標籤名稱（CSS 型態選擇器）來爬取容器標籤，其爬取方式和其他 HTML 標籤沒有什麼不同，在實務上，<div> 標籤因為是一種結構標籤，通常都會有很多層 <div> 標籤，如下所示：

```
<div id="content">
   <div class="article lightblue">
      <div class="blue">
        <h2>HTML</h2><hr>
        <p>Web 網頁是使用
        <span class="green">HTML5</span> 標示語言所編排 </p>
      </div>
   </div>
   ...
</div>
```

上述 <div> 標籤共有三層來建立網頁的版面配置，此時，我們可以用 id 屬性或 class 屬性取得最上層 <div> 標籤，然後使用 CSS 父子或子孫選擇器定位下一層 <div> 或 <span> 標籤。

➲ CSS 父子和子孫選擇器

子孫選擇器（Descendant Selectors）包含父子和子孫選擇器，其目的是為了避免與其他元素同名的子孫元素產生衝突，可以指明是哪一個 HTML 標籤的子孫。

當定位出 HTML 父元素後，可以使用父子選擇器選取下一層 HTML 元素。請啟動「CSS 選擇器測試工具」和載入 ch5_1_2.html（此檔案的 HTML 標籤已經簡化）後，在上方欄位輸入 **#content**，可以選取最上層 <div> 父標籤，如下圖所示：

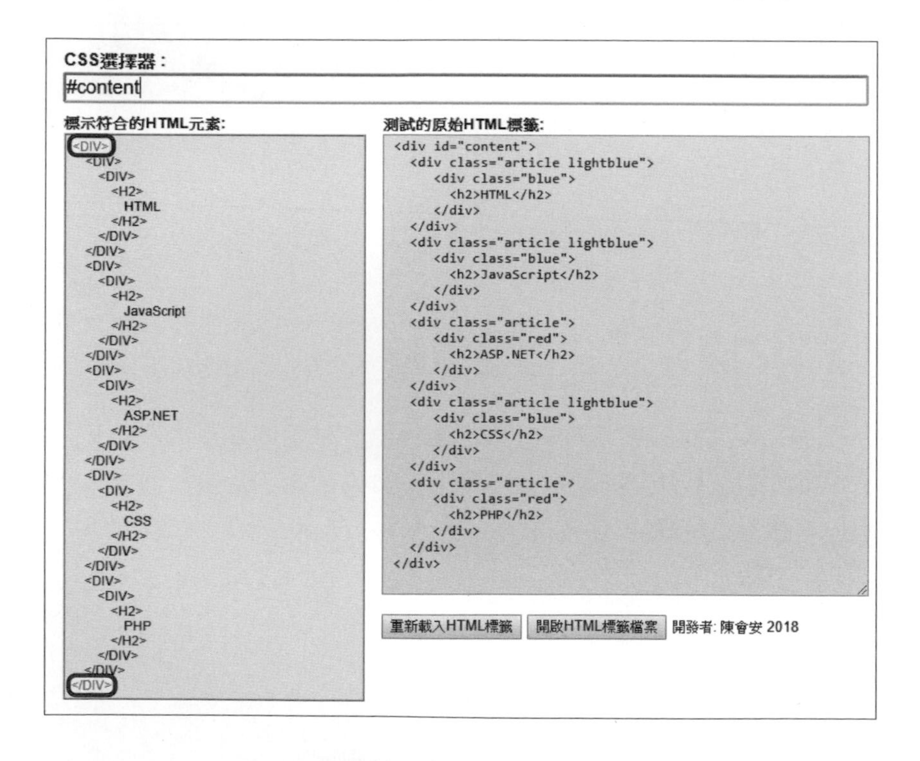

父子選擇器是使用「>」符號選取子元素，請輸入 **#content > div**，可以選取第二層的所有 <div> 子標籤，如下圖所示：

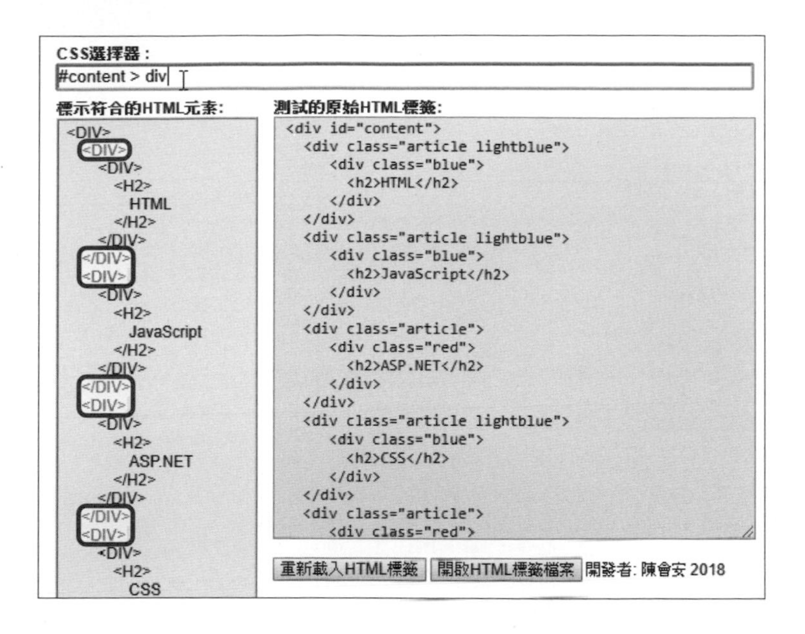

在第二層 <div> 標籤分成客戶端技術的 HTML、CSS 和 JavaScript，和伺服端的 ASP.NET 和 PHP，如果只想定位客戶端技術的 <div> 標籤，可以看到 class 屬性都有 lightblue，我們可以使用此 class 屬性值來定位 <div> 標籤。

請輸入 **#content > div.lightblue**，可以選取第二層屬於客戶端技術的三個 <div> 子標籤，如下圖所示：

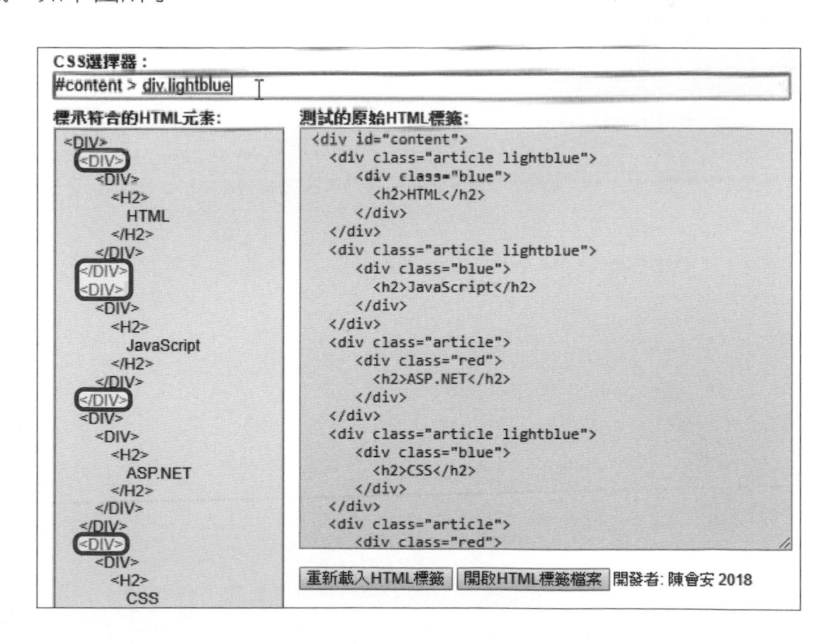

最後，如果想選取 <div> 父標籤下的所有 <div> 子孫標籤，請輸入 **#content div**（空一格），選取所有 <div> 子孫標籤，如下圖所示：

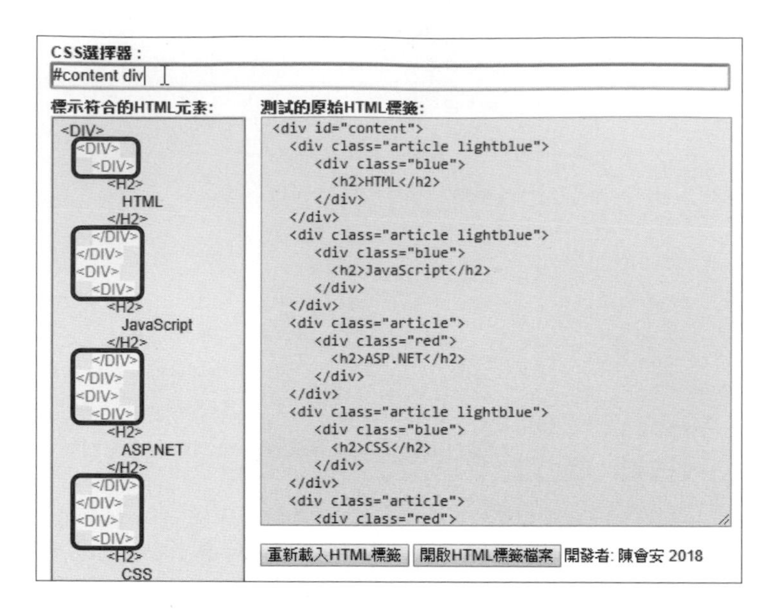

我們也可以選 <div> 父標籤下的所有 <h2> 子孫標籤，請輸入 **#content h2**（空一格），選取所有 <h2> 子孫標籤，如下圖所示：

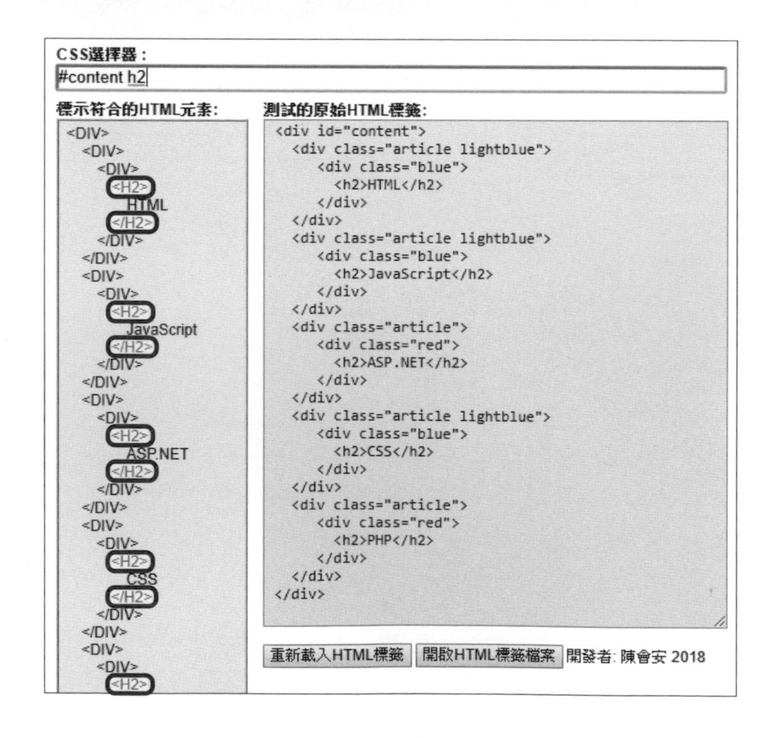

➲ 爬取 HTML 容器標籤

HTML 的 <div> 標籤因為常常用來群組其他 HTML 元素，所以 Web Scraper 爬取群組的 <div> 標籤如同是爬取多筆記錄，我們需要使用 Element 類型選擇器。請啟動瀏覽器輸入網址：https://fchart.github.io/vba/ex5_01.html，如下圖所示：

上述網頁使用巢狀 <div> 標籤顯示 5 種伺服端和客戶端網頁技術的説明卡片，在 Chrome 開發人員工具的 **Elements** 標籤，會看到三層巢狀 <div> 標籤，如下所示：

```
<div id="content">
   <div class="article lightblue">
      <div class="blue">
        <h2>HTML</h2><hr>
        <p>Web 網頁是使用
        <span class="green">HTML5</span> 標示語言所編排 </p>
      </div>
   </div>
   …
</div>
```

上述 <div id="content"> 是最上層標籤，在之下有 3 個 <div class="article lightblue"> 和 2 個 <div class="article"> 子標籤，然後再下一層也是 <div> 標籤，在之下才是 <h2> 和 <p> 標籤。

請在 Web Scraper 新增名為 div_tag 的網站地圖，我們準備爬取三個 <div class="article lightblue"> 標籤的客戶端網頁技術的 <h2> 標籤，如下圖所示：

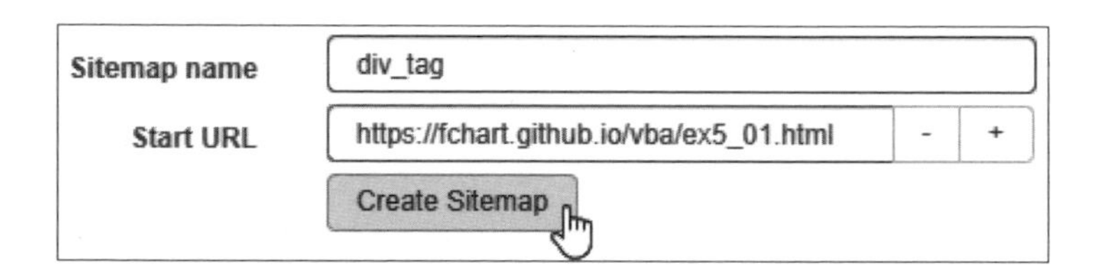

在 _root 節點下，新增名為 items 的 Element 類型選擇器，如右圖所示：

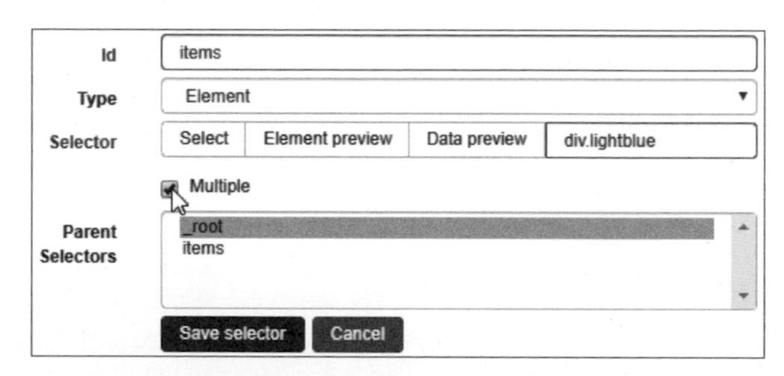

上述 **Type** 欄位是 Element 類型，請點選網頁中的 3 個 <div> 標籤，可以取得 CSS 選擇器 **div.lightblue**，勾選 **Multiple**（因為有多個），在按下 **Save selector** 鈕後，請切換至 **_root/items** 路徑下，新增名為 title 的 Text 類型選擇器，如下圖所示：

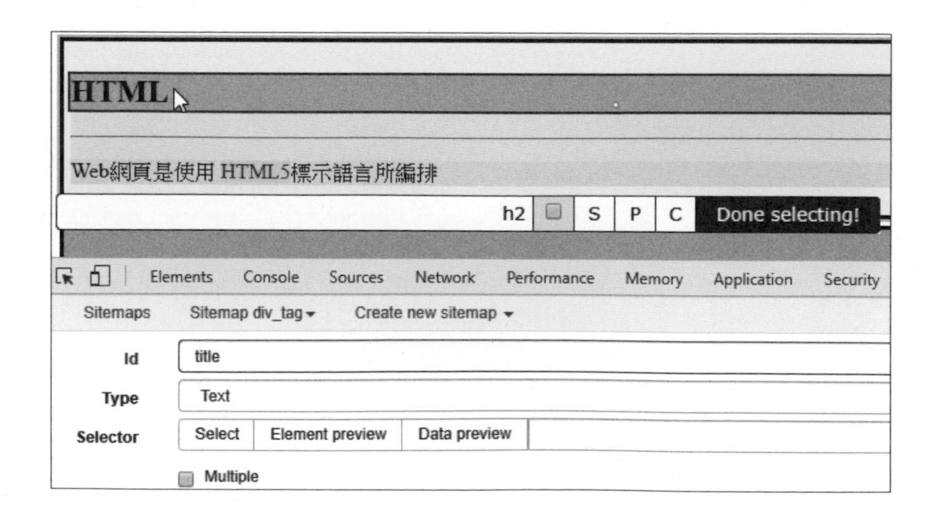

請選擇 HTML 的 <h2> 標籤，可以取得 CSS 選擇器 **h2**，按下 **Save selector** 鈕後，再新增名為 note 的 Text 類型選擇器，點選 <p> 標籤，如下圖所示：

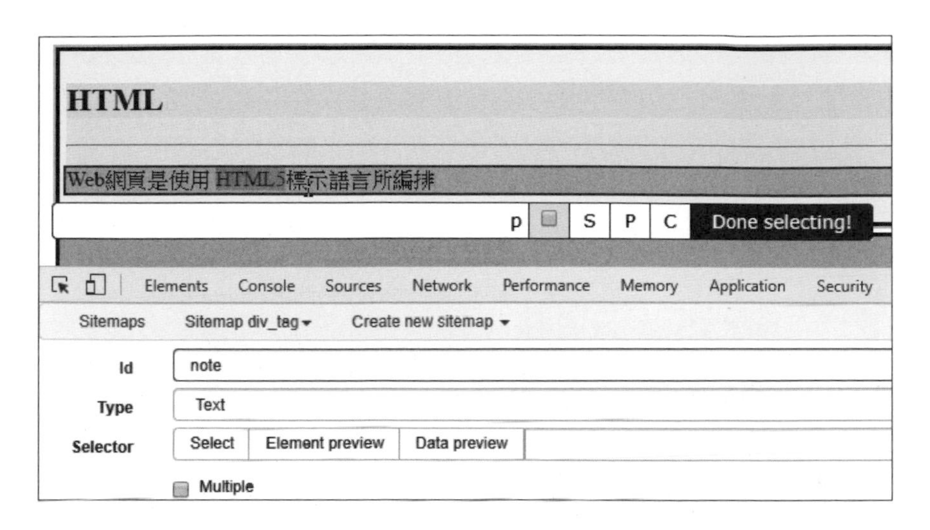

最後，在新增選擇器節點 title 和 note 後，就完成網站地圖的建立，如下圖所示：

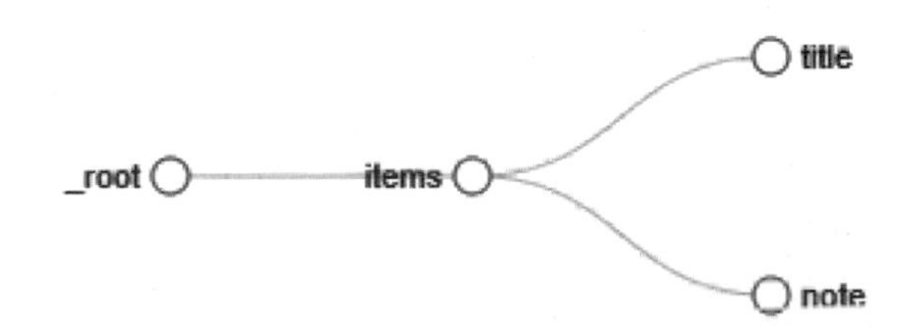

請使用 Web Scraper 執行網站地圖來爬取巢狀 <div> 標籤的資料，會看到擷取的表格資料，如下圖所示：

title	note
HTML	Web網頁是使用 HTML5標示語言所編排
CSS	CSS（Cascading Style Sheets）層級式樣式表是一種 樣式表語言，可以用來描述 標示語言的顯示外觀和格式
JavaScript	JavaScript是最常用的 客戶端網頁技術

5-2 網路爬蟲實戰：MoneyDJ 新聞總表

我們準備用 Web Scraper 爬取 MoneyDJ 新聞總表的清單，雖然這個總表是 HTML 表格，但由於需要瀏覽新聞內容來取得時間（清單和詳細頁面），所以在此不是使用 Table 類型，而是 Element 類型。

➲ 步驟一：實際瀏覽網頁內容

MoneyDJ 新聞總表提供即時的商業新聞，其網址如下所示：

⁂ https://www.moneydj.com/funddj/ya/YP051000.djhtm

請開啟 Chrome 開發人員工具，點選 **Elements** 標籤，再點選上方標籤列最前方的箭頭鈕 ，然後移動游標至表格第一列的第 1 個儲存格，可以看到 <td> 儲存格標籤，這是表格，請注意！因為有太多層 <div> 父標籤，我們並不容易直接選到最上層的 <table> 標籤。

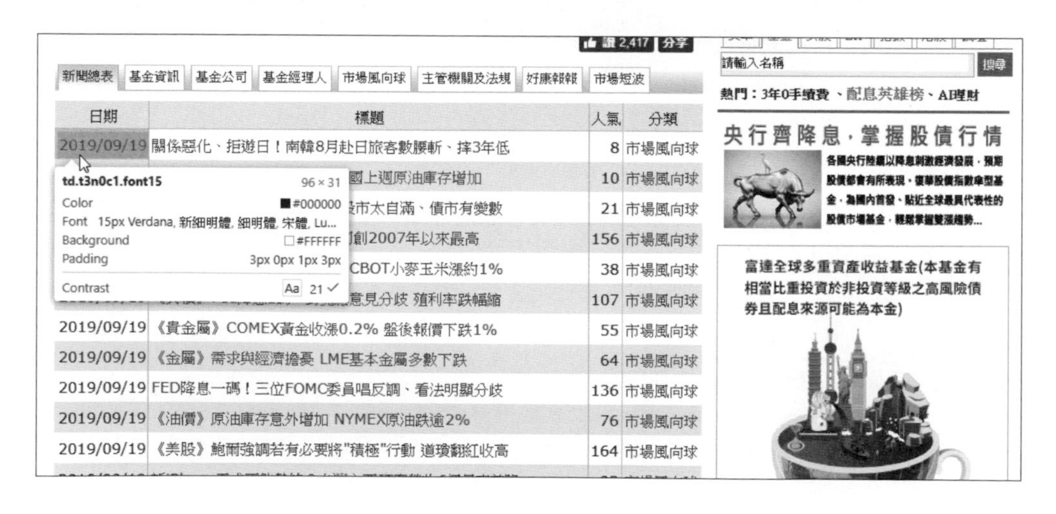

接著，請移動游標至表格第一列的第 2 個儲存格，可以看到超連結 <a> 標籤，如下圖所示：

新聞總表 | 基金資訊 | 基金公司 | 基金經理人 | 市場風向球 | 主管機關及法規 | 好康報報 | 市場短波

日期	標題	人氣	分類
2019/09/19	關係惡化、拒遊日！南韓8月赴日旅客數腰斬、摔3年低	8	市場風向球
2019/09/19	…增加	10	市場風向球
2019/09/19	…市有變數	21	市場風向球
2019/09/19	…最高	156	市場風向球
2019/09/19	《農產品》預期出口銷售較佳 CBOT小麥玉米漲約1%	38	市場風向球

a 364.08 × 18
Color #006796
Font 15px Verdana, 新細明體, 細明體, 宋體, Lu...
Contrast Aa 6.21 ✓

點選 <a> 超連結標籤，可以瀏覽新聞的詳細內容，很明顯地，這是一種清單和詳細的網頁巡覽結構，如下圖所示：

上圖的日期時間是 <div> 標籤。請回到上一頁的 MoneyDJ 新聞總表，選 <td> 標籤後，會在 **Elements** 標籤看到 <table> 標籤，如下圖所示：

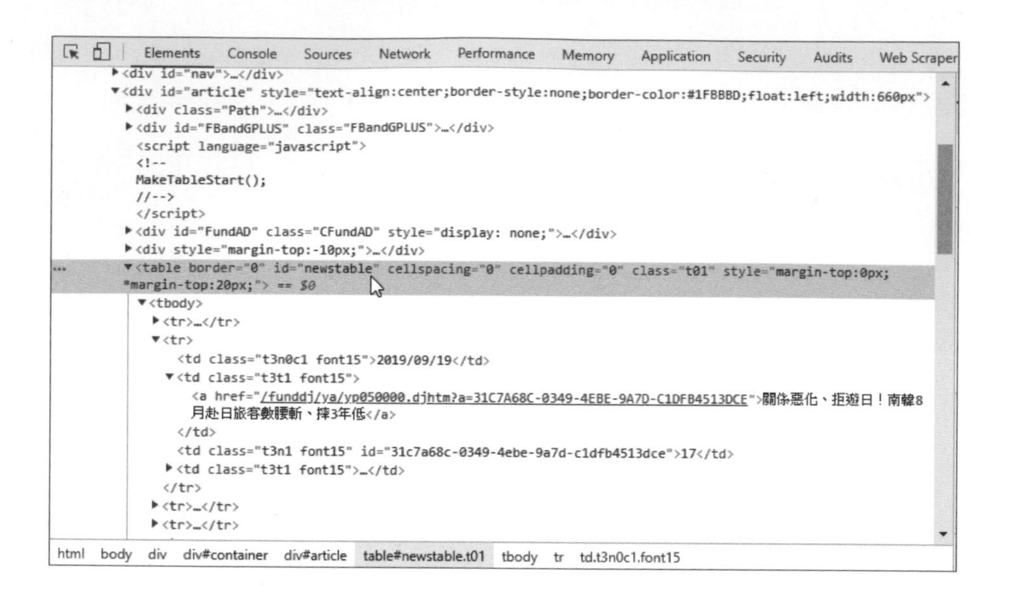

在 **Elements** 標籤中可以看出此 <table> 標籤的 id 屬性值是 newstable，之下是 <tbody> 標籤，接著才是第 1 個 <tr> 標籤（標題列），之後的每一個 <tr> 標籤是一則即時新聞，如下所示：

```
<table id="newstable" …>
   <tbody>
   <tr>…</tr>
   <tr>
      <td class=…>2019/09/19</td>
      <td class="t3t1 font15">
         <a …></a>
      </td>
      …
   </tr>
   <tr>…</tr>
   …
   </tbody>
</table>
```

上述 <table> 標籤在開發人員工具中不容易選到，在 Web Scraper 中也同樣不容易選到，記得 id 屬性選擇器嗎？選取此 <table> 標籤的 CSS 選擇器，如下所示：

```
#newstable
```

另一種方式是使用 Chrome 開發人員工具取得定位此元素的 CSS 選擇器，請選取 HTML 元素 <table> 標籤，接著執行**右**鍵快顯功能表的「Copy/Copy selector」命令，即可將 CSS 選擇器字串複製到剪貼簿，如下所示：

```
#newstable
```

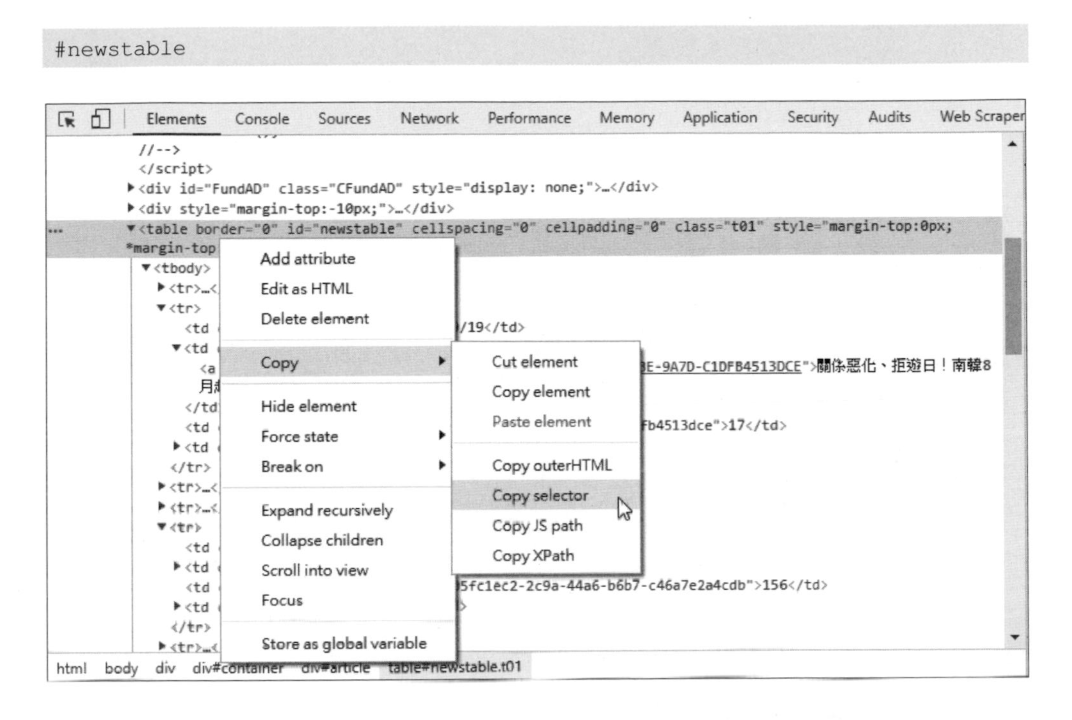

現在，我們可以規劃出網站的爬取策略，<table> 表格每一列的 <tr> 標籤是一筆記錄（不含標題列），我們需要使用 Element 類型爬取這些 <tr> 標籤，然後在下一層使用 Link 類型取出新聞標題和人氣（Text 類型），最後使用超連結巡覽至詳細頁面，取得時間資料（Text 類型）。

➲ 步驟二：在 Web Scraper 新增網站地圖的爬取專案

在確認目標資料的 HTML 元素後，我們可以將目前瀏覽的網址作為起始 URL 網址來建立網站地圖，如下圖所示：

上述欄位內容的輸入資料，如下所示：

⁂ **Sitemap name**：moneydj_news。

⁂ **Start URL**：https://www.moneydj.com/funddj/ya/YP051000.djhtm。

➲ 步驟三：建立爬取網站的 CSS 選擇器地圖

在成功建立網站地圖後，就可以新增 CSS 選擇器，因為準備擷取多則新聞，這是記錄，所以選擇器有兩層，第一層取出此頁的每一筆記錄，第二層取出記錄的欄位，其步驟如下所示：

1. 請在 Chrome 瀏覽器進入剛才在 **Start URL** 欄輸入的網頁，因為我們要在此網頁選取擷取資料的 HTML 元素。

2. 按下 **Add new selector** 鈕，新增目前 **_root** 節點下的 CSS 選擇器節點，在 **Id** 欄輸入選擇器名稱 news_list，**Type** 欄選擇 **Element**，然後勾選 **Multiple**（多筆記錄），如下圖所示：

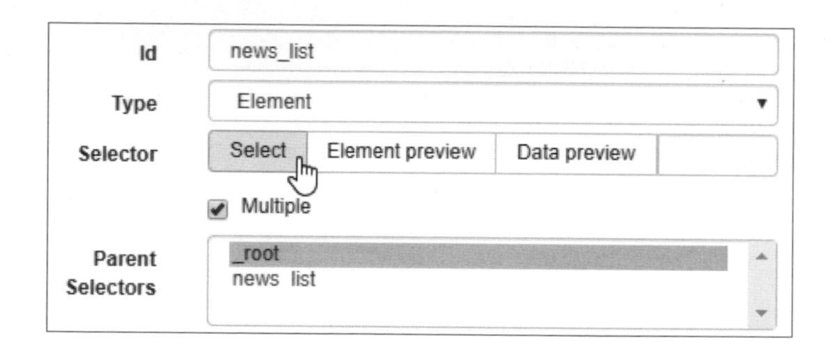

3. 在 **Selector** 欄按下 **Select** 鈕後，在網頁中移動游標會發現選不到 HTML 表格每一列的 <tr> 標籤，請直接在 **Selector** 欄輸入之前取得的 CSS 選擇器 **#newstable**，再按下 **Element preview** 鈕，可以看到選取整個表格，如下圖所示：

4 因為我們要選的是所有 <tr> 標籤（記錄），請使用父子選擇器選取此表格的所有 <tr> 子標籤，如下所示：

```
#newstable > tbody > tr
```

上述 CSS 選擇器是父子選擇器「>」，即選取 table 元素的子 tbody 元素和 tbody 的子 tr 元素，請在 **Selector** 欄位輸入上述 CSS 選擇器，可以看到選取所有表格列，如下圖所示：

5 目前 CSS 選擇器會選取所有的 <tr> 標籤，包含標題列，我們需要使用 Pseudo-class 選擇器 nth-of-type(n+2) 排除標題列，如下所示：

```
#newstable > tbody > tr:nth-of-type(n+2)
```

請在 **Selector** 欄位輸入上述 CSS 選擇器，會看到選取所有的表格資料列；不含標題列，如下圖所示：

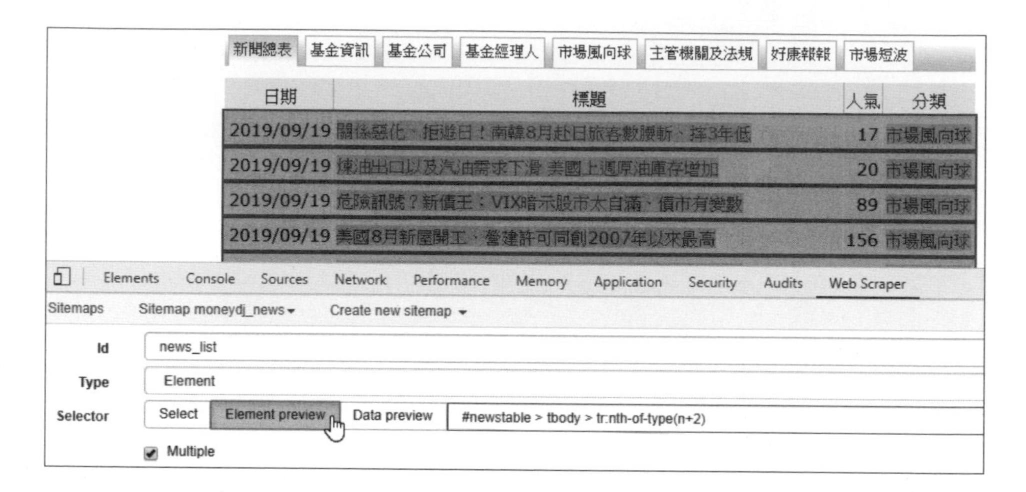

6 按下 **Save selector** 鈕儲存選擇器節點，會在 **_root** 根節點下新增名為 news_list 的選擇器節點，type 是 SelectorElement 的 Element 類型，Multiple 是 **yes**（多筆），如下圖所示：

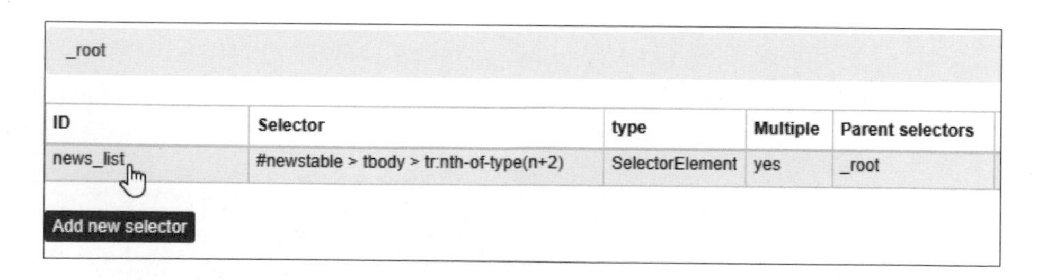

_root

ID	Selector	type	Multiple	Parent selectors
news_list	#newstable > tbody > tr:nth-of-type(n+2)	SelectorElement	yes	_root

Add new selector

7 請點選 **news_list** 選擇器節點，我們準備新增擷取每一筆記錄中各欄位的選擇器，可以看到上方路徑是 **_root/news_list**。

8 按下 **Add new selector** 鈕新增選擇器節點，第 1 個是新聞標題，請在 **Id** 欄輸入選擇器名稱 title，**Type** 欄選擇 **Link**，不用勾選 **Multiple**，如下圖所示：

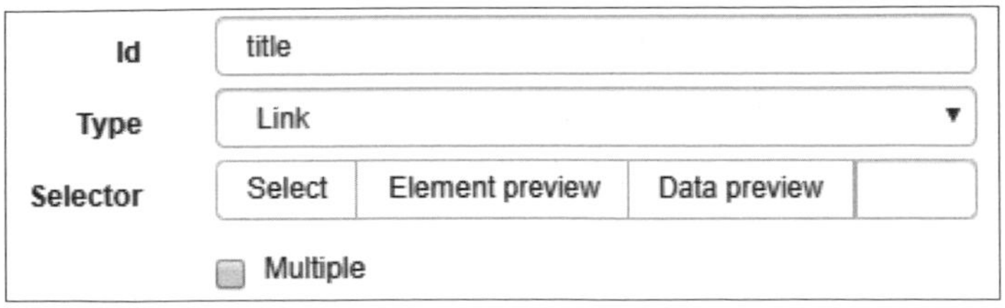

9 按下 **Select** 鈕後，在網頁可以看到黃色背景和框線的方框，這是每一筆記錄，因為標題是 <a> 超連結，請在浮動工具列勾選啟用功能鍵，然後移至超連結上，按下 S 鍵來選取超連結，如下圖所示：

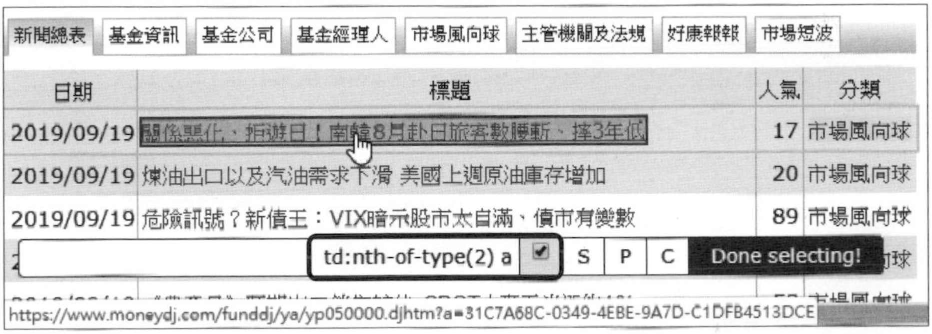

上述 CSS 選擇器是 **td:nth-of-type(2) a**，這是 CSS 子孫選擇器，第 1 個 td 選第 2 個儲存格，空一格是 a 標籤的型態選擇器，即選取第 2 個儲存格下一層的 <a> 標籤，只要子孫層有 <a> 標籤就符合條件。

10 按下 **Done selecting!** 鈕完成選擇，即會在下方欄位填入 CSS 選擇器，按下 **Save selector** 鈕在 **_root/news_list** 下新增選擇器節點。

11 接著，再按下 **Add new selector** 鈕，新增人氣的選擇器節點，在 **Id** 欄輸入選擇器名稱 views，**Type** 欄選擇 **Text**，按下 **Select** 鈕後，選取人氣欄位的儲存格，如下圖所示：

12 按下 **Done selecting!** 鈕完成選擇，再按下 **Save selector** 鈕，在 _root/news_list 下新增選擇器節點，如下圖所示：

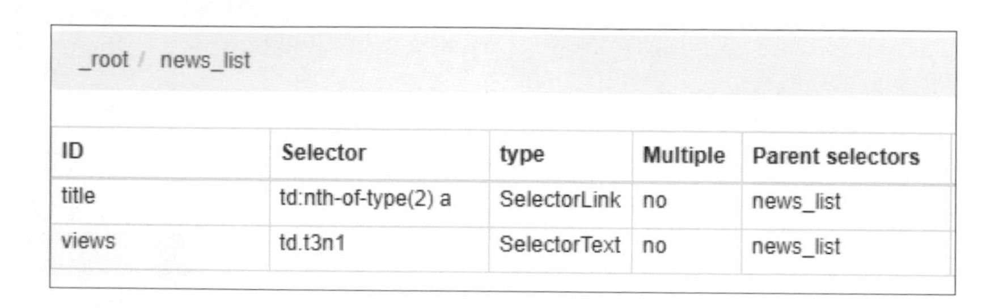

_root / news_list

ID	Selector	type	Multiple	Parent selectors
title	td:nth-of-type(2) a	SelectorLink	no	news_list
views	td.t3n1	SelectorText	no	news_list

13 點選 **title** 切換至下一層 **_root/news_list/title** 選擇器清單，我們準備在這一層新增詳細頁面 CSS 選擇器。

14 按下 **Add new selector** 鈕，新增 **_root/news_list/title** 下的選擇器節點。在 **Id** 欄輸入選擇器名稱 time，**Type** 欄選擇 **Text**，如下圖所示：

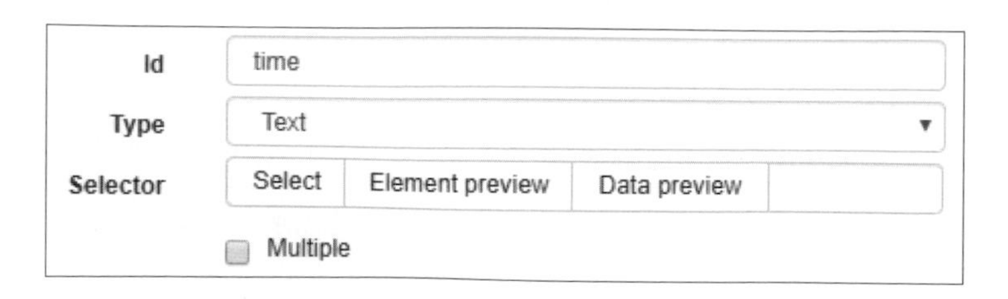

15 請先在上方瀏覽器切換至新聞的詳細頁面，然後按下 **Select** 鈕，選取日期時間的 HTML 元素 div，如下圖所示：

16 按下 **Done selecting!** 鈕完成選擇，再按下 **Save selector** 鈕，在 **_root/news_list/title** 下新增選擇器節點 time，如下圖所示：

_root / news_list / title

ID	Selector	type	Multiple	Parent selectors
time	.FBandGPLUS2 > div:nth-of-type(1)	SelectorText	no	title

17 請執行「Sitemap moneydj_news/Selector graph」命令，展開節點樹，如下圖所示：

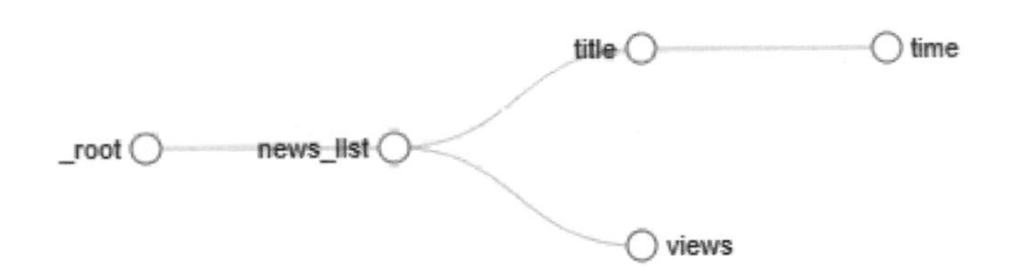

➲ 步驟四：執行 Web Scraper 網站地圖爬取資料

現在，我們已經建立好擷取資料的 Web Scraper 網站地圖，請執行 Web Scraper 網站地圖來爬取資料，其步驟如下所示：

1 請點選「Sitemap moneydj_news/Scrape」命令執行網路爬蟲，在輸入送出 HTTP 請求的間隔時間，和載入網頁的延遲時間後，按下 **Start scraping** 鈕開始爬取資料。

2 等到爬完後，請按下 **refresh** 鈕重新載入資料，就會看到擷取的表格資料，如下圖所示：

title	title-href	views	time
煉油出口以及汽油需求下滑 美國上週原油庫存增加	https://www.moneydj.com/funddj/ya/yp050000.djhtm?a=C7D15A05-B03D-4A1C-B5B7-78147D3CBCFC	67	2019-09-19 08:41
危險訊號？新債王：VIX暗示股市太自滿、債市有變數	https://www.moneydj.com/funddj/ya/yp050000.djhtm?a=FD7F5124-E37B-4ECD-8DD4-2A729CCEE965	null	2019-09-19 08:31
香港跟隨美降息，將基準利率下調25基點至2.25%	https://www.moneydj.com/funddj/ya/yp050000.djhtm?a=97543060-1E98-4770-9E43-86E12E025809	25	2019-09-19 08:52
美國8月新屋開工、營建許可同創2007年以來最高	https://www.moneydj.com/funddj/ya/yp050000.djhtm?a=05FC1EC2-2C9A-44A6-B6B7-C46A7E2A4CDB	161	2019-09-19 08:22
安聯韓國股票基金於11/4與在台未核備基金合併	https://www.moneydj.com/funddj/ya/yp050000.djhtm?a=4A36A392-19FB-4FA2-B0AD-90373178A672	5	2019-09-19 08:57
《美債》Fed降息1碼、對寬鬆意見分歧 殖利率跌幅縮	https://www.moneydj.com/funddj/ya/yp050000.djhtm?a=4FDD3438-76F7-4D50-81AC-AB882F6C936A	189	2019-09-19 08:21
晨星：指數基金成華爾街霸主 規模首度超越主動基金	https://www.moneydj.com/funddj/ya/yp050000.djhtm?a=F9205294-A015-48A1-AC4E-C2EF16AAAB13	5	2019-09-19 10:02
美商界團體請願：籲國會限制川普徵收關稅權力	https://www.moneydj.com/funddj/ya/yp050000.djhtm?a=D0AA8627-66E3-4436-9DFB-	null	2019-09-19

上述 views 欄有很多 null 值，表示沒有擷取到資料，下個步驟我們將解決此問題。

➲ 步驟五：解決欄位沒有擷取到資料的問題

因為 views 欄位有些列沒有擷取到資料，所以我們回到 Chrome 開發人員工具，看看這些 <td> 標籤有何不同，在選取後，會發現人氣欄位的 <td> 標籤有 2 種 class 屬性值，如下圖所示：

```
▼<tr>
    <td class="t3n0c1 font15">2019/09/19</td>
  ▶<td class="t3t1 font15">…</td>
    <td class="t3n1 font15" id="783ff609-f951-43d4-a9dc-3da556779029">45</td>
  ▶<td class="t3t1 font15">…</td>
  </tr>
▼<tr>
    <td class="t3n0c1_rev font15">2019/09/19</td>
  ▶<td class="t3t1_rev font15">…</td>
    <td class="t3n1_rev font15" id="053862f3-0d6e-4721-bfac-a00536f38038">55</td> == $0
  ▶<td class="t3t1_rev font15">…</td>
  </tr>
▶<tr>…</tr>
```

上述 2 個 <td> 標籤的 class 屬性值有 t3n1 和 t3n1_rev，我們使用 Web Scraper 選擇的 CSS 選擇器是第一列，只選到 t3n1；沒有 t3n1_rev。換句話說，我們需要使用 CSS 群組選擇器，再加上 t3n1_rev 的 class 屬性值，重新編輯 CSS 選擇器的步驟，如下所示：

1. 請執行「Sitemap moneydj_news/Selectors」命令，顯示選擇器清單，再切換至 **_root/news_list** 的選擇器清單，如下圖所示：

_root / news_list

ID	Selector	type	Multiple	Parent selectors	Actions
title	td:nth-of-type(2) a	SelectorLink	no	news_list	Element preview / Data preview / Edit
views	td.t3n1	SelectorText	no	news_list	Element preview / Data preview / Edit

2. 在 views 列的 Selectors 欄只有 td.t3n1（即 class 屬性值 t3n1 的 td 元素），請按下 **Edit** 鈕編輯 CSS 選擇器，如下圖所示：

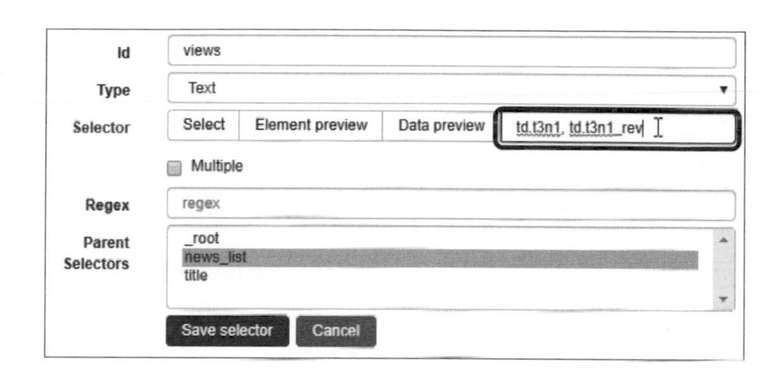

3. 在 **Selector** 欄輸入 **td.t3n1, td.t3n1_rev**，使用「,」逗號的群組選擇器，同時選取這 2 種 class 屬性值，按下 **Save selector** 鈕儲存選擇器。

4. 請重新執行 Web Scraper 網站地圖，可以看到擷取的 views 資料不再有 null。

➲ 步驟六：將爬取的資料匯出成 CSV 檔案

Web Scraper 支援匯出成 CSV 檔案的功能，在成功從網頁擷取出所需資料後，可以如下操作匯出成 CSV 檔案：

1. 請執行「Sitemap moneydj_news/Export data as CSV」命令，匯出爬取的資料成為 CSV 檔案。

2. 在匯出後，可以看到 **Download now!** 超連結，請點選超連結下載 CSV 檔案，預設檔名是網路地圖名稱 moneydj_news.csv。

5-3 爬取 HTML 版面配置標籤

HTML5 提供描述頁面內容結構的結構標籤，可以讓我們輕鬆建立版面配置，在這一節筆者準備說明這些標籤的使用。

5-3-1 HTML 4 與 HTML5 網頁的內容結構

HTML5 提供描述網頁內容結構的語意標籤：<header>、<section>、<article>、<nav>、<aside> 和 <footer>，可以讓我們建立擁有自我描述能力的 HTML 網頁。舊版 HTML 4.x 是使用 <div> 標籤搭配 id 或 class 屬性來建立網頁的內容結構。

➲ HTML 4.x 網頁的內容結構

HTML 4.x 的 <div> 標籤允許開發者分割網頁成為區段，標籤本身沒有任何預設顯示樣式和語意，只是分割大型 HTML 網頁來定義內容結構。例如底下的單頁「網頁設計網站」的首頁，如下圖所示：

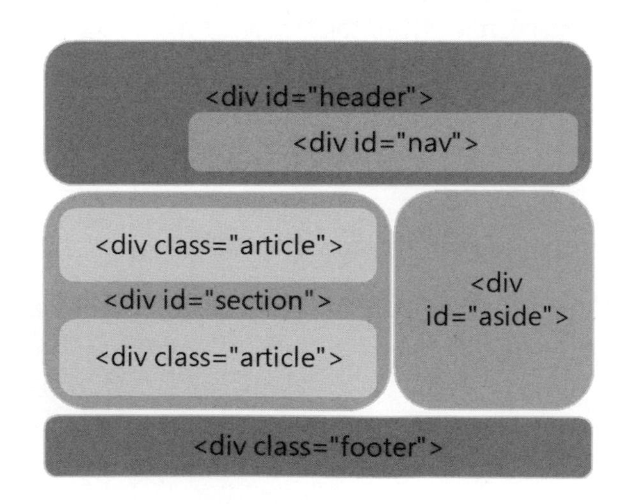

上述 HTML 網頁使用 <div> 標籤分割成最上方的標題區段，在此區段擁有巡覽列，最下方是註腳區段，中間內容部分成兩欄，左邊是文章區段；右邊是離題但相關的側邊區段。

我們可以使用 <div> 標籤配合 id 和 class 屬性建立 HTML 網頁，在 <body> 區塊的標籤結構（https://fchart.github.io/vba/ex5_02.html），如下所示：

```
<div class="header">
  <h1> 程式設計之家 </h1>
  <div class="nav">
    <ul>
      <li><a href="/News/"> 最新消息 </a></li>
      …
      <li><a href="/About/"> 關於網站 </a></li>
    </ul>
  </div>
</div>
<div class="content">
<div class="section">
  <div class="article">
    <h2> 歡迎光臨程式設計之家 </h2>
    <p>…</p>
  </div>
  <div class="article">
    <h2> 服務說明 </h2>
    <p>…</p>
    <p>…</p>
    <p><a href="/Services/"> 更多服務 </a></p>
  </div>
  </div>
  <div class="aside">
  <h2> 相關資源網站 </h2>
  <ul>
   <li><a href="">HTML5 教學網站 </a></li>
   <li><a href="">JavaScript 教學網站 </a></li>
   <li><a href="">CSS 教學網站 </a></li>
  </ul>
  <p><a href="/Resources/"> 更多資源 </a></p>
  </div>
</div>
<div class="footer">
  <small>Copyright &copy; 2019 陳會安 版權所有 </small>
</div>
```

➲ HTML5 網頁的內容結構

HTML 4.x 版的 <div> 標籤是一般用途的區塊容器，沒有任何除了分割內容成區塊之外的語意。HTML5 可以使用結構標籤建立相同的內容結構，這些標籤都是語意標籤，如下圖所示：

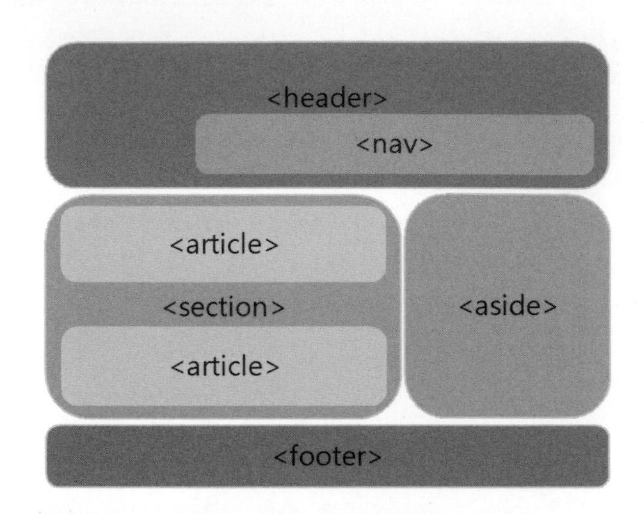

上述網頁內容結構是使用 HTML5 語意標籤：<header>、<section>、<article>、<nav>、<aside> 和 <footer>，其優點是開發者可以很容易且快速存取指定語意的元素，例如：標題就找 <header> 標籤。

現在，我們可以改用 HTML5 語意標籤來建立 HTML 網頁，<body> 區塊的標籤結構（https://fchart.github.io/vba/ex5_02.html），如下所示：

```
<header>
  <h1> 程式設計之家 </h1>
  <nav>
    <ul>
      <li><a href="/News/"> 最新消息 </a></li>
      …
      <li><a href="/About/"> 關於網站 </a></li>
    </ul>
  </nav>
</header>
<div class="content">
<section>
  <article>
```

```
      <h2>歡迎光臨程式設計之家</h2>
      <p>…</p>
    </article>
    <article>
      <h2>服務說明</h2>
      <p>…</p>
      <p>…</p>
      <p><a href="/Services/">更多服務</a></p>
    </article>
</section>
<aside>
    <h2>相關資源網站</h2>
    <ul>
     <li><a href="">HTML5 教學網站</a></li>
     <li><a href="">JavaScript 教學網站</a></li>
     <li><a href="">CSS 教學網站</a></li>
    </ul>
    <p><a href="/Resources/">更多資源</a></p>
</aside>
</div>
<footer>
    <small>Copyright &copy; 2019 陳會安 版權所有</small>
</footer>
```

上述兩頁網頁在瀏覽器顯示的內容沒有什麼不同，因為我們已經使用 CSS 樣式進行版面配置的編排，如下圖所示：

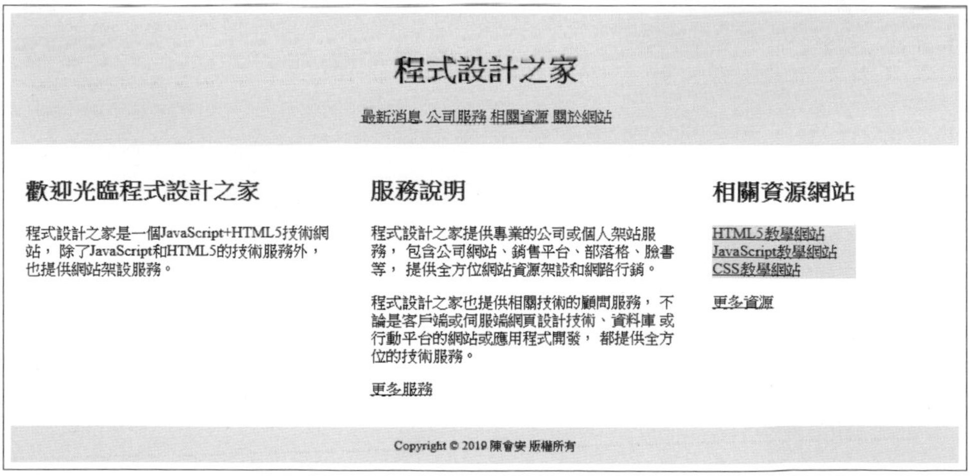

程式設計之家

最新消息 公司服務 相關資源 關於網站

歡迎光臨程式設計之家

程式設計之家是一個JavaScript+HTML5技術網站，除了JavaScript和HTML5的技術服務外，也提供網站架設服務。

服務說明

程式設計之家提供專業的公司或個人架站服務，包含公司網站、銷售平台、部落格、臉書等，提供全方位網站資源架設和網路行銷。

程式設計之家也提供相關技術的顧問服務，不論是客戶端或伺服端網頁設計技術、資料庫或行動平台的網站或應用程式開發，都提供全方位的技術服務。

更多服務

相關資源網站

HTML5教學網站
JavaScript教學網站
CSS教學網站

更多資源

Copyright © 2019 陳會安 版權所有

5-3-2 認識 HTML5 版面配置的結構標籤

HTML5 提供多種版面配置的結構標籤，其簡單說明如下表所示：

標籤	說明
<article>	建立自我包含的完整內容成份，例如：部落格或 BBS 文章
<aside>	建立非網頁主題，但相關的內容片段，只是有些離題
<footer>	建立網頁或區段內容的註腳區塊
<header>	建立網頁的標題區塊，可以包含說明、商標和巡覽
<nav>	建立網頁的巡覽區塊，即連接其他網頁的超連結
<section>	建立一般用途的文件區段，例如：報紙的體育版、財經版等

因為上述結構標籤的爬取方式和 <div> 標籤沒有什麼不同，在此就不做贅述。

5-4 使用正規表達式處理擷取的資料

「正規表達式」(Regular Expression)是一個範本字串用來進行字串比對，以便從目標字串取出符合範本的資料。對於網路爬蟲來說，我們可以在 Text 類型的 **Regex** 欄位，使用正規表達式進行資料處理，只取出符合範本字串的資料。

5-4-1 認識「正規表達式」

正規表達式的直譯器或稱為引擎能夠將定義的正規表達式範本字串和目標字串進行比對，引擎傳回布林值，True 表示字串符合範本字串所定義的範本；False 表示不符合。

基本上，正規表達式的範本字串是使用英文字母、數字和一些特殊字元組成，最主要的是**字元集**和**比對符號**，如右所示：

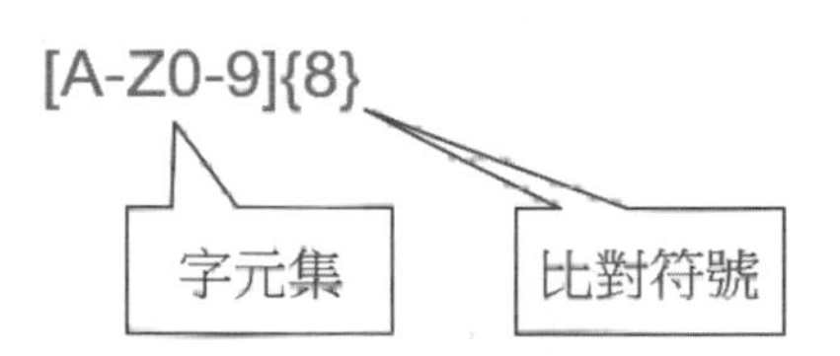

上述範本字串的基本元素說明，如下所示：

- **字元集**：定義字串中出現哪些字元。
- **比對符號**：決定字元集需如何進行比對，通常是指字元集中字元出現的次數（0 次、1 次或多次）和出現的位置（從開頭比對或結尾進行比對）。

➲ 字元集

字元集是使用「\」開頭的預設字元集，或使用 "[" 和 "]" 符號組合成一組字元集範圍，每一個字元集代表比對字串中的字元需要符合的條件，其說明如下表所示：

字元集	說明
[abc]	包含英文字母 a、b 或 c
[abc{]	包含英文字母 a、b、c 或符號 {
[a-z]	任何英文的小寫字母
[A-Z]	任何英文的大寫字母
[0-9]	數字 0 ～ 9
[a-zA-Z]	任何大小寫的英文字母
[^abc]	除了 a、b 和 c 以外的任何字元，[^…] 表示之外
\w	任何字元，包含英文字母、數字和底線，即 [A-Za-z0-9_]
\W	任何不是 \w 的字元，即 [^A-Za-z0-9_]
\d	任何數字的字元，即 [0-9]
\D	任何不是數字的字元，即 [^0-9]
\s	空白字元，包含不會顯示的逸出字元，例如：\n 和 \t 等，即 [\t\r\n\f]
\S	不是空白字元的字元，即 [^ \t\r\n\f]

在正規表達式的範本字串除了上表字元集外，還可以包含 Escape 逸出字串代表的特殊字元，如下表所示：

<table>
<tr><th>Escape逸出字串</th><th>說明</th></tr>
<tr><td>\n</td><td>新行符號</td></tr>
<tr><td>\r</td><td>Carriage Return 的 Enter 鍵</td></tr>
<tr><td>\t</td><td>Tab 鍵</td></tr>
<tr><td>\.、\?、\/、\\、\[、\]、\{、\}、\(、\)、\+、*、\|</td><td>在範本字串代表 .、?、/、\、[、]、{、}、(、)、+、* 和 | 特殊功能的字元</td></tr>
<tr><td>\xHex</td><td>十六進位的 ASCII 碼</td></tr>
<tr><td>\xOct</td><td>八進位的 ASCII 碼</td></tr>
</table>

在正規表達式的範本字串不只可以擁有字元集和 Escape 逸出字串，還可以是自行使用序列字元組成的子範本字串，或使用「(」、「)」括號來括起，如下所示：

```
"a(bc)*"
"(b | ef)gh"
"[0-9]+"
```

上述 a、gh、(bc) 括起的是子字串，在之後的「*」、「+」和中間的「|」字元是比對符號。

➲ 比對符號

正規表達式的比對符號定義範本字串在比較時的比對方式，可以定義正規表達式範本字串中字元出現的位置和次數。常用比對符號的說明，如下表所示：

比對符號	說明
^	比對字串的開始，即從第 1 個字元開始比對
$	比對字串的結束，即字串最後需符合範本字串
.	代表任何一個字元
		或，可以是前後 2 個字元的任一個
?	0 或 1 次
*	0 或很多次
+	1 或很多次
{n}	出現 n 次
{n,m}	出現 n 到 m 次
{n,}	至少出現 n 次
[…]	符合方括號中的任一個字元
[^…]	符合不在方括號中的任一個字元

➲ 正規表達式範本字串的範例

一些正規表達式範本字串的範例，如下表所示：

範本字串	說明
^The	字串需要是 The 字串開頭，例如：These
book$	字串需要是 book 字串結尾，例如：a book
note	字串中擁有 note 子字串
a?bc	擁有 0 或 1 個 a，之後是 bc，例如：abc、bc 字串
a*bc	擁有 0 到多個 a，例如：bc、abc、aabc、aaabc 字串
a(bc)*	在 a 之後有 0 到多個 bc 字串，例如：abc、abcbc、abcbcbc 字串

範本字串	說明
(a | b)*c	擁有 0 到多個 a 或 b，之後是 c，例如：bc、abc、aabc、aaabc 字串
a+bc	擁有 1 到多個 a，之後是 bc，例如：abc、aabc、aaabc 字串等
ab{3}c	擁有 3 個 b，例如：abbbc 字串，不可以是 abbc 或 abc
ab{2,}c	至少擁有 2 個 b，例如：abbc、abbbc、abbbbc 等字串
ab{1,3}c	擁有 1 到 3 個 b，例如：abc、abbc 和 abbbc 字串
[a-zA-Z]{1,}	至少 1 個英文字元的字串
[0-9]{1,}、[\d]{1,}	至少 1 個數字字元的字串

5-4-2 處理擷取的日期資料

在第 4-3 節我們已經成功爬取 Yahoo! 電影的本週新片清單，這是本週上演的電影新片資料，其網址如下所示：

⁂ https://movies.yahoo.com.tw/movie_thisweek.html

上圖的**上映日期**是連日期前的中文字串也一併擷取，如果只需日期字串，我們可以使用正規表達式來進行資料清理，只取出日期字串，如右圖所示：

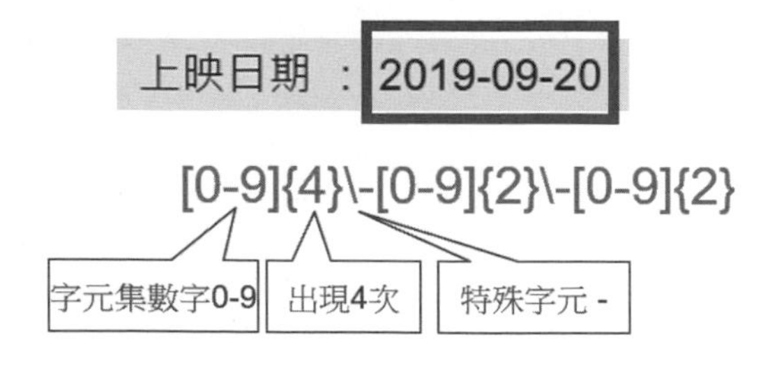

上述範本字串和日期 2019-09-20 的比對過程，如下所示：

```
[0-9]{4} → 2019
\-       → -
[0-9]{2} → 09
\-       → -
[0-9]{2} → 20
```

現在，我們準備修改 yahoo_movies 網站地圖，在日期 pub_date 欄位使用正規表達式的範本字串來取出日期資料，其步驟如下所示：

1. 請匯入或點選 **Sitemaps** 後，再點選 yahoo_movies 網站地圖，然後切換至 **_root/movies_tag** 的 CSS 選擇器，如下圖所示：

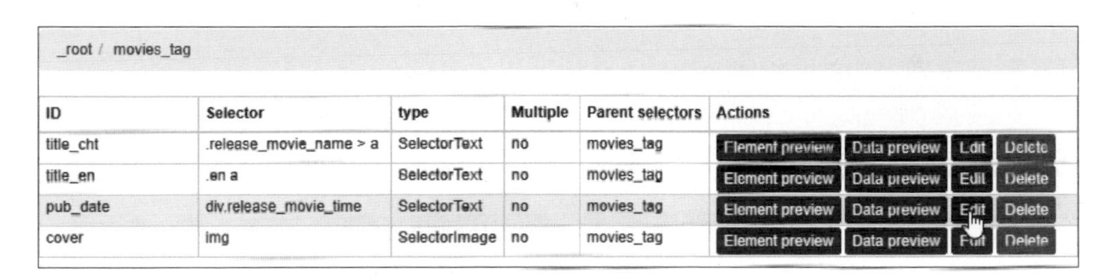

_root / movies_tag

ID	Selector	type	Multiple	Parent selectors	Actions
title_cht	.release_movie_name > a	SelectorText	no	movies_tag	Element preview Data preview Edit Delete
title_en	.en a	SelectorText	no	movies_tag	Element preview Data preview Edit Delete
pub_date	div.release_movie_time	SelectorText	no	movies_tag	Element preview Data preview Edit Delete
cover	img	SelectorImage	no	movies_tag	Element preview Data preview Edit Delete

2. 按下 pub_date 那一列的 **Edit** 鈕，在 **Regex** 欄位輸入正規表達式的範本字串 [0-9]{4}\-[0-9]{2}\-[0-9]{2}，按下 **Save selector** 鈕儲存選擇器。

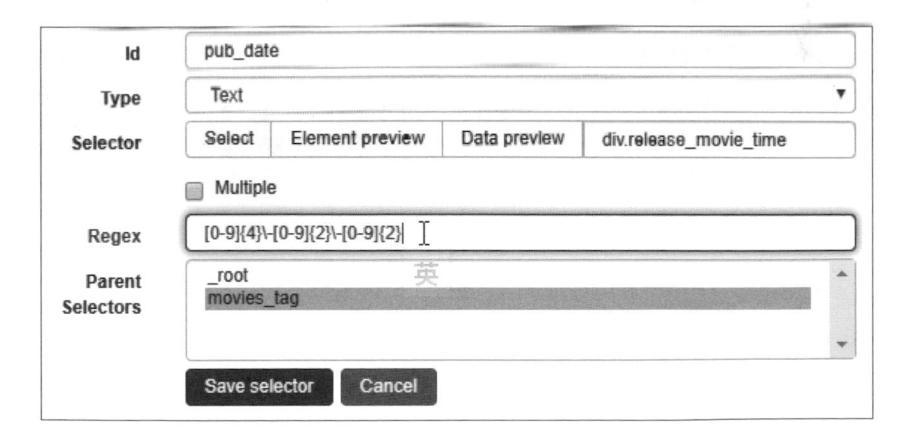

3 請重新執行 Web Scraper 網站地圖，可以看到擷取的資料只有日期資料，如下圖所示：

title_cht	title_en	pub_date	cover-src
窗中的女巫	The Witch in the Window	2019-09-20	https://movies.yahoo.com.tw/x/r/w420/i/o/production/movies/August2019/SN79iyJL2GV8an7Wwa01-504x720.jpg
返校	Detention	2019-09-20	https://movies.yahoo.com.tw/x/r/w420/i/o/production/movies/August2019/WpmLtFlaAGZxvWEWTd1t-497x720.jpg
唐頓莊園	Downton Abbey	2019-09-20	https://movies.yahoo.com.tw/x/r/w420/i/o/production/movies/September2019/goAaAngwOX2Mn7SL0qi2-1012x1500.jpg
我親愛的父親	My Dear Father	2019-09-20	https://movies.yahoo.com.tw/x/r/w420/i/o/production/movies/August2019/ljEb5r3j9Mams2V0oThf-511x720.jpg

5-4-3 處理擷取的整數資料

如同日期資料，我們也可以使用正規表達式來處理整數資料，例如：在 Momo 購物網站查詢 iPhone11 的商品資料，其網址如下所示：

⁂ https://www.momoshop.com.tw/search/searchShop.jsp?keyword=iPhone11

上述每一個方框是一項商品，可以看到商品價格是整數（含千位符號），例如：25,200、499、25,590 等，而且前後都有多餘文字。我們建立 momoshop 網站地圖爬取 iPhone11 的商品資料，可以看到擷取後的資料，如下圖所示：

name	price
【i-mage】蘋果 iPhone 11/XR 6.1吋 滿版 3D+ 鋼化玻璃保護貼(創新3D+保護貼 不碎邊 不挑殼)	售完補貨中$217(售價已折)
【ESR 億色】IPHONE 11/11 pro/11 pro max玻璃殼 玻璃背板防摔手機殼套 冰晶琉璃系列(IPHONE11)	$499
iPhone 康寧 3D 滿版玻璃貼(iPhone 11 Pro MAX 超強疏油疏水鍍膜 鋼化膜 保護貼 i7 i6s i6 ix)	$405(售價已折)
【Apple 蘋果】iPhone 11 128G 6.1吋(Beats urBeats3耳機組)	$28,590(售價已折)
【Apple 蘋果】iPhone 11 256G 6.1吋(moshi超薄透殼組)	$31,090(售價已折)
【moshi】Vitros for iPhone 11 超薄透亮保護殼	$890
【Apple 蘋果】iPhone 11 256G 6.1吋 智慧型手機	$30,400
【ESR 億色】IPHONE 11/11 pro/11 pro max支架空壓殼 全包覆防摔手機殼套 雅置菁英系列(IPHONE11空壓)	$599
iPhone 康寧3D抗藍光全滿版鋼化保護貼(iPhone 11 Pro MAX iX XS XR i7 i8 i7+ i8+ 保護貼 玻璃貼)	$486(售價已折)
【i-mage】蘋果 iPhone 11 Pro/Xs/X 5.8吋 滿版 3D+ 鋼化玻璃保護貼(創新3D+保護貼 不碎邊 不挑殼)	售完補貨中$217(售價已折)
【閃魔】蘋果Apple iPhone X/Xs/11 Pro 滿版全玻璃全覆蓋鋼化玻璃保護貼9H(強化曲面滿版)	$299(售價已折)

上述 price 欄位是一個包含整數金額的字串，同樣地，我們可以使用正規表達式將字串中的金額取出來，例如：金額 3,999 和 837，如下圖所示：

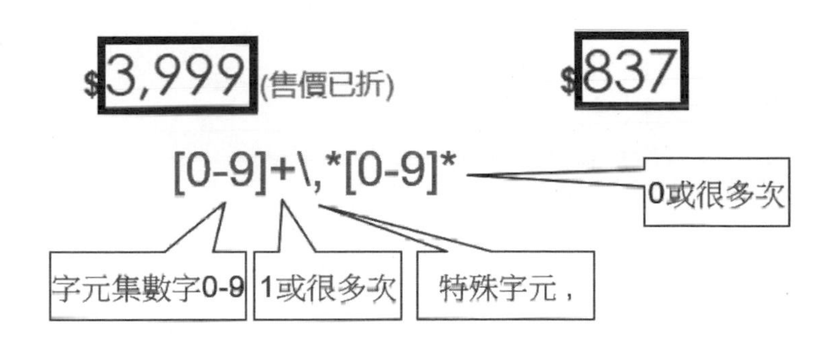

上述範本字串和金額 3,999 的比對過程，如下所示：

```
[0-9]+ → 3
\,*    → ,
[0-9]* → 999
```

範本字串和金額 837 的比對過程，如下所示：

```
[0-9]+ → 837
\,*    →
[0-9]* →
```

現在，我們準備修改 momoshop 網站地圖，在金額 price 欄位使用正規表達式的範本字串來取出整數的金額，其步驟如下所示：

1 請匯入 momoshop.txt 的網站地圖後，切換至 **_root/items** 的 CSS 選擇器，如下圖所示：

_root / items

ID	Selector	type	Multiple	Parent selectors	Actions
name	p.prdName	SelectorText	no	items	Element preview Data preview Edit Delete
price	p.money	SelectorText	no	items	Element preview Data preview Edit Delete

2 按 price 那一列的 **Edit** 鈕，在 **Regex** 欄位輸入正規表達式的範本字串 **[0-9]+\,*[0-9]***，再按下 **Save selector** 鈕儲存選擇器。

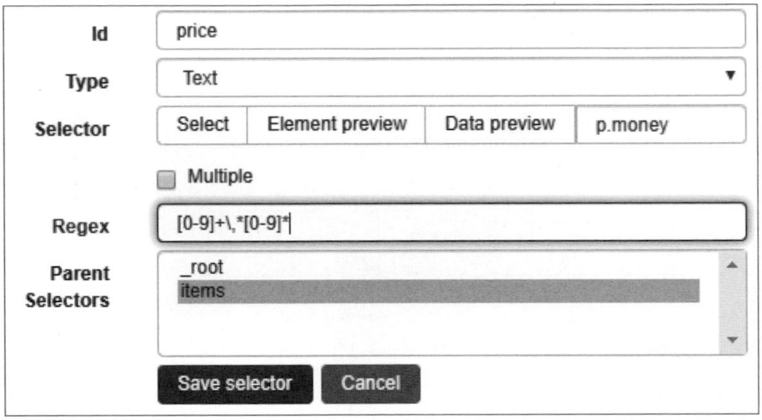

Id price

Type Text

Selector Select | Element preview | Data preview | p.money

Multiple

Regex [0-9]+\,*[0-9]*

Parent Selectors _root / items

Save selector | Cancel

3 請重新執行 Web Scraper 網站地圖，就會看到擷取的資料只有整數的數字資料，如下圖所示：

name	price
【Apple 蘋果】iPhone 11 256G 6.1吋 智慧型手機	30,400
【ESR 億色】IPHONE 11/11 pro/11 pro max玻璃殼 玻璃背板防摔手機殼套 冰晶琉璃系列(IPHONE11)	499
【兩入組】iPhone 11/11 Pro/11 Pro Max/XR/Xs/Xs Max9H鋼化玻璃保護貼 滿版疏油疏水3款任選	499
iPhone 康寧3D抗藍光全滿版鋼化保護貼(iPhone 11 Pro MAX iX XS XR i7 i8 i7+ i8+ 保護貼 玻璃貼)	486
【Apple 蘋果】iPhone 11 64G 6.1吋(moshi超薄透殼組)	25,590
【i-mage】蘋果 iPhone 11/XR 6.1吋 滿版 3D+ 鋼化玻璃保護貼(創新3D+保護貼 不碎邊 不挑殼)	217
【Apple 蘋果】iPhone 11 128G 6.1吋(Beats urBeats3耳機組)	28,590
【閃魔】蘋果Apple iPhone X/Xs/11 Pro 滿版全玻璃全覆蓋鋼化玻璃保護貼9H(強化曲面滿版)	299
【i-mage】蘋果 iPhone 11 Pro Max/Xs Max 6.5吋 滿版 3D+ 鋼化玻璃保護貼(創新3D+保護貼 不碎邊 不挑殼)	217
【Apple 蘋果】iPhone 11(6.1吋 / 64G)	24,900

5-4-4 處理擷取的浮點數資料

同理，我們可以使用正規表達式來處理浮點數資料，例如：使用 Web Scraper 官方測試網站的筆電商品資料，其網址如下所示：

⁂ https://www.webscraper.io/test-sites/e-commerce/allinone/computers/laptops

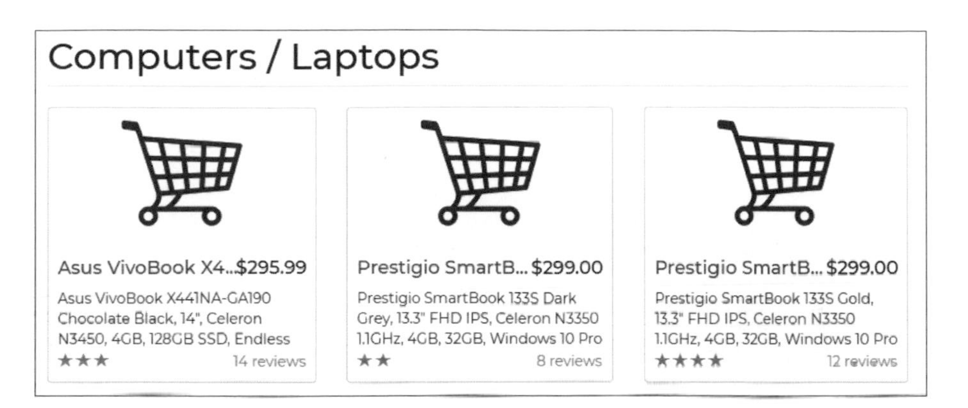

上述每一個方框是一項筆電商品，商品價格是浮點數值的金額，例如：295.99、299.00 等，而且前方有多餘「$」。當我們建立 e-commerce 網站地圖爬取商品資料，其取回的資料，如下圖所示：

name	price	reviews
Prestigio SmartB...	$299.00	8 reviews
HP 350 G1	$577.99	10 reviews
Acer Predator He...	$1123.87	1 reviews
MSI GL62VR 7RFX	$1299.00	1 reviews
ThinkPad X240	$1311.99	12 reviews
Asus VivoBook 15...	$468.56	1 reviews

上述 price 價格欄位是一個包含浮點數金額的字串，reviews 評論欄位包含整數及字串，同樣的，我們可以使用正規表達式將字串中的浮點數金額取出來，如下圖所示：

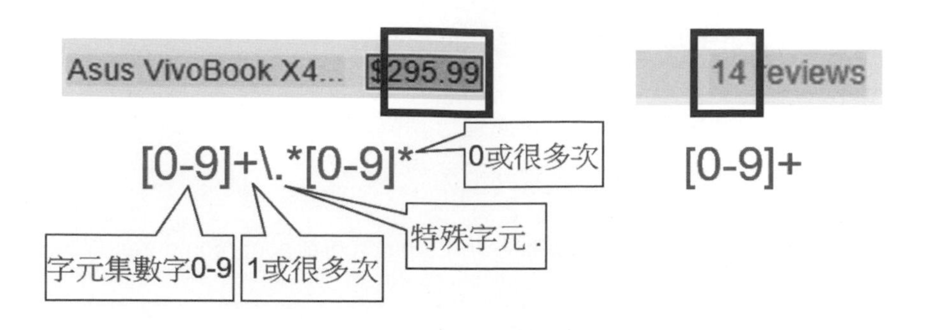

上述範本字串和金額 295.99 的比對過程，如下所示：

```
[0-9]+ → 295
\.*    → .
[0-9]* → 99
```

範本字串和 14 的比對過程，如下所示：

```
[0-9]+ → 14
```

現在，我們準備修改 e-commerce 網站地圖，在金額 price 欄位使用正規表達式的範本字串來取出浮點數的金額，其步驟如下所示：

1. 請匯入 e-commerce.txt 的網站地圖，然後切換至 **_root/items** 的 CSS 選擇器，如下圖所示：

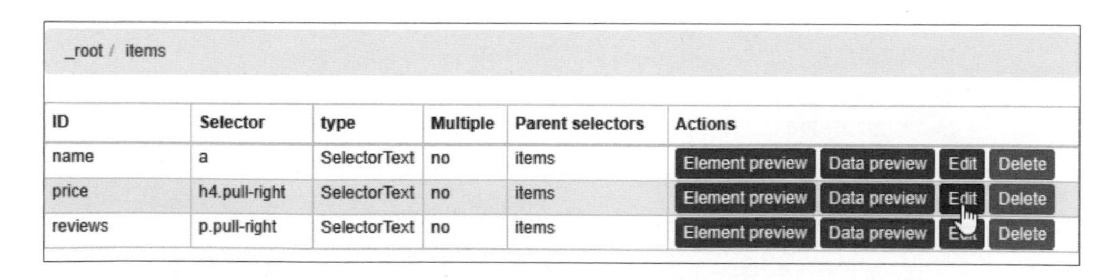

2. 請按下 price 那一列的 **Edit** 鈕，在 **Regex** 欄位輸入正規表達式的範本字串 **[0-9]+\.*[0-9]***，再按下 **Save selector** 鈕儲存選擇器。

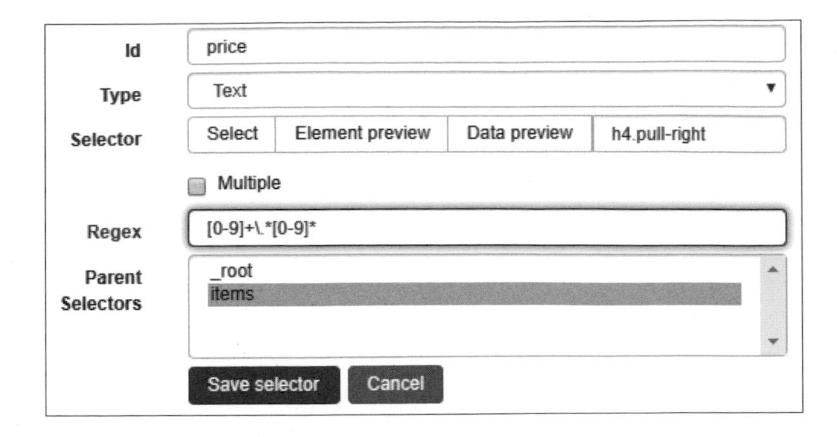

3. 按下 reviews 那一列的 **Edit** 鈕，在 **Regex** 欄位輸入正規表達式的範本字串 **[0-9]+**，再按下 **Save selector** 鈕儲存選擇器。

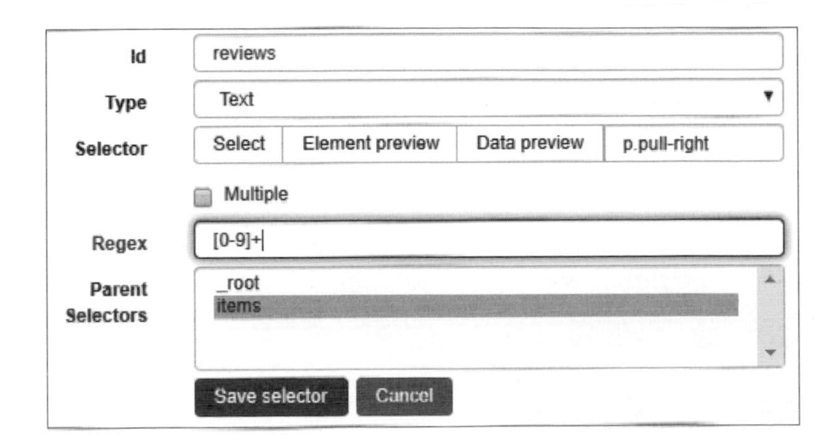

4. 請重新執行 Web Scraper 網站地圖，可以看到擷取的資料只有浮點數和整數的數字資料，如下圖所示：

name	price	reviews
Asus EeeBook R41...	433.30	1
Acer Aspire 3 A3...	408.98	10
Lenovo Legion Y5...	1112.91	1
Lenovo V110-15IA...	356.49	6
Dell Inspiron 17...	1124.20	10
Dell Latitude 55...	1337.28	6
Dell XPS 13	1281.99	4
Dell Inspiron 15...	1144.20	2

學 習 評 量

1. 請說明 HTML 容器標籤 <div> 和 <span> 是什麼？這 2 個標籤有何不同？

2. 請舉例說明什麼是 CSS 父子和子孫選擇器？

3. 請說明什麼是 HTML 版面配置標籤？

4. 請問 HTML 4.x 和 HTML5 的版面配置有何不同？

5. 請說明什麼是正規表達式？在 Web Scraper 的什麼地方可以使用正規表達式？

6. 請簡單說明正規表達式如何處理日期、整數和浮點數資料？

7. 請參閱第 5-2 節的說明，改用 Element 類型試著爬取第 3 章使用 Table 類型爬取資料的網站地圖。

8. 請修改第 4-2-3 節的網站地圖，在 views、version 和 release 欄位分別使用正規表達式來取出整數、浮點數和日期資料。

6

CHAPTER

爬取階層選單和上、下頁巡覽的網站

6-1 認識網站巡覽

網站巡覽（Site Navigation）的目的是建立網站瀏覽介面，以便使用者能夠快速在網站中找到所需的網頁。常用介面有超連結、階層選單、上 / 下頁或頁碼分頁等。

一般來說，當使用者進入網站後，對於豐富的網站內容一定會產生一個問題，我現在到底在哪裡？網站巡覽就是在建立網站的邏輯結構，如同一張網站地圖，可以指引使用者目前在哪裡？和如何到達特定網頁？通常我們是使用樹狀結構來定義網站巡覽結構，如下圖所示：

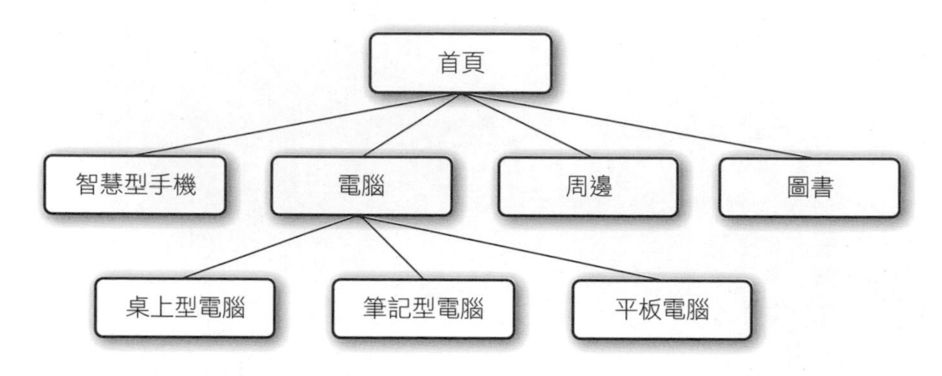

上述樹狀結構是購物網站的巡覽結構，在首頁下將商品分成：智慧型手機、電腦、周邊和圖書等產品線，在各產品線下進一步以種類來區分。例如：電腦再分為桌上型、筆記型和平板電腦三種，每一種分類的產品項目如果超過一頁，就使用分頁方式來進行巡覽。

➲ 階層選單的巡覽結構

因為網站結構通常是一種樹狀階層結構，階層選單巡覽就是最常見的巡覽方式，如下所示：

- **清單與詳細巡覽**：這是使用超連結建立的巡覽結構，在第 4-4 節的網路爬蟲範例是一種標準的清單與詳細巡覽，Yahoo 本週新片的每一部新片是清單，點選清單項目的新片，可以進一步顯示每一部新片的詳細資訊。

⁂ **階層選單巡覽**：這就是樹狀結構的網站巡覽，第一層是大分類，然後一層一層進入下一層的小分類。

➲ 分頁的巡覽結構

一般來說，如果清單項目太多，或各分類的產品項目超過一個頁面，我們可以建立分頁的巡覽結構，讓使用者自行切換分頁來顯示更多的項目或產品：

⁂ **上 / 下頁巡覽**：在網頁上方或下方提供上一頁和下一頁按鈕或超連結來切換至上一個或下一個頁面。

⁂ **頁碼分頁巡覽**：在網頁上方或下方提供分頁的頁碼鈕或超連結，按下頁碼即可切換至指定分頁的頁面。

⁂ **同時支援上 / 下頁和頁碼分頁巡覽**：目前大部分網站的分頁巡覽都會同時提供上 / 下頁和頁碼分頁的巡覽。

➲ Web Scraper.io 的測試網站

在 Web Scraper 官方網站提供上述網站巡覽的測試網站，其網址為：https://www.webscraper.io/test-sites。

上述網頁提供多個電子商務的模擬網站，可以讓使用者使用階層選單、分頁巡覽、AJAX 分頁、更多按鈕和捲動頁面方式來進行網站巡覽，在本章和下一章的爬取範例就是使用官方的測試網站，說明如何爬取各種不同網站巡覽的分頁資料。

6-2 爬取階層選單巡覽的網站

我們準備使用 Web Scraper 爬取官方階層選單的測試網站，簡單地說，這個電子商務測試網站有一個分類的主選單，在選擇選單項目後，可以顯示該分類的所有商品項目（沒有使用分頁來顯示）。

➲ 步驟一：實際瀏覽網頁內容

Web Scraper e-commerce 測試網站是一個模擬的電子商務網站，其 URL 網址如下所示：

⁂ https://www.webscraper.io/test-sites/e-commerce/allinone

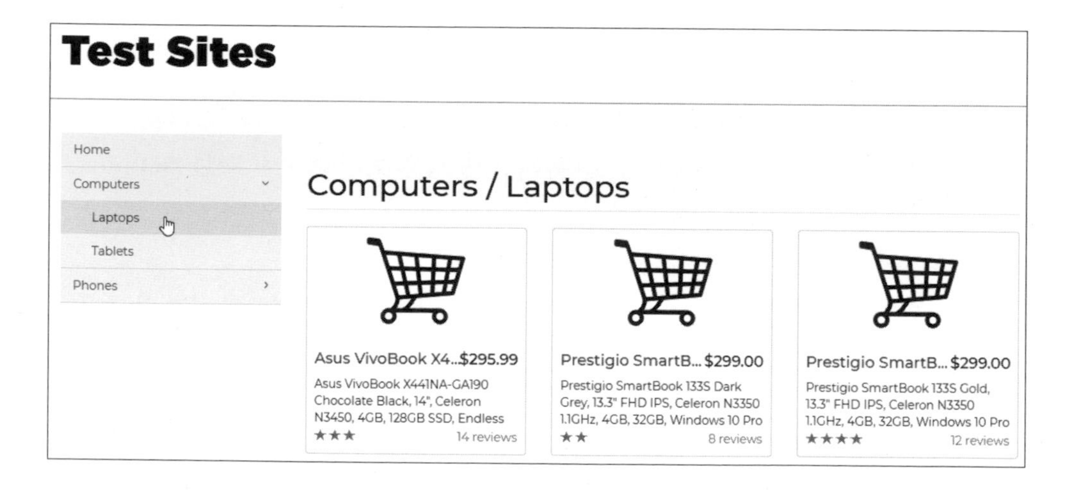

上述網頁的左方是一個主選單，在主選單有 2 層選單，點選項目，可以顯示下一層選單，再點選分類項目，可以在右方顯示該分類的商品項目清單，每一個方框是一項商品。

請開啟 Chrome 開發人員工具，點選 **Elements** 標籤，再點選最前方的箭頭鈕 後，移動游標至選單，可以看到 <ul> 清單標籤，如下圖所示：

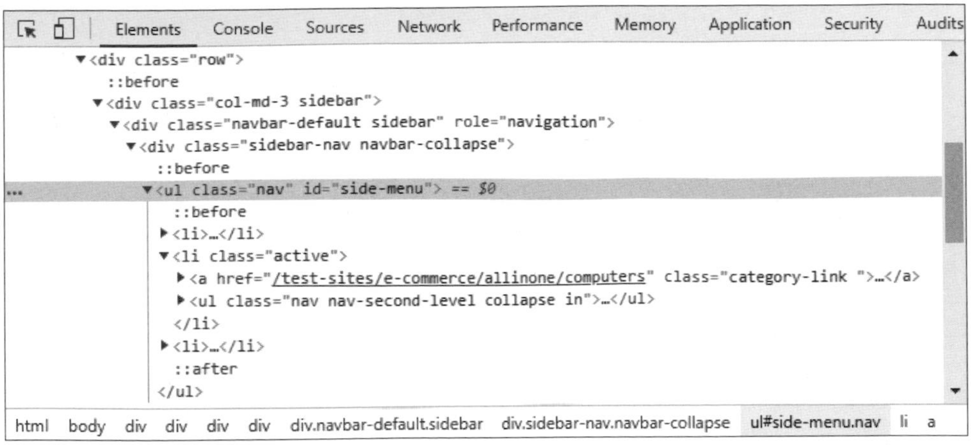

```
Elements  Console  Sources  Network  Performance  Memory  Application  Security  Audits
▼<div class="row">
   ::before
  ▼<div class="col-md-3 sidebar">
    ▼<div class="navbar-default sidebar" role="navigation">
      ▼<div class="sidebar-nav navbar-collapse">
         ::before
...     ▼<ul class="nav" id="side-menu"> == $0
           ::before
          ▶<li>…</li>
          ▼<li class="active">
            ▶<a href="/test-sites/e-commerce/allinone/computers" class="category-link ">…</a>
            ▶<ul class="nav nav-second-level collapse in">…</ul>
           </li>
          ▶<li>…</li>
           ::after
         </ul>
html  body  div  div  div  div  div.navbar-default.sidebar  div.sidebar-nav.navbar-collapse  ul#side-menu.nav  li  a
```

上述每一個選項的 <li> 標籤是一個 <a> 超連結標籤和下一層選單的 <ul> 標籤，首先是第一層選單，如下所示：

```
<ul class="nav" id="side-menu">
  <li >
     <a href="">Home</a>
  </li>
  <li class="active">
     <a href="" class="category-link">Computers</a>
     <ul>…</ul>
  </li>
  <li >
     <a href="" class="category-link">Phones</a>
     <ul>…</ul>
  </li>
</ul>
```

上述每一個 <a> 標籤下方是另一個 <ul> 清單標籤，這是第二層選單，如下所示：

```
<ul class="nav nav-second-level collapse in">
   <li>
      <a href="" class="subcategory-link ">Laptops</a>
   </li>
   <li>
      <a href="" class="subcategory-link active">Tablets</a>
   </li>
</ul>
```

上述第二層選單的 <li> 標籤下也是 <a> 標籤，所以，在網站地圖需要使用 2 層 Link 類型選擇器來巡覽至各分類的商品清單頁面後，就可以使用 Element 類型選擇每一項商品，Text 類型擷取商品資料。

➲ 步驟二：在 Web Scraper 新增網站地圖的爬取專案

在確認目標資料的 HTML 元素後，我們就可以將目前瀏覽器的 URL 網址作為起始 URL 網址來建立網站地圖，如下圖所示：

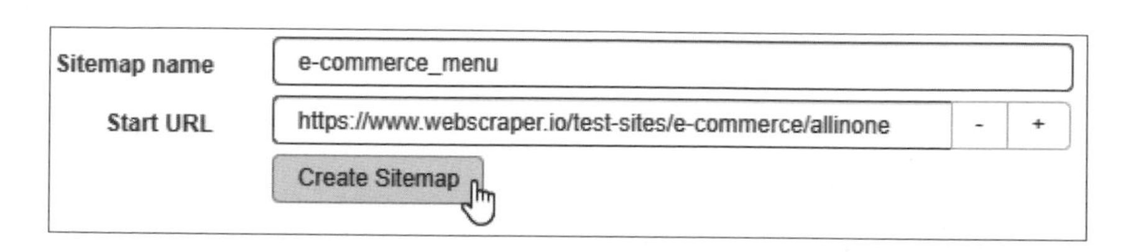

上述欄位內容的輸入資料，如下所示：

- **Sitemap name**：e-commerce_menu。
- **Start URL**：https://www.webscraper.io/test-sites/e-commerce/allinone。

➲ 步驟三：建立爬取網站的 CSS 選擇器地圖

在成功建立網站地圖後，就可以新增 CSS 選擇器，我們需要新增兩層的 Link 類型選擇器和一層 Element 類型，再加上一層 Text 類型，這是共有四層選擇器的網站地圖，其步驟如下所示：

1. 請在 Chrome 瀏覽器進入剛才在 **Start URL** 欄輸入的網頁，並先在上方瀏覽器展開第一層選單的 **Computers** 選項。

2. 目前位在 _root 節點，按下 **Add new selector** 鈕，新增選單第一層選項的 CSS 選擇器節點，在 **Id** 欄輸入名稱 main，**Type** 欄選擇 **Link** 後，勾選 **Multiple**（多筆記錄），如下圖所示：

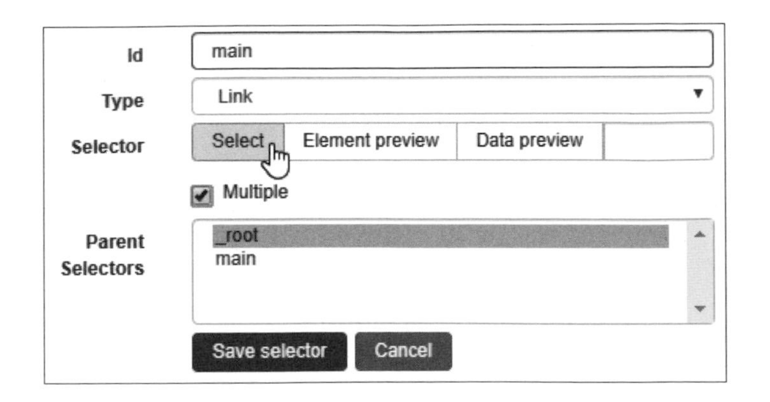

3. 在 **Selector** 欄按下 **Select** 鈕後，在網頁移動游標，點選主選單兩個項目的 <a> 標籤（如有更多項目，需一併選擇），如下圖所示：

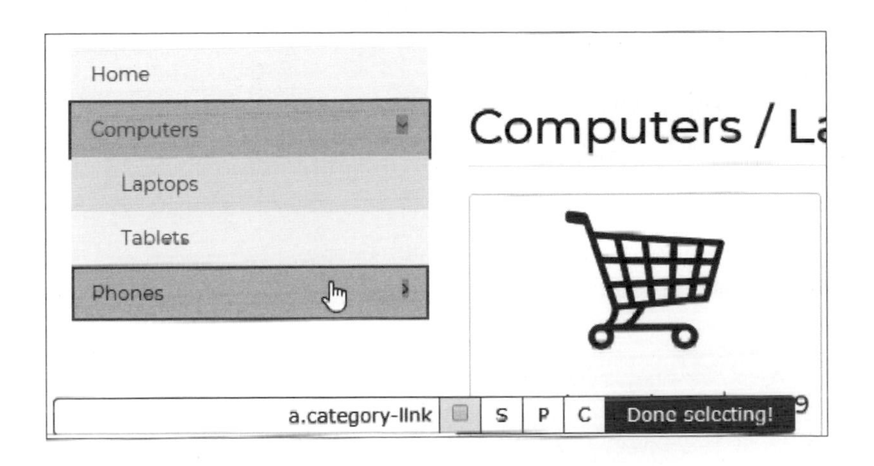

4. 按下 **Done selecting!** 鈕完成選擇，即會在下方欄位填入 CSS 選擇器，按下 **Save selector** 鈕，可以在 **_root** 根節點下新增名為 main 的選擇器節點，type 是 **SelectorLink**，Multiple 是 **yes**（多筆），如下圖所示：

_root

ID	Selector	type	Multiple	Parent selectors
main	a.category-link	SelectorLink	yes	_root

Add new selector

5 請點選 **main** 選擇器節點，切換至下一層路徑 **_root/main** 後，按下 **Add new selector** 鈕，新增選單第二層選項的 CSS 選擇器節點，在 **Id** 欄輸入選擇器名稱 sub，**Type** 欄選擇 **Link**，勾選 **Multiple**，如下圖所示：

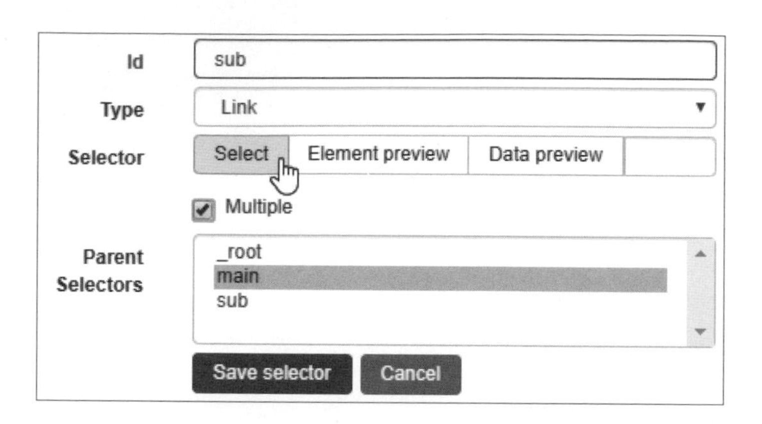

6 請確認上方已經展開第一層選單的 **Computers** 選項後，按下 **Select** 鈕，選擇第二層選單的 2 個項目，即 <a> 標籤（如有更多項目，需一併選擇），如下圖所示：

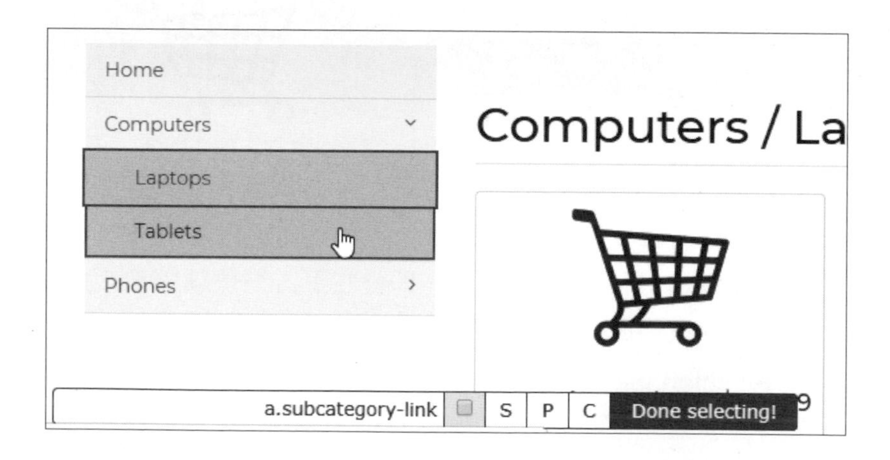

7 按下 **Done selecting!** 鈕完成選擇，會在下方欄位填入 CSS 選擇器，按下 **Save selector** 鈕，可以在 **_root/main** 下新增選擇器節點，如下圖所示：

_root / main

ID	Selector	type	Multiple	Parent selectors
sub	a.subcategory-link	SelectorLink	yes	main

8 請點選 **sub** 選擇器節點，切換至 **_root/main/sub** 路徑，然後在上方點選「Computers/Laptops」選項，顯示此分類下的商品清單，如下圖所示：

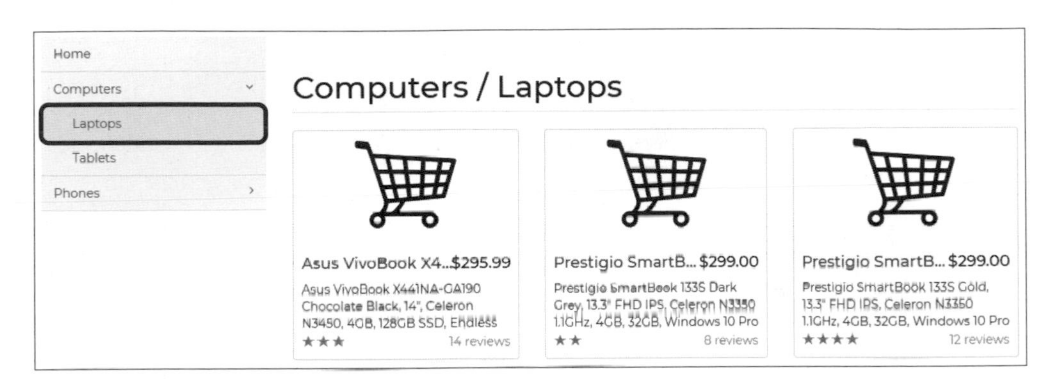

9 按下 **Add new selector** 鈕，新增選擇商品項目的 CSS 選擇器，在 **Id** 欄輸入選擇器名稱 items，**Type** 欄選擇 **Element**，然後勾選 **Multiple**（多筆記錄），如下圖所示：

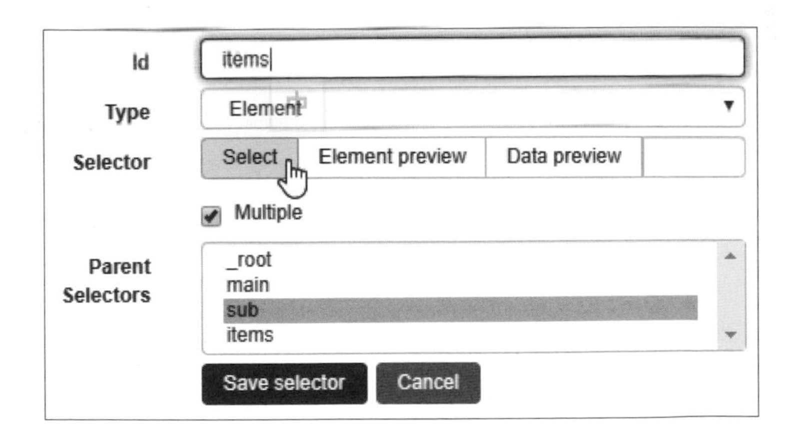

10 在 **Selector** 欄按下 **Select** 鈕後，請移動游標，先選第 1 個方框，再選同一列右邊的第 2 個方框，就可以選擇所有商品方框，如下圖所示：

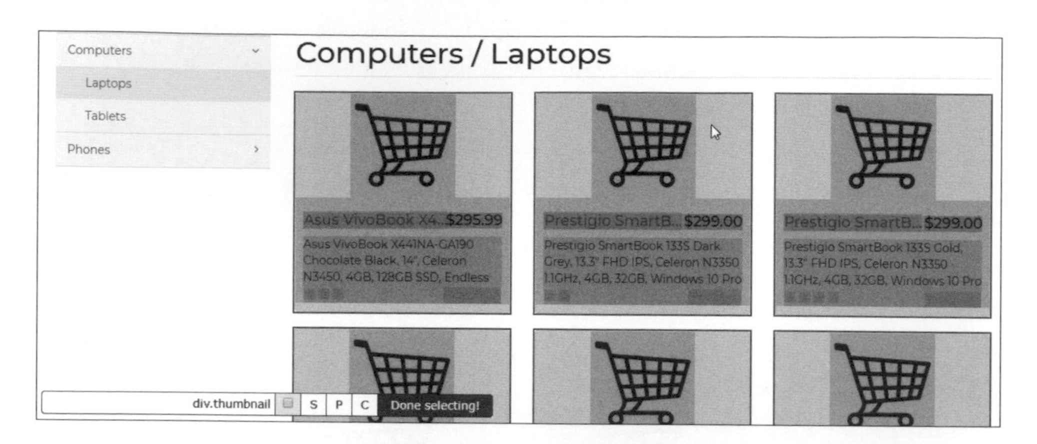

11 按下 **Done selecting!** 鈕完成選擇，即會在下方欄位填入 CSS 選擇器，如果需要，請分別按 **Element preview** 和 **Data preview** 鈕，預覽選擇的 HTML 元素和擷取資料。

12 按下 **Save selector** 鈕，可以在 **_root/main/sub** 路徑下新增名為 items 的選擇器節點，type 是 **SelectorElement**，Multiple 是 **yes**（多筆），如下圖所示：

_root / main / sub

ID	Selector	type	Multiple	Parent selectors
items	div.thumbnail	SelectorElement	yes	sub

13 請點選 **items** 選擇器節點，我們準備新增擷取每一筆記錄各欄位的選擇器，可以看到上方路徑是 **_root/main/sub/items**。

14 按下 **Add new selector** 鈕，在 **Id** 欄輸入選擇器名稱 name，**Type** 欄選擇 **Text**，按下 **Select** 鈕後，因為是 <a> 超連結，請先在浮動工具列勾選啟用功能鍵，再移至超連結上，按下 S 鍵來取出超連結的商品名稱，如下圖所示：

15 按下 **Done selecting!** 鈕完成選擇，再按 **Save selector** 鈕儲存選擇器節點。

16 接著，按下 **Add new selector** 鈕，在 **Id** 欄輸入選擇器名稱 price，**Type** 欄選擇 **Text**，請按下 **Select** 鈕後，選取價格，如下圖所示：

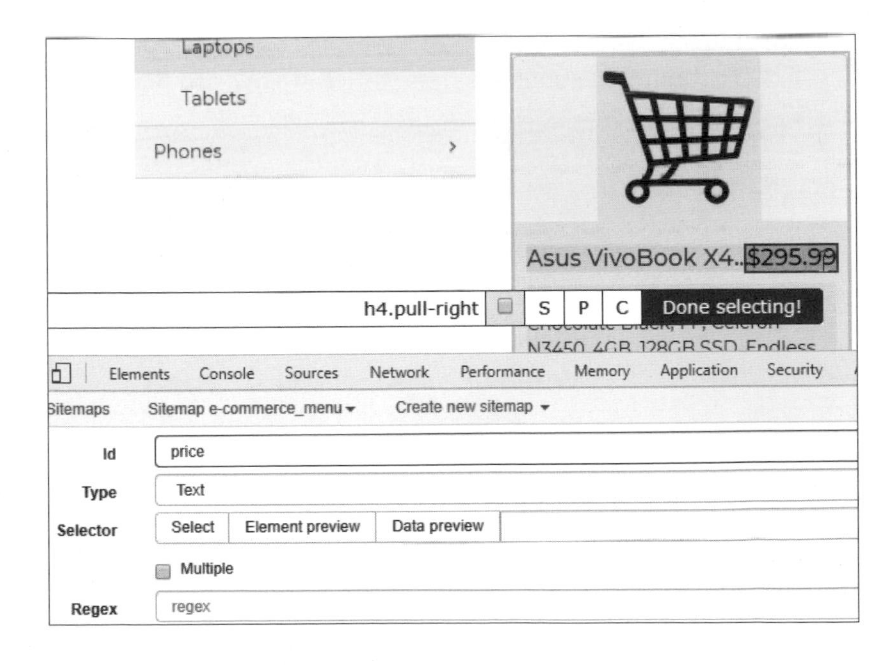

17 按下 **Done selecting!** 鈕完成選擇，再按 **Save selector** 鈕儲存選擇器節點。

18 再按下 **Add new selector** 鈕，在 **Id** 欄輸入選擇器名稱 reviews，**Type** 欄選擇 **Text**，請按下 **Select** 鈕後，選取評價，如下圖所示：

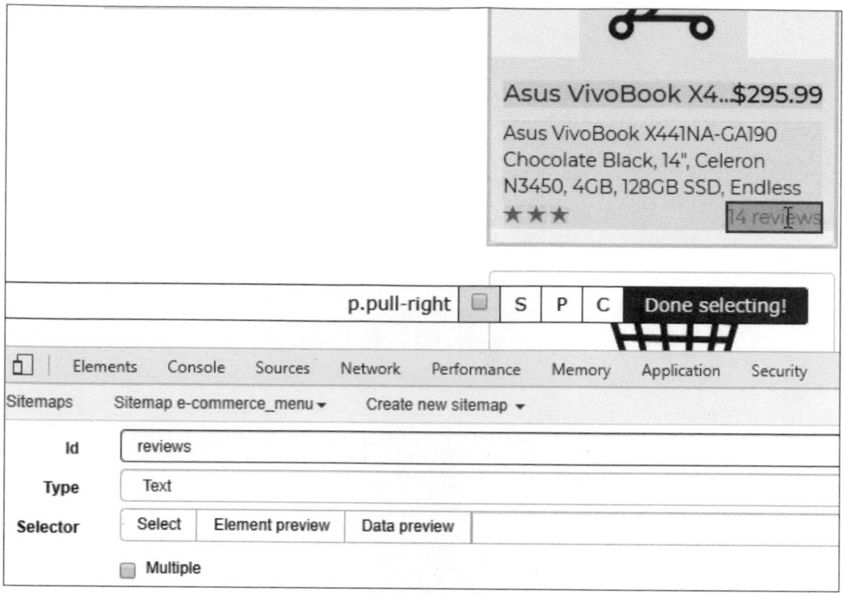

19 按下 **Done selecting!** 鈕完成選擇，再按下 **Save selector** 鈕儲存選擇器節點，可以在 **_root/main/sub/items** 下新增選擇器節點，如下圖所示：

_root / main / sub / items

ID	Selector	type	Multiple	Parent selectors
name	a	SelectorText	no	items
price	h4.pull-right	SelectorText	no	items
reviews	p.pull-right	SelectorText	no	items

20 請執行「Sitemap e-commerce_menu/Selector graph」命令，展開節點樹，如下圖所示：

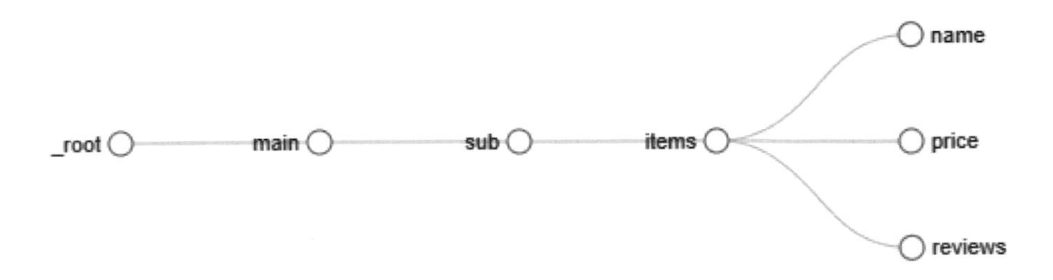

➲ 步驟四：執行 Web Scraper 網站地圖爬取資料

現在，我們已經建立好擷取資料的 Web Scraper 網站地圖，請執行 Web Scraper 網站地圖來爬取資料，其步驟如下所示：

1 請點選「Sitemap e-commerce_menu/Scrape」命令執行網路爬蟲，在輸入送出 HTTP 請求的間隔時間，和載入網頁的延遲時間後，按下 **Start scraping** 鈕開始爬取資料。

2 等到爬完後，請按 **refresh** 鈕重新載入資料，可以看到擷取的表格資料。

➲ 步驟五：將爬取的資料匯出成 CSV 檔案

Web Scraper 支援匯出成 CSV 檔案的功能，在成功從網頁擷取出所需資料後，可以如下操作匯出成 CSV 檔案：

1 請執行「Sitemap e-commerce_menu/Export data as CSV」命令，匯出爬取資料成為 CSV 檔案。

2 在匯出後，可以看到 **Download now!** 超連結，請點選超連結下載 CSV 檔案，預設檔名是網路地圖名稱 e-commerce_menu.csv。

6-3 爬取上 / 下頁巡覽的網站

我們準備使用 Web Scraper 爬取 ESPN Insider 網站的 NBA 球員資料，這是上一頁和下一頁按鈕的分頁表格資料。

➲ 步驟一：實際瀏覽網頁內容

ESPN Insider 網站是使用 HTML 表格顯示 NBA 球員資料，2018 ～ 2019 年球員資料的網址，如下所示：

⁂ http://insider.espn.com/nba/hollinger/statistics/_/year/2019

RK	PLAYER	GP	MPG	TS%	AST	TO	USG	ORR	DRR	REBR	PER	VA	EWA
41	Richaun Holmes, PHX	70	16.9	.647	10.8	9.4	17.3	10.6	20.5	15.5	**20.72**	163.0	5.4
42	Deandre Ayton, PHX	71	30.7	.608	10.4	10.5	20.4	11.1	26.1	18.5	**20.54**	323.9	10.8
43	Dwight Powell, DAL	77	21.6	.682	14.4	8.6	17.1	9.1	17.3	13.2	**20.45**	221.9	7.4
44	Willy Hernangomez Geuer, CHA	58	14.0	.587	12.6	12.2	21.8	15.3	26.3	20.7	**20.41**	118.8	4.0
45	Devin Booker, PHX	64	35.0	.584	20.1	12.3	33.1	1.9	11.3	6.5	**20.30**	327.9	10.9
46	Jimmy Butler, MIN/PHI	65	33.6	.571	18.5	6.7	23.4	6.0	10.5	8.3	**20.29**	319.2	10.6
47	Al Horford, BOS	68	29.0	.605	24.6	8.9	19.6	6.5	18.3	12.4	**20.21**	282.9	9.4
48	Ben Simmons, PHI	79	34.2	.582	30.0	13.5	23.7	6.9	20.0	13.7	**20.07**	365.5	12.2
49	Chris Paul, HOU	58	32.0	.560	33.0	10.6	24.6	2.1	13.9	7.9	**19.71**	241.3	8.0
50	DeMar DeRozan, SA	77	34.9	.542	21.8	9.1	28.3	2.2	16.4	9.4	**19.61**	365.6	12.2

361 Results　　　　〈 1 of 8 〉

上述 HTML 表格是 NBA 球員資料，在右下方有 2 個按鈕，可以切換顯示下一頁和上一頁的 NBA 球員資料。請開啟 Chrome 開發人員工具，點選 **Elements** 標籤，再點選標籤列最前方的箭頭鈕，然後移動游標至上方的下一頁箭頭鈕 [⇱]，可以看到這是 <a> 標籤，如下所示：

```
<a rel="nofollow" href="//insider.espn.com/nba/hollinger/statistics/_/page/2"
 style="padding:0"><div class="jcarousel-next"></div>
</a>
```

上述 href 屬性值就是下一頁的 URL 網址，如下所示：

```
//insider.espn.com/nba/hollinger/statistics/_/page/2
```

上述 URL 網址最後的參數 2 就是第 2 頁；3 是第 3 頁，依此類推。因為下一頁鈕是 <a> 超連結，我們是使用 Link 類型的選擇器。

➲ 步驟二：在 Web Scraper 新增網站地圖的爬取專案

在確認目標資料的 HTML 元素後，我們可以將目前瀏覽器的網址作為起始 URL 網址來建立網站地圖，如下圖所示：

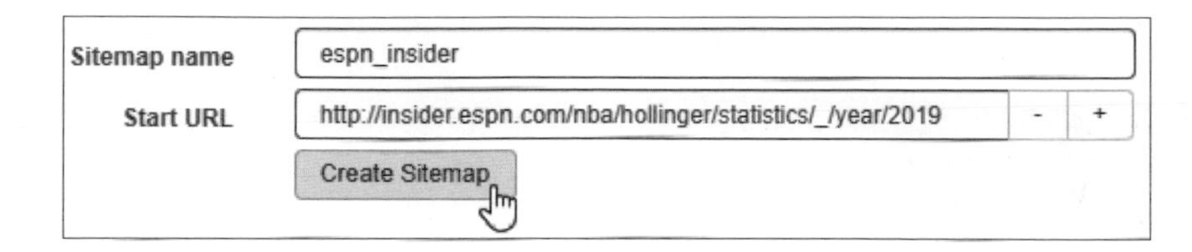

上述欄位內容的輸入資料，如下所示：

- **Sitemap name**：espn_insider。
- **Start URL**：http://insider.espn.com/nba/hollinger/statistics/_/year/2019。

➲ 步驟三：建立爬取網站的 CSS 選擇器地圖

在成功建立網站地圖後，就可以新增 CSS 選擇器，因為是擷取多頁的 HTML 表格，我們需要新增 Link 類型的下一頁鈕，和 Table 類型的 HTML 表格，其步驟如下所示：

1. 請在 Chrome 瀏覽器進入剛才在 **Start URL** 欄輸入的網頁，因為我們要在此網頁選取擷取資料的 HTML 元素。

2. 按下 **Add new selector** 鈕，新增目前 **_root** 節點下的 CSS 選擇器，在 **Id** 欄輸入選擇器名稱 next，**Type** 欄選擇 **Link**，然後勾選 **Multiple** 多筆記錄（因為有多頁），如下圖所示：

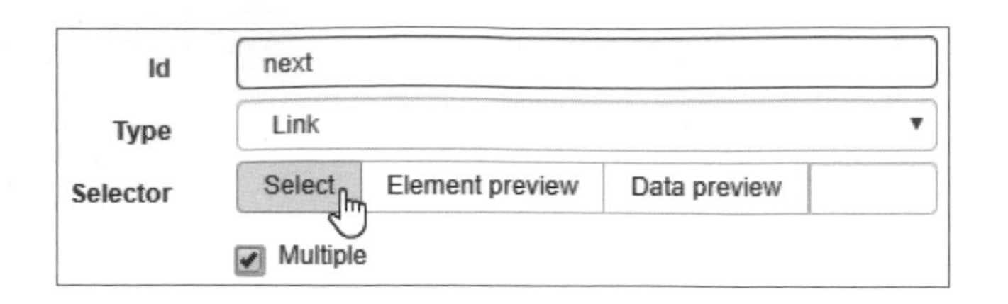

3 在 **Selector** 欄按下 **Select** 鈕後，在網頁移動游標，點選下一頁按鈕的 <a> 標籤，如下圖所示：

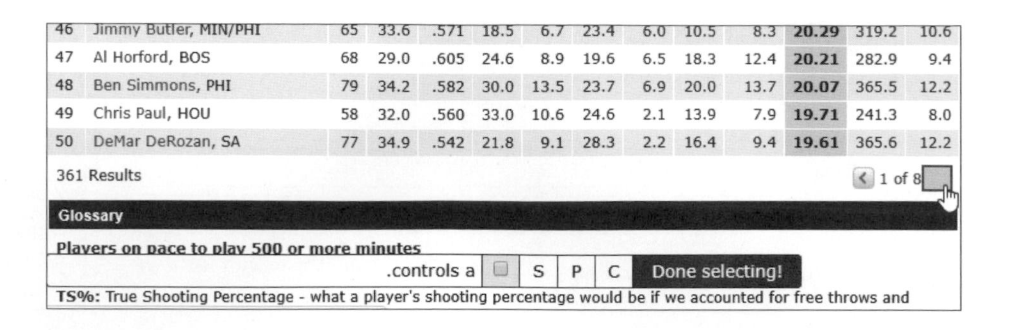

4 按下 **Done selecting!** 鈕完成選擇，會在欄位填入 CSS 選擇器 **.controls a**，在 **Parent Selectors** 欄，先按住 Ctrl 鍵，加選自己 **next** 選擇器，會看到有 2 個父節點 _root 和 next，如下圖所示：

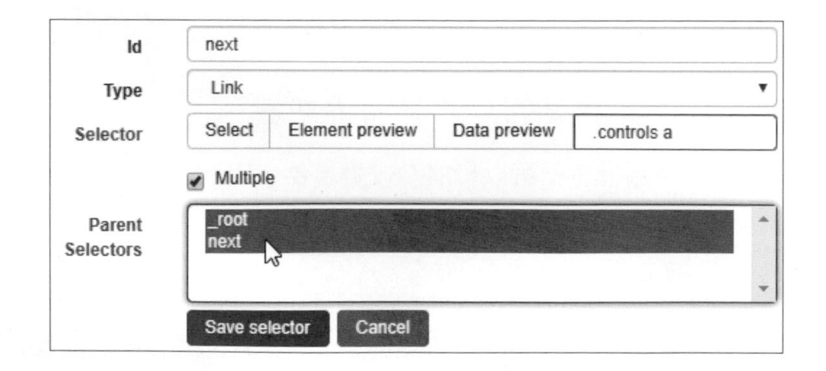

上述 **Parent Selectors** 欄之所以需要選自己 next 也是父節點，因為每一個網頁的下一頁也有**下一頁**鈕（程式語言就是遞迴的觀念），當使用下一頁鈕的 next 節點切換至下一頁網頁時，其前一頁的父節點就是 next 節點自己，如此一來 Web Scraper 才能持續使用 next 節點切換至下一頁，直到沒有下一頁為止。

5 按下 **Save selector** 鈕，可以在 **_root** 根節點下新增名為 next 的選擇器節點，type 是 **SelectorLink**，Multiple 是 **yes**（多筆），在 Parent selectors 欄位有 2 個父節點，如下圖所示：

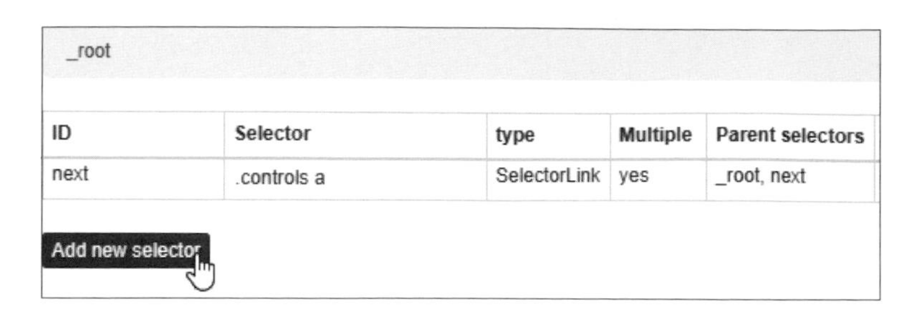
_root

ID	Selector	type	Multiple	Parent selectors
next	.controls a	SelectorLink	yes	_root, next

6 請按下 **Add new selector** 鈕，新增選擇 HTML 表格的 Table 類型節點，**Id** 欄輸入名稱 table，**Type** 欄選擇 **Table**，因為有多列，請勾選 **Multiple**，如下圖所示：

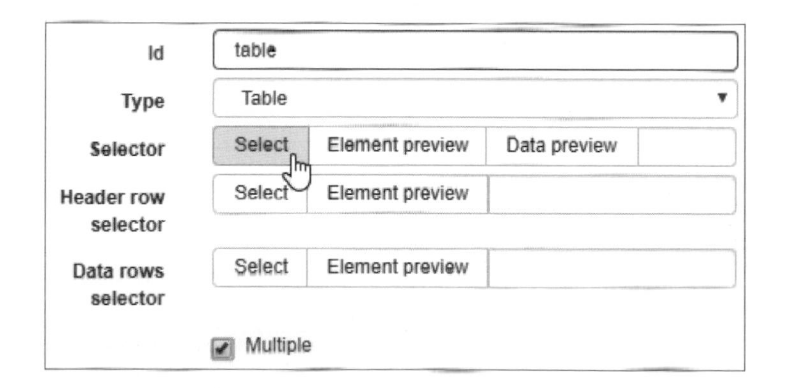

7 按下 **Select** 鈕後，在網頁點選 HTML 表格的 <table> 標籤，如下圖所示：

Hollinger Stats - Player Efficiency Rating - Qualified Players

RK	PLAYER	GP	MPG	TS%	AST	TO	USG	ORR	DRR	REBR	PER	VA	EWA
1	Giannis Antetokounmpo, MIL	72	32.8	.644	18.9	12.0	32.3	7.3	30.0	19.3	30.95	684.4	22.8
2	James Harden, HOU	78	36.8	.616	18.0	11.9	40.8	2.5	17.8	10.0	30.62	839.5	28.0
3	Anthony Davis, NO	56	33.0	.597	14.1	7.2	29.4	9.9	27.5	18.8	30.32	519.7	17.3
4	Karl-Anthony Towns, MIN	77	33.1	.622	12.9	11.9	28.8	10.9	29.3	20.0	26.38	599.6	20.0
[illegible]	[illegible]	[illegible]	[illegible]	[illegible]	[illegible]	[illegible]	[illegible]	[illegible]	[illegible]	[illegible]	[illegible]	589.7	19.7
[illegible]	[illegible]	[illegible]	[illegible]	[illegible]	[illegible]	[illegible]	[illegible]	[illegible]	[illegible]	[illegible]	[illegible]	501.8	16.7

table S P C Done selecting!

8 按下 **Done selecting!** 鈕完成選擇，會在下方欄位填入 CSS 選擇器 **table**，同時填入 Header row selector 和 Data rows selector 的 CSS 選擇器，按下 **Element preview** 鈕，可以看出標題列和資料列沒有選對，我們需自行重新選擇，如下圖所示：

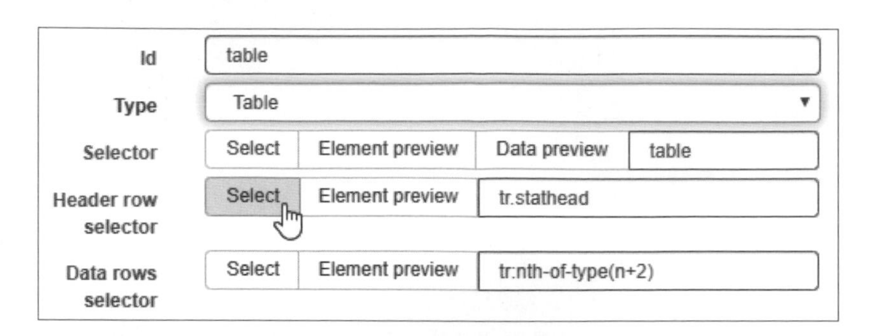

9 在 **Header row selector** 欄按下 **Select** 鈕後，在 HTML 表格點選第 2 列的標題列，如下圖所示：

Hollinger Stats - Player Efficiency Rating - Qualified Players

RK	PLAYER	GP	MPG	TS%	AST	TO	USG	ORR	DRR	REBR	PER	VA	EWA
1	Giannis Antetokounmpo, MIL	72	32.8	.644	18.9	12.0	32.3	7.3	30.0	19.3	30.95	684.4	22.8
2	James Harden, HOU	78	36.8	.616	18.0	11.9	40.8	2.5	17.8	10.0	30.62	839.5	28.0
3	Anthony Davis, NO	56	33.0	.597	14.1	7.2	29.4	9.9	27.5	18.8	30.32	519.7	17.3
4	Karl-Anthony Towns, MIN	77	33.1	.622	12.9	11.9	28.8	10.9	29.3	20.0	26.38	599.6	20.0
[illegible]	[illegible]	[illegible]	[illegible]	[illegible]	[illegible]	[illegible]	[illegible]	[illegible]	[illegible]	[illegible]	[illegible]	589.7	19.7
[illegible]	[illegible]	[illegible]	[illegible]	[illegible]	[illegible]	[illegible]	[illegible]	[illegible]	[illegible]	[illegible]	[illegible]	501.8	16.7

tr:nth-of-type(2) S P C Done selecting!

10 按下 **Done selecting!** 鈕完成標題列的選擇後，再按下 **Data row selector** 欄的 **Select** 鈕，在 HTML 表格選第 3 列之後的所有列，如下圖所示：

Hollinger Stats - Player Efficiency Rating - Qualified Players

RK	PLAYER	GP	MPG	TS%	AST	TO	USG	ORR	DRR	REBR	PER	VA	EWA
1	Giannis Antetokounmpo, MIL	72	32.8	.644	18.9	12.0	32.3	7.3	30.0	19.3	30.95	684.4	22.8
2	James Harden, HOU	78	36.8	.616	18.0	11.9	40.8	2.5	17.8	10.0	30.62	839.5	28.0
3	Anthony Davis, NO	56	33.0	.597	14.1	7.2	29.4	9.9	27.5	18.8	30.32	519.7	17.3
4	Karl-Anthony Towns, MIN	77	33.1	.622	12.9	11.9	28.8	10.9	29.3	20.0	26.38	599.6	20.0
[illegible]	[illegible]	[illegible]	[illegible]	[illegible]	[illegible]	[illegible]	[illegible]	[illegible]	[illegible]	[illegible]	[illegible]	589.7	19.7
[illegible]	[illegible]	[illegible]	[illegible]	[illegible]	[illegible]	[illegible]	[illegible]	[illegible]	[illegible]	[illegible]	[illegible]	501.8	16.7

tr:nth-of-type(n+3) S P C Done selecting!

11 按下 **Done selecting!** 鈕完成資料列的選擇，即可看到目前表格、標題列和資料列的 CSS 選擇器，如右圖所示：

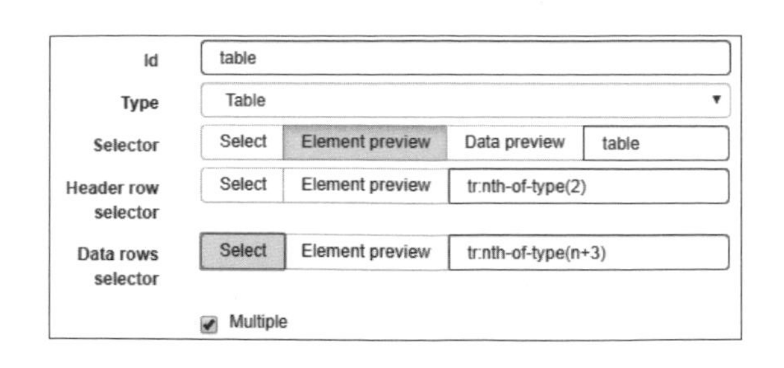

12 請捲動至下方 **Table columns** 欄位，可以勾選需要的表格欄位，和更改擷取的欄位名稱（Result key），如右圖所示：

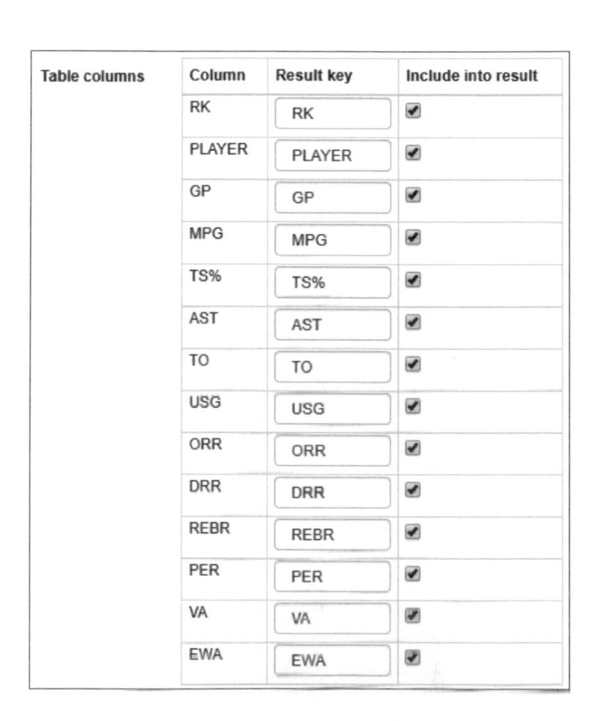

Table columns

Column	Result key	Include into result
RK	RK	☑
PLAYER	PLAYER	☑
GP	GP	☑
MPG	MPG	☑
TS%	TS%	☑
AST	AST	☑
TO	TO	☑
USG	USG	☑
ORR	ORR	☑
DRR	DRR	☑
REBR	REBR	☑
PER	PER	☑
VA	VA	☑
EWA	EWA	☑

13 最後，請先按住 Ctrl 鍵，加選 **next** 選擇器的父節點，會看到有 2 個父節點 _root 和 next，如右圖所示：

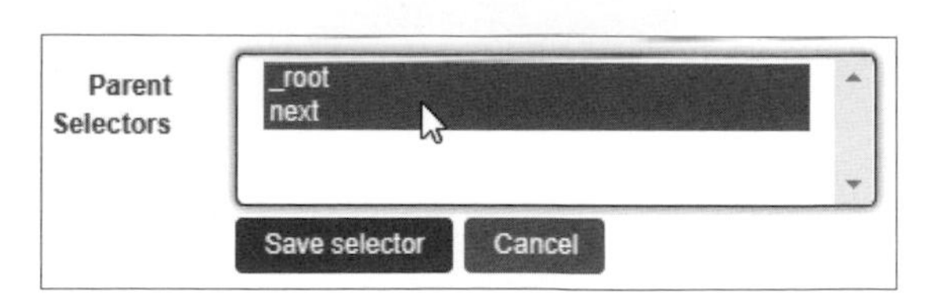

14 按下 **Save selector** 鈕儲存選擇器節點，如果出現錯誤無法儲存，而且 Result key 欄位顯示「invalid format」訊息文字，這是因為名稱格式錯誤，主要是名稱有重複，如下圖所示：

Table columns	Column	Result key	Include into result
	RK	RK invalid format	✔
	PLAYER	PLAYER	✔
	GP	GP invalid format	✔
	MPG	MPG	✔

15 請在名稱後新增數字「1」，例如：PK 改為 PK1，即可避免重名問題，按下 **Save selector** 鈕，可以在 **_root** 下新增選擇器節點 table，同樣有 2 個父節點，如下圖所示：

_root

ID	Selector	type	Multiple	Parent selectors
next	.controls a	SelectorLink	yes	_root, next
table	table	SelectorTable	yes	_root, next

16 執行「Sitemap espn_insider/Selector graph」命令，展開節點樹，如下圖所示：

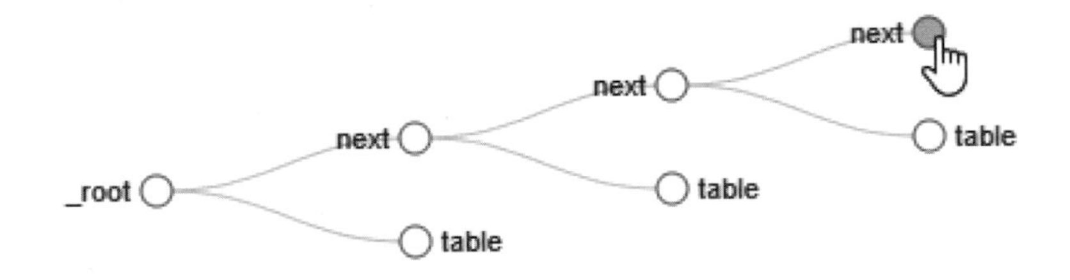

在上述圖形點選 next 節點，可以展開下一層，看到另一個下一頁和分頁的 HTML 表格，看出來了嗎！因為每一頁分頁都有 HTML 表格和下一頁按鈕，每點選一次 next 節點，可以展開相同的下一頁分頁。

➲ 步驟四：執行 Web Scraper 網站地圖爬取資料

現在，我們已經建立好擷取資料的 Web Scraper 網站地圖，請執行 Web Scraper 網站地圖來爬取資料，其步驟如下所示：

1. 請執行「Sitemap espn_insider/Scrape」命令執行網路爬蟲，在輸入送出 HTTP 請求的間隔時間，和載入網頁的延遲時間（因為需更多時間來載入分頁的 HTML 網頁，請延長載入網頁的延遲時間至 3000 毫秒）後，按下 **Start scraping** 鈕開始爬取資料，如右圖所示：

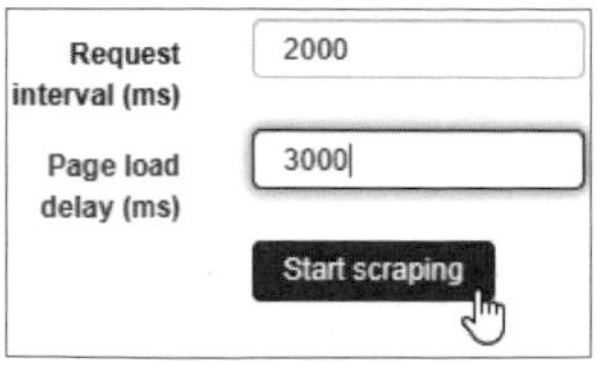

Request interval (ms)	2000
Page load delay (ms)	3000
	Start scraping

2. 等到爬完後，請按下 **refresh** 鈕重新載入資料，可以看到擷取的表格資料，如下圖所示：

204	Jalen Brunson, DAL	73	21.8	.549	24.6	9.4	19.9	1.7	9.6	5.7	12.80	42.7	1.4
73	Myles Turner, IND	74	28.6	.567	10.6	9.2	19.4	5.4	22.0	13.9	18.10	237.1	7.9
36	Thomas Bryant, WSH	72	20.8	.674	12.9	8.4	17.2	8.1	25.1	16.5	21.02	232.7	7.8
RK	PLAYER	GP	MPG	TS%	AST	TO	USG	ORR	DRR	REBR	PER	VA	EWA
353	Bruce Brown, DET	74	19.6	.469	19.1	9.6	11.8	3.5	10.7	7.0	6.97	-76.3	-2.5

上述爬回的資料有很多重複的標題列，因為原表格有數個重複的標題列。

➲ 步驟五：將爬取的資料匯出成 CSV 檔案

Web Scraper 支援匯出成 CSV 檔案的功能，在成功從網頁擷取出所需的資料後，可以如下操作匯出成 CSV 檔案：

1. 請執行「Sitemap espn_insider/Export data as CSV」命令，匯出爬取資料成為 CSV 檔案。

2. 在匯出後，可以看到 **Download now!** 超連結，請點選超連結下載 CSV 檔案，預設檔名是網站地圖名稱 espn_insider.csv，可以看到筆數超過 361 筆，有多筆重複的標題列，如下圖所示：

	E	F	G	H	I	J	K	L	M	N	C
380	22	Paul George, OKC	77	36.9	0.583	13.4	8.6	29.6	3.7	19.6	
381	104	Khris Middleton, MIL	77	31.1	0.558	18.7	9.9	25.1	2.3	16.4	
382	RK	PLAYER	GP	MPG	TS%	AST	TO	USG	ORR	DRR	REBR
383	RK	PLAYER	GP	MPG	TS%	AST	TO	USG	ORR	DRR	REBR
384	64	Zach LaVine, CHI	63	34.5	0.574	15.7	12	30	2	12.9	
385	149	Marcus Morris, BOS	75	27.9	0.568	9.7	8.2	20.1	3.9	19.5	
386	271	Tyson Chandler, LAL/PH	55	15.9	0.63	17.1	19.4	8	11.1	25.1	
387	54	D'Angelo Russell, BKN	81	30.2	0.533	23.2	10.4	33.1	2.3	11.2	
388	199	Terry Rozier, BOS	79	22.7	0.501	23	6.8	19.1	1.9	16.4	
389	r.espn.com/nb	Seth Curry, POR	74	18.9	0.595	10.7	9.9	16.4	2.1	6.9	
390	162	Jerami Grant, OKC	80	32.7	0.592	7.4	6.3	15.1	3.7	13.1	
391	194	Georges Niang, UTAH	59	8.7	0.613	14	9.2	17.5	2.4	15.7	

espn_insider

6-4 起始 URL 網址的範圍參數

Web Scraper 網站地圖除了可以新增多個起始 URL 網址外，我們還可以在起始 URL 網址加上範圍參數來爬取網站的多頁網頁。

6-4-1 認識起始 URL 網址的範圍參數

實務上，網站的分頁巡覽很多都是使用 URL 參數來指定顯示哪一頁分頁，在 Web Scraper 起始 URL 網址可以使用「[]」方框，指定參數範圍來爬取網站的分頁資料。

➲ 使用 URL 網址的範圍參數

URL 網址的範圍參數是在 URL 參數加上「[]」方框的參數範圍，例如：在 URL 網址擁有 URL 參數，如下所示：

```
http://fchart.is-best/books.php?pageId=2
http://example.com/page/1
```

上述第 1 個 URL 網址是 PHP 伺服端網頁技術，參數 pageId 是頁碼，第 2 個是 MVC 架構的 Web 網站，最後的數字 1 是頁碼的路由參數。如果網站分成 3 頁，我們可以使用方框來指定參數範圍，如下所示：

```
http://fchart.is-best/books.php?pageId=[1-3]
http://example.com/page/[1-3]
```

上述 URL 參數值的方框中指定 1-3 的範圍，即從 1、2 到 3，在展開範圍參數後，就是網站地圖的 3 個起始 URL 網址，如下所示：

```
http://fchart.is-best/books.php?pageId=1
http://fchart.is-best/books.php?pageId=2
http://fchart.is-best/books.php?pageId=3
```

和

```
http://example.com/page/1
http://example.com/page/2
http://example.com/page/3
```

➲ 在範圍參數的範圍值前填入 0

如果 URL 參數是固定位數的整數，例如：2 個位數，即從 01 ～ 10，我們可以在方框的範圍值前填入 0 來指定固定位數，如下所示：

```
http://example.com/page/[01-10]
```

上述參數值依序是從 01、02、03…09 和 10，展開的 URL 起始網址，如下所示：

```
http://example.com/page/01
http://example.com/page/02
http://example.com/page/03
http://example.com/page/04
http://example.com/page/05
http://example.com/page/06
http://example.com/page/07
http://example.com/page/08
http://example.com/page/09
http://example.com/page/10
```

➲ 範圍參數的增量值

URL 起始網址的範圍參數是使用預設 1 來增加參數值，如果增量值不是 1，請使用「:」符號指定增量值，例如：增量 10，如下所示：

```
http://example.com/page/[0-100:10]
```

上述參數範圍從 0 ～ 100，在「:」前是範圍；之後是間隔 10，展開的 URL 起始網址，如下所示：

```
http://example.com/page/0
http://example.com/page/10
http://example.com/page/20
http://example.com/page/30
http://example.com/page/40
http://example.com/page/50
http://example.com/page/60
http://example.com/page/70
http://example.com/page/80
http://example.com/page/90
http://example.com/page/100
```

6-4-2 在起始 URL 網址使用範圍參數

基本上，網路爬蟲需要識別出起始 URL 網址是 1 個或多個，如果多個 URL 網址十分相似，只有部分檔名不同，而且這些值是一個範圍，當起始 URL 網址有此情況，我們一樣可以在起始 URL 網址使用範圍參數。

例如：majortests.com 網站提供常用的 1500 英文單字，其前 10 頁的 URL 網址如下所示：

```
http://www.majortests.com/word-lists/word-list-01.html
http://www.majortests.com/word-lists/word-list-02.html
http://www.majortests.com/word-lists/word-list-03.html
...
http://www.majortests.com/word-lists/word-list-10.html
```

上述 HTML 檔案名稱是整數增量從 01 ～ 10，換句話說，我們可以在起始 URL 網址使用範圍參數，如下所示：

```
http://www.majortests.com/word-lists/word-list-[01-10].html
```

現在，我們準備使用 Web Scraper 爬取 majortests.com 網站的常用英文單字清單，使用的是起始 URL 網址的範圍參數。

➲ 步驟一：實際瀏覽網頁內容

majortests.com 網站提供常用英文單字清單，第 1 頁單字清單的網址，如下所示：

⁂ http://www.majortests.com/word-lists/word-list-01.html

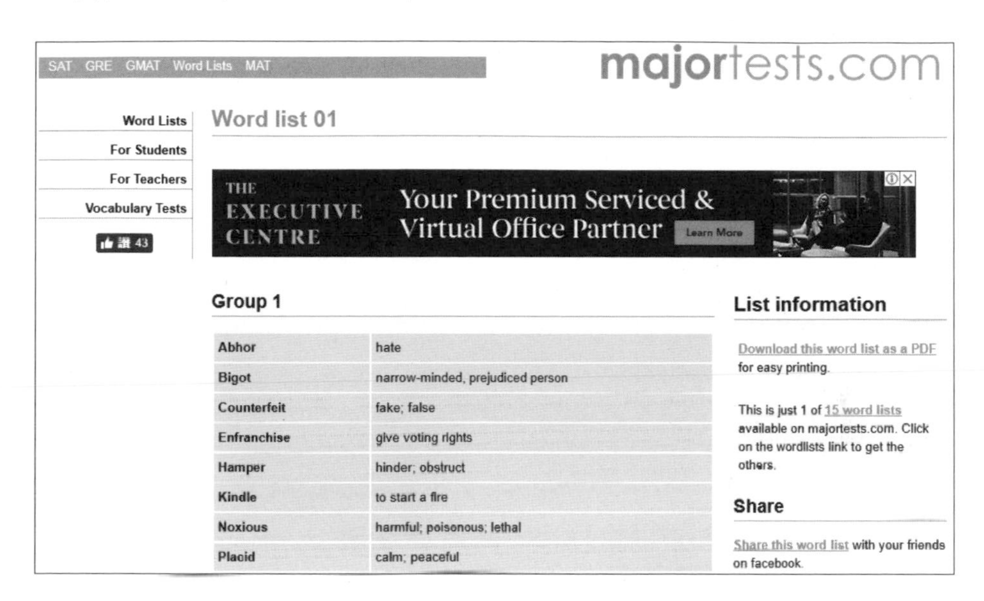

上述單字清單網頁分成 10 個 Group，每一個 Group 是一個 <table> 表格，因為表格沒有標題列，無法使用 Table 類型選擇器，所以改用兩層 Element 類型，第 1 層 Element 類型擷取 10 個 <table> 表格，第 2 層 Element 類型擷取 10 個 <tr> 表格列，如下所示：

```
<table class="wordlist">
<tbody>
   <tr>
       <th>Abhor</th>
       <td>hate</td>
   </tr>
   <tr></tr>
   …
</tbody>
</table>
<table class="wordlist"> … </table>
```

➲ 步驟二：在 Web Scraper 新增網站地圖的爬取專案

在確認目標資料的 HTML 元素後，我們就可以將目前瀏覽器的 URL 網址作為起始 URL 網址來建立網站地圖，因為有 10 頁，所以在起始 URL 網址使用 [01-10] 範圍參數，如下圖所示：

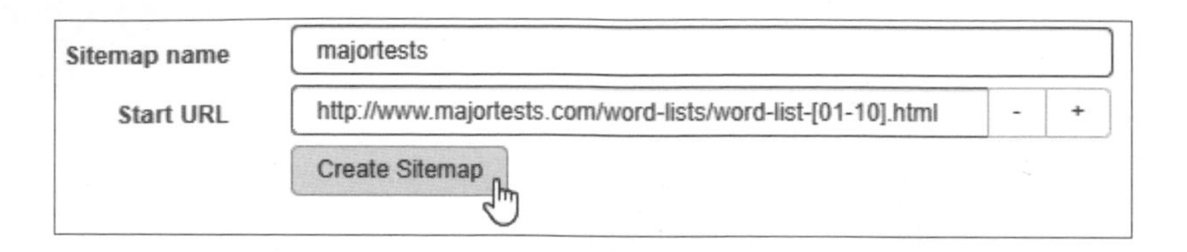

上述欄位內容的輸入資料，如下所示：

- **Sitemap name**：majortests。
- **Start URL**：http://www.majortests.com/word-lists/word-list-[01-10].html。

➲ 步驟三：建立爬取網站的 CSS 選擇器地圖

在成功建立網站地圖後，就可以新增 CSS 選擇器，我們是使用兩層 Element 類型選擇器來擷取十個表格資料，其步驟如下所示：

1. 請在 Chrome 瀏覽器進入剛才在 **Start URL** 欄輸入的網頁，我們要在此網頁選取擷取資料的 HTML 元素。

2. 按下 **Add new selector** 鈕，新增目前 **_root** 節點下的 CSS 選擇器，在 **Id** 欄輸入選擇器名稱 groups，**Type** 欄選擇 **Element**，然後勾選 **Multiple**（多筆記錄），如下圖所示：

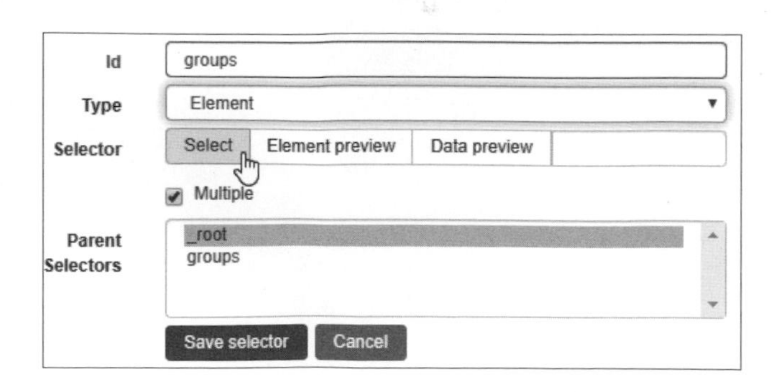

3 在 **Selector** 欄按下 **Select** 鈕後，將游標移動到網頁中，點選第 1 個 Group 1 的 <table> 標籤，如下圖所示：

Group 1

Abhor	hate
Bigot	narrow-minded, prejudiced person
Counterfeit	fake; false
Enfranchise	give voting rights
Hamper	hinder; obstruct
Kindle	to start a fire
Noxious	harmful; poisonous; lethal
Placid	calm; peaceful
Remuneration	payment for work done
Talisman	lucky charm

List information

Download this word list as a PDF for easy printing.

This is just 1 of 15 word lists available on majortests.com. Click on the wordlists link to get the others.

Share

Share this word list with your friends on facebook.
Tweet this list on Twitter.

4 請再點選第 2 個 <table> 標籤（Group 2），可以看到 Group 1 ～ 10 的所有表格都已經選取，如下圖所示：

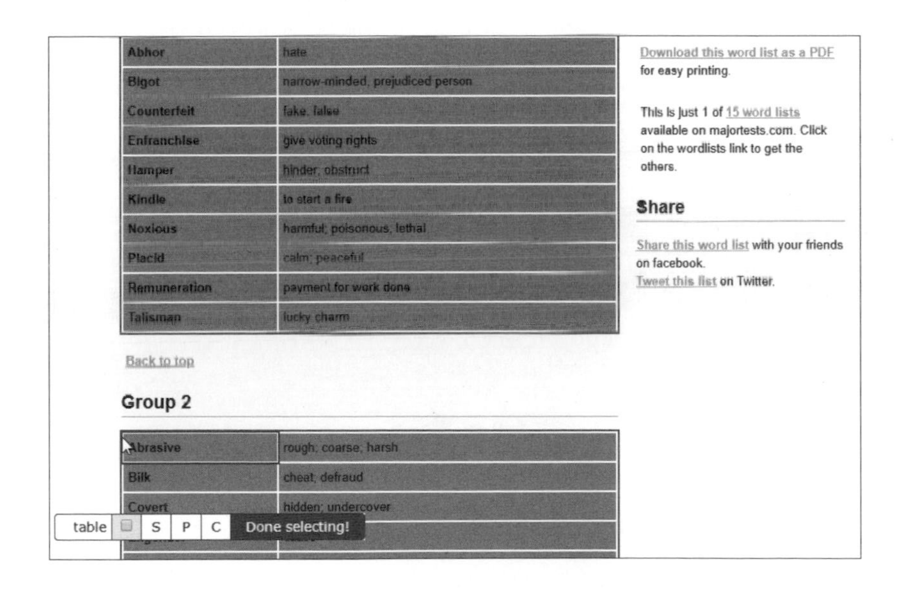

上述取得的 CSS 選擇器是 **table**，如果沒有看到浮動工具列，是因為被上方網頁廣告所蓋住，請點選 ☒ 關閉網頁廣告後，就可以看到 Web Scraper 的工具列。

5. 按下 **Done selecting!** 鈕完成選擇，會在下方欄位填入 CSS 選擇器。

6. 按下 **Save selector** 鈕，可以在 **_root** 根節點下新增名為 groups 的選擇器節點，type 是 **SelectorElement**，Multiple 是 **yes**（多筆），如下圖所示：

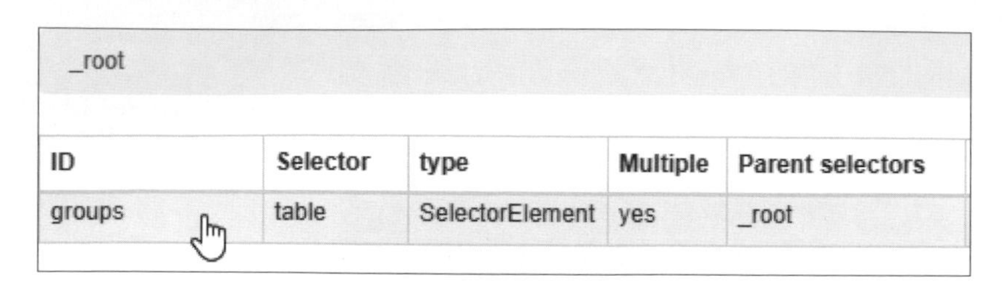

_root
ID
Selector
type
Multiple
Parent selectors
groups
table
SelectorElement
yes
_root

7. 請點選 **groups** 選擇器節點切換至下一層，準備新增下一層每一列單字的 Element 類型選擇器，上方路徑是 **_root/groups**。

8. 按下 **Add new selector** 鈕，新增目前 **_root/groups** 節點下的 CSS 選擇器，在 **Id** 欄輸入選擇器名稱 words，**Type** 欄選擇 **Element**，然後勾選 **Multiple**（多筆記錄），如下圖所示：

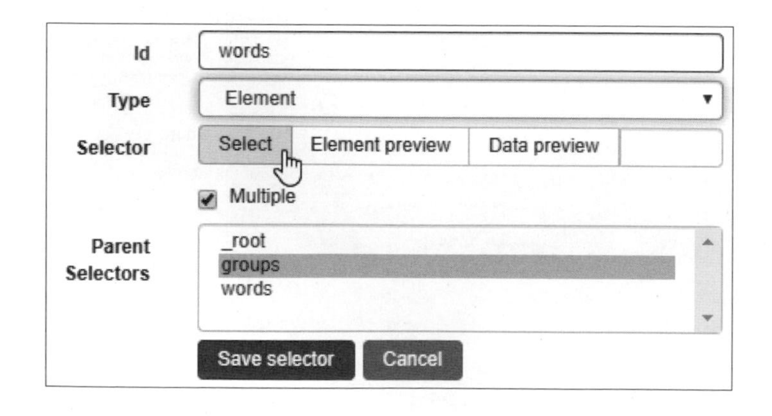

9. 在 **Selector** 欄按下 **Select** 鈕後，在網頁移動游標，點選第 1 個 Group 1 表格的第 1 列，如果 Web Scraper 選擇器工具選不到 <tr> 標籤，請直接在 **Selector** 欄位輸入 **tr**，按下 **Element preview** 鈕，可以看到選取全部的表格列，如下圖所示：

Group 1

Abhor	hate
Bigot	narrow-minded, prejudiced person
Counterfeit	fake; false
Enfranchise	give voting rights
Hamper	hinder; obstruct
Kindle	to start a fire

Elements Console Sources Network Performance Memory Application Security Audits Web Scraper

Sitemaps Sitemap majortests ▾ Create new sitemap ▾

Id: words

Type: Element

Selector: Select | Element preview | Data preview | tr

Multiple

10 按下 **Save selector** 鈕，可以在 **_root/groups** 根節點下新增名為 words 的選擇器節點，type 是 **SelectorElement**，Multiple 是 **yes**（多筆），如下圖所示：

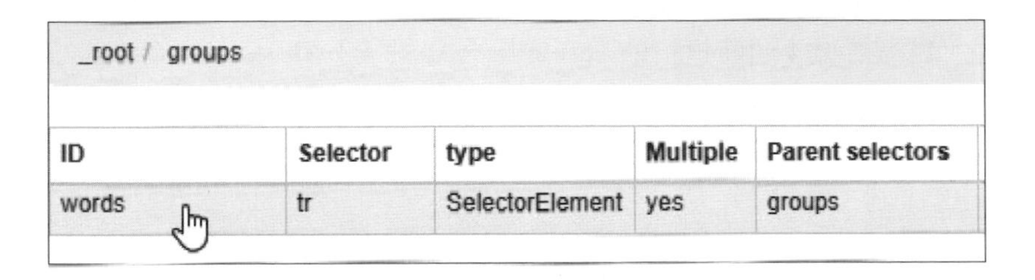

_root / groups

ID	Selector	type	Multiple	Parent selectors
words	tr	SelectorElement	yes	groups

11 請點選 **words** 選擇器節點切換至下一層，準備新增擷取每一筆記錄欄位的選擇器，可以看到上方路徑是 **_root/groups/words**。

12 按下 **Add new selector** 鈕，新增選擇器節點，第 1 個是單字的儲存格。在 **Id** 欄輸入選擇器名稱 word，**Type** 欄選擇 **Text**，如下圖所示：

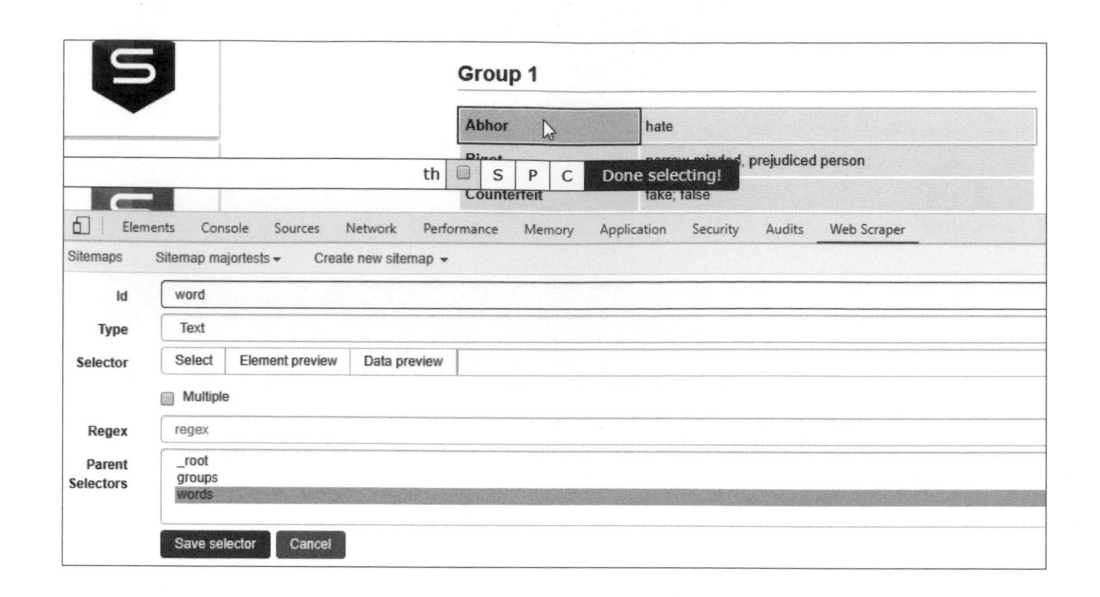

13 按下 **Select** 鈕後，在網頁可以看到黃色背景和框線的方框，這是每一筆記錄，請選擇第 1 個儲存格的 CSS 選擇器 **th**，按下 **Done selecting!** 鈕完成選擇後。接著，再按下 **Save selector** 鈕，可以在 **_root/groups/words** 下新增 word 選擇器節點，如下圖所示：

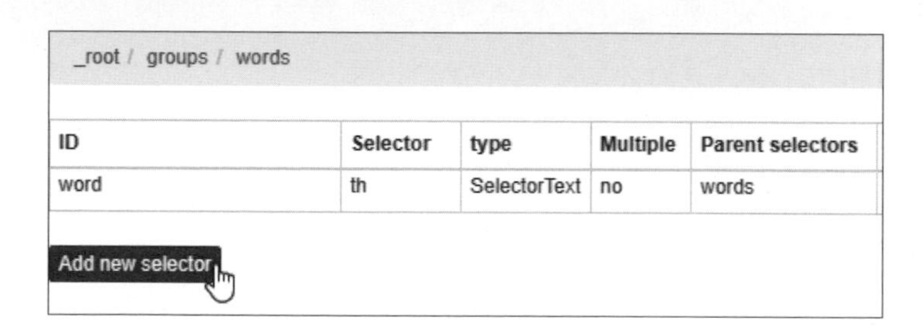

14 請按下 **Add new selector** 鈕，新增單字意義的儲存格，在 **Id** 欄輸入選擇器名稱 meaning，**Type** 欄選擇 **Text**，按下 **Select** 鈕，選第 2 個儲存格的 CSS 選擇器 **td**，如下圖所示：

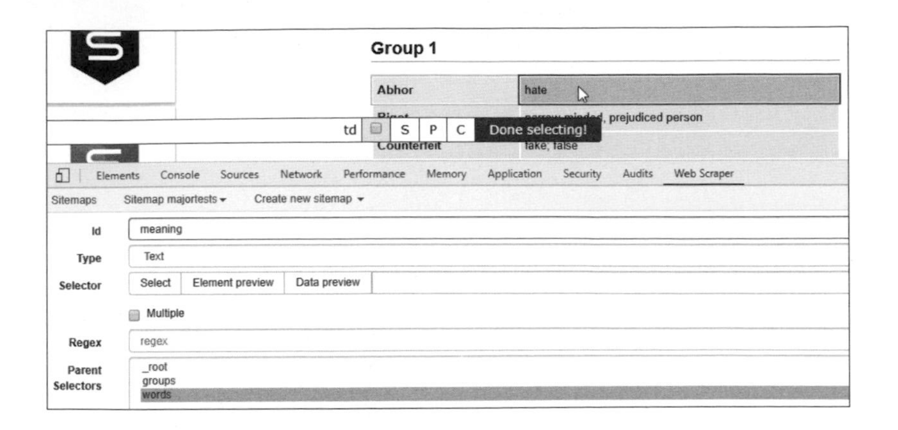

15 按下 Done selecting! 鈕完成選擇，再按下 Save selector 鈕，會在 _root/groups/words 下新增選擇器節點，如下圖所示：

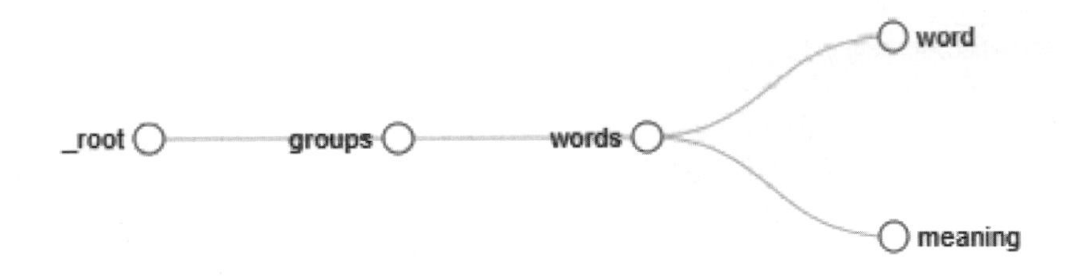

_root / groups / words

ID	Selector	type	Multiple	Parent selectors
word	th	SelectorText	no	words
meaning	td	SelectorText	no	words

16 請執行「Sitemap majortests/Selector graph」命令，展開節點樹，如下圖所示：

word
_root groups words
meaning

➲ 步驟四：執行 Web Scraper 網站地圖爬取資料

現在，我們已經建立好擷取資料的 Web Scraper 網站地圖，請執行 Web Scraper 網站地圖來爬取資料，其步驟如下所示：

1. 請執行「Sitemap majortests/Scrape」命令執行網路爬蟲，在輸入送出 HTTP 請求的間隔時間，和載入網頁的延遲時間後，按下 **Start scraping** 鈕開始爬取資料。

2. 等到爬完後，請按 **refresh** 鈕重新載入資料，可以看到擷取的表格資料。

➲ 步驟五：將爬取的資料匯出成 CSV 檔案

Web Scraper 支援匯出成 CSV 檔案的功能，在成功擷取出所需的資料後，可以如下操作匯出成 CSV 檔案：

1. 請執行「Sitemap majortests/Export data as CSV」命令，匯出爬取資料成為 CSV 檔案。

2. 匯出後，可以看到 **Download now!** 超連結，請點選超連結下載 CSV 檔案，預設檔名是網路地圖名稱 majortests.csv，會看到 1000 筆記錄，如下圖所示：

	A	B	C	D
990	156894699	http://www	Discord	disagreement
991	156894697	http://www	Placate	pacify; soothe; calm
992	156894697	http://www	Emancipate	set free
993	156894699	http://www	Apprehensive	worried; fearful
994	156894698	http://www	Milieu	environment
995	156894698	http://www	Befuddle	confuse
996	156894698	http://www	Atrophy	waste away from lack of use
997	156894697	http://www	Niggardly	miserly; stingy
998	156894699	http://www	Pretentious	pompous; self-important
999	156894700	http://www	Blatant	obvious
1000	156894700	http://www	Decorum	dignified, correct behavior [decorous (a)]
1001	156894699	http://www	Malediction	a curse

majortests

6-4-3 在分頁參數使用範圍參數

上一節是在 HTML 檔名使用範圍參數，事實上，範圍參數最常用在分頁參數。

➲ Yahoo! 電影本週新片清單

在第 4-3 節的 Yahoo! 電影本週新片清單，如果上映的新片超過 10 部，就會在網頁清單的最後提供上一頁 / 下一頁和分頁超連結，如下圖所示：

在上述網頁點選數字頁碼，或上一頁；下一頁超連結可以切換至下一頁的新片清單，在第 7 章會說明如何爬取這種分頁資料。不過，在此之前，我們可以先切換看看，發現 URL 參數 page 值就是頁碼，如下所示：

```
https://movies.yahoo.com.tw/movie_thisweek.html?page=1
https://movies.yahoo.com.tw/movie_thisweek.html?page=2
```

上述 page 參數值 1 是第 1 頁；2 是第 2 頁，我們可以直接修改 yahoo_movies.txt 的網站地圖，在起始 URL 網址使用範圍參數，如下圖所示：

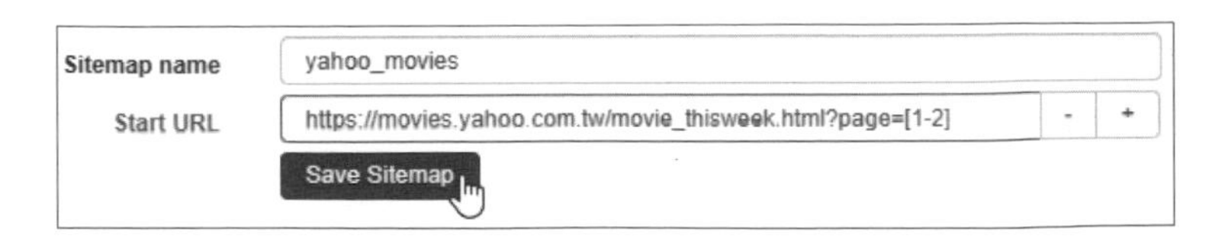

在上述 **Star URL** 欄位輸入的 URL 網址擁有參數範圍，如下所示：

```
https://movies.yahoo.com.tw/movie_thisweek.html?page=[1-2]
```

上述 page 參數值是範圍參數 1-2，在輸入後，請按下 **Save Sitemap** 鈕儲存網站地圖，即可爬取 Yahoo! 電影本週新片共 2 頁的新片清單。

➲ 在 Momo 購物網站查詢手機的商品資料

在第 5-4-3 節是在 Momo 購物網站查詢 iPhone11 的商品資料，其查詢結果有很多分頁，如下圖所示：

在上述網頁點選數字頁碼，或上一頁；下一頁超連結來切換至下一頁的商品清單。請先切換看看，可以發現 URL 參數 currPage 值就是頁碼，如下所示：

```
https://www.momoshop.com.tw/search/searchShop.jsp?keyword=iPhone11&searchTyp
e=1&curPage=1&_isFuzzy=0&showType=chessboardType
https://www.momoshop.com.tw/search/searchShop.jsp?keyword=iPhone11&searchTyp
e=1&curPage=2&_isFuzzy=0&showType=chessboardType
...
```

上述 curPage 參數值 1 是第 1 頁；2 是第 2 頁，依此類推，我們可以直接修改 momoshop.txt 的網站地圖，在起始 URL 網址使用範圍參數，如下圖所示：

在上述 **Star URL** 欄位值輸入的 URL 網址擁有參數範圍，如下所示：

```
https://www.momoshop.com.tw/search/searchShop.jsp?keyword=iPhone11&searchTyp
e=1&curPage=[1-10]&_isFuzzy=0&showType=chessboardType
```

上述 curPage 參數值是範圍參數 1-10，在輸入後，請按下 **Save Sitemap** 鈕儲存網站地圖，即可爬取 Momo 購物網站 10 頁的 iPhone11 商品清單。

➲ ESPN Insider 網站的 NBA 球員資料

在第 6-3 節我們爬取 ESPN Insider 網站的 NBA 球員資料，這是有上一頁 / 下一頁的分頁表格，事實上，當按下一頁鈕時，會發現路由參數就有頁碼，如下所示：

```
http://insider.espn.com/nba/hollinger/statistics/_/page/1/year/2019
http://insider.espn.com/nba/hollinger/statistics/_/page/2/year/2019
...
http://insider.espn.com/nba/hollinger/statistics/_/page/8/year/2019
```

上述路由參數值 1 是第 1 頁；2 是第 2 頁，依此類推，請匯入 espn_insider.txt 網站地圖成為 espn_insider2 網站地圖後，在起始 URL 網址使用範圍參數，如下所示：

Sitemap name: espn_insider2
Start URL: http://insider.espn.com/nba/hollinger/statistics/_/page/[1-8]/year/2019 - +
Save Sitemap

在上述 **Star URL** 欄位值輸入的 URL 網址擁有參數範圍，如下所示：

```
http://insider.espn.com/nba/hollinger/statistics/_/page/[1-8]/year/2019
```

上述路由參數值是範圍參數 1-8，在輸入後，請按下 **Save Sitemap** 鈕儲存網站地圖，即可在 ESPN Insider 網站爬取 8 頁的 NBA 球員資料。

學習評量

1. 請說明何謂網站巡覽？

2. 請問階層選單的巡覽結構可以分成哪幾種？

3. 請簡單說明分頁的巡覽結構有哪幾種？

4. 階層選單和上 / 下頁巡覽需要使用 ________ 類型選擇器來進入下一層選單和分頁。

5. 請問上 / 下頁巡覽下一頁的 next 選擇器節點為什麼需要在 **Parent Selectors** 欄，加選自己 **next** 選擇器？

6. 請問什麼是 Web Scraper 起始 URL 網址的範圍參數？

7. 請展開下列 URL 網址的範圍參數：

```
1. https://movies.yahoo.com.tw/movie_thisweek.html?page=[1-2]
2. http://insider.espn.com/nba/hollinger/statistics/_/page/[1-8]
```

8. 在第 6-4-3 節是使用分頁參數爬取 2 頁 Yahoo! 電影本週新片清單，因為新片清單下方有**下一頁**連結，請參閱第 6-3 節的說明，將第 4-3 節的 Yahoo! 電影本週新片改用下一頁來爬取 2 頁新片清單。

7

CHAPTER

爬取頁碼、「更多」按鈕和捲動頁面巡覽的網站

7-1 認識 Web Scraper 的分頁處理

Web Scraper 分頁處理主要是在處理 <a> 超連結標籤（Link 類型，有 href 屬性值），在實務上，Web Scraper 能夠處理大部分的網站分頁巡覽，依操作介面分成數種，如下所示：

➲ 使用 URL 網址參數的分頁

當使用瀏覽器瀏覽各分頁網頁時，可在上方的網址找到分頁的 URL 參數，如下所示：

```
https://movies.yahoo.com.tw/movie_thisweek.html?page=1
http://insider.espn.com/nba/hollinger/statistics/_/page/1
```

上述 page 是分頁參數；位在路由最後的也是分頁參數，此時，我們可以使用第 6-4 節的起始 URL 網址範圍參數來處理分頁。

➲ 上 / 下頁按鈕的分頁

如果 Web 網站的分頁只有上一頁 / 下一頁鈕來切換分頁，請參閱第 6-3 節的説明和範例來處理上 / 下頁分頁巡覽的網站，如右圖所示：

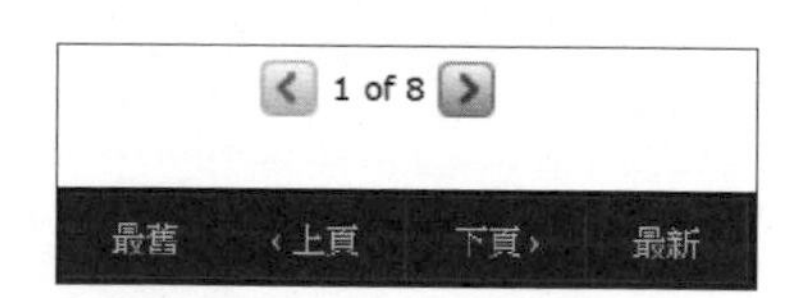

➲ 數字分頁按鈕的分頁

如果 Web 網站的分頁只有頁碼，沒有上一頁 / 下一頁鈕，請參閱第 7-2 節的説明和範例來處理頁碼分頁巡覽的網站，如下圖所示：

1 2 3 4 5 6 7 8 9 10 >> >|

➲ 同時提供上 / 下頁和數字分頁按鈕

大部分 Web 網站的分頁操作會同時提供上 / 下頁和數字分頁按鈕，此時需依 Web Scraper 選擇器工具選擇分頁按鈕時的範圍而有不同的處理方式，如下所示：

- **第一種情況**：在選取分頁按鈕時，可以選到全部頁碼鈕（包含目前頁碼的分頁鈕），但不包含上 / 下頁鈕，這種情況請參閱第 6-3 節的上 / 下頁來處理分頁網站，如下圖所示：

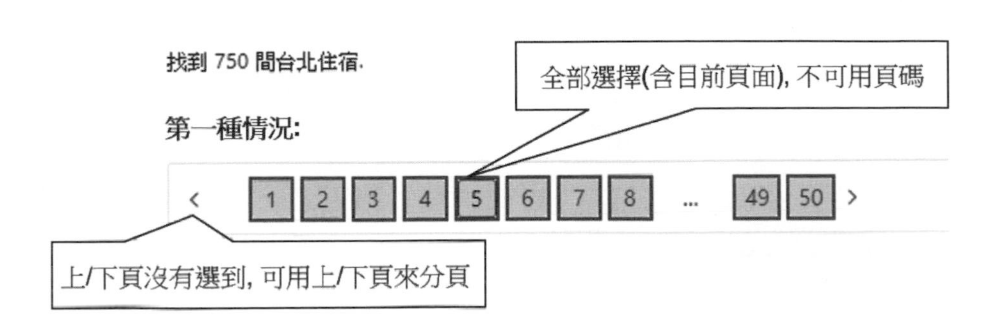

- **第二種情況**：在選取分頁按鈕時，可以選到全部頁碼鈕，包含上 / 下頁鈕，但不包含目前分頁的按鈕，此時，請參閱第 7-2 節的頁碼分頁來處理分頁網站，如下圖所示：

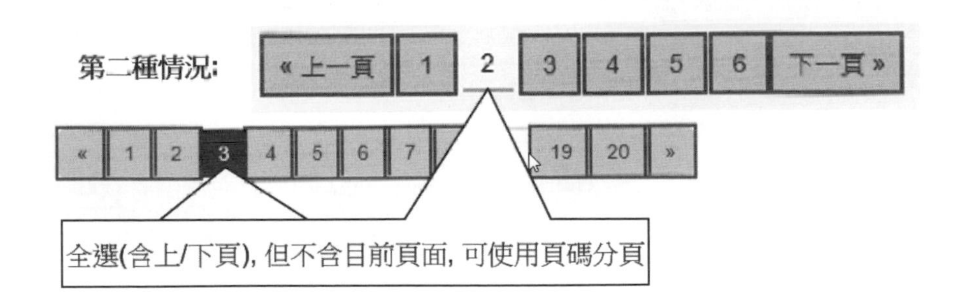

7-2 爬取頁碼分頁巡覽的網站

我們準備以 Web Scraper 官方的電子商務測試網站作示範，利用 Web Scraper 爬取頁碼分頁巡覽，基本上，Web Scraper 電子商務測試網站含有分類的主選單，在選擇項目後，會顯示該分類的商品項目，並使用分頁來顯示項目。

➲ 步驟一：實際瀏覽網頁內容

E-commerce site with pagination links 測試網站是一個模擬的電子商務網站，其網址如下所示：

⁂ https://www.webscraper.io/test-sites/e-commerce/static

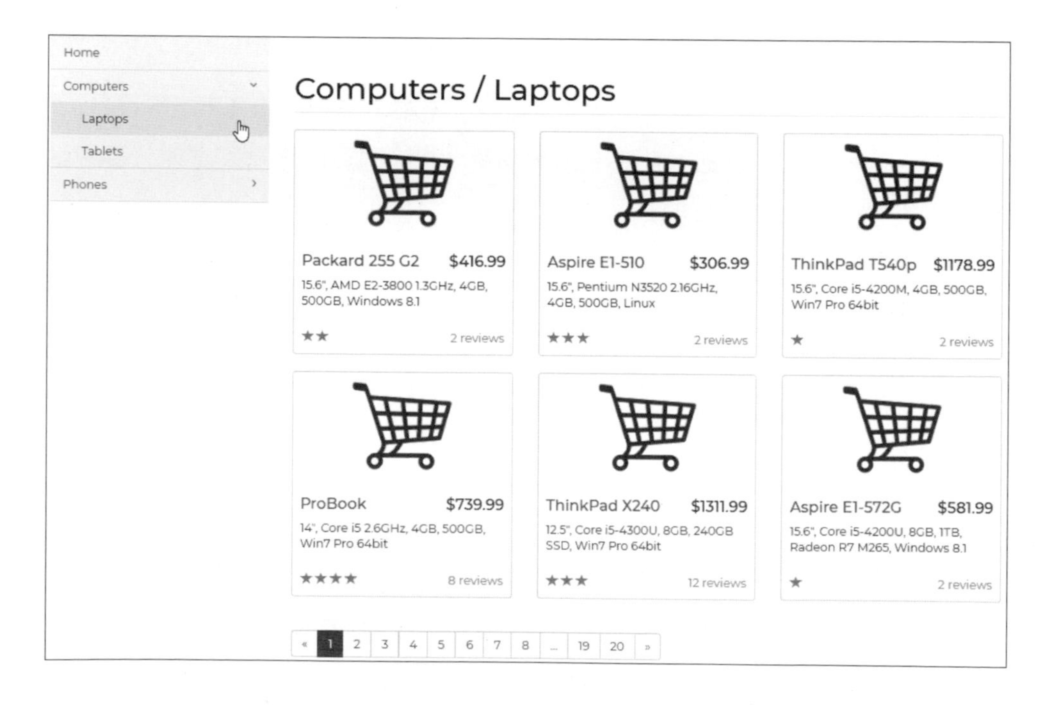

上述網頁的左方是一個主選單，選單共有兩層，點選 **Laptops** 項目，可以在右方顯示該分類的商品項目，在最下方是分頁的頁碼鈕（也有提供上 / 下頁鈕），此時的 URL 網址如下所示：

⁂ https://www.webscraper.io/test-sites/e-commerce/static/computers/laptops

請開啟 Chrome 開發人員工具，點選 **Elements** 標籤，再點選上方標籤列最前方的箭頭鈕 ，然後移動游標至分頁的頁碼鈕，會看到 <ul> 清單標籤，如下圖所示：

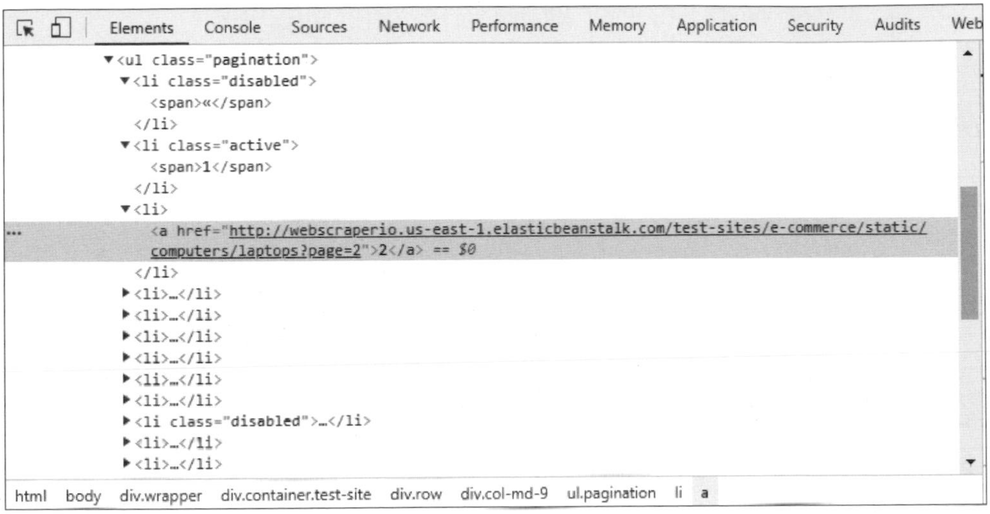

```
Elements  Console  Sources  Network  Performance  Memory  Application  Security  Audits  Web
▼<ul class="pagination">
  ▼<li class="disabled">
     <span>«</span>
   </li>
  ▼<li class="active">
     <span>1</span>
   </li>
  ▼<li>
     <a href="http://webscraperio.us-east-1.elasticbeanstalk.com/test-sites/e-commerce/static/
     computers/laptops?page=2">2</a> == $0
   </li>
  ▶<li>…</li>
  ▶<li>…</li>
  ▶<li>…</li>
  ▶<li>…</li>
  ▶<li>…</li>
  ▶<li>…</li>
  ▶<li class="disabled">…</li>
  ▶<li>…</li>
  ▶<li>…</li>
html  body  div.wrapper  div.container.test-site  div.row  div.col-md-9  ul.pagination  li  a
```

上述每一個頁碼是一個 <li> 標籤，目前頁面的 <li> 標籤有 class 屬性值 active，其子標籤是 <span> 標籤，內容是 1，即第 1 頁（目前頁面），其他頁面的 <a> 超連結標籤，如下所示：

```
<ul class="pagination">
    <li class="disabled"><span>«</span></li>
    <li class="active"><span>1</span></li>
    <li><a href="http://.../laptops?page=2">2</a></li>
    <li><a href="http://.../laptops?page=3">3</a></li>
    ...
    <li><a href="http://.../laptops?page=8">8</a></li>
    <li class="disabled"><span>...</span></li>
    <li><a href="http://.../laptops?page=19">19</a></li>
    <li><a href="http://.../laptops?page=20">20</a></li>
    <li><a href="http://.../laptops?page=2" rel="next">»</a>
    </li>
</ul>
```

上述每一個 <a> 標籤就是頁碼分頁按鈕，因為是 <a> 標籤，我們可以使用 Link 類型選擇器來處理分頁巡覽，然後在各分頁使用 Element 類型選擇每一項商品，Text 類型擷取商品資料。

➲ 步驟二：在 Web Scraper 新增網站地圖的爬取專案

在確認目標資料的 HTML 元素後，為了簡化網站地圖，我們只爬取筆記型電腦分類（Laptops）的分頁商品資料，如下圖所示：

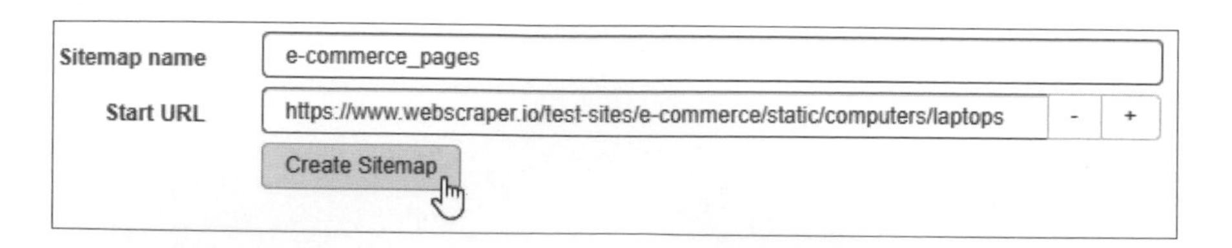

上述欄位內容的輸入資料，如下所示：

⁂ **Sitemap name**：e-commerce_pages。

⁂ **Start URL**：https://www.webscraper.io/test-sites/e-commerce/static/computers/laptops。

➲ 步驟三：建立爬取網站的 CSS 選擇器地圖

在成功建立網站地圖後，即可新增 CSS 選擇器，我們需要新增 Link 類型來處理分頁，和 Element 類型來取得商品資料，其步驟如下所示：

1. 請在 Chrome 瀏覽器進入剛才在 **Start URL** 欄輸入的網頁，因為我們要在此網頁選取擷取資料的 HTML 元素。

2. 目前位在 **_root** 節點，按下 **Add new selector** 鈕，新增分頁頁碼的 CSS 選擇器節點，在 **Id** 欄輸入名稱 pages，**Type** 欄選擇 **Link** 後，勾選 **Multiple**（多筆）記錄，如下圖所示：

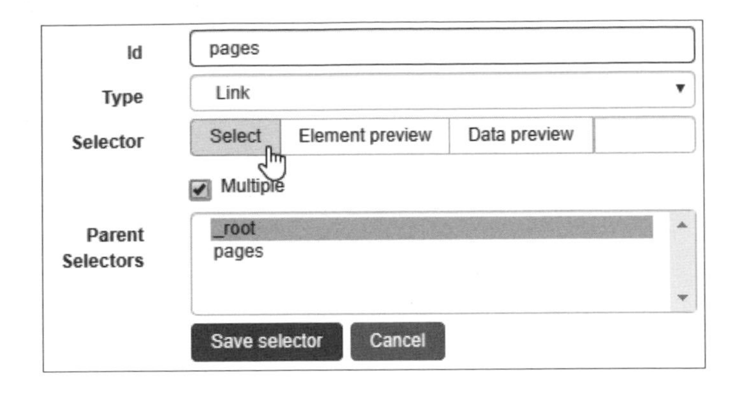

3. 在 **Selector** 欄按下 **Select** 鈕後，在網頁中移動游標，點選下方分頁的 <a> 標籤，首先點選分頁 2，再點選分頁 3，即會看到選取所有分頁按鈕，如下圖所示：

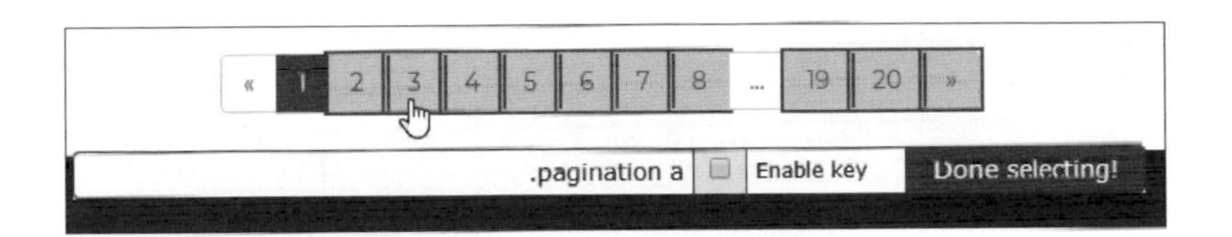

4. 按下 **Done selecting!** 鈕完成選擇，即會在下方欄位填入 CSS 選擇器 **.pagination a**，在 **Parent Selectors** 欄，請先按住 Ctrl 鍵，加選自己 **pages** 選擇器，可以看到 2 個父節點 _root 和 pages，如下圖所示：

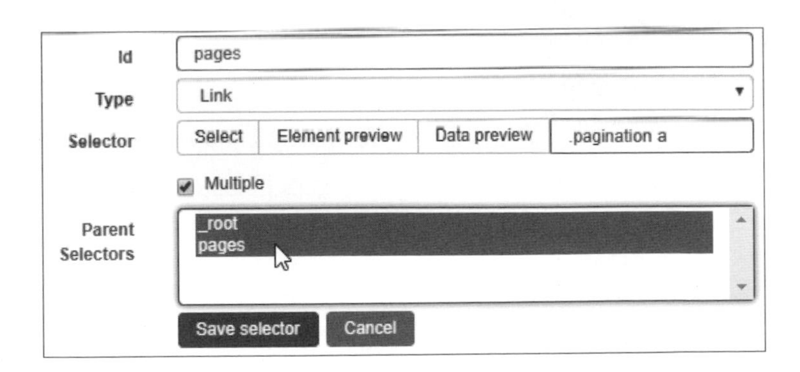

如同第 6-3 節的上 / 下頁巡覽，上述 **Parent Selectors** 欄之所以需要選自己 pages 也是父節點，因為在每一個分也都有分頁的超連結，如此 Web Scraper 才能持續使用 pages 節點切換至下一分頁，直到沒有分頁為止。

5 按下 **Save selector** 鈕，可以在 **_root** 根節點下新增名為 pages 的選擇器節點，type 是 **SelectorLink**，Multiple 是 **yes**（多筆），Parent selectors 有 2 個，如下圖所示：

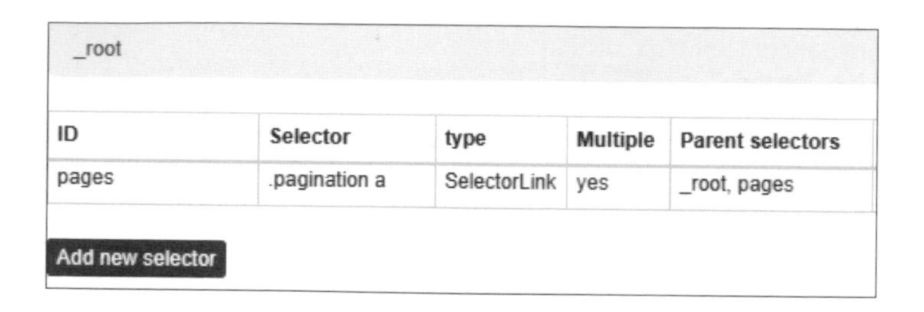

_root

ID	Selector	type	Multiple	Parent selectors
pages	.pagination a	SelectorLink	yes	_root, pages

Add new selector

6 然後按下 **Add new selector** 鈕，新增選擇商品項目的 CSS 選擇器，在 **Id** 欄輸入選擇器名稱 items，Type 欄選擇 **Element**，再勾選 **Multiple**（多筆記錄），如下圖所示：

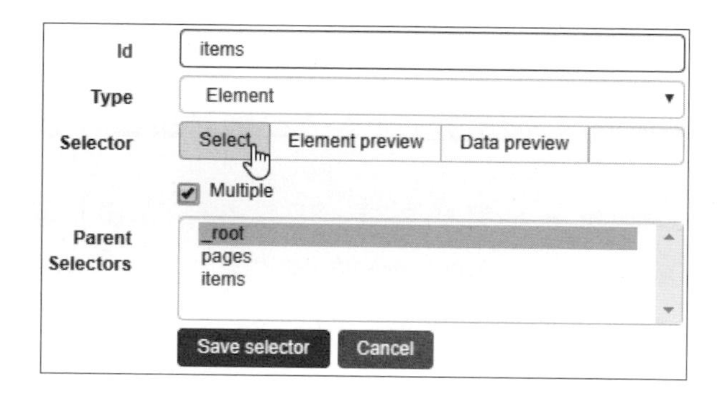

7 在 **Selector** 欄按下 **Select** 鈕後，請移動游標，先選第 1 個方框，再選同一列右邊的第 2 個方框，就可以選擇所有商品方框，如下圖所示：

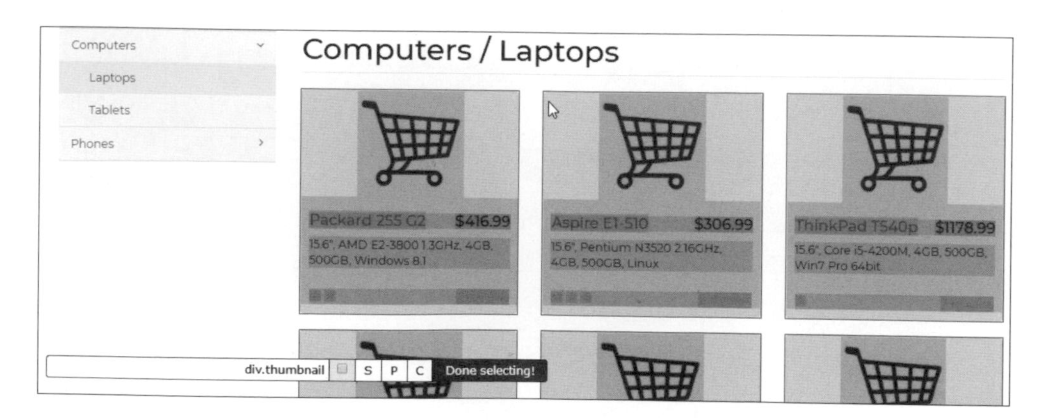

8 按下 **Done selecting!** 鈕完成選擇，會在下方欄位填入 CSS 選擇器 **div.thumbnail**，在 **Parent Selectors** 欄中，先按住 Ctrl 鍵，加選 **pages** 父選擇器，可以看到 2 個父節點 _root 和 pages，如下圖所示：

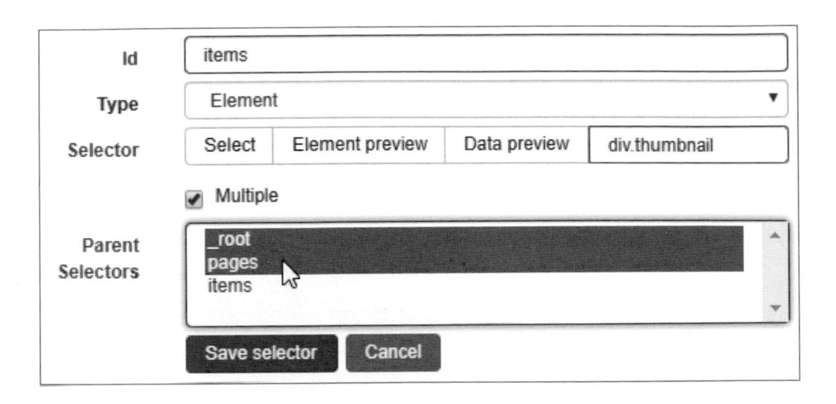

9 按下 **Save selector** 鈕，在 **_root** 新增名為 items 的選擇器節點，type 是 **SelectorElement**，Multiple 是 **yes**（多筆），Parent Selectors 有 2 個，如下圖所示：

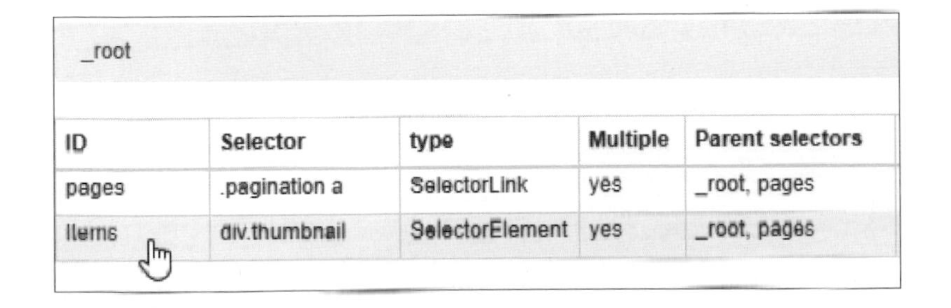

_root

ID	Selector	type	Multiple	Parent selectors
pages	.pagination a	SelectorLink	yes	_root, pages
items	div.thumbnail	SelectorElement	yes	_root, pages

10 請點選 **items** 選擇器節點，我們要新增擷取每一筆記錄欄位的選擇器，可以看到上方路徑是 **_root/items**。

11 按下 **Add new selector** 鈕，在 **Id** 欄輸入選擇器名稱 name，**Type** 欄選擇 **Text**，按下 **Select** 鈕後，由於商品名稱是 <a> 超連結，請先在浮動工具列勾選啟用功能鍵，然後移至超連結上，按下 S 鍵來取出超連結的商品名稱，如下圖所示：

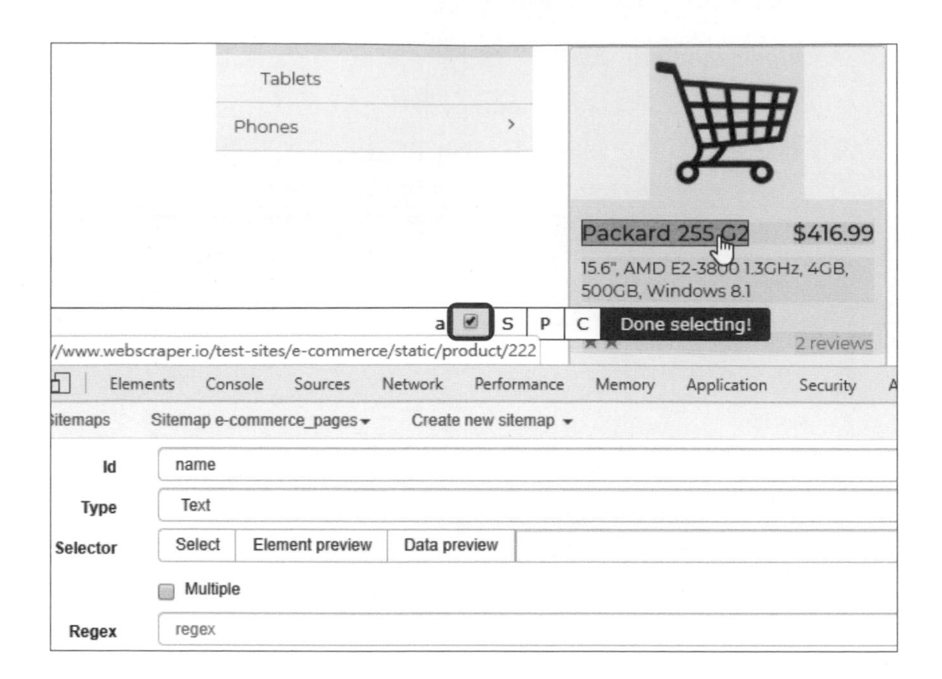

12 按下 **Done selecting!** 鈕完成選擇，再按 **Save selector** 鈕儲存選擇器節點。

13 繼續按下 **Add new selector** 鈕，在 **Id** 欄輸入選擇器名稱 price，**Type** 欄選擇 **Text**，請按下 **Select** 鈕後，選取價格，如下圖所示：

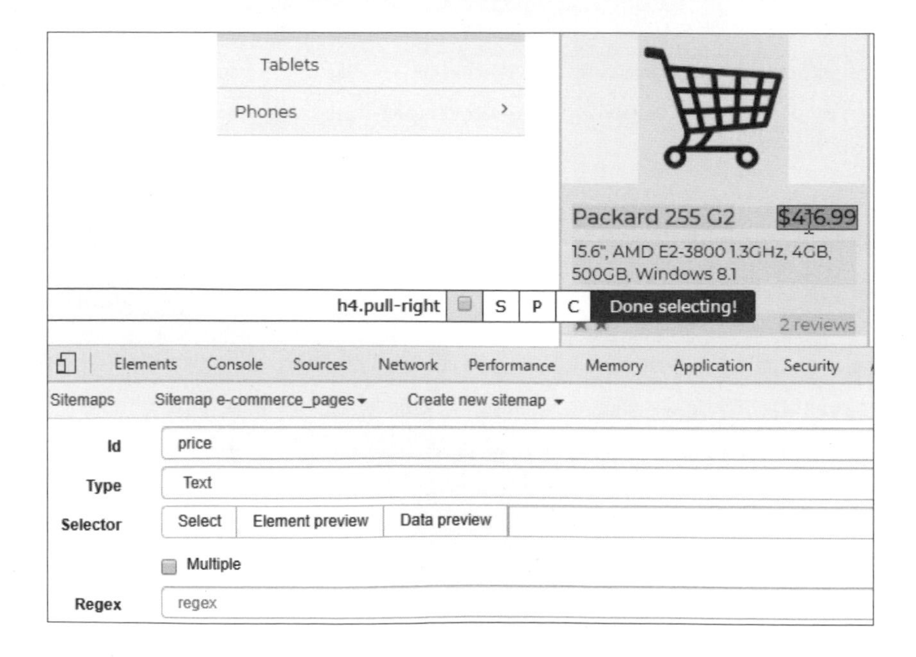

14 按下 **Done selecting!** 鈕完成選擇，再按 **Save selector** 鈕儲存選擇器節點。

15 再按下 **Add new selector** 鈕，在 **Id** 欄輸入選擇器名稱 reviews，**Type** 欄選擇 **Text**，請按 **Select** 鈕後，選取評價，如下圖所示：

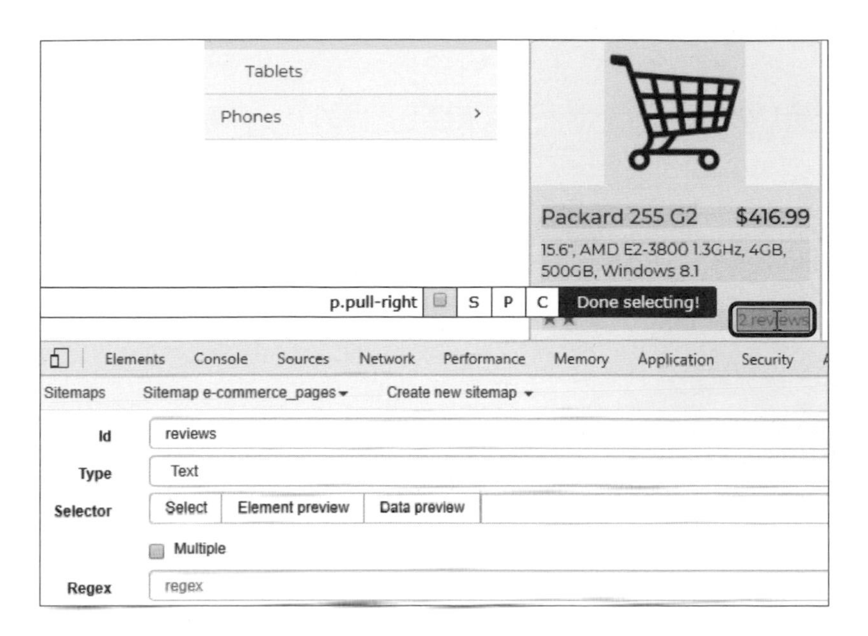

16 按下 **Done selecting!** 鈕完成選擇，再按下 **Save selector** 鈕，儲存選擇器節點，可以在 **_root/items** 下新增選擇器節點，如下圖所示：

_root / items

ID	Selector	type	Multiple	Parent selectors
name	a	SelectorText	no	items
price	h4.pull-right	SelectorText	no	items
reviews	p.pull-right	SelectorText	no	items

17 請執行「Sitemap e-commerce_pages/Selector graph」命令，展開節點樹，如下圖所示：

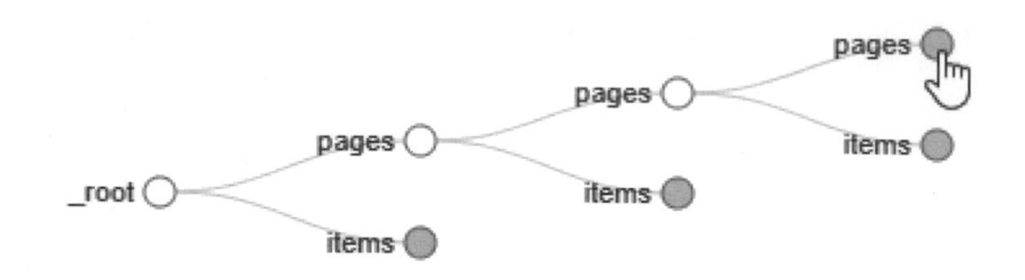

在上述圖形點選 pages 節點，可以展開下一層的下一分頁，看到另一個分頁的 items（Element 類型）和 pages。

➲ 步驟四：執行 Web Scraper 網站地圖爬取資料

現在，我們已經建立好擷取資料的 Web Scraper 網站地圖，請執行 Web Scraper 網站地圖來爬取資料，其步驟如下所示：

1. 請執行「Sitemap e-commerce_pages/Scrape」命令執行網路爬蟲，在輸入送出 HTTP 請求的間隔時間，和載入網頁的延遲時間後，按下 **Start scraping** 鈕開始爬取資料。

2. 等到爬完後，請按下 **refresh** 鈕重新載入資料，可以看到擷取的表格資料，Web Scraper 是從最後 1 頁分頁開始，反過來一一爬取每一頁分頁，直到第 1 頁為止。

➲ 步驟五：將爬取的資料匯出成 CSV 檔案

Web Scraper 支援匯出成 CSV 檔案的功能，在成功爬取出所需的資料後，可以如下操作匯出成 CSV 檔案：

1. 請執行「Sitemap e-commerce_pages/Export data as CSV」命令，匯出爬取資料成為 CSV 檔案。

2. 在匯出後，可以看到 **Download now!** 超連結，請點選超連結下載 CSV 檔案，預設檔名是網路地圖名稱 e-commerce_pages.csv。

7-3 爬取 AJAX 頁碼分頁巡覽的網站

對於頁碼分頁的巡覽網站來說，頁碼分頁按鈕如果不是 <a> 標籤（或 <a> 標籤沒有 href 屬性值），這些按鈕是使用 AJAX 技術來取得下一頁的資料，屬於 AJAX 頁碼分頁的巡覽網站。

7-3-1 認識 AJAX 頁碼分頁按鈕

AJAX 是 Asynchronous JavaScript And XML 的縮寫，即非同步 JavaScript 和 XML 技術，可以只更新部分內容來顯示網頁資料，而不用重新載入整頁網頁，在第 12 章有更進一步的說明。

在了解 AJAX 頁碼分頁按鈕前，我們需要先了解瀏覽器是如何送出 HTTP 請求。

➲ 從瀏覽器送出的 HTTP 請求

當使用瀏覽器巡覽指定 URL 網址的 HTML 網頁時，從瀏覽器送出的 HTTP 請求分成很多種，如下所示：

- **在瀏覽器輸入 URL 網址送出 HTTP 請求**：當在欄位輸入 URL 網址送出請求，這是瀏覽器送出的第 1 個 HTTP 請求，如下圖所示：

- **瀏覽器依據 HTML 標籤來送出 HTTP 請求**：瀏覽器在剖析 HTML 標籤產生內容時，如果有 <link> 標籤的外部 CSS 樣式檔、<script> 標籤的 JavaScript 程式碼檔或 <img> 標籤的圖檔時，瀏覽器都會一一送出 HTTP 請求來取得這些資源檔案，如下所示：

```
<link rel="stylesheet" type="text/css" href="my_theme.css">
<script src="my_scripts.js"></script>
<img src="my_img.png" alt="My Image" height="42" width="42">
```

- **使用者點選超連結送出 HTTP 請求（<a> 標籤）**：使用者點選超連結，或按鈕外觀的 <a> 超連結標籤，瀏覽器都會依據 <a> 標籤的 href 屬性值的 URL 網址來送出 HTTP 請求，也就是從一頁網頁巡覽至下一個網頁，因為是新的 URL 網址，所以會更新整頁網頁內容。

- **使用者按下按鈕送出 HTTP 請求（AJAX 技術）**：使用者按下分頁按鈕後，才執行 JavaScript 程式碼送出 HTTP 請求，可以取得下一頁網頁內容的資源來更新分頁，通常只會更新部分網頁內容。

➲ Web Scraper 處理分頁按鈕的選擇器類型

基本上，在 HTML 網頁切換分頁可能是 <a> 標籤，也可能是其他 HTML 標籤配合 AJAX 來進行分頁切換，所以 Web Scraper 處理分頁按鈕的選擇器類型，如下所示：

- **<a> 標籤的分頁按鈕**：當 <a> 標籤有 href 屬性值，在 Web Scraper 是使用 Link 類型選擇器來處理分頁，詳見第 7-2 節的範例。

- **<button> 標籤的分頁按鈕**：對於不是 <a> 標籤的 HTML 標籤（常用的是 <button> 按鈕標籤，或 <a> 標籤沒有 href 屬性值），就是使用 AJAX 切換分頁，Web Scraper 是使用 Element click 類型的選擇器。

現在的問題是，當在網頁看到頁碼分頁按鈕時，如何知道是 <a> 標籤有 href 屬性值、<a> 標籤沒有 href 屬性值或其他 HTML 標籤，首先我們來看一下第 7-2 節的頁碼分頁按鈕，如下圖所示：

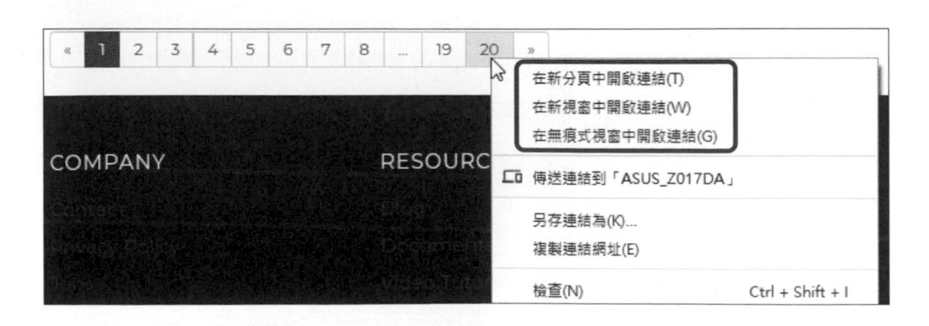

請在頁碼按鈕上，開啟**右**鍵快顯功能表，如果看到**在新分頁中開啟連結**、**在新視窗中開啟連結**和**在無痕式視窗中開啟連結**三個命令，表示是按鈕外觀的 <a> 標籤，有 href 屬性值。在第 6-3 節的上 / 下頁按鈕也是 <a> 標籤有 href 屬性值，如下圖所示：

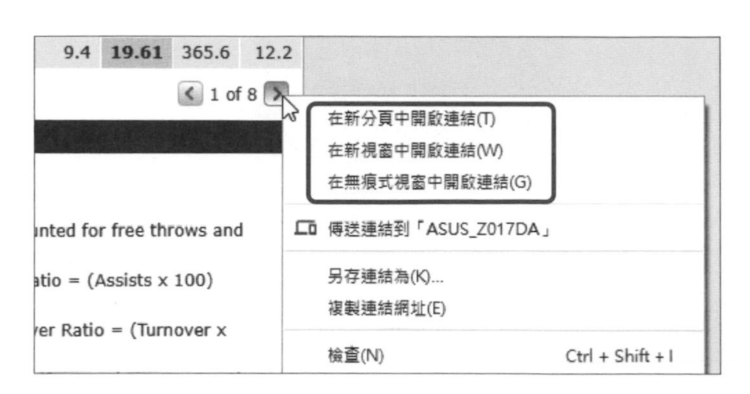

然後，我們看一下第 7-3-2 節測試網站的頁碼分頁按鈕，如下圖所示：

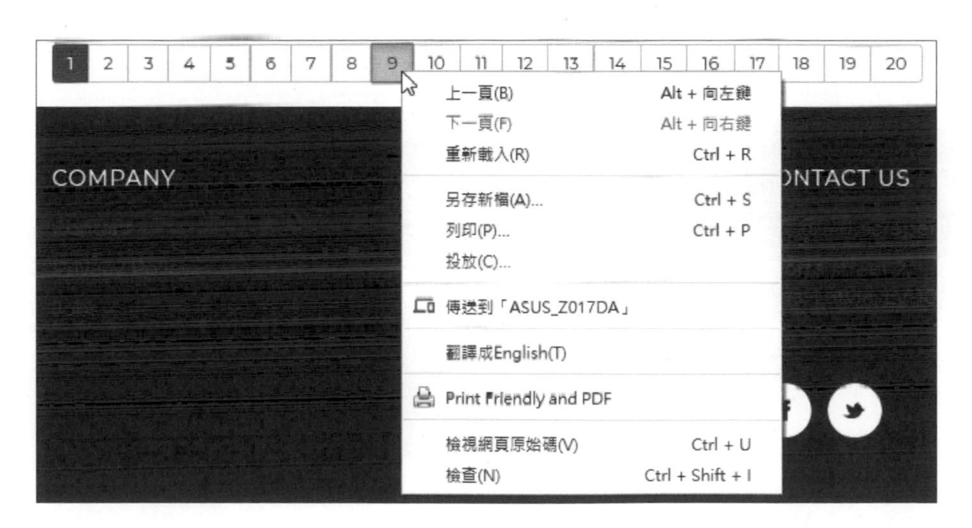

在上述頁碼按鈕上，開啟**右**鍵快顯功能表，我們不會看到**在新分頁中開啟連結**、**在新視窗中開啟連結**和**在無痕式視窗中開啟連結**三個命令，因為這不是 <a> 標籤或是沒有 href 屬性值的 <a> 標籤，所以，這就是 AJAX 頁碼分頁按鈕。

在第 6-4-3 節 Momo 購物網站的頁碼分頁按鈕，也是 AJAX 頁碼分頁按鈕，如右圖所示：

7-3-2 爬取 AJAX 頁碼分頁巡覽的網站

我們準備使用 Web Scraper 爬取 AJAX 頁碼分頁巡覽的官方測試網站，為了簡化網站地圖，我們只爬取筆記型電腦分類（Laptops）的商品資料。

➲ 步驟一：實際瀏覽網頁內容

E-commerce site with AJAX pagination links 測試網站是一個模擬的電子商務網站，筆記型電腦分類的 URL 網址，如下所示：

⁂ https://www.webscraper.io/test-sites/e-commerce/ajax/computers/laptops

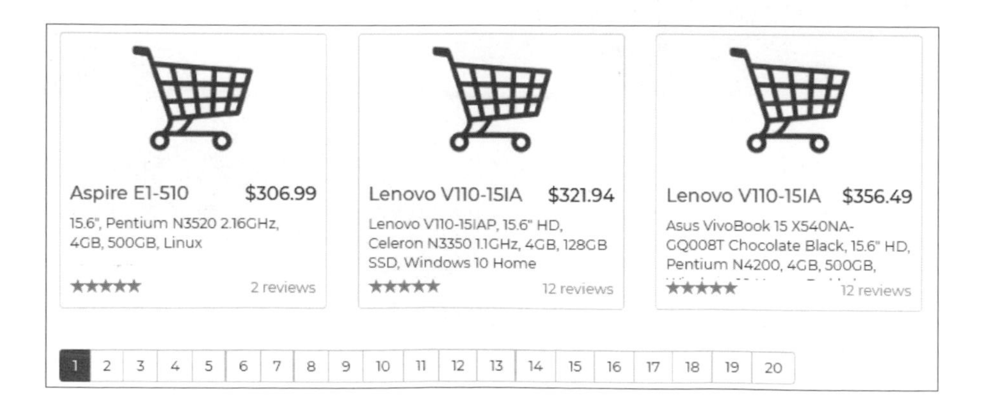

上述網頁的下方是和第 7-2 節相似的頁碼分頁按鈕。請開啟 Chrome 開發人員工具，點選 **Elements** 標籤，點選上方標籤列最前方箭頭鈕 [icon] 後，移動游標至分頁的頁碼鈕，可以看到是 <div> 標籤，如下所示：

```
<div class="btn-group pagination">
   <button type="button" class="btn btn-default btn-primary"
                data-id="1">1</button>
   <button type="button" class="btn btn-default " data-id="2">2</button>
   <button type="button" class="btn btn-default " data-id="3">3</button>
   ...
   <button type="button" class="btn btn-default " data-id="19">19</button>
   <button type="button" class="btn btn-default " data-id="20">20</button>
</div>
```

上述的每一個頁碼是一個 <button> 標籤，不是 <a> 超連結標籤，我們需要用 Element click 類型選擇器來處理分頁巡覽，在各分頁使用 Element 類型（Element click 就包含 Element）選擇每一項商品，Text 類型擷取商品資料。

➲ 步驟二：在 Web Scraper 新增網站地圖的爬取專案

在確認目標資料的 HTML 元素後，我們可以使用目前瀏覽的 URL 網址來建立網站地圖，如下圖所示：

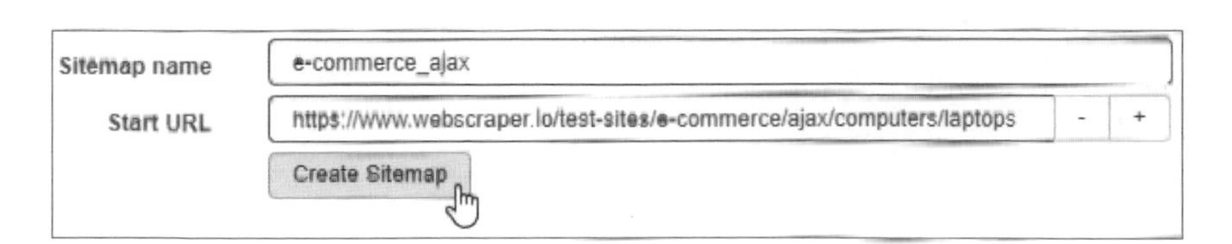

上述欄位內容的輸入資料，如下所示：

- **Sitemap name**：e-commerce_ajax。
- **Start URL**：https://www.webscraper.io/test-sites/e-commerce/ajax/computers/laptops。

➲ 步驟三：建立爬取網站的 CSS 選擇器地圖

在成功建立網站地圖後，即可新增 CSS 選擇器，我們需要新增 Element click 類型來處理 AJAX 頁碼分頁，和取得商品資料，其步驟如下所示：

1. 請在 Chrome 瀏覽器進入剛才在 **Start URL** 欄輸入的網頁，因為我們要在此網頁選取擷取資料的 HTML 元素。

2. 目前位在 _root 節點，按下 **Add new selector** 鈕，新增分頁頁碼的 CSS 選擇器節點，在 **Id** 欄輸入名稱 items_click，**Type** 欄選擇 **Element click** 後，勾選 **Multiple**（多筆）記錄，如下圖所示：

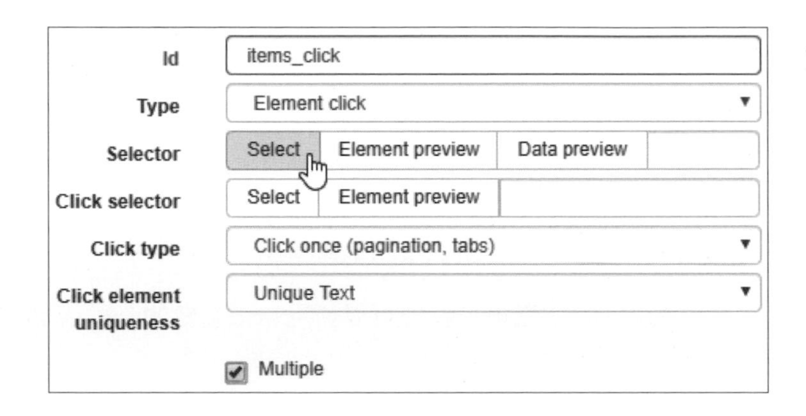

3. 在 **Selector** 欄按下 **Select** 鈕後，因為 Element click 就是一種 Element 類型，請移動游標，先選取第 1 個方框，再點選同一列右邊的第 2 個方框，可以選擇所有商品方框，如下圖所示：

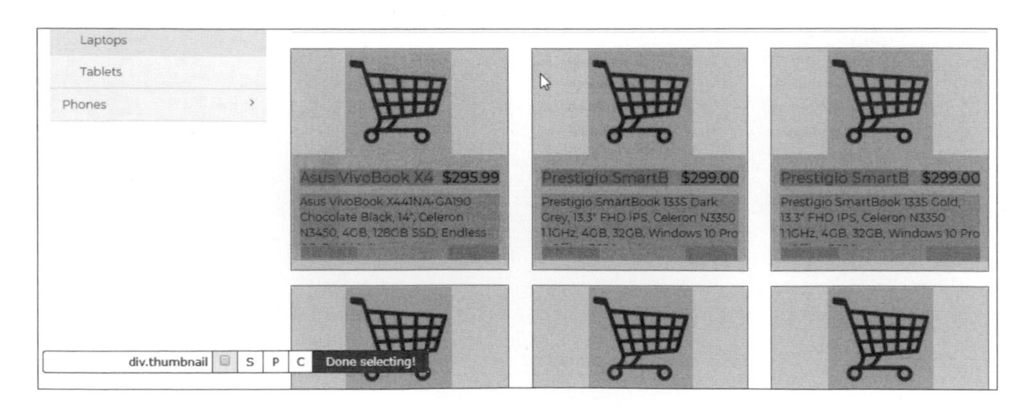

4 按下 **Done selecting!** 鈕完成選擇，即會在下方欄位中填入 CSS 選擇器 **div.thumbnail**。

5 在 **Click selector** 欄中按下 **Select** 鈕後，這是 AJAX 分頁按鈕的選擇器，請移動游標至下方頁碼分頁按鈕，先點選頁碼 1，再點選頁碼 2，即可選取所有頁碼分頁按鈕，如下圖所示：

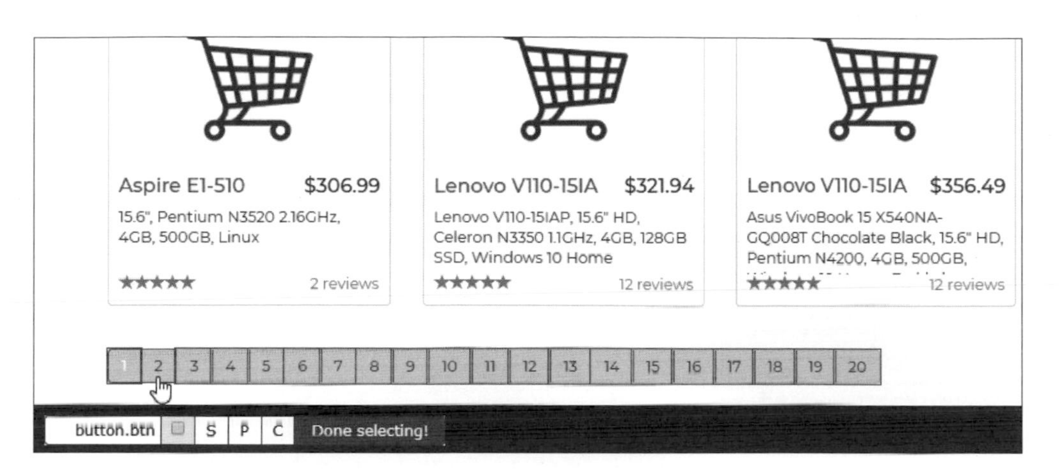

6 按下 **Done selecting!** 鈕完成選擇，會在下方欄位填入 CSS 選擇器 **button.btn**，如下圖所示：

Id	items_click
Type	Element click
Selector	Select / Element preview / Data preview / div.thumbnail
Click selector	Select / Element preview / button.btn
Click type	Click more (click to load more elements. Stops when no new elements with unique text content are found.)
Click element uniqueness	Unique Text
	☑ Multiple

7 在 **Click type** 欄選擇「點選 1 次或多次」，請選 **Click more** 點選多次（Click once 只點選 1 次），**Click element uniqueness** 欄位可選擇 Web Scraper 如何判斷按鈕已經點選過，Unique Text 就是唯一的按鈕名稱（即判斷按鈕名稱不同），然後繼續在下方 **Delay** 欄位指定延遲時間，如下圖所示：

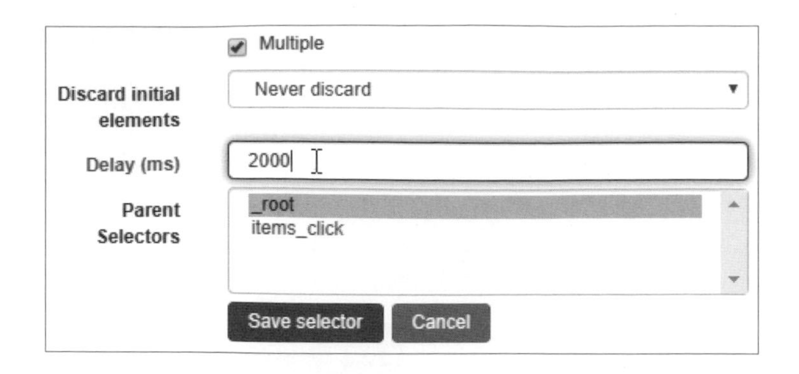

8 在 **Delay** 欄位輸入延遲時間，因為需要等待 AJAX 非同步 HTTP 請求的回應，建議至少輸入 **2000** 毫秒（即 2 秒），**Discard initial elements** 欄位則是選擇器是否丟棄點選第 1 次點選按鈕前就存在的元素，**Never discard** 是永不丟棄。

9 按下 **Save selector** 鈕，在 **_root** 新增名為 items_click 的選擇器節點，type 是 **SelectorElementClick**，Multiple 是 **yes**（多筆），如下圖所示：

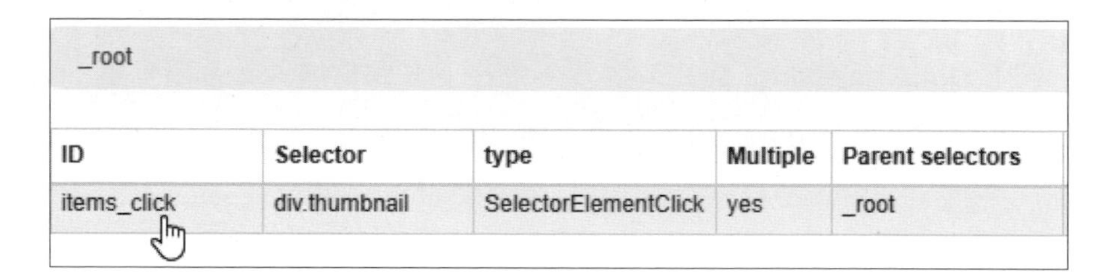

_root

ID	Selector	type	Multiple	Parent selectors
items_click	div.thumbnail	SelectorElementClick	yes	_root

10 請點選 **items_click** 選擇器節點，我們準備新增擷取每一筆記錄欄位的選擇器，可以看到上方路徑是 **_root/items_click**。

11 按下 **Add new selector** 鈕，在 **Id** 欄輸入選擇器名稱 name，**Type** 欄選擇 **Text**，請按下 **Select** 鈕，由於商品名稱是 <a> 超連結，請先在浮動工具列勾選啟用功能鍵，然後移至商品名稱上，按下 S 鍵來取出超連結的商品名稱，如下圖所示：

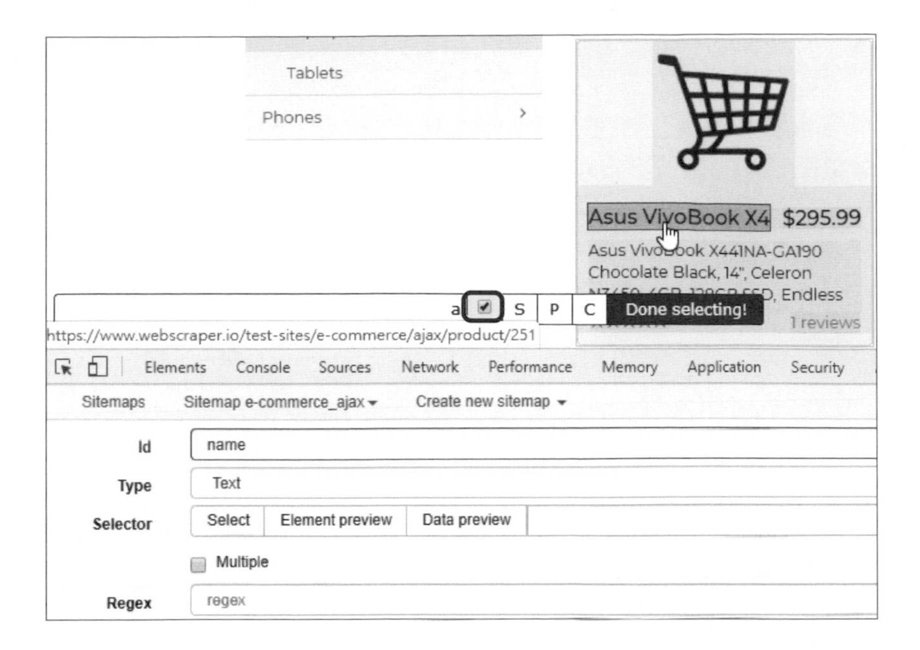

12 按下 Done selecting! 鈕完成選擇，再按 Save selector 鈕儲存選擇器節點。

13 繼續按下 Add new selector 鈕，在 Id 欄輸入選擇器名稱 price，Type 欄選擇 Text，請按下 Select 鈕後，選取價格，如下圖所示：

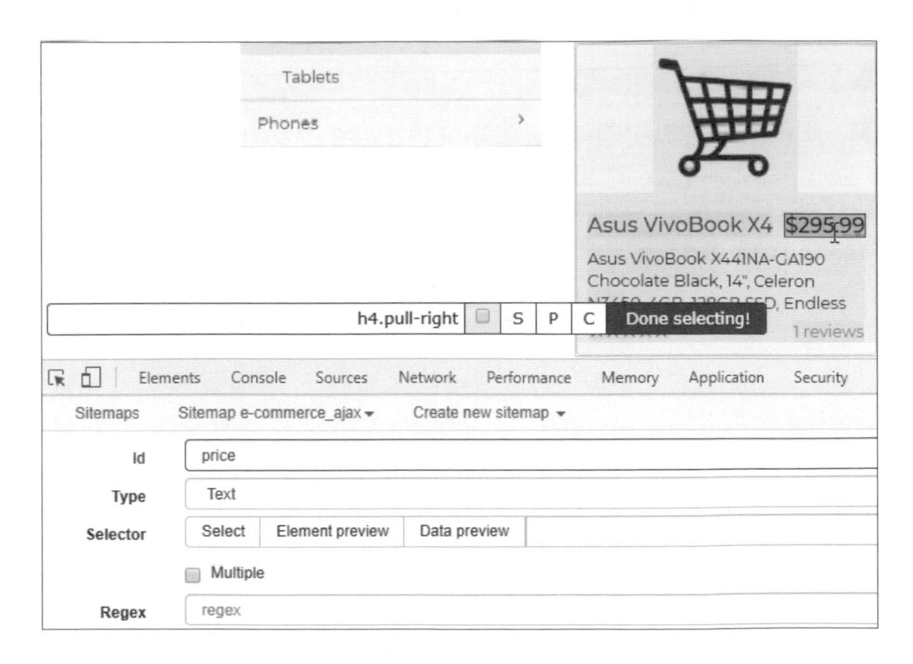

14 按下 **Done selecting!** 鈕完成選擇，再按 **Save selector** 鈕儲存選擇器節點。

15 請繼續按下 **Add new selector** 鈕，在 **Id** 欄輸入選擇器名稱 reviews，**Type** 欄選擇 **Text**，請按下 **Select** 鈕後，選取評價，如下圖所示：

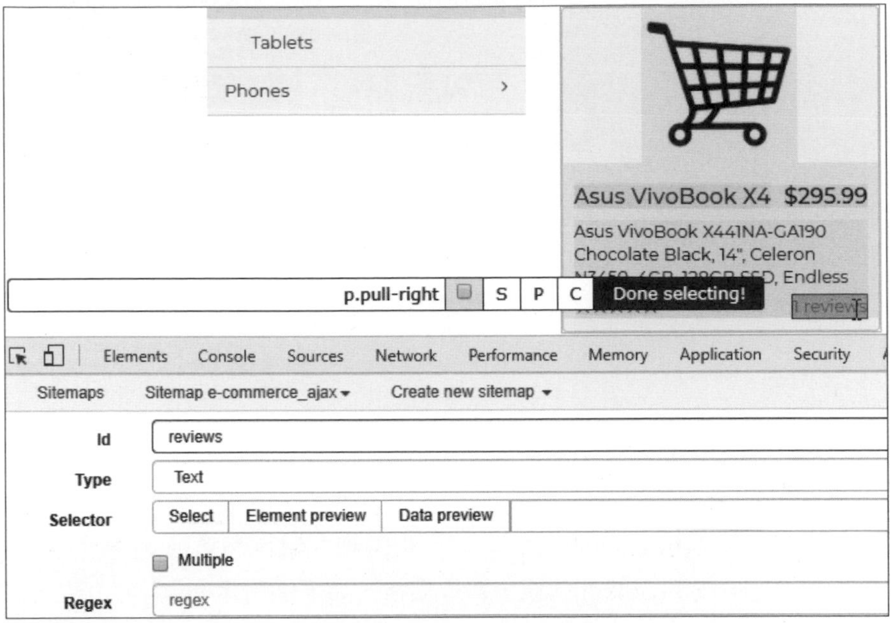

16 按下 **Done selecting!** 鈕完成選擇，再按下 **Save selector** 鈕儲存選擇器節點，可以在 **_root/items_click** 下新增選擇器節點，如下圖所示：

_root / items_click

ID	Selector	type	Multiple	Parent selectors
name	a	SelectorText	no	items_click
price	h4.pull-right	SelectorText	no	items_click
reviews	p.pull-right	SelectorText	no	items_click

17 請執行「Sitemap e-commerce_ajax/Selector graph」命令，展開節點樹，如下圖所示：

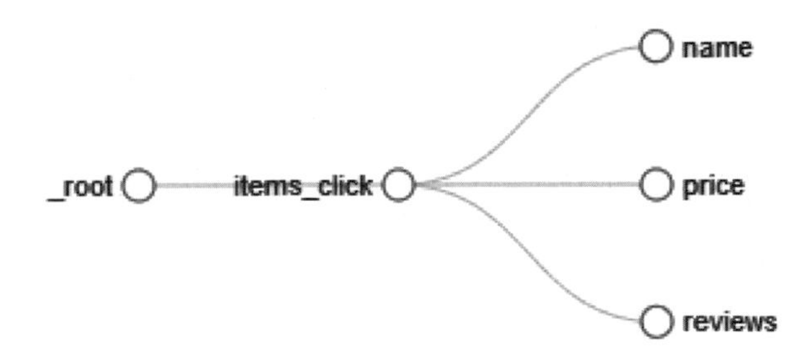

➲ 步驟四：執行 Web Scraper 網站地圖爬取資料

現在，我們已經建立好擷取資料的 Web Scraper 網站地圖，請執行 Web Scraper 網站地圖來爬取資料，其步驟如下所示：

1 請執行「Sitemap e-commerce_ajax/Scrape」命令執行網路爬蟲，在輸入送出 HTTP 請求的間隔時間，和載入網頁的延遲時間後，按下 **Start scraping** 鈕開始爬取資料。

2 等到爬完後，請按下 **refresh** 鈕重新載入資料，即會看到擷取的表格資料，Web Scraper 是從第 1 頁分頁開始，依序爬取到最後 1 頁為止。

➲ 步驟五：將爬取的資料匯出成 CSV 檔案

Web Scraper 支援匯出成 CSV 檔案的功能，在成功擷取出所需的資料後，可以如下操作匯出成 CSV 檔案：

1 請執行「Sitemap e-commerce_ajax/Export data as CSV」命令，匯出爬取的資料成為 CSV 檔案。

2 在匯出後，可以看到 **Download now!** 超連結，請點選超連結下載 CSV 檔案，預設檔名是網路地圖名稱 e-commerce_ajax.csv。

7-4 爬取「更多」按鈕巡覽的網站

目前 Web 網站的巡覽除了分頁按鈕外，還有一種是在頁面提供**更多**按鈕，每按一次**更多**按鈕，就會顯示更多的商品資料。

我們準備使用 Web Scraper 爬取**更多**按鈕巡覽的官方測試網站，為了簡化網站地圖，我們只爬取筆記型電腦分類（Laptops）的商品資料。

➲ 步驟一：實際瀏覽網頁內容

E-commerce site with "Load more" buttons 測試網站是一個模擬的電子商務網站，筆記型電腦分類的 URL 網址，如下所示：

⁂ https://www.webscraper.io/test-sites/e-commerce/more/computers/laptops

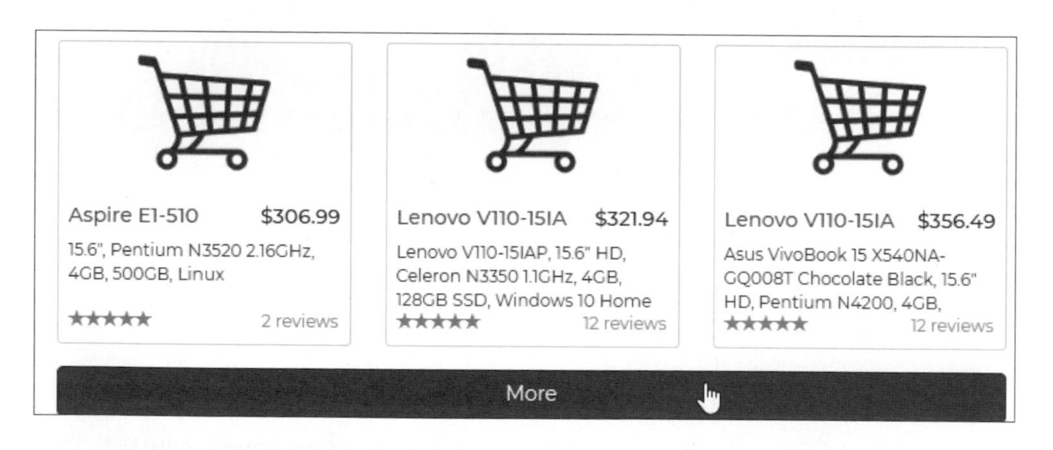

上述網頁的下方不是頁碼分頁按鈕，只有一個載入更多的 **More** 按鈕，每按一次按鈕，就會顯示更多的商品項目，如下圖所示：

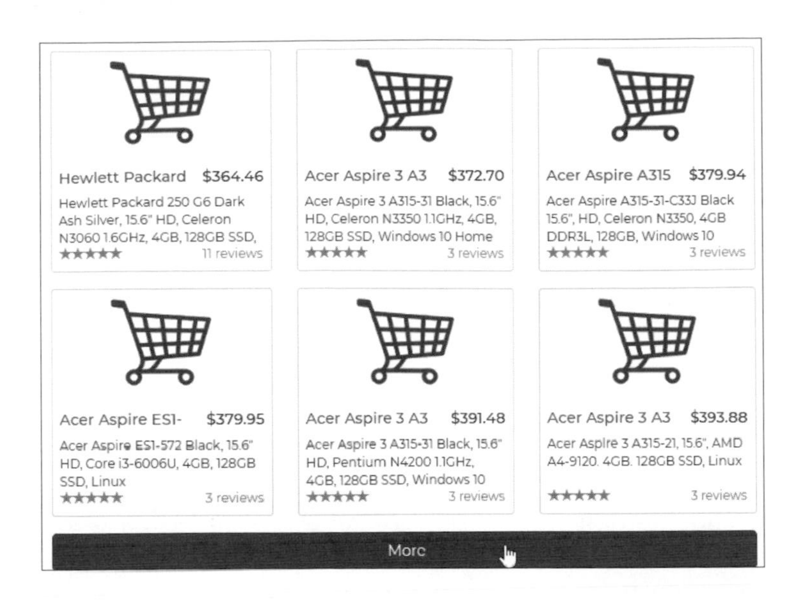

以上圖而言，每按一次 **More** 鈕，就會再顯示下一頁分頁的商品項目。請開啟 Chrome 開發人員工具，點選 **Elements** 標籤，點選上方標籤列最前方箭頭鈕 後，移動游標至 **More** 鈕，可以看到這是一個 <a> 超連結標籤，如下所示：

```
<a class="btn btn-primary btn-lg btn-block ecomerce-items-scroll-more">
More</a>
```

上述的 **More** 鈕雖然是 <a> 標籤，但因為沒有 href 屬性值的 URL 網址，換句話說，這個 <a> 標籤不是真的超連結，而是和 7-3-2 節相同的 AJAX 按鈕，所以在**右鍵功能表**看不到開啟連結的命令，如下圖所示：

More
上一頁(B) Alt + 向左鍵
下一頁(F) Alt + 向右鍵
重新載入(R) Ctrl + R
另存新檔(A)... Ctrl + S
列印(P)... Ctrl + P
投放(C)...
COMPANY
RESOURCES

因為此按鈕是按下後，才送出 HTTP 請求取得更多的商品資料，所以一樣是使用 Element click 類型選擇器來處理「更多」按鈕巡覽，然後在各分頁使用 Element 類型選擇每一項商品，Text 類型擷取商品資料。

➲ 步驟二：在 Web Scraper 新增網站地圖的爬取專案

在確認目標資料的 HTML 元素後，我們可以使用目前瀏覽的 URL 網址來建立網站地圖，如下圖所示：

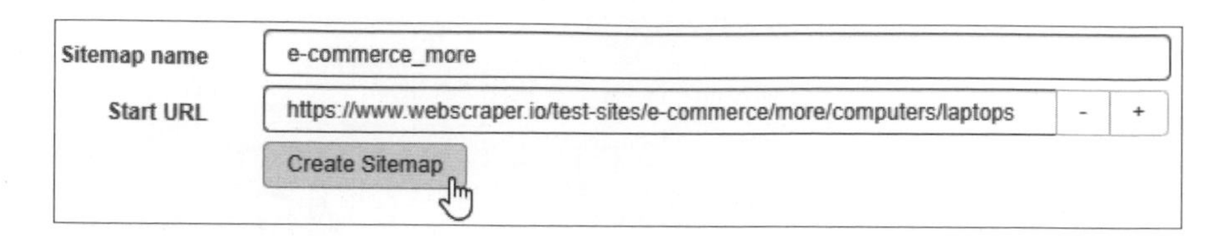

上述欄位內容的輸入資料，如下所示：

⁂ **Sitemap name**：e-commerce_more。

⁂ **Start URL**：https://www.webscraper.io/test-sites/e-commerce/more/computers/laptops。

➲ 步驟三：建立爬取網站的 CSS 選擇器地圖

在成功建立網站地圖後，接著要新增 CSS 選擇器，我們需要新增 Element click 類型處理「更多」按鈕和取得商品資料，其步驟如下所示：

1. 請在 Chrome 瀏覽器進入 **Start URL** 欄的網頁，因為我們要在此網頁選取擷取資料的 HTML 元素。

2. 目前位在 **_root** 節點，按下 **Add new selector** 鈕，新增「更多」按鈕的 CSS 選擇器節點，在 **Id** 欄輸入名稱 items_more，**Type** 欄選擇 **Element click** 後，勾選 **Multiple**（多筆）記錄，如下圖所示：

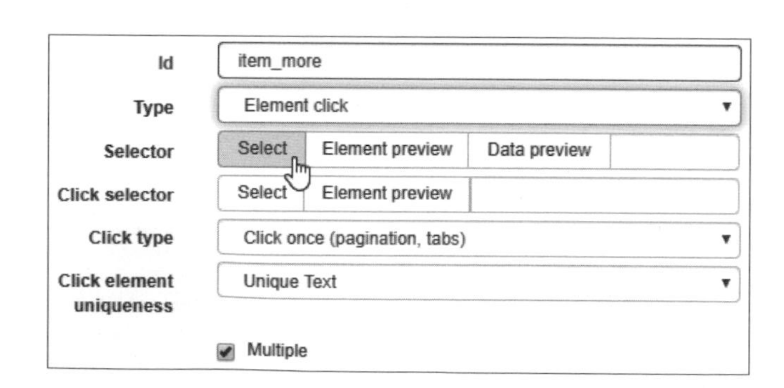

3 在 **Selector** 欄按下 **Select** 鈕後，這是 Element 部分，請移動游標，先選取第 1 個方框，再點選同一列右邊的第 2 個方框，即可選取所有商品方框，如下圖所示：

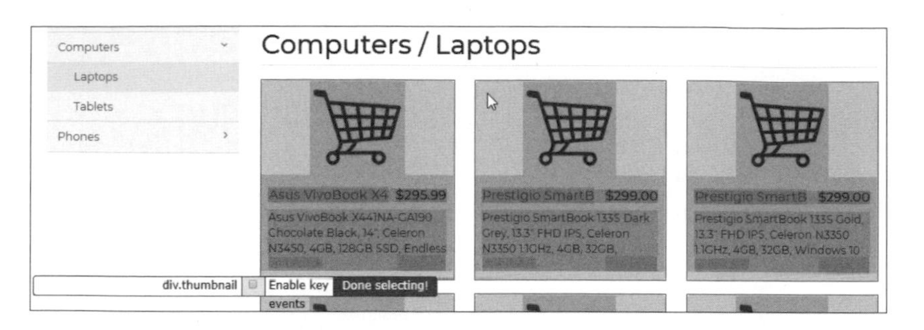

4 按下 **Done selecting!** 鈕完成選擇，會在下方欄位填入 CSS 選擇器 **div.thumbnail**。

5 在 **Click selector** 欄按下 **Select** 鈕後，由於這是 AJAX 按鈕的選擇器，請移動游標點選下方 **More** 按鈕，如下圖所示：

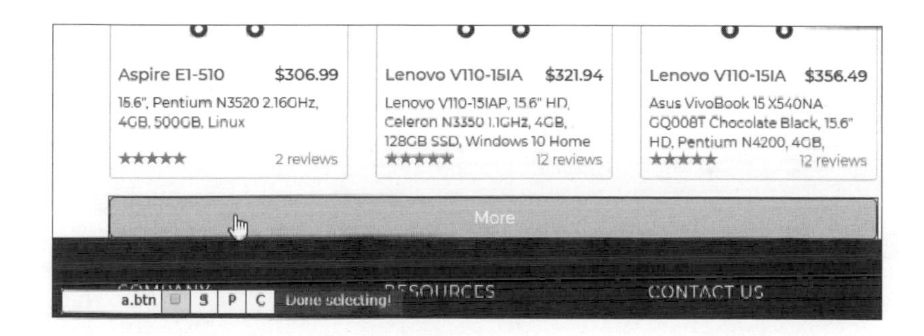

6 按下 **Done selecting!** 鈕完成選擇，即會在下方欄位填入 CSS 選擇器 **a.btn**。

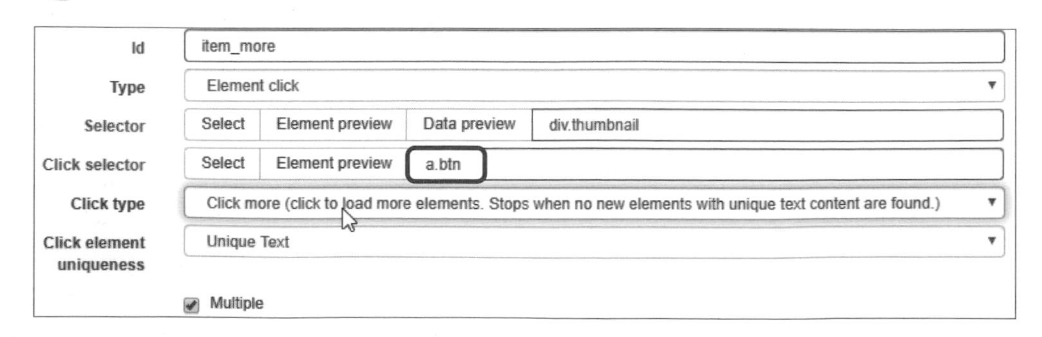

7 接著，在 **Click type** 欄選擇「點選 1 次或多次」，請選擇 **Click more** 點選多次（Click once 只點選 1 次），**Click element uniqueness** 欄位選擇 Web Scraper 如何判斷按鈕已經點選過，Unique Text 是唯一的按鈕名稱（即判斷按鈕名稱不同），然後繼續在下方 **Delay** 欄位指定延遲時間，如下圖所示：

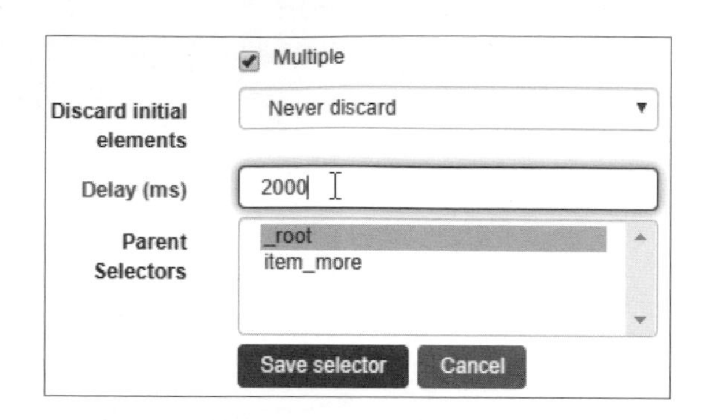

8 在 **Delay** 欄位輸入延遲時間，因為需要等待 AJAX 非同步 HTTP 請求的回應，建議至少輸入 **2000** 毫秒（即 2 秒），**Discard initial elements** 欄位是選擇器是否丟棄點選第 1 次點選按鈕前就存在的元素，Never discard 是永不丟棄。

9 按下 **Save selector** 鈕在 **_root** 新增名為 items_more 的選擇器節點，type 是 **SelectorElementClick**，Multiple 是 **yes**（多筆），如下圖所示：

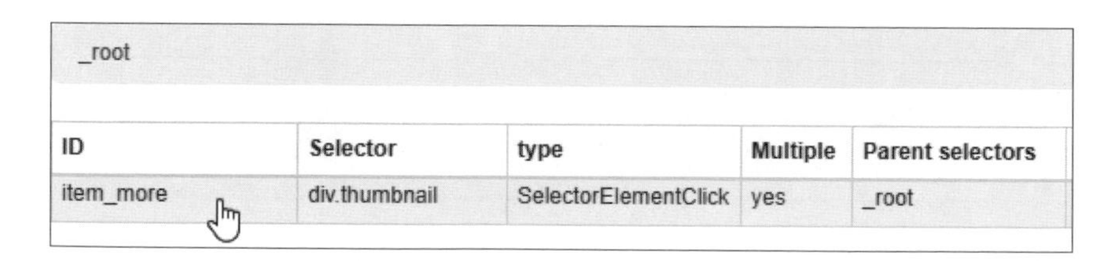

_root

ID	Selector	type	Multiple	Parent selectors
item_more	div.thumbnail	SelectorElementClick	yes	_root

10 請點選 **items_more** 選擇器節點，我們準備新增擷取每一筆記錄欄位的選擇器，可以看到上方路徑是 **_root/items_more**。

11 請重複按三次 **Add new selector** 鈕來依序新增商品名稱、價格和評價，因為操作步驟和第 7-3-2 節相同，筆者就不重複說明，最後在 **_root/items_more** 下新增的選擇器節點，如下圖所示：

_root / item_more				
ID	Selector	type	Multiple	Parent selectors
name	a	SelectorText	no	item_more
price	h4.pull-right	SelectorText	no	item_more
reviews	p.pull-right	SelectorText	no	item_more

12 請執行「Sitemap e-commerce_more/Selector graph」命令，展開節點樹，如右圖所示：

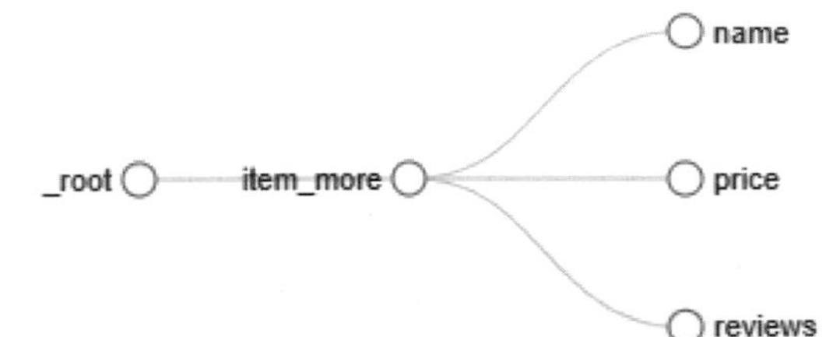

➲ 步驟四：執行 Web Scraper 網站地圖爬取資料

現在，我們已經建立好擷取資料的 Web Scraper 網站地圖，請執行 Web Scraper 網站地圖來爬取資料，其步驟如下所示：

1 請執行「Sitemap e-commerce_more/Scrape」命令執行網路爬蟲，在輸入送出 HTTP 請求的間隔時間，和載入網頁的延遲時間後，按下 **Start scraping** 鈕開始爬取資料，執行時會看到自動按下 **More** 按鈕來顯示更多商品項目。

2 等到爬完後，請按下 **refresh** 鈕重新載入資料，即會看到擷取的表格資料。

➲ 步驟五：將爬取的資料匯出成 CSV 檔案

Web Scraper 支援匯出成 CSV 檔案的功能，在成功擷取出所需的資料後，可以如下操作匯出成 CSV 檔案：

1 請執行「Sitemap e-commerce_more/Export data as CSV」命令，匯出爬取資料成為 CSV 檔案。

2 在匯出後，可以看到 **Download now!** 超連結，請點選超連結下載 CSV 檔案，預設檔名是網路地圖名稱 e-commerce_more.csv。

7-5 爬取捲動頁面巡覽的網站

除了使用「更多」按鈕來進行網站巡覽外，還有一種顯示更多資料的巡覽方式，那就是「捲動視窗」，當瀏覽器顯示第 1 頁的商品項目後，只需捲動視窗，就會顯示更多的商品項目。我們準備使用 Web Scraper 爬取 104 求職網的資料，這是一個捲動頁面巡覽的網站。

➲ 步驟一：實際瀏覽網頁內容

104 求職網是搜尋工作的網站，我們準備在此網站搜尋 VBA 工作，其網址為：

⁂ https://www.104.com.tw

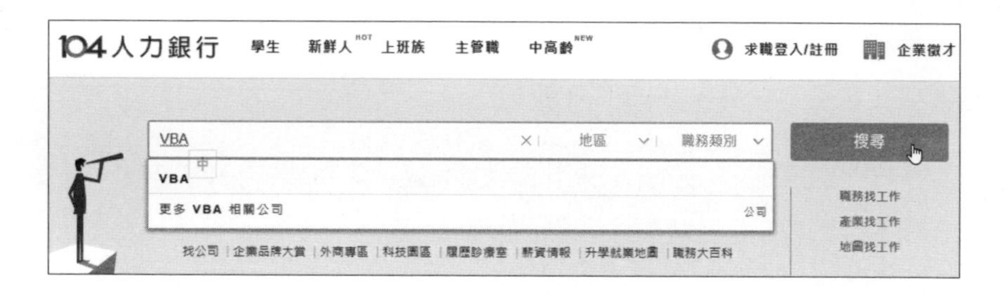

請輸入關鍵字 **VBA**，再按下**搜尋**鈕，即可看到搜尋結果，如下圖所示：

當向下捲動視窗時，會看到自動載入更多的搜尋結果，這就是捲動頁面巡覽。請開啟 Chrome 開發人員工具，點選 **Elements** 標籤，再點選上方標籤列最前方的箭頭鈕，然後移動游標至第 1 項求才資料，會看到 <div> 標籤，如下所示：

```
<div class="b-block__left">
...
</div>
<div class="b-block__left">
...
</div>
...
```

上述每一項求才資料是一筆記錄，我們需要使用 Element 類型來爬取，因為是捲動頁面巡覽，可以直接使用 Element scroll down 類型選擇器來處理。

➲ 步驟二：在 Web Scraper 新增網站地圖的爬取專案

在確認目標資料的 HTML 元素後，我們可以使用目前瀏覽的 URL 網址來建立網站地圖，如下圖所示：

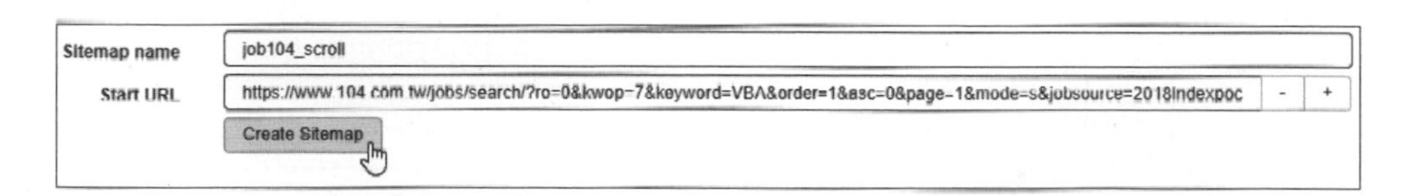

上述欄位內容的輸入資料，如下所示：

- **Sitemap name**：job104_scroll。
- **Start URL**：https://www.104.com.tw/jobs/search/?ro=0&keyword=VBA&order=1&asc=0&page=1&mode=s&jobsource=2018indexpoc。

➲ 步驟三：建立爬取網站的 CSS 選擇器地圖

在成功建立網站地圖後，接著要新增 CSS 選擇器，我們需要新增 Element scroll down 類型來取得求才資料和捲動頁面巡覽，其步驟如下所示：

1. 請在 Chrome 瀏覽器進入剛才在 **Start URL** 欄輸入的網頁，因為我們要在此網頁選取擷取資料的 HTML 元素。

2. 目前位在 **_root** 節點，按下 **Add new selector** 鈕，新增捲動頁面巡覽的 CSS 選擇器節點，在 **Id** 欄輸入名稱 items_scroll，**Type** 欄選擇 **Element scroll down** 後，勾選 **Multiple**（多筆）記錄，如下圖所示：

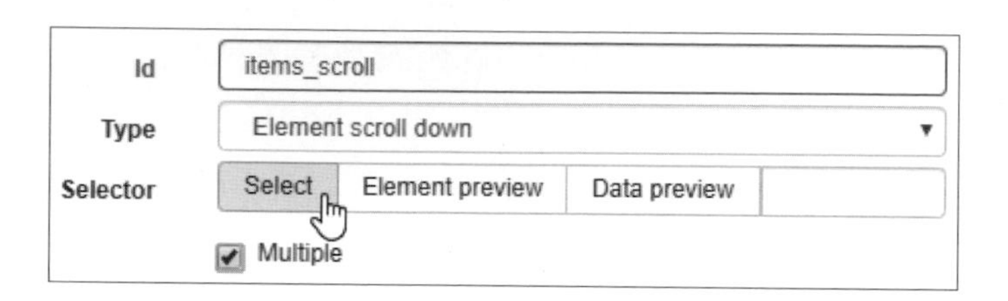

3. 在 **Selector** 欄按下 **Select** 鈕後，因為 Element scroll down 也是 Element 類型，請移動游標，先選取第 1 項求才資料，再選取第 2 項求才資料，如果沒有選到所有求才資料，請再選第 3 項，直到選取全部資料，如下圖所示：

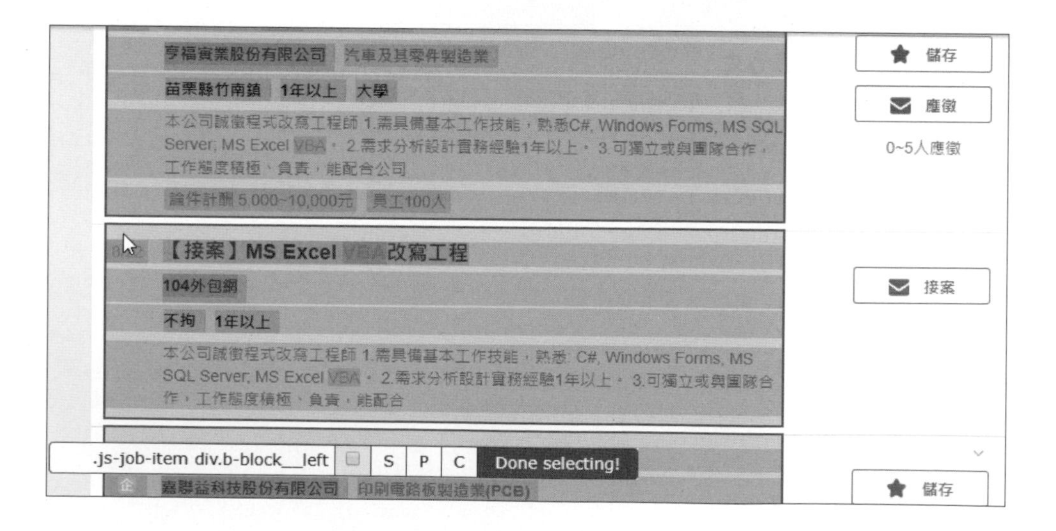

4 按下 **Done selecting!** 鈕完成選擇，會在下方欄位填入 CSS 選擇器 **.js-job-item div.b-block__left**，接著在下方 **Delay** 欄位輸入延遲時間，由於需要等待請求的回應，請至少輸入 **2000** 毫秒。

Id: items_scroll
Type: Element scroll down
Selector: Select | Element preview | Data preview | .js-job-item div.b-block__left
Multiple
Delay (ms): 2000
Parent Selectors: _root / items_scroll
Save selector | Cancel

5 按下 **Save selector** 鈕，在 **_root** 新增名為 items_scroll 的選擇器節點，type 是 **SelectorElementScroll**，Multiple 是 **yes**（多筆），如下圖所示：

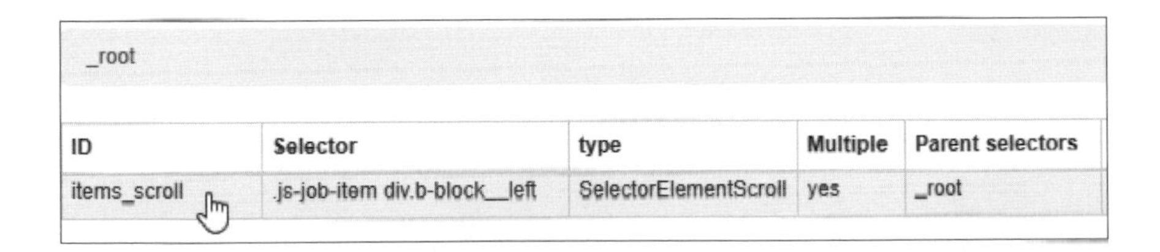

_root

ID	Selector	type	Multiple	Parent selectors
items_scroll	.js-job-item div.b-block__left	SelectorElementScroll	yes	_root

6 請點選 **items_scroll** 選擇器節點，我們準備新增擷取每一筆記錄欄位的選擇器，可以看到上方路徑是 **_root/items_scroll**。

7 按下 **Add new selector** 鈕，在 **Id** 欄輸入選擇器名稱 title，**Type** 欄選擇 **Text**，在按下 **Select** 鈕後，選擇職務名稱，如下圖所示：

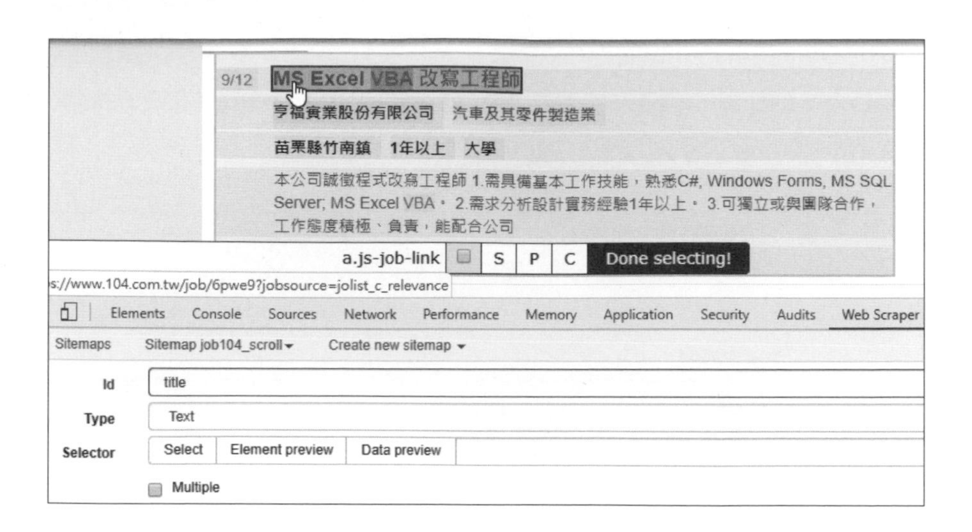

8 按下 **Done selecting!** 鈕完成選擇，再按 **Save selector** 鈕儲存選擇器節點。

9 請繼續按 **Add new selector** 鈕，在 **Id** 欄輸入選擇器名稱 company，**Type** 欄選擇 **Text**，按下 **Select** 鈕後，選取公司名稱，如下圖所示：

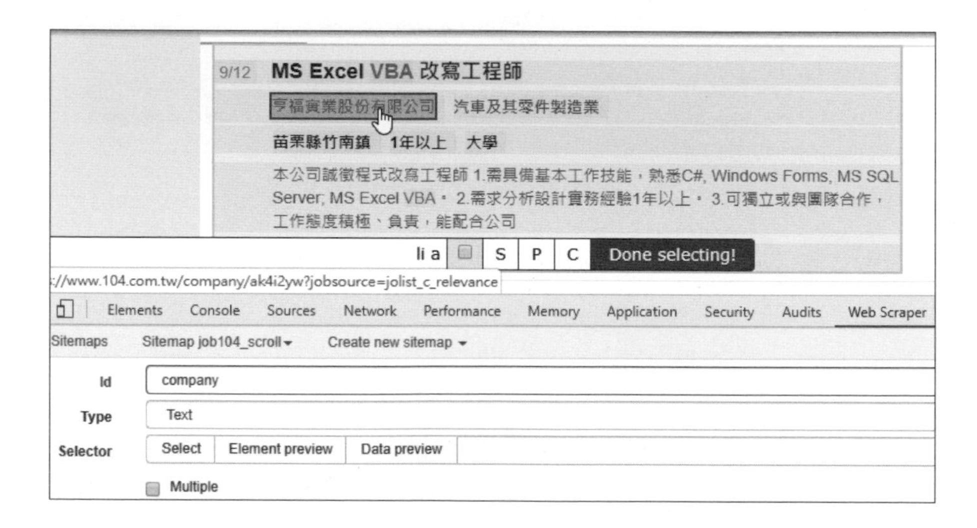

10 按下 **Done selecting!** 鈕完成選擇，再按 **Save selector** 鈕儲存選擇器節點。

11 繼續按下 **Add new selector** 鈕，在 **Id** 欄輸入選擇器名稱 paid，**Type** 欄選擇 **Text**，按下 **Select** 鈕後，選取薪水，如下圖所示：

亨福實業股份有限公司 汽車及其零件製造業

苗栗縣竹南鎮 1年以上 大學

本公司誠徵程式改寫工程師 1.需具備基本工作技能，熟悉C#, Windows Forms, MS SQL Server; MS Excel VBA。 2.需求分析設計實務經驗1年以上。 3.可獨立或與團隊合作，工作態度積極、負責，能配合公司

論件計酬 5,000~10,000元 員工100人

span.b-tag--default:nth-of-type(1) S P C Done selecting!

Elements Console Sources Network Performance Memory Application Security Audits Web Scraper

Sitemaps Sitemap job104_scroll ▾ Create new sitemap ▾

Id: paid

Type: Text

Selector: Select | Element preview | Data preview

Multiple

12 按下 **Done selecting!** 鈕完成選擇，再按下 **Save selector** 鈕，可以在 **_root/items_scroll** 下新增選擇器節點，如下圖所示：

_root / items_scroll

ID	Selector	type	Multiple	Parent selectors
title	a.js-job-link	SelectorText	no	items_scroll
company	li a	SelectorText	no	items_scroll
paid	span.b-tag--default:nth-of-type(1)	SelectorText	no	items_scroll

13 請執行「Sitemap job104_scroll/Selector graph」命令，展開節點樹：

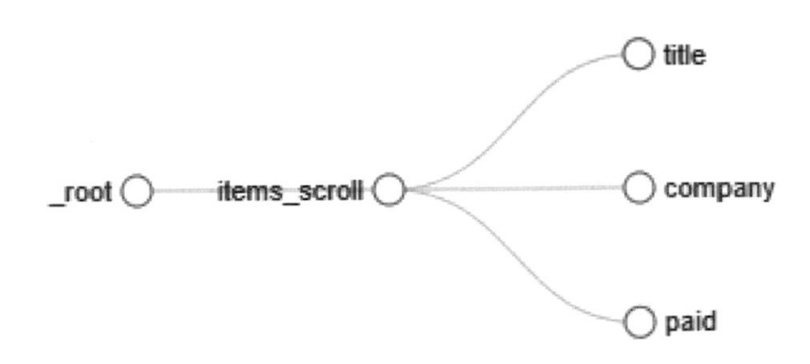

➲ 步驟四：執行 Web Scraper 網站地圖爬取資料

現在，我們已經建立好擷取資料的 Web Scraper 網站地圖，請執行 Web Scraper 網站地圖來爬取資料，其步驟如下所示：

1. 請執行「Sitemap job104_scroll/Scrape」命令執行網路爬蟲，在輸入送出 HTTP 請求的間隔時間，和載入網頁的延遲時間後，按下 **Start scraping** 鈕開始爬取資料，會看到自動向下捲動網頁來載入更多的搜尋結果。

2. 等到爬完後，請按下 **refresh** 鈕重新載入資料，就會看到擷取的表格資料。

➲ 步驟五：將爬取的資料匯出成 CSV 檔案

Web Scraper 支援匯出成 CSV 檔案的功能，在成功擷取出所需的資料後，可以如下操作匯出成 CSV 檔案：

1. 請執行「Sitemap job104_scroll/Export data as CSV」命令，匯出爬取資料成為 CSV 檔案。

2. 在匯出後，可以看到 **Download now!** 超連結，請點選超連結下載 CSV 檔案，預設檔名是網路地圖名稱 job104_scroll.csv。

> **請注意！**在 104 人力銀行網站捲動頁面巡覽載入的頁面和分頁數並不同，以本節為例搜尋結果的分頁數共有 19 頁，但捲動頁面巡覽只能顯示到第 16 頁。

網站地圖 job104_next.txt 是改用**下一頁**鈕來爬取搜尋結果，就可以爬取 19 個分頁的頁面，如下圖所示：

第 1 / 19 頁 ▾ 下一頁 >

上述按鈕是 AJAX 按鈕，我們是使用 Element click 類型，建立如同「更多」按鈕的頁面巡覽，如下圖所示：

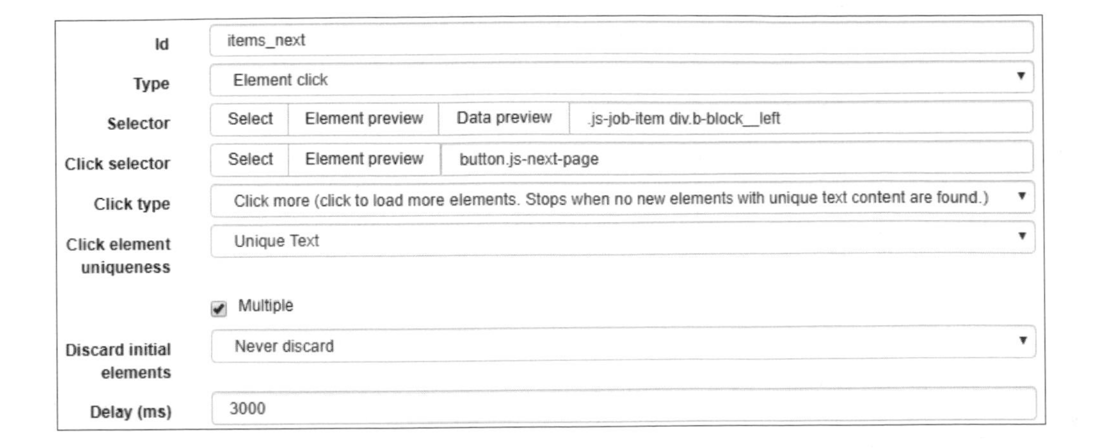

學習評量

1. 請說明 Web Scraper 擴充功能提供的分頁處理有哪幾種？
2. 請問什麼是 AJAX 頁碼分頁按鈕？
3. 請說明從瀏覽器送出的 HTTP 請求可以分成哪幾種？
4. 請說明 Web Scraper 處理分頁按鈕的選擇器類型有幾種？
5. 請簡單說明什麼是「更多」按鈕巡覽網站，以及捲動頁面巡覽網站？
6. 請比較 Web Scraper 的 Element、Element click 和 Element scroll down 三種選擇器類型的差異？
7. 在第 6-4-3 節的 Momo 購物網站查詢 iPhone11 的商品資料，其查詢結果有分頁按鈕，請修改網站地圖，改用本章方式來爬取分頁資料。
8. 請找一個捲動頁面巡覽的新聞網站，例如：ETtoday 新聞雲，然後參閱第 7-5 節說明爬取網站資料，其 URL 網址如下所示：
   `https://www.ettoday.net/news/news-list.htm`

免寫程式網路爬蟲實戰：新聞、商務和金融數據爬取

8-1 爬取球賽、電影、3C 產品、旅遊、天氣等資訊

在書附範例的「Ch08\info」目錄下提供 14 個網路爬蟲的網站地圖，可以讓 Web Scraper 爬取球賽、氣象、工作、Apps、美食和論文資料等各種資訊。

➲ 英國足球聯賽比賽成績和投注賠率 bet365_fixtures.txt oddsportal_premier_league.txt

在 bet365 網站可以查詢英國足球聯賽的比賽成績，其網址如下所示：

⁂ https://s5.sir.sportradar.com/bet365/en/1/season/54571/fixtures

Round 38

12/05/19					HT	FT
22:00		Leicester	-	Chelsea	0 : 0	0 : 0
22:00		Fulham	-	Newcastle	0 : 2	0 : 4
22:00		C Palace	-	Bournemouth	3 : 1	5 : 3
22:00		Burnley	-	Arsenal	0 : 0	1 : 3
22:00		Brighton	-	Man City	1 : 2	1 : 4
22:00		Watford	-	West Ham	0 : 2	1 : 4

上述網頁使用 HTML 表格顯示 2018-2019 年 38 回合的比賽成績，因為表格並沒有完整的標題列，所以網站地圖：bet365_fixtures.txt 是使用 Element 類型來爬取 HTML 表格，其網站地圖如右圖所示：

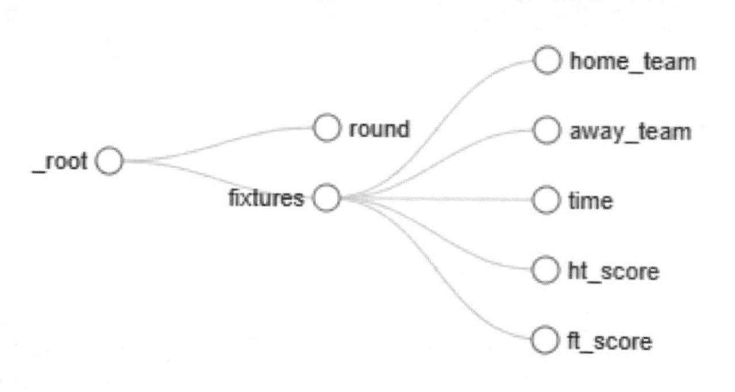

右述 round 節點是 Text 類型的回合數，fixtures 節點是 Element 類型的每一列比賽記錄，在 5 個 Text 節點的欄位依序是主場、客場、時間、半場成績和全場成績。

網站地圖：oddsportal_premier_league.txt 可以爬取 OddsPortal.com 網站的投注賠率，其 URL 網址如下所示：

⁂ https://www.oddsportal.com/soccer/england/premier-league/

上述網頁是使用 HTML 表格顯示各種比賽組合，每一種組合是一個超連結，點選後，可以顯示各大投注網站的賠率表格，其網站地圖如右圖所示：

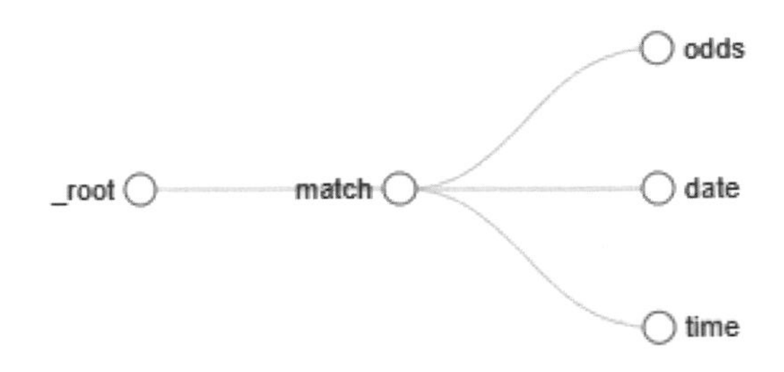

上述 match 節點是 Link 類型的多筆超連結，odds 節點是 Table 類型的賠率表格，下方的 2 個 Text 類型 date 和 time 節點是日期和時間。

➲ 豆瓣電影的熱門影片

douban_movies_more.txt

豆瓣電影的熱門影片是使用表格方式來顯示影片劇照清單，其網址如下所示：

⁂ https://movie.douban.com/explore#!type=movie&tag=%E7%83%AD%E9%97%A8&sort=recommend&page_limit=20&page_start=0

上述網頁是使用巢狀 <div> 標籤來顯示表格形式的影片清單，這是一個「更多」按鈕巡覽的網站，所以，網站地圖是使用 Element click 類型 items 節點來爬取每一部影片的記錄，2 個 Text 類型 title 和 score 節點是名稱和分數，cover 節點是 Image 類型的劇照圖片，其網站地圖如右圖所示：

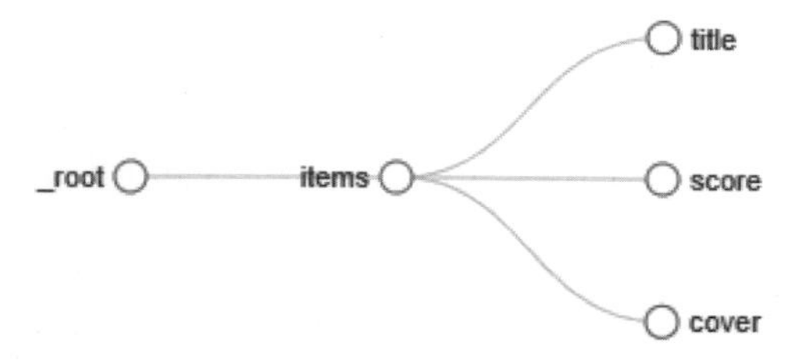

➲ 全國電子的各區門市資料

elifemall_shop.txt

在全國電子的官方網站可以查詢各縣市的門市資料，其網址如下所示：

⁂ https://www.elifemall.com.tw/allnewweb/store.php?depno=02

郵遞區號	門市編號	門市	住址	電話	營業時間	地圖	Google
100	02193	Digital City-和平店	台北市中正區和平西路一段20號	02-23658868	上午11:00 晚上10:00	查看	
100	02136	新生南門市	台北市中正區新生南路一段102號	02-23583578	上午11:00 晚上10:00	查看	
103	02022	重慶門市	台北市大同區重慶北路二段100-106號	02-25536335	上午11:00 晚上10:00	查看	
103	02002	酒泉門市	台北市大同區酒泉街111、113、115號	02-25997278	上午11:00 晚上10:00	查看	

上述網頁是 HTML 表格的分頁資料，我們可以使用 Web Scraper 的 URL 參數範圍來爬取全國各區的門市資料，如下所示：

```
https://www.elifemall.com.tw/allnewweb/store.php?depno=[02-08]
```

上述參數範圍是第 2~8 頁的門市資料，網站地圖是使用 Table 類型的 shops 節點來爬取 HTML 表格資料，其網站地圖如下圖所示：

➲ 搜尋美國加州資深專案經理工作

indeed_senior_pm.txt

在 Indeed 網站可以搜尋美國的工作機會，其網址如下所示：

⁂ https://www.indeed.com/q-senior-project-manager-l-Los-Angeles,-CA-jobs.html

上述網頁是加州資深專案經理工作的搜尋結果，搜尋結果是頁碼和下一頁超連結的分頁網站，在網站地圖是使用下一頁鈕來爬取所有工作的分頁資料，其網站地圖如下圖所示：

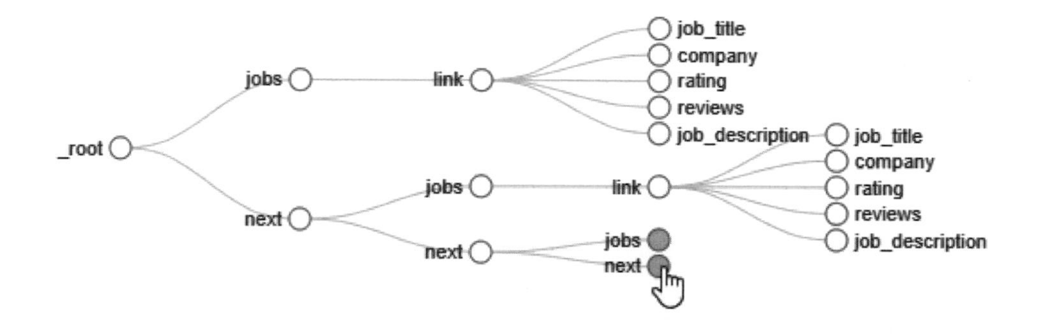

上述 jobs 節點是 Element 類型，next 節點是下一頁的 Link 類型，其父節點都是 2 個 **_root,next**，Element 類型的記錄只有 1 個欄位的 Link 類型的 link 節點，可以切換至詳細頁面來爬取工作的所需資訊。

➲ iTunes Preview 的熱門 Apps 清單

itunes_app_store.txt

Apple 公司網站可以檢視 iTunes Preview 的熱門 Apps 清單，其網址如下所示：

⁂ https://apps.apple.com/tw/genre/ios/id36

上述網頁是多層分類目錄的超連結，在點選後，可以檢視各分類下的熱門 Apps，再點選 App 名稱，即可看到 App 的詳細資料，網站地圖是使用階層目錄方式來爬取所有 Apps 資料，其網站地圖如右圖所示：

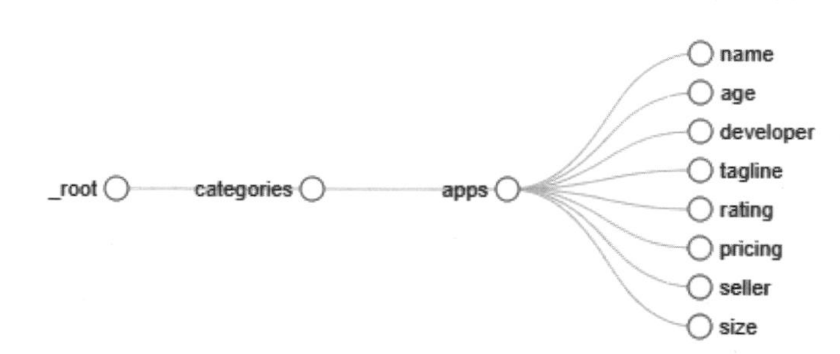

上述 categories 節點是 Link 類型的第 1 層目錄；apps 節點是 Link 類型的第 2 層目錄，然後是在 App 詳細頁面爬取的應用程式資訊。

➲ 爬取 NBA 球員資料

nba_gsw.txt、nba_all.txt

在 Basketball Reference 網站可以查詢 NBA 球員資料，如下所示：

⁂ https://www.basketball-reference.com/teams/GSW/2018.html

上述網頁使用 HTML 表格顯示 NBA 勇士隊 2018 年的球員資料，網站地圖：nba_gsw.txt 是使用 Table 類型 roster 節點來爬取 HTML 表格資料，其網站地圖如下所示：

網站地圖：nba_all.txt 可以爬取所有 NBA 球隊的球員資料，其網址如下所示：

⁂ https://www.basketball-reference.com/

上述網頁是清單和詳細的巡覽結構，在目錄頁是以表格顯示 NBA 球隊的超連結清單，點選超連結，會顯示該 NBA 球隊的球員表格資料，其網站地圖如下所示：

上述 teams 節點是 Link 類型的多筆超連結，member 節點是 Table 類型的球員表格資料。

➲ 爬取 Paperswithcode 論文資料

paperswithcode.txt

在 Paperswithcode 網站可以搜尋包含程式碼的相關論文資料，其網址如下所示：

⁂ https://paperswithcode.com/greatest

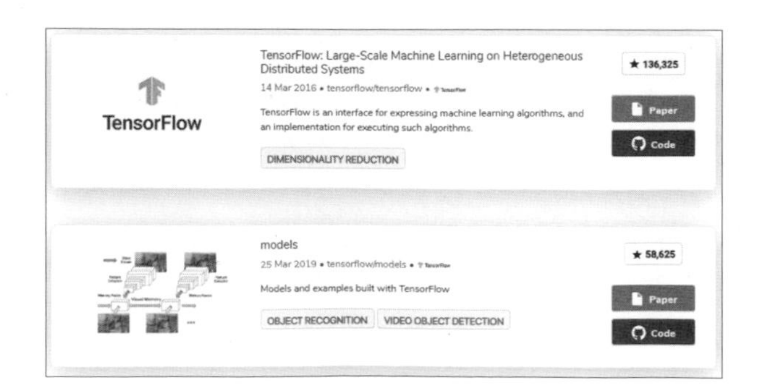

上述網頁是 <div> 標籤的論文清單，這是一個捲動頁面巡覽的網站，網站地圖是使用 Element scroll down 類型的 papers_scroll 節點來爬取每一篇論文記錄，3 個 Text 類型的 title、date 和 keyword 節點分別擷取名稱、日期和關鍵字，其網站地圖如下圖所示：

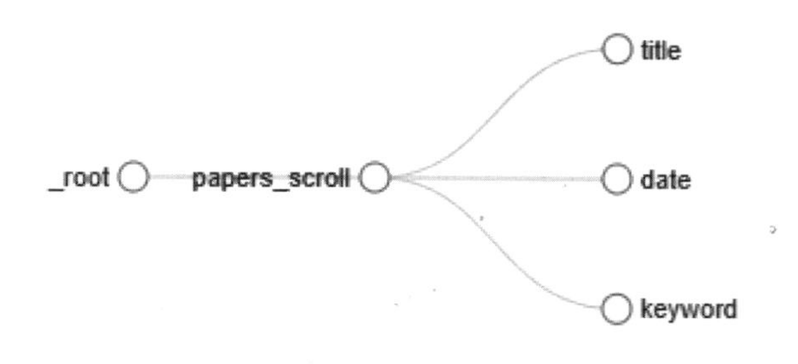

➲ 網路的美食資訊和活動

網路美食資訊的 Web Scraper 網站地圖說明，如下表所示：

網站地圖	說明
tokyo_foods.txt	美食餐廳地圖（東京美食資訊），使用的是頁碼分頁的資料爬取
yelp_events_nyc.txt	Yelp 網站的 New York 美食活動清單，這是下一頁的分頁資料爬取

➲ 國內各城市的空氣品質和天氣資訊

空氣品質和天氣資訊的 Web Scraper 網站地圖說明，如下表所示：

網站地圖	說明
taiwan_pm25.txt	行政院環保署的 PM 2.5 資料，這是 HTML 表格資料
taiwan_weather.txt	中央氣象局的天氣資訊，可以使用超連結來爬取各城市的天氣資訊
yahoo_weather.txt	Yahoo 網站的天氣資訊

8-2 爬取新聞和 BBS 貼文

在書附範例的「Ch08\news」目錄下提供 10 個網路爬蟲的網站地圖，可以讓 Web Scraper 爬取國內外線上新聞和 PTT 的 BBS 貼文。

➲ 國內外線上新聞

基本上，國內外線上新聞都是清單和詳細頁面的巡覽結構，清單是新聞標題的項目清單，點選項目才會顯示詳細的新聞頁面。Web Scraper 有兩種方式來爬取新聞資料，如下所示：

- **不需爬取清單頁面的項目資料**：我們可以直接使用 Link 類型巡覽至詳細頁面來擷取新聞資料，例如：bbc_business.txt，如下圖所示：

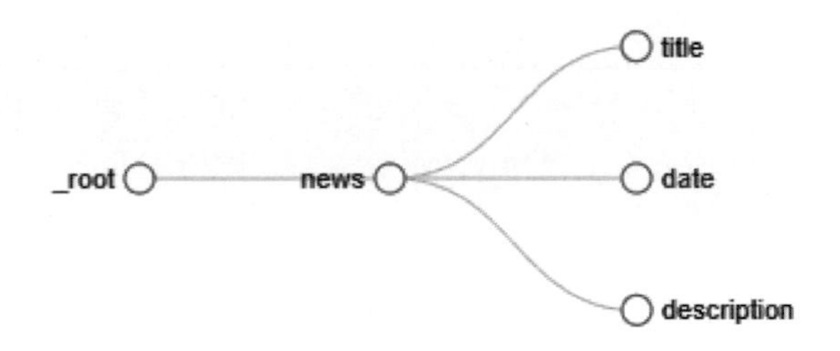

- **需要爬取清單頁面的項目資料**：首先使用 Element 類型爬取每一個項目的記錄，如果需要爬取詳細頁面，欄位中會有一個 Link 類型，可以巡覽至詳細頁面來擷取資料，例如：chinatimes.txt，如下圖所示：

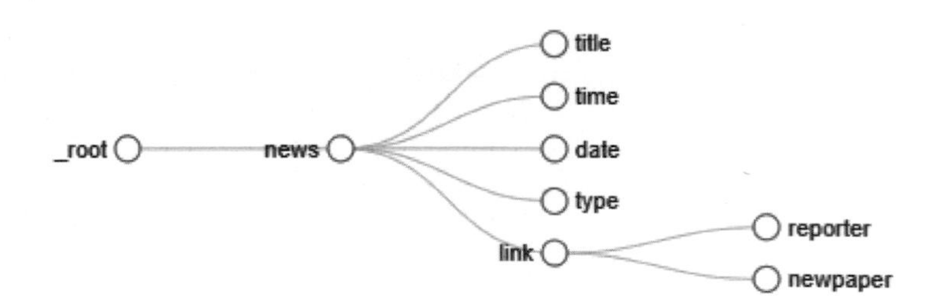

國內外線上新聞如果是分頁資料，我們可以使用 URL 參數範圍、頁碼 / 下一頁按鈕、更多按鈕和捲動頁面巡覽等多種方式來爬取分頁的新聞資料。例如：在財訊快報的新聞標籤共分成六大類新聞，如下所示：

⁂ http://www.investor.com.tw/onlineNews/NewsList2.asp?UnitXsub=002&UnitX=01

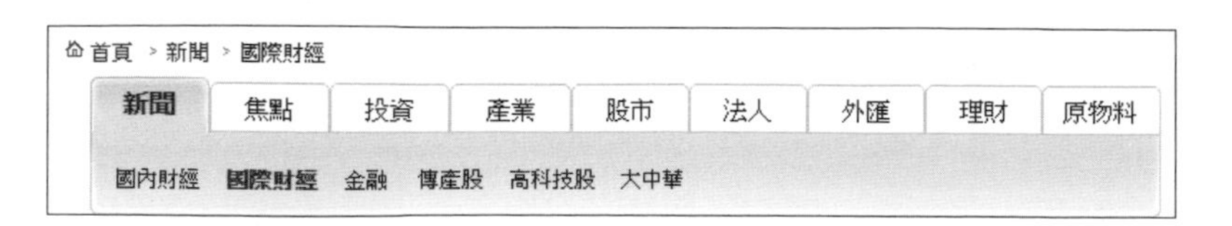

上述分類如同一種頁碼分頁，我們一樣是使用頁碼分頁巡覽方式來爬取各分類的新聞資料，例如：investor_news.txt，其網站地圖如下圖所示：

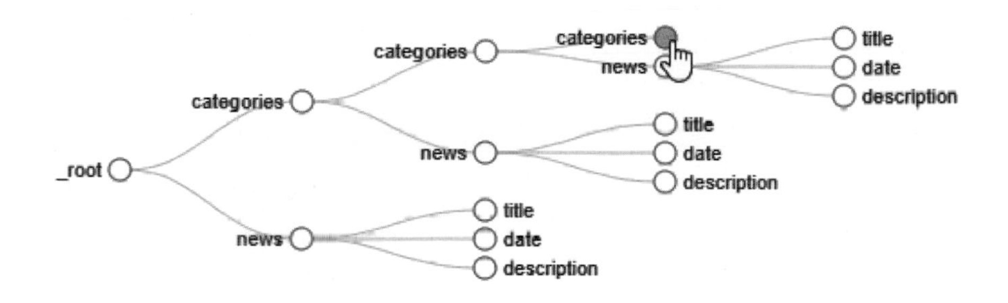

國內外線上新聞的 Web Scraper 網站地圖說明，如下表所示：

網站地圖	說明
bbc_business.txt	BBC 金融財經新聞，這是清單和詳細頁面資料（沒有分頁）
chinatimes.txt	中時電子報的新聞總覽，這是參數範圍的分頁新聞資料
cna_business.txt	中央通訊社的財經新聞，這是「更多」按鈕的分頁新聞資料
cnyes_news.txt	鉅亨網的即時頭條新聞，這是捲動頁面巡覽的分頁新聞資料
ettoday_scroll.txt	ETToday 新聞雲的新聞總覽，這是捲動頁面巡覽的分頁新聞資料
investor_news.txt	財訊快報的新聞資料，使用類似頁碼分頁方式來爬取每一分類的新聞資料
ltn_breakingnews.txt	自由時報的即時新聞總覽，這是下一頁鈕分頁的新聞資料（因為頁碼分頁會選取到目前頁，所以不能使用頁碼）
udn_breaknews.txt	聯合新聞網的即時新聞總覽，地圖只爬取第 1 頁新聞資料（因為聯合新聞網的捲動頁面巡覽會無止境的顯示更多新聞資料）

在網路上可以找到更多的線上新聞網站，其網址如下所示：

```
https://www.forbes.com/business/#126ddb17535f
https://www.cnbc.com/world/?region=world
https://www.bloomberg.com/asia
https://www.businessinsider.com/
https://www.marketwatch.com/
https://www.entrepreneur.com/
https://cn.wsj.com/zh-hant
https://www.ft.com/
```

➲ PTT 的 BBS 貼文

批踢踢 PTT BBS 是國內著名的 BBS 討論空間，其很多討論版都有網站內容分級規定，在進入前會詢問是否年滿 18 歲，例如：PTT BBS 的 Gossiping 版，如下所示：

⁂ https://www.ptt.cc/bbs/Gossiping/index.html

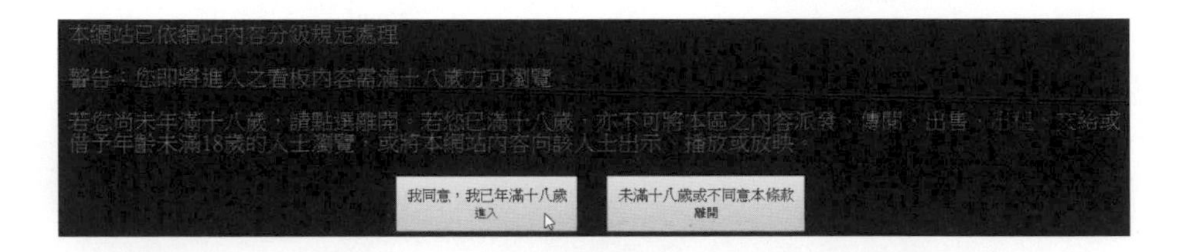

上圖中需按下**我同意，我已年滿十八歲 進入**鈕才能進入網頁，PTT BBS 是使用 Cookie 儲存是否年滿十八歲。Web Scraper 只需先瀏覽一次（儲存好 Cookie），就可以成功爬取 PTT BBS 的 Gossiping 版，如下圖所示：

上述 Gossiping 版的分頁 BBS 貼文是 **< 上頁**鈕，如同下一頁鈕的分頁巡覽，我們一樣是使用下一頁鈕來爬取 BBS 的分頁貼文資料，其網站地圖如下圖所示：

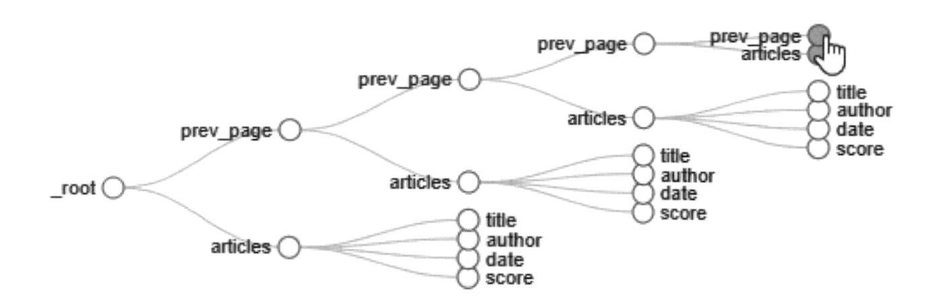

上述 articles 節點是 Element 類型的貼文記錄，pre_page 節點是 Link 類型的上一頁，其父節點都是 2 個 **_root,pre_page**，Element 類型的記錄就是貼文的標題、作者、日期和分數。

說 明

PTT 的 BBS 分頁貼文的 **< 上頁**鈕是一個 <a> 超連結，在爬取過程中，點選 **refresh**，可以馬上看到目前已經擷取到的表格資料，如下圖所示：

請注意！因為 PTT 的 BBS 文章太多，如果覺得資料已經足夠，我們可以自行關閉 Web Scraper 開啟的網頁巡覽視窗來手動中斷資料爬取（AJAX 分頁、更多按鈕和捲動頁面無法手動中斷 Web Scraper 資料爬取）。

PTT 的 BBS 貼文的 Web Scraper 網站地圖說明，如下表所示：

網站地圖	說明
ptt_beauty.txt	PTT Beauty 版的 BBS 貼文，除了清單項目外，還會進入貼文擷取貼文的圖片超連結
ptt_gossiping.txt	PTT Gossiping 版的 BBS 貼文

8-3 爬取網路商店商品資料、暢銷產品、評論等資料

在書附範例的「Ch08\e-commerce」目錄下提供 8 個網路爬蟲的網站地圖，可以讓 Web Scraper 爬取國內外網路商店的商品資料、暢銷產品和商品的評論資料，例如：Amazon、Walmart、Momoshop、Booking 和 PChome 等。

➲ 國內外網路商店的商品資料

國內外的網路商店都會提供搜尋功能，可以輸入關鍵字來搜尋商品資料，這些搜尋結果的商品資料大多是分頁資料，我們可以使用 URL 參數範圍、頁碼 / 下一頁按鈕、更多按鈕和捲動頁面巡覽等多種方式來爬取分頁的商品資料。

一般來說，目錄階層的網站結構，各層選項都是相同的 Link 類型節點，但有少數網路商店並非如此，例如：英國 boohoo 網站的男鞋和女鞋，其第 2 層目錄是不同 Link 類型的節點，如下所示：

⁂ https://www.boohoo.com/

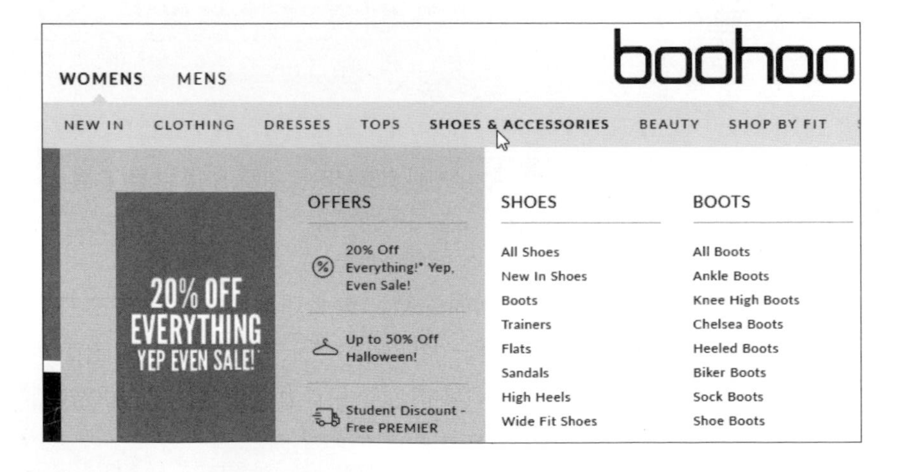

上述網站的第 1 層選單有 **WOMENS** 和 **MENS** 兩大分類，首先是 WOMENS 女鞋的第 2 層選單 NEW IN、CLOTHING、DRESSES、TOPS、SHOES&ACCESSORIES、BEAUTY 及 SHOP BY FIT，然後是 MENS 男鞋的第 2 層選單，如下圖所示：

上圖的第 2 層選單是 NEW IN、CLOTHING、MAN、TOPS、SHOES&ACCESSORIES、BIG&TALL、HIGHTS 及 SALE。在實務上，網站有兩層選單，本來只需 2 個 Link 類型的節點，但是因為女鞋和男鞋選項的 CSS 選擇器不同，在第 2 層需要 2 個 Link 類型的 w_menu 和 m_menu 節點，其網站地圖如下圖所示：

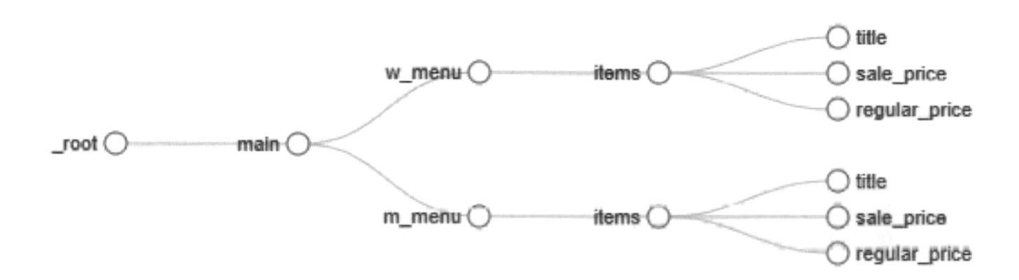

上述 main 節點是第 1 層選單，w_menu 和 m_menu 節點分別是女鞋和男鞋的第 2 層選單，這三個節點都是 Link 類型，items 節點是 Element 類型的商品記錄，**請注意！**上述節點圖形有 2 個同名的 items 節點，這個 items 節點有 2 個父節點 **w_menu,m_menu**，如下圖所示：

_root / main / w_menu

ID	Selector	type	Multiple	Parent selectors
items	li.grid-tile	SelectorElement	yes	w_menu, m_menu

Add new selector

換句話說，當完成 w_menu、items 和 3 個子節點這 1 條節點流程的建立，在新增第 2 條的 m_menu 節點後，我們只需要切換至 items 節點，新增 m_menu 的父節點，就可以馬上完成網站地圖的建立。

國內外網路商店商品資料的 Web Scraper 網站地圖說明，如下表所示：

網站地圖	說明
walmart_light_bulbs.txt	Walmart 的 Light Bulbs 燈泡商品資料，這是 AJAX 分頁的商品資料
momoshop_ajax.txt	富邦 Momo 的 Python 圖書資料，這是 AJAX 分頁的商品資料
pchome_python.txt	PChome 的 Python 圖書資料，這是捲動頁面巡覽的商品資料
used_toyota_avalon_hybrid.txt	Car.com 網站的二手車資料，這是 AJAX 分頁的二手車資料
booking_next.txt	Booking.com 網站的台北市旅館資料，這是下一頁鈕的分頁資料
boohoo.txt	英國 boohoo 網站男鞋和女鞋的商品資料，這是目錄階層結構的商品資料

➲ Amazon 寵物用品的暢銷產品

amazon_pet_bestsellers.txt

Amazon 網站每小時都會更新暢銷產品清單，我們準備爬取寵物用品的暢銷產品清單，其 URL 網址如下所示：

⁂ https://www.amazon.com/Best-Sellers-Pet-Supplies/zgbs/pet-supplies/ref=zg_bs_nav_0

上述網頁使用巢狀 <div> 標籤建立成表格形式的網頁，在每一格的左上角是銷售排名，這是頁碼和下一頁鈕巡覽的分頁網站，其網站地圖如下圖所示：

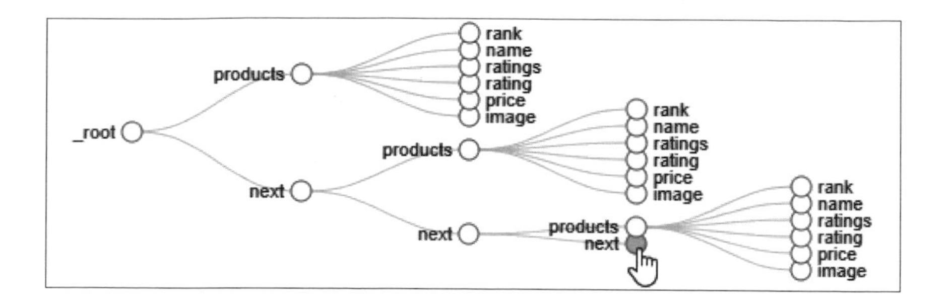

上述 products 節點是 Element 類型，next 節點是下一頁的 Link 類型，其父節點都是 2 個 **_root,next**，Element 類型的記錄有多個欄位。

➲ Amazon 商品的評論資料

amazon_iphone_reviews.txt

Amazon 網站的商品都有評論資料，我們準備爬取 Apple iPhone XR Fully Unlocked (Renewed) 商品的評論資料，其 URL 網址如下所示：

⁂ https://www.amazon.com/Apple-iPhone-XR-64GB-Red/product-reviews/B07P6Y8L3F/ref=cm_cr_dp_d_show_all_btm?ie=UTF8&reviewerType=all_reviews

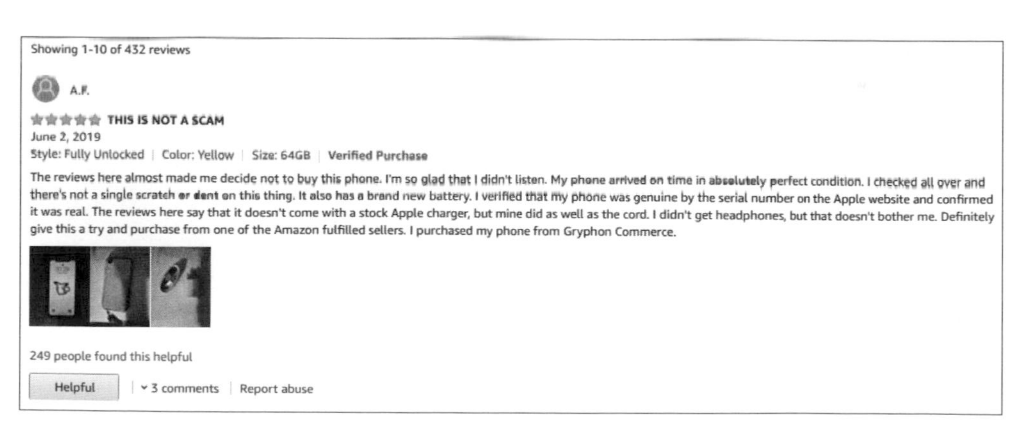

上述網頁評論資料是 <div> 標籤建立的清單，以此例共有 432 筆評論，這是下一頁鈕巡覽的分頁網站，其網站地圖如下圖所示：

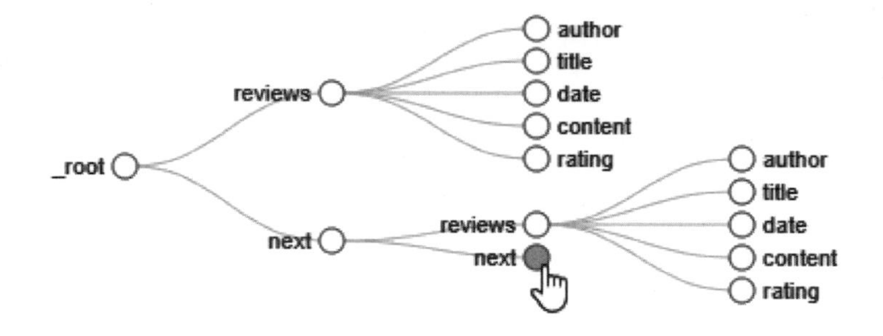

上述 reviews 節點是 Element 類型，next 節點是下一頁的 Link 類型，其父節點都是 2 個 **_root,next**，Element 類型的記錄有多個欄位。

8-4 爬取股票指數、匯率等金融數據

在書附範例的「Ch08\stock」目錄下提供 15 個網路爬蟲的網站地圖，可以用 Web Scraper 爬取股市、期貨、匯率和虛擬貨幣等各種金融數據。

網頁的金融數據大多是 HTML 表格資料（而且沒有分頁），我們可以用 Web Scraper 擴充功能的 Table 或 Element 類型，來爬取表格形式的金融數據。

➲ 使用 Table 類型爬取的金融數據 global_indices.txt

當金融數據表格是標準 HTML 表格時，Web Scraper 可以使用 Table 類型來爬取表格資料。網站地圖：global_indices.txt 是爬取 Money Control 網站的全球股票指數，如下所示：

⁂ https://www.moneycontrol.com/markets/global-indices/

Name	Current Value	Change	%Change	Open	High	Low	Prev.Close	5 DAY Perf.
US MARKETS								
NASDAQ (Oct 24)	8,146.33	26.54	0.33	8180.04	8180.49	8137.66	8119.79	
EUROPEAN MARKETS								
FTSE (Oct 24)	7,328.94	68.20	0.94	7260.74	7338.87	7255.46	7260.74	
CAC (Oct 24)	5,666.29	12.85	0.23	5678.26	5691.50	5659.95	5653.44	
DAX (Oct 24)	12,860.82	62.63	0.49	12860.63	12914.24	12820.67	12798.19	
ASIAN MARKETS								
SGX NIFTY (Oct 24)	11,613.50	-2.00	-0.02	11620.00	11641.00	11602.00	11615.50	

上述網頁是 HTML 表格，標題列沒有問題，但資料列中有些列是全球股市的各地區股市，例如：US MARKETS、EUROPEN MARKETS、ASIAN MARKETS。所以，我們需要自行指定資料列的 CSS 選擇器字串，如下圖所示：

Id	indices
Type	Table ▼
Selector	Select / Element preview / Data preview / table.tbl_scroll_resp
Header row selector	Select / Element preview / thead tr
Data rows selector	Select / Element preview / tr:nth-of-type(2), tr:nth-of-type(4), tr:nth-of-type(5), tr:nth-of-type(6), tr:nth-of-type(n+8)

上圖 **Data rows selector** 欄位是使用 CSS 群組選擇器「,」逗號，只選擇是股票指數資訊的資料列，如下所示：

```
tr:nth-of-type(2), tr:nth-of-type(4), tr:nth-of-type(5), tr:nth-of-type(6),
tr:nth-of-type(n+8)
```

上述 CSS 選擇器選擇第 2 列、第 4 ～ 6 列和第 8 列之後的表格資料列。網站地圖：broker_branch_all.txt 是爬取台灣證券交易所證券商的所有分行資訊，其網址如下所示：

⁂ https://www.twse.com.tw/zh/brokerService/brokerServiceAudit

總公司合計：73家　分公司合計：819家　檔案下載

證券商代號	證券商名稱	開業日	地址	電話	分公司
1020	合庫	100/12/02	台北市大安區忠孝東路四段325號2樓(部分)、經紀部複委託科地址：台北市松山區長安東路二段225號5樓	02-27319987	明細
1030	土銀	51/02/09	台北市延平南路八十一號	02-23483948	明細
1040	臺銀證券	97/01/02	台北市重慶南路1段58號4樓、5樓部分	02-23882188	明細
1110	台灣企銀	65/07/01	台北市塔城街30號4樓	02-25597171	明細
1160	日盛	50/12/08	台北市南京東路2段111號3樓及5、6、7、8、12、13樓部分	02-25048888	明細

上述網頁使用 HTML 表格顯示所有證券商的資料，在**分公司**欄是一個超連結，點選**明細**超連結，可以顯示該證券商的所有分行資料，我們只需使用 Link 類型爬取所有券商的**明細**超連結（多筆），就可以巡覽至分行頁面爬取所有分行資料，其網站地圖如下圖所示：

_root ○── branch_link ○──── ○ table

上述 branch_link 節點是 Link 類型的多筆超連結，table 節點是 Table 類型，可以爬取各證券商所有分行的表格資料。

使用 Table 類型節點爬取金融數據的 Web Scraper 網站地圖說明，如下表所示：

網站地圖	說明
us_exchange_rate.txt	中央銀行新臺幣 / 美元銀行間收盤匯率，這是下一頁鈕的分頁資料
global_indices.txt	Money Control 網站的全球股票指數
yahoo_world_indices.txt	Yahoo Finance 網站的全球股票指數
yahoo_stock_major.txt	Yahoo 台積電個股當日主力進出資料
broker_company_list.txt	台灣證券交易所的證券商資訊
broker_branch_1020.txt	台灣證券交易所合庫證券商的分行資訊
broker_branch_all.txt	台灣證券交易所證券商的所有分行資訊
coingecko.txt	CoinGecko 網站各種虛擬貨幣的美金匯率
broker_buy_trading.txt	富邦證券的券商分點買超明細查詢
broker_sell_trading.txt	富邦證券的券商分點賣超明細查詢
public_bank_over_bought.txt	HiStock 嗨投資理財社團的八大官股銀行合計買超排名
public_bank_over_sold.txt	HiStock 嗨投資理財社團的八大官股銀行合計賣超排名
talfex_top10.txt	台灣期貨交易所股票期貨成交量前 10 大統計資料

使用 Element 類型爬取的金融數據

當金融數據是巢狀 <div> 標籤組成的表格形式，或是 Table 類型無法爬取的 HTML 表格，Web Scraper 可以改用 Element 類型來爬取表格資料。網站地圖：tw_bank_exchange_rate.txt 是爬取台灣銀行的牌告匯率，如下所示：

⁂ https://rate.bot.com.tw/xrt?Lang=zh-TW

幣別	現金匯率		即期匯率		遠期匯率	歷史匯率
	本行買入	本行賣出	本行買入	本行賣出		
美金 (USD)	30.175	30.845	30.525	30.625	查詢	查詢
港幣 (HKD)	3.744	3.948	3.87	3.93	查詢	查詢
英鎊 (GBP)	38.23	40.35	39.23	39.65	查詢	查詢
澳幣 (AUD)	20.52	21.3	20.79	21.02	查詢	查詢
加拿大幣 (CAD)	22.88	23.79	23.27	23.49	查詢	查詢
新加坡幣 (SGD)	21.86	22.77	22.35	22.53	查詢	查詢
瑞士法郎 (CHF)	30.05	31.25	30.71	31	查詢	查詢

上述網頁是 HTML 表格，不過標題列不只一列，Table 類型只能抓到**現金匯率**和**即期匯率**欄位，無法抓到之下的**本行買入**和**本行賣出**欄位，所以，我們需要改用 Element 類型來爬取 HTML 表格，其網站地圖如下圖所示：

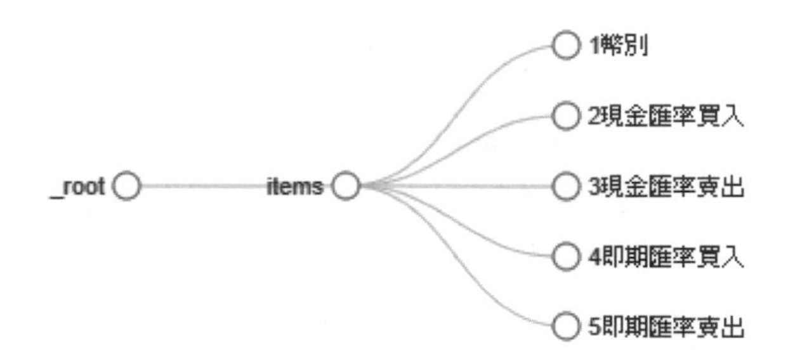

上述 items 節點是 HTML 表格每一列的記錄，記錄的欄位就是儲存格。

網站地圖：bitfinex.txt 是爬取 BITFINEX 網站各種虛擬貨幣的匯率，其 URL 網址如下所示：

⁂ https://www.bitfinex.com/

USD EUR GBP JPY BTC ETH EOS XLM DAI USDt XCHF CNHt DERIVATIVES

SYMBOL	LAST PRICE	24H CHANGE	24H HIGH	24H LOW	24H VOLUME
BTC/USD	7,461.9	-0.4%	7,545.0	7,333.4	56,362,020 USD
ETH/USD	162.24	1.6%	164.36	153.21	20,374,701 USD
XRP/USD	0.27576	2.0%	0.27914	0.25012	7,891,992 USD
EOS/USD	2.7485	0.5%	2.7840	2.5322	5,553,413 USD
USDt/USD	1.0039	0.1%	1.0040	1.0023	3,612,121 USD
BCH/USD	213.94	2.3%	216.55	196.56	3,515,560 USD
LTC/USD	49.907	1.5%	50.547	47.160	3,340,188 USD
BSV/USD	105.32	10.3%	109.12	92.800	1,760,910 USD

上述網頁看起來像是 HTML 表格，事實上，這是巢狀 <div> 標籤所建立的表格形式，因為不是 HTML 表格，我們需要使用 Element 類型來爬取此表格形式的資料，其網站地圖如下圖所示：

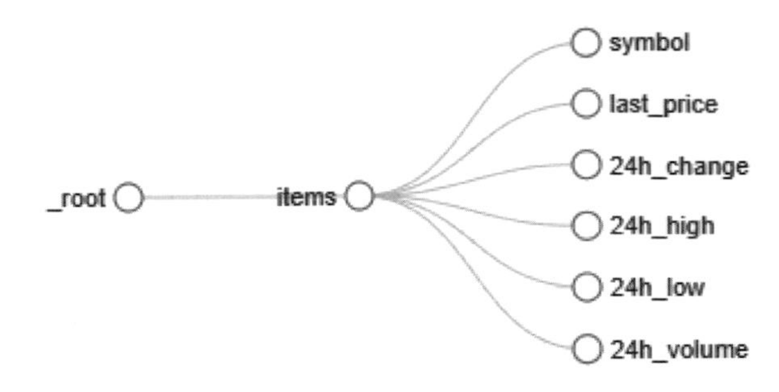

上述 items 節點是 Element 類型的記錄，即每一列，其欄位是 6 個 Text 類型的節點，這就是每一列的欄位。

使用 Element 類型的節點爬取金融數據的 Web Scraper 網站地圖，如下表所示：

網站地圖	說明
tw_bank_exchange_rate.txt	台灣銀行的牌告匯率
bitfinex.txt	BITFINEX 網站各種虛擬貨幣的匯率

memo

9
CHAPTER

認識網頁技術及 Excel VBA 網路爬蟲

9-1 網頁技術與 JavaScript

Excel VBA 爬蟲程式是從 HTML 網頁中擷取資料，所以我們得先了解這些網頁是如何產生的，亦即使用哪種網頁技術，這樣才能擬定建立 Excel VBA 爬蟲程式的爬蟲策略。

網頁設計就是一種程式設計，不同於桌上型應用程式，網頁設計建立的程式是為了產生 HTML 標籤，然後在瀏覽器顯示網頁內容，這並不是在 Windows 作業系統上執行的應用程式。

9-1-1 認識網頁技術

基本上，使用 HTML 標示語言建立的網頁內容只是一種靜態內容，並無法與使用者進行互動或產生動態網頁，一般來說，Web 網站需要搭配網頁技術才能建立互動和動態網頁，依執行位置可分為：客戶端和伺服端網頁技術。

➲ 客戶端網頁技術

客戶端網頁技術是指程式碼或標籤碼是在使用者客戶端電腦的瀏覽器執行，因為瀏覽器內建直譯器，所以，可以執行客戶端網頁技術，如下圖所示：

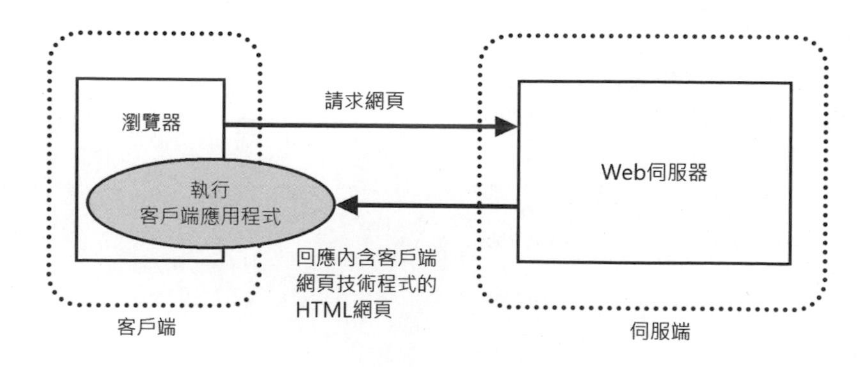

上述瀏覽器向 Web 伺服器請求網頁後，Web 伺服器會將 HTML 網頁和相關客戶端網頁技術的檔案下載至瀏覽器的電腦，然後在瀏覽器執行應用程式。常用客

戶端網頁技術有：Java Applet、JavaScript、ActionScript、Flash、VBScript、DHTML、Ajax 和 Silverlight 等。

對於網路爬蟲來說，客戶端網頁技術最重要的是 JavaScript，我們需要判斷瀏覽器執行 JavaScript 程式後，是否會影響我們欲爬取的目標資料，然後才能擬定爬蟲策略來擷取所需的資料。

➲ 伺服端網頁技術

伺服端網頁技術建立的程式不是在讀者電腦的瀏覽器執行，而是在透過 Internet 連接的 Web 伺服器電腦上執行，如下圖所示：

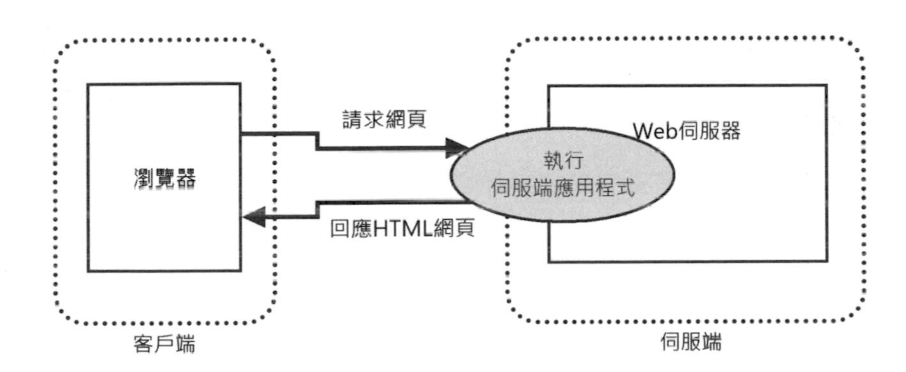

上述圖例的網頁程式是在伺服端執行，傳回至客戶端的執行結果是靜態 HTML 網頁（可能包含客戶端網頁技術）。常用的伺服端網頁技術有：CGI、ASP、ASP.NET、JSP、Python、Node.js 和 PHP 等。

對於網路爬蟲來說，伺服端使用哪一種技術並不重要，我們只需找出目標資料所在網頁的 URL 網址和所需參數，就可以取得爬取資料的網頁內容，即目標資料所在的網頁。

9-1-2 JavaScript 語言

JavaScript 原名 LiveScript，這是 Netscape Communication Corporation（網景公司）於 1995 年在 Netscape 2.0 版正式發表的腳本語言，提供該公司瀏覽器產品 Netscape Navigator 開發互動網頁的功能。

隨著多年的發展，JavaScript 已經成為目前瀏覽器最普遍支援的腳本語言，各大瀏覽器 Internet Explorer（Edge）、Chrome、Firefox 等都支援 JavaScript。

➲ JavaScript 的基本功能

JavaScript 對於 HTML 網頁提供的功能，如下所示：

- **動態網頁內容**：JavaScript 可以輸出 HTML 標籤，和使用程式碼來更改輸出內容，輕鬆建立動態網頁內容。
- **更改 HTML 標籤的樣式和屬性**：對於 HTML 標籤的屬性和 CSS 樣式，JavaScript 可以取得屬性和樣式值，並且動態更改其值。
- **表單驗證和送出**：JavaScript 能夠撰寫程式碼在 HTML 表單資料送出到伺服器前，驗證使用者輸入的資料是否正確，建立客戶端表單欄位驗證的規則。
- **處理網頁或 HTML 標籤的事件**：JavaScript 能夠建立 HTML 網頁或標籤的事件處理，例如：當 HTML 網頁載入完成、按下按鈕或超連結等 HTML 標籤的事件。
- **建立 Web 應用程式**：JavaScript 是客戶端的腳本語言，可以在主從架構應用程式建立客戶端應用程式，搭配伺服端技術的應用程式來建構完整 Web 基礎的應用程式平台。

➲ HTML、CSS 與 JavaScript

第一章我們已經介紹過 HTML 和 CSS，加上本節的 JavaScript 後，這就是瀏覽器產生網頁內容的鐵三角，如右圖所示：

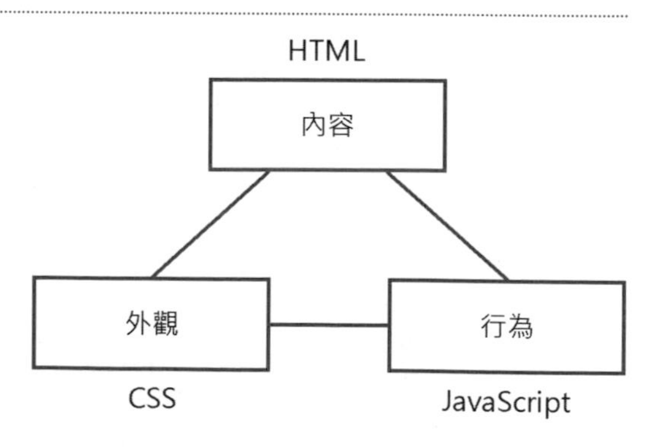

我們可以將網頁分成內容、外觀和行為，HTML 是建立內容、CSS 則是格式化內容來顯示外觀，而 JavaScript 則是建立網頁行為的動態內容（更新一步就是能夠與使用者互動的互動網頁）。

我們可以想像從 Web 伺服器回傳資料（HTML 標籤），這是一位素顏的網紅，瀏覽器依據 CSS 替網紅化上妝後，成為我們在網路上認識的網紅，最後使用 JavaScript 美顏後，就是一位當紅的網紅。

以網路爬蟲而言，我們需要的是位在 HTML 標籤中的資料，CSS 的外觀並不會影響 HTML 標籤中的資料，問題是 JavaScript 的功能是建立動態內容，可以在客戶端更改 HTML 標籤，換句話說，當執行 JavaScript 後，如果更改的 HTML 標籤就是目標資料，當然就會影響我們擬定的 Excel VBA 爬蟲策略。

請注意！第一篇的 Web Scraper 擴充功能因為能夠完整執行 JavaScript，所以從 Web Scraper 看到的網頁內容就是瀏覽器顯示的內容，Excel VBA 或其他 Python、R 或 Node.js 等程式語言建立的爬蟲程式，如果不能完整執行 JavaScript 程式碼，我們從爬蟲程式送出 HTTP 請求所回應的網頁內容，和瀏覽器看到的網頁內容有可能會有差異，在第 9-2 節筆者將使用一個簡單實例來說明之間的差異。

9-1-3 Quick JavaScript Switcher 擴充功能

在 Google Chrome 瀏覽器可以新增 Quick JavaScript Switcher 擴充功能，讓我們快速切換執行 JavaScript 來檢視執行 JavaScript 程式是否會影響到我們欲爬取的目標資料。

➲ 安裝 Quick JavaScript Switcher

要在 Chrome 瀏覽器中安裝 Quick JavaScript Switcher，需要進入「Chrome 線上應用程式商店」，其步驟如下所示：

1. 請啟動 Chrome 瀏覽器輸入下列網址，進入「Chrome 線上應用程式商店」，如下所示：

⁂ https://chrome.google.com/webstore/

2. 在左上方欄位輸入 **JavaScript Switcher** 後，按下 Enter 鍵搜尋商店，可以在右邊看到搜尋結果，第 1 個就是 Quick JavaScript Switcher，請按下**加到 Chrome** 鈕，即會看到權限說明對話視窗，請按下**新增擴充功能**鈕。

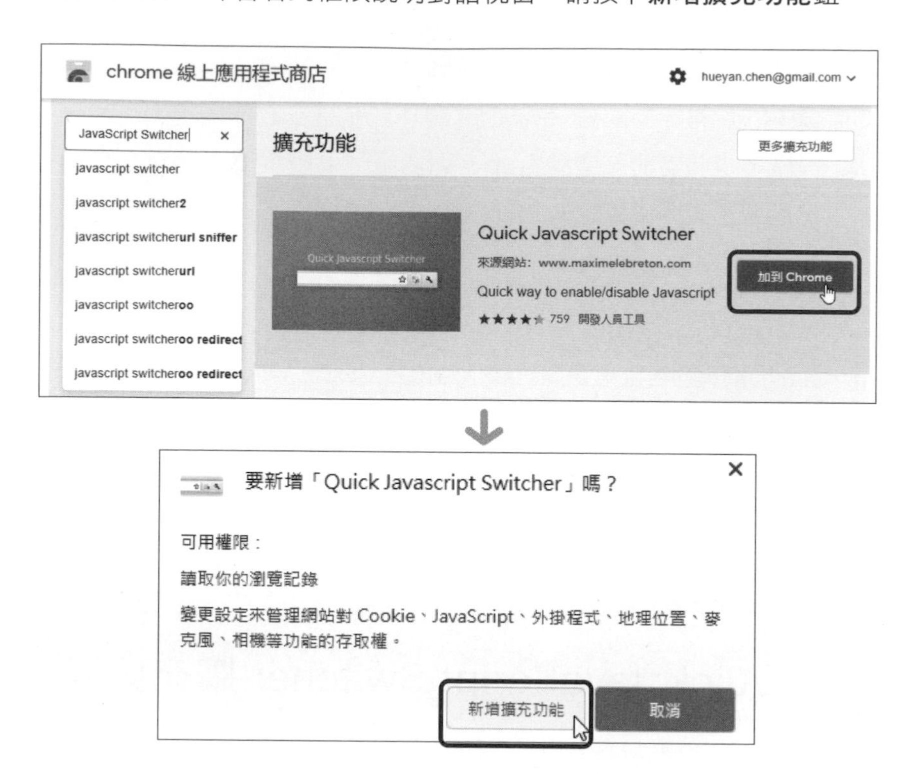

3. 按下**新增擴充功能**鈕後，即可安裝 Quick JavaScript Switcher，稍待一會兒，就會看到已經在工具列新增擴充功能的圖示，如下圖所示：

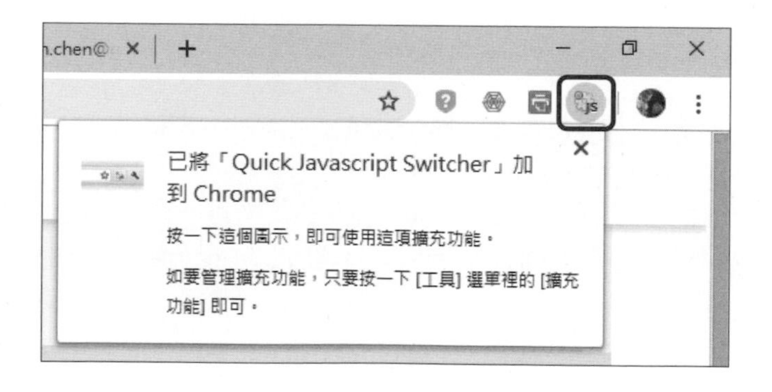

➲ 使用 Quick JavaScript Switcher

在 Chrome 成功新增 Quick JavaScript Switcher 擴充功能後，就可以使用 Quick JavaScript Switcher 來切換執行 JavaScript，例如：本書測試網址是使用 JavaScript 在客戶端產生 HTML 網頁內容，其 URL 網址如下所示：

⁂ https://fchart.github.io/books.html

上述網頁內容顯示圖書清單，在右上方工具列可以看到 Quick JavaScript Switcher 的 JS 圖示，在圖示的左上角有一個小綠點，這是會執行 JavaScript 的開啟狀態，請點選圖示，就會切換成圖示左下角有小紅點的圖示，即關閉執行 JavaScript，接著會看到圖書清單也不見了，如下圖所示：

看出來了嗎！如果我們欲爬取的資料就是這些圖書清單，因為這些 HTML 標籤是執行 JavaScript 後才產生的網頁內容，如果在爬取時無法完整執行 JavaScript 程式，就無法爬取到這些清單項目，因為它根本不存在從伺服端回傳的原始程式碼之中。

請再次點選工具列的 JS 圖示，可以開啟執行 JavaScript，同時圖示改為左上角有一個小綠點的圖示（綠色是開啟；紅色是關閉），如右圖所示：

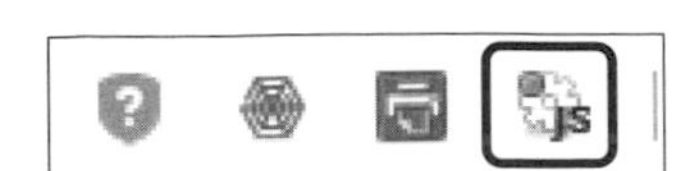

9-2 網頁內容是如何產生的？

網頁內容的產生方法主要是依據網站的網頁設計技術而定，當然，我們並不用真的了解這些網頁設計技術，只需分辨出網頁內容是使用伺服端技術、客戶端技術或是混合方式來產生，就擁有足夠資訊來訂定網路爬蟲策略，和使用哪一種網路爬蟲技術將資料爬取回來。

9-2-1 在伺服端產生網頁內容

基本上，只要使用瀏覽器來瀏覽網頁，所有網頁內容都是在 Web 網站的伺服端產生，分為：HTML 檔案的靜態網頁、使用伺服端網頁技術產生的動態網頁。

請注意！動態網頁還有一種能夠與使用者互動的互動網頁，即 HTML 表單網頁，在第 13 章我們會詳細說明如何處理這種需要與使用者互動的網頁。例如：填入相關資料後，才能產生欲爬取資料的 HTML 網頁。

➲ HTML 檔案的靜態網頁

早期 Web 伺服器如同一個 HTML 檔案的檔案櫃，瀏覽這些網站只需指明 HTML 檔名，就可以瀏覽網頁內容，例如：在第 1-2 節使用的測試網頁，如下所示：

⁂ https://fchart.github.io/fchart.html

上述網址指明瀏覽 fchart.html 的 HTML 檔案，這個 HTTP 請求只是單純請求 HTML 檔案 fchart.html，因為檔案內容沒有任何客戶端網頁技術，例如：JavaScript，每一次請求顯示的網頁內容都是相同的，不會改變，稱為**靜態網頁**。

➲ 伺服端網頁技術產生的動態網頁

目前 Web 網站大都使用伺服端技術來產生動態網頁內容，例如：ASP.NET、JSP 或 PHP 技術，以 PHP 技術的 books.php 為例：

⁂ http://fchart.is-best.net/books.php?type=1

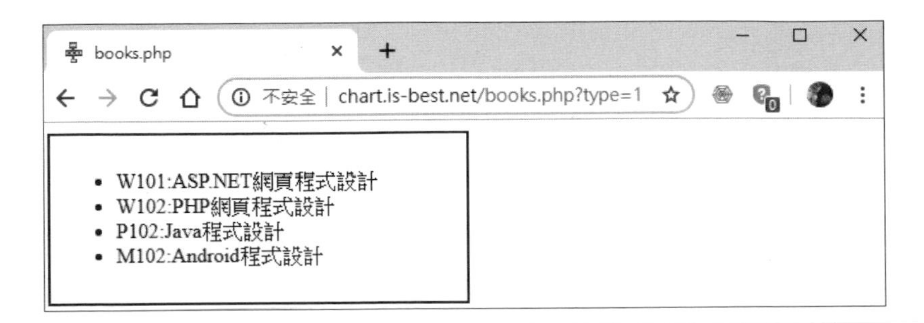

上述網址請求的檔案是 books.php，參數 type 的值是 1，這是 PHP 程式檔案，伺服端執行 PHP 程式讀取參數值來動態產生網頁內容，請執行**右鍵快顯功能表的檢視網頁原始碼**命令，檢視 HTML 原始碼，會看到回傳的是 HTML 清單標籤：

```
<ul>
   <li id="1">W101:ASP.NET 網頁程式設計 </li>
   <li id="2">W102:PHP 網頁程式設計 </li>
   <li id="3">P102:Java 程式設計 </li>
   <li id="4">M102:Android 程式設計 </li>
</ul>
```

當修改參數值 type 值是 2 時，可以看到顯示的網頁內容不同，因為伺服端執行 PHP 程式時讀到不同的 type 參數值，所以產生不同的網頁內容，當參數不同，就產生不同的網頁內容，這就稱為**動態網頁**，如下所示：

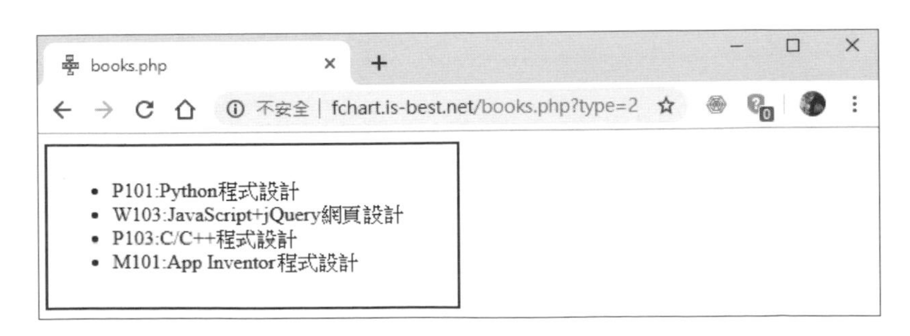

上述 URL 網址同樣是 books.php 檔案，只是 type 參數改為 2，可以看到顯示的網頁內容已經改變，請執行**右**鍵快顯功能表的**檢視網頁原始碼**命令，檢視 HTML 原始碼，可以看到回傳不同的 HTML 清單標籤，如下所示：

```
<ul>
   <li id="1">P101:Python 程式設計 </li>
   <li id="2">W103:JavaScript+jQuery 網頁設計 </li>
   <li id="3">P103:C/C++ 程式設計 </li>
   <li id="4">M101:App Inventor 程式設計 </li>
</ul>
```

簡單地說，伺服端網頁技術產生的網頁內容就是我們的目標資料，只需找到正確的 URL 網址和參數值，就可以使用瀏覽器透過 HTTP 請求取得欲爬取的目標資料，例如：不同 type 參數值，可以取得不同的爬取資料。例如：欲爬取 P103 的圖書資料，就需使用 type 參數值 2，如下所示：

```
http://fchart.is-best.net/books.php?type=2
```

9-2-2 在客戶端產生網頁內容

在客戶端產生網頁內容是因為伺服端回傳的 HTML 網頁內容有客戶端網頁技術，例如：JavaScript，瀏覽器需要再執行 JavaScript 程式碼來產生最後看到的網頁內容。

基本上，客戶端網頁技術產生的網頁內容是二次加工，例如：瀏覽伺服端的 HTML 檔案 books.html，這個 HTML 網頁檔案是靜態網頁檔案，沒有使用伺服端技術，但內含 JavaScript 程式碼，如下所示：

⁂ https://fchart.github.io/books.html

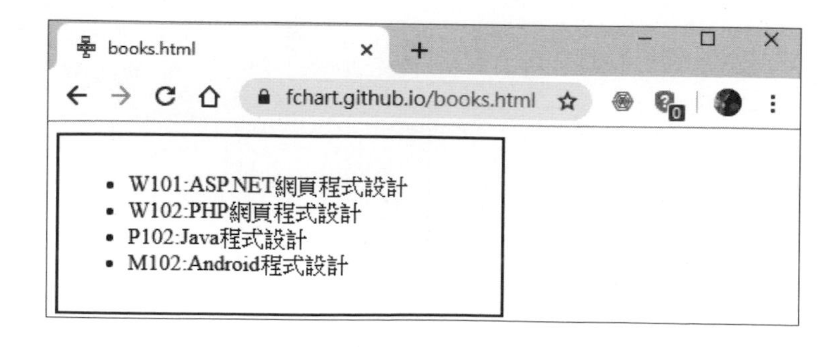

上述 URL 網址請求 books.html 的 HTML 檔案，請執行右鍵快顯功能表的**檢視網頁原始碼**命令檢視 HTML 原始碼，可以看到位在 <script> 標籤的 JavaScript 程式碼，如下圖所示：

```
1  <!DOCTYPE html>
2  <html>
3  <head>
4  <title>books.html</title>
5  <style type="text/css">
6  .box {
7     width:300px;
8     background-color:#ffffff;
9     border:2px solid blue;
10    padding:10px;
11 }
12 </style>
13 <script src="jquery-3.1.0.min.js"></script>
14 <script>
15 $(document).ready(function() {
16    $.getJSON('books.json', function(data) {
17       var html = '<ul>';
18       $.each(data, function(key, val) {
19          html += '<li id="' + key + '">' + val.id + ':' + val.title + '</li>';
20       });
21       html += '</ul>';
22       $('#result').html(html);
23    });
24 });
25 </script>
26 </head>
27 <body>
28 <div id="result" class="box"></div>
29 </body>
30 </html>
```

上述 <script> 標籤是 JavaScript 程式碼，在下方 <body> 標籤只有 1 個 <div> 子標籤，並沒有 <ul>、<li> 的清單標籤，如下所示：

```
<div id="result" class="box"></div>
```

雖然 HTML 原始碼看不到 <ul>、<li> 標籤（這是瀏覽器送出 HTTP 請求後，伺服端回傳的原始資料），我們可以在 Chrome 開發人員工具檢視 JavaScript 執行結果的 HTML 標籤，請開啟 Chrome 開發人員工具，切換至 **Elements** 標籤，如下圖所示：

```
Elements  Console  Sources  Network  Performance
<!doctype html>
<html>
▶<head>…</head>
▼<body>
  ▼<div id="result" class="box">
...  ▼<ul> == $0
      <li id="0">W101:ASP.NET網頁程式設計</li>
      <li id="1">W102:PHP網頁程式設計</li>
      <li id="2">P102:Java程式設計</li>
      <li id="3">M102:Android程式設計</li>
    </ul>
  </div>
</body>
</html>
html  body  div#result.box  ul
```

請展開至 <ul> 標籤，可以看到圖書書名清單，因為這些 HTML 標籤是使用 JavaScript+AJAX 技術在客戶端產生的網頁內容（圖書資料是儲存在 books.json 檔案），在第 12 章我們會詳細說明 AJAX 技術，和如何使用 Excel VBA 爬取這種類型的網站。

9-2-3 混合產生網頁內容

混合產生網頁內容是指同時使用伺服端和客戶端技術來產生網頁內容，在伺服端指定不同參數值可以顯示不同的動態網頁，而且，網頁的目標內容也有使用客戶端網頁技術 JavaScript+AJAX 來產生，例如：books2.php 的 PHP 程式，如下所示：

⁂ http://fchart.is-best.net/books2.php?type=1

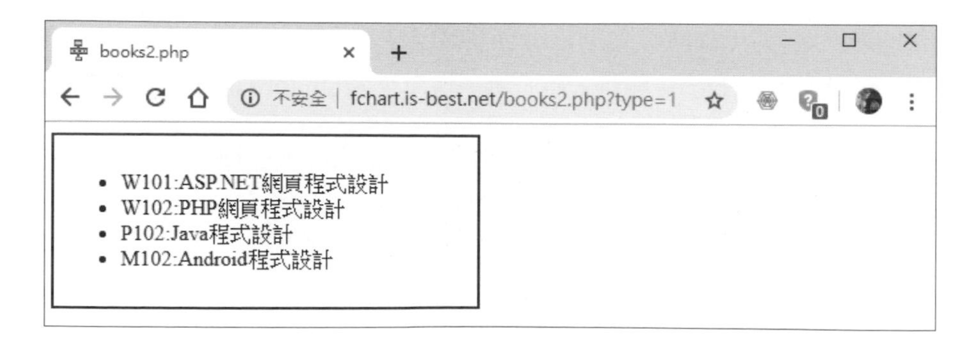

上述伺服端 PHP 程式產生的 HTML 網頁檔案有 JavaScript 程式，請檢視原始碼，如下圖所示：

```
1  <!DOCTYPE html>
2  <html>
3  <head>
4  <title>books2.php</title>
5  <style type="text/css">
6  .box {
7     width:300px;
8     background-color:#ffffff;
9     border:2px solid blue;
10    padding:10px;
11 }
12 </style>
13 <script src="jquery-3.1.0.min.js"></script>
14 <script>
15 $(document).ready(function() {
16    $.getJSON('books.json', function(data) {
17       var html = '<ul>';
18       $.each(data, function(key, val) {
19          html += '<li id="' + key + '">' + val.id + ':' + val.title + '</li>';
20       });
21       html += '</ul>';
22       $('#result').html(html);
23    });
24 });
25 </script>
26 </head>
27 <body>
28 <div id="result" class="box"></div>
29 </body>
30 </html>
```

上述 PHP 程式產生的程式碼和第 9-2-1 節的 books.html 完全相同（請注意！這不是 HTML 檔案，而是執行 PHP 程式所產生的內容）。如果 type 參數值改為 2，顯示的圖書清單就不同，如下圖所示：

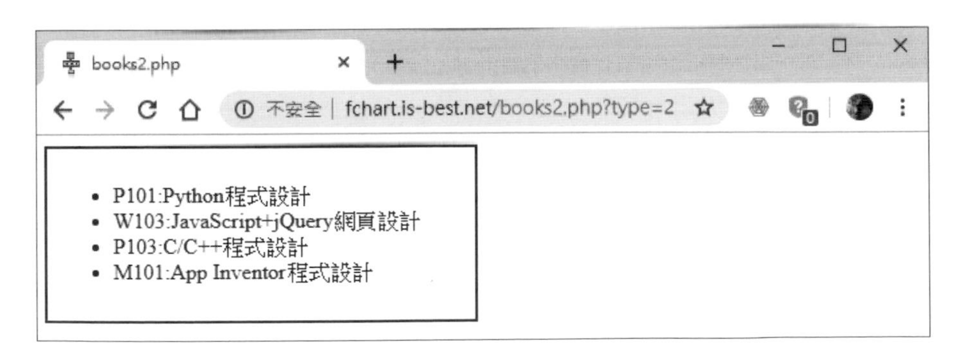

上述伺服端 PHP 程式產生的 JavaScript 程式，只有檔名改為取得 book2.json，如下圖所示：

```
15 $(document).ready(function() {
16    $.getJSON('books2.json', function(data) {
17       var html = '<ul>';
18       $.each(data, function(key, val) {
19          html += '<li id="' + key + '">' + val.id + ':' + val.title + '</li>';
20       });
21       html += '</ul>';
22       $('#result').html(html);
23    });
24 });
```

很明顯的！上述網頁內容也是 JavaScript+AJAX 技術產生的網頁內容，圖書資料是儲存在 books.json 和 books2.json 檔案。事實上，伺服端網頁技術產生的網頁內容就是回傳至客戶端資料的 HTML、CSS 和 JavaScript 等資源，然後瀏覽器會接手執行這些客戶端網頁技術。

對於網路爬蟲來說，因為客戶端網頁技術才是產生我們最後在瀏覽器看到的網頁內容，所以，客戶端網頁技術才會真正影響我們所擬定的 Excel VBA 爬蟲策略。

說 明

網路爬蟲判斷的標準，實際上只有一項：「欲爬取的網頁內容是否會完整執行 JavaScript 程式，而且完整執行 JavaScript 是否會影響到欲爬取的目標資料。」

9-3 Excel VBA 網路爬蟲

「VBA」(Visual Basic for Applications)是微軟 Office 軟體支援的程式語言,我們可以使用 Excel VBA 建立網路爬蟲來擷取所需的資料。

9-3-1 認識 Excel VBA 網路爬蟲

Excel VBA 網路爬蟲就是使用 Excel 的 VBA 來寫網路爬蟲程式,可以讓我們直接將擷取的資料填入 Excel 工作表。

➲ 使用 Excel VBA 建立網路爬蟲的方法

基本上,使用 Excel VBA 建立網路爬蟲有多種方式,其簡單說明如下所示:

- **使用 Excel 匯入網頁資料**:Excel 本身就提供**從 Web** 功能,不需撰寫 VBA 程式碼,就可以直接匯入網頁資料至 Excel 工作表。

- **XMLHttpRequest 物件**:源於 Internet Explorer 瀏覽器的 XMLHttpRequest 物件,Excel VBA 程式可以使用 XMLHttpRequest 物件送出 HTTP 請求,在取得伺服器回應的 HTML 網頁後,即可擷取資料來填入 Excel 工作表。

- **Internet Explorer 物件**:Excel VBA 也可以啟動 Internet Explorer 瀏覽器物件來送出 HTTP 請求(可完整執行 JavaScript 程式碼),我們如同是使用 VBA 程式碼控制 IE 瀏覽器進行網路瀏覽,在取得伺服器回應的 HTML 網頁後,我們就可以擷取資料來填入 Excel 工作表。

➲ Excel VBA 和 Web Scraper 的差異

Excel VBA 和第一篇介紹的 Web Scraper 工具,其主要差異是送出 HTTP 請求的方式,和是否完整執行 JavaScript 程式碼,如下所示:

⁂ **Web Scraper 工具**：使用瀏覽器送出 HTTP 請求，當伺服端回傳資料後會完整執行 JavaScript 程式，換句話說，在瀏覽器看到的資料和 Web Scraper 看到的是完全相同。

⁂ **Excel VBA 爬蟲程式**：不論使用 Excel VBA、Python、Node.js 或其它程式語言建立的爬蟲程式，我們是使用函式庫送出 HTTP 請求，其回傳資料只有 HTML 標籤（可能內含 CSS 和 JavaScript 程式碼），並不會包含外部 CSS 和 JavaScript 程式碼檔案，而且不會執行 JavaScript 程式碼，所以，取回的資料可能和瀏覽器看到的網頁內容不同。

說 明

Web Scraper 工具是使用瀏覽器送出 HTTP 請求，只需設定延遲時間，不要太快送出大量 HTTP 請求，基本上，不可能被 Web 網站的防爬機制所阻擋。

Excel VBA 爬蟲程式除了 Internet Explorer 物件外，並不是透過瀏覽器送出請求，為了避免 Web 網站的防爬機制，我們可能需要自行修改 HTTP 標頭資訊來避免 Web 網站的防爬機制。

9-3-2 Excel VBA 網路爬蟲的基本步驟

網路爬蟲涉及向 Web 網站送出 HTTP 請求，和從取回的 HTML 網頁中定位出所需的資料，在擷取出資料後，我們需要儲存這些資料，所以網路爬蟲的基本步驟，如下所示：

⁂ 步驟一：找出目標 URL 網址和參數。

⁂ 步驟二：判斷網頁內容是如何產生。

⁂ 步驟三：擬定擷取資料的網路爬蟲策略。

⁂ 步驟四：將取得的資料儲存成檔案或存入資料庫。

➲ 步驟一：找出目標 URL 網址和參數

網路爬蟲的第一步是找出目標資料是位在 Web 網站的單一頁面，或多頁不同的頁面，我們可以使用瀏覽器來確認目標資料所在的 URL 網址和相關參數值。例如：如果是分頁巡覽的多個頁面，我們還需要確認 URL 參數中是否有分頁參數。

➲ 步驟二：判斷網頁內容是如何產生

當成功找出目標 URL 網址和參數後，接著需要判斷網頁內容是如何產生，請在 Chrome 瀏覽器瀏覽目標的 URL 網址，和使用 Quick JavaScript Switcher 擴充功能來切換執行 JavaScript 程式碼，以便判斷網頁內容是否有改變，其說明如下所示：

- **網頁內容完全相同**：不論是否執行 JavaScript 程式碼，網頁內容都一樣，表示是靜態網頁，不包含 JavaScript 程式碼。
- **網頁內容有差異，但目標資料沒有改變**：JavaScript 程式碼只影響非目標資料（例如：使用介面），因為目標資料仍然存在，其操作和靜態網頁沒有什麼不同。
- **目標資料已經消失**：執行 JavaScript 程式影響到目標資料，我們需要判斷是否是 AJAX 網頁（資料完全消失），還是部分透過 JavaScript 程式碼來產生目標資料（只有部分資料消失）。

➲ 步驟三：擬定擷取資料的網路爬蟲策略

當判斷出網頁內容的產生方式後，也就是判斷執行 JavaScript 程式碼是否會影響到目標資料，如果影響到目標資料，我們需要進一步使用 Chrome 開發人員工具來檢查 **Network** 標籤的資源請求清單，以便判斷是否是 AJAX 技術（如果找到 Web API，我們就可以直接下載資料）。本書網路爬蟲策略的擬定流程，如下圖所示：

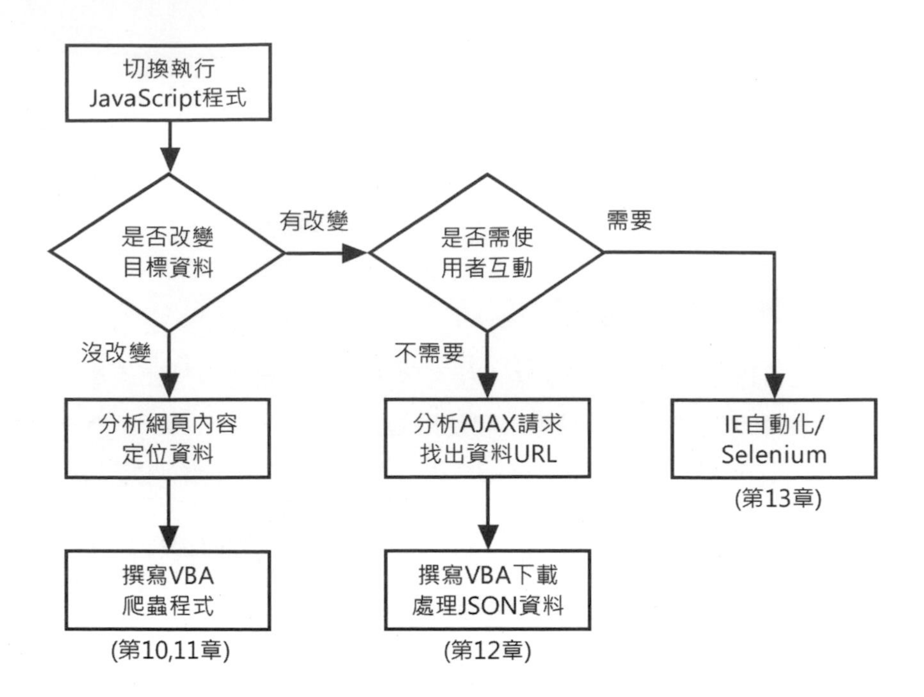

上述流程圖的主要目的是判斷網頁是否是 AJAX 網頁（詳見第 12 章），或互動網頁（詳見第 13 章），互動網頁需要使用者輸入 HTML 表單資料，或使用滑鼠操作表單介面後才能顯示目標資料，例如：在旅館訂房網需要輸入地點、日期、人數等資料後，按下按鈕，才能搜尋訂房資料，這是一種與使用者互動的動態網頁。

如果執行 JavaScript 程式碼不會影響目標資料（詳見第 10 和 11 章），表示我們送出的 HTTP 請求可以成功取回目標資料的 HTML 標籤，接著，就可以在 HTML 網頁定位出目標資料所在的位置，常用技術有三種，如下所示：

⁂ **CSS 選擇器**（CSS Selector）：CSS 選擇器是 CSS 層級式樣式表語法規則的一部分，可以定義哪些 HTML 標籤需要套用 CSS 樣式，主要是用來格式化 HTML 網頁的顯示效果，Web Scraper 工具就是使用 CSS 選擇器來定位網頁資料。

⁂ **XPath 表達式**（XPath Expression）：XPath 表達式是一種 XML 技術的查詢語言，可以在 XML 文件中找出所需的節點，也適用 HTML 網頁文件，換句話說，我們可以使用 XPath 表達式瀏覽 XML/HTML 文件，以便找出指定的 XML/HTML 元素和屬性。

⁂ **正規表達式**（Regular Expression）：正規表達式是一種小型範本比對語言，可以用範本字串進行字串比對，以便從文字內容中找出符合的內容，我們可以配合 CSS 選擇器搜尋指定的標籤內容。例如：金額、電子郵件地址和電話號碼等。

➲ 步驟四：將取得的資料儲存成檔案或存入資料庫

在爬取和收集好網路資料後，我們需要整理成結構化資料並儲存起來，一般來說，我們會儲存成 CSV 檔案、JSON 檔案或存入資料庫，其簡單說明如下所示：

⁂ **CSV 檔案**：檔案內容是使用純文字方式表示的表格資料，這是一個文字檔案，其中的每一行是表格的一列，每一個欄位是使用「,」逗號來分隔，微軟 Excel 可以直接開啟 CSV 檔案。

⁂ **JSON 檔案**：全名 JavaScript Object Notation，這是一種類似 XML 的資料交換格式。事實上，JSON 就是 JavaScript 物件的文字表示法，其內容只有文字（Text Only），在第 12-1-2 節有進一步的說明。

⁂ **資料庫**：因為關聯式資料庫的資料表就是表格呈現的結構化資料，所以我們爬取的資料在整理成結構化資料後，就可以存入資料庫，例如：MySQL 資料庫。

9-4 Chrome 開發人員工具的使用

Google Chrome 瀏覽器內建開發人員工具（Developer Tools），可以幫助我們即時檢視 HTML 元素與屬性，或取得選擇元素的 CSS 選擇器字串和 XPath 表達式。

在前面的章節，我們已經在很多地方使用過 Chrome 開發人員工具，這一節筆者將完整説明 Chrome 開發人員工具的各項功能。

9-4-1 開啟「開發人員工具」

在啟動 Chrome 瀏覽器後，除了執行功能表的「更多工具 / 開發人員工具」命令開啟開發人員工具外，還有多種方法可以開啟開發人員工具。

➲ 在瀏覽器中切換開啟 / 關閉「開發人員工具」

請啟動 Chrome 瀏覽器載入 HTML 網頁 Example.html 後，按 F12 或 Ctrl + Shift + I 鍵，即可切換開啟 / 關閉「開發人員工具」，如下圖所示：

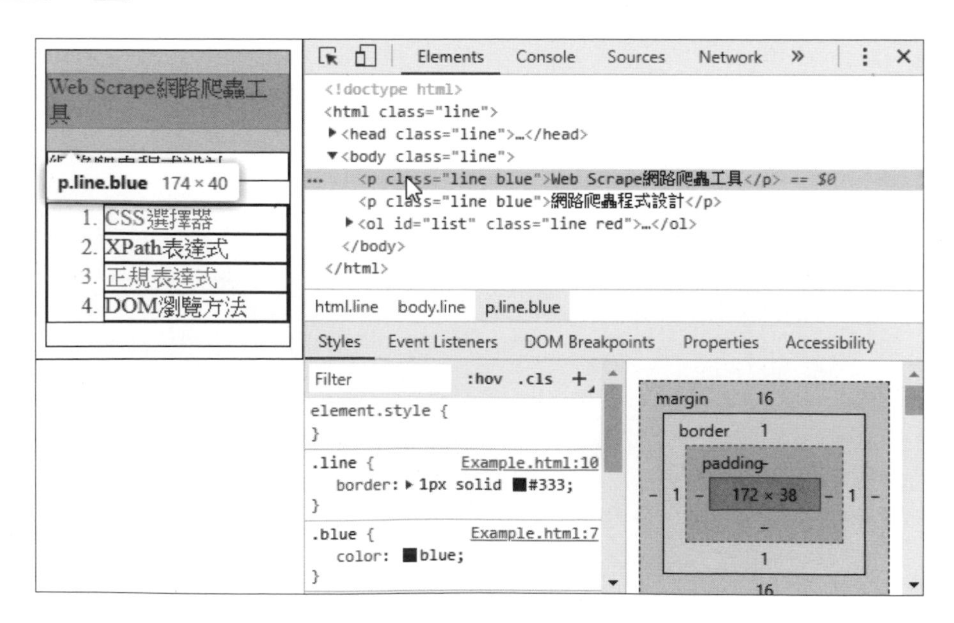

上述開發人員工具是停駐在視窗右邊，請點選 **Elements** 標籤後，選取第 1 個 HTML 標籤 <p> 後，可以在左邊顯示選取的網頁元素，和使用浮動框顯示對應的 HTML 標籤和元素尺寸 **p.line.blue 174 x 40**，前方的 p 是 <p> 標籤，line 和 blue 是 class 屬性值；後方數字是此方框的尺寸。

在下方的 **Styles** 標籤頁，會顯示元素套用的樣式清單，如果 Chrome 視窗夠寬，**Styles** 標籤會顯示在開發人員工具的右邊。

➲ 執行「檢查」命令開啟「開發人員工具」

在 Chrome 瀏覽器開啟 Example.html 網頁內容後，請在欲檢視的元素上，點選**右**鍵開啟快顯功能表，功能表最後有個**檢查**命令，如右圖所示：

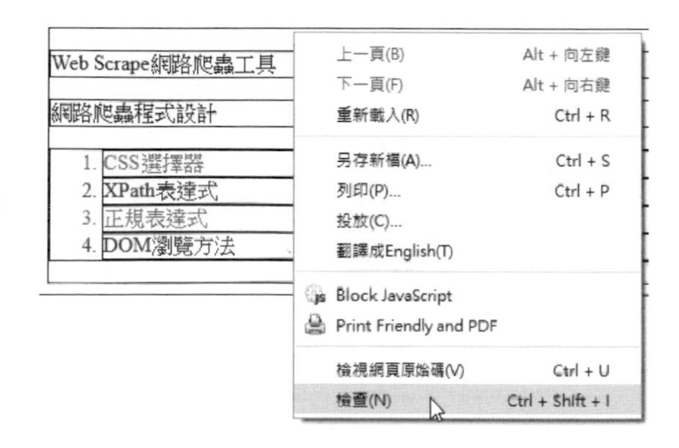

執行**檢查**命令，即可開啟開發人員工具，顯示此元素對應的 HTML 標籤，此例選取 <p> 標籤，如下圖所示：

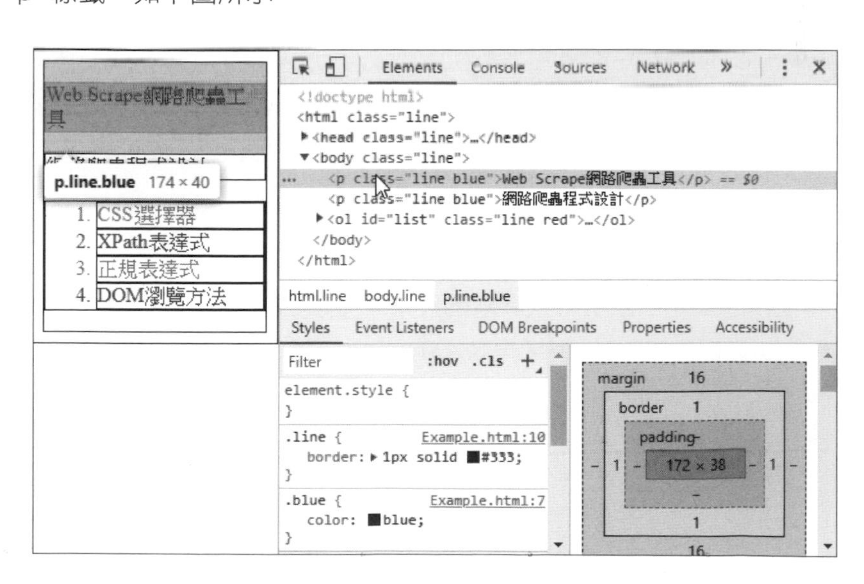

9-4-2 檢視 HTML 元素

Google Chrome 瀏覽器的開發人員工具提供多種方式來幫助我們檢視 HTML 元素。

➲ Elements 標籤頁

在開發人員工具點選 **Elements** 標籤頁，會顯示 HTML 元素的 HTML 標籤，我們可以在此標籤檢視 HTML 元素，例如：選第 2 個 <p> 標籤，如下圖所示：

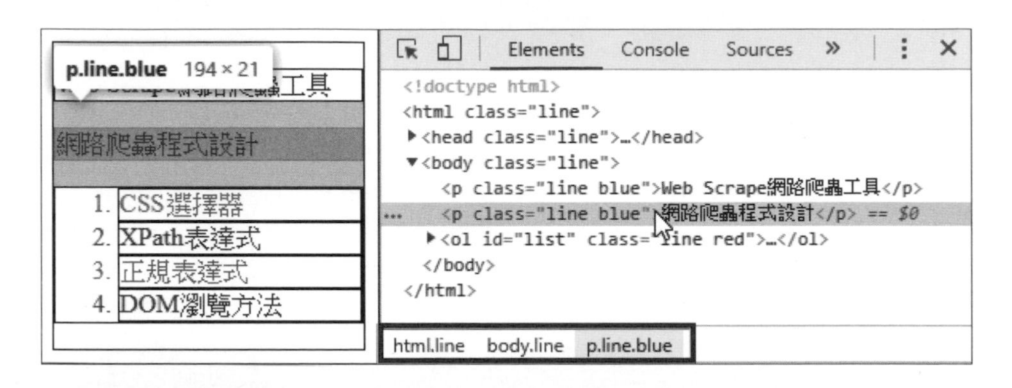

當選取 HTML 標籤，可以在左方顯示對應 HTML 標籤的網頁元素，在下方狀態列的 **html.line body.line p.line.blue** 是 HTML 標籤的階層結構，「.」符號後的 line 和 blue 是此標籤的 class 屬性值。

➲ 選取 HTML 元素

開發人員工具提供多種方法來選取 HTML 網頁中的元素，如下所示：

⁂ **使用滑鼠游標在網頁內容選取**：請點選 **Elements** 標籤前方的箭頭鈕 [⬚]，就可以在左方網頁內容選取元素，當使用滑鼠移至欲選取元素的範圍時，就會在元素周圍顯示藍底，表示是欲選取的元素，在右方對應的 HTML 標籤也顯示淡藍的底色，此例是選取第 1 個 <li> 標籤，如下圖所示：

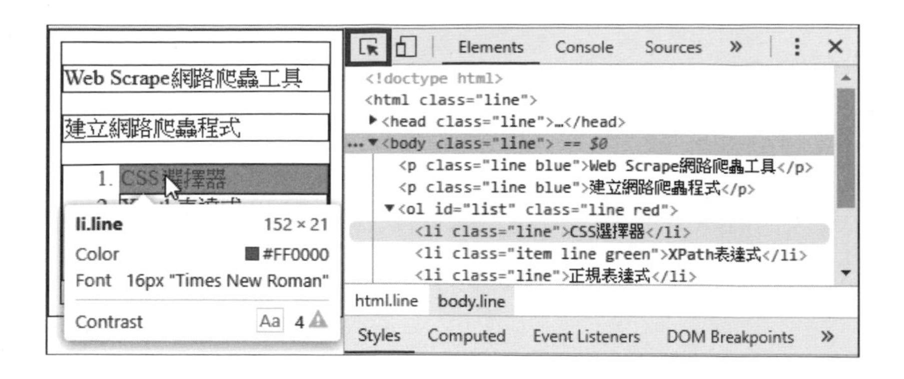

⁂ **在 Elements 標籤選取**：我們可以直接展開 HTML 標籤的節點來選取指定的 HTML 元素，例如：第 3 個 <li> 標籤，如下圖所示：

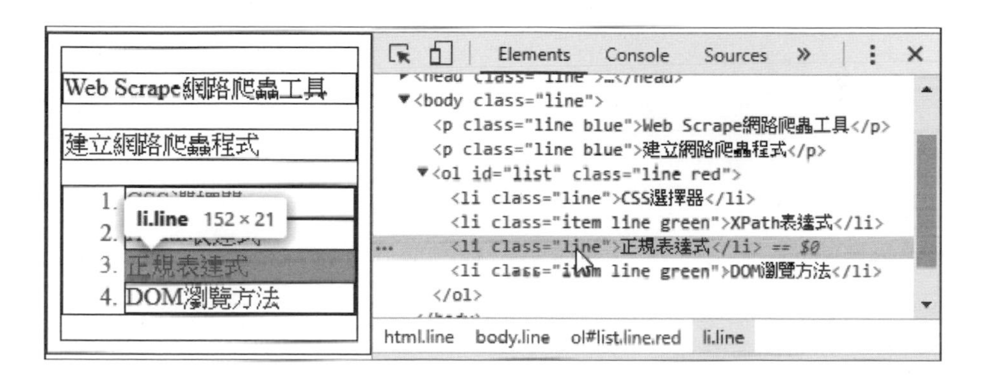

9-4-3 取得選取元素的網頁定位資料

在 HTML 網頁選取元素後，開發人員工具可以產生網頁定位資料的 CSS 選擇器或 XPath 表達式。

➲ 取得 CSS 選擇器字串

我們只需選取 HTML 元素，即可輸出此元素定位的 CSS 選擇器，例如：選取第 1 個 <p> 標籤，如下圖所示：

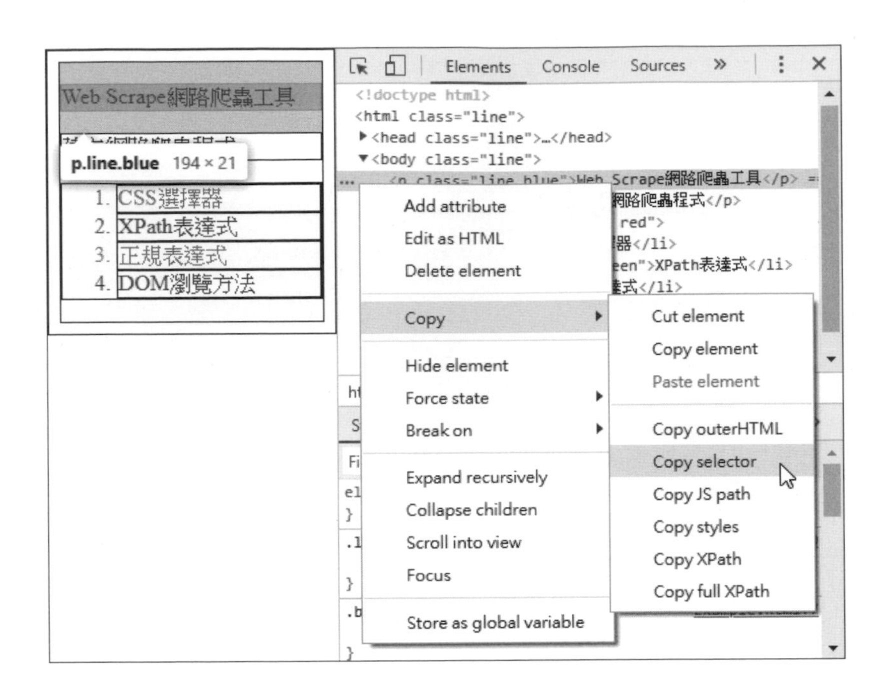

在選取元素上，執行**右**鍵快顯功能表的「Copy/Copy selector」命令，即可將 CSS 選擇器字串複製到剪貼簿，如下所示：

```
body > p:nth-child(1)
```

上述 CSS 選擇器字串是使用 :nth-child(1)，在實務上，很多爬蟲函式庫只支援 :nth-of-type(1)，上述 CSS 選擇器字串相當於下列 CSS 選擇器字串，如下所示：

```
body > p:nth-of-type(1)
```

➲ 取得 XPath 表達式

同理，我們只需選取 HTML 元素，即可輸出此元素定位的 XPath 表達式，例如：選取最後 1 個 <li> 標籤，如下圖所示：

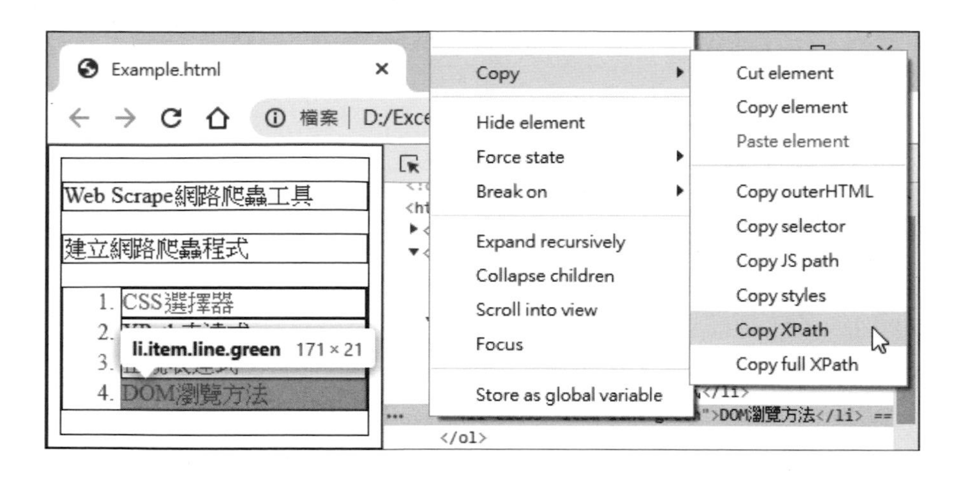

在選取的元素上，執行**右**鍵快顯功能表的「Copy/Copy XPath」命令，即可將 XPath 表達式字串複製到剪貼簿，如下所示：

```
//*[@id="list"]/li[4]
```

上述類似檔案路徑的字串就是 XPath 表達式。

9-4-4 主控台標籤頁

在主控台標籤頁（Console）可以執行 JavaScript 程式碼片段來測試執行 CSS 選擇器，也支援 XPath 表達式，請點選 **Console** 標籤頁，如下圖所示：

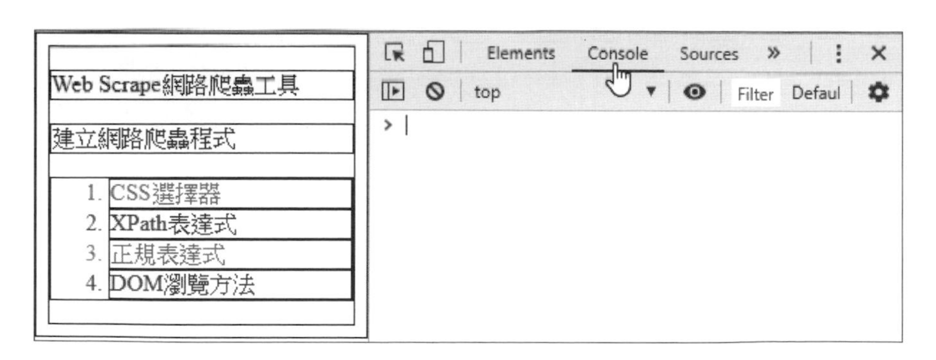

在上述 **Console** 標籤除了會顯示紅色字的 JavaScript 程式錯誤訊息外，在「>」提示符號是 JavaScript 互動介面，可以輸入和執行 JavaScript 程式碼片段。

➲ 測試執行 CSS 選擇器

JavaScript 程式碼執行 CSS 選擇器是使用 document.querySelector() 函數，參數是 CSS 選擇器字串，例如：執行第 9-4-3 節取得和修改後的 CSS 選擇器，如下所示：

```
document.querySelector("body > p:nth-of-type(1)")
```

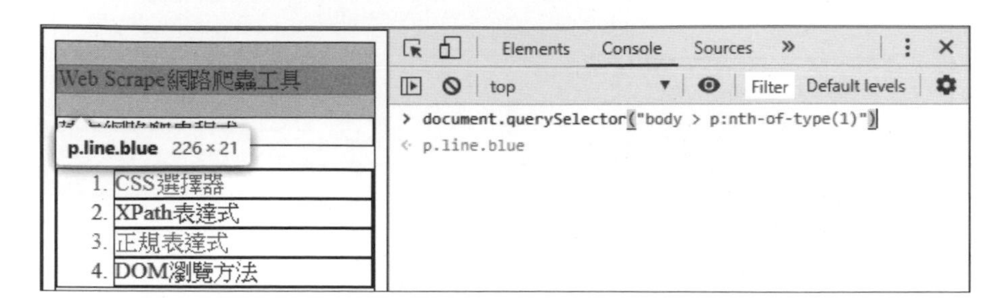

在輸入程式碼後，按下 Enter 鍵，即可在下方看到執行結果，顯示選取的 HTML 元素，請將游標移至其上，可在左邊看到選取的網頁元素。

➲ 測試執行 XPath 表達式

JavaScript 執行 XPath 表達式是使用 $x() 函數，參數是 XPath 表達式，例如：執行第 9-4-3 節取得的 XPath 表達式（請注意！因為 XPath 表達式中有「"」雙引號，所以 $x() 函數改用「'」單引號括起整個 XPath 表達式字串），如下所示：

```
$x('//*[@id="list"]/li[4]')
```

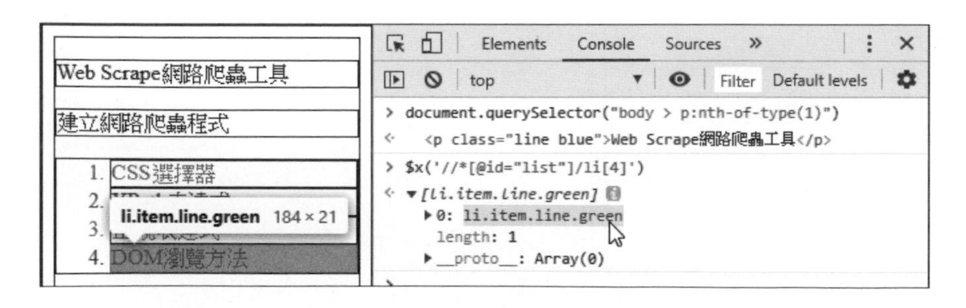

在輸入程式碼後，按下 Enter 鍵，即可在下方看到執行結果，因為執行結果是多個元素的陣列，請展開後，將游標移至第 1 個元素（索引值 0），即可在左邊看到選取的網頁元素。

9-5 CSS 選擇器工具 - Selector Gadget

如同 Web Scraper 工具，Excel VBA 爬蟲程式的資料定位也可以使用 CSS 選擇器，Selector Gadget 是一套 Chrome 瀏覽器擴充功能，這是開放原始碼的免費工具，可以幫助我們在 HTML 網頁選擇元素和產生 CSS 選擇器字串。

➲ 安裝 Selector Gadget

要在 Chrome 瀏覽器中安裝 Selector Gadget 擴充功能，需要進入 Chrome 線上應用程式商店，其步驟如下所示：

1. 請啟動 Chrome 瀏覽器輸入下列網址，進入 Chrome 線上應用程式商店：

⁂ https://chrome.google.com/webstore/

2. 在左上方欄位輸入 **Selector Gadget** 搜尋商店，會在右邊看到搜尋結果，第 1 筆搜尋結果就是 Selector Gadget，請按下**加到 Chrome** 鈕，就會看到權限說明對話方塊。

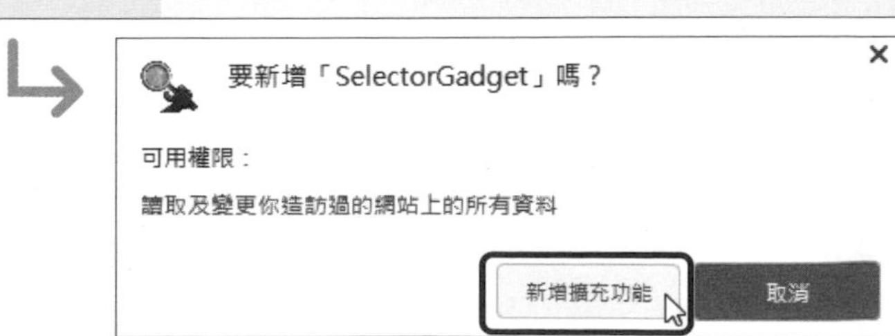

3 按下**新增擴充功能**鈕安裝 Selector Gadget，稍待一會兒，即會看到已經在工具列新增擴充功能的圖示，如右圖所示：

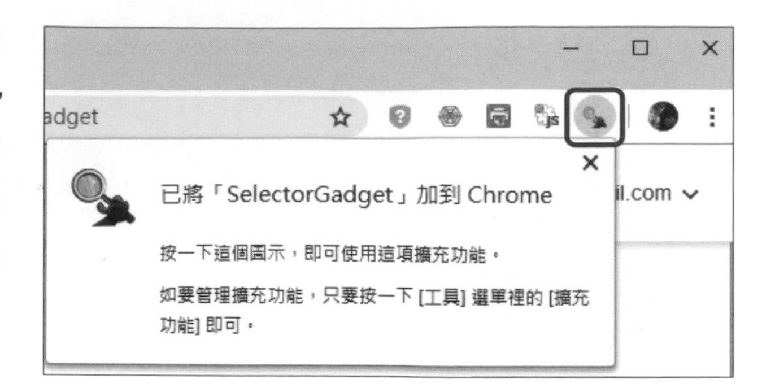

➲ 使用 Selector Gadget（一）

成功新增 Selector Gadget 擴充功能後，我們即可使用 Selector Gadget 來定位網頁元素，例如：在 Web Scraper 測試網站找出 Aspire E1-510 商品框的 CSS 選擇器，其 URL 網址如下所示：

⁂ https://webscraper.io/test-sites/e-commerce/allinone/computers/laptops

1 請啟動 Chrome 瀏覽器進入上述網址，然後點選右上方工具列的 **Selector Gadget** 圖示，會在下方看到 Selector Gadget 工具列。

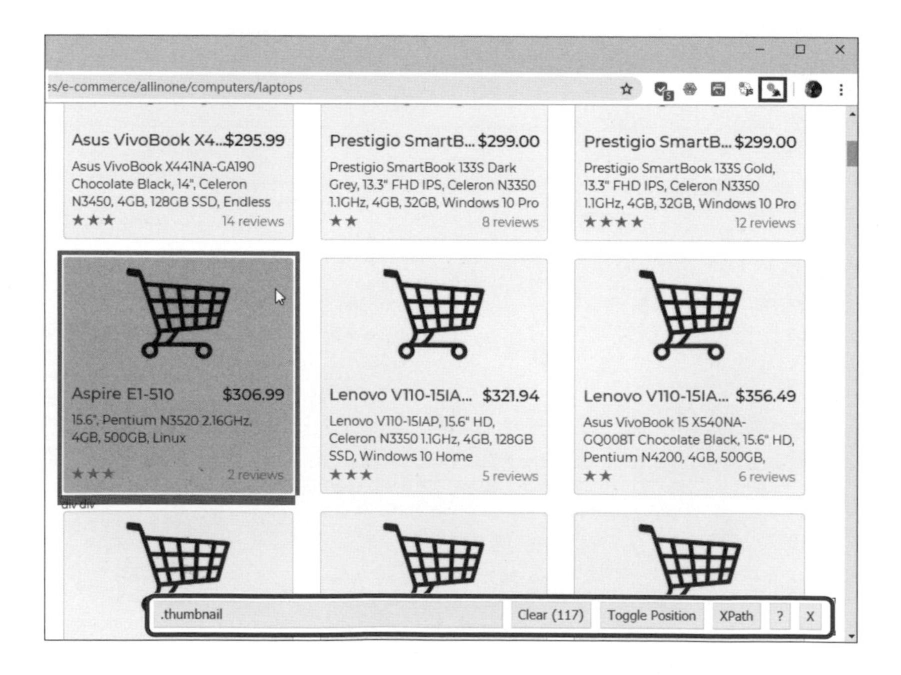

2 此時游標會變成橙色方框來幫助我們選取元素，請移動至「Aspire E1-510」產品框上，點選後會看到背景變成綠色（選取），同時所有其他商品框的背景會顯示黃色（同時選取），在下方 Selector Gadget 工具列也會顯示相關資訊，如下圖所示：

.thumbnail	Clear (117)	Toggle Position	XPath	?	X

上述工具列開頭顯示目前產生的 CSS 選擇器是 **.thumbnail**，選取所有 class 屬性值是 .thumbnail 的 <div> 標籤，第 2 個 **Clear (117)** 鈕可以清除選取，括號數字 117 表示此 CSS 選擇器選取 117 個元素，**Toggle Position** 鈕可切換工具列的顯示位置，**XPath** 鈕是轉換 CSS 選擇器成為 XPath 表達式。

3 因為選取的元素太多，我們需要縮小範圍，Selector Gadget 只需點選黃色背景的方框，即可刪除這些元素，首先點選旁邊的方框，可以看到背景沒有黃色，目前 CSS 選擇器已經更改，可以看到剩下 1 個，表示已經成功選取此封面圖片，如下圖所示：

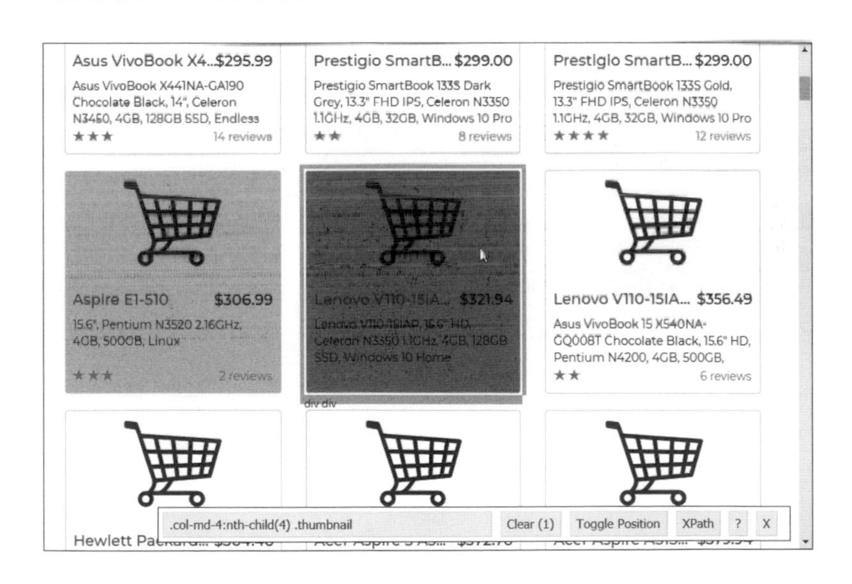

4 在 Selector Gadget 工具列可以選取複製選取此方框的 CSS 選擇器字串，如下所示：

```
.col-md-4:nth-child(4) .thumbnail
```

5 按下 **XPath** 鈕，可以看到 Selector Gadget 轉換成的 XPath 表達式字串，如右圖所示：

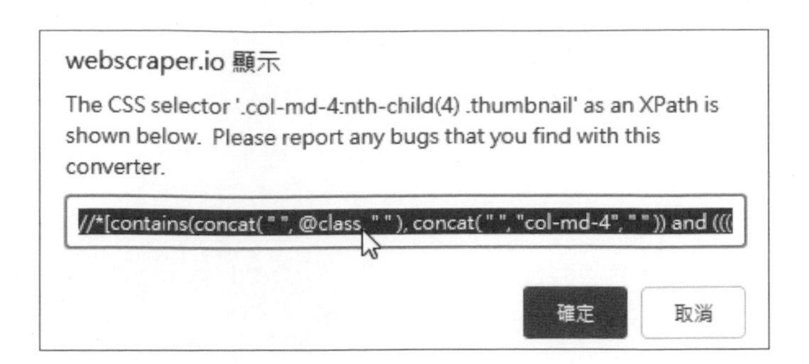


```
//*[contains(concat( " ", @class, " " ), concat( " ", "col-md-4", " " )) and
(((count(preceding-sibling::*) + 1) = 4) and parent::*)]//*[contains(concat(
" ", @class, " " ), concat( " ", "thumbnail", " " ))]
```

➲ 使用 Selector Gadget（二）

第 2 個範例是從 HTML 表格找出聯絡人是 Helen Bennett 儲存格的 CSS 選擇器，其 URL 網址如下所示：

⁂ https://fchart.github.io/vba/ex3_03.html

1 請啟動 Chrome 瀏覽器進入上述網址，然後點選右上方工具列的 **Selector Gadget** 圖示，會在下方看到 Selector Gadget 工具列。

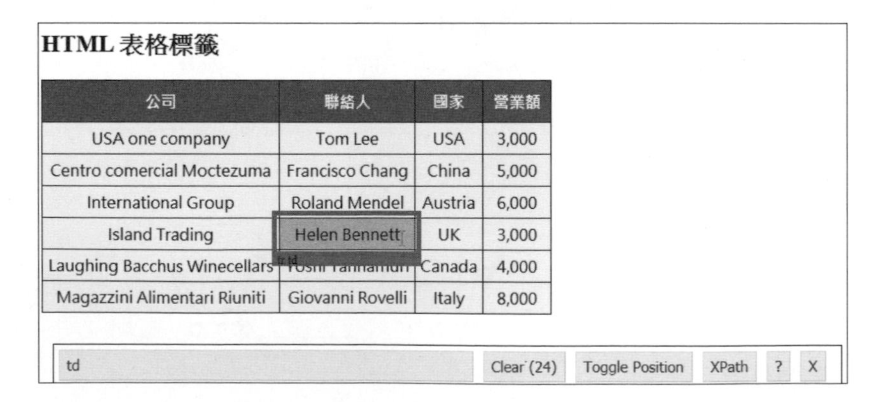

2 請移動橙色方框至「Helen Bennett」聯絡人上，點選後會看到背景變成綠色（選取），同時所有其他儲存格的背景會顯示黃色（同時選取），CSS 選擇器是 **td**，第 2 個 **Clear (24)** 鈕，表示此 CSS 選擇器選取 24 個元素。

3 因為選取的元素太多，我們需要縮小範圍，首先點選旁邊的儲存格，會看到背景不會顯示黃色，目前 CSS 選擇器已經更改，可以看到只剩下 6 個，如下圖所示：

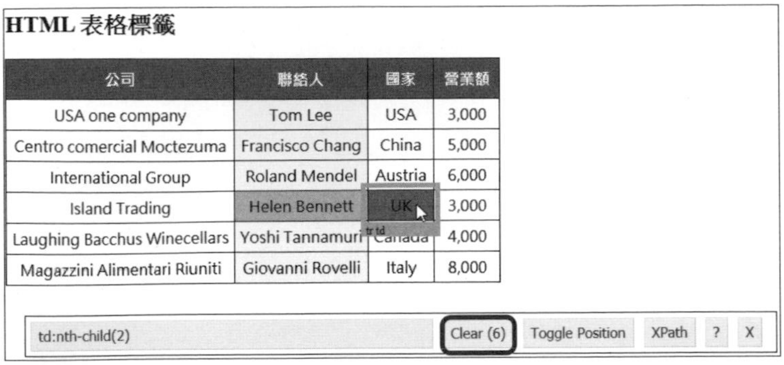

HTML 表格標籤

公司	聯絡人	國家	營業額
USA one company	Tom Lee	USA	3,000
Centro comercial Moctezuma	Francisco Chang	China	5,000
International Group	Roland Mendel	Austria	6,000
Island Trading	Helen Bennett	UK	3,000
Laughing Bacchus Winecellars	Yoshi Tannamuri	Canada	4,000
Magazzini Alimentari Riuniti	Giovanni Rovelli	Italy	8,000

td:nth-child(2) Clear (6) Toggle Position XPath ? X

4 選取的元素仍然太多，我們需再次縮小範圍，請點選上方儲存格，會看到背景不會顯示黃色，表示目前 CSS 選擇器已經剩下 1 個，成功選取「Helen Bennett」聯絡人，如下圖所示：

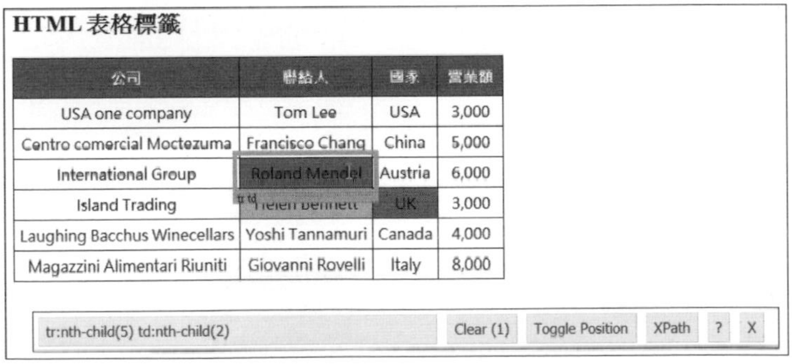

HTML 表格標籤

公司	聯絡人	國家	營業額
USA one company	Tom Lee	USA	3,000
Centro comercial Moctezuma	Francisco Chang	China	5,000
International Group	Roland Mendel	Austria	6,000
Island Trading	Helen Bennett	UK	3,000
Laughing Bacchus Winecellars	Yoshi Tannamuri	Canada	4,000
Magazzini Alimentari Riuniti	Giovanni Rovelli	Italy	8,000

tr:nth-child(5) td:nth-child(2) Clear (1) Toggle Position XPath ? X

5 在 Selector Gadget 的工具列，可以複製選取此方框的 CSS 選擇器字串，如下所示：

```
tr:nth-child(5) td:nth-child(2)
```

6 按下 **XPath** 鈕，會看到 Selector Gadget 轉換成的 XPath 表達式字串，如下圖所示：

```
//tr[(((count(preceding-sibling::*) + 1) = 5) and parent::*)]//
td[(((count(preceding-sibling::*) + 1) = 2) and parent::*)]
```

學習評量

1. 請舉例說明網頁技術？什麼是 JavaScript ？
2. 請說明 HTML、CSS 和 JavaScript 之間的關係？
3. 請問何謂 Quick JavaScript Switcher 擴充功能，其用途為何？
4. 請舉例說明網頁內容是如何產生的？
5. 請簡單說明 Excel VBA 網頁爬蟲的相關技術？其基本步驟為何？
6. 請舉例說明 Chrome 開發人員工具能作什麼？
7. 請簡單說明 Selector Gadget 擴充功能？
8. 請參閱第 9-1-3 節和 9-5 節的說明，在 Chrome 瀏覽器中安裝 Quick JavaScript Switcher 和 Selector Gadget 擴充功能。

10

CHAPTER

建立 Excel VBA 爬蟲程式

10-1 使用 Excel 匯入網頁資料

Excel 內建外部資料的匯入功能，可以讓我們不用撰寫任何 VBA 程式碼，就使用 Excel 匯入網頁資料至 Excel 工作表。

10-1-1 在 Excel 工作表匯入網頁資料

Excel 工作表可以匯入網頁資料，例如：匯入本章測試網頁的表格資料，其 URL 網址如下所示：

⁂ https://fchart.github.io/vba/ex10_01.html

現在，我們可以啟動 Excel 來匯入網頁資料，其步驟如下所示：

1 請啟動 Excel 新增空白活頁簿後，在上方功能區選**資料**索引標籤，執行「取得外部資料」群組的**從 Web** 命令。

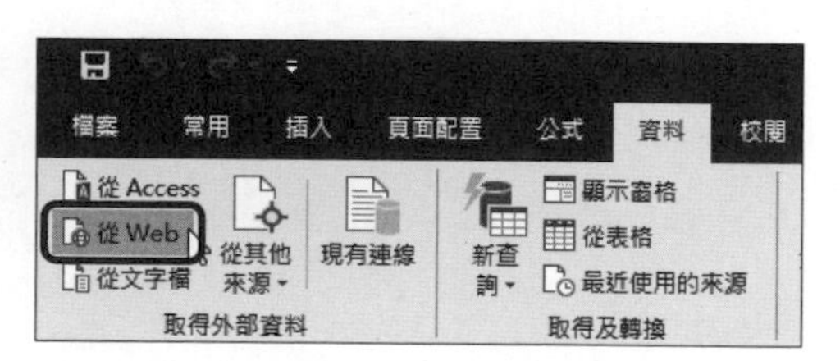

2 在「新增 Web 查詢」視窗上方的**地址**欄填入本章測試網頁的 URL 網址後，按**到**鈕進入網頁。

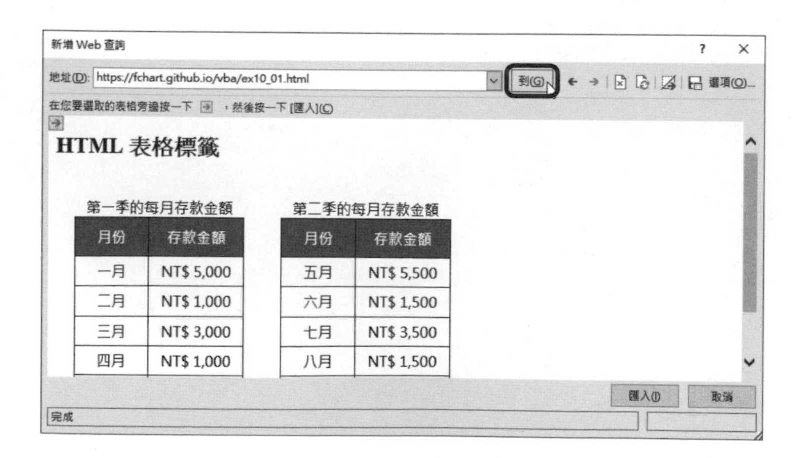

3 在網頁中可以看到黃色向右小箭頭的圖示，請點選變成勾選後，按右下方的**匯入**鈕匯入網頁內容。

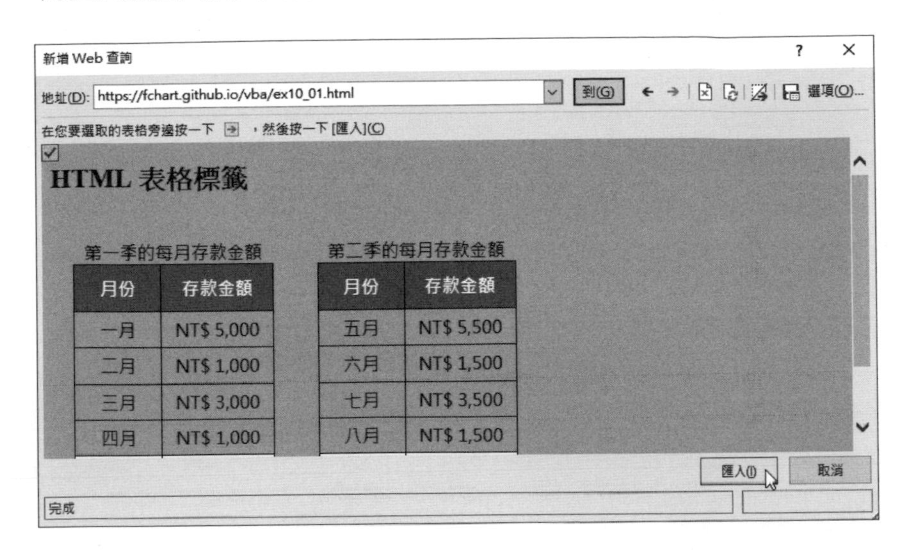

4 在「匯入資料」對話方塊指定匯入網頁資料的儲存位置，預設是儲存在**目前工作表的儲存格**。

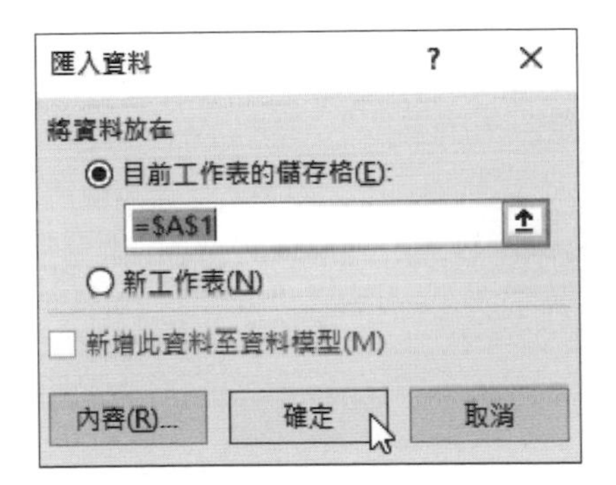

5 請按下**確定**鈕，稍待一會兒，即會看到從網頁匯入的 HTML 表格資料，如下圖所示：

10-1-2 客製化和儲存 Web 查詢

當 Excel 成功匯入網頁資料後，我們可以客製化 Web 查詢，請開啟第 10-1-1 節建立的 Excel 檔案，其步驟如下所示：

1. 在匯入資料的儲存格上，執行**右**鍵快顯功能表的**編輯查詢**命令，可以看到「編輯 Web 查詢」視窗。

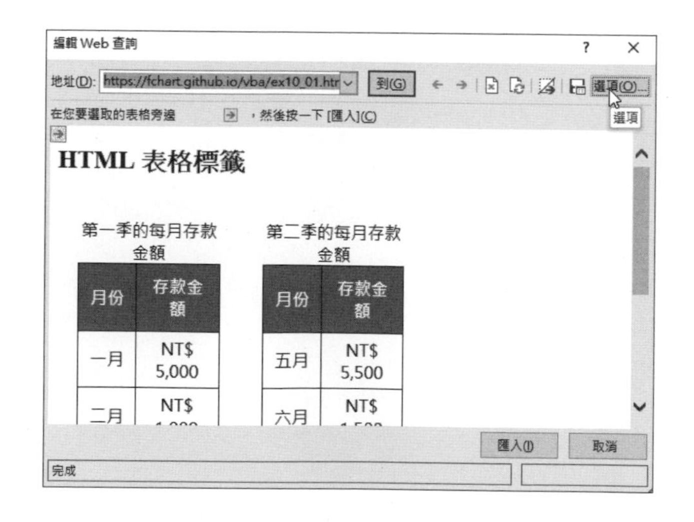

2 按右上方的**選項**鈕，會看到「Web 查詢選項」對話方塊。

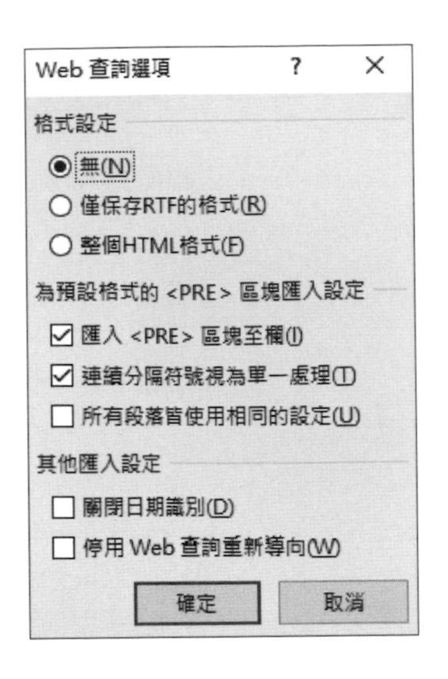

3 請依需求選擇選項後，按下**確定**鈕完成客製化設定，然後儲存 Web 查詢，請按下**選項**鈕前的**儲存查詢**鈕。

4 在「另存新檔」對話方塊切換路徑後，輸入檔名 ex10_1_1.iqy（副檔名是 .iqy），按下**儲存**鈕儲存 Web 查詢。

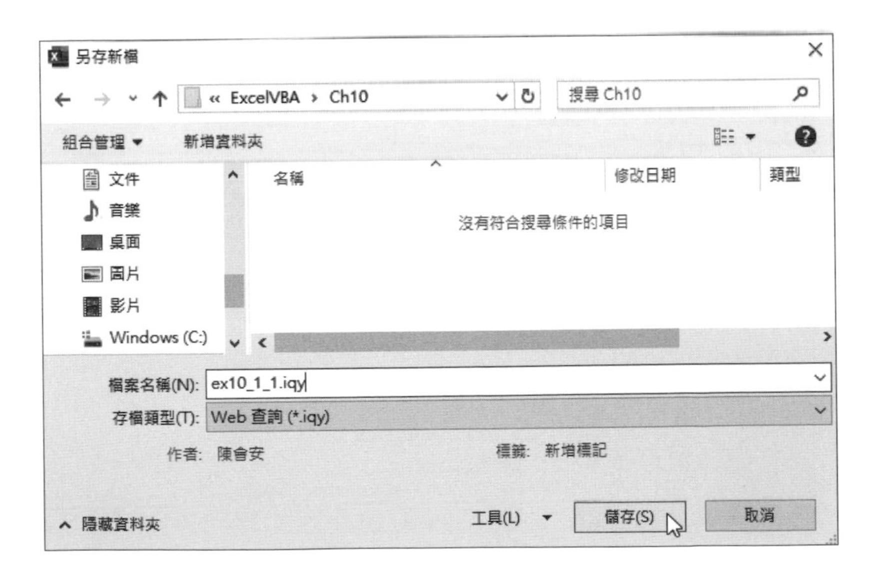

10-1-3 使用 Web 查詢匯入資料和定時更新

在第 10-1-2 節已經儲存 Web 查詢成為 ex10_1_1.iqy 檔案，這一節我們準備直接在 Excel 使用 Web 查詢匯入資料，和設定能夠定時更新匯入的資料，其步驟如下所示：

1 請啟動 Excel，新增空白活頁簿後，在上方功能區選**資料**索引標籤，執行「取得外部資料」群組的**現有連線**命令，會開啟「現有連線」對話方塊。

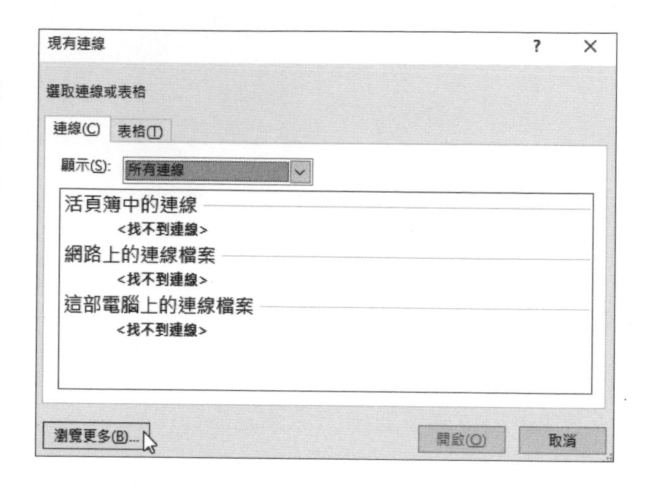

2 按左下方的**瀏覽更多**鈕，在「選取資料來源」對話方塊切換路徑，選取 ex10_1_1.iqy 檔案後，按下**開啟**鈕開啟 Web 查詢。

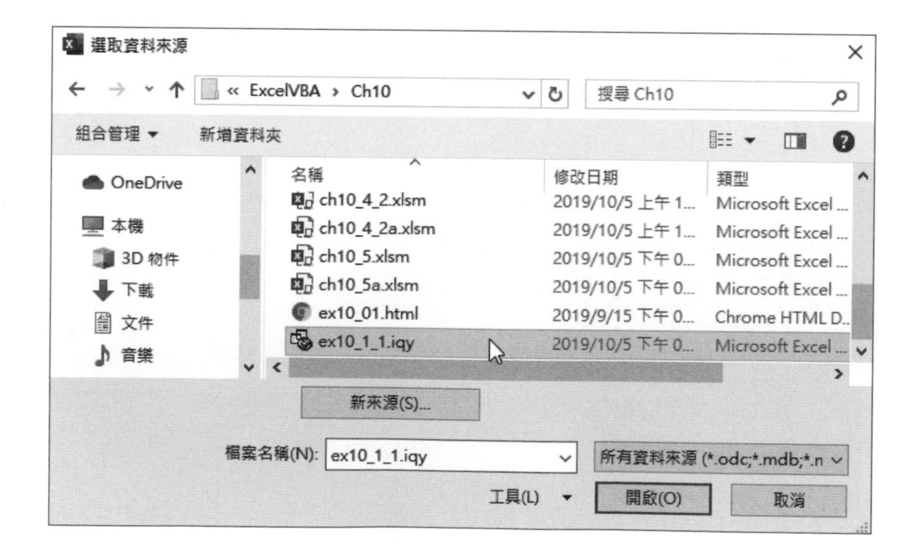

3 在「匯入資料」對話方塊指定匯入網頁資料放置的儲存位置，預設是儲存在**目前工作表的儲存格**。

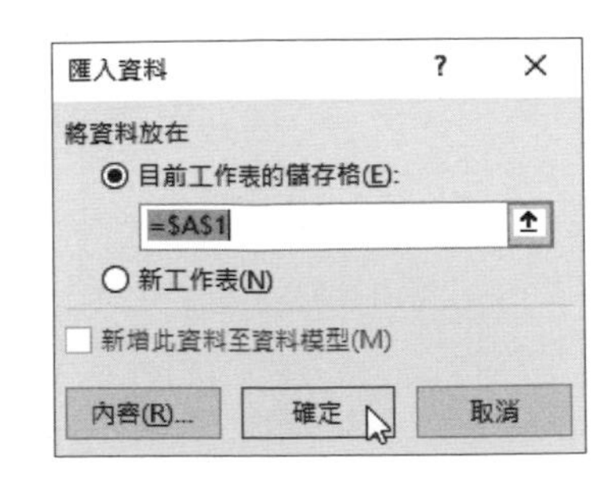

4 按下**確定**鈕，稍等一下，會看到從 HTML 網頁匯入的表格資料，如右圖所示：

	A	B	C
1	HTML 表格標籤		
2			
3	第一季的每月存款金額		
4	月份	存款金額	
5	一月	NT$5,000	
6	二月	NT$1,000	
7	三月	NT$3,000	
8	四月	NT$1,000	
9	存款總額	NT$10,000	
10	第二季的每月存款金額		
11	月份	存款金額	
12	五月	NT$5,500	
13	六月	NT$1,500	
14	七月	NT$3,500	
15	八月	NT$1,500	
16	存款總額	NT$12,000	
17			

工作表1

5 在**資料**索引標籤，執行「連線」群組的**全部重新整理**命令，就可以重新執行 Web 查詢來擷取最新的網頁資料。

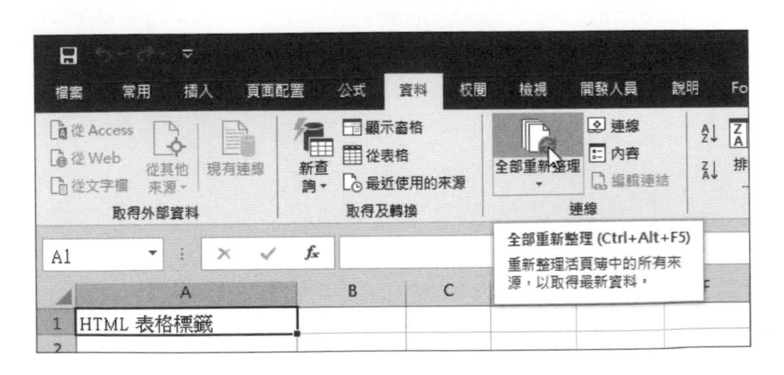

6 在匯入資料的儲存格上，執行**右**鍵快顯功能表的**資料範圍內容**命令，會開啟「外部資料範圍內容」對話方塊。

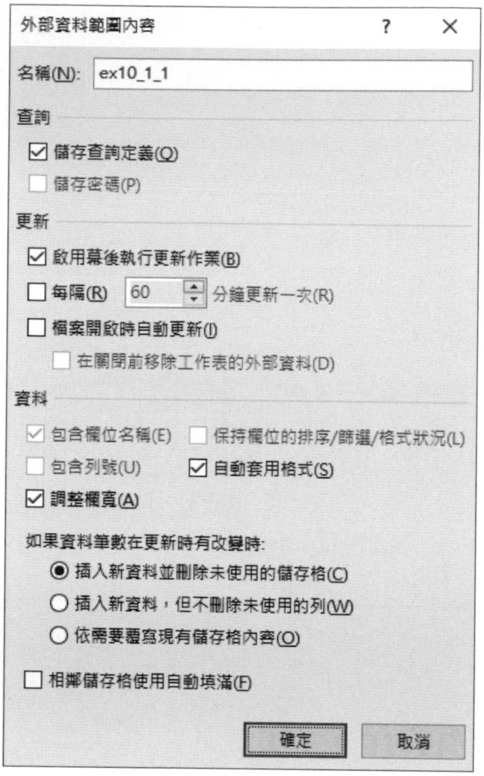

上述對話方塊的「更新」區域，可以設定定時更新，請勾選第 2 個核取方塊**每隔**並輸入更新頻率（幾分鐘更新一次），或是勾選第 3 個核取方塊，在檔案開啟時自動更新資料。

10-2 認識 HTTP 標頭資訊

Excel VBA 網路爬蟲需要送出 HTTP 請求，來取得伺服器的回應資料，而我們需要先了解 HTTP 標頭資訊，才能正確使用 Excel VBA 送出所需的 HTTP 請求。

10-2-1 HTTP 標頭

HTTP 通訊協定是使用 HTTP 標頭（HTTP Header）在客戶端和伺服端之間交換瀏覽器、請求資源和 Web 伺服器等相關資訊，這是 HTTP 通訊協定溝通訊息的核心內容。

➲ 什麼是 HTTP 標頭？

當瀏覽器使用 HTTP 通訊協定向 Web 伺服器提出瀏覽網頁的請求時，在伺服器回應客戶端請求的 HTTP 回應資料就包含 HTTP 標頭，其內容主要是 2 個訊息，如下所示：

- **HTTP 請求**（HTTP Request）：從瀏覽器送至 Web 伺服器的訊息，這是使用 HTTP 標頭來提供請求相關資訊，第 1 列是請求列資訊，包含資源檔的名稱和 HTTP 版本，如下所示：

```
GET /test.html HTTP/1.1
Host: hueyanchen.myweb.hinet.net
Connection: keep-alive
Upgrade-Insecure-Requests: 1
...
```

- **HTTP 回應**（HTTP Response）：Web 伺服器回應瀏覽器的回應訊息，第 1 列是狀態列，回應碼 200 表示請求成功，在之後是 HTTP 標頭，然後是 HTML 網頁內容的 HTML 標籤碼，如下所示：

```
HTTP/1.1 200 OK
Date: Sun, 29 Sep 2019 03:11:20 GMT
Server: Apache
…
```

➲ HTTP 標頭的內容

HTTP 標頭提供的資訊主要包含三種資訊，如下所示：

- **一般標頭**（General-header）：這些是請求和回應訊息的一般資訊，例如：快取控制、連線類型、時間和編碼等。
- **客戶端請求標頭**（Client Request-header）：一些關於請求訊息的標頭資訊，包含：回應檔案的 MIME 類型、請求方法、代理人資訊（User-agent）、主機名稱、埠號、字元集、編碼、語言、認證資料和 Cookie 等。
- **伺服端回應標頭**（Server Response-header）：一些關於回應訊息的標頭資訊，包含：轉址的 URL 網址、伺服器軟體，和設定 Cookie 資料等。

➲ 認識 httpbin.org 服務

當 Excel VBA 送出 HTTP 請求後，我們並不知道送出的請求到底送出了什麼資料，為了方便測試 HTTP 請求和回應，我們可以使用 httpbin.org 服務來進行 HTTP 請求的測試。

在 httpbin.org 網站提供 HTTP 請求 / 回應的測試服務，可以將我們送出的 HTTP 請求，自動以 JSON 格式（一種文字內容的資料交換格式，在第 12 章有進一步說明）回應送出的請求資料，其網址是：http://httpbin.org，如下圖所示：

上述網頁內容分類列出目前支援的服務，在 Chrome 瀏覽器輸入 http://httpbin.org/user-agent 使用者代理，可以取得送出 HTTP 請求的客戶端資訊，如下圖所示：

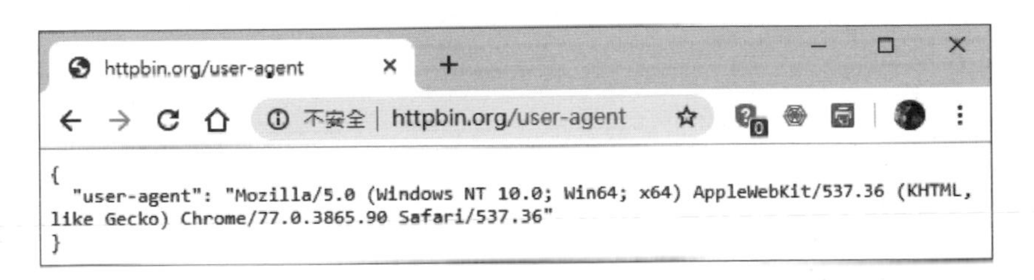

上圖顯示客戶端電腦執行的作業系統，瀏覽器引擎和瀏覽器名稱等資訊。

10-2-2 使用開發人員工具檢視 HTTP 標頭資訊

當我們使用 Chrome 瀏覽器送出 URL 網址的 HTTP 請求後，就可以使用開發人員工具來檢視 HTTP 標頭資訊，其步驟如下所示：

1. 請啟動 Chrome 瀏覽器進入 fChart 網站的 books.html 測試網頁，其網址是 https://fchart.github.io/books.html，如下圖所示：

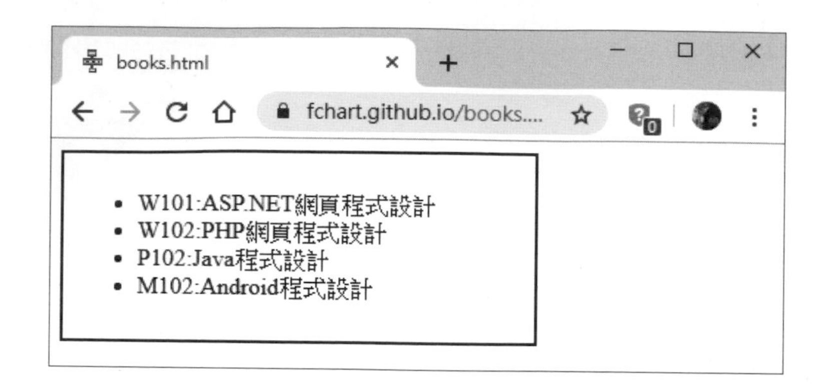

2. 按下 F12 鍵開啟開發人員工具，再按下 F5 鍵重新載入網頁後，在上方點選 **Network** 標籤下游標所在的 **All**，可以在下方看到完整 HTTP 請求清單，第 1 個 books.html 是 books.html 網頁，如下圖所示：

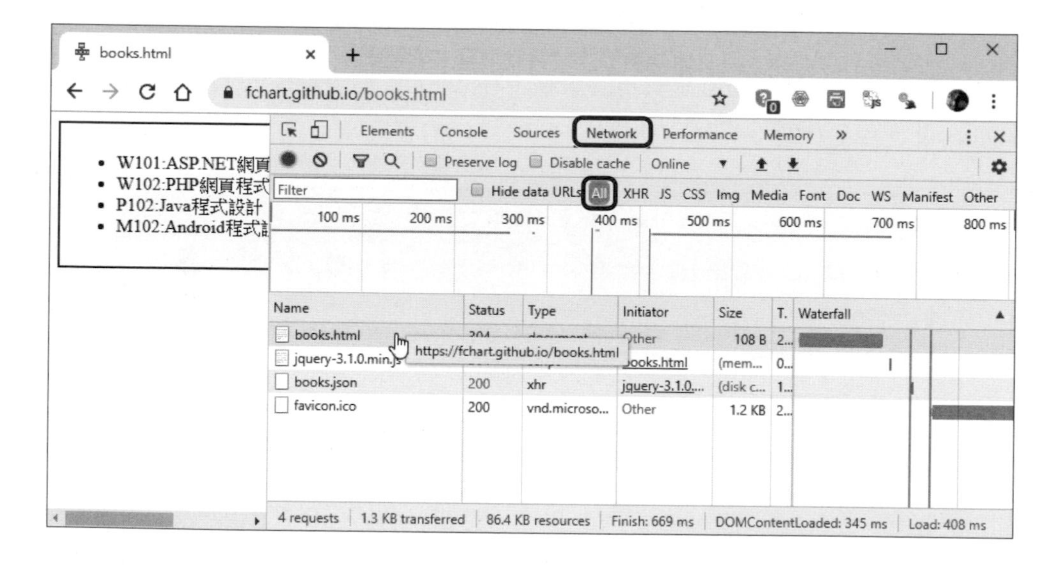

請注意！瀏覽器輸入 URL 網址瀏覽網頁不是送出一個 HTTP 請求，HTML 網頁內容的每一張圖片、外部 JavaScript 和 CSS 檔案都是獨立的 HTTP 請求。

3 點選 **books.html**，可以在右方看到 HTTP 標頭資訊，如下圖所示：

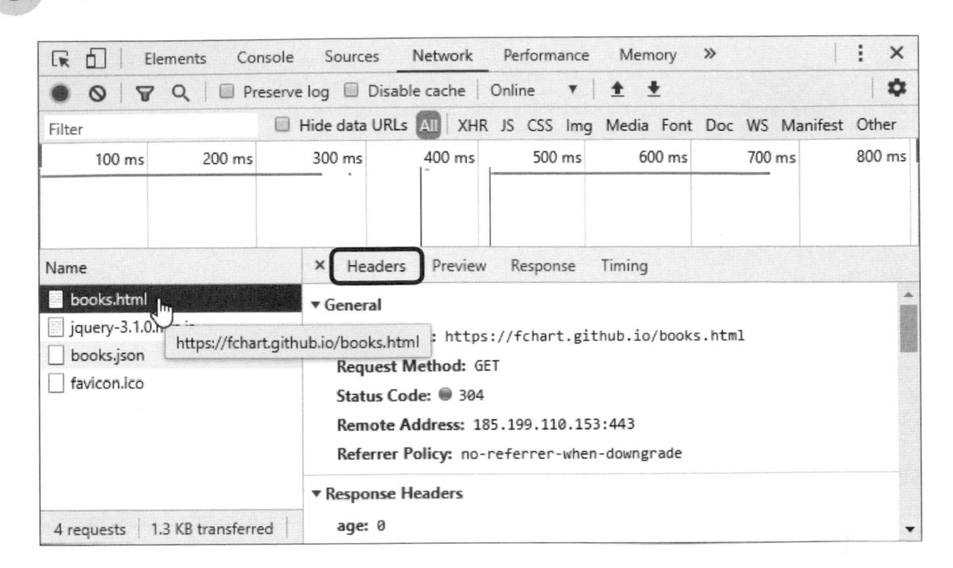

上述 **Headers** 標籤的 General 區段是請求 / 回應的一般資訊，如下所示：

```
Request URL: https://fchart.github.io/books.html
Request Method: GET
Status Code: 304
Remote Address: 185.199.110.153:443
Referrer Policy: no-referrer-when-downgrade
...
```

上述資訊顯示 URL 網址、GET 請求方法（此方法是取得網頁內容）、狀態碼 Status Code 是 304，表示已經讀過，所以直接從瀏覽器的暫存區讀取（值 200 表示請求成功，這是從 Web 伺服器讀取），然後是伺服器 IP 位址和埠號 80。

在下方標頭資訊可以看到 Response Headers 回應標頭和 Request Headers 請求標頭的資訊，點選上方 **Response** 標籤，可以看到回應的 HTML 網頁內容，如右圖所示：

```
× Headers Preview Response Timing
                           Raw response data
 1 <!DOCTYPE html>
 2 <html>
 3 <head>
 4 <title>books.html</title>
 5 <style type="text/css">
 6 .box {
 7    width:300px;
 8    background-color:#ffffff;
 9    border:2px solid blue;
10    padding:10px;
11 }
12
{} Line 1, Column 1
```

10-3 使用 XMLHttpRequest 物件建立爬蟲程式

XMLHttpRequest 簡稱 XHR，原本是讓瀏覽器使用 JavaScript 程式碼送出 HTTP 請求的物件，也是第 12 章 AJAX 非同步 HTTP 請求的基礎。Excel VBA 可以使用 XMLHttpRequest 物件送出 HTTP 請求來建立爬蟲程式。

10-3-1 認識 XMLHttpRequest 物件

XMLHttpRequest（XHR）正確地說是一個應用程式介面（API，Application Program Interface），最早是微軟 Internet Explorer 5.0 版提供的 ActiveX 物件，目前各大瀏覽器 Chrome、Internet Explorer（Edge）、Firefox、Safari 和 Opera 等都支援 XMLHttpRequest 物件。

➲ XMLHttpRequest 物件的基礎

Excel VBA 可以使用 XMLHttpRequest 物件送出 HTTP 請求，將 Excel VBA 作為客戶端來送出 HTTP 請求至 Web 伺服器，可以在客戶端和伺服端之間使用 HTTP 通訊協定來交換資料，如下圖所示：

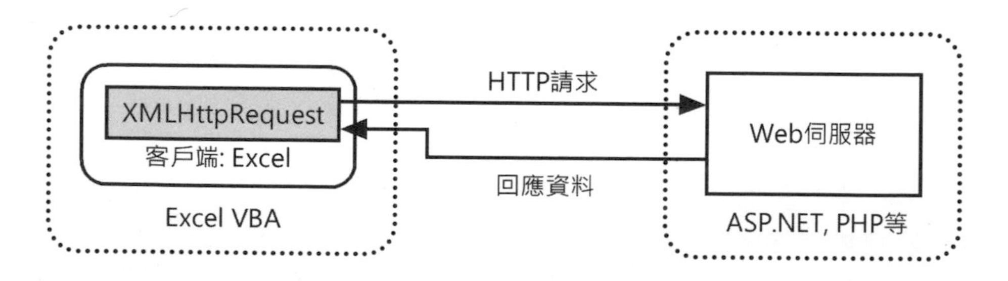

上述圖例的 Excel VBA 是客戶端（其功能如同瀏覽器送出 HTTP 請求，但是不會執行 JavaScript 程式碼），使用 XMLHttpRequest 物件透過 HTTP 通訊協定將 HTTP 請求送至 Web 伺服器，然後取得回應資料。XMLHttpRequest 物件有多種版本，各版本的 ProgID 字串，如下表所示：

XMLHttpRequest版本	DLL名稱	ProgID字串
2.0	msxml.dll	Microsoft.XMLHTTP
2.6	msxml2.dll	MSXML2.XMLHTTP
3.0	msxml3.dll	MSXML2.XMLHTTP.3.0
4.0	msxml4.dll	MSXML2.XMLHTTP.4.0
6.0	msxml6.dll	MSXML2.XMLHTTP.6.0

➲ 使用 XMLHttpRequest 物件的基本步驟

在 Excel VBA 使用 XMLHttpRequest 物件的基本步驟，如下所示：

- Step 1：建立 XMLHttpRequest 物件。
- Step 2：呼叫 Open() 方法開啟和設定 HTTP 請求。
- Step 3：呼叫 Send() 方法送出 HTTP 請求。
- Step 4：使用 responseText 屬性取得回應資料。

10-3-2 送出 HTTP 請求

Excel VBA 在建立 XMLHttpRequest 物件後，我們就可以使用下表的「方法」來送出 HTTP 請求，如下表所示：

方法	說明
open(method, url, async)	開啟和設定 HTTP 請求
send()	傳送 HTTP 請求到 Web 伺服器

➲ 認識早期繫結和晚期繫結

XMLHttpRequest 物件是一個外部 .dll 元件，在 Excel VBA 程式碼可以使用兩種方式來建立此物件，如下所示：

- **早期繫結**（Early Binding）：VBA 程式碼如同使用內建型態來建立 XMLHttpRequest 物件，我們需要先執行「工具 / 設定引用項目」命令勾選引用項目後才能使用。其優點是執行比較快，撰寫程式碼時會提供智慧指引，問題是如果忘了勾選，執行程式時會顯示「使用者自訂型態尚未定義」的錯誤。
- **晚期繫結**（Late Binding）：我們並不需事先設定引用項目，就可以呼叫 CreateObject() 函數來建立 XMLHttpRequest 物件。

➲ 使用晚期繫結建立 XMLHttpRequest 物件

ch10_3_2.xlsm

首先，我們準備使用晚期繫結建立 XMLHttpRequest 物件後，送出 URL 網址 https://fchart.github.io/fchart.html 的 HTTP 請求，然後在訊息視窗顯示取回的 HTML 標籤內容，其步驟如下所示：

1. 請啟動 Excel 新增空白活頁簿後，在上方功能區點選**開發人員**索引標籤，然後在「控制項」群組，執行「插入 / 按鈕」命令，接著在工作表中拖拉建立一個按鈕控制項。

如果在功能區中沒有看到**開發人員**索引標籤，請執行「檔案 / 選項」命令，在開啟的 **Excel 選項**視窗中，點選左側的**自訂功能區**，接著勾選視窗右側的**開發人員**項目，按下**確定**鈕後，就會在 Excel 的功能區中看到**開發人員**索引標籤。

2 在插入按鈕控制項後，會開啟「指定巨集」對話方塊。

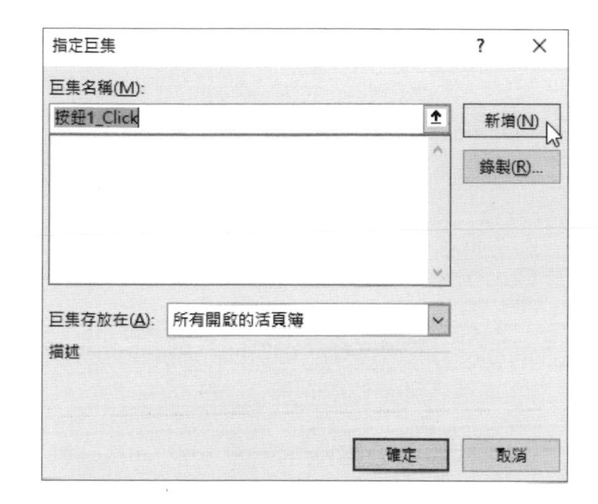

3 按下**新增**鈕，新增**按鈕 1_Click** 的事件處理程序，如下圖所示：

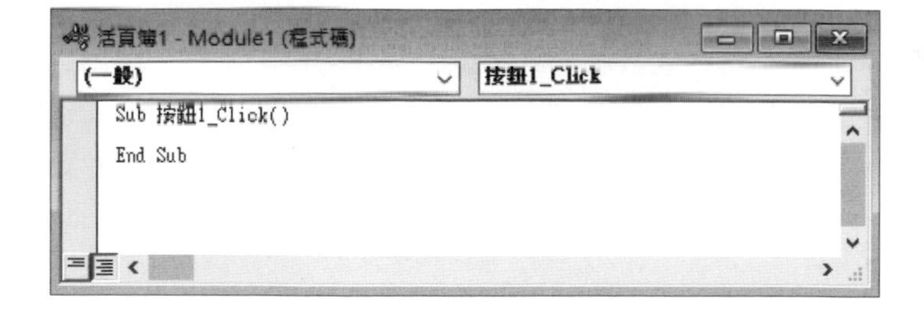

4 然後在 Sub…End Sub 之間輸入 VBA 程式碼（不需輸入程式碼前的行號）：

```
01: Dim xmlhttp As Object
02: Dim myurl As String
03:
04: Set xmlhttp = CreateObject("MSXML2.XMLHTTP.6.0")
05: myurl = "https://fchart.github.io/fchart.html"
06:
07: xmlhttp.Open "GET", myurl, False
08: xmlhttp.Send
09:
10: MsgBox (xmlhttp.responseText)
11:
12: Set xmlhttp = Nothing
```

- 第 1 ～ 2 列：宣告 Object 物件變數 xmlhttp 和 URL 網址的字串變數 myurl。
- 第 4 列：使用 CreateObject() 函數建立 XMLHttpRequest 物件，參數是上一節的 ProgID 字串。
- 第 5 列：指定 URL 網址字串。
- 第 7 ～ 8 列：首先呼叫 Open 方法開啟和設定 HTTP 請求，第 1 個參數字串是 GET 方法，第 2 個是 URL 網址，最後 False 表示是同步請求（詳見第 12 章的說明），然後呼叫 Send 方法送出 HTTP 請求。
- 第 10 列：使用 MsgBox() 函數顯示回應的 HTML 字串，使用的是 responseText 屬性。

5 在完成編輯後，我們可以按上方的**執行 Sub 或 UserForm** 鈕 ▶ 執行程序，或在 Excel 按下新增的**按鈕 1** 鈕，都可以看到訊息視窗顯示取回的 HTML 標籤字串，如下圖所示：

Microsoft Excel

```
<!doctype html>
<html>
<head>
  <title>fChart程式設計教學工具簡介</title>
  <meta charset="utf-8" />
  <meta http-equiv="Content-type" content="text/html; charset=utf-8"/>
  <style type="text/css">
  body {
     background-color: #f0f0f2;
  }
  div {
     width: 600px;
     margin: 5em auto;
     padding: 50px;
     background-color: #fff;
     border-radius: 1em;
  }
  </style>
</head>
<body>
<div>
  <h1>fChart程式設計教學工具簡介</h1>
  <p>fChart是一套真正可以使用「流程圖」引導程式設計教學的「完整」學習工具，
  可以幫助初學者透過流程圖學習程式邏輯和輕鬆進入「Coding」世界。</p>
  <p><a href="https://fchart.github.io">更多資訊...</a></p>
</div>
</body>
</html>
```

確定

➲ 使用早期繫結建立 XMLHttpRequest 物件 ch10_3_2a.xlsm

接著，我們要使用早期繫結建立 XMLHttpRequest 物件，送出和 ch10_3_2.xlsm 相同 URL 網址 https://fchart.github.io/fchart.html 的 HTTP 請求，然後在訊息視窗顯示取回的 HTML 標籤內容，其步驟如下所示：

1. 請啟動 Excel 新增空白活頁簿，在新增按鈕控制項後，建立**按鈕 1_Click** 的事件處理程序。

2. 執行「工具 / 設定引用項目」命令，找到 **Microsoft XML, v6.0**，勾選此引用項目後，按下**確定**鈕完成設定。

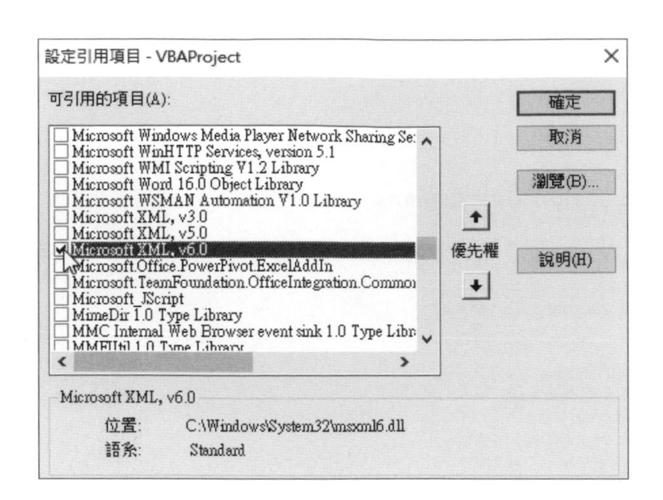

3 然後在 Sub…End Sub 之間輸入 VBA 程式碼，如下所示：

```
01: Dim xmlhttp As New MSXML2.XMLHTTP60
02:
03: Dim myurl As String
04:
05: myurl = "https://fchart.github.io/fchart.html"
06:
07: xmlhttp.Open "GET", myurl, False
08: xmlhttp.Send
09:
10: MsgBox (xmlhttp.responseText)
11:
12: Set xmlhttp = Nothing
```

⁂ 第 1 列：使用 New 運算子建立 MSXML2.XMLHTTP60 物件 xmlhttp。

4 在完成編輯後，我們可以按上方**執行 Sub 或 UserForm** 鈕 ▶ 來執行程序，或在 Excel 按下新增的**按鈕 1** 鈕，都可以看到和 ch10_3_2.xlsm 相同的 HTML 標籤字串。

➲ 使用 Status 屬性檢查請求狀態

ch10_3_2b.xlsm

Excel VBA 在 XMLHttpRequest 物件送出 HTTP 請求後，我們可以使用 Status 唯讀屬性來取得 HTTP 狀態碼，以便判斷 HTTP 請求是否成功，狀態值 200 是成功；404 是資源不存在的錯誤等，如下所示：

```
01: Dim xmlhttp As New MSXML2.XMLHTTP60
02:
03: Dim myurl As String
04:
05: myurl = "https://fchart.github.io/fchart.html"
06:
07: xmlhttp.Open "GET", myurl, False
08: xmlhttp.Send
09:
10: If xmlhttp.Status = 200 Then
11:     MsgBox (xmlhttp.responseText)
12: Else
13:     MsgBox ("HTTP請求錯誤: " & xmlhttp.Status)
14: End If
15:
16: Set xmlhttp = Nothing
```

⁂ 第 10 ~ 14 列：If/Else 條件判斷 Status 屬性值，如果是 200，表示 HTTP 請求成功，可以在第 11 列顯示回應的 HTML 標籤字串；反之顯示錯誤訊息。

ch10_3_2b.xlsm 的執行結果和之前範例相同，如果將 URL 網址改為：https://fchart.github.io/fchart1.html，因為 fchart1.html 檔案的資源並不存在，所以顯示錯誤訊息的狀態碼是 404，如下圖所示：

說明

XMLHttpRequest 物件 MSXML2.XMLHTTP60 也可以改用伺服器版本的 MSXML2.ServerXMLHTTP60，如下所示：

```
Dim xmlhttp As New MSXML2.ServerXMLHTTP60
```

上述版本的差異是每一次請求都會取得最新的伺服器回應資料，MSXML2.XMLHTTP60 則可能是從瀏覽器所在電腦的本機快取（Local Cache）取得回應資料，不能保證一定是最新資料，完整 Excel 範例：ch10_3_2c.xlsm。

10-3-3 指定和取得 HTTP 標頭資訊

XMLHttpRequest 物件提供相關方法來指定和取得 HTTP 標頭資訊，如下表所示：

方法	說明
getResponseHeader(HeaderName)	取得指定 HTTP 標頭名稱的內容
setRequestHeader(HeaderName, value)	指定使用者自訂的 HTTP 標頭

➲ 取得指定 HTTP 標頭名稱的內容

ch10_3_3.xlsm

Excel VBA 在使用 XMLHttpRequest 物件送出 HTTP 請求後，我們可以使用 getResponseHeader() 方法取得回應的標頭資訊，參數 Content-Type 是內容類型；Content-Length 是內容長度，如下所示：

```
01: Dim xmlhttp As New MSXML2.XMLHTTP60
02: Dim myurl, ctype, clength As String
03:
04: myurl = "https://fchart.github.io/fchart.html"
05:
06: xmlhttp.Open "GET", myurl, False
```

```
07: xmlhttp.Send
08:
09: If xmlhttp.Status = 200 Then
10:     ctype = xmlhttp.getResponseHeader("Content-Type")
11:     clength = xmlhttp.getResponseHeader("Content-Length")
12:     MsgBox (ctype & vbNewLine & clength)
13: Else
14:     MsgBox ("HTTP請求錯誤: " & xmlhttp.Status)
15: End If
16:
17: Set xmlhttp = Nothing
```

⁂ 第 10 ～ 11 列：呼叫 2 次 getResponseHeader() 方法取得參數 Content-Type 和 Content-Length 的標頭資訊。

ch10_3_3.xlsm 的執行結果，會顯示 Content-Type 和 Content-Length 的標頭資訊，如右圖所示：

➲ 使用者自訂的 HTTP 標頭　ch10_3_3a.xlsm

如果需要，我們可以使用 XMLHttpRequest 物件送出自訂 HTTP 標頭的 HTTP 請求，例如：為了避免網站封鎖 IE 瀏覽器，我們可以更改 User-Agent 標頭資訊，偽裝成 Chrome 瀏覽器的 HTTP 標頭資訊，換句話說，就是模擬成 Chrome 瀏覽器送出 HTTP 請求。

在 10-2-1 節的 httpbin.org 服務可以使用 URL 網址：http://httpbin.org/user-agent 取得 HTTP 請求的 User-Agent 標頭資訊。例如：如果 Excel VBA 沒有使用 setRequestHeader() 方法指定標頭資訊，此時 XMLHttpRequest 物件送出 HTTP 請求的瀏覽器是 MSIE，即 Internet Explorer，如下圖所示：

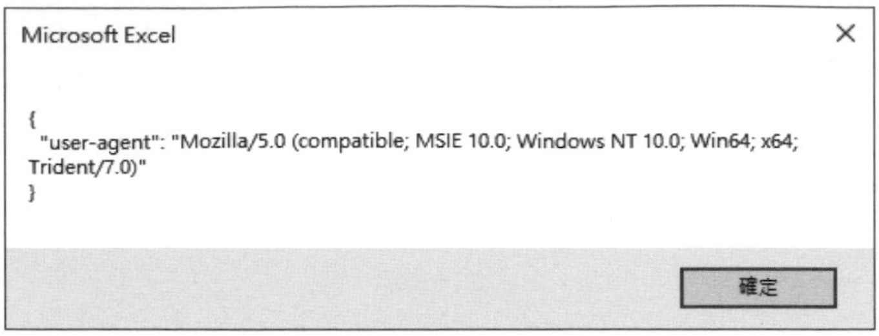

Microsoft Excel

```
{
  "user-agent": "Mozilla/5.0 (compatible; MSIE 10.0; Windows NT 10.0; Win64; x64; Trident/7.0)"
}
```

確定

接著，我們準備將 HTTP 請求模擬成是從 Chrome 瀏覽器送出的 HTTP 請求，如下所示：

```
01: Dim xmlhttp As Object
02: Dim myurl As String
03:
04: Set xmlhttp = CreateObject("MSXML2.XMLHTTP.6.0")
05: myurl = "http://httpbin.org/user-agent"
06:
07: xmlhttp.Open "GET", myurl, False
08: xmlhttp.setRequestHeader "User-Agent", "Mozilla/5.0 (Windows NT 10.0; Win64; x64) AppleWebKit/537.36 (KHTML, like Gecko) Chrome/63.0.3239.132 Safari/537.36"
09:
10: xmlhttp.Send
11:
12: If xmlhttp.Status = 200 Then
13:     MsgBox (xmlhttp.responseText)
14: Else
15:     MsgBox ("HTTP請求錯誤: " & xmlhttp.Status)
16: End If
17:
18: Set xmlhttp = Nothing
```

⁂ 第 8 列：使用 setRequestHeader() 方法指定 User-Agent 標頭資訊。

ch10_3_3a.xlsm 的執行結果可以顯示 User-Agent 標頭資訊（請注意！如果有修改標頭資訊的程式碼，有時可能需重新啟動 Excel 後，才會真正變更標頭資訊），如下圖所示：

Microsoft Excel ×

```
{
  "user-agent": "Mozilla/5.0 (Windows NT 10.0; Win64; x64) AppleWebKit/537.36 (KHTML, like Gecko) Chrome/63.0.3239.132 Safari/537.36"
}
```

確定

10-3-4 從回應內容擷取資料

Excel VBA 在使用 XMLHttpRequest 物件送出 HTTP 請求後，我們可以使用 responseText 屬性取得回應的 HTML 標籤字串，Excel VBA 網路爬蟲就是由此標籤字串中擷取出所需資訊，使用的是 DOM 物件模型，在第 11 章會詳細說明 Excel VBA 爬蟲的資料擷取方法。

這一節準備簡單說明如果將回應 HTML 標籤字串轉換成 HTMLDocument 物件後，使用 getElementsByTagName() 方法擷取和顯示 <h1> 和 <a> 標籤的內容。

➲ 擷取 <h1> 標籤的資料 ch10_3_4.xlsm

Excel VBA 在使用 XMLHttpRequest 物件送出 HTTP 請求後，我們準備從回應內容擷取出 <h1> 標籤資料，因為 VBA 程式碼需要使用 HTMLDocument 物件，請先執行「工具 / 設定引用項目」命令，找到 **Microsoft HTML Object Library**，勾選此引用項目後，按下**確定**鈕完成設定，如下圖所示：

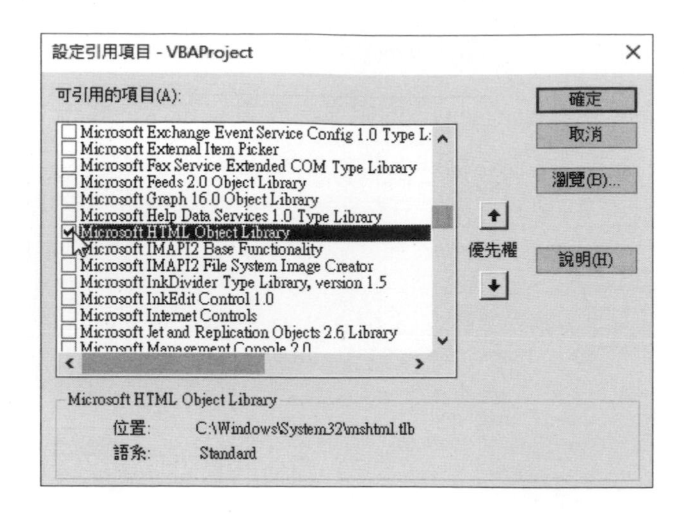

然後，我們可以撰寫 Excel VBA 爬蟲程式來擷取 <h1> 標籤內容至 Excel 工作表的 A1 儲存格，如下所示：

```
01: Dim xmlhttp As New MSXML2.XMLHTTP60
02: Dim html As New HTMLDocument
03: Dim h1_tag As Object
04: Dim myurl As String
05:
06: myurl = "https://fchart.github.io/fchart.html"
07:
08: xmlhttp.Open "GET", myurl, False
09:
10: xmlhttp.Send
11:
12: If xmlhttp.Status = 200 Then
13:     html.body.innerHTML = xmlhttp.responseText
14:     Set h1_tag = html.getElementsByTagName("h1")
15:     Sheets(1).Cells(1, 1).Value = h1_tag(0).innerText
16: Else
17:     MsgBox ("HTTP請求錯誤: " & xmlhttp.Status)
18: End If
19:
20: Set xmlhttp = Nothing
21: Set html = Nothing
22: Set h1_tag = Nothing
```

⁂ 第 2 ～ 3 列：建立 HTMLDocument 物件 html，第 3 列是 h1_tag 標籤物件，這是一個類似陣列的清單物件。

⁂ 第 13 列：指定 html.body.innerHTML 的 HTML 標籤內容是回應的 responseText 屬性值。

⁂ 第 14 列：呼叫 getElementsByTagName() 方法取得 <h1> 標籤的清單物件（因為在 HTML 網頁可能有多個 <h1> 標籤）。

⁂ 第 15 列：在 Excel 工作表的 A1 儲存格的 Value 屬性值填入第 1 個 <h1> 標籤的 innerText 屬性值（因為索引值是 0）。

請啟動 Excel 開啟 ch10_3_4.xlsm，按下**按鈕 1** 鈕，會在 A1 儲存格顯示從網頁擷取出的 <h1> 標籤內容，如下圖所示：

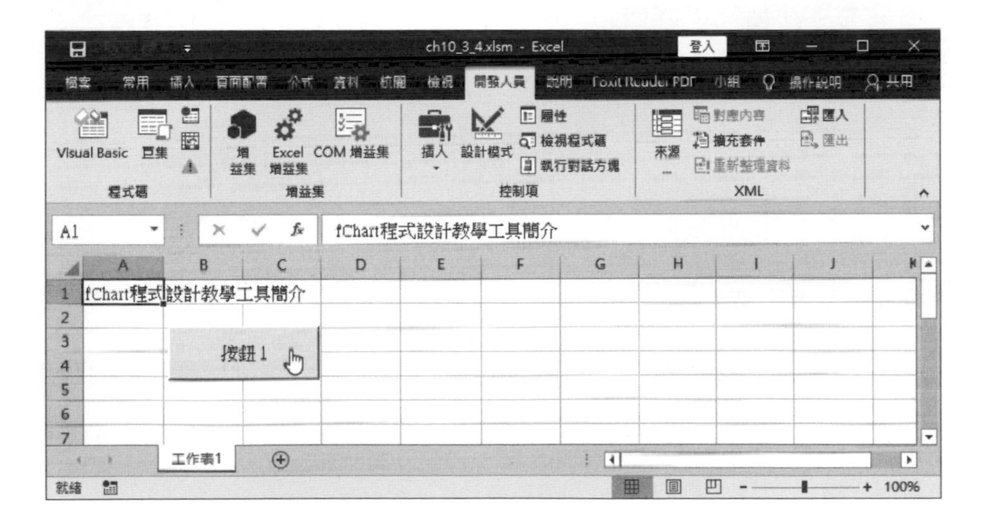

➲ 擷取 <a> 標籤的 href 屬性值

ch10_3_4a.xlsm

如果需要擷取 HTML 標籤的特定屬性值，例如：<a> 標籤的 href 屬性值，可以如下操作：

```
<a href="https://fchart.github.io">更多資訊...</a>
```

Excel VBA 在取得 <a> 標籤物件後，可以直接使用 href 屬性來取得同名的 HTML 標籤屬性值，如下所示：

```
html.body.innerHTML = xmlhttp.responseText
Set a_tag = html.getElementsByTagName("a")
Sheets(1).Cells(1, 1).Value = a_tag(0).href
```

上述程式碼呼叫 getElementsByTagName() 方法取得 a 標籤清單物件後，使用 a_tag(0).href 取得第 1 個 <a> 標籤的 href 屬性值。

請啟動 Excel 開啟 ch10_3_4a.xlsm，按下**按鈕 1** 鈕，會在 A1 儲存格顯示從網頁擷取出 <a> 標籤的 href 屬性值，如下圖所示：

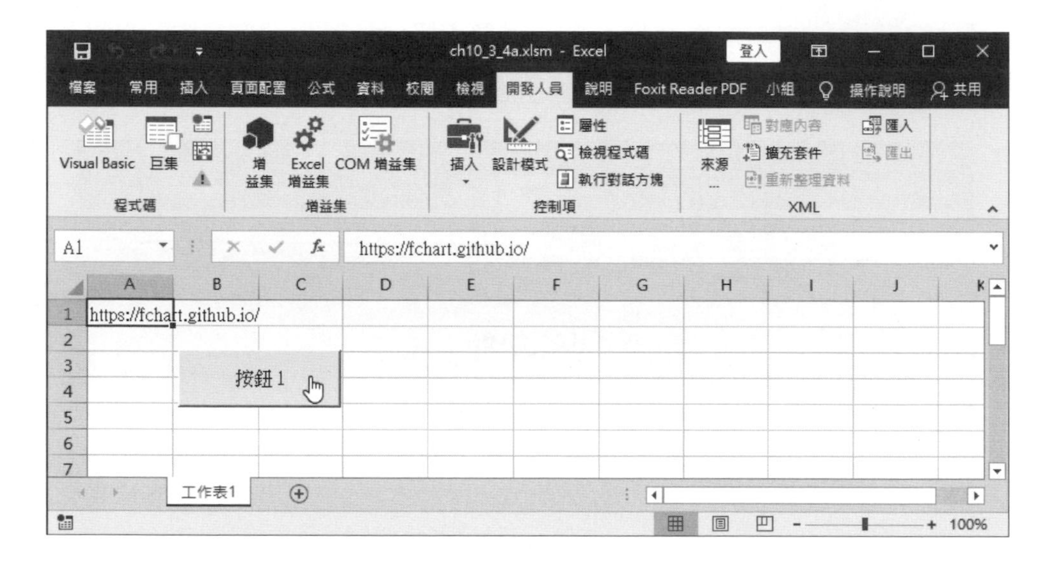

10-4 使用 Internet Explorer 物件建立爬蟲程式

Excel VBA 也可以使用 Internet Explorer 物件建立爬蟲程式，和 XMLHttpRequest 的差異是 Internet Explorer 物件會執行 JavaScript 程式。

10-4-1 送出 HTTP 請求

Internet Explorer 物件一樣可以使用晚期繫結或早期繫結建立物件後，送出 HTTP 請求來瀏覽指定 URL 網址。因為 Internet Explorer 物件就是 IE 瀏覽器，我們送出 HTTP 請求就是在瀏覽指定 URL 網址的網頁。

➲ 使用晚期繫結建立 Internet Explorer 物件

ch10_4_1.xlsm

首先，我們準備使用晚期繫結建立 Internet Explorer 物件後，瀏覽 URL 網址 https://fchart.github.io/fchart.html 的 HTML 網頁，可以在訊息視窗顯示取回的 <body> 標籤內容，如下所示：

```
01: Dim IE As Object
02: Dim myurl As String
03:
04: myurl = "https://fchart.github.io/fchart.html"
05:
06: Set IE = CreateObject("InternetExplorer.Application")
07:
08: IE.Visible = False
09: IE.navigate myurl
10:
11: Do While IE.readyState <> READYSTATE _ COMPLETE
12:     DoEvents
13: Loop
14:
```

```
15:
16: MsgBox (IE.document.body.innerHTML)
17:
18: Set IE = Nothing
```

⁂ 第 1 ～ 2 列：宣告 Object 物件變數 IE 和 URL 網址的字串變數 myurl。

⁂ 第 4 列：指定 URL 網址字串。

⁂ 第 6 列：使用 CreateObject() 函數建立 Internet Explorer 物件，參數是 ProgID 字串 "InternetExplorer.Application"。

⁂ 第 8 ～ 9 列：在第 8 列指定 Visible 屬性值為 False，表示不顯示 Internet Explorer 視窗，第 9 列呼叫 navigate() 方法瀏覽參數的 URL 網址。

⁂ 第 11 ～ 13 列：Do While/Loop 迴圈檢查直到 readyState 屬性值是 READYSTATE_COMPLETE，表示 Internet Explorer 已經完全載入網頁內容。

⁂ 第 16 列：使用 MsgBox() 函數顯示 IE.document 屬性的 HTML 文件下的 body 屬性，即 <body> 標籤，innerHTML 屬性可以取得 <body> 標籤的內容，即 HTML 標籤字串。

請啟動 Excel 開啟 ch10_4_1.xlsm，按下**按鈕 1** 鈕，會在訊息視窗顯示擷取出的 <body> 標籤內容，如下圖所示：

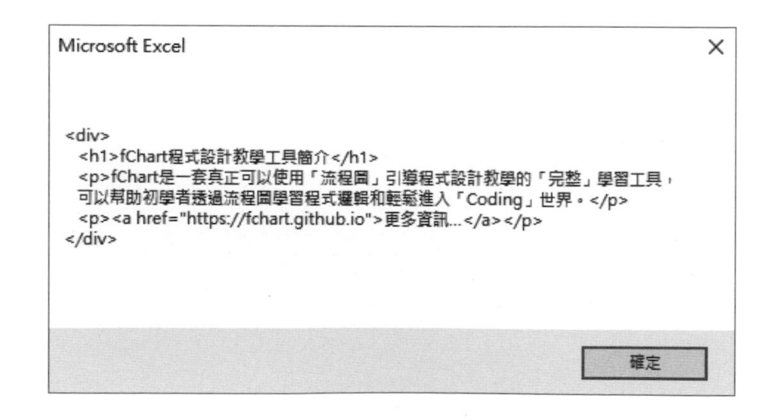

➲ 使用早期繫結建立 Internet Explorer 物件　ch10_4_1a.xlsm

接著，我們準備使用早期繫結建立 Internet Explorer 物件後，瀏覽 URL 網址 https://fchart.github.io/fchart.html 的 HTML 網頁，可以在訊息視窗顯示擷取的 HTML 標籤內容，首先需要設定引用項目，請執行「工具 / 設定引用項目」命令，如下圖所示：

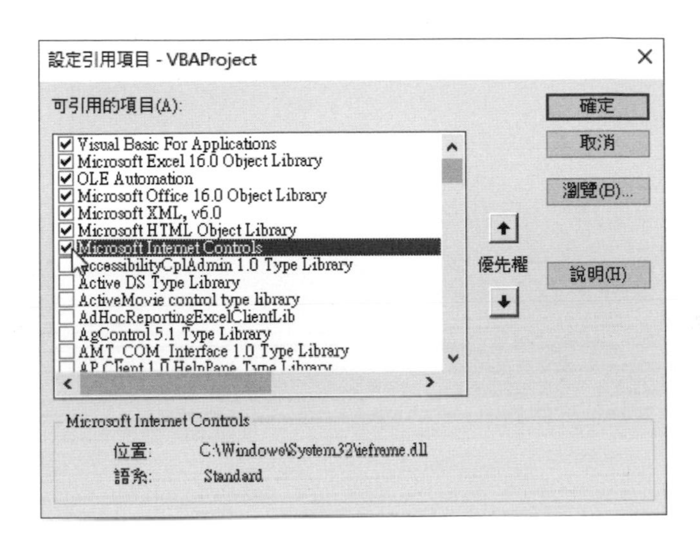

上述 **Microsoft Internet Controls** 就是 Internet Explorer 物件，在引用後，我們可以使用早期繫結建立 Internet Explorer 物件，如下所示：

```
01: Dim IE As New InternetExplorer
02: Dim myurl As String
03:
04: myurl = "https://fchart.github.io/fchart.html"
05:
06: IE.Visible = False
07: IE.navigate myurl
08:
09: Do While IE.readyState <> READYSTATE_COMPLETE
10:     DoEvents
11: Loop
```

```
12:
13: MsgBox (IE.document.body.innerHTML)
14:
15: Set IE = Nothing
```

⁂ 第 1 列：使用 New 運算子建立 InternetExplorer 物件 IE。

請啟動 Excel 開啟 ch10_4_1a.xlsm，按下**按鈕 1** 鈕，會在訊息視窗顯示擷取出的 <body> 標籤內容，如下圖所示：

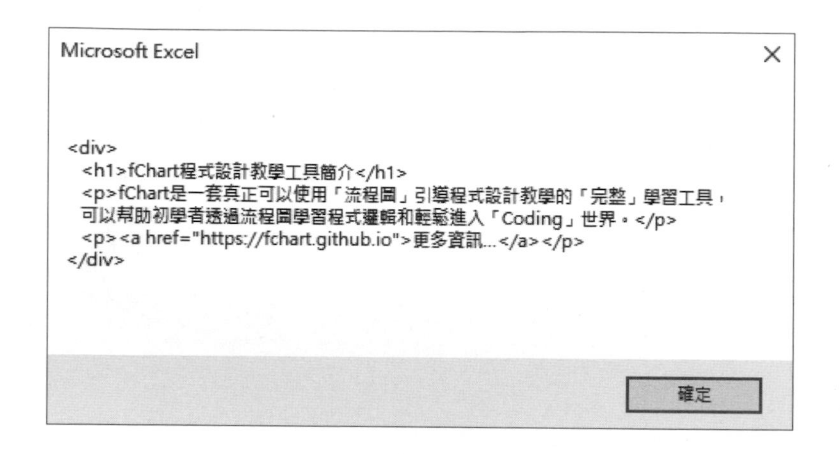

10-4-2 從回應內容擷取資料

基本上，因為 Internet Explorer 物件就是使用 Internet Explorer 瀏覽器來瀏覽網頁，我們只需使用 navigate() 方法瀏覽指定 URL 網址後，剩下的就是等待 HTML 網頁的完全載入。

不同於 XMLHttpRequest 物件送出 HTTP 請求後，回應的是 responseText 屬性取得的 HTML 標籤字串，Internet Explorer 物件回應的就是 DOM 物件模型的 HTMLDocument 物件。此時，有 2 種方法可從回應內容擷取出資料，如下所示：

⁂ **第一種作法：**將 Internet Explorer 的 DOM 先建立成 HTMLDocument 物件後，再使用 getElementsByTagName() 方法擷取和顯示 <h1> 標籤的內容。

⁂ **第二種作法：**直接使用 Internet Explorer 的 DOM，我們一樣可以使用 getElementsByTagName() 方法擷取和顯示 <a> 標籤的 href 屬性值。

➲ 擷取 <h1> 標籤的資料

ch10_4_2.xlsm

Excel VBA 在使用 Internet Explorer 物件瀏覽網頁後，我們準備從回應內容的 DOM 擷取出 <h1> 標籤的內容，因為第一種作法需要使用 HTMLDocument 物件，請執行「工具 / 設定引用項目」命令，勾選 **Microsoft HTML Object Library**，如下圖所示：

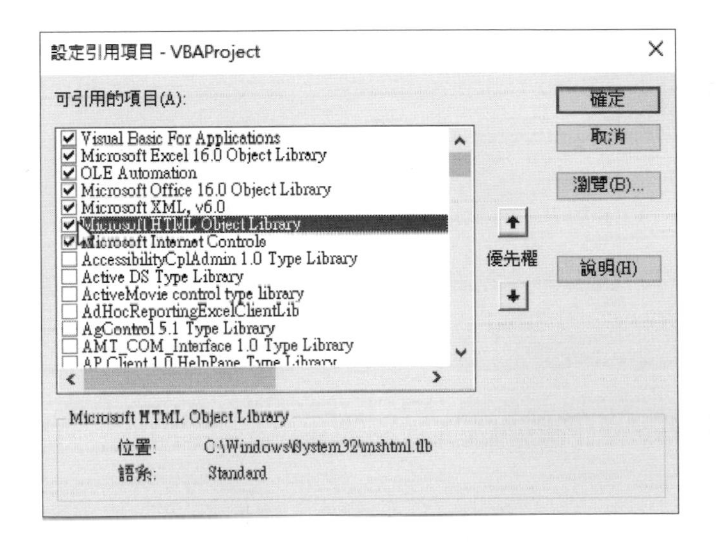

然後，我們可以撰寫 Excel VBA 爬蟲程式來擷取 <h1> 標籤內容至工作表的 A1 儲存格，如下所示：

```
01: Dim IE As New InternetExplorer
02: Dim html As New HTMLDocument
03: Dim h1_tag As Object
04:
```

```
05: Dim myurl As String
06:
07: myurl = "https://fchart.github.io/fchart.html"
08:
09: IE.Visible = False
10: IE.navigate myurl
11:
12: Do While IE.readyState <> READYSTATE_COMPLETE
13:     DoEvents
14: Loop
15:
16: Set html = IE.document
17:
18: Set h1_tag = html.getElementsByTagName("h1")
19: Sheets(1).Cells(1, 1).Value = h1_tag(0).innerText
20:
21: Set IE = Nothing
22: Set html = Nothing
23: Set h1_tag = Nothing
```

⁂ 第 2～3 列：第 2 列是建立 HTMLDocument 物件 html，第 3 列是 h1_tag 標籤物件清單。

⁂ 第 16 列：指定 html 變數是 IE.document 屬性值。

⁂ 第 18 列：呼叫 getElementsByTagName() 方法取得 <h1> 標籤的清單物件（因為可能有多個 <h1> 標籤）。

⁂ 第 19 列：在 Excel 工作表的 A1 儲存格的 Value 屬性值填入第 1 個 <h1> 標籤的 innerText 屬性值（因為索引是 0）。

請啟動 Excel 開啟 ch10_4_2.xlsm，按下**按鈕 1** 鈕，會在 A1 儲存格顯示從網頁擷取出的 <h1> 標籤內容，如下圖所示：

	A	B	C	D	E
1	fChart程式設計教學工具簡介				
2					
3		按鈕 1			
4					
5					

工作表1

➲ 擷取 <a> 標籤的 href 屬性值

ch10_4_2a.xlsm

Excel VBA 在取得 <a> 標籤物件後，可以直接使用 href 屬性來取得同名 HTML 標籤的屬性值，如下所示：

```
Set a_tag = IE.document.getElementsByTagName("a")
Sheets(1).Cells(1, 1).Value = a_tag(0).href
```

上述程式碼呼叫 getElementsByTagName() 方法取得 a 標籤的清單物件後，使用 a_tag(0).href 取得第 1 個 <a> 標籤的 href 屬性值，如下所示：

```
01: Dim IE As New InternetExplorer
02: Dim a_tag As Object
03:
04: Dim myurl As String
05:
06: myurl = "https://fchart.github.io/fchart.html"
07:
08: IE.Visible = False
09: IE.navigate myurl
10:
11: Do While IE.readyState <> READYSTATE_COMPLETE
12:     DoEvents
13: Loop
14:
15: Set a_tag = IE.document.getElementsByTagName("a")
16: Sheets(1).Cells(1, 1).Value = a_tag(0).href
17:
18: Set IE = Nothing
19: Set a_tag = Nothing
```

⁂ 第 15 列：使用 IE.document 呼叫 getElementsByTagName() 方法取得 <a> 標籤的清單物件（因為可能有多個 <a> 標籤）。

⁂ 第 16 列：在 Excel 工作表的 A1 儲存格的 Value 屬性值填入第 1 個 <a> 標籤的 href 屬性值（因為索引是 0）。

請啟動 Excel 開啟 ch10_4_2a.xlsm，按下**按鈕 1** 鈕，會在 A1 儲存格顯示從網頁擷取 <a> 標籤的 href 屬性值，如下圖所示：

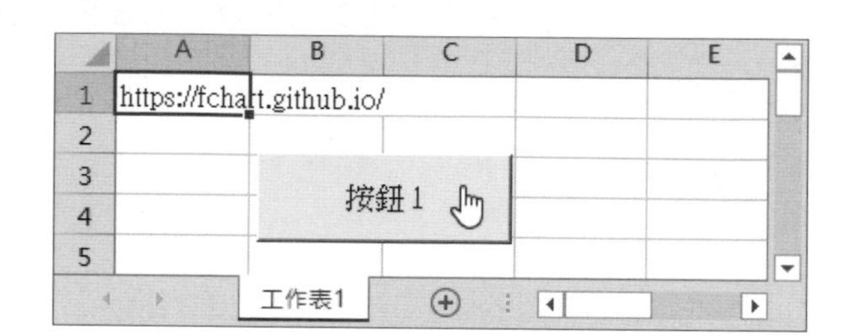

10-5 網路爬蟲實戰：擷取多頁面的資料

HTML 網頁是使用超連結來連接多頁不同的網頁，我們只需取出超連結 <a> 標籤的 href 屬性值，就可以再次送出 HTTP 請求來擷取出下一頁 HTML 網頁的資料。

例如：首先進入 https://fchart.github.io/fchart.html 的網頁，如下圖所示：

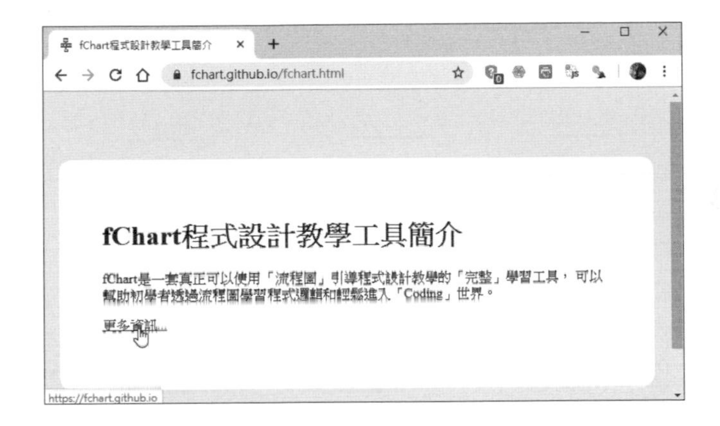

在上述第 1 頁網頁擷取出標題文字 <h1> 標籤和超連結 <a> 標籤的 href 屬性值後，點選**更多資訊**超連結文字，可以進入 fChart 程式設計教學工具的首頁，這是第 2 頁網頁的頁面，如下圖所示：

上述網頁就是使用超連結走訪第 2 頁網頁的頁面，同理，Excel VBA 爬蟲程式可以使用此超連結的 URL 網址，再次送出 HTTP 請求來取得回應的新網頁，即可繼續在此網頁擷取出所需的資料，以此例是再擷取 <b> 標籤的內容。

➲ 使用 XMLHttpRequest 物件

ch10_5.xlsm

如果 Excel VBA 爬蟲程式需要擷取多頁面資料，因為需要巡覽多頁網頁內容，我們需要重複使用 XMLHttpRequest 物件送出多次 HTTP 請求，以此例是送出 2 次 HTTP 請求，如下所示：

```
01: Dim xmlhttp As New MSXML2.XMLHTTP60
02: Dim html As New HTMLDocument
03: Dim h1_tag As Object, a_tag As Object, b_tag As Object
04: Dim myurl As String
05:
06: myurl = "https://fchart.github.io/fchart.html"
07:
08: xmlhttp.Open "GET", myurl, False
09: xmlhttp.Send
10:
11: If xmlhttp.Status = 200 Then
12:     html.body.innerHTML = xmlhttp.responseText
13:     Set h1_tag = html.getElementsByTagName("h1")
14:     Sheets(1).Cells(1, 1).Value = h1_tag(0).innerHTML
15:     Set a_tag = html.getElementsByTagName("a")
16:     Sheets(1).Cells(2, 1).Value = a_tag(0).href
17:
18:     xmlhttp.Open "GET", a_tag(0).href, False
19:     xmlhttp.Send
20:
21:     If xmlhttp.Status = 200 Then
22:         html.body.innerHTML = xmlhttp.responseText
23:         Set b_tag = html.getElementsByTagName("b")
24:         Sheets(1).Cells(3, 1).Value = b_tag(0).innerHTML
25:     Else
```

```
26:         MsgBox ("HTTP請求錯誤: " & xmlhttp.Status)
27:     End If
28: Else
29:     MsgBox ("HTTP請求錯誤: " & xmlhttp.Status)
30: End If
31:
32: Set xmlhttp = Nothing
33: Set html = Nothing
34: Set h1_tag = Nothing
35: Set a_tag = Nothing
36: Set b_tag = Nothing
```


⁂ 第 8 ～ 9 列：使用 XMLHttpRequest 物件送出第 1 次 HTTP 請求。

⁂ 第 13 列和第 15 列：呼叫 getElementsByTagName() 方法取得第 1 頁的 <h1> 和 <a> 標籤。

⁂ 第 18 ～ 19 列：使用 XMLHttpRequest 物件送出第 2 次 HTTP 請求，此時的 URL 網址就是前一頁 <a> 標籤的 href 屬性值。

⁂ 第 23 列：呼叫 getElementsByTagName() 方法取得第 2 頁的 <b> 標籤。

請啟動 Excel 開啟 ch10_5.xlsm，按下**清除**鈕清除儲存格內容後，按下**測試**鈕，會在儲存格顯示從 2 頁網頁擷取出的資料，A1 和 A2 是第 1 頁網頁的 <h1> 和 <a> 標籤；A3 是第 2 頁網頁的 <b> 標籤，如下圖所示：

	A
1	fChart程式設計教學工具簡介
2	https://fchart.github.io/
3	台灣的下一步，就從學 Coding 開始

測試

清除

工作表1

➲ 使用 Internet Explorer 物件

ch10_5a.xlsm

因為 Excel VBA 爬蟲程式擷取多頁面資料時，我們需要巡覽多頁網頁，Internet Explorer 物件需要重複呼叫多次 navigate() 方法來瀏覽多頁網頁，以此例是瀏覽 2 頁網頁，如下所示：

```
01: Dim IE As New InternetExplorer
02: Dim h1 _ tag As Object, a _ tag As Object, b _ tag As Object
03: Dim myurl As String
04:
05: myurl = "https://fchart.github.io/fchart.html"
06:
07: IE.Visible = False
08: IE.navigate myurl
09:
10: Do While IE.readyState <> READYSTATE _ COMPLETE
11:     DoEvents
12: Loop
13:
14: Set h1 _ tag = IE.document.getElementsByTagName("h1")
15: Sheets(1).Cells(1, 1).Value = h1 _ tag(0).innerHTML
16: Set a _ tag = IE.document.getElementsByTagName("a")
17: Sheets(1).Cells(2, 1).Value = a _ tag(0).href
18:
19: IE.navigate a _ tag(0).href
20:
21: Do While IE.readyState <> READYSTATE _ COMPLETE
22:     DoEvents
23: Loop
24:
25: Set b _ tag = IE.document.getElementsByTagName("b")
26: Sheets(1).Cells(3, 1).Value = b _ tag(0).innerHTML
27:
28: Set IE = Nothing
29: Set h1 _ tag = Nothing
30: Set a _ tag = Nothing
31: Set b _ tag = Nothing
```

⁂ 第 8 ～ 12 列：使用 Internet Explorer 物件送出第 1 次 HTTP 請求來瀏覽第 1 頁網頁。

⁂ 第 14 列和第 16 列：呼叫 getElementsByTagName() 方法取得第 1 頁的 <h1> 和 <a> 標籤。

⁂ 第 19 ～ 23 列：使用 Internet Explorer 物件送出第 2 次 HTTP 請求來瀏覽第 2 頁網頁，此時的 URL 網址就是前一頁 <a> 標籤的 href 屬性值。

⁂ 第 25 列：呼叫 getElementsByTagName() 方法取得第 2 頁的 <b> 標籤。

請啟動 Excel 開啟 ch10_5a.xlsm，按下**清除**鈕清除儲存格內容後，按下**測試**鈕，可以在儲存格顯示從 2 頁網頁擷取的資料，A1 和 A2 是第 1 頁網頁的 <h1> 和 <a> 標籤；A3 是第 2 頁網頁的 <b> 標籤，如下圖所示：

學習評量

1. 請簡單說明 Excel 工作表如何直接匯入網頁資料？

2. 請問什麼是 HTTP 標頭資訊？其內容為何？ httpbin.org 服務是什麼？

3. 請說明 Excel VBA 的早期繫結和晚期繫結是什麼？這 2 種方式有何不同？

4. 請問 Excel VBA 可以如何建立爬蟲程式？其基本步驟為何？

5. 請說明 XMLHttpRequest 物件如何指定 HTTP 標頭資訊？

6. 請啟動 Excel 新增空白活頁簿後，使用匯入網頁資料功能直接匯入網址：https://fchart.github.io/vba/ex3_03.html 的 HTML 表格資料？

7. 請使用 XMLHttpRequest 物件建立爬蟲程式，可以使用 MsgBox() 函數顯示學習評量 6 網址的 <table> 標籤內容。

8. 請使用 Internet Explorer 物件建立爬蟲程式，可以使用 MsgBox() 函數顯示學習評量 6 網址的 <table> 標籤內容。

Excel VBA 爬蟲的資料擷取方法

11-1 認識 DOM 物件模型

「DOM」（Document Object Model）中文翻譯為**文件物件模型**，簡單地說，就是將 HTML 文件內的各個標籤（例如文字、圖片、表格等）物件化，以便提供一套通用的存取方式來處理 HTML 網頁內容。

11-1-1 DOM 物件模型的基礎

DOM 提供 HTML 網頁一種通用的存取方式，可以將 HTML 元素轉換成一棵節點樹，每一個標籤和文字內容是一個一個「節點」（Nodes），依各節點之間的關係連接成樹狀結構，讓我們可以走訪節點來存取 HTML 元素。例如底下的 HTML 網頁：

```
<html>
<head>
<title> 範例文件 </title>
</head>
<body>
    <h2> 網頁語言 </h2>
    <p>JavaScript 是一種 <i>Simple</i> 語言 </p>
</body>
</html>
```

上述 HTML 網頁從 DOM 角度來看，就是一棵樹狀結構的節點樹，如右圖所示：

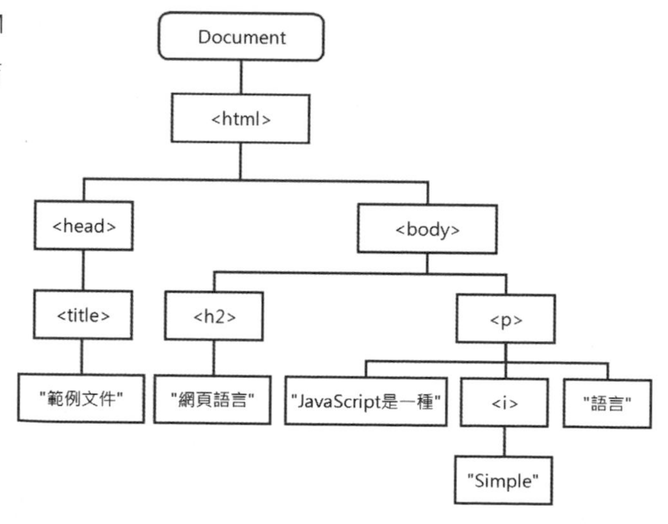

從上圖可以看出節點之間的關係，每一個節點都是一個物件，在父節點之下是下一層子節點（Child Node），上一層為父節點（Parent Node），左右同一層是兄弟節點（Sibling Node），最下層的節點稱為葉節點（Leaf Node），HTML 網頁顯示的內容是「文字節點」（Text Node）。

以 HTML 網頁來說，DOM 主要是由兩大部分所組成，如下所示：

- **DOM Core**：HTML 網頁瀏覽、處理和維護階層架構，提供方法可以取出指定的節點，和相關屬性來走訪樹狀結構的節點。
- **DOM HTML**：HTML 網頁專屬的 DOM API 介面，其目的是將網頁中的 HTML 元素都視為一個一個的物件，可以提供節點物件的屬性和方法。例如：<h1> ～ <h6> 標籤是 HTMLHeadingElement 物件、<p> 標籤是 HTMLParagraphElement 物件、<div> 標籤是 HTMLDivElement 物件等。

11-1-2 在 Excel VBA 使用 DOM 物件模型

Excel VBA 可以使用 DOM 物件模型來存取 HTML 元素，不論是 Microsoft XML 的 XMLHttpRequest 物件或 Microsoft Internet Controls 的 Internet Explorer 物件，都可以利用 Microsoft HTML Object Library 來處理 HTML 網頁的 DOM 物件，即 HTMLDocument 物件，如下所示：

- **Microsoft HTML Object Library (mshtml.tlb)**：此函式庫可以使用 DOM 來存取 HTML 網頁中的 HTML 元素，在 VBA 中需要設定引用的項目，如右圖所示：

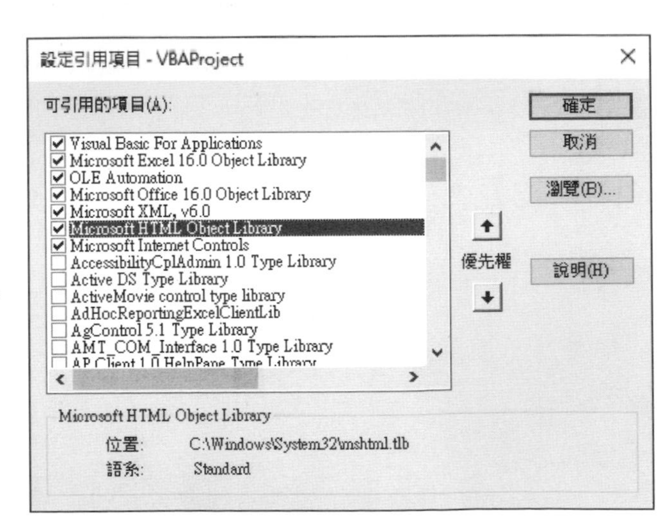

➲ 使用 XMLHttpRequest 物件取得 HTMLDocument 物件

在第 10-3 節已經說明過 XMLHttpRequest 物件如何送出 HTTP GET 請求，其基本程式結構如下所示：

```
Dim xmlhttp As New MSXML2.XMLHTTP60
Dim html As New HTMLDocument

myurl = "https://fchart.github.io/fchart.html"
xmlhttp.Open "GET", myurl, False

xmlhttp.Send
```

上述程式碼的 html 變數是 HTMLDocument 物件，在成功送出 HTML 請求取得回應後，可以建立 HTMLDocument 物件，如下所示：

```
If xmlhttp.Status = 200 Then
   html.body.innerHTML = xmlhttp.responseText
   …
End If
```

上述 If 條件判斷是否請求成功，成功即可取得回應 HTML 網頁內容的 responseText 屬性值，如下所示：

```
html.body.innerHTML = xmlhttp.responseText
```

上述程式碼的 html 變數是使用 body 物件的 innerHTML 屬性來建立 DOM 物件，接著，可以使用之後將說明的方法和屬性來走訪、定位和擷取 HTML 元素的資料。例如：呼叫 getElementById() 方法，如下所示：

```
Set tag1 = html.getElementById("content")
```

➲ 使用 Internet Explorer 物件取得 HTMLDocument 物件

在第 10-4 節已經說明過 Internet Explorer 物件如何送出 HTTP GET 請求來瀏覽 HTML 網頁，其基本程式結構如下所示：

```
Dim IE As New InternetExplorer
Dim html As New HTMLDocument
myurl = "https://fchart.github.io/vba/ex11_01.html"

IE.Visible = False
IE.navigate myurl
Do While IE.readyState <> READYSTATE_COMPLETE
   DoEvents
Loop
```

上述程式碼的 html 變數是 HTMLDocument 物件，在成功送出 HTML 請求取得回應後，就可以建立 HTMLDocument 物件，如下所示：

```
Set html = IE.document
```

上述程式碼取得回應 HTML 網頁內容的 DOM，即 IE 的 document 屬性值，接著，就可以使用之後將說明的方法和屬性來走訪、定位和擷取 HTML 元素的資料。例如：呼叫 getElementById() 方法，如下所示：

```
Set tag1 = html.getElementById("content")
```

說 明

事實上，IE.document 屬性就是 Internet Explorer 控制項本身的 DOM，所以，我們也可以不建立 HTMLDocument 物件，直接使用 IE.document 來呼叫這些方法和屬性，如下所示：

```
Set tag1 = IE.document.getElementById("myul")
```

11-2 使用 DOM 方法擷取資料

DOM 是一個存取和更新文件內容、結構的程式介面。基本上，DOM 就是從 HTML 網頁轉換成的 DOM 樹，取得指定 HTML 元素的節點物件。

11-2-1 使用 id 屬性取得指定的 HTML 元素

HTML 網頁的 id 屬性是 HTML 元素的唯一識別字，如果 HTML 元素有指定 id 屬性值，我們可以使用 id 屬性來取得指定的 HTML 元素（只有 1 個）。

➲ getElementById() 方法

ch11_2_1.xlsm

HTMLDocument 物件的 getElementById() 方法，可以取出 HTML 網頁指定的 HTML 元素，和傳回此節點物件，這是使用參數的 id 屬性值來取得指定元素，如下所示：

```
<p id="content">使用 Id 屬性取得元素節點 (id=content)</p>
…
<a id="google" name="hh"
   href="http://www.google.com.tw">Google<b>(id=google)</b></a>
```

上述 <p> 標籤的 id 屬性值是 content；<a> 超連結標籤的 id 屬性值是 google，我們可以使用此屬性值來取回 p 和 a 元素的節點物件，如下所示：

```
Set tag1 = html.getElementById("content")
…
Set tag2 = html.getElementById("google")
```

上述程式碼的 html 變數是 HTMLDocument 物件，呼叫 getElementById() 方法取得 id 屬性值是參數 content 和 google 的 HTML 元素，如下所示：

```
01: Dim IE As New InternetExplorer
02: Dim html As New HTMLDocument
03: Dim tag1 As Object
04: Dim tag2 As Object
05:
06: Dim myurl As String
07:
08: myurl = "https://fchart.github.io/vba/ex11_01.html"
09:
10: IE.Visible = False
11: IE.navigate myurl
12:
13: Do While IE.readyState <> READYSTATE_COMPLETE
14:     DoEvents
15: Loop
16:
17: Set html = IE.document
18:
19: Set tag1 = html.getElementById("content")
20: Sheets(1).Cells(1, 1).Value = tag1.tagName
21: Sheets(1).Cells(1, 2).Value = tag1.nodeName
22:
23: Set tag2 = html.getElementById("google")
24: Sheets(1).Cells(2, 1).Value = tag2.tagName
25: Sheets(1).Cells(3, 1).Value = tag2.href
...
```

⁂ 第 2 ～ 4 列：在第 2 列建立 HTMLDocument 物件 html，第 3 ～ 4 列是 HTML 標籤物件，因為每一種 HTML 標籤的物件名稱都不同，所以直接宣告成 Object。

⁂ 第 19 列：呼叫 getElementById() 方法取得 <p> 標籤物件（因為 id 屬性值是唯一值，所以取回的只有一個 HTML 元素物件）。

⁂ 第 20 ～ 21 列：在 Excel 工作表的 A1 ～ B1 儲存格的 Value 屬性值填入 <p> 標籤的 nodeName 及 tagName 屬性值，都可以取得節點的標籤名稱，傳回的是大寫的標籤名稱字串，以此例就是 P。

⁂ 第 23 列：呼叫 getElementById() 方法取得 <a> 標籤物件。

⁂ 第 24 ～ 25 列：在 Excel 工作表的 A2 ～ A3 儲存格的 Value 屬性值填入 <a> 標籤的 tagName 及 href 屬性值，href 屬性就是 HTML 標籤的原生屬性，在取得節點物件後，可以存取這些屬性值。

請啟動 Excel 開啟 ch11_2_1.xlsm，按下**清除**鈕清除儲存格內容後，再按下**測試**鈕，即會在儲存格顯示從網頁擷取的 HTML 標籤名稱和 herf 屬性值，如下圖所示：

11-2-2 使用 name、class 屬性和標籤名稱取得元素清單

HTMLDocument 物件的 getElementById() 方法可以取得 id 屬性值的單一 HTML 元素。如果 HTML 網頁擁有相同標籤名稱，或相同 name 和 class 屬性值的多個 HTML 元素，要如何取得 HTML 元素？

```
<h2 name="hh">使用 id 屬性取得元素節點</h2>
<hr/>
<p id="content">使用 id 屬性取得元素節點 (id=content)</p>
<p><a id="google" name="hh"
    href="http://www.google.com.tw">Google<b>(id=google)</b></a></p>
<h2 class="pp">HTML 元素 H2(class=pp)</h2>
<hr/>
<p name="hh" class="pp">HTML 元素 P(name=hh,class=pp)</p>
<p class="pp">HTML 元素 P(class=pp)</p>
<h2 name="hh">HTML 元素 H2(name=hh)</h2>
```

上述 HTML 標籤共有 4 個 <p> 標籤；3 個 <h2> 標籤；class 屬性值是 pp 的有 3 個；name 屬性值是 hh 的有 4 個 HTML 標籤。

我們可以分別使用 name 屬性、class 屬性和標籤名稱取回元素清單（因為有多個 HTML 元素），如下圖所示：

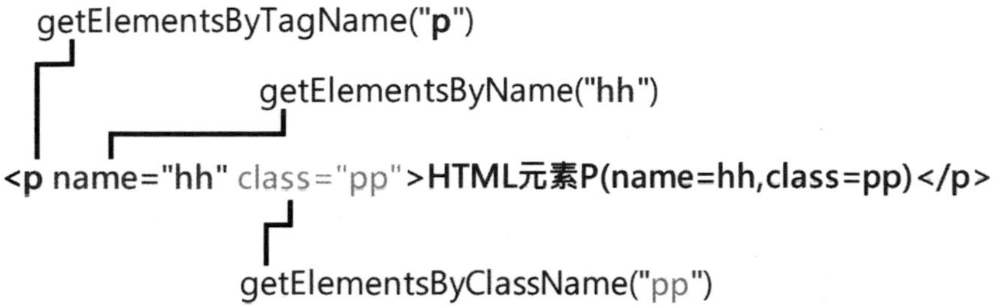

getElementsByTagName("p")

getElementsByName("hh")

<p name="hh" class="pp">HTML元素P(name=hh,class=pp)</p>

getElementsByClassName("pp")

上述 <p> 標籤名稱是使用 getElementsByTagName() 方法，name 屬性值是使用 getElementsByName() 方法，class 屬性值是使用 getElementsByClassName() 方法。以下分別介紹這三種方法。

➲ getElementsByTagName() 方法 ch11_2_2.xlsm

HTMLDocument 物件的 getElementsByTagName() 方法，可以傳回指定標籤名稱的 HTML 元素清單物件，如下所示：

```
Set tags1 = html.getElementsByTagName("p")
...
Set tags2 = html.getElementsByTagName("h2")
```

上述程式碼取回 HTML 網頁中所有 <p> 和 <h2> 標籤的節點，因為可能有多個同名標籤，所以傳回的不是單一節點物件，而是類似陣列的清單物件，我們可以使用 Length 屬性取得共有幾個節點物件，如下所示：

```
Sheets(1).Cells(1, 1).Value = tags1.Length
```

上述程式碼可以取得 HTML 網頁共有幾個 <p> 標籤，如下所示：

```
01: Dim IE As New InternetExplorer
02: Dim html As New HTMLDocument
03: Dim tags1 As Object
04: Dim tags2 As Object
05:
06: Dim myurl As String
07:
08: myurl = "https://fchart.github.io/vba/ex11_01.html"
09:
…
16:
17: Set html = IE.document
18:
19: Set tags1 = html.getElementsByTagName("p")
20: Sheets(1).Cells(1, 1).Value = tags1.Length
21: Sheets(1).Cells(1, 2).Value = tags1(0).ID
22:
23: Set html = IE.document
24:
25: Set tags2 = html.getElementsByTagName("h2")
26: Sheets(1).Cells(2, 1).Value = tags2.Length
…
```

- 第 2 ～ 4 列：在第 2 列建立 HTMLDocument 物件 html，第 3 ～ 4 列是 HTML 標籤的清單物件 Object。
- 第 17 和 23 列：分別指定 HTMLDocument 物件是 IE.document。
- 第 19 ～ 21 列：在第 19 列呼叫 getElementsByTagName() 方法取得 <p> 標籤物件（因為有多個 <p> 標籤）。第 20 ～ 21 列在 Excel 工作表的 A1 ～ B1 儲存格的 Value 屬性值填入 <p> 標籤數量的 Length 屬性和第 1 個 <p> 標籤的 id 屬性值。
- 第 25 ～ 26 列：在呼叫 getElementsByTagName() 方法取得 <h2> 標籤的清單物件後，在 Excel 工作表的 A2 儲存格的 Value 屬性值填入 <h2> 標籤的 Length 屬性值。

請啟動 Excel 開啟 ch11_2_2.xlsm，按下**清除**鈕清除儲存格內容後，再按下**測試**鈕，會在儲存格顯示從網頁擷取的 HTML 標籤 <p> 和 <h2> 的數量，B1 是 id 屬性值，如下圖所示：

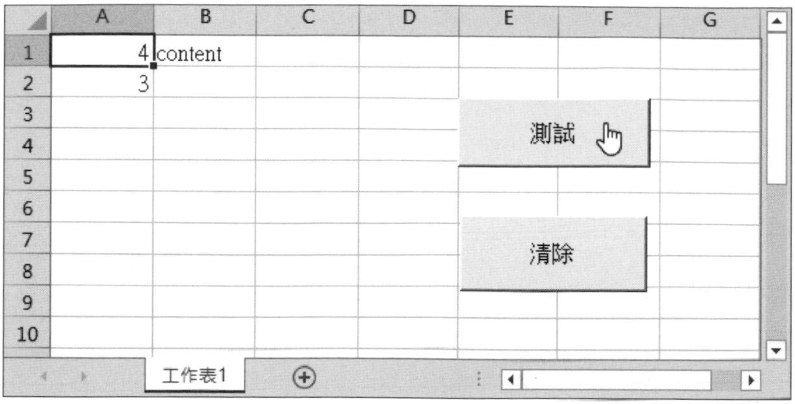

➲ getElementsByClassName() 方法

ch11_2_2a.xlsm

HTMLDocument 物件的 getElementsByClassName() 方法可以傳回指定 class 屬性值的 HTML 元素的清單物件，如下所示：

```
Set tags1 = html.getElementsByClassName("pp")
```

上述程式碼取回 HTML 網頁中所有 class 屬性值 pp 的 HTML 元素，如下所示：

```
<p class="pp">HTML元素P(class=pp)</p>
```

因為上述 <p> 標籤的 class 屬性值不需是唯一，所以會有多個 HTML 標籤擁有相同的 class 屬性值，傳回的不是單一節點物件，而是一個清單物件，如下所示：

```
01: Dim xmlhttp As New MSXML2.XMLHTTP60
02: Dim html As New HTMLDocument
03: Dim tags1 As Object
04: Dim i As Integer
05:
```

```
06: Dim myurl As String
07:
08: myurl = "https://fchart.github.io/vba/ex11 _ 01.html"
09:
10: xmlhttp.Open "GET", myurl, False
11:
12: xmlhttp.send
13:
14: If xmlhttp.Status = 200 Then
15:    html.body.innerHTML = xmlhttp.responseText
16:
17:    Set tags1 = html.getElementsByClassName("pp")
18:    Sheets(1).Cells(1, 1).Value = tags1.Length
19:
20:    For i = 1 To tags1.Length
21:       Sheets(1).Cells(1 + i, 1).Value = tags1(i - 1).tagName
22:       Sheets(1).Cells(1 + i, 2).Value = tags1(i - 1).innerText
23:    Next i
24: End If
...
```

⁂ 第 2 ～ 3 列：在第 2 列建立 HTMLDocument 物件 html，第 3 列是 HTML 標籤的清單物件 Object。

⁂ 第 15 列：指定 HTMLDocument 物件的 body.innerHTML 屬性值是 xmlhttp.responseText。

⁂ 第 17 ～ 18 列：在第 17 列呼叫 getElementsByClassName() 方法取得擁有此 class 屬性值的 HTML 標籤的清單物件，然後第 18 列在 Excel 工作表的 A1 儲存格的 Value 屬性值填入標籤數量的 Length 屬性值。

⁂ 第 20 ～ 23 列：用 For/Next 迴圈走訪清單物件的所有 HTML 元素物件，會依序在 Excel 工作表的儲存格顯示標籤名稱，和 innerText 屬性值的標籤內容。

請啟動 Excel 開啟 ch11_2_2a.xlsm，按下**清除**鈕清除儲存格內容後，再按下**測試**鈕，會在儲存格中顯示從網頁擷取出擁有 class 屬性值 pp 的所有 HTML 標籤，可以看到找出 3 個，下方依序是各 HTML 標籤的名稱和內容，如下圖所示：

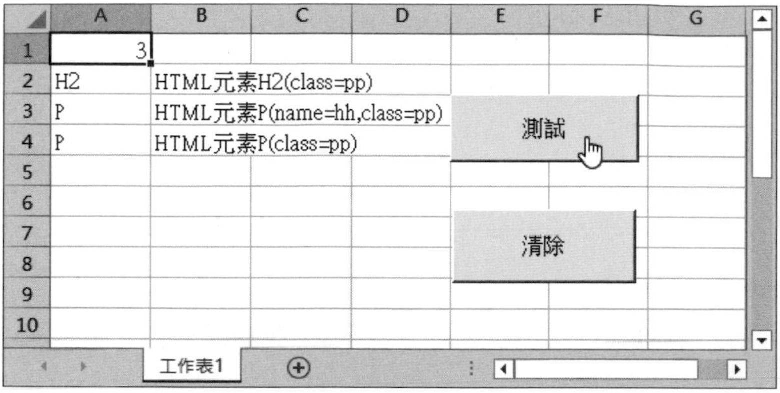

	A	B	C	D	E	F	G
1	3						
2	H2	HTML元素H2(class=pp)					
3	P	HTML元素P(name=hh,class=pp)			測試		
4	P	HTML元素P(class=pp)					
5							
6							
7					清除		
8							
9							
10							

工作表1

➲ getElementsByName() 方法

ch11_2_2b.xlsm

HTMLDocument 物件的 getElementsByName() 方法，可以傳回指定 name 屬性值的 HTML 元素的清單物件，如下所示：

```
Set tags1 = IE.document.getElementsByName("hh")
```

上述程式碼可以取回 HTML 網頁所有 name 屬性值是 hh 的 HTML 元素，如下所示：

```
<h2 name="hh">使用id屬性取得元素節點</h2>
```

因為上述標籤的 name 屬性值不是唯一值，可能有多個，所以傳回的不是單一節點物件，而是一個清單物件，如下所示：

```
01: Dim IE As Object
02: Dim tags1 As Object
03: Dim i As Integer
04:
05: Dim myurl As String
06:
07: myurl = "https://fchart.github.io/vba/ex11_01.html"
08:
09: Set IE = CreateObject("InternetExplorer.Application")
10:
11: IE.Visible = False
12: IE.navigate myurl
13: Do While IE.readyState <> READYSTATE_COMPLETE
14:    DoEvents
15: Loop
16:
17: Set tags1 = IE.document.getElementsByName("hh")
18: Sheets(1).Cells(1, 1).Value = tags1.Length
19:
20: For i = 1 To tags1.Length
21:    Sheets(1).Cells(1 + i, 1).Value = tags1(i - 1).tagName
22:    Sheets(1).Cells(1 + i, 2).Value = tags1(i - 1).innerText
23: Next i
...
```

⁂ 第 2 列：在第 2 列的是 HTML 標籤的清單物件 Object。

⁂ 第 17 ～ 18 列：在呼叫 getElementsByName() 方法，取得擁有此 name 屬性值的 HTML 標籤的清單物件後，第 18 列在 Excel 工作表的 A1 儲存格的 Value 屬性值填入標籤數量的 Length 屬性值。

⁂ 第 20 ～ 23 列：用 For/Next 迴圈走訪清單物件的所有 HTML 元素物件，可以依序在 Excel 工作表的儲存格顯示標籤名稱，和 innerText 屬性值的標籤內容。

請啟動 Excel 開啟 ch11_2_2b.xlsm，按下**清除**鈕清除儲存格內容後，再按下**測試**鈕，會在儲存格中顯示從網頁擷取出擁有 name 屬性值 hh 的所有 HTML 標籤，可以看到找出 4 個，下方依序是各 HTML 標籤的名稱和內容，如下圖所示：

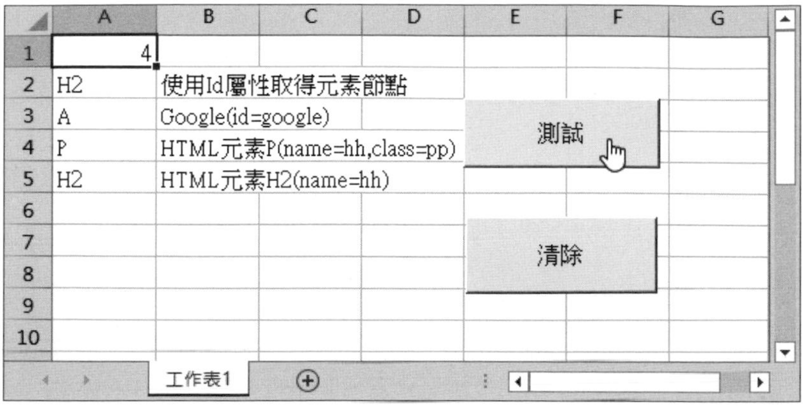

	A	B
1	4	
2	H2	使用Id屬性取得元素節點
3	A	Google(id=google)
4	P	HTML元素P(name=hh,class=pp)
5	H2	HTML元素H2(name=hh)

測試

清除

工作表1

➲ 使用 Item() 方法取得指定的節點物件

ch11_2_2c.xlsm

除了 getElementById() 方法外，其他三種方法傳回的都是 HTML 標籤的清單物件，我們可以用 For/Next 迴圈配合 Item() 方法來取得指定 HTML 物件，如下所示：

```
Set tags1 = IE.document.getElementsByName("hh")

For i = 1 To tags1.Length
   Sheets(1).Cells(1 + i, 1).Value = tags1.Item(i - 1).tagName
   Sheets(1).Cells(1 + i, 2).Value = tags1.Item(i - 1).innerText
Next i
```

上述程式碼取得 name 屬性值 hh 的標籤清單物件後，使用 For/Next 迴圈一一取出 HTML 元素物件，迴圈是從 1 至 tags1.Length，這是 Excel 儲存格的索引位置，清單物件的索引因為從 0 開始，所以需要減 1，如下所示：

```
tags1.Item(i - 1).tagName
```

上述程式碼使用 Item() 方法取得參數索引值的 HTML 元素物件，第 1 個物件的索引值是 0，第 2 個是 1，依此類推，如下所示：

```
01: Dim IE As Object
02: Dim tags1 As Object
03: Dim i As Integer
04:
05: Dim myurl As String
06:
07: myurl = "https://fchart.github.io/vba/ex11_01.html"
08:
09: Set IE = CreateObject("InternetExplorer.Application")
10:
11: IE.Visible = False
12: IE.navigate myurl
13: Do While IE.readyState <> READYSTATE_COMPLETE
14:     DoEvents
15: Loop
16:
17: Set tags1 = IE.document.getElementsByName("hh")
18: Sheets(1).Cells(1, 1).Value = tags1.Length
19:
20: For i = 1 To tags1.Length
21:     Sheets(1).Cells(1 + i, 1).Value = tags1.Item(i - 1).tagName
22:     Sheets(1).Cells(1 + i, 2).Value = tags1.Item(i - 1).innerText
23: Next i
...
```

⁂ 第 20 ～ 23 列：在 For/Next 迴圈改用 Item() 方法走訪清單物件的所有 HTML 元素物件，會依序在 Excel 工作表的儲存格中顯示標籤名稱，和 innerText 屬性值的標籤內容。

請啟動 Excel 開啟 ch11_2_2c.xlsm，按下**清除**鈕清除儲存格內容後，再按下**測試**鈕，就會在儲存格中顯示從網頁擷取出擁有 name 屬性值 hh 的所有 HTML 標籤，可以看到找出 4 個，下方依序是各 HTML 標籤的名稱和內容，如下圖所示：

	A	B	C	D	E	F	G
1	4						
2	H2	使用Id屬性取得元素節點					
3	A	Google(id=google)			測試		
4	P	HTML元素P(name=hh,class=pp)					
5	H2	HTML元素H2(name=hh)					
6							
7					清除		
8							
9							
10							

工作表1

Excel 檔案 ch11_2_2d.xlsm 是修改 ch11_2_2a.xlsm，改用 Item() 方法來顯示所有 class 屬性值是 pp 的 HTML 標籤清單。

11-2-3 取得 HTML 元素內容

在取得指定 HTML 元素物件後，我們可以存取元素的內容，HTML 元素內容分為三種：HTML 元素字串（例如："Google<b>(id=google)</b>"）、單純文字內容或其他 HTML 元素，如下圖所示：

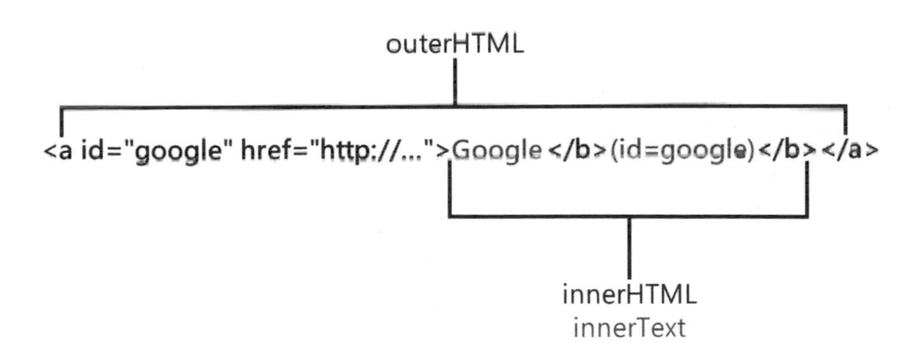

上述 HTML 元素物件支援多種屬性來存取內容，其說明如下表所示：

屬性	說明
innerHTML	存取元素的子標籤碼和文字內容，不含標籤本身
outerHTML	存取元素的子標籤碼和文字內容，包含標籤本身
innerText	存取元素的文字內容，不含任何標籤碼

上述 innerHTML 和 innerText 屬性值的範圍相同，其差異只在 innerHTML 包含子元素的標籤碼；innerText 並不含任何標籤碼，如下所示：

```
Sheets(1).Cells(2, 1).Value = tag1.innerHTML
Sheets(1).Cells(3, 1).Value = tag1.outerHTML
Sheets(1).Cells(4, 1).Value = tag1.innerText
```

上述程式碼在取得 id 屬性值為 "google" 的 <a> 標籤物件後，分別使用三種屬性來取得 HTML 元素的內容，如下所示：

```
01: Dim xmlhttp As New MSXML2.XMLHTTP60
02: Dim html As New HTMLDocument
03: Dim tag1 As Object
04:
05: Dim myurl As String
06:
07: myurl = "https://fchart.github.io/vba/ex11 _ 01.html"
08:
09: xmlhttp.Open "GET", myurl, False
10:
11: xmlhttp.send
12:
13: If xmlhttp.Status = 200 Then
14:     html.body.innerHTML = xmlhttp.responseText
15:
16:     Set tag1 = html.getElementById("google")
17:     Sheets(1).Cells(1, 1).Value = tag1.tagName
18:     Sheets(1).Cells(2, 1).Value = tag1.innerHTML
19:     Sheets(1).Cells(3, 1).Value = tag1.outerHTML
20:     Sheets(1).Cells(4, 1).Value = tag1.innerText
21: End If
...
```

⁂ 第 16 列：呼叫 getElementById() 方法取得 <a> 標籤物件。

⁂ 第 18 ～ 20 列：使用三種屬性來取得 HTML 標籤內容。

請啟動 Excel 開啟 ch11_2_3.xlsm，按下**清除**鈕清除儲存格內容後，再按下**測試**鈕，會在儲存格中顯示從網頁擷取出的 HTML 標籤名稱和三種屬性的標籤內容，如下圖所示：

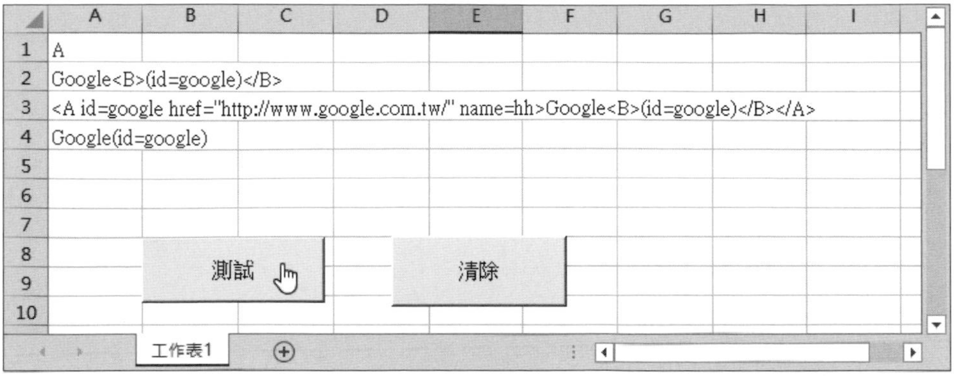

A
Google<B>(id=google)</B>
<A id=google href="http://www.google.com.tw/" name=hh>Google<B>(id=google)</B></A>
Google(id=google)
測試
清除
工作表1

上述的 A2 儲存格是 innerHTML 屬性值，A3 儲存格是 outerHTML 屬性值，A4 儲存格是 innerText 屬性值。

11-2-4 使用 document.all 屬性

DOM 的 document.all 屬性可以使用索引位置、id 屬性和標籤名稱，從 HTML 網頁取得所需的 HTML 元素，這是 Internet Explorer 物件才支援的專屬功能。

➲ 使用索引位置

ch11_2_4.xlsm

DOM 的 document.all 屬性就是 HTML 網頁中的所有 HTML 元素，這是類似陣列的清單物件，可以使用索引位置取得指定 HTML 元素，索引就是 HTML 元素在 HTML 網頁的出現順序（從 0 開始），如下所示：

```
IE.document.all(0).tagName
```

上述程式碼取得索引位置 0 的 HTML 元素，也就是網頁第 1 個 <html> 標籤，如下所示：

```
01: Dim IE As New InternetExplorer
02: Dim i As Integer
03: Dim myurl As String
04:
05: myurl = "https://fchart.github.io/vba/ex11_01.html"
06:
07: IE.Visible = False
08: IE.navigate myurl
09: Do While IE.readyState <> READYSTATE_COMPLETE
10:     DoEvents
11: Loop
12:
13: For i = 0 To IE.document.all.Length - 1
14:     Sheets(1).Cells(i + 1, 1).Value = IE.document.all(i).tagName
15: Next
...
```

⁂ 第 13 ～ 15 列：使用 For/Next 迴圈顯示 HTML 網頁的所有 HTML 標籤名稱。

請啟動 Excel 開啟 ch11_2_4.xlsm，按下**清除**鈕清除儲存格內容後，再按下**測試**鈕，會在儲存格中顯示從網頁依序擷取的 HTML 標籤名稱，如下圖所示：

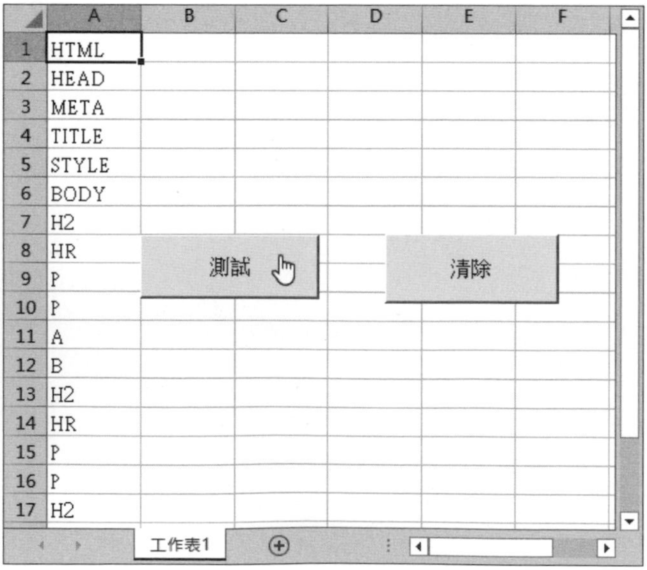

➲ 使用 id 屬性和標籤名稱

ch11_2_4a.xlsm

DOM 的 document.all 屬性可以用 id 屬性值來取得指定 HTML 元素，如下所示：

```
IE.document.all("google").tagName
```

上述程式碼的 google 是 id 屬性值，我們也可以使用 Item() 方法，其相同功能的程式碼如下所示：

```
IE.document.all.Item("google").tagName
```

不只如此，document.all.tags() 如同 getElementsByTagName() 方法，可以取出 HTML 網頁中指定的標籤名稱，如下所示：

```
IE.document.all.tags("p")(2).tagName
```

上述程式碼可以取出所有的 <p> 標籤，因為有多個，括號 2 是取出第 3 個 <p> 標籤，如下所示：

```
01: Dim IE As New InternetExplorer
02: Dim myurl As String
03:
04: myurl = "https://fchart.github.io/vba/ex11_01.html"
05:
06: IE.Visible = False
07: IE.navigate myurl
08: Do While IE.readyState <> READYSTATE_COMPLETE
09:     DoEvents
10: Loop
11:
12:
13: Sheets(1).Cells(1, 1).Value=IE.document.all("google").tagName
14: Sheets(1).Cells(1, 2).Value=IE.document.all("google").href
15: Sheets(1).Cells(2, 1).Value=IE.document.all.Item("content").tagName
16: Sheets(1).Cells(2, 2).Value=IE.document.all.Item("content").innerText
17: Sheets(1).Cells(3, 1).Value=IE.document.all.tags("p")(2).tagName
18: Sheets(1).Cells(3, 2).Value=IE.document.all.tags("p")(2).innerText
...
```

⁂ 第 13 ～ 14 列：取出 id 屬性值是 google 的標籤名稱和 href 屬性值。

⁂ 第 15 ～ 16 列：使用 document.all.Item() 取出 id 屬性值是 content 的標籤名稱和內容。

⁂ 第 17 ～ 18 列：用 document.all.tags() 取出第 3 個 <p> 標籤的標籤名稱和內容。

請啟動 Excel 開啟 ch11_2_4a.xlsm，按下**清除**鈕清除儲存格內容後，再按下**測試**鈕，會在儲存格中顯示從網頁依序擷取的 HTML 標籤名稱，如下圖所示：

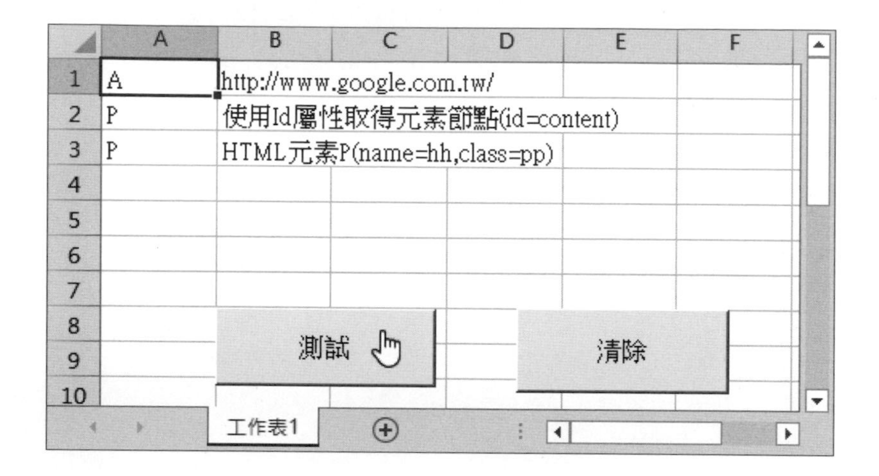

上述 A1 儲存格是 id 屬性值 google 的標籤名稱；B1 是 href 屬性值，A2 和 B2 是 id 屬性值 content 的標籤名稱和內容，A3 和 B3 是第 3 個 <p> 標籤的名稱和內容。

11-3 使用 DOM 瀏覽屬性擷取資料

當 Excel VBA 取得 HTML 網頁的指定 HTML 元素物件後，我們可以使用 DOM 瀏覽的相關屬性來走訪 DOM 樹的 HTML 元素。

11-3-1 DOM 元素瀏覽的相關屬性

DOM 提供瀏覽和集合物件等相關屬性來走訪元素，我們也可以使用屬性來取得子元素的集合物件，即 HTML 元素的清單物件。

➲ DOM 的瀏覽元素屬性

對於 HTML 網頁來說，我們重視的是 DOM 樹的 HTML 元素，所以，筆者只準備說明 DOM API 走訪樹狀結構 HTML 元素的屬性，如下表所示：

屬性	說明
parentElement	傳回父元素
firstElementChild	傳回第 1 個子元素
lastElementChild	傳回最後 1 個子元素
nextElementSibling	傳回下一個兄弟元素的物件
previousElementSibling	傳回前一個兄弟元素的物件
childElementCount	子元素的個數，相當於是 Children.Length

上表除了最後 1 個屬性外，都是瀏覽 HTML 元素的屬性，例如：一份 HTML 元素的結構圖，如下圖所示：

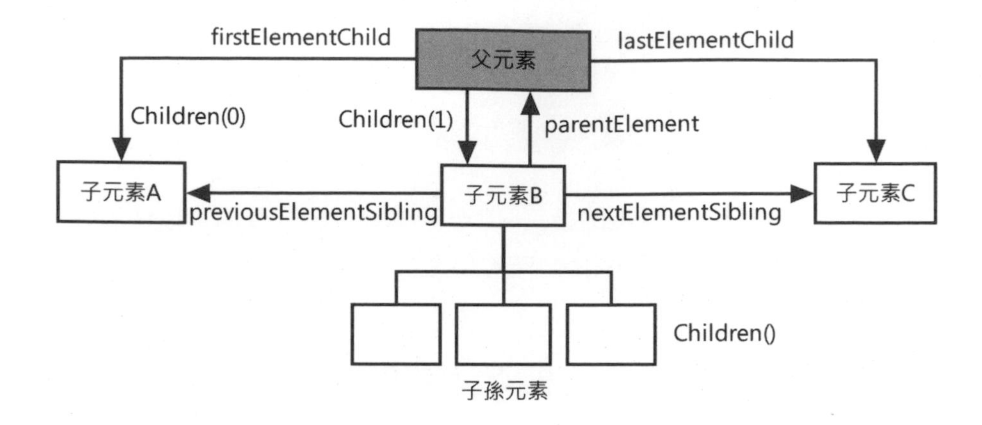

上述**父元素**可以使用 firstElementChild 屬性取得第 1 個子元素**子元素 A**，Children(1) 是第 2 個子元素**子元素 B**，Children 是所有子元素的清單物件，lastElementChild 屬性可以取得最後一個子元素**子元素 C**。

在**子元素 B** 可以使用 previousElementSibling 屬性取得前一個兄弟元素**子元素 A**；nextElementSibling 屬性取得下一個兄弟元素**子元素 C**。取得上一層父元素是使用 parentElement 屬性，因為**子元素 B** 有子元素，這些 Children 清單物件一樣可以使用上述屬性來走訪下一層的子元素。

➲ 取得 DOM 的所有子元素

DOM 可以使用屬性來取得下一層的所有子元素，其說明如下表所示：

屬性	說明
Children	子元素的清單物件，可以使用從 0 開始的索引值來存取，例如：Children(0)

11-3-2 瀏覽 HTML 元素

DOM API 支援元素瀏覽，可以讓我們在 DOM 樹中瀏覽指定的 HTML 元素。本節範例要瀏覽的 HTML 元素「清單」，如下所示：

```
<ul id="myul">
   <li>CSS</li>
   <li class="pp" id="item1">JavaScript</li>
   <li class="pp" id="item2">AJAX</li>
   <li class="pp" id="item3">XML</li>
   <li>HTML</li>
</ul>
```

上述 <ul> 標籤有 id 屬性值 myul，此 HTML 清單共有 5 個項目，其中 3 個 <li> 標籤有 id 屬性值 item1 ～ 3。

➲ 瀏覽第 1 個和最後 1 個子元素

ch11_3_2.xslm

DOM 可以使用 firstElementChild 和 lastElementChild 屬性，取得第 1 個和最後 1 個子元素，如下所示：

```
Set tag1 = IE.document.getElementById("myul")

Set tag2 = tag1.firstElementChild
Set tag3 = tag1.lastElementChild
```

上述程式碼直接使用 IE.document 來呼叫 getElementById() 方法，在取得 myul 是 <ul> 標籤物件後，取得第 1 個子 li 元素，和最後 1 個 li 元素，如下所示：

```
01: Dim IE As New InternetExplorer
02: Dim tag1 As Object
03: Dim tag2 As Object
04: Dim tag3 As Object
05:
06: Dim myurl As String
07:
08: myurl = "https://fchart.github.io/vba/ex11 _ 02.html"
09:
10: IE.Visible = False
11: IE.navigate myurl
12: Do While IE.readyState <> READYSTATE _ COMPLETE
13:     DoEvents
```

```
14: Loop
15:
16: Set tag1 = IE.document.getElementById("myul")
17:
18: Set tag2 = tag1.firstElementChild
19: Set tag3 = tag1.lastElementChild
20:
21: Sheets(1).Cells(1, 1).Value = tag1.tagName
22: Sheets(1).Cells(1, 2).Value = tag1.childElementCount
23: Sheets(1).Cells(2, 1).Value = tag2.tagName
24: Sheets(1).Cells(3, 1).Value = tag2.innerText
25: Sheets(1).Cells(4, 1).Value = tag3.tagName
26: Sheets(1).Cells(5, 1).Value = tag3.innerText
...
```

- 第 2 ～ 4 列：宣告 3 個 Object 變數來儲存 HTML 元素物件。
- 第 16 ～ 19 列：在第 16 列使用 getElementById() 方法，取得 myul 的 <ul> 標籤物件後，第 18 列取得第 1 個子 li 元素，第 19 列是最後 1 個 li 元素。
- 第 21 ～ 22 列：顯示父元素的標籤名稱，和有幾個子元素。
- 第 23 ～ 26 列：分別顯示第 1 個和最後 1 個子元素的標籤名稱和內容。

請啟動 Excel 開啟 ch11_3_2.xlsm，按下**清除**鈕清除儲存格內容後，再按下**測試**鈕，會在儲存格中顯示從網頁擷取的第 1 個和最後 1 個子元素，如右圖所示：

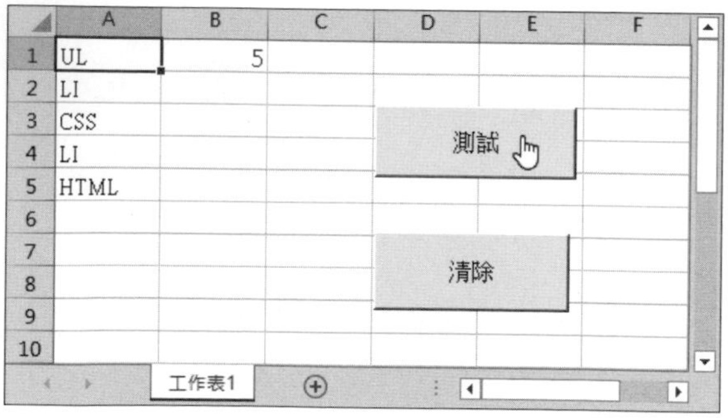

上述 Excel 儲存格 A1 是父元素的標籤名稱，B1 是子元素的數量，A2 和 A3 是第 1 個子元素的標籤名稱和內容，A4 和 A5 是最後 1 個子元素的名稱和標籤內容。

➲ 瀏覽兄弟元素

ch11_3_2a.xslm

DOM 可以使用 parentElement 屬性取得父元素，previousElementSibling 和 nextElementSibling 屬性可以取得前後的兄弟元素，首先說明 parentElement 屬性，如下所示：

```
Set tag1 = IE.document.getElementById("item1")

Set parent = tag1.parentElement
```

上述程式碼取得 item1 為 <li> 標籤物件後，可以使用 parentElement 屬性取得父元素的 <ul> 標籤，接著是取得是兄弟元素，如下所示：

```
Set tag2 = tag1.previousElementSibling
Set tag3 = tag1.nextElementSibling
```

上述程式碼分別取得前一個兄弟元素，和下一個兄弟元素，如下所示：

```
01: Dim IE As New InternetExplorer
02: Dim tag1 As Object
03: Dim tag2 As Object
04: Dim tag3 As Object
05: Dim parent As Object
06:
07: Dim myurl As String
08:
09: myurl = "https://fchart.github.io/vba/ex11_02.html"
10:
11: IE.Visible = False
12: IE.navigate myurl
13: Do While IE.readyState <> READYSTATE_COMPLETE
14:     DoEvents
15: Loop
16:
17: Set tag1 = IE.document.getElementById("item1")
18:
```

```
19: Set parent = tag1.parentElement
20:
21: Set tag2 = tag1.previousElementSibling
22: Set tag3 = tag1.nextElementSibling
23:
24:
25: Sheets(1).Cells(1, 1).Value = tag1.tagName
26: Sheets(1).Cells(1, 2).Value = parent.tagName
27: Sheets(1).Cells(2, 1).Value = tag1.innerText
28: Sheets(1).Cells(3, 1).Value = tag2.tagName
29: Sheets(1).Cells(4, 1).Value = tag2.innerText
30: Sheets(1).Cells(5, 1).Value = tag3.tagName
31: Sheets(1).Cells(6, 1).Value = tag3.innerText
...
```

⁂ 第 2 ～ 5 列：在宣告 3 個 Object 變數來儲存 HTML 元素物件後，最後 1 個是儲存父元素。

⁂ 第 17 ～ 19 列：在第 17 列使用 getElementById() 方法取得 item1 的 <li> 標籤物件後，第 19 列取得父元素的 <ul> 標籤物件。

⁂ 第 21 ～ 22 列：分別使用 previousElementSibling 和 nextElementSibling 屬性取得前後的 li 兄弟元素。

⁂ 第 25 ～ 27 列：依序顯示目前元素的標籤名稱、父元素的標籤名稱和目前元素的內容。

⁂ 第 28 ～ 31 列：分別顯示前一個和後一個兄弟元素的標籤名稱和內容。

請啟動 Excel 開啟 ch11_3_2a.xlsm，按下**清除**鈕清除儲存格內容後，再按下**測試**鈕，會在儲存格中顯示從網頁擷取的前一個和後一個兄弟元素，如下圖所示：

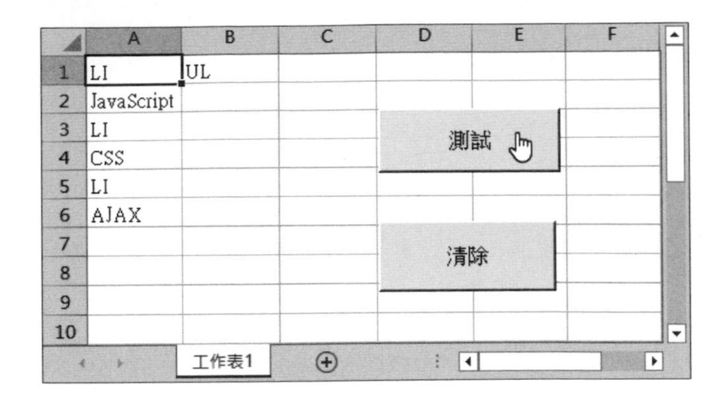

上述 Excel 儲存格 A1 是目前元素的標籤名稱，B1 是父元素的標籤名稱，A2 是目前元素的內容，A3 和 A4 是前一個兄弟元素的標籤名稱和內容，A5 和 A6 是後一個兄弟元素的名稱和標籤內容。

11-3-3 瀏覽子元素

DOM 可以使用 Children 屬性取得所有子元素的清單物件，然後使用從 0 開始的索引值來存取指定的 HTML 元素。

➲ 使用 For Each/Next 迴圈走訪子元素 ch11_3_3.xlsm

在此將用 Children 屬性擷取 HTML 清單的所有項目，首先取得父元素：

```
Set tag1 = IE.document.getElementById("myul")
```

上述程式碼取得 id 屬性值 myul 的 <ul> 標籤後，可以使用 Children 屬性取得所有子元素的 <li> 標籤，如下所示：

```
Set tags = tag1.Children
```

上述程式碼取得 ul 元素的所有 li 子元素。接著使用 For Each/Next 迴圈一一取得每一個元素物件且將內容顯示出來，如下所示：

```
count = 1
For Each tag In tags
   Sheets(1).Cells(count, 1).Value = tag.innerText
   count = count + 1
Next
```

上述 For Each/Next 迴圈取出子元素清單物件的每一個 li 元素，和將內容填入 Excel 儲存格，如下所示：

```
01: Dim IE As New InternetExplorer
02: Dim tag1 As Object
03: Dim tag As Object
04: Dim tags As Object
05: Dim count As Integer
06:
07:
08: Dim myurl As String
09:
10: myurl = "https://fchart.github.io/vba/ex11_02.html"
11:
12: IE.Visible = False
13: IE.navigate myurl
14: Do While IE.readyState <> READYSTATE_COMPLETE
15:     DoEvents
16: Loop
17:
18: Set tag1 = IE.document.getElementById("myul")
19:
20: Set tags = tag1.Children
21:
22: count = 1
23: For Each tag In tags
24:     Sheets(1).Cells(count, 1).Value = tag.innerText
25:     count = count + 1
26: Next
...
```

⁂ 第 18 ～ 20 列：在取得父元素 ul 後，使用 Children 屬性取得清單標籤的所有項目 li 元素。

⁂ 第 23 ～ 26 列：在 For Each/Next 迴圈走訪子元素清單物件的所有元素物件，可以依序在 Excel 工作表的儲存格填入 innerText 屬性值的標籤內容。

請啟動 Excel 開啟 ch11_3_3.xlsm，按下**清除**鈕清除儲存格內容後，再按下**測試**鈕，會在儲存格中顯示從網頁擷取的 5 個清單項目，如下圖所示：

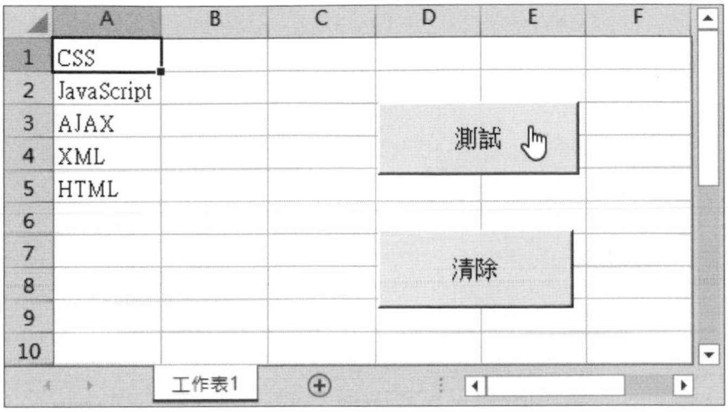

	A	B	C	D	E	F
1	CSS					
2	JavaScript					
3	AJAX			測試		
4	XML					
5	HTML					
6						
7				清除		
8						
9						
10						

工作表1

➲ 使用 For/Next 迴圈走訪子元素 ch11_3_3a.xlsm

請修改 ch11_3_3.xlsm 改用 For/Next 迴圈，使用類似陣列的索引值來一一取得每一個元素物件（索引值是從 0 開始），如下所示：

```
For i = 1 To tags.Length
   Sheets(1).Cells(i, 1).Value = tags(i - 1).innerText
Next
```

上述 For/Next 迴圈是使用索引值來取出子元素清單物件的每一個 li 元素，和將內容填入 Excel 儲存格，如下所示：

```
01: Dim IE As New InternetExplorer
02: Dim tag1 As Object
03: Dim tag As Object
04: Dim tags As Object
```

```
05: Dim i As Integer
06:
07: Dim myurl As String
08:
09: myurl = "https://fchart.github.io/vba/ex11_02.html"
10:
11: IE.Visible = False
12: IE.navigate myurl
13: Do While IE.readyState <> READYSTATE_COMPLETE
14:     DoEvents
15: Loop
16:
17: Set tag1 = IE.document.getElementById("myul")
18:
19: Set tags = tag1.Children
20:
21: For i = 1 To tags.Length
22:     Sheets(1).Cells(i, 1).Value = tags(i - 1).innerText
23: Next
...
```

⁂ 第 21 ～ 23 列：在 For/Next 迴圈使用索引值來走訪子元素清單物件的每一個元素物件，會依序在儲存格中填入 innerText 屬性值的標籤內容。

請啟動 Excel 開啟 ch11_3_3a.xlsm，按下**清除**鈕清除儲存格內容後，再按下**測試**鈕，會在儲存格中顯示從網頁擷取的 5 個清單項目，如下圖所示：

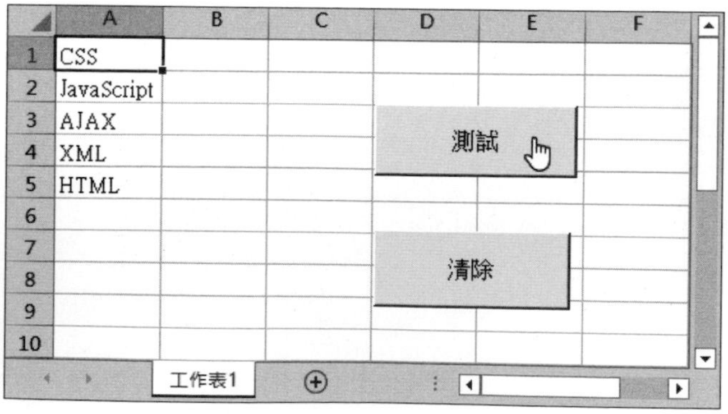

11-4 使用 CSS 選擇器擷取資料

HTMLDocument 物件的方法參數可指定為 CSS 選擇器字串，來選出符合 CSS 選擇器字串的 HTML 標籤。

➲ querySelectorAll() 方法

ch11_4.xlsm

HTMLDocument 物件的 querySelectorAll() 方法，可以取得參數 CSS 選擇器字串的 HTML 元素，這是一個清單物件，如下所示：

```
Set tags = IE.document.querySelectorAll("#myul > li")
```

上述程式碼使用參數 CSS 選擇器字串，可以選擇 HTML 網頁所有 HTML 清單 <ul> 標籤下的 li 元素，即所有清單項目，如下所示：

```
01: Dim IE As New InternetExplorer
02: Dim tags As Object
03: Dim i As Integer
04: Dim myurl As String
05:
06: myurl = "https://fchart.github.io/vba/ex11 _ 02.html"
07:
08: IE.Visible = False
09: IE.navigate myurl
10: Do While IE.readyState <> READYSTATE _ COMPLETE
11:     DoEvents
12: Loop
13:
14: Set tags = IE.document.querySelectorAll("#myul > li")
15:
16: For i = 1 To tags.Length
17:     Sheets(1).Cells(i, 1).Value = tags.Item(i - 1).innerText
18: Next
...
```

⁂ 第 14 列：使用 querySelectorAll() 方法取得參數 CSS 選擇器字串的 li 元素物件清單。

⁂ 第 16 ～ 18 列：在 For/Next 迴圈使用 Item() 方法，以索引值來走訪元素清單物件的每一個 li 元素物件，會依序在 Excel 工作表的儲存格中填入 innerText 屬性值的標籤內容。

請啟動 Excel，開啟 ch11_4.xlsm，按下**清除**鈕清除儲存格內容後，再按下**測試**鈕，會在儲存格中顯示從網頁擷取的 5 個清單項目，如右圖所示：

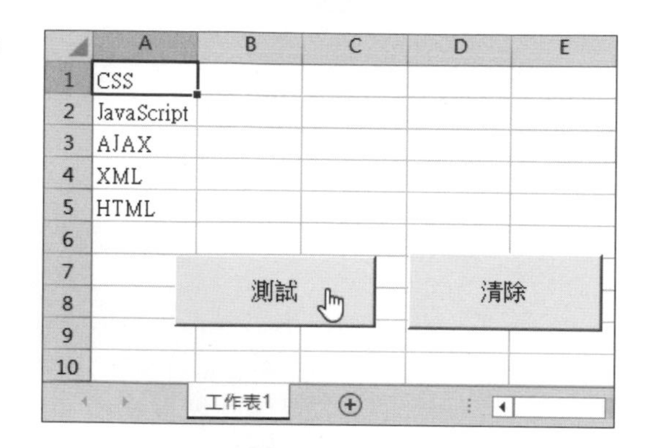

Excel 檔案：ch11_4b.xlsm 改用 XMLHttpRequest 物件來送出 HTTP 請求。

➲ querySelector() 方法

ch11_4a.xlsm

HTMLDocument 物件的 querySelector() 方法和 querySelectorAll() 方法相似，不過 querySelector() 方法只會傳回第 1 個符合的 HTML 元素，如下所示：

```
Set tr = IE.document.querySelector("table > tbody > tr")
```

上述程式碼的 CSS 選擇器字串可以選擇 HTML 表格的第 1 列，即表格的標題列，如下所示：

```
01: Dim IE As New InternetExplorer
02: Dim tr As Object
03: Dim th As Object
04: Dim i As Integer
05:
06: Dim myurl As String
07:
```

```
08: myurl = "https://fchart.github.io/vba/ex3_03.html"
09:
10: IE.Visible = False
11: IE.navigate myurl
12: Do While IE.readyState <> READYSTATE_COMPLETE
13:     DoEvents
14: Loop
15:
16: Set tr = IE.document.querySelector("table > tbody > tr")
17: Set th = tr.Children
18:
19: For i = 1 To th.Length
20:     Sheets(1).Cells(1, i).Value = th.Item(i - 1).innerText
21: Next
…
```

⁂ 第 16 ～ 17 列：在使用 querySelector() 方法取得參數 CSS 選擇器字串的第 1 個 tr 元素物件後，使用 Children 取得所有子元素 th 的清單物件。

⁂ 第 19 ～ 21 列：在 For/Next 迴圈使用 Item() 方法，以索引值來走訪清單物件的每一個 th 元素物件，可以依序在儲存格中填入 innerText 屬性值的標籤內容。

請啟動 Excel，開啟 ch11_4a.xlsm，按下**清除**鈕清除儲存格內容後，再按下**測試**鈕，會在儲存格中顯示從網頁擷取的 HTML 表格的標題列，如右圖所示：

	A	B	C	D	E
1	公司	聯絡人	國家	營業額	
2					
3					
4					
5					
6					
7					
8					
9					
10					
11					

測試　清除

工作表1

Excel 檔案：ch11_4c.xlsm 改用 XMLHttpRequest 物件來送出 HTTP 請求。

11-5 Excel VBA 網路爬蟲實戰：擷取 HTML 表格資料

在這一節我們準備建立 Excel VBA 網路爬蟲來擷取第 3-2-2 節和第 3-3 節的 HTML 表格資料，基本上，HTML 表格是 <table>、<tbody>、<tr>、<th> 和 <td> 標籤所組成，Excel VBA 可以使用多種方法從網頁擷取 HTML 表格資料。

➲ 使用 DOM 方法和 HTML 元素屬性

ch11_5.xlsm

我們準備使用第 3 章的 HTML 範例表格做示範，請啟動 Chrome 瀏覽器後，在**網址列**輸入網址：https://fchart.github.io/vba/ex3_03.html，如下圖所示：

HTML 表格標籤

公司	聯絡人	國家	營業額
USA one company	Tom Lee	USA	3,000
Centro comercial Moctezuma	Francisco Chang	China	5,000
International Group	Roland Mendel	Austria	6,000
Island Trading	Helen Bennett	UK	3,000
Laughing Bacchus Winecellars	Yoshi Tannamuri	Canada	4,000
Magazzini Alimentari Riuniti	Giovanni Rovelli	Italy	8,000

首先使用 DOM 方法取得此表格的 DOM 物件，如下所示：

```
Set table = html.getElementsByTagName("table")(0)
```

上述程式碼取得第 1 個 table 表格標籤，對於 DOM 來說，HTML 表格元素就是 HTMLTableElement 物件，可以使用屬性來取得每一列表格列，如下表所示：

屬性	說明
Rows	傳回表格每一列 HTMLTableRowElement 的清單物件，索引值是從 0 開始

每一列的 HTMLTableRowElement 物件，我們可以使用屬性來取得每一個儲存格，如下表所示：

屬性	說明
Cells	傳回此表格列各儲存格的 HTMLTableCellElement 清單物件

現在，我們可以使用巢狀 For/Next 迴圈來一一取出各儲存格的內容，如下所示：

```
For i = 0 To table.Rows.Length - 1
   For j = 0 To table.Rows(i).Cells.Length - 1
      Sheets(1).Cells(i + 1, j + 1).Value = table.Rows(i).Cells(j).innerText
   Next
Next
```

上述外層 For/Next 迴圈走訪每一列，因為索引從 0 開始，所以是 0 ～ table.Rows.Length-1，內層 For/Next 迴圈走訪每一列的每一個儲存格（即欄位），然後，可以使用 table.Rows(i).Cells(j) 定位每一個儲存格來顯示內容，如下所示：

```
01: Dim xmlhttp As New MSXML2.XMLHTTP60
02: Dim html As New HTMLDocument
03: Dim table As Object
04: Dim i As Integer, j As Integer
05:
06: Dim myurl As String
07:
08: myurl = "https://fchart.github.io/vba/ex3_03.html"
09:
10: xmlhttp.Open "GET", myurl, False
11: xmlhttp.send
12:
13: If xmlhttp.Status = 200 Then
14:    html.body.innerHTML = xmlhttp.responseText
15:
16:    Set table = html.getElementsByTagName("table")(0)
17:
```

```
18:     For i = 0 To table.Rows.Length - 1
19:        For j = 0 To table.Rows(i).Cells.Length - 1
20:            Sheets(1).Cells(i + 1, j + 1).Value = _
                             table.Rows(i).Cells(j).innerText
21:        Next
22:     Next
23: End If
...
```

⁂ 第 16 列：使用 getElementsByTagName() 方法取得第 1 個 <table> 標籤。

⁂ 第 18 ～ 22 列：使用兩層 For/Next 巢狀迴圈，從每一列至每一欄將表格資料依序在 Excel 工作表的儲存格中填入 innerText 屬性值的標籤內容。

請啟動 Excel，開啟 ch11_5.xlsm，按下**清除**鈕清除儲存格內容後，再按下**測試**鈕，會在儲存格中顯示從網頁擷取的 HTML 表格內容，如下圖所示： 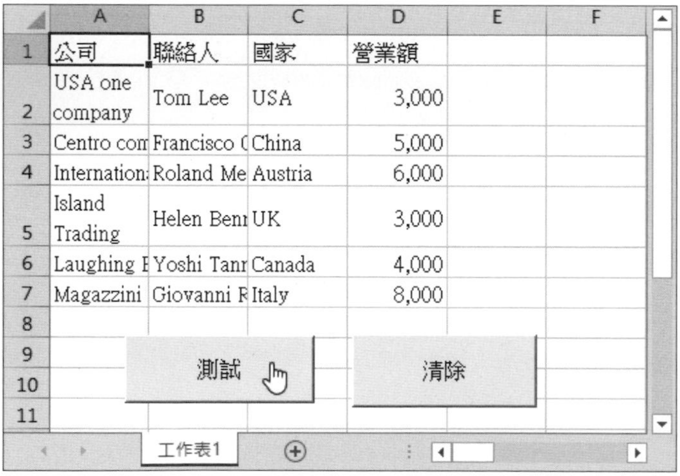

	A	B	C	D	E	F
1	公司	聯絡人	國家	營業額		
2	USA one company	Tom Lee	USA	3,000		
3	Centro com	Francisco (	China	5,000		
4	Internation:	Roland Me	Austria	6,000		
5	Island Trading	Helen Benı	UK	3,000		
6	Laughing E	Yoshi Tanı	Canada	4,000		
7	Magazzini	Giovanni F	Italy	8,000		
8						
9		測試		清除		
10						
11						

工作表1

➲ 使用 CSS 選擇器

ch11_5a.xlsm

由於第 3 章的 HTML 範例表格的標題列和內容列的儲存格是不同的標籤，所以我們要用兩次 querySelectorAll() 方法來取出，如下圖所示：

```
Elements  Console  Sources  Network  Performance  Memory
▼<table class="tt" border="1">
  ▼<tbody>
    ▼<tr>
        <th>公司</th>
        <th>聯絡人</th>
        <th>國家</th>
        <th>營業額</th>
      </tr>
    ▼<tr>
        <td>USA one company</td>
        <td>Tom Lee</td>
        <td>USA</td>
        <td>3,000</td>
      </tr>
    ▶<tr>…</tr>
    ▶<tr>…</tr>
```

上述標題列的儲存格是 <th> 標籤，內容列是 <td> 標籤，我們可以使用兩次 querySelectorAll() 方法，第 1 次先取出所有 <th> 標籤，如下所示：

```
Set th=IE.document.querySelectorAll("table > tbody > tr:nth-child(1) > th")
```

在儲存格中填入 HTML 表格的標題列後，第 2 次取出所有 <td> 標籤：

```
Set td=IE.document.querySelectorAll("table > tbody > tr:nth-child(n+2) > td")
```

上述程式碼參數的 tr:nth-child(n+2) 選擇器是選擇除了標題列之外的所有資料列，然後使用 For/Next 迴圈來顯示表格的資料列，如下所示：

```
row = 2
col = 1
For i = 1 To td.Length
   Sheets(1).Cells(row, col).Value = td.Item(i - 1).innerText
   If (i Mod th.Length) = 0 Then
       row = row + 1
       col = 1
   Else
       col = col + 1
   End If
Next
```

上述程式碼的 If 條件判斷迴圈是否已經顯示完一列，判斷條件是變數 i 和 th.Length 的餘數，值為 0 就換行，除了將 row 列數加 1，同時將每一列 col 的開始重設為 1，否則，就是將欄數 col 加 1，如下所示：

```
01: Dim IE As New InternetExplorer
02: Dim th As Object
03: Dim td As Object
04: Dim i As Integer
05: Dim row As Integer
06: Dim col As Integer
07:
08: Dim myurl As String
09:
10: myurl = "https://fchart.github.io/vba/ex3_03.html"
11:
12: IE.Visible = False
13: IE.navigate myurl
14: Do While IE.readyState <> READYSTATE_COMPLETE
15:     DoEvents
16: Loop
17:
18: Set th = IE.document.querySelectorAll( _
                   "table > tbody > tr:nth-child(1) > th")
19:
20: For i = 1 To th.Length
21:     Sheets(1).Cells(1, i).Value = th.Item(i - 1).innerText
22: Next
23:
24: Set td = IE.document.querySelectorAll( _
                   "table > tbody > tr:nth-child(n+2) > td")
25:
26: row = 2
27: col = 1
28: For i = 1 To td.Length
29:     Sheets(1).Cells(row, col).Value = td.Item(i - 1).innerText
30:     If (i Mod th.Length) = 0 Then
31:         row = row + 1
32:         col = 1
```

```
33:     Else
34:         col = col + 1
35:     End If
36: Next
…
```

⁂ 第 18 ～ 22 列：使用 querySelectorAll() 方法取得所有 <th> 標籤後，在第 20 ～ 22 列顯示表格的標題列。

⁂ 第 24 列：使用 querySelectorAll() 方法取得所有 <td> 標籤。

⁂ 第 28 ～ 36 列：For/Next 迴圈顯示每一列資料列，可以依序在 Excel 工作表的儲存格中填入 innerText 屬性值的標籤內容，在第 30 ～ 35 列的 If 條件判斷是否完成一列，需換行至下一列。

請啟動 Excel，開啟 ch11_5a.xlsm，按下**清除**鈕清除儲存格內容後，再按下**測試**鈕，會在儲存格顯示從網頁擷取的 HTML 表格內容，如右圖所示：

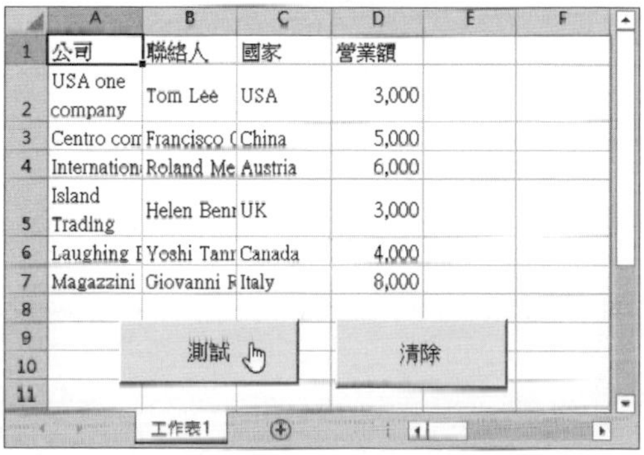

	A	B	C	D	E	F
1	公司	聯絡人	國家	營業額		
2	USA one company	Tom Lee	USA	3,000		
3	Centro com	Francisco (	China	5,000		
4	Internation	Roland Me	Austria	6,000		
5	Island Trading	Helen Benı	UK	3,000		
6	Laughing E	Yoshi Tanı	Canada	4,000		
7	Magazzini	Giovanni F	Italy	8,000		
8						
9						
10		測試		清除		
11						

工作表1

➲ 使用 CSS 選擇器和 DOM 瀏覽屬性

ch11_5b.xlsm

我們準備建立 Excel VBA 爬蟲程式來擷取第 3-3 節的 Yahoo! 股票資訊，其網址如下所示：

⁂ https://tw.stock.yahoo.com/q/q?s=2330

資料日期: 108/10/04

股票代號	時間	成交	買進	賣出	漲跌	張數	昨收	開盤	最高	最低	個股資料
2330台積電 加到投資組合	14:30	**276.5**	276.5	277.0	0.00	35,139	276.5	279.5	280.0	275.0	成交明細 技術 新聞 基本 籌碼 個股健診

上述 HTML 表格只有一個標題列和資料列，首先使用 querySelector() 方法取得此表格的 table 元素，如下所示：

```
Set table=IE.document.querySelector("table:nth-child(13)>tbody>tr>td>table")
```

上述程式碼取得 table 元素後，首先擷取標題列，我們準備使用第 11-3 節的瀏覽屬性走訪至標題列的 tr 元素，如下所示：

```
Set th = table.Children(0).Children(0).Children
```

上述程式碼的第 1 個 Children(0) 是走訪至子 tbody 元素，第 2 個是走訪至 tr 元素，最後的 Children 取得標題列的所有子 th 元素，然後可以一一擷取出標題列的欄位值。接著是第 2 列的資料列，如下所示：

```
Set tr = table.Children(0).Children(1).Children
```

上述程式碼的第 2 個是 Children(1)，可以取得第 2 列的資料列，如下所示：

```
01: Dim IE As New InternetExplorer
02: Dim table As Object
03: Dim th As Object
04: Dim tr As Object
05: Dim i As Integer
06:
07: Dim myurl As String
08:
09: myurl = "https://tw.stock.yahoo.com/q/q?s=2330"
10:
11: IE.Visible = False
12: IE.navigate myurl
13: Do While IE.readyState <> READYSTATE_COMPLETE
14:     DoEvents
15: Loop
16:
```

```
17: Set table = IE.document.querySelector( _
                "table:nth-child(13) > tbody > tr > td > table")
18: Set th = table.Children(0).Children(0).Children
19:
20: For i = 1 To th.Length
21:     Sheets(1).Cells(1, i).Value = th(i - 1).innerText
22: Next
23:
24: Set tr = table.Children(0).Children(1).Children
25:
26: For i = 1 To tr.Length
27:     Sheets(1).Cells(2, i).Value = tr(i - 1).innerText
28: Next
...
```

⁂ 第 17 列：使用 querySelector() 方法取得 <table> 標籤。

⁂ 第 18 ～ 22 列：在第 18 列走訪取出標題列的所有 <th> 子標籤後，第 20 ～ 22 列使用 For/Next 迴圈顯示標題列的每一個欄位。

⁂ 第 24 ～ 28 列：在第 24 列走訪取出資料列的所有 <td> 子標籤後，第 26 ～ 28 列使用 For/Next 迴圈顯示資料列的每一個欄位。

請啟動 Excel 開啟 ch11_5b.xlsm，按下清除鈕清除儲存格內容後，再按下測試鈕，會在儲存格中顯示從網頁擷取的 HTML 表格內容，即台積電的股價資訊，如下圖所示： 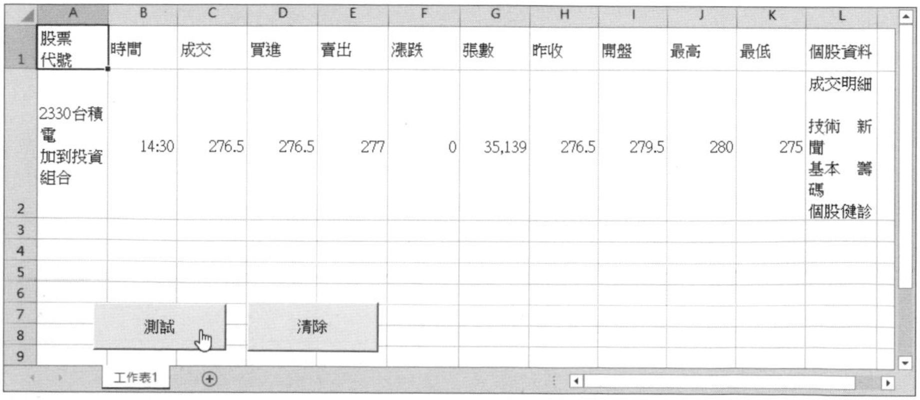

	A	B	C	D	E	F	G	H	I	J	K	L
1	股票代號	時間	成交	買進	賣出	漲跌	張數	昨收	開盤	最高	最低	個股資料
2	2330台積電 加到投資組合	14:30	276.5	276.5	277	0	35,139	276.5	279.5	280	275	成交明細 技術 新聞 基本 籌碼 個股健診

測試　清除

工作表1

學習評量

1. 請說明什麼是 DOM 物件模型？
2. 請舉例說明 Excel VBA 如何取得 HTML 網頁的 DOM 物件模型？
3. 請說明 Excel VBA 如何使用 DOM 方法來擷取資料？
4. 請說明 Excel VBA 如何使用 DOM 瀏覽屬性來擷取資料？
5. 請說明 Excel VBA 如何使用 CSS 選擇器來擷取資料？
6. 請問 Excel VBA 如何使用 DOM 爬取 HTML 表格資料？
7. 請分別使用 XMLHttpRequest 和 Internet Explorer 物件建立 Excel VBA 爬蟲程式，可以爬取 URL 網址：https://fchart.github.io/vba/ex3_01.html 的 HTML 清單標籤。
8. 請建立 Excel VBA 爬蟲程式，可以爬取第 4-3 節的 Yahoo! 電影本週新片清單。

用 Excel VBA 爬取 AJAX 網頁與 Web API

12-1 AJAX 與 JSON 的基礎

AJAX 是 **A**synchronous **J**avaScript **A**nd **X**ML 的縮寫，即非同步 JavaScript 和 XML 技術，AJAX 可以讓 Web 應用程式在瀏覽器建立出更人性化的使用介面。

12-1-1 AJAX 的基礎

AJAX 是 Jesse James Garrett 最早提出的名稱，其技術的核心是非同步 HTTP 請求（Asynchronous HTTP Requests），可以讓 HTTP 請求不用等待伺服端的回應，就讓使用者執行其他互動操作，例如：更改購物車購買的商品數量後，不需等待重新載入網頁，就可以接著輸入送貨的相關資訊。

簡單地說，非同步 HTTP 請求可以讓網頁使用介面，不會因為 HTTP 請求的等待回應而中斷，因為同步 HTTP 請求需要重新載入整頁網頁內容，如果網路稍慢，可能看見空白頁和網頁逐漸載入的過程，這是和 Windows 應用程式使用者介面之間的最大差異。

➲ 同步 HTTP 請求

傳統 HTTP 請求的過程是同步 HTTP 請求（Synchronous HTTP Requests），當使用者在瀏覽器的**網址列**輸入網址後，按下**移至**鈕，會將 HTTP 請求送至 Web 伺服器，在處理後，將請求結果的 HTML 網頁回傳客戶端來顯示，如下圖所示：

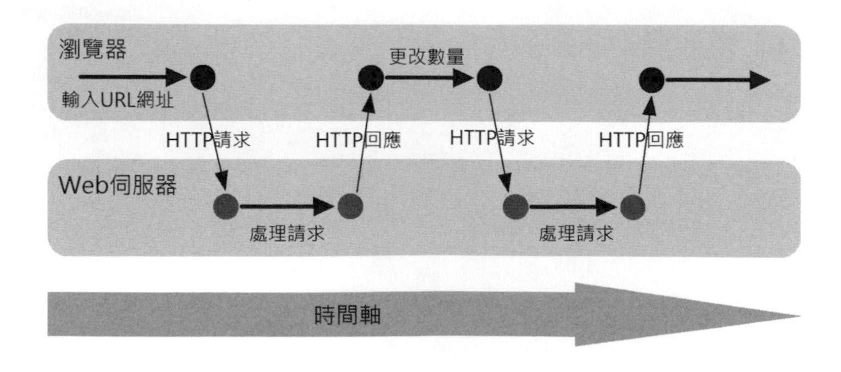

上圖在瀏覽器輸入 URL 網址後，將 HTTP 請求送至 Web 伺服器，在處理後，產生購物車網頁傳回瀏覽器顯示，如果數量不對，在更改後，再次送出 HTTP 請求，並且取得回應。

在同步 HTTP 請求的過程中，回應內容都是整頁網頁，所以在等待回應的時間，使用者唯一能作的就是等待，需要等到回應後，才能執行下一階段的互動，例如：輸入送貨資料。

換句話說，使用者在網頁輸入資料等互動操作時，是和 HTTP 請求同步的，其過程依序是輸入資料、送出 HTTP 請求、等待、取得 HTTP 回應和顯示結果，完成整個流程後，才能進行下一次互動。

➲ 非同步 HTTP 請求

AJAX 是使用非同步 HTTP 請求，除了第 1 次載入網頁外，HTTP 請求是在背景使用 XMLHttpRequest 物件送出 HTTP 請求，在送出後，並不需要等待回應，所以不會影響使用者在瀏覽器進行的互動，如下圖所示：

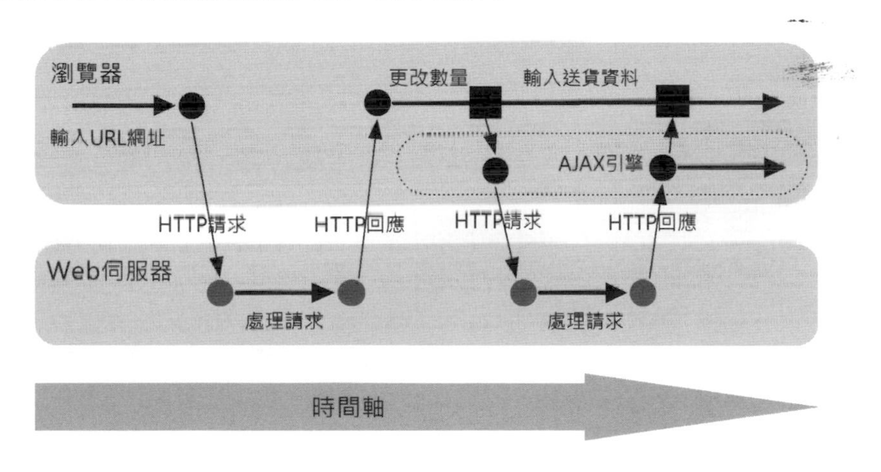

上圖在瀏覽器第 1 次輸入 URL 網址後，將 HTTP 請求送至 Web 伺服器，在處理後，產生購物車網頁傳回瀏覽器顯示，如果數量不對，在更改後，就透過 JavaScript 建立的 AJAX 引擎（AJAX Engine）送出第 2 次的 HTTP 請求，因為是非同步，所以不用等到 HTTP 回應，使用者可以繼續輸入送貨資料。

當送出第 2 次 HTTP 請求在伺服器處理完畢後，AJAX 引擎可以取得回應的 XML 或 JSON 等資料，然後更新指定標籤物件的內容，即更改數量，所以並不用重新載入整頁網頁內容。

AJAX 的 HTTP 請求和使用者輸入資料等互動操作是非同步的，因為 HTTP 請求是在背景執行，執行後也不需等待回應，而是由 AJAX 引擎處理請求、回應和顯示，使用者的操作完全不會因為 HTTP 請求而中斷。

➲ AJAX 應用程式架構

AJAX 的主要目的是改進 Web 應用程式的使用介面，屬於一種客戶端網頁技術，在實務上，我們可以搭配伺服端網頁技術來建立更佳使用介面的 Web 應用程式，例如：ASP、ASP.NET、PHP 和 JSP 等。

AJAX 應用程式架構的最大差異是在客戶端，客戶端使用 JavaScript 的 AJAX 引擎來處理 HTTP 請求，和取得伺服端回應的文字、HTML、XML 或 JSON 資料（伺服端網頁技術產生），如下圖所示：

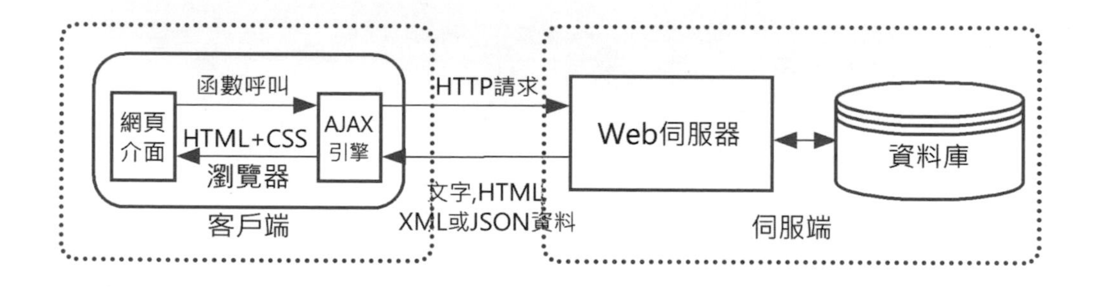

上圖的瀏覽器一旦顯示網頁的使用介面後，所有使用者互動所需的 HTTP 請求都是透過 AJAX 引擎送出，並且在取得回應資料後，只會更新網頁使用介面的部分內容，而不用重新載入整頁網頁。

此時，因為 HTTP 請求都是在背景處理，所以不會影響網頁介面的顯示，使用者不再需要等待伺服端的回應，就可以進行相關互動，所以，AJAX 可以大幅改進使用介面，建立更快速回應、更佳和容易使用的 Web 使用介面。

12-1-2 認識 JSON

「JSON」的全名為（**J**ava**S**cript **O**bject **N**otation），這是一種類似 XML 的資料交換格式，事實上，JSON 就是 JavaScript 物件的文字表示法，其內容只有文字（Text Only）。

JSON 是由 Douglas Crockford 創造的一種資料交換格式，因為比 XML 來的快速且簡單，JSON 資料結構就是 JavaScript 物件文字表示法，不論是 JavaScript 語言或其他程式語言都可以輕易解讀，這是一種和語言無關的資料交換格式。

JSON 是一種可以自我描述和容易了解的資料交換格式，使用大括號定義成對的**鍵和值**（Key-value Pairs），相當於物件的屬性和值，如下所示：

```
{
   "key1": "value1",
   "key2": "value2",
   "key3": "value3",
   …
}
```

如果是物件陣列，JSON 是使用方括號來定義，如下所示：

```
[
    {
    "title": "C 語言程式設計 ",
    "author": " 陳會安 ",
    "category": "Programming",
    "pubdate": "06/2018",
    "id": "P101"
    },
    {
    "title": "PHP 網頁設計 ",
    "author": " 陳會安 ",
    "category": "Web",
    "pubdate": "07/2018",
    "id": "W102"
    },
    …
]
```

➲ JSON 的語法規則

JSON 語法並沒有任何關鍵字，其基本語法規則，如下所示：

⁂ 資料是成對的鍵和值（Key-value Pairs），使用「:」符號分隔。

⁂ 資料之間是使用「,」符號分隔。

⁂ 使用大括號定義物件。

⁂ 使用方括號定義物件陣列。

JSON 檔案的副檔名為 .json；MIME 型態為 "application/json"。

➲ JSON 的鍵和值

JSON 資料是成對的鍵和值（Key-value Pairs），首先是欄位名稱的鍵，接著「:」符號後是值，如下所示：

```
"author": "陳會安"
```

上述 "author" 是欄位名稱的鍵，" 陳會安 " 是值，JSON 的值可以是整數、浮點數、字串（使用「"」括起）、布林值（true 或 false）、陣列（使用方括號括起）和物件（使用大括號括起）。

➲ JSON 物件

JSON 物件是使用大括號包圍的多個 JSON 鍵和值，如下所示：

```
{
  "title": "C 語言程式設計 ",
  "author": " 陳會安 ",
  "category": "Programming",
  "pubdate": "06/2018",
  "id": "P101"
}
```

➲ JSON 物件陣列

JSON 物件陣列可以擁有多個 JSON 物件，例如："Employees" 欄位的值是一個物件陣列，擁有 3 個 JSON 物件，如下所示：

```
{
  "Boss": " 陳會安 ",
  "Employees": [
    { "name" : " 陳允傑 ", "tel" : "02-22222222" },
    { "name" : " 江小魚 ", "tel" : "02-33333333" },
    { "name" : " 陳允東 ", "tel" : "04-44444444" }
  ]
}
```

12-2 使用 Chrome 分析和測試 AJAX 請求

Google Chrome 開發人員工具支援網路流量擷取，可以幫助我們取得客戶端和伺服端之間 AJAX 請求交換的資料，來找出目標資料所在的 AJAX 請求。

在找到 AJAX 請求的 URL 網址後，GET 請求可以直接在瀏覽器進入測試，POST 請求的測試需要使用工具來送出 HTTP 請求，在本書是使用 Servistate HTTP Editor 擴充功能。

12-2-1 使用開發人員工具分析 AJAX 請求

在實務上，我們除了需要找出使用 AJAX 在背後送出的 HTTP 請求，以便找到資料的來源，還需要檢視 HTTP 標頭資訊找出請求方法，其步驟如下所示：

1. 請使用 Chrome 瀏覽器進入 https://fchart.github.io/books.html，會看到 4 本圖書的清單，如下圖所示：

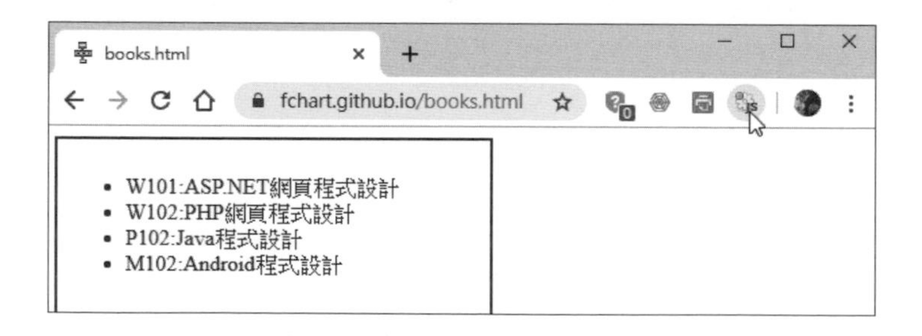

2. 點選 Quick JavaScript Switcher 擴充功能圖示關閉執行 JavaScript，會看到原本的圖書清單不見了，表示圖書資料是在之後才載入，這是一種 AJAX 產生的網頁內容。

3. 請再次點選 Quick JavaScript Switcher 擴充功能圖示切換執行 JavaScript，就會再度看到 4 本圖書清單，請按下 F12 鍵切換至開發人員工具。

4. 點選 **Network** 標籤，按下 F5 鍵重新載入網頁，開始擷取網路流量，稍待一會兒，預設是在 **All** 標籤顯示擷取到流量的完整項目清單，包含名稱、狀態和類型等資訊，此範例共有 4 個 HTTP 請求，如下圖所示：

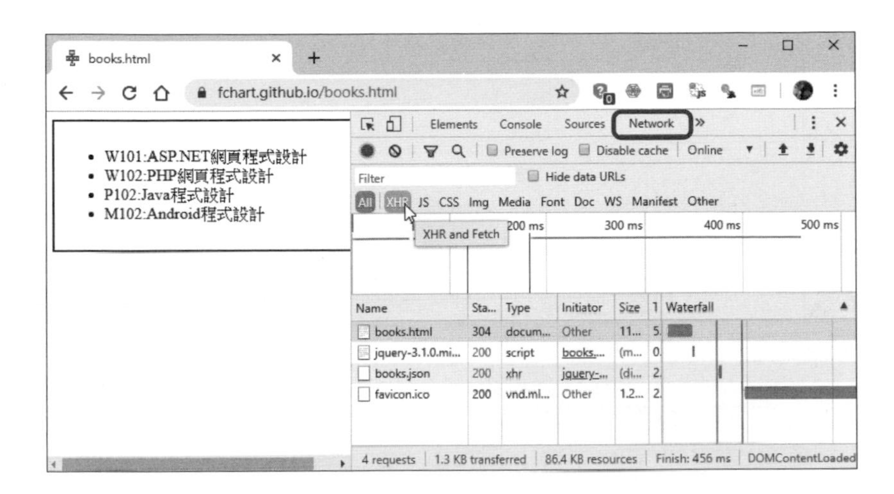

5. 上述流量是 **Network** 標籤下 **All** 的所有 HTTP 請求，點選 **XHR** 只會顯示 AJAX 請求，在下方會看到只剩下一個 **books.json** 項目，如下圖所示：

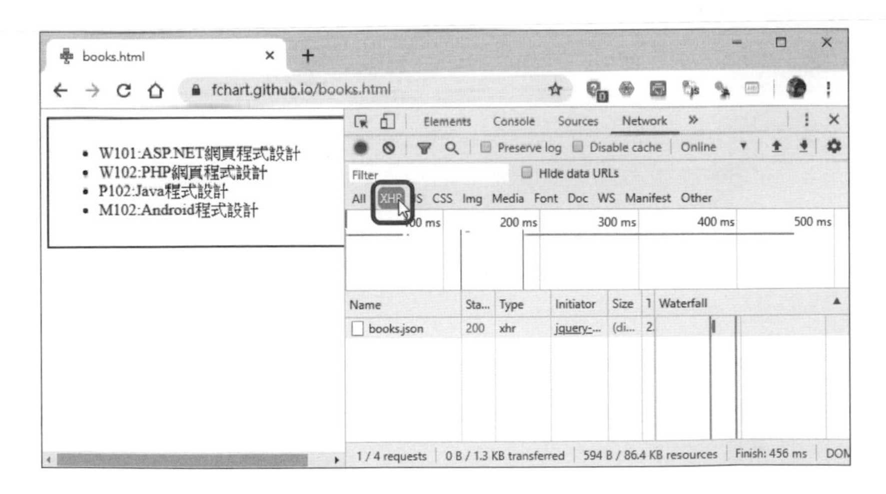

上述 **Doc** 標籤是 document 類型的 HTTP 請求，這些是取得網頁內容的 HTTP 請求。

6 點選欲檢視的流量 **books.json**，可以進一步檢視 HTTP 標頭資訊，請切換到 **Headers** 標籤，會看到請求的方法是 GET，如下圖所示：

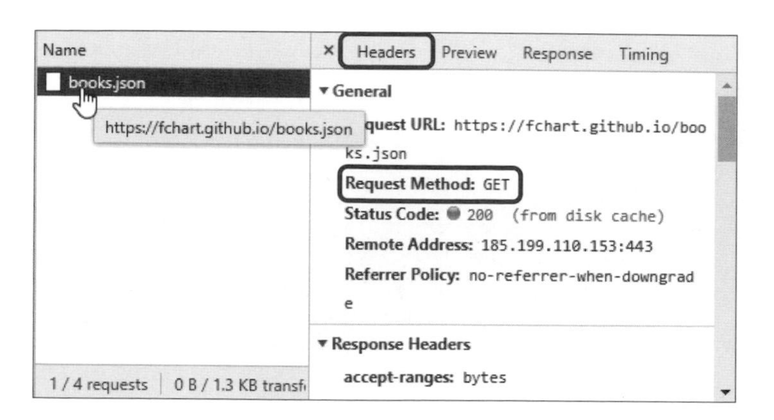

7 點選 **Response** 標籤，會顯示回傳的 JSON 字串內容，可以看到這 4 本圖書的資料。

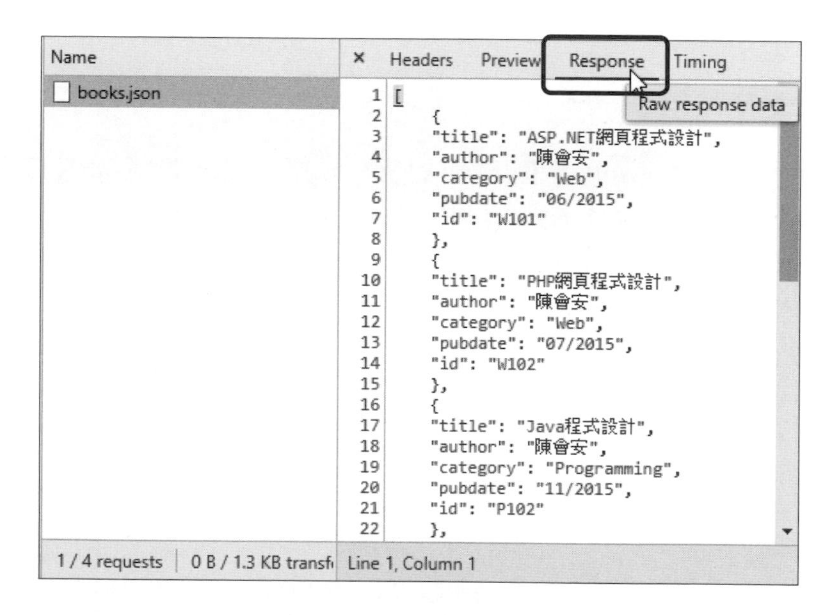

從上述 **Response** 標籤的內容可以證明網頁內容是在瀏覽器載入網頁後，才在背景使用 JavaScript 程式碼送出 HTTP 請求來取得 JSON 資料，所以 HTTP 請求是位在 **XHR** 標籤。

8 如果回應的內容很長，可以按下 Ctrl + F 鍵來搜尋資料，例如：在下方欄位輸入 Java，按下 Enter 鍵，可以搜尋到此筆 JSON 物件，如下圖所示：

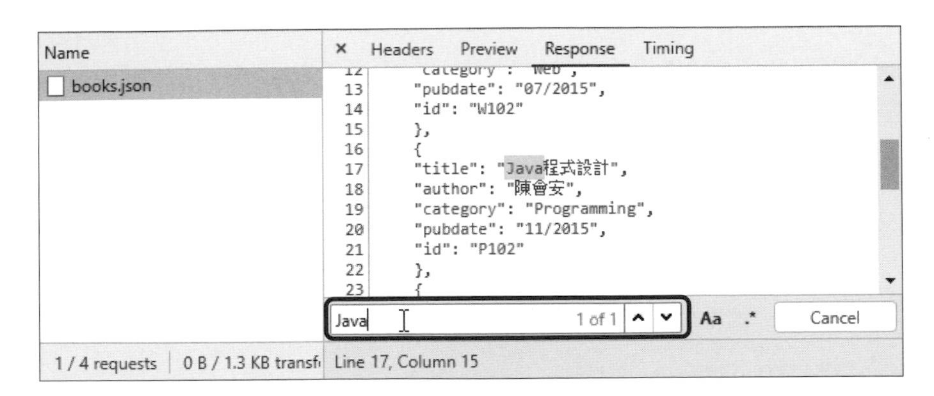

9 點選 **Preview** 標籤，會顯示以階層方式呈現的 JSON 資料，點選前方的小箭頭，即可展開 JSON 資料，如下圖所示：

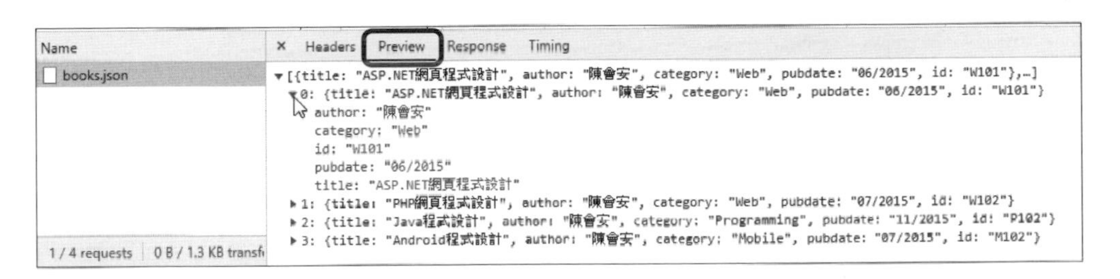

10 最後，我們可以取得 AJAX 請求的 URL 網址，請在 XHR 項目上，執行**右鍵**快顯功能表的「Copy/Copy link address」命令，將 URL 網址複製到剪貼簿。

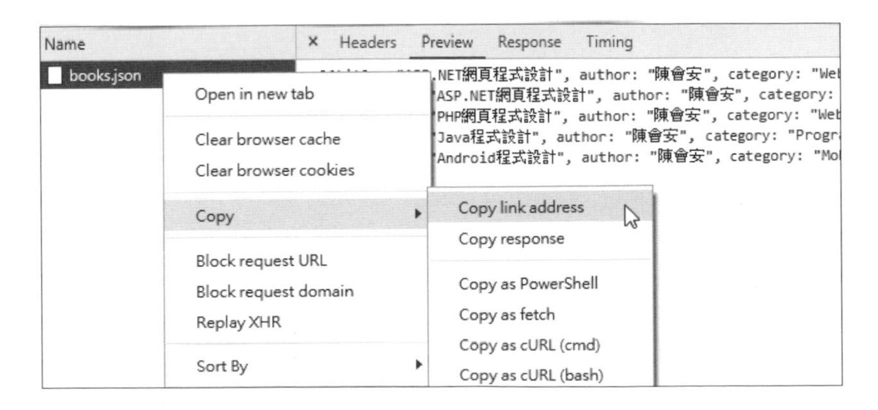

上述命令可以取得 URL 網址，如下所示：

⁂ https://fchart.github.io/books.json

因為此範例的 AJAX 請求是 GET 方法，所以我們可以直接在瀏覽器中測試和顯示請求的回應資料，請將剛才取得的網址貼到瀏覽器的**網址列**，如下圖所示：

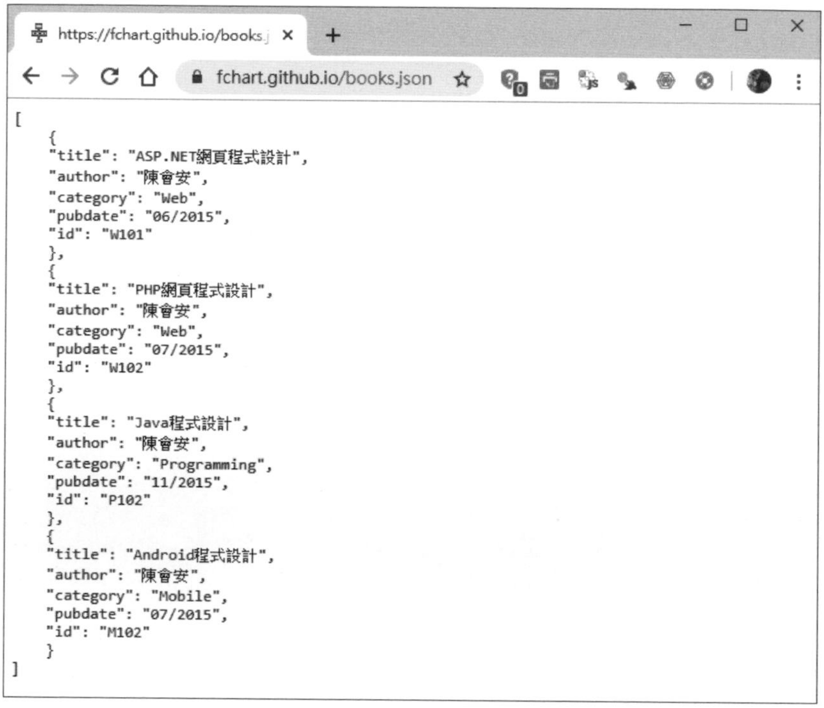

https://fchart.github.io/books.j ×

fchart.github.io/books.json

```
[
    {
    "title": "ASP.NET網頁程式設計",
    "author": "陳會安",
    "category": "Web",
    "pubdate": "06/2015",
    "id": "W101"
    },
    {
    "title": "PHP網頁程式設計",
    "author": "陳會安",
    "category": "Web",
    "pubdate": "07/2015",
    "id": "W102"
    },
    {
    "title": "Java程式設計",
    "author": "陳會安",
    "category": "Programming",
    "pubdate": "11/2015",
    "id": "P102"
    },
    {
    "title": "Android程式設計",
    "author": "陳會安",
    "category": "Mobile",
    "pubdate": "07/2015",
    "id": "M102"
    }
]
```

12-2-2 使用 Servistate HTTP Editor 擴充功能測試 AJAX 請求

Servistate HTTP Editor 擴充功能是 Web API 測試工具，提供圖形化介面來送出 HTTP 請求（支援 GET 和 POST 方法）、檢視回應資料和監測網路效能。

我們不只可以用 Servistate HTTP Editor 測試 AJAX 請求（主要是 POST 方法的請求），也可以用來測試第 12-5 節的 Web API，和格式化顯示回應的 JSON 資料。

➲ 安裝 Servistate HTTP Editor

要在 Chrome 瀏覽器中安裝 Servistate HTTP Editor，需要進入 Chrome 線上應用程式商店，其步驟如下所示：

1 請啟動 Chrome 瀏覽器，輸入網址 https://chrome.google.com/webstore/，即可進入 Chrome 線上應用程式商店。在左上方欄位輸入 **Servistate HTTP Editor**，再按下 Enter 鍵搜尋商店，會在右邊看到搜尋結果，如下所示：

2 按下**加到 Chrome** 鈕後，就會看到權限說明對話方塊，請按下**新增擴充功能**鈕，安裝 Servistate HTTP Editor。

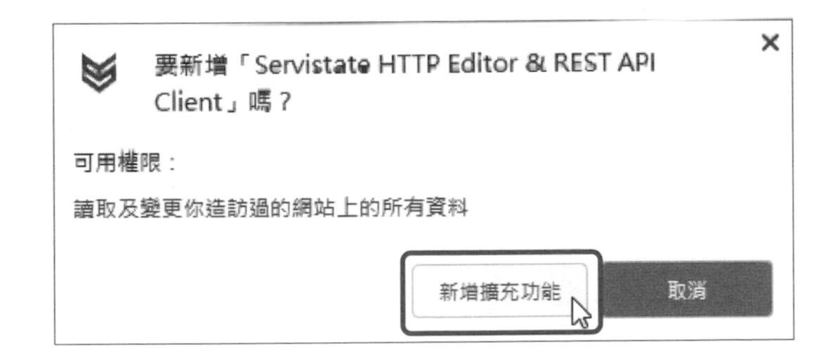

3 稍待一會兒，即可在工具列看到新增的擴充功能圖示，如下圖所示：

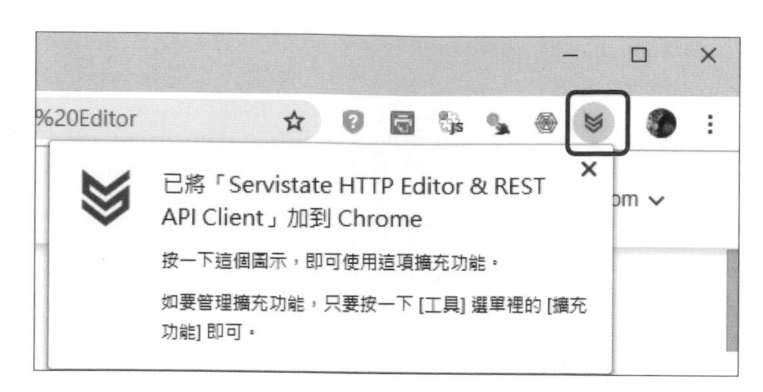

➲ 使用 Servistate HTTP Editor

成功新增 Servistate HTTP Editor 擴充功能後，我們馬上用 Servistate HTTP Editor 測試上一節 GET 方法的 AJAX 請求，其步驟如下所示：

1 請在 Chrome 瀏覽器右上方的工具列點選 Servistate HTTP Editor 擴充功能圖示 ，即可看到訊息視窗，按下 **Dismiss** 鈕後選擇所需操作：

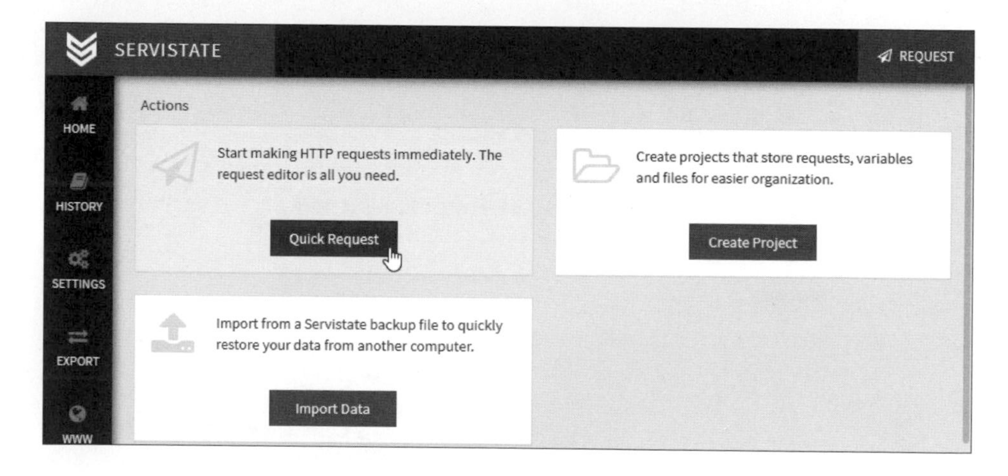

2. 按下 **Quick Request** 鈕，請求方法請選 **GET**，接著在後方欄位輸入 AJAX 請求的網址：https://fchart.github.io/books.json，按下 **Send** 鈕送出 HTTP 請求，如下圖所示：

3. 在送出請求取得回應後，請捲動視窗，可以在下方檢視回應的 JSON 資料，如下圖所示：

12-3 用 Excel VBA 處理 JSON 資料

Excel 雖然可以匯入 CSV 和 JSON 檔案，但是對於大部分 AJAX 請求取得的 JSON 資料，Excel VBA 並沒有內建處理 JSON 資料的功能，本節我們將使用 VBA-JSON 函數庫來處理 JSON 資料。

12-3-1 下載和設定 VBA-JSON 函數庫

Excel VBA 可以使用 VBA-JSON 函數庫來處理 JSON 資料，正確地說，就是剖析 JSON 資料成為 Dictionary 字典物件。

➲ 下載 VBA-JSON 函數庫

VBA-JSON 函數庫的 GitHub 官方下載網址，如下所示：

⁂ https://github.com/VBA-tools/VBA-JSON/releases

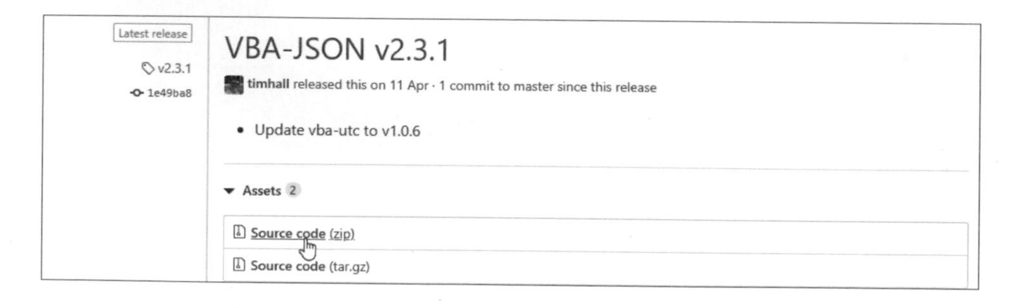

請點選 **Source code (zip)** 超連結下載 VBA-JSON 函數庫，然後解壓縮檔案，我們需要的只有 **JsonConverter.bas** 這個模組檔案。

➲ 設定 VBA-JSON 函數庫

在成功下載 VBA-JSON 函數庫的 JsonConverter.bas 模組檔案後，我們可以在 Excel 設定 VBA-JSON 函數庫，其步驟如下所示：

1 請啟動 Excel 新增空白活頁簿後，按下 Alt + F11 鍵開啟 VBA 編輯器，執行「檔案 / 匯入檔案」命令，開啟「匯入檔案」對話方塊。切換到 JsonConverter.bas 檔案的儲存位置，點選檔案後按下**開啟**鈕，匯入到目前的專案。

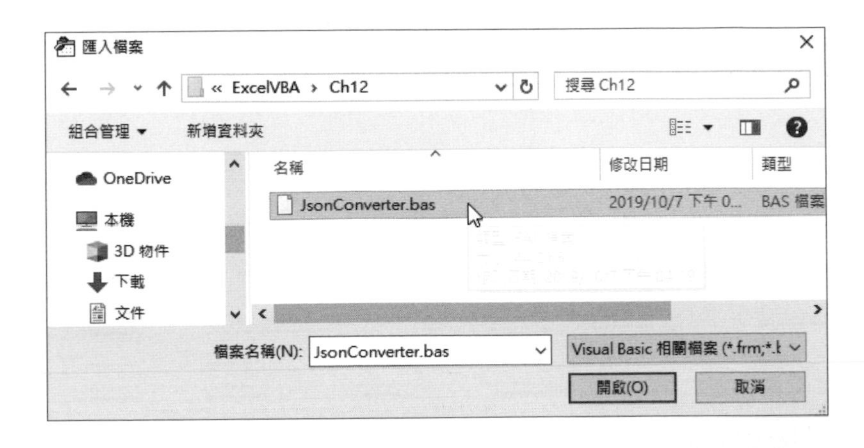

2 接著，在「專案」視窗的**模組**下會看到匯入的檔案。

3 匯入 JsonConverter.bas 後，還需要設定引用項目，請執行「工具 / 設定引用項目」命令，開啟「設定引用項目」對話方塊。請找到並勾選 **Microsoft Scripting Runtime**，按下**確定**鈕，完成 VBA-JSON 函式庫的匯入和設定。

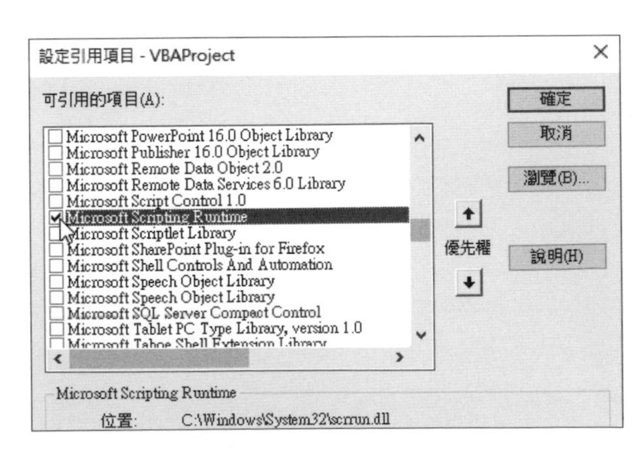

12-3-2 使用 VBA-JSON 函數庫處理 JSON 資料

成功在 Excel VBA 專案設定好 VBA-JSON 函數庫後，我們就可以使用其模組提供的函數來處理 JSON 資料，其簡單說明如下表所示：

函數	說明
ParseJson(String)	將參數 JSON 字串剖析成 Dictionary/Collection 物件後，就可以使用 JSON 的鍵來取出值
ConvertToJson(Variant, Variant)	將第 1 個參數的 Dictionary/Collection 物件轉換成字串，第 2 個參數指定縮排的空白字元數

➲ 將 JSON 資料匯入 Excel

ch12_3_2.xlsm

我們準備使用 XMLHttpRequest 物件送出第 12-2 節找出的 AJAX 請求所回應的 JSON 字串，如右所示：

```
[
    {
    "title": "ASP.NET網頁程式設計",
    "author": "陳會安",
    "category": "Web",
    "pubdate": "06/2015",
    "id": "W101"
    },
    {
    "title": "PHP網頁程式設計",
    "author": "陳會安",
    "category": "Web",
    "pubdate": "07/2015",
    "id": "W102"
    },
    {
    "title": "Java程式設計",
    "author": "陳會安",
    "category": "Programming",
    "pubdate": "11/2015",
    "id": "P102"
    },
    {
    "title": "Android程式設計",
    "author": "陳會安",
    "category": "Mobile",
    "pubdate": "07/2015",
    "id": "M102"
    }
]
```

上述 JSON 字串是 JSON 陣列，內含每一本圖書的 JSON 物件，在轉換成 Dictionary/Collection 物件後，整份文件是一個 Collection 物件，每一本圖書是一個 Dictionary 物件，然後就可以一一填入 Excel 儲存格來建立成表格，如下所示：

```
01: Dim xmlhttp As New MSXML2.XMLHTTP60
02: Dim JSON As Object
03: Dim i As Integer
04:
05: myurl = "https://fchart.github.io/books.json"
06: xmlhttp.Open "GET", myurl, False
07: xmlhttp.Send
08:
09: If xmlhttp.Status = 200 Then
10:     Set JSON = ParseJson(xmlhttp.responseText)
11:     i = 2
12:     For Each Book In JSON
13:         Sheets(1).Cells(i, 1).Value = Book("id")
14:         Sheets(1).Cells(i, 2).Value = Book("title")
15:         Sheets(1).Cells(i, 3).Value = Book("author")
16:         Sheets(1).Cells(i, 4).Value = Book("category")
17:         Sheets(1).Cells(i, 5).Value = Book("pubdate")
18:         i = i + 1
19:     Next
20: End If
...
```

- 第 2 列：宣告從 JSON 字串轉換成 JSON 物件的變數。

- 第 5 列：指定成第 12-2 節找出 AJAX 請求的 URL 網址。

- 第 10 列：呼叫 ParseJson() 函數，將回應的 JSON 字串轉換成 Dictionary 物件的 Collection 物件，其中 Dictionary 物件是 JSON 物件，Collection 物件是 JSON 陣列。

- 第 12 ～ 19 列：因為是 JSON 陣列的 Collection 物件，使用 For Each/Next 迴圈從第 2 列開始（變數 i=2），每次取出一個 Dictionary 物件 Book，然後使用 Book(" 鍵 ") 的鍵索引取出 JSON 的值，可以依序取出 id、title、author、category 和 pubdate 鍵的值，即表格的每一列。

請啟動 Excel 開啟 ch12_3_2.xlsm，按下**清除**鈕清除儲存格內容後，再按下**匯入**鈕，會在儲存格中顯示從 JSON 資料轉換成的表格資料，如下圖所示：

	A	B	C	D	E	F	G	H
1	書號	書名	作者	分類	出版日			
2	W101	ASP.NET網頁程式設計	陳會安	Web	Jun-15		匯入	
3	W102	PHP網頁程式設計	陳會安	Web	Jul-15			
4	P102	Java程式設計	陳會安	Programming	Nov-15			
5	M102	Android程式設計	陳會安	Mobile	Jul-15			
6								
7							清除	
8								

工作表1

➲ 將 JSON 資料儲存成本機 JSON 檔案

ch12_3_2a.xlsm

對於 AJAX 請求回應的 JSON 字串，如果需要我們可以在取得回應字串後，將 JSON 資料儲存成本機的 JSON 檔案 json_books.json（同樣的方式，我們可以儲存回應的 CSV 字串成為 CSV 檔案），如下所示：

```
...
22: Dim jsonFile As String
23:
24: jsonFile = Application.ActiveWorkbook.Path & "\json_books.json"
25:
26: Open jsonFile For Output As #1
27: Print #1, xmlhttp.responseText
28: Close #1
...
```

⁂ 第 22 列：宣告 JSON 檔案名稱字串。

⁂ 第 24 列：指定儲存在和 Excel 檔案相同目錄的檔案路徑字串。

⁂ 第 26 ～ 28 列：第 26 列呼叫 Open() 函數開啟檔案，第 27 列將回應 responseText 寫入檔案後，第 28 列關閉檔案。

請啟動 Excel 開啟 ch12_3_2a.xlsm，按下**清除**鈕清除儲存格內容後，再按下**匯入**鈕，除了在儲存格顯示轉換的表格資料外，在 Excel 檔案的相同資料夾下，也可以看到本機的 JSON 檔案，如下圖所示：

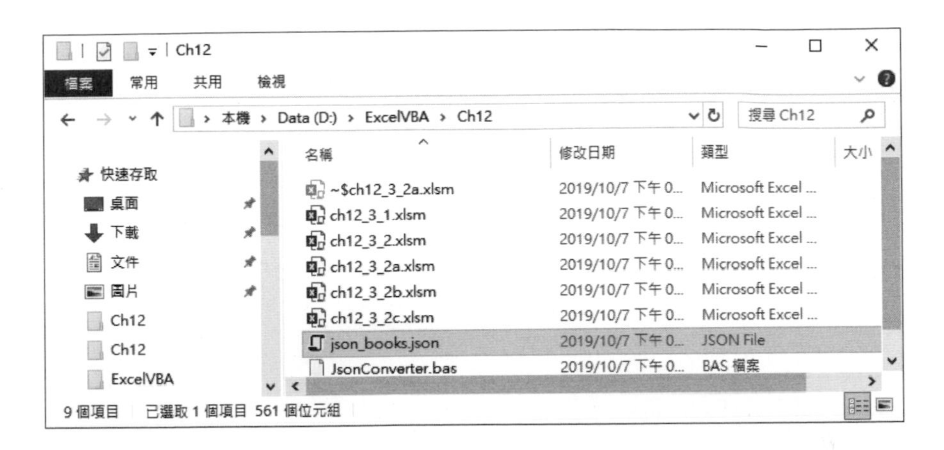

➲ 從 JSON 檔案匯入 Excel

ch12_3_2b.xlsm

如果本機已經存在既有的 JSON 檔案，一樣可以將 JSON 檔案匯入 Excel，例如：之前儲存的 JSON 檔案 json_books.json，如下所示：

```
01: Dim FSO As New FileSystemObject
02: Dim TS As TextStream
03: Dim JSON As Object
04: Dim jsonText As String
05: Dim jsonFile As String
06: Dim i As Integer
07:
08: jsonFile = Application.ActiveWorkbook.Path & "\json _ books.json"
09:
10: Set TS = FSO.OpenTextFile(jsonFile, ForReading)
11:
12: jsonText = TS.ReadAll
13:
14: TS.Close
15:
16: Set JSON = ParseJson(jsonText)
17: i = 2
```

```
18: For Each Item In JSON
19:     Sheets(1).Cells(i, 1).Value = Item("id")
20:     Sheets(1).Cells(i, 2).Value = Item("title")
21:     Sheets(1).Cells(i, 3).Value = Item("author")
22:     Sheets(1).Cells(i, 4).Value = Item("category")
23:     Sheets(1).Cells(i, 5).Value = Item("pubdate")
24:     i = i + 1
25: Next
...
```

⁂ 第 1 ～ 2 列：宣告 FileSystemObject 和 TextStream 物件的變數。

⁂ 第 5 列：宣告 JSON 檔案名稱字串。

⁂ 第 8 列：指定和 Excel 檔案相同資料夾的檔案路徑字串。

⁂ 第 10 ～ 14 列：在第 10 列呼叫 OpenTextFile() 方法開啟檔案，第 12 列讀取整個檔案內容後，第 14 列關閉檔案。

⁂ 第 16 列：呼叫 ParseJson() 函數，將回應的 JSON 字串轉換成 Dictionary 物件的 Collection 物件，其中 Dictionary 物件是 JSON 物件，Collection 物件是 JSON 陣列。

⁂ 第 18 ～ 25 列：因為是 JSON 陣列的 Collection 物件，使用 For Each/Next 迴圈從第 2 列開始（變數 i=2），每次取出一個 Dictionary 物件 Item，然後使用 Item("鍵") 取出 JSON 資料，依序取出 id、title、author、category 和 pubdate 鍵的值，即表格的每一列。

請啟動 Excel 開啟 ch12_3_2b.xlsm，按下**清除**鈕清除儲存格內容後，再按下**匯入**鈕，會在儲存格中顯示從本機 JSON 檔案轉換成的表格資料，如下圖所示：

	A	B	C	D	E	F	G	H
1	書號	書名	作者	分類	出版日			
2	W101	ASP.NET網頁程式設計	陳會安	Web	Jun-15		匯入	
3	W102	PHP網頁程式設計	陳會安	Web	Jul-15			
4	P102	Java程式設計	陳會安	Programming	Nov-15			
5	M102	Android程式設計	陳會安	Mobile	Jul-15			
6								
7							清除	
8								

工作表1

➲ 將 Excel 的表格資料匯出成 JSON 檔案

ch12_3_2c.xlsm

對於 Excel 的表格資料，我們也可以將每一列轉換成 Dictionary 物件，多個表格列是 Collection 物件，然後將轉換的 JSON 資料匯出成為 JSON 檔案，如下圖所示：

	A	B	C	D
1	公司	聯絡人	國家	營業額
2	USA one company	Tom Lee	USA	3,000
3	Centro comercial Moctezuma	Francisco Chang	China	5,000
4	International Group	Roland Mendel	Austria	6,000
5	Island Trading	Helen Bennett	UK	3,000
6	Laughing Bacchus Winecellars	Yoshi Tannamuri	Canada	4,000
7	Magazzini Alimentari Riuniti	Giovanni Rovelli	Italy	8,000
8				

工作表1

本節 Excel 範例是修改 ch11_5.xlsm，新增一個**匯出成 JSON 檔案**按鈕將擷取至 Excel 的 HTML 表格資料匯出成 JSON 檔案，其事件處理程序是**按鈕 3_Click()**：

```
01: Dim Table As Range
02: Dim JSONItems As New Collection
03: Dim Item As New Dictionary
04: Dim cell As Variant
05: Dim jsonFile As String
06: Dim jsonText As String
07:
08: Set Table = Range("A2:A7")
09:
10: For Each cell In Table
11:     Item("company") = cell.Value
12:     Item("contact") = cell.Offset(0, 1).Value
13:     Item("country") = cell.Offset(0, 2).Value
14:     Item("sales") = cell.Offset(0, 3).Value
15:
16:     JSONItems.Add Item
17:
18:     Set Item = Nothing
19: Next
20:
```

```
21: jsonText = ConvertToJson(JSONItems, Whitespace:=3)
22:
23: jsonFile = Application.ActiveWorkbook.Path & "\company.json"
24:
25: Open jsonFile For Output As #1
26: Print #1, jsonText
27: Close #1
...
```

⁂ 第 8 列：指定表格第 1 欄 A2:A7 範圍的 Range 物件，不含表格第 1 列的標題欄。

⁂ 第 10 ～ 19 列：For Each/Next 迴圈將每一列建立成 Dictionary 物件後，第 11 ～ 14 列從第 1 欄開始，依序新增每一欄位至 Dictionary 物件 Item()，其索引值是鍵，Offset() 移至下一欄，在第 16 列呼叫 Add() 新增至 Collection 物件後，第 18 列重設 Item 物件為 Nothing。

⁂ 第 21 列：呼叫 ConvertToJson() 函數，將 Collection 物件轉換成 JSON 字串，Whitespace:=3 是縮排 3 個空白字元。

⁂ 第 23 ～ 27 列：在指定檔案路徑後，第 25 列呼叫 Open() 函數開啟檔案，第 26 列將 JSON 字串寫入檔案後，第 27 列關閉檔案。

請啟動 Excel 開啟 ch12_3_2c.xlsm，按下**清除**鈕清除儲存格內容後，再按下**測試**鈕，會顯示從網頁擷取的 HTML 表格資料，最後按下**匯出成 JSON 檔案**鈕，可以將 Excel 儲存格資料匯出成 company.json 檔案，如下圖所示：

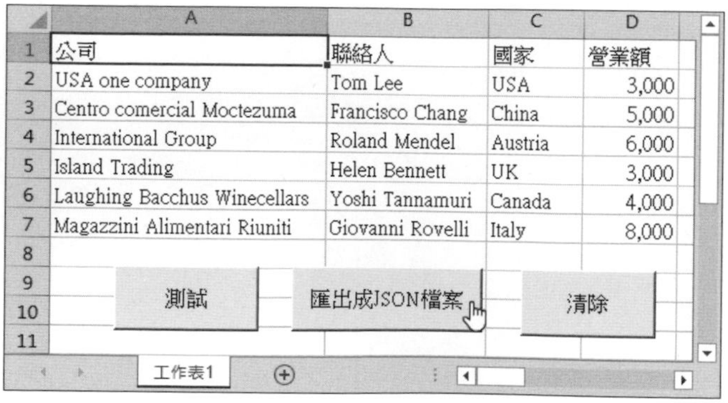

	A	B	C	D
1	公司	聯絡人	國家	營業額
2	USA one company	Tom Lee	USA	3,000
3	Centro comercial Moctezuma	Francisco Chang	China	5,000
4	International Group	Roland Mendel	Austria	6,000
5	Island Trading	Helen Bennett	UK	3,000
6	Laughing Bacchus Winecellars	Yoshi Tannamuri	Canada	4,000
7	Magazzini Alimentari Riuniti	Giovanni Rovelli	Italy	8,000

測試　匯出成JSON檔案　清除

工作表1

12-4 Excel VBA 網路爬蟲實戰：爬取 AJAX 技術的網頁

我們準備建立 Excel VBA 爬蟲程式，示範爬取國家發展委員會的景氣對策信號分數，其 URL 網址如下所示：

⁂ https://www.ndc.gov.tw/

請捲動視窗至下方圖表，可以看到圖表下方的三個按鈕，如右圖所示：

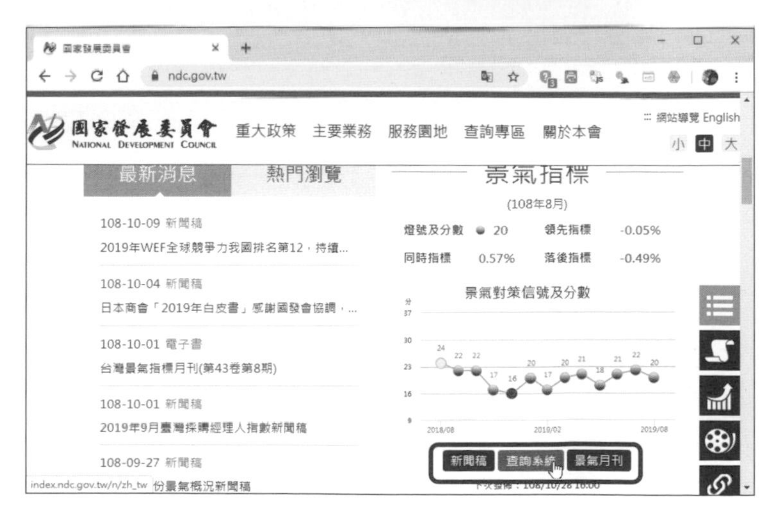

請按下中間的**查詢系統**鈕，會看到景氣對策信號及分數的圖表，在圖表中繪製的是每個月的分數，如下圖所示：

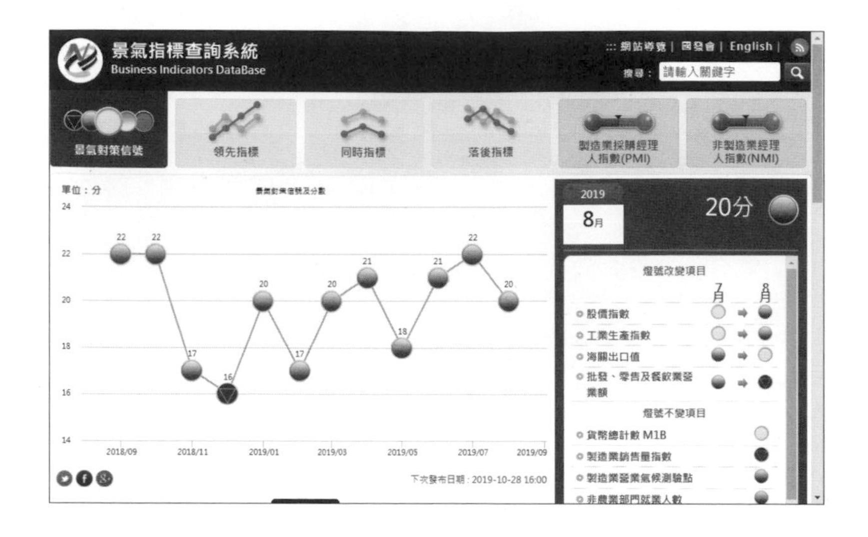

➲ 步驟一：判斷網頁內容是否為 JavaScript 動態產生

請在 Chrome 使用 Quick JavaScript Switcher 擴充功能關閉執行 JavaScript，此時圖表不見了，因為圖表是使用 JavaScript 程式碼所繪製的，如下圖所示：

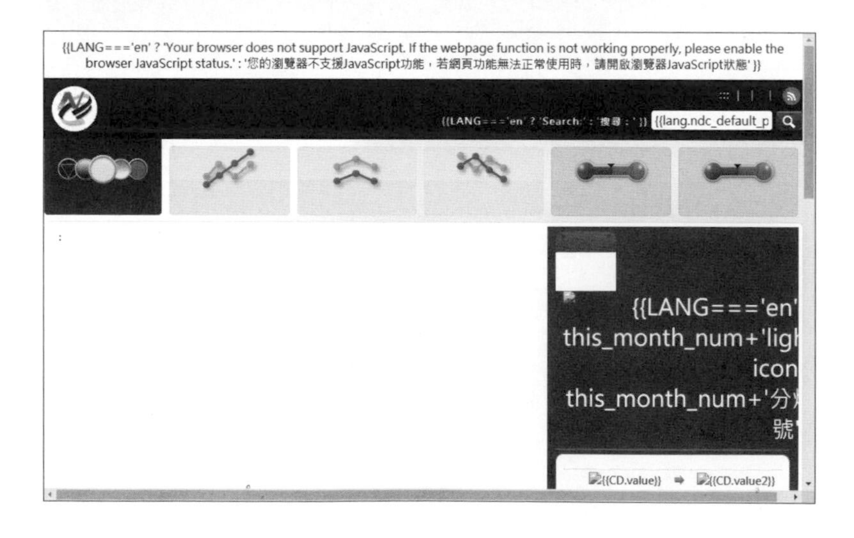

圖表中的景氣對策信號分數資料，雖然可能是寫在 JavaScript 程式碼之中，不過，大部分情況是在背景再使用 AJAX 請求，來取得景氣對策信號分數的資料。

➲ 步驟二：使用 Chrome 開發人員工具分析 AJAX 請求

現在，請點選 Quick JavaScript Switcher 擴充功能圖示切換執行 JavaScript，然後使用 Chrome 開發人員工具分析 AJAX 請求，其步驟如下所示：

1. 在 Chrome 按下 F12 鍵切換至開發人員工具，點選 **Network** 標籤，按下 F5 鍵重新載入網頁，即可開始擷取網路流量，點選 **XHR** 只顯示 AJAX 請求，可以看到 3 個請求，如下圖所示：

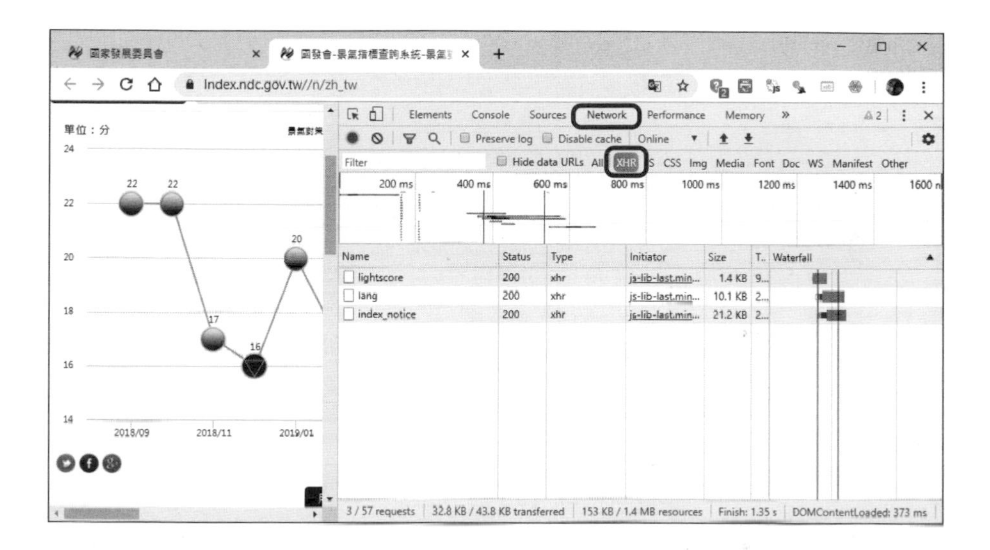

2. 點選第 1 個 **lightscore** 項目，再點選 **Preview** 標籤，會看到回傳的資料，展開 **line** 會看到每月的景氣對策信號分數，如下圖所示：

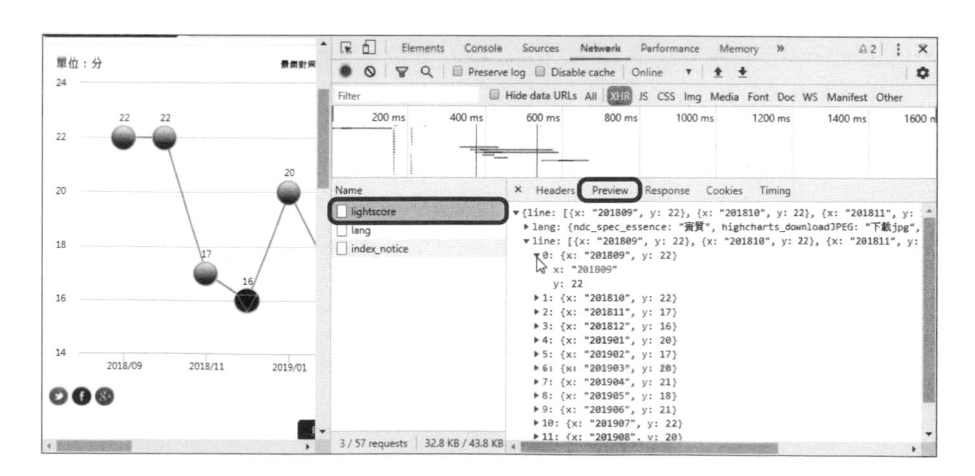

3 接著，進一步檢視 HTTP 標頭資訊，即 **Headers** 標籤，可看到請求方法是 POST 請求，如下圖所示：

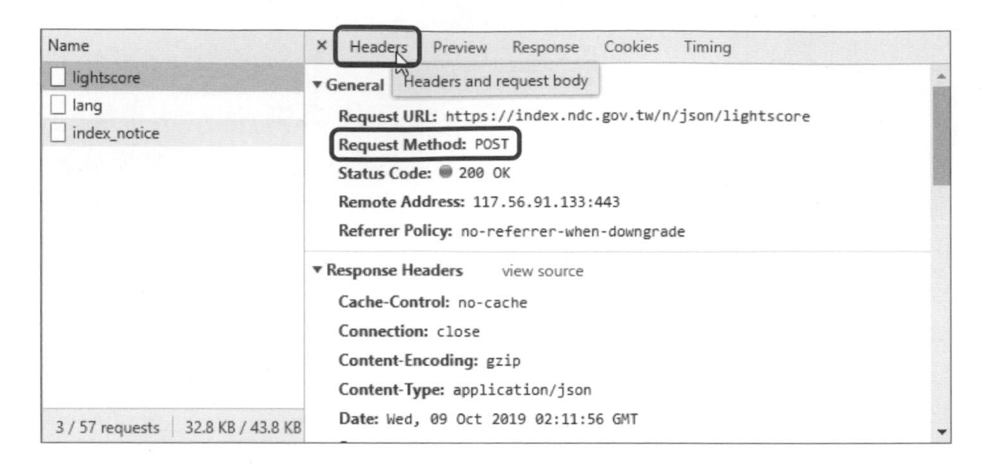

4 點選 **Response** 標籤，會看到回應的原始 JSON 字串內容，如下圖所示：

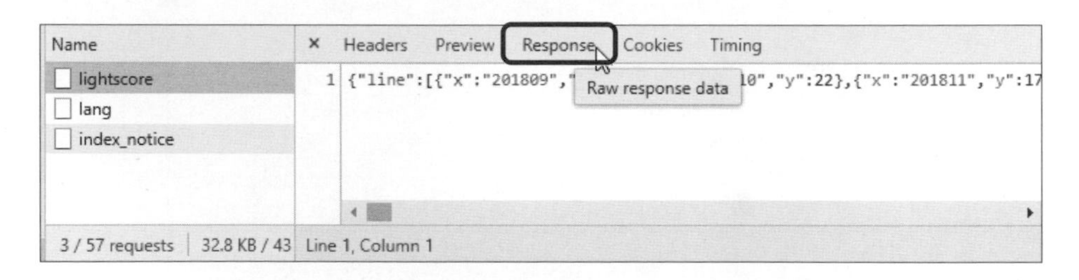

5 請在 XHR 的項目上，執行**右**鍵快顯功能表的「Copy/Copy link address」命令，將 AJAX 請求的 URL 網址複製至剪貼簿。

➲ 步驟三：測試 AJAX 請求的 URL 網址

在步驟二已經找出目標資料的 AJAX 請求和取得其 URL 網址，如下所示：

```
https://index.ndc.gov.tw/n/json/lightscore
```

首先，使用 Chrome 瀏覽器測試上述 AJAX 請求的 URL 網址，會看到無法取得回應資料，因為是 POST 方法，如下圖所示：

接著，要使用第 12-2-2 節安裝的 Servistate HTTP Editor 擴充功能測試 AJAX 請求。請在 Chrome 工具列按下 **Servistate HTTP Editor** 鈕後，再按下 **Quick Request** 鈕，選擇 **POST** 方法並輸入 URL 網址 https://index.ndc.gov.tw/n/json/lightscore，如下圖所示：

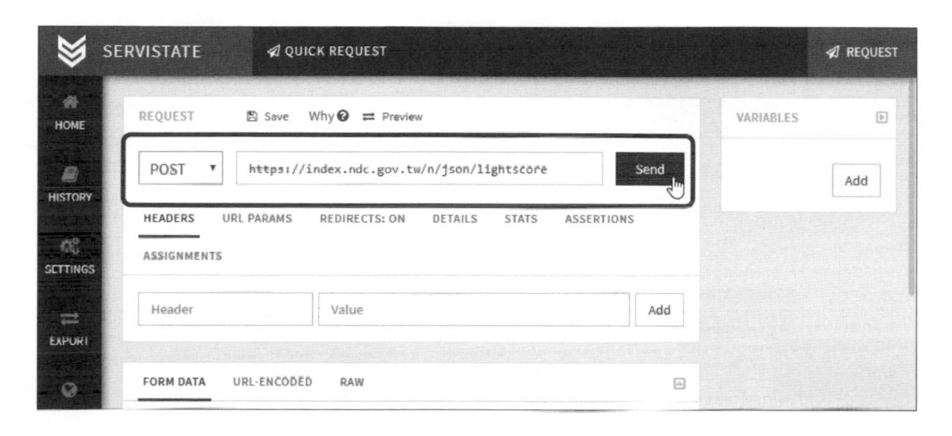

按下 Send 鈕，稍待一會兒，向下捲動視窗，會看到回應的 JSON 資料：

上述 line 鍵的值是每月的景氣對策信號分數的 JSON 陣列，每一個月是一個 JSON 物件，x 鍵是年 / 月；y 是分數，如下所示：


```
{
    "x": "201809",
    "y": 22
}
```


➲ 步驟四：建立 Excel VBA 爬蟲程式爬取 AJAX 請求的資料

現在，我們可以用 XMLHttpRequest 物件建立 Excel VBA 爬蟲程式 ch12_4.xlsm，爬取 AJAX 請求的景氣對策信號分數，在取得回應的 JSON 資料後，匯入 Excel 儲存格，如下所示：

```
01: Dim xmlhttp As New MSXML2.XMLHTTP60
02: Dim JSON As Object
03: Dim i As Integer
04:
05: myurl = "https://index.ndc.gov.tw/n/json/lightscore"
06: xmlhttp.Open "POST", myurl, False
07: xmlhttp.Send
08:
09: If xmlhttp.Status = 200 Then
10:     Set JSON = ParseJson(xmlhttp.responseText)
11:     i = 2
12:     For Each Data In JSON("line")
13:         Sheets(1).Cells(i, 1).Value = Data("x")
14:         Sheets(1).Cells(i, 2).Value = Data("y")
15:         i = i + 1
16:     Next
17: End If
…
```

⁂ 第 5 ～ 7 列：在指定 AJAX 請求的 URL 網址變數 myurl 後，使用 POST 方法開啟和設定 HTTP 請求，即可送出請求。

- ⁂ 第 10 列：呼叫 ParseJson() 函數將回應的 JSON 字串轉換成 Dictionary 物件的 Collection 物件。
- ⁂ 第 12 ～ 16 列：因為 JSON("line") 是 JSON 陣列的 Collection 物件，使用 For Each/Next 迴圈從第 2 列開始（變數 i=2），每次取出一個 Dictionary 物件 Data，然後使用 Data(" 鍵 ") 的鍵索引取出 JSON 的值，可以依序取出 x 和 y 鍵的值，即表格的每一列。

請啟動 Excel 開啟 ch12_4.xlsm，按下**清除**鈕清除儲存格內容後，再按下**爬取**鈕，會在儲存格顯示從 JSON 資料轉換成的表格資料，如下圖所示：

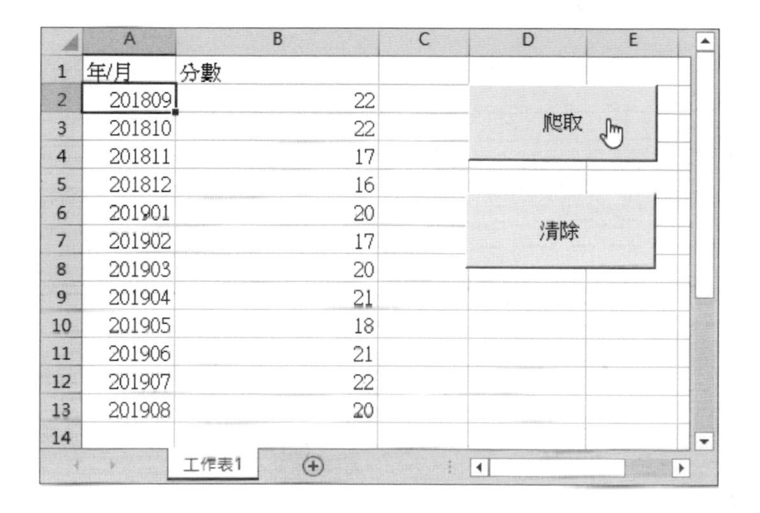

	A	B
1	年/月	分數
2	201809	22
3	201810	22
4	201811	17
5	201812	16
6	201901	20
7	201902	17
8	201903	20
9	201904	21
10	201905	18
11	201906	21
12	201907	22
13	201908	20

12-5 直接使用 Web API 取得網路資料

Web API 就是一種 REST API，REST（REpresentational State Transfer）是架構在 WWW 的 Web 應用程式架構，目前政府機構和各大軟體廠商都有提供付費或免費的 Web API，可以讓我們直接撰寫 Excel VBA 程式透過 Web API 來取得網路資料。

12-5-1 認識 Web API

Web API（Web Application Programming Interface）是一種標準方法，透過 Internet 網際網路來執行其他系統提供的功能，我們就是使用 HTTP 請求來執行其他系統提供的 Web API 方法。

如同在瀏覽器輸入 URL 網址來瀏覽網頁，很多公開 API 可以直接在瀏覽器執行來取得網路資料，回應資料大多是 JSON 格式的資料。

➲ Web API 的種類

基本上，目前 Web API 可以分成兩種，如下所示：

- **公開 API**（Public/Open API）：任何人不需註冊帳號就可以使用的 Web API。
- **認證 API**（Authenticated API）：需要先註冊帳號後才能使用的 Web API。

上述帳號可能需要付費或免費註冊，在註冊後可以得到 API 金鑰（API Key），執行 Web API 時，我們需要提供 API 金鑰的認證資料。

➲ 在 Excel VBA 使用 Web API 呼叫

在 Excel VBA 呼叫 Web API 就是送出 HTTP 請求，首先需要知道 API 網址（API URL）、端點（Endpoint）和參數（Parameters），例如：Google 公開 API 的語法，如下所示：

```
https://www.googleapis.com/apiName/apiVersion/resourcePath?parameters
```

上述 apiName 是 Web API 名稱，apiVersion 是版本，resourcePath 就是端點，在「?」後是參數，以 Google 圖書的公開 API 來說，各部分的組成元素，如下表所示：

元素	內容
API 網址	https://www.googleapis.com/books/v1/
端點	volumes
參數	q、maxResults、projection

上表 API 網址包含 API 名稱 books；版本 v1，端點是呼叫的資源路徑 volumes，因為同一 API 網址可以取得多種資源，例如：Google 圖書的公開 API 除了 volumes，還有 bookshelves 等。最後，我們可以建立 Web API 的 HTTP 請求網址，如下所示：

```
https://www.googleapis.com/books/v1/volumes?q=Excel&maxResults=5&projection=lite
```

上述 q 參數值是搜尋圖書的關鍵字，maxResults 是最多 5 筆，projection 參數指定回傳資料是輕量版 lite。在找到 HTTP 請求網址後，我們還需要確認 API 呼叫方法（即 HTTP 請求方法），主要有兩種，如下所示：

- **GET 方法的 API 呼叫**：GET 方法呼叫是在請求資源，我們可以直接在瀏覽器執行這種 Web API 呼叫。
- **POST 方法的 API 呼叫**：POST 方法一般來說都需要認證，因為 POST 方法的請求通常是要求伺服器執行特定功能或變更設定，所以需要知道是針對哪一個帳戶來執行這些功能和設定。

➲ Web API 的認證方式

一般來說，GET 方法的 HTTP 請求可能是公開或需要認證；POST 方法大部分都需要認證。Web API 的認證方式主要有 2 種，如下所示：

⁂ **使用 API 金鑰認證**：當註冊 Web API 帳號取得 API 金鑰後，GET 方法是使用 apikey 參數來指定認證資料，POST 方法是使用自訂標頭名稱來指定：

```
xmlhttp.setRequestHeader api_header_name, api_key
```

⁂ **使用帳號和密碼認證**：直接使用註冊的帳號和密碼進行認證，視 Web API 文件說明，可能使用自訂標頭，或可以使用 Open() 方法最後 2 個選項參數來指定帳號和密碼，如下所示：

```
user = "username"
pass = "password"
xmlhttp.setRequestHeader "Authorization", "Basic " + _
                    Base64Encode(user + ":" + pass)
或

xmlhttp.Open "GET", apiurl, False, use, pass
```

12-5-2 直接從網站下載資料

Excel VBA 除了使用 Web API 取得資料外，目前很多網站或政府單位的 Open Data 開放資料網站都可以直接下載資料，我們根本不用撰寫任何 Excel VBA 程式碼就可以取得所需的資料。

➲ 下載台灣期交所未平倉量

台灣期交所三大法人未平倉量的下載網址，如下所示：

⁂ https://www.taifex.com.tw/cht/3/futAndOptDateView

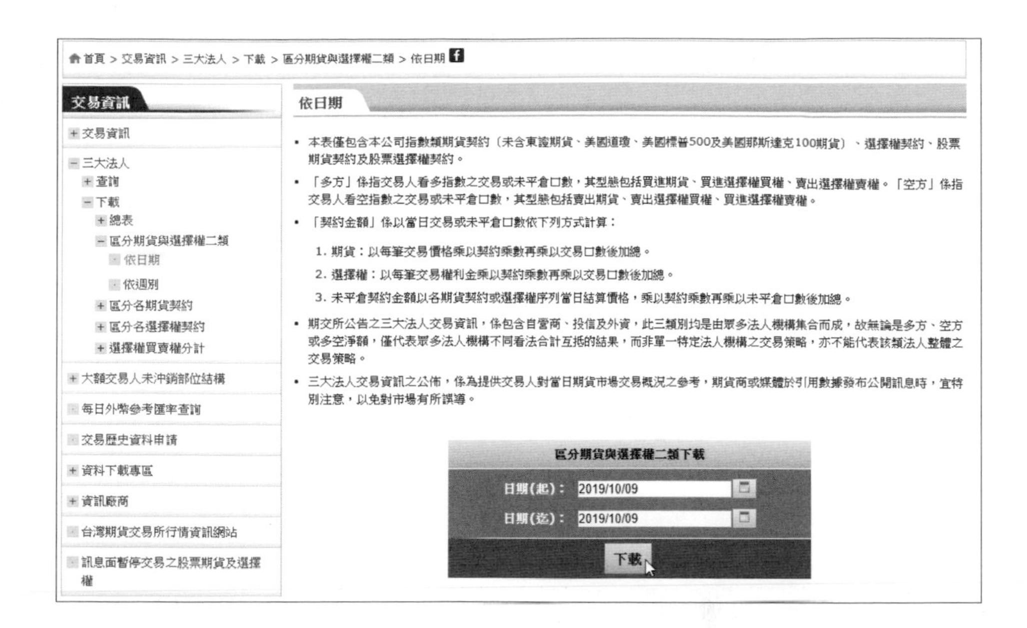

在上述表格輸入日期範圍，按**下載**鈕，可以下載三大法人未平倉量。若要下載大額交易人未平倉量的 URL 網址，如下所示：

⁂ https://www.taifex.com.tw/cht/3/largeTraderFutView

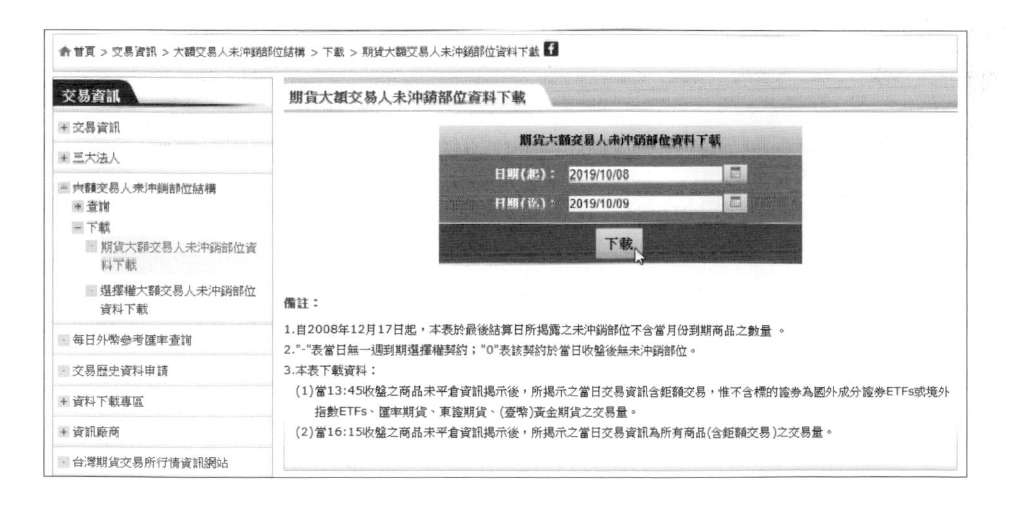

在上述表格輸入日期範圍，按**下載**鈕，可以下載大額交易人未平倉量。

➲ 下載美國 Yahoo! 的股票歷史資料

在美國 Yahoo! 財經網站可以下載股票的歷史資料，例如：台積電，其 URL 網址，如下所示：

⁂ https://finance.yahoo.com/quote/2330.TW

上述網址最後的 2330 是台積電的股票代碼，.TW 是台灣股市，如下圖所示：

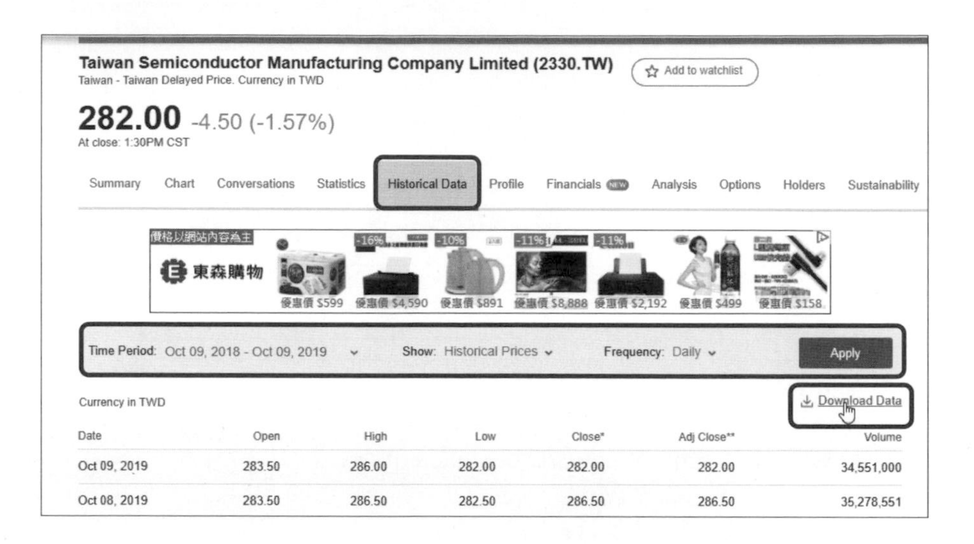

請在上述網頁點選 **Historical Data** 標籤（使其呈反白狀態），在下方左邊選擇時間範圍，在右邊按 **Apply** 鈕顯示股票的歷史資料後，點選下方 **Download Data** 超連結，就可以下載以股票代號為檔名的 CSV 檔案。

12-5-3 Google 圖書查詢的 Web API

Google 圖書查詢是使用 Google Books APIs 查詢圖書資訊，其傳回資料是 JSON 格式的資料，在這一節筆者準備建立圖書查詢的 Excel VBA 程式，可以查詢 VBA 相關圖書的資訊。

➲ 使用 Google Books APIs

Google Book APIs 可以讓我們在線上查詢指定條件的圖書資訊，如下所示：

```
https://www.googleapis.com/books/v1/volumes?q=<關鍵字>
&maxResults=5&projection=lite
```

上述網址的 q 參數是關鍵字，maxResults 是最大搜尋筆數，5 是最多 5 筆圖書，最後 1 個參數是取回精簡圖書資料。例如：查詢 VBA 圖書，如下所示：

⁂ https://www.googleapis.com/books/v1/volumes?q=VBA&maxResults=5&projection=lite

上圖是瀏覽器的顯示結果，可以看出 JSON 資料的結構是一個 JSON 物件，totalItems 鍵的值是找到的圖書總數 406，items 鍵的值是 JSON 物件陣列，即每一本圖書的 JSON 物件，在 volumeInfo 鍵的值是圖書資訊，title 鍵值是書名 "Excel 2003 VBA Programmer's Reference"；authors 鍵的值是 JSON 陣列的作者清單。

➲ 用 Excel VBA 執行 Google 圖書查詢

ch12_5_3.xlsm

Google Book APIs 是一種 REST 服務，傳回的是 JSONP（JSON with Padding），這是 JSON 的一種使用模式，可以讓我們跨網域送出 AJAX 請求來取得資料。

Google 圖書查詢的 Excel VBA 程式是使用 VBA-JSON 剖析回應的 JSON 資料後，將最多 5 筆圖書資料填入 Excel 儲存格來建立成表格，如下所示：

```
01: Dim xmlhttp As New MSXML2.XMLHTTP60
02: Dim JSON As Object
03: Dim i As Integer
04:
05: myurl = "https://www.googleapis.com/books/v1/volumes?q=VBA&maxResult
s=5&projection=lite"
06: xmlhttp.Open "GET", myurl, False
07: xmlhttp.Send
08:
09: If xmlhttp.Status = 200 Then
10:     Set JSON = ParseJson(xmlhttp.responseText)
11:
12:     i = 2
13:     For Each Book In JSON("items")
14:         Sheets(1).Cells(i, 1).Value = Book("id")
15:         Sheets(1).Cells(i, 2).Value = Book("volumeInfo")("title")
16:         Sheets(1).Cells(i, 3).Value = _
                    GetAuthors(Book("volumeInfo")("authors"))
17:         Sheets(1).Cells(i, 4).Value = _
                    Book("volumeInfo")("publisher")
18:         Sheets(1).Cells(i, 5).Value = _
                    Book("volumeInfo")("publishedDate")
19:         i = i + 1
20:     Next
21:
22: End If
…
```

⁂ 第 5 ～ 6 列：在指定 REST 請求的 URL 網址變數 myurl 後，使用 GET 方法開啟和設定 HTTP 請求。

⁂ 第 10 列：呼叫 ParseJson() 函數，將回應的 JSON 字串轉換成 Dictionary 物件的 Collection 物件。

⁂ 第 13 ～ 20 列：因為 JSON("items") 是 JSON 陣列的 Collection 物件，使用 For Each/Next 迴圈從第 2 列開始（變數 i=2），每次取出一個 Dictionary 物件 Book，就使用 Book(" 鍵 ") 的鍵索引取出 JSON 的值，首先取出 id 的書號，因為其他圖書資訊是位在 volumeInfo 鍵的 JSON 物件，所以需要使用 Book("volumeInfo")(" 鍵 ") 的鍵索引取出 JSON 值 title、authors、publisher 和 publishedDate 鍵的值：

```
Book("volumeInfo")("title")
Book("volumeInfo")("authors")
Book("volumeInfo")("publisher")
Book("volumeInfo")("publishedDate")
```

上述 Book("volumeInfo")("authors") 取出的是 Collection 物件，我們是呼叫 GetAuthors() 函數來取出圖書所有作者的字串清單，如下所示：

```
01: Function GetAuthors(ByVal Authors As Collection) As String
02:     Dim i As Integer
03:     Dim Output As String
04:
05:     Output = Authors(1)
06:
07:     For i = 2 To Authors.Count
08:         Output = Output & ", " & Authors(i)
09:     Next
10:
11:     GetAuthors = Output
12: End Function
```


⁂ 第 5 列：取得 Authors(1)，即索引值 1 的第 1 位作者。

⁂ 第 7 ~ 9 列：For/Next 迴圈取得 Collection 物件的其他作者 Authors(i)，因為已經取出第 1 位，所以是從 2 開始至 Authors.Count 的 Collection 物件中的 Dictionary 參數，在第 8 列建立輸出的作者清單，這是使用「,」逗號分隔的作者清單。

請啟動 Excel 開啟 ch12_5_3.xlsm，按下**清除**鈕清除儲存格內容後，再按下**查詢 Google Book** 鈕，會在儲存格中顯示從 Web API 取得的 JSON 資料轉換成的表格，其中第 2 筆圖書的作者有 2 位，如下圖所示：

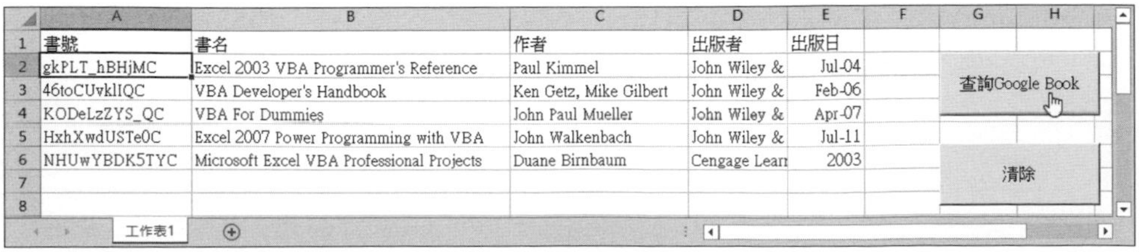

	A	B	C	D	E	F	G	H
1	書號	書名	作者	出版者	出版日			
2	gkPLT_hBHjMC	Excel 2003 VBA Programmer's Reference	Paul Kimmel	John Wiley &	Jul-04		查詢Google Book	
3	46toCUvklIQC	VBA Developer's Handbook	Ken Getz, Mike Gilbert	John Wiley &	Feb-06			
4	KODeLzZYS_QC	VBA For Dummies	John Paul Mueller	John Wiley &	Apr-07			
5	HxhXwdUSTe0C	Excel 2007 Power Programming with VBA	John Walkenbach	John Wiley &	Jul-11			
6	NHUwYBDK5TYC	Microsoft Excel VBA Professional Projects	Duane Birnbaum	Cengage Lean	2003		清除	
7								
8								

工作表1

學習評量

1. 請說明什麼是 AJAX ？何謂 JSON ？

2. 請使用圖例說明什麼是 AJAX 應用程式架構？

3. 請說明如何使用 Chrome 開發人員工具來分析 AJAX 請求？

4. 請說明什麼是 Servistate HTTP Editor 擴充功能？我們使用此擴充功能的目的為何？

5. 請說明什麼是 VBA-JSON 函數庫？何謂 Web API ？

6. 請參閱第 12-5-2 節的說明，從美國 Yahoo! 下載一檔台股的股價歷史資料。

7. 請修改第 12-5-3 節的 ch12_5_3.xlsm，新增顯示 Google 圖書查詢回應的 description 資料。

8. 請建立 Excel VBA 程式使用 Flickr 的 REST API 搜尋貓的圖片（tags 參數值），可以取回圖片 title 鍵的標題文字，media 鍵下的 m 是圖片的 URL 網址，其 API 網址如下所示：

```
https://api.flickr.com/services/feeds/photos_public.gne?
tags=Cat&tagmode=any&format=json&jsoncallback=?
```

13

CHAPTER

用 VBA 控制 IE 瀏覽器及使用 Selenium 爬取互動網頁

13-1 爬取 HTML 表單送回的網頁

HTML 表單就是網頁的使用介面，可以讓我們登入網站、選擇購買商品和選取選項。不過，HTML 表單只是使用介面，真正的互動是使用 JavaScript 或伺服端網頁技術來處理我們輸入的資料，稱為「表單處理」(Form processing)。

13-1-1 認識 HTML 表單標籤

HTML 表單的根標籤是 <form> 標籤，其子標籤就是輸入資料或選項的欄位標籤，如下所示：

```
<form id="name" name="name" method="GET | POST"
                    action="URL" enctype="MIME">
   ...
</form>
```

上述 <form> 標籤的相關屬性說明，如下所示：

- **id/name 屬性**：id 屬性是唯一識別名稱，name 屬性是表單名稱。
- **method 屬性**：資料傳送到伺服端的方法，設為 GET 是使用 URL 網址參數傳遞資料；設為 POST 是使用 HTTP 通訊協定的標頭資訊傳遞資料。
- **action 屬性**：設定伺服端執行表單處理程式的 URL 網址，例如：CGI、ASP、ASP.NET、PHP 或 JSP 等程式的 URL 網址。
- **enctype 屬性**：設定表單資料傳送的 MIME 型態，預設是 application/x-www-form-urlencoded。

➲ 使用 GET 方法的 HTML 表單

基本上，在瀏覽器輸入 URL 網址送出的請求就是 GET 方法的 HTTP 請求，這是向 Web 伺服器要求資源的 HTTP 請求，例如：Google 網站的搜尋表單，如下圖所示：

在上述 HTML 表單欄位輸入關鍵字 **Web Scraping**，按下 Enter 鍵，會看到搜尋結果，此時上方的 URL 網址，如下所示：

```
https://www.google.com/search?q=Web+Scraping&rlz=...
```

上述的網址在「?」後有多個 URL 參數，當 HTML 表單處理是使用 GET 方法，即 GET 方法的 HTTP 請求，我們輸入的資料就是 q 參數的值，這是直接使用 URL 參數來送出 HTML 表單資料至 Web 伺服器。

在實務上，我們可以透過 Chrome 開發人員工具來找出 HTML 表單標籤 <form>，其標準格式如下所示：

```
<form action="http://example.com" method="GET" >
</form>
```

上述 <form> 標籤的 method 屬性值是 GET 或 get，這是 GET 方法，不過，當我們檢視 Google 搜尋表單的 HTML 標籤，如下圖所示：

```
Elements  Console  Sources  Network  Performance  Memory
▼<div id="ntp-contents" class="default-theme">
  ▶<div id="logo">…</div>
  ▼<div id="fakebox-container">
    ▼<div id="fakebox">
       <div id="fakebox-search-icon"></div>
       <div id="fakebox-text">搜尋 Google 或輸入網址</div>
       <input id="fakebox-input" autocomplete="off" tabindex="-1"
       type="url" aria-hidden="true"> == $0
       <div id="fakebox-cursor"></div>
       <button id="fakebox-microphone" title="語音搜尋"></button>
     </div>
html  body  #ntp-contents  #fakebox-container  #fakebox  input#fakebox-input
```

上述 HTML 標籤有 <input> 和 <button> 標籤，並沒有 <form> 標籤，因為這是使用 JavaScript 程式碼建立的表單送回，JavaScript 程式在取得使用者輸入資料後，使用程式碼執行 HTML 表單送回。

因為 GET 方法的表單輸入資料會以 URL 參數方式送出 HTTP 請求，我們只需找出正確的 URL 參數值，就可以鎖定目標資料。

➲ 使用 POST 方法的 HTML 表單

另一種 HTML 表單送回是 POST 方法的 HTTP 請求，這是使用 HTTP 標頭資訊送出 HTML 表單欄位的輸入資料，在 URL 網址並不會看到表單輸入資料的 URL 參數。

HTML 表單標籤 <form> 的 method 屬性值是 POST 或 post，就是 POST 方法。例如：在台灣期貨交易所查詢三大法人依日期的交易資訊，可以看到一個查詢表單，其 URL 網址如下所示：

⁂ https://www.taifex.com.tw/cht/3/totalTableDate

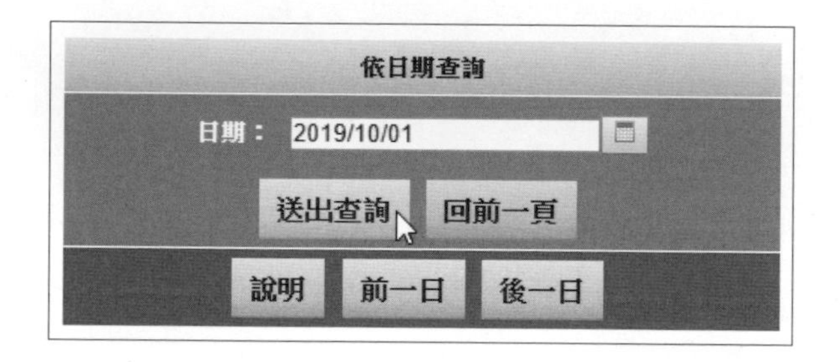

請按下 F12 鍵，開啟 Chrome 開發人員工具後，點選 **Elements** 標籤，按下 [↖] 鈕選擇上述 HTML 表單後，就會看到 POST 方法的查詢表單，如下所示：

```
<form id="uForm" … action="totalTableDate" method="post">
</form>
```

接著，點選 **Network** 標籤，在上述表單中選擇日期 (如：2019/10/01)，按下**送出查詢**鈕，可以看到網路擷取的 HTTP 請求，如下圖所示：

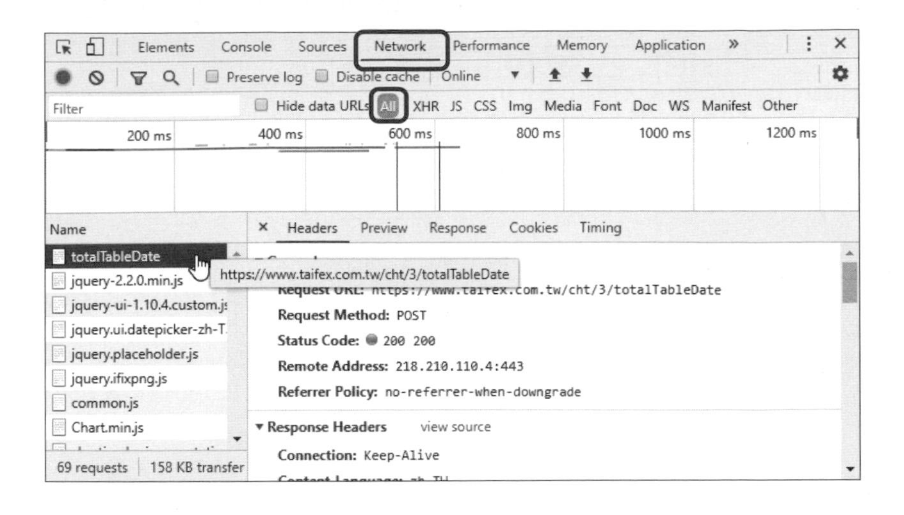

在上述的 **All** 標籤，點選第 1 個 **totalTableDate** 請求（這就是 action 屬性值），在右邊 **Headers** 標籤會看到 POST 請求，請捲動視窗到最後，可以在「Form Data」區段看到送出的表單輸入資料，queryDate 就是查詢日期，如右圖所示：

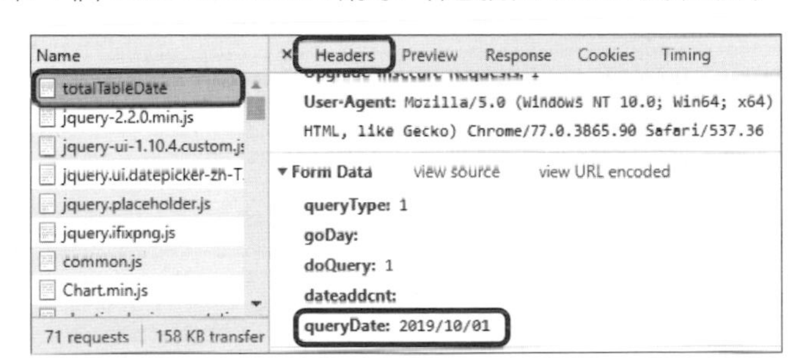

對於網路爬蟲來說，我們需要找出使用者輸入 HTML 表單的資料是如何送回（送回資料的欄位名稱和值）後，才能使用 Excel VBA 以 XMLHttpRequest 物件送出相同的 HTTP 請求（POST 方法），這樣才能取得目標資料的網頁。

說明

HTML 表單處理有兩個 HTTP 請求，第 1 個是顯示 HTML 表單介面的 HTTP 請求（通常是 GET 方法），當使用者輸入欄位資料後，按下「送出」或「提交」鈕，就是表單送回的第 2 個 HTTP 請求，其回應資料是伺服端表單處理的執行結果。

例如：在台灣期貨交易所查詢三大法人依日期的交易資訊的查詢表單，這是第 1 個 HTTP 請求，在選擇日期，按下「送出查詢」鈕，就是表單送回的第 2 個 HTTP 請求，這個請求的回應資料是查詢結果的 HTML 表格資料（伺服端表單處理的執行結果）。

13-1-2 HTML 表單欄位標籤

HTML 表單欄位提供文字、密碼、選擇鈕、下拉式清單、核取方塊、多行文字方塊和按鈕等來建立使用者介面。HTML 表單欄位標籤的簡單說明，如下表所示：

標籤	說明
<input type=…>	文字輸入或選擇欄位，不同 type 屬性是不同的欄位，text 是文字方塊、password 是密碼欄位、radio 是選項按鈕、checkbox 是核取方塊、button 是按鈕、submit 是送出按鈕、reset 是重設按鈕和 hidden 隱藏欄位
<select>	下拉式清單欄位，擁有 <option> 標籤的選項
<option>	下拉式清單欄位的選項
<textarea>	多行文字方塊欄位
<label>	搭配指定欄位的標題文字，可以使用 for 屬性指定所屬的欄位元素
<button type=…>	按鈕欄位，type 屬性值可以是 button、submit 和 reset

上表 <button> 和 <input> 標籤都可以建立按鈕，其主要差異在 <button> 標籤可以建立圖片按鈕。HTML 表單就是上表標籤的組合，其基本結構如下所示：

```
<form id="name" name="name" method="GET | POST" action="URL" enctype="MIME">
   <input type=…>
   <textarea> … </textarea>
   <select>
      <option> … </option>
   </select>
   <input type="submit" …>
</form>
```

上述的 <form> 標籤中包含 <input>、<textarea> 和 <select> 欄位標籤的表單，在 <select> 標籤中含有 <option> 標籤的選項。

13-1-3 網路爬蟲實戰：爬取 HTML 表單送回的網頁

基本上，XMLHttpRequest 物件送出的大部分都是 GET 請求（Internet Explorer 物件也是 GET 請求），如果是 POST 請求的表單送回網頁，我們也一樣可以使用 XMLHttpRequest 物件來送出 POST 請求。

➲ 步驟一：找出 HTML 表單送回的欄位資料

因為是送回 HTTP POST 請求的表單，我們需要先找出 HTML 表單送回的欄位資料。例如：第 13-1-1 節在台灣期貨交易所查詢三大法人依日期的交易資訊，使用 Chrome 開發人員工具取得的 HTML 表單標籤，如下所示：

```
<form id="uForm" name="uForm" action="totalTableDate" method="post">
<input id="queryType" name="queryType" type="hidden" value="1">
<input id="goDay" name="goDay" type="hidden" value="">
<input id="doQuery" name="doQuery" type="hidden" value="1">
<input id="dateaddcnt" name="dateaddcnt" type="hidden" value="">
…
<input name="queryDate" type="text" id="queryDate" value="2019/10/01"…>
…
<input type="button" name="button" id="button" value="送出查詢"…>
…
</form>
```

上述表單有 4 個 hidden 隱藏欄位 queryType、goDay、doQuery 和 dateaddcnt，這些欄位是用來回傳一些系統資訊，這些資料並不需要使用者輸入，只有 1 個 text 文字輸入的 queryDate，這是使用者輸入的日期資料，在 Chrome 開發人員工具中可以取得表單送出資料，請往下捲動到「Form Data」區段，這裡的資料是對應 HTML 表單欄位：

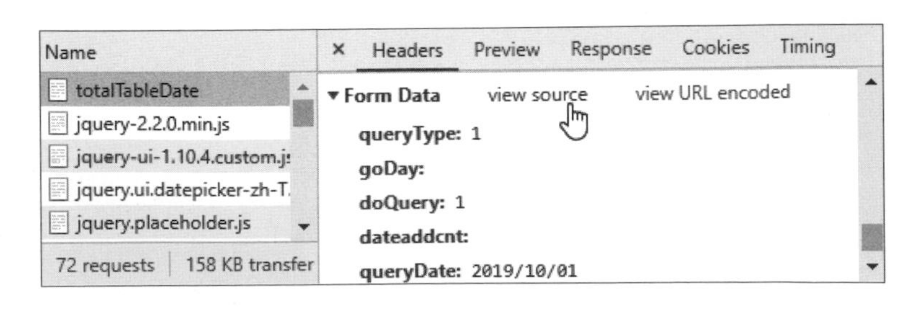

在上圖中點選 **view source** 後，會顯示 HTTP 標頭送回的原始資料，如下所示：

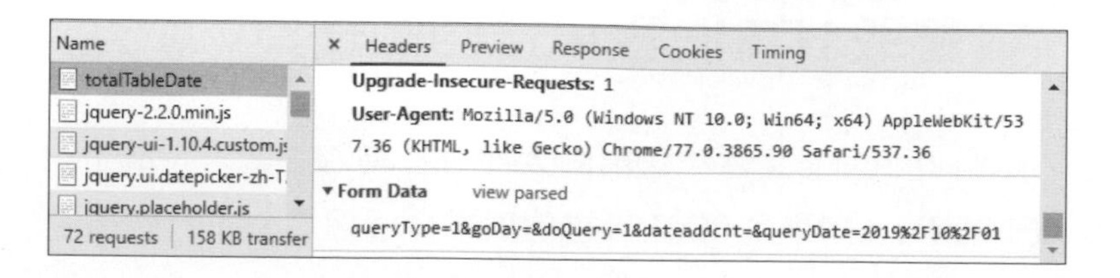

在上述的 **Headers** 標籤，我們可以找出 POST 請求的 URL 網址（「General」區段），如下所示：

```
https://www.taifex.com.tw/cht/3/totalTableDate
```

HTML 表單送回欄位值的標頭原始資料，如下所示：

```
queryType=1&goDay=&doQuery=1&dateaddcnt=&queryDate=2019%2F10%2F01
```

➲ 步驟二：測試 HTTP POST 請求的表單送回

在找到目標資料的 HTTP POST 請求和表單送回的資料後，我們可以使用第 12-2-2 節所介紹的 Servistate HTTP Editor 擴充功能，測試表單送回的 HTTP POST 請求。

請按下 Chrome 瀏覽器最上方的 [圖示] 鈕，接著在按下 **Quick Request** 鈕後，選擇 **POST** 方法並輸入網址 https://www.taifex.com.tw/cht/3/totalTableDate：

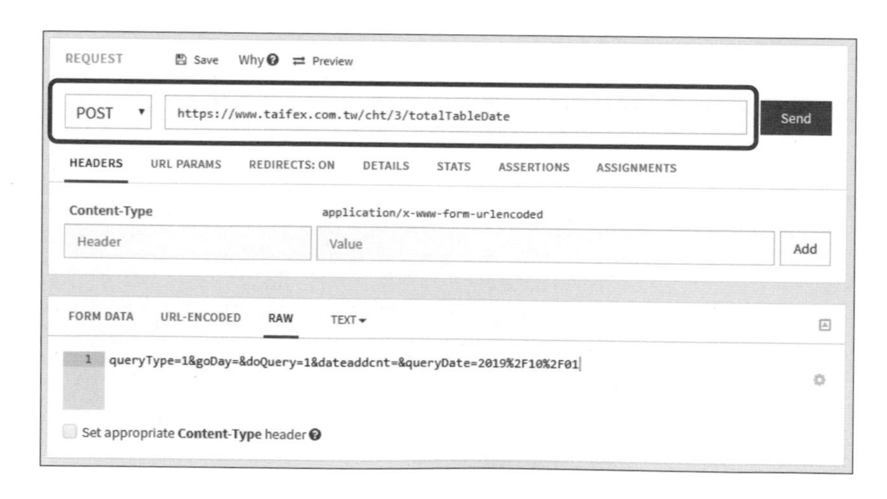

在上圖的中間新增 HEADERS 標頭資訊，請在 Header 欄中輸入 **Content-Type**；在 Value 欄輸入 **application/x-www-form-urlencoded** 後，按下 **Add** 鈕新增表單送回的標頭資訊。

然後在下方 FROM DATA 的同一列點選 **RAW** 標籤，即可輸入之前取得表單送回欄位值的標頭原始資料，按下 **Send Request** 鈕，稍待一會兒，請捲動視窗，會看到回應的 HTML 網頁內容，請點選 **PREVIEW** 標籤，即可看到取回的 HTML 表格資料，如下圖所示：

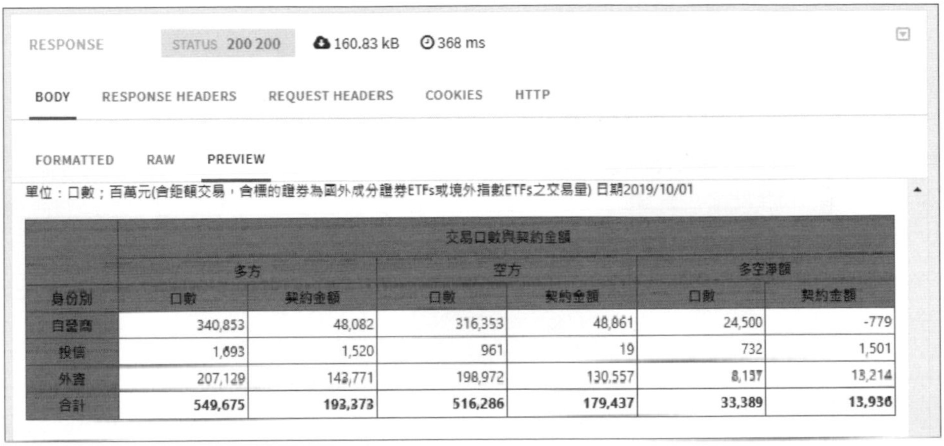

RESPONSE STATUS 200 200 160.83 kB 368 ms

BODY RESPONSE HEADERS REQUEST HEADERS COOKIES HTTP

FORMATTED RAW PREVIEW

單位：口數；百萬元(含鉅額交易，含標的證券為國外成分證券ETFs或境外指數ETFs之交易量) 日期2019/10/01

	交易口數與契約金額					
	多方		空方		多空淨額	
身份別	口數	契約金額	口數	契約金額	口數	契約金額
自營商	340,853	48,082	316,353	48,861	24,500	-779
投信	1,693	1,520	961	19	732	1,501
外資	207,129	143,771	198,972	130,557	8,157	13,214
合計	**549,675**	**193,373**	**516,286**	**179,437**	**33,389**	**13,936**

➲ 步驟三：使用 XMLHttpRequest 物件送出 POST 請求

Excel 檔案：ch13_1_3.xlsm 是修改自 ch11_5.xlsm，改用 POST 請求執行表單送回和擷取 HTML 表格資料，如下所示：

```
myurl = "https://www.taifex.com.tw/cht/3/totalTableDate"

xmlhttp.Open "POST", myurl, False
xmlhttp.setRequestHeader "Content-Type", _
         "application/x-www-form-urlencoded"
xmlhttp.send "queryType=1&…Date=2019%2F10%2F01"
```

上述 Open() 方法的第 1 個參數是 POST，即 POST 方法的 HTTP 請求，然後使用 setRequestHeader() 方法指定表單的標頭資訊，最後 Send() 方法的參數就是之前取得的表單送回欄位值的標頭原始資料。

在取得 HTTP POST 請求的回應資料後，我們可以使用 DOM 方法取得指定表格的 DOM 物件，如下所示：

```
Set table = html.getElementsByTagName("table")(3)
```

上述程式碼取得第 4 個 table 表格標籤，即總表的 HTML 表格，然後使用 For/Next 巢狀迴圈配合 Rows 和 Cells 屬性，來取得 HTML 表格資料，如下所示：

```
01: Dim xmlhttp As New MSXML2.XMLHTTP60
02: Dim html As New HTMLDocument
03: Dim table As Object
04: Dim i As Integer, j As Integer
05:
06: Dim myurl As String
07:
08: myurl = "https://www.taifex.com.tw/cht/3/totalTableDate"
09:
10: xmlhttp.Open "POST", myurl, False
11: xmlhttp.setRequestHeader "Content-Type", _
                        "application/x-www-form-urlencoded"
12: xmlhttp.send "queryType=1&…Date=2019%2F10%2F01"
13:
14: If xmlhttp.Status = 200 Then
15:    html.body.innerHTML = xmlhttp.responseText
16:
17:    Set table = html.getElementsByTagName("table")(3)
18:
19:    For i = 0 To table.Rows.Length - 1
20:        For j = 0 To table.Rows(i).Cells.Length - 1
21:            Sheets(1).Cells(i + 1, j + 1).Value = _
                          table.Rows(i).Cells(j).innerText
22:        Next
23:    Next
24: End If
…
```

⁂ 第 10 ～ 12 列：設定和送出 HTTP POST 表單送回的 HTTP 請求，send() 方法的參數字串就是 HTML 表單送回的欄位資料。

⁂ 第 17 列：使用 getElementsByTagName() 方法，取得第 4 個 <table> 標籤（索引值是 3）。

⁂ 第 19 ～ 23 列：使用兩層 For/Next 巢狀迴圈，從每一列至每一欄將表格資料依序在儲存格中填入 innerText 屬性值的標籤內容。

請啟動 Excel 開啟 ch13_1_3.xlsm，按下**清除**鈕清除儲存格內容後，再按下**爬取**鈕，會在儲存格中顯示從表單處理的回應網頁所擷取的 HTML 表格資料，如下圖所示： 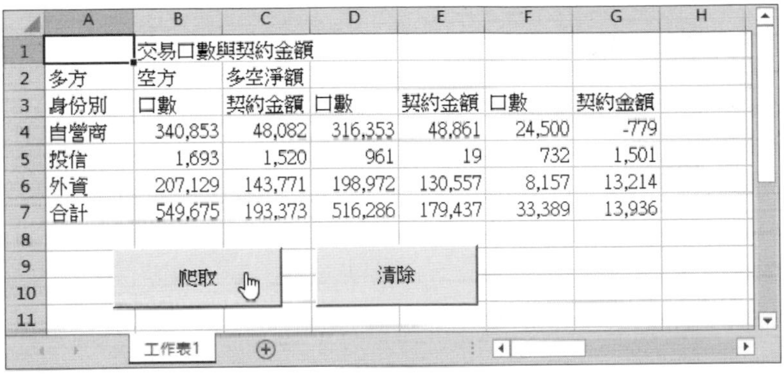

	A	B	C	D	E	F	G	H
1		交易口數與契約金額						
2	多方	空方	多空淨額					
3	身份別	口數	契約金額	口數	契約金額	口數	契約金額	
4	自營商	340,853	48,082	316,353	48,861	24,500	-779	
5	投信	1,693	1,520	961	19	732	1,501	
6	外資	207,129	143,771	198,972	130,557	8,157	13,214	
7	合計	549,675	193,373	516,286	179,437	33,389	13,936	
8								
9		爬取		清除				
10								
11								

工作表1

說 明

第 12 章的 AJAX 和 HTML 表單送回都會再次送出 HTTP 請求，其差異如下所示:

- **AJAX**：因為是使用 JavaScript 送出的非同步的 HTTP 請求，通常不會有 <form> 標籤，就算有，也不會有 action 屬性值，回應的是更新部分網頁內容的 JSON 資料（不是 HTML 標籤）。
- **HTML 表單送回**：這是同步 HTTP 請求，其回應資料是整頁 HTML 標籤（不是 JSON 資料）。

13-2 用 Excel VBA 讓 IE 瀏覽器自動化

IE 自動化（IE Automation）就是使用 Excel VBA 程式碼來自動控制 Internet Explorer 瀏覽器的相關操作，例如：填入表單、勾選選項和按下按鈕等互動操作，而不需要使用者自行使用滑鼠 / 鍵盤來進行操作。

換句話說，除了使用第 13-1 節分析 HTML 表單送回的 HTTP 請求外，我們也可以直接使用 IE 自動化來進行 HTML 表單的互動操作。

13-2-1 使用 IE 自動化爬取搜尋網站的搜尋結果

DuckDuckGo 是一個不儲存個人資料的搜尋網站，其 URL 網址如下所示：

⁂ https://duckduckgo.com

在搜尋欄中輸入關鍵字 **Excel** 後，按下右側的搜尋按鈕，即可顯示搜尋結果，如右圖所示：

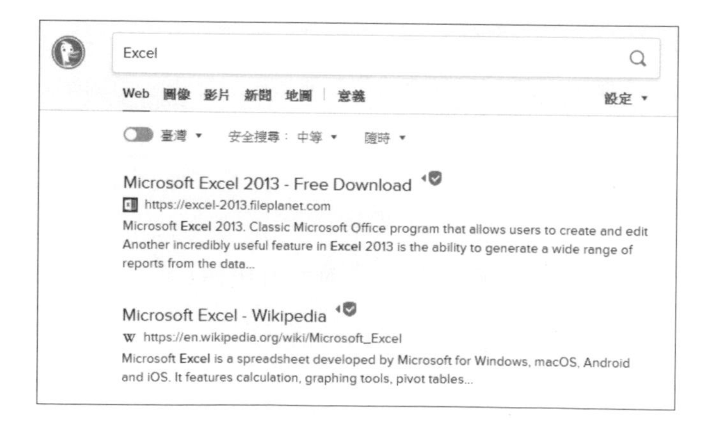

現在，我們準備讓 IE 自動化，使用 Excel VBA 程式來填入關鍵字「Excel」和按下搜尋按鈕，並取出搜尋結果 <a> 標籤的內容。請使用 Chrome 開發人員工具找出 DuckDuckGo 搜尋表單的 id 屬性值，如右表所示：

HTML 表單欄位標籤	id 屬性值
<input type="text"...>	search_form_input_homepage
<input type="submit"...>	search_button_homepage

上表依序是輸入關鍵字的文字方塊，和之後的搜尋按鈕，其搜尋結果的 <a> 標籤，如下所示：

```
<a class="result__a"…>Microsoft <b>Excel</b> 2013 - Free Download</a>
```

上述 <a> 標籤都有 class 屬性值 result__a，所以，我們可以使用 class 屬性來取得搜尋結果的 <a> 標籤。Excel 檔案：ch13_2_1.xlsm 就是使用 IE 自動化來執行 Excel 關鍵字搜尋，如下所示：

```
01: Dim IE As New InternetExplorer
02: Dim a_tag As Object
03: Dim i As Integer
04:
05: IE.Visible = True
06: IE.navigate "https://duckduckgo.com"
07:
08: Do While IE.Busy = True Or IE.readyState <> 4: DoEvents: Loop
09:
10: IE.document.getElementById( _
            "search_form_input_homepage").Value = "Excel"
11: IE.document.getElementById("search_button_homepage").Click
12:
13: Do While IE.Busy = True Or IE.readyState <> 4: DoEvents: Loop
14:
15: i = 1
16: For Each a_tag In IE.document.getElementsByClassName( _
                                        "result__a")
17:     Sheets(1).Range("A" & i).Value = a_tag.innerText
18:     Sheets(1).Range("B" & i).Value = a_tag.href
```

```
19:     i = i + 1
20: Next
21:
22: IE.Quit
...
```

⁂ 第 1 列：建立 Internet Explorer 物件 IE。

⁂ 第 5 ~ 6 列：請注意！自動化需要使用 Excel VBA 程式碼控制 IE 瀏覽器，Visible 屬性需為 True，在第 6 列瀏覽 DuckDuckGo 首頁。

⁂ 第 8 列和第 13 列：使用 Do/While 迴圈等待網頁完全載入，並增加一個迴圈檢查 Busy 屬性，確認 IE 是否在忙碌中。

⁂ 第 10 列：取得輸入關鍵字欄位後，指定 Value 屬性值，即填入欄位值 "Excel"。

⁂ 第 11 列：在取得按鈕後，呼叫 Click 方法按下按鈕。

⁂ 第 16 ~ 20 列：用 For Each/Next 迴圈處理搜尋結果的網頁，可以取回所有 class 屬性值 result__a 的 <a> 標籤，然後將標籤的 innerText 和 href 屬性值填入 Excel 儲存格。

⁂ 第 22 列：呼叫 Quit() 方法關閉 IE 視窗。

請啟動 Excel 開啟 ch13_2_1.xlsm，按下**清除**鈕清除儲存格內容後，再按下**爬取**鈕，會開啟 Internet Explorer 視窗填入關鍵字 Excel 和顯示搜尋結果，然後在 Excel 儲存格中顯示搜尋結果 <a> 標籤的標題文字和 href 屬性值，如下圖所示：

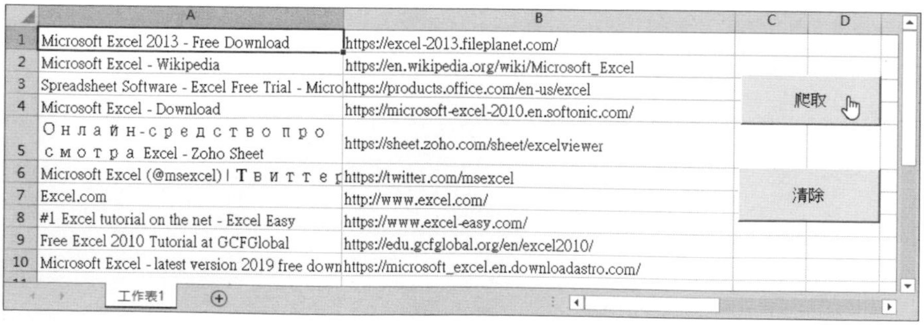

	A	B	C	D
1	Microsoft Excel 2013 - Free Download	https://excel-2013.fileplanet.com/		
2	Microsoft Excel - Wikipedia	https://en.wikipedia.org/wiki/Microsoft_Excel		
3	Spreadsheet Software - Excel Free Trial - Micro	https://products.office.com/en-us/excel	爬取	
4	Microsoft Excel - Download	https://microsoft-excel-2010.en.softonic.com/		
5	Онлайн-средство просмотра Excel - Zoho Sheet	https://sheet.zoho.com/sheet/excelviewer		
6	Microsoft Excel (@msexcel)	Твитте	https://twitter.com/msexcel		
7	Excel.com	http://www.excel.com/	清除	
8	#1 Excel tutorial on the net - Excel Easy	https://www.excel-easy.com/		
9	Free Excel 2010 Tutorial at GCFGlobal	https://edu.gcfglobal.org/en/excel2010/		
10	Microsoft Excel - latest version 2019 free down	https://microsoft_excel.en.downloadastro.com/		

工作表1

13-2-2 使用 IE 自動化爬取個股日成交資訊

台灣證交所網站提供查詢個股日成交資訊，其 URL 網址如下所示：

⁂ https://www.twse.com.tw/zh/page/trading/exchange/STOCK_DAY.html

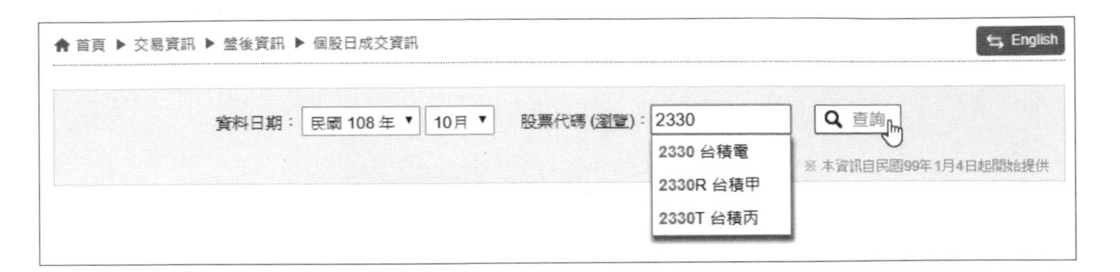

在上述「股票代碼」輸入 **2330**，即台積電後，按下**查詢**鈕，可以查詢台積電當月的每日成交資訊，如下圖所示：

108年10月 2330 台積電 各日成交資訊

單位：元、股

日期	成交股數	成交金額	開盤價	最高價	最低價	收盤價	漲跌價差	成交筆數
108/10/01	75,248,890	20,886,838,992	273.00	280.50	273.00	280.00	+8.00	26,648
108/10/02	30,572,953	8,553,297,334	280.00	281.00	279.00	279.50	-0.50	12,294
108/10/03	35,874,864	9,891,620,358	274.00	277.50	274.00	276.50	-3.00	12,853
108/10/04	35,814,613	9,924,872,301	279.50	280.00	275.00	276.50	0.00	13,780
108/10/07	17,750,230	4,944,376,000	279.00	279.50	277.50	278.00	+1.50	7,757
108/10/08	39,868,661	11,341,522,526	283.50	286.50	282.50	286.50	+8.50	16,721
108/10/09	34,895,456	9,890,256,397	283.50	286.00	282.00	282.00	-4.50	14,567

現在，我們準備讓 IE 自動化，使用 Excel VBA 程式來填入股票代號和按下**查詢**鈕，擷取出查詢結果的 HTML 表格資料。請使用 Chrome 開發人員工具找出股票查詢表單欄位的 CSS 選擇器字串，首先是輸入股票代號 <input> 標籤的欄位：

```
#main-form > div > div > form > input
```

然後是按鈕的 CSS 選擇器字串，如下所示：

```
#main-form > div > div > form > a.button.search
```

搜尋結果是 <table> 標籤，其 id 屬性值是 report-table。Excel 檔案：ch13_2_2.xlsm 使用 IE 自動化來執行股票日成交資訊的查詢，如下所示：

```
01: Dim IE As New InternetExplorer
02: Dim Table As Object
03: Dim i As Integer, j As Integer
04:
05: IE.Visible = True
06:
07: IE.navigate _
   "https://www.twse.com.tw/zh/page/trading/exchange/STOCK _ DAY.html"
08:
09: Do While IE.Busy = True Or IE.readyState <> 4: DoEvents: Loop
10:
11: IE.document.querySelector( _
        "#main-form > div > div > form > input").Value = "2330"
12: IE.document.querySelector( _
        "#main-form > div > div > form > a.button.search").Click
13:
14: Do While IE.Busy = True Or IE.readyState <> 4: DoEvents: Loop
15:
16: Application.Wait (Now + TimeValue("0:00:02"))
17:
18: Set Table = IE.document.getElementById("report-table")
19:
20: For i = 0 To Table.Rows.Length - 1
21:    For j = 0 To Table.Rows(i).Cells.Length - 1
22:        Sheets(1).Cells(i + 1, j + 1).Value = _
                    Table.Rows(i).Cells(j).innerText
23:    Next
24: Next
25:
26: IE.Quit
…
```

⁂ 第 1 列：建立 Internet Explorer 物件 IE。

⁂ 第 5 ～ 7 列：請注意！自動化需要使用 Excel VBA 程式碼控制 IE 瀏覽器，Visible 屬性需為 True，在第 7 列瀏覽查詢個股日成交資訊的網頁。

⁂ 第 9 列和第 14 列：使用 Do/While 迴圈等待網頁完全載入，並增加一個迴圈檢查 Busy 屬性，確認 IE 是否在忙碌中。

⁂ 第 11 列：在取得輸入股票代碼欄位後，指定 Value 屬性值，即填入欄位值 "2330"。

⁂ 第 12 列：在取得按鈕後，呼叫 Click 方法按下按鈕。

⁂ 第 16 列：因為此頁是 AJAX 網頁，所以使用 Application.Wait() 方法等待 2 秒鐘來完成 AJAX 請求。

⁂ 第 18 列：用 getElementById() 方法取得 id 屬性值 report-table 的 <table> 標籤。

⁂ 第 20 ～ 24 列：使用兩層 For/Next 巢狀迴圈，從每一列至每一欄將表格資料依序在 Excel 工作表的儲存格中填入 innerText 屬性值的標籤內容。

請啟動 Excel 開啟 ch13_2_2.xlsm，按下清除鈕清除儲存格內容後，再按下爬取鈕，會開啟 Internet Explorer 視窗填入股票代碼和顯示查詢結果，然後在 Excel 儲存格中顯示查詢結果的表格資料，如下圖所示： 

	A	B	C	D	E	F	G	H	I	J
1	日期	成交股數	成交金額	開盤價	最高價	最低價	收盤價	漲跌價差	成交筆數	
2	108/10/01	75,248,890.00	20,886,838,992	273	280.5	273	280	8	26,648	爬取
3	108/10/02	30,572,953.00	8,553,297,334	280	281	279	279.5	-1	12,294	
4	108/10/03	35,874,864.00	9,891,620,358	274	278	274	276.5	-3	12,853	
5	108/10/04	35,814,613.00	9,924,872,301	280	280	275	276.5	0	13,780	清除
6	108/10/07	17,750,230.00	4,944,376,000	279	280	277.5	278	1.5	7,757	
7	108/10/08	39,868,551.00	11,341,522,526	284	287	282.5	286.5	8.5	16,721	
8	108/10/09	34,895,456.00	9,890,256,397	283.5	286	282	282	-4.5	14,567	
9										

工作表1

13-3 認識與安裝 Selenium

對於 Excel VBA 網路爬蟲來說，如果瀏覽器需要使用者以滑鼠點按等互動操作後，才能顯示目標資料所在的網頁，而且上方 URL 網址不會顯示對應的 URL 參數，此時，我們只能使用第 13-2 節的 IE 自動化和 Selenium 來建立 Excel VBA 爬蟲程式。

13-3-1 Selenium 自動瀏覽器

Excel VBA 的 IE 自動化是使用 Internet Explorer 瀏覽器，考量到 IE 的效能和相容性問題，可以改用 Selenium 搭配 Chrome 或 Firefox 瀏覽器來建立自動瀏覽器（Automates Browsers）。

Selenium 是開放原始碼 Web 應用程式的軟體測試框架，一組跨平台的自動瀏覽器，其原本的目的是自動測試開發的 Web 應用程式，對網路爬蟲來說，Selenium 可以與 HTML 表單網頁進行互動，其官方網址是：https://www.seleniumhq.org/。

基本上，Selenium 是啟動真實的瀏覽器來進行網站操作自動化，不只可以使用 CSS 選擇器和 XPath 表達式定位網頁資料，包含 JavaScript 程式碼產生的 HTML 標籤，也一樣適用 AJAX 網頁的資料擷取。

Selenium 還可以直接與網頁元素進行互動，讓我們使用程式碼控制瀏覽器來進行互動操作（如同 IE 自動化），例如：輸入使用者名稱和密碼來登入網站，也就是說，我們可以使用程式碼控制 HTML 表單欄位資料的輸入、介面選擇和送出表單等使用者互動操作過程。

13-3-2 在 Excel VBA 使用 Selenium

要在 Excel VBA 使用 Selenium 需要安裝 Selenium Basic 和 Chrome Driver，然後在 Excel VBA 中引用 Selenium Type Library 項目後，就可以使用 Selenium 自動瀏覽器。

➲ 步驟一：下載與安裝 Selenium Basic

Selenium Basic 是一套免費函數庫，可讓 Excel VBA 使用 Selenium 自動瀏覽器（目前只支援 Windows 作業系統），其下載網址如下所示：

⁂ https://github.com/florentbr/SeleniumBasic/releases/tag/v2.0.9.0

請點選 **SeleniumBasic-2.0.9.0.exe** 下載 SeleniumBasic，等到下載完成，其安裝步驟如下所示：

1 請執行下載的 **SeleniumBasic-2.0.9.0.exe** 安裝程式，會看到歡迎安裝的精靈畫面，請按 **Next >** 鈕。

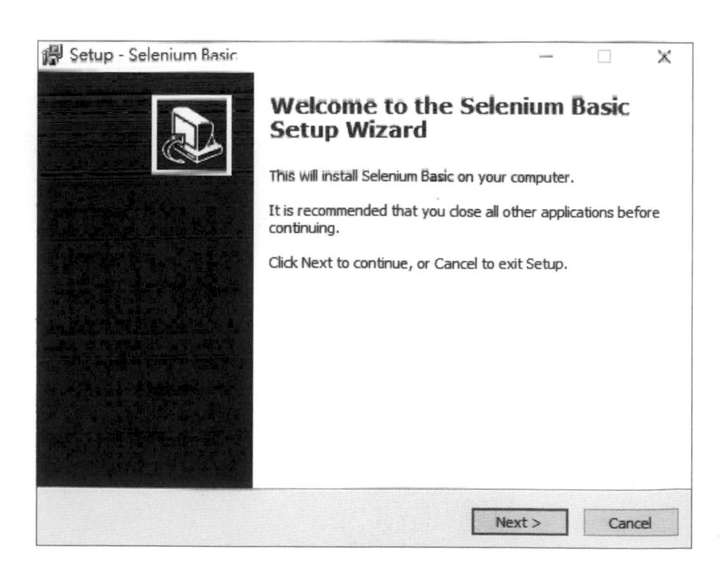

2 在授權畫面中，點選 **I accept the agreement** 同意授權後，按 **Next >** 鈕。

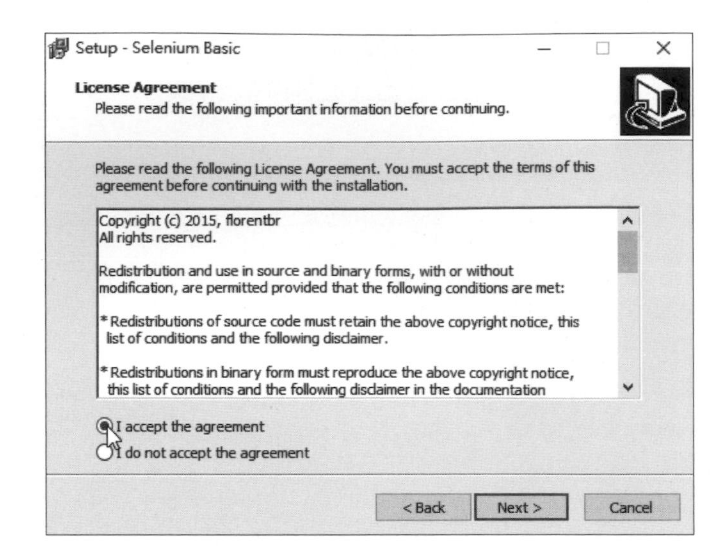

3 選擇安裝元件，在此沿用預設項目即可，請按 **Next >** 鈕繼續。

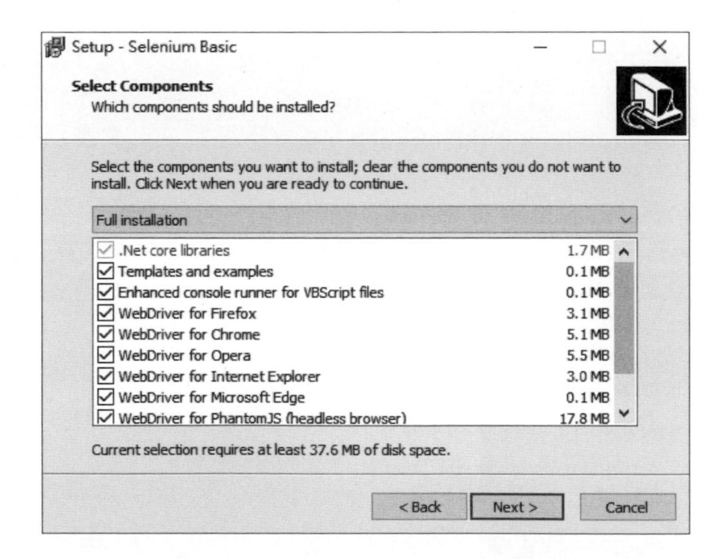

4 接著，會列出我們選擇的安裝資訊，若是沒有問題，請按下 **Install** 鈕開始安裝。

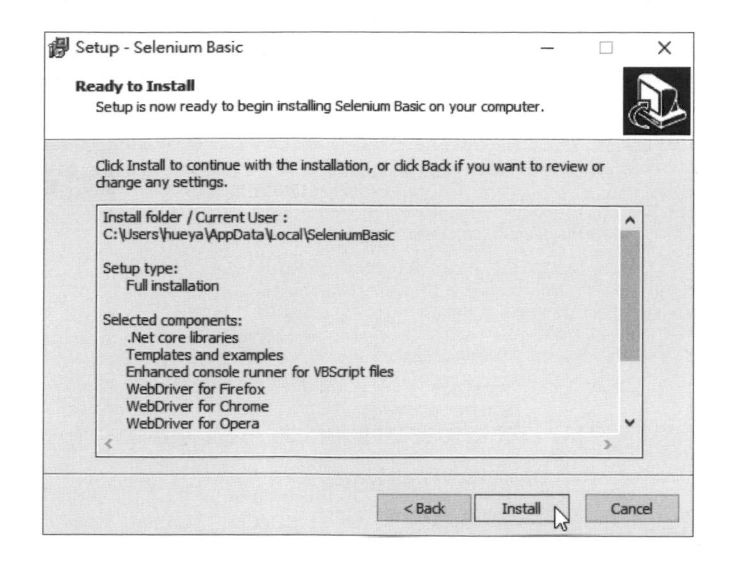

5 稍待一會兒，就會看到完成安裝的畫面，請按下 **Finish** 鈕完成安裝。

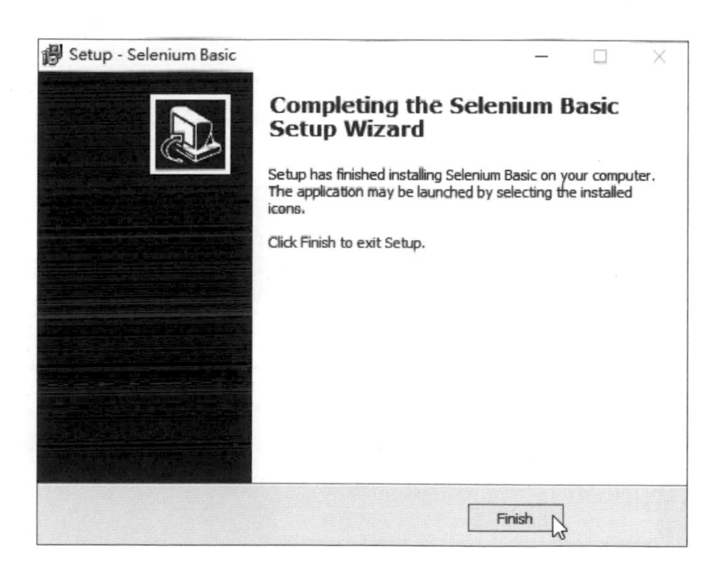

➲ 步驟二：下載和更新 Selenium Basic 的 Chrome Driver

基本上，Selenium 是透過驅動程式來控制真實瀏覽器，我們需要依不同瀏覽器來下載指定驅動程式，即 Web Driver，如下表所示：

瀏覽器	驅動程式
Chrome Driver	https://chromedriver.chromium.org/downloads
Edge Driver	https://developer.microsoft.com/en-us/microsoft-edge/tools/webdriver/
Firefox	https://github.com/mozilla/geckodriver/releases

雖然 Selenium Basic 已經內建 Web Driver，不過並非最新版本，以 Chrome 瀏覽器為例，筆者準備說明如何下載和更新 Selenium Basic 內建的 Chrome Driver，其步驟如下所示：

1 首先，需要確認 Chrome 瀏覽器的版本，請在 Chrome 執行功能表的「說明 / 關於 Google Chrome」命令開啟關於頁面，可以看到筆者電腦的 Chrome 版本是 77，如下圖所示：

2 在 Chrome 瀏覽器進入下載 Chrome Driver 的網頁，其 URL 網址如下所示：

⁂ https://chromedriver.chromium.org/downloads

Downloads

Current Releases

- If you are using Chrome version 78, please download ChromeDriver 78.0.3904.11
- If you are using Chrome version 77, please download ChromeDriver 77.0.3865.40
- If you are using Chrome version 76, please download ChromeDriver 76.0.3809.126
- For older version of Chrome, please see below for the version of ChromeDriver that supports it.

If you are using Chrome from Dev or Canary channel, please following instructions on the ChromeDriver Canary page.

3 由於筆者的 Chrome 版本是 77，請點選 **ChromeDriver77.0.3865.40** 超連結，即可看到下載頁面，如下圖所示：

Index of /77.0.3865.40/

Name	Last modified	Size	ETag
Parent Directory		-	
chromedriver_linux64.zip	2019-08-20 18:02:46	5.17MB	b4431816072192a2d36a10fa8cfde344
chromedriver_mac64.zip	2019-08-20 18:02:48	7.05MB	812570697aadcd7a9038041b27437054
chromedriver_win32.zip	2019-08-20 18:02:49	4.54MB	7e94b11b8157e856b918f64d1b4af424
notes.txt	2019-08-20 18:02:53	0.00MB	0609e0eff91a2087279a1600bb37198e

4 請下載 Windows 版本 **chromedriver_win32.zip**，成功下載後，解壓縮會看到只有一個名為 chromedriver.exe 的執行檔。

5 接著，就可以更新 Selenium Basic 的 Chrome Driver，請將 chromedriver.exe 執行檔直接複製至下列目錄，就完成 Web Driver 的更新，如下所示：

```
C:\使用者\<使用者名稱>\AppData\Local\SeleniumBasic
```

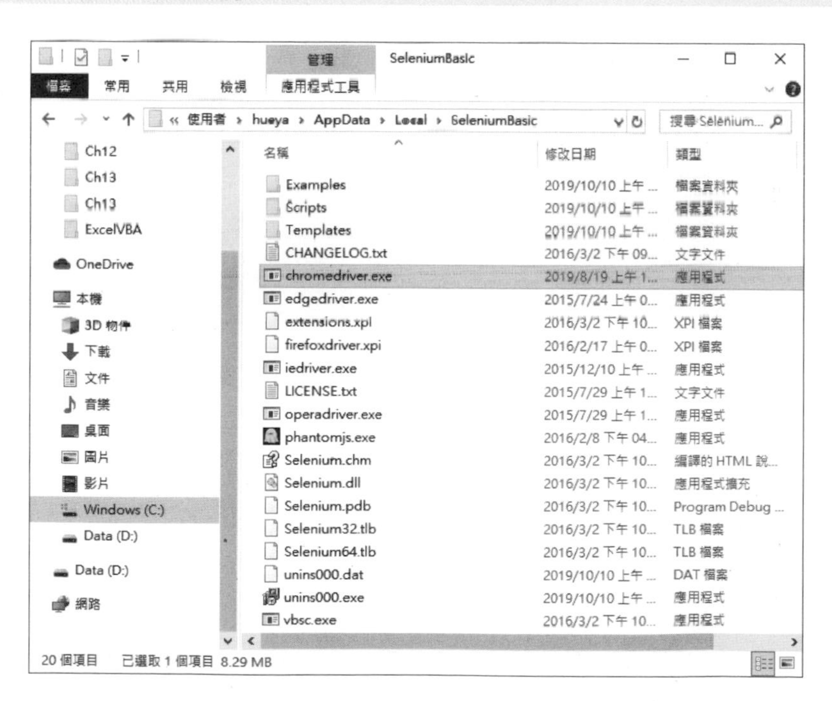

➲ 步驟三：安裝 .NET Framework 3.5

請注意！ Selenium Basic 需要搭配 .NET Framework 3.5，因為 Windows 10 作業系統預設並沒有安裝，請在下列網址下載和安裝 .NET Framework 3.5，如下所示：

⁂ https://www.microsoft.com/zh-tw/download/details.aspx?id=21

Microsoft .NET Framework 3.5

重要！選取下面的語言，會動態地將整個頁面內容變更為該語言。

選取語言： 中文 (繁體) 下載

Microsoft .NET Framework 3.5 內含多項新功能，以累加建置的方式，加至 .NET Framework 2.0 和 3.0，並包含了 .NET Framework 2.0 Service Pack 1 及 .NET Framework 3.0 Service Pack 1。

請在上述網頁選擇**中文（繁體）**，按**下載**鈕，即可下載 .NET Framework 3.5，下載檔名是 **dotNetFx35setup.exe**。成功下載後，請執行安裝程式，在 Windows 10 作業系統安裝 .NET Framework 3.5。

➲ 步驟四：設定引用 Selenium Type Library 項目

請在 Excel 啟動 VBA 編輯器後，執行「工具 / 設定引用項目」命令，找到 **Selenium Type Library**，勾選此引用項目後，按下**確定**鈕完成設定。

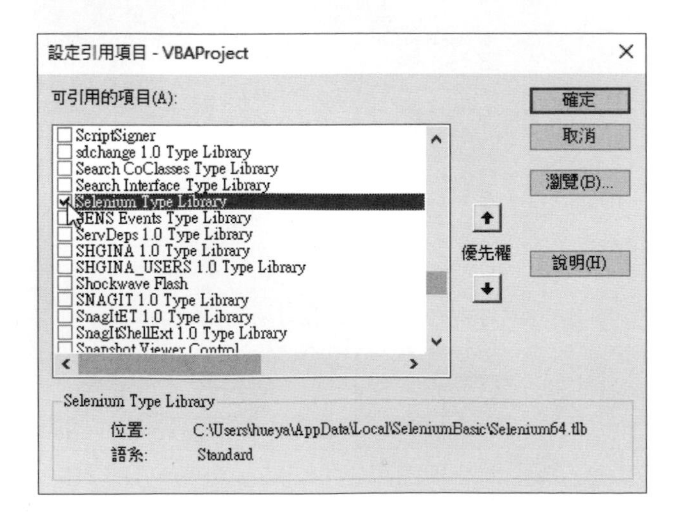

13-4 Excel VBA+Selenium 的基本用法

成功安裝和更新 Selenium Basic 的 Web Driver 後，因為 Selenium 支援 XPath 表達式來定位資料，所以本節先說明 XPath 表達式後，再說明 Excel VBA+Selenium 的基本用法。

13-4-1 認識 XPath 表達式

XPath 表達式原本是 XML 技術的查詢語言，可以讓我們在 XML 文件中找出所需節點，也適用於 HTML 網頁，所以，我們可以使用 XPath 表達式來定位 HTML 網頁，找出指定的 HTML 標籤與屬性。

XPath（XML Path Language）語言是在 1999 年 11 月 16 日成為 W3C 建議規格，主要是使用 XPath 位置路徑（Location Path），稱為「Path 表達式」（Path Expressions）來找出所需節點。

➲ XPath 表達式的概念

XPath 是一種表達式語言（Expression Language），用來在 XML 文件走訪和標示節點位置，我們可以使用 XPath 表達式描述 XML 元素或屬性的位置，其概念就像在 Windows「檔案總管」中指定資料夾的檔案路徑，如下所示：

```
C:\VBA\Ch13\index.html
```

上述路徑明確指出 index.html 檔案的所在位置，相同的概念，XPath 可以指出 XML 元素或屬性在 XML 文件的位置，XPath 資料模型（Data Model）將 XML 文件轉換成節點的樹狀結構，XPath 表達式就是指出 XML 元素在 XML 樹狀結構中的節點位置。

因為 HTML 就是一種特殊版本的 XML，所以 XPath 表達式一樣適用在 HTML 網頁，可以幫助我們在 HTML 網頁中定位資料。

➲ XPath 位置路徑的基本語法

XPath 位置路徑的語法是使用「軸」、「節點測試」和「謂詞」來撰寫位置步驟，實務上大多是以縮寫表示法來簡化位置路徑，使用運算子符號來代替位置步驟的「軸」，如下表所示：

運算子	說明	相當於位置路徑的軸
none	沒有使用運算子，表示是其子節點，預設值	child::
//	遞迴下層路徑運算子，指出所有在節點下層的符合節點，不只是子節點，還可以是下下層的子節點	/descendant-or-self::
.	目前的節點	self::
..	父節點	parent::
@	元素的屬性	attribute::

本節使用的 XML 文件範例是 ch13_4_1.xml，其內容如下所示：

```
01: <?xml version="1.0" encoding="Big5"?>
02: <!-- 文件範例: ch13 _ 4 _ 1.xml -->
03: <glossary>
04:   <item>
05:     <title lang="EN">eXtensible Markup Language</title>
06:     <definition>可擴充標記語言<title>XML</title>
07:     </definition>
08:     <num>1000</num>
09:   </item>
10:   <item>
11:     <title lang="TW">encoding</title>
12:     <definition>字碼集</definition>
13:     <num>1020</num>
14:   </item>
15:   <item>
16:     <title lang="EN">Uniform Resource Identifier</title>
17:     <definition>統一資源識別符號<title>URI</title>
18:     </definition>
19:     <num>2000</num>
20:   </item>
21: </glossary>
```

上述 XML 文件的根元素是 glossary，其下有 3 個 item 子元素的名詞定義資料。XPath 位置路徑的範例，如下表所示：

XPath 位置路徑範例	說明
/glossary	選取根元素 glossary
glossary/item	選取所有 glossary 子元素 item
/glossary/item/*	選取 /glossary/item 下的所有元素
//item	選取所有 item 元素
/glossary/item//title	選取所有 item 元素之下的 title 子孫元素
//item/.	選取所有 item 元素
//item/..	選取 item 元素的父元素 glossary
/*/*/*/title	選取所有前面有三層的 title 元素
//*	選取所有的元素
/glossary/item[1]/title	選取第 1 個 item 元素的 title 子元素
/glossary/item[2]/title	選取第 2 個 item 元素的 title 子元素
/glossary/item[last()]/title	選取最後 1 個 item 元素的 title 子元素
/glossary/item/title[@lang]	選取 item 元素下擁有屬性 lang 的所有 title 元素
/glossary/item/title[@*]	選取 item 元素下擁有任何屬性的所有 title 元素
/glossary/item/title[@lang='TW']	選取 item 元素下擁有屬性 lang 值為 TW 的所有 title 元素
/glossary/item[num > 1000]	選取 item 元素的 num 子元素大於 1000 的所有 item 元素
/glossary/item[num > 1500]/title	選取 item 元素的 num 子元素大於 1500 的所有 title 元素

礙於篇幅關係，在此沒辦法詳加說明 xPath 的用法，您只需要先有個概念即可，有興趣深入了解的讀者，可以參考旗標出版的「Python 網路爬蟲與資料視覺化應用實務」一書的第六章。

13-4-2 Excel VBA+Selenium 的基本用法

對 XPath 表達式有初步認識後，我們可以使用 Excel VBA+Selenium 啟動 Chrome 瀏覽器來控制瀏覽器的網頁瀏覽。

➲ 使用 Selenium 啟動 Chrome 瀏覽器

ch13_4_2.xlsm

在 Excel VBA 程式裡，只要建立 ChromeDriver 物件，就可以使用 Start() 方法啟動 Chrome 瀏覽器，如下所示：

```
01: Dim driver As New ChromeDriver
02:
03: driver.Start "chrome", ""
04: driver.Wait 3000
05: driver.Quit
06:
07: Set driver = Nothing
```

- 第 1 列：在此以 Chrome 瀏覽器作示範，所以建立 ChromeDriver 物件；若要使用 Firefox，則設為 FirefoxDriver；Edge 是 EdgeDriver。
- 第 3 列：呼叫 Start() 方法啟動 Chrome 瀏覽器，第 1 個參數是瀏覽器名稱字串，第 2 個參數是起始 URL 網址，此例使用空字串即可，Chrome 瀏覽器名稱字串是 "chrome"；Firefox 是 "firefox"；Edge 是 "edge"。
- 第 4 列：呼叫 Wait() 方法，等待一段時間，單位是毫秒，設為 3000 表示 3 秒。
- 第 5 列：呼叫 Quit() 方法，關閉瀏覽器視窗。

請啟動 Excel 開啟 ch13_4_2.xlsm，按下**測試**鈕，會開啟 Chrome 瀏覽器視窗，等待 3 秒鐘後關閉視窗，如下圖所示：

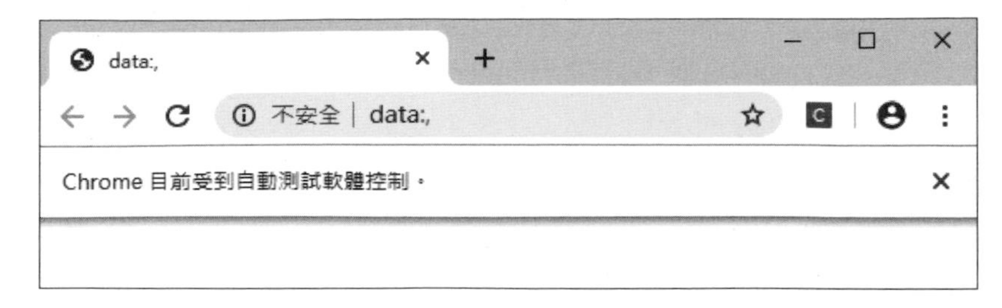

上述瀏覽器的上方會顯示「Chrome 目前受到自動測試軟體控制」的訊息列，因為是由 Selenium 控制瀏覽器視窗。

➲ 取得 HTML 網頁的原始內容

ch13_4_2a.xlsm

當 Selenium 啟動瀏覽器後，我們可以用 Get() 方法，瀏覽指定網址來載入網頁：

```
01: Dim driver As New ChromeDriver
02: Dim source As String
03:
04: driver.Start "chrome", ""
05: driver.Get "https://fchart.github.io/fchart.html"
06: driver.Wait 3000
07: source = driver.PageSource
08: driver.Quit
09: MsgBox (source)
10: Set driver = Nothing
```

⁂ 第 5 列：呼叫 Get() 函數，取得 https://fchart.github.io/fchart.html 網址的網頁。

⁂ 第 7 列：使用 PageSource 屬性取得載入 HTML 網頁的原始碼。

⁂ 第 9 列：呼叫 MsgBox() 函數，顯示 HTML 網頁的原始碼。

請啟動 Excel 開啟 ch13_4_2a.xlsm，按下**測試**鈕，即可開啟瀏覽器視窗並瀏覽 https://fchart.github.io/fchart.html 網頁內容，如下圖所示：

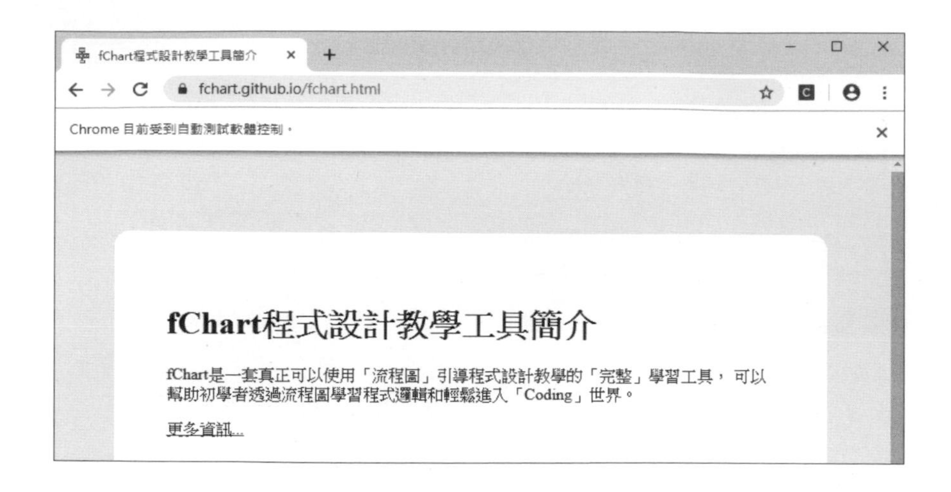

在關閉 Chrome 瀏覽器後，會顯示 HTML 網頁的標籤內容，如下圖所示：

Microsoft Excel

```
<html><head>
  <title>fChart程式設計教學工具簡介</title>
  <meta charset="utf-8">
  <meta http-equiv="Content-type" content="text/html; charset=utf-8">
  <style type="text/css">
  body {
     background-color: #f0f0f2;
  }
  div {
     width: 600px;
     margin: 5em auto;
     padding: 50px;
     background-color: #fff;
     border-radius: 1em;
  }
  </style>
</head>
<body>
<div>
  <h1>fChart程式設計教學工具簡介</h1>
  <p>fChart是一套真正可以使用「流程圖」引導程式設計教學的「完整」學習工具，
  可以幫助初學者透過流程圖學習程式邏輯和輕鬆進入「Coding」世界。</p>
  <p><a href="https://fchart.github.io">更多資訊...</a></p>
</div>


</body></html>
```

確定

➲ 使用 id 屬性定位 HTML 標籤

ch13_4_2b.xlsm

我們可以呼叫 FindElementById() 方法，使用 id 屬性值來定位網頁資料，本節之後的 Excel 範例將使用的測試網址，如下所示：

⁂ https://fchart.github.io/vba/ex13_01.html

上述網址是 HTML 表單網頁，我們將使用 id 屬性取得 <form> 標籤，如下所示：

```
01: Dim driver As New ChromeDriver
02: Dim form As WebElement
03:
04: driver.Start "chrome", ""
05: driver.Get "https://fchart.github.io/vba/ex13 _ 01.html"
06: driver.Wait 2000
07:
08: Set form = driver.FindElementById("loginForm")
09:
10: Sheets(1).Cells(1, 1).Value = form.tagname
11: Sheets(1).Cells(2, 1).Value = form.Text
12: Sheets(1).Cells(3, 1).Value = form.Attribute("id")
13: driver.Quit
...
```

⁂ 第 2 列：宣告 WebElement 物件 form，這就是 HTML 元素的物件。

⁂ 第 8 列：呼叫 FindElementById() 方法，使用 id 屬性值 "loginForm" 找到 HTML 元素。

⁂ 第 10 ～ 12 列：依序在 Excel 儲存格中，顯示 tagname 屬性的標籤名稱、Text 屬性的標籤內容及 Attribute() 取得參數屬性值。

請啟動 Excel 開啟 ch13_4_2b.xlsm，按下**測試**鈕，在開啟瀏覽器視窗後，會依序顯示標籤名稱、內容和 id 屬性值，如右圖所示：

	A	B	C	D
1	form			
2	名稱: 密碼:		測試	
3	loginForm			
4				
5			清除	
6				

➲ 使用 name 屬性定位 HTML 標籤

ch13_4_2c.xlsm

一般來說，HTML 表單欄位都有 name 屬性值，我們可用 FindElementByName() 方法，以 name 屬性值來定位網頁資料，因為 name 屬性值並非唯一值，如果有多個，請使用 FindElementsByName() 方法（**請注意！是 Elements**）找出所有同名 name 屬性值，如下所示：

```
01: Dim driver As New ChromeDriver
02: Dim user As WebElement
03: Dim ele As WebElement
04: Dim eles As WebElements
05: Dim i As Integer
06:
07: driver.Start "chrome", ""
08: driver.Get "https://fchart.github.io/vba/ex13 _ 01.html"
09: driver.Wait 2000
10:
11: Set user = driver.FindElementByName("username")
12:
13: Sheets(1).Cells(1, 1).Value = user.tagname
14: Sheets(1).Cells(2, 1).Value = user.Attribute("type")
15:
16: Set eles = driver.FindElementsByName("continue")
17:
18: i = 4
19: For Each ele In eles
20:     Sheets(1).Cells(i, 1).Value = ele.Attribute("type")
21:     i = i + 1
22: Next
23: driver.Quit
...
```

⁂ 第 2 ～ 4 列：宣告 WebElement 物件 user 和 ele，如果是多個 HTML 元素的清單物件，就是第 4 列的 WebElements 物件。

⁂ 第 11 ～ 14 列：呼叫 FindElementByName() 方法，使用 name 屬性值 "username" 找到 HTML 元素後，依序在 Excel 儲存格中顯示 tagname 屬性的標籤名稱及 Attribute() 取得參數 type 的屬性值。

⁂ 第 16 列：呼叫 FindElementsByName() 方法，找出所有 name 屬性值 "continue" 的 HTML 元素。

⁂ 第 19 ～ 22 列：用 For Each/Next 迴圈，顯示每一個 HTML 元素的 type 屬性值。

請啟動 Excel 開啟 ch13_4_2c.xlsm，按下**測試**鈕，在開啟瀏覽器視窗後，會顯示前兩個標籤名稱和 type 屬性值及顯示兩個相同 name 屬性值的 type 屬性值，如右圖所示：

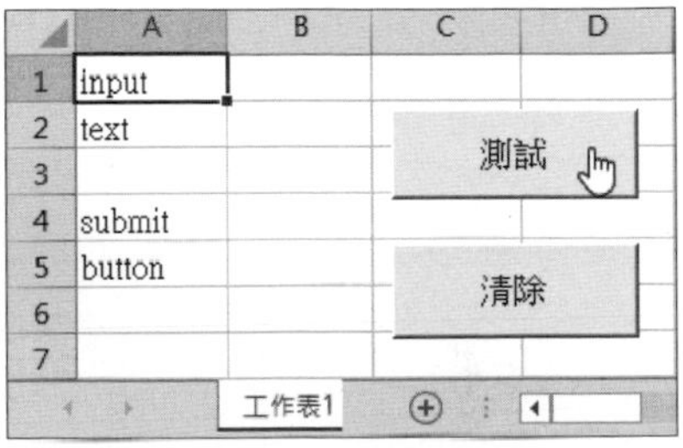

	A	B	C	D
1	input			
2	text		測試	
3				
4	submit			
5	button		清除	
6				
7				

工作表1

➲ 使用 XPath 表達式定位表單標籤　ch13_4_2d.xlsm

Selenium 支援使用第 13-4-1 節的 XPath 表達式定位網頁資料，使用的是 FindElementByXPath() 方法，如果是多個 HTML 元素請使用 FindElementsByXPath() 方法，首先定位 HTML 表單的 <form> 標籤，如下所示：

```
01: Dim driver As New ChromeDriver
02: Dim form1 As WebElement, form2 As WebElement,  form3 As WebElement
03:
04: driver.Start "chrome", ""
05: driver.Get "https://fchart.github.io/vba/ex13 _ 01.html"
06: driver.Wait 2000
07:
08: Set form1 = driver.FindElementByXPath("/html/body/form[1]")
09: Set form2 = driver.FindElementByXPath("//form[1]")
10: Set form3 = driver.FindElementByXPath("//form[@id='loginForm']")
11:
```

```
12: Sheets(1).Cells(1, 1).Value = form1.tagname
13: Sheets(1).Cells(2, 1).Value = form2.tagname
14: Sheets(1).Cells(3, 1).Value = form3.tagname
15:
16: driver.Quit
…
```

⁂ 第 8 ~ 10 列：使用 XPath 表達式分別找出第 1 個 <form> 標籤，和 id 屬性值 "loginForm" 的 <form> 標籤。

⁂ 第 12 ~ 14 列：使用 tagname 屬性取得標籤名稱。

請啟動 Excel 開啟 ch13_4_2d.xlsm，按下**測試**鈕，在開啟瀏覽器視窗後，會顯示 3 個 <form> 標籤名稱，如右圖所示：

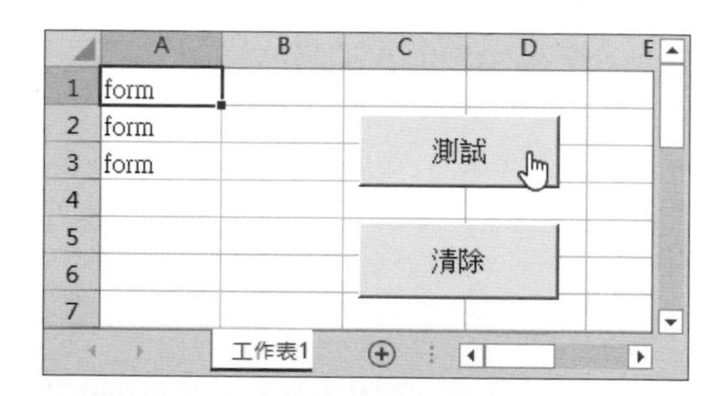

➲ 使用 XPath 表達式定位密碼欄位標籤 ch13_4_2e.xlsm

同樣的方法，我們可以用 XPath 表達式找出密碼欄位的 <input> 標籤，如下所示：

```
…
08: Set pwd1 = driver.FindElementByXPath( _
              "//form/input[2][@name='password']")
09: Set pwd2 = driver.FindElementByXPath( _
              "//form[@id='loginForm']/input[2]")
10: Set pwd3 = driver.FindElementByXPath( _
              "//input[@name='password']")
11:
12: Sheets(1).Cells(1, 1).Value = pwd1.Attribute("type")
13: Sheets(1).Cells(2, 1).Value = pwd2.Attribute("type")
14: Sheets(1).Cells(3, 1).Value = pwd3.Attribute("type")
…
```

⁂ 第 8 ～ 14 列：使用 XPath 表達式分別找出 <form> 標籤的第 2 個 <input> 子標籤，和 name 屬性值是 "password" 的 <input> 標籤後，使用 Attribute() 取得參數 type 屬性值。

請啟動 Excel 開啟 ch13_4_2e.xlsm，按下**測試**鈕，在開啟瀏覽器視窗後，會顯示 3 個 <input> 標籤的 type 屬性值，如右圖所示：

➲ 使用 XPath 表達式定位按鈕標籤 ch13_4_2f.xlsm

最後，我們可以使用 XPath 表達式找出清除按鈕的 <input> 標籤，如下所示：

```
…
08: Set btn1 = driver.FindElementByXPath( _
            "//input[@name='continue'][@type='button']")
09: Set btn2 = driver.FindElementByXPath( _
            "//form[@id='loginForm']/input[4]")
10:
11: Sheets(1).Cells(1, 1).Value = btn1.Attribute("type")
12: Sheets(1).Cells(2, 1).Value = btn2.Attribute("type")
…
```

⁂ 第 8 ～ 12 列：使用 XPath 表達式的 name 和 type 屬性值找出 <input> 標籤，和定位第 4 個 <input> 標籤後，使用 Attribute() 取得參數 type 屬性值。

請啟動 Excel 開啟 ch13_4_2f.xlsm，按下**測試**鈕，在開啟瀏覽器視窗後，會顯示兩個按鈕 <input> 標籤的 type 屬性值，如右圖所示：

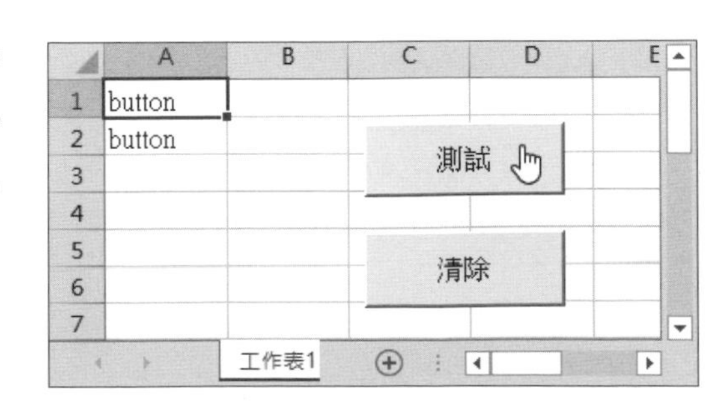

13-5 使用 Excel VBA+ Selenium 爬取互動網頁

我們準備改寫第 13-2 節的 IE 自動化，改用 Excel VBA+Selenium 來爬取使用者互動網頁。

13-5-1 使用 Selenium 爬取搜尋網站的搜尋結果

Selenium 可以使用 SendKeys() 方法送出鍵盤按鍵，來模擬使用者在瀏覽器 HTML 表單欄位輸入資料的操作，例如：第 13-2-1 節在 DuckDuckGo 網站搜尋 XPath 關鍵字，如下所示：

```
01: Dim driver As New ChromeDriver
02: Dim a_tag As WebElement
03: Dim i As Integer
04:
05: driver.Start "chrome", ""
06: driver.Get "https://duckduckgo.com"
07: driver.Wait 2000
08:
09: driver.FindElementById( _
        "search_form_input_homepage").SendKeys ("XPath")
10: driver.FindElementById("search_button_homepage").Click
11:
12: driver.Wait 2000
13:
14: i = 1
15: For Each a_tag In driver.FindElementsByClass("result__a")
16:     Sheets(1).Range("A" & i).Value = a_tag.Text
17:     Sheets(1).Range("B" & i).Value = a_tag.Attribute("href")
18:     i = i + 1
19: Next
20:
21: driver.Quit
```

```
22:
23: Set driver = Nothing
24: Set a _ tag = Nothing
```

- 第 9 列：使用 id 屬性取得輸入關鍵字欄位後，用 SendKeys() 方法填入欄位值 "XPath"，Keys.Enter 表示 Enter 鍵。
- 第 10 列：使用 id 屬性取得按鈕後，呼叫 Click 方法按下按鈕。
- 第 15 ～ 19 列：用 For Each/Next 迴圈處理搜尋結果的網頁，可以取回所有 class 屬性值 result__a 的 <a> 標籤，將標籤的 Text 和 href 屬性值填入 Excel 儲存格。

請啟動 Excel 開啟 ch13_5_1.xlsm，按下**清除**鈕清除儲存格內容後，再按下**爬取**鈕，會開啟 Chrome 視窗顯示填入的「XPath」關鍵字和搜尋結果，最後在 Excel 儲存格中顯示搜尋結果 <a> 標籤的標題文字和 href 屬性值，如下圖所示：

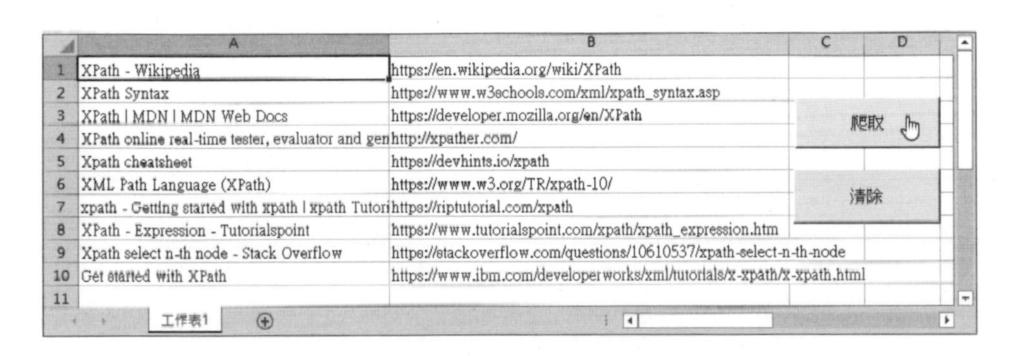

	A	B
1	XPath - Wikipedia	https://en.wikipedia.org/wiki/XPath
2	XPath Syntax	https://www.w3schools.com/xml/xpath_syntax.asp
3	XPath I MDN I MDN Web Docs	https://developer.mozilla.org/en/XPath
4	XPath online real-time tester, evaluator and gen	http://xpather.com/
5	Xpath cheatsheet	https://devhints.io/xpath
6	XML Path Language (XPath)	https://www.w3.org/TR/xpath-10/
7	xpath - Getting started with xpath I xpath Tutori	https://riptutorial.com/xpath
8	XPath - Expression - Tutorialspoint	https://www.tutorialspoint.com/xpath/xpath_expression.htm
9	Xpath select n-th node - Stack Overflow	https://stackoverflow.com/questions/10610537/xpath-select-n-th-node
10	Get started with XPath	https://www.ibm.com/developerworks/xml/tutorials/x-xpath/x-xpath.html
11		

13-5-2 使用 Selenium 爬取個股日成交資訊

如同第 13-2-2 節的 IE 自動化，我們準備改用 Excel VBA+Selenium 來爬取台積電個股的日成交資訊，如下所示：

```
01: Dim driver As New ChromeDriver
02: Dim table _ tag As WebElement
03: Dim th _ tags As WebElements
04: Dim th _ tag As WebElement
05: Dim tr _ tags As WebElements
```

```
06: Dim tr_tag As WebElement
07: Dim td_tags As WebElements
08: Dim td_tag As WebElement
09: Dim row As Integer
10: Dim col As Integer
11:
12: driver.Start "chrome", ""
13: driver.Get _
    "https://www.twse.com.tw/zh/page/trading/exchange/STOCK_DAY.html"
14: driver.Wait 2000
15:
16: driver.FindElementByCss( _
      "#main-form > div > div > form > input").SendKeys ("2330")
17: driver.FindElementByCss( _
      "#main-form > div > div > form > a.button.search").Click
18:
19: driver.Wait 2000
20:
21: Set table_tag = driver.FindElementById("report-table")
22: Set tr_tags = table_tag.FindElementsByTag("tr")
23:
24: row = 1
25: For Each tr_tag In tr_tags
26:     col = 1
27:     If row = 1 Then   ' 標題列
28:        Set th_tags = table_tag.FindElementsByTag("th")
29:        For Each th_tag In th_tags
30:           Sheets(1).Cells(row, col).Value = th_tag.Text
31:           col = col + 1
32:        Next
33:     Else              ' 資料列
34:        Set td_tags = tr_tag.FindElementsByTag("td")
35:        For Each td_tag In td_tags
36:           Sheets(1).Cells(row, col).Value = td_tag.Text
37:           col = col + 1
38:        Next
39:     End If
40:     row = row + 1
41: Next
42:
43: driver.Quit
…
```

- 第 16 列：使用 FindElementByCss() 方法的 CSS 選擇器取得輸入股票代碼欄位後，呼叫 SendKeys() 方法填入欄位值 "2330"。如果 CSS 選擇器可以選取多個 HTML 元素，請使用 FindElementsByCss() 方法。

- 第 17 列：在使用 CSS 選擇器取得按鈕後，呼叫 Click 方法按下按鈕。

- 第 21 ～ 22 列：使用 FindElementById() 方法取得 id 屬性值 report-table 的 <table> 標籤後，呼叫 FindElementsByTag() 方法取得所有表格列的 <tr> 標籤（**請注意！是 Elements**）。

- 第 25 ～ 41 列：使用兩層 For Each/Next 巢狀迴圈，在外層是每一個表格列，內層有兩個 For Each/Next 迴圈分別取出標題列和資料列。

- 第 27 ～ 39 列：用 If/Else 條件判斷是否是第 1 列的標題列（其儲存格是 <th> 標籤），如果是，在第 28 列取得所有 <th> 標籤後，第 29 ～ 32 列的內層 For Each/Next 迴圈顯示第 1 列的標題列，會依序在 Excel 工作表的儲存格中填入 <th> 標籤的 Text 屬性值。

- 第 34 ～ 38 列：如果不是第 1 列標題列，就是在第 34 列取得所有 <td> 標籤的儲存格後，在第 35 ～ 38 列的內層 For Each/Next 迴圈顯示其他資料列，會依序在 Excel 工作表的儲存格中填入 <td> 標籤的 Text 屬性值。

請啟動 Excel 開啟 ch13_5_2.xlsm，按下**清除**鈕清除儲存格內容後，再按下**爬取**鈕，會開啟 Chrome 視窗填入股票代碼和顯示查詢結果，最後在 Excel 儲存格中顯示查詢結果的表格資料，如下圖所示： 

	A	B	C	D	E	F	G	H	I	J
1	日期	成交股數	成交金額	開盤價	最高價	最低價	收盤價	漲跌價差	成交筆數	
2	108/10/01	75,248,890.00	20,886,838,992	273	280.5	273	280	8	26,648	爬取
3	108/10/02	30,572,953.00	8,553,297,334	280	281	279	279.5	-1	12,294	
4	108/10/03	35,874,864.00	9,891,620,358	274	278	274	276.5	-3	12,853	
5	108/10/04	35,814,613.00	9,924,872,301	280	280	275	276.5	0	13,780	清除
6	108/10/07	17,750,230.00	4,944,376,000	279	280	277.5	278	1.5	7,757	
7	108/10/08	39,868,551.00	11,341,522,526	284	287	282.5	286.5	8.5	16,721	
8	108/10/09	34,895,456.00	9,890,256,397	283.5	286	282	282	-4.5	14,567	
9										

工作表1

學習評量

1. 請說明什麼是 HTML 表單標籤和表單欄位標籤？POST 和 GET 方法的 HTML 表單有何不同？

2. 請問 AJAX 和 HTML 表單送回的 HTTP 請求有何不同？

3. 請說明什麼是 IE 自動化？

4. 請說明什麼是 Selenium 自動瀏覽器？

5. 請問 Excel VBA 需要如何執行 Selenium 自動瀏覽器？

6. 請問什麼是 XPath 表達式？

7. 請建立 Excel VBA 程式分別使用 IE 自動化和 Selenium 輸入使用者名稱和密碼來登入你的 Web 網頁電子郵件系統。

8. 請使用 Excel VBA+Selenium 爬取 Google 表單搜尋 Excel VBA 結果的標題文字清單。

Excel VBA 爬蟲實戰：Web API、AJAX 與互動網頁資料爬取

14-1 IEX Cloud 股市交易資訊的 Web API

Investors' Exchange（IEX）是美國第 13 家股票交易所，IEX 集團的 IEX Cloud 提供 Web API 可以讓我們查詢股市交易資訊。

14-1-1 註冊 IEX Cloud 的 Web API

使用 IEX Cloud 的 Web API 前，需要先註冊帳號，我們可以選擇註冊免費或付費帳號，其網址如下所示：

⁂ https://iexcloud.io/

請在上述網頁按下 **Get started** 鈕，開始註冊 IEX Cloud 帳號，其步驟如下所示：

1. 請在註冊表單中依序輸入帳號類型（請選 **Individual** 個人）、姓名、電子郵件地址和密碼，在勾選同意服務條款後，按下 **Create account** 鈕建立帳號。

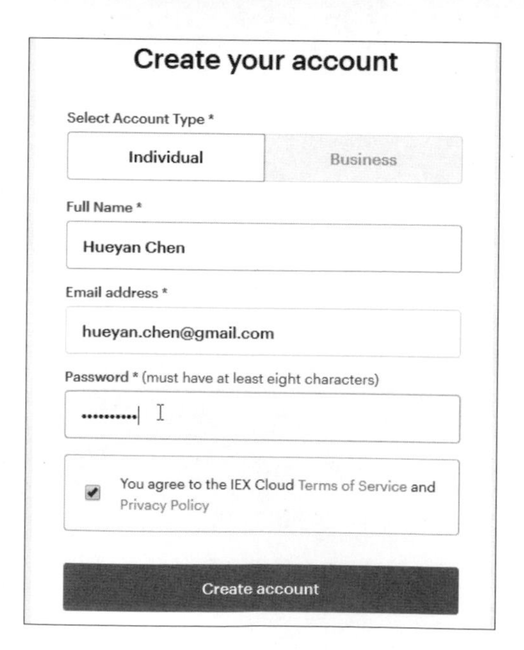

2 選擇付費或免費方案，請點選左下角的「**Select free plan**」連結，選擇免費的入門方案：

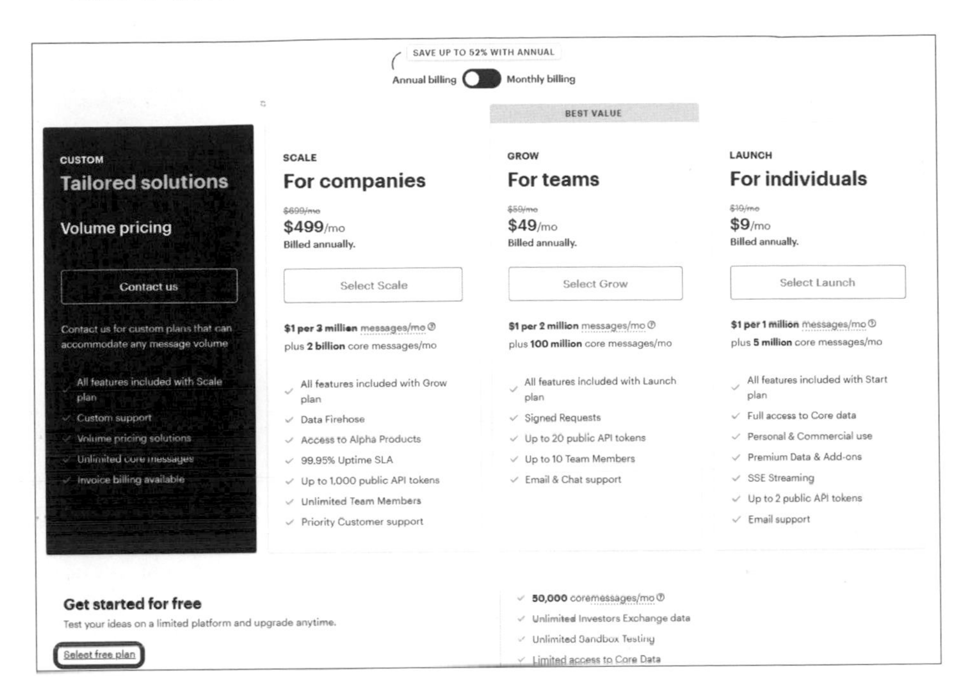

3 接著，IEX Cloud 會顯示「已經寄送一封啟動帳號的電子郵件至註冊時填寫的電子郵件地址」訊息，如下圖所示：

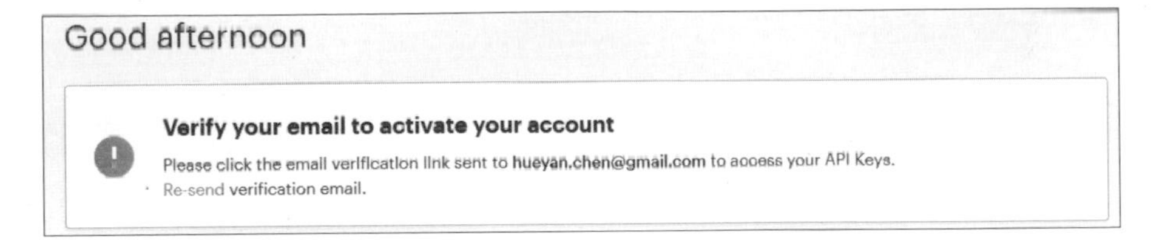

4 請啟動郵件工具接收郵件，例如：Gmail，就會看到郵件標題為「IEX Cloud Email Verification」的郵件，請點選下方超連結來啟動帳號：

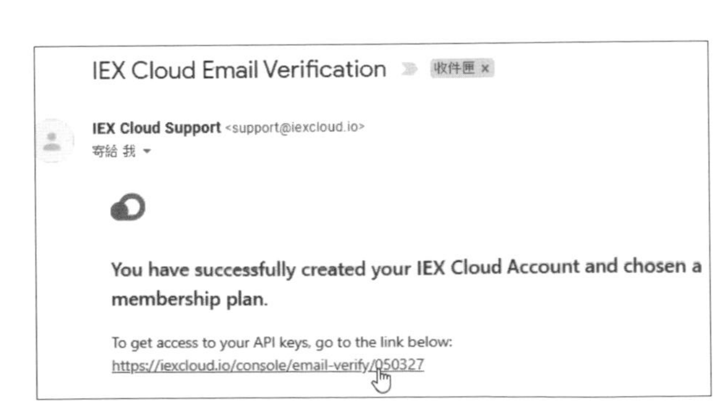

5 成功啟動帳號後，我們需要取得認證的 API Tokens 字串，請在左邊點選 **API Tokens**，即可在右邊看到 PUBLISHABLE 後方的 Token 字串，請點選後方小圖示來複製 Token 字串。

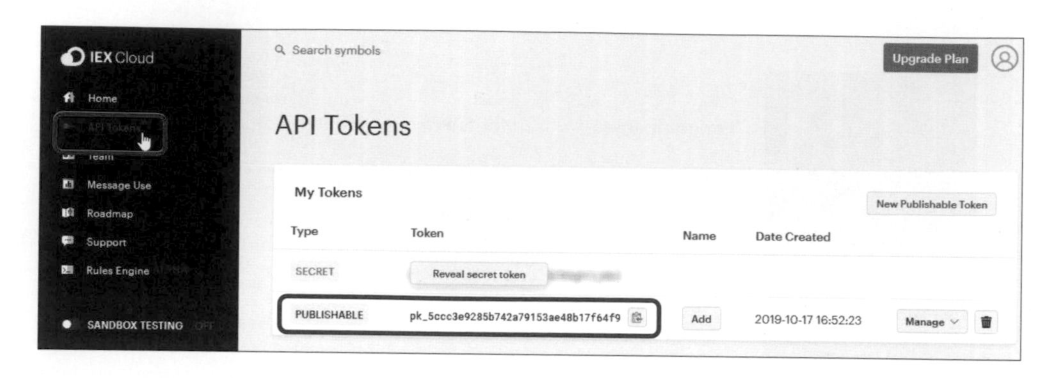

IEX Cloud 提供完整 API 教學文件，說明如何在 Excel 使用 Web 服務和 REST API，其 URL 網址如下所示：

⁂ https://iexcloud.io/docs/api/

14-1-2 使用 IEX Cloud 市場資訊的 Web API

在 Excel 的儲存格中可以直接使用 IEX Cloud 的 Web API，即 REST API，我們也可以建立 Excel VBA 程式，使用 XMLHttpRequest 物件來執行 REST API 呼叫。

➲ 使用 Excel 的 Webservice() 函數

IEXCloud.xlsm

Excel 提供 Webservice() 函數可以呼叫 REST API 的 Web 服務，能夠將取得的資料直接填入儲存格，例如：在 Excel 儲存格取得 Apple 公司的最新股價，如下所示：

```
=WEBSERVICE("https://cloud.iexapis.com/stable/stock/aapl/quote/
latestPrice?token=<TOKEN>")
```

上述 stock/aapl/quote/latestPrice 端點中的 aapl 是 Apple 公司的股票代碼，latestPrice 是最新股價，最後的 token 參數值是上一節取得的 API Token 字串。Excel 範例：IEXCloud.xlsm 是修改自 IEX Cloud 提供的 Excel 範例檔，如下圖所示：

	A	B	C	D	E	F
1	API TOKEN	pk_5ccc3e9285b742a79153ae48b17f64f9				
2	urlPrefix	https://cloud.iexapis.com/stable/stock/				
3						
4	Symbols	latestPrice	week52High	latestUpdate		
5	AAPL	235.28	238.13	10/17/19 20:00		更新
6	GOOG	1253.07	1289.27	10/17/19 4:00		
7	BAC	30.26	31.17	10/17/19 20:01		
8	GS	206.46	234.06	10/17/19 4:00		
9	FB	190.39	208.66	10/17/19 4:00		
10	YUMA	3.63	8.6	10/17/19 4:00		
11	TSM	49.75	51.13	10/17/19 4:00		
12	IBKR	45.76	62.53	10/17/19 4:00		
13	BRK.A	313200	335109.1	10/17/19 4:00		
14	BRK.B	208.62	223.58	10/17/19 4:00		
15						

Sheet1

請在上述 B1 儲存格輸入上一節取得的 Token 字串後，按下**更新**鈕，可以取得 A5~A14 股票的股價資訊。點選 B5 ～ D5 儲存格，會在上方的**資料編輯列**看到輸入的 3 個 WEBSERVICE() 函數，如下所示：

```
=WEBSERVICE(CONCATENATE($B$2,$A5,"/quote/",B$4,"?token=",$B$1))
=WEBSERVICE(CONCATENATE($B$2,$A5,"/quote/",C$4,"?token=",$B$1))
=(WEBSERVICE(CONCATENATE($B$2,$A5,"/quote/",D$4,"?token=",$B$1))
```

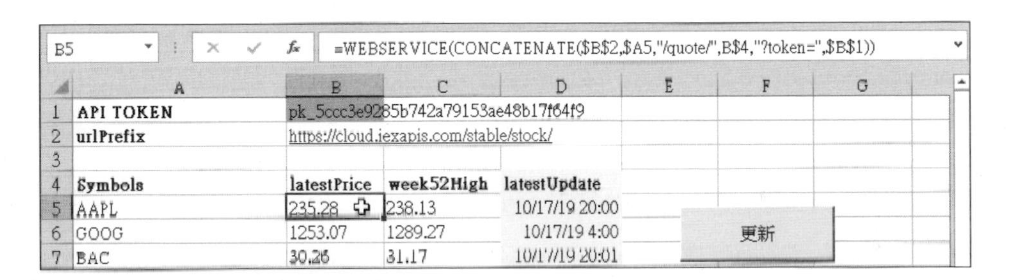

B5 =WEBSERVICE(CONCATENATE(B2,$A5,"/quote/",B$4,"?token=",B1))

	A	B	C	D	E	F	G
1	API TOKEN	pk_5ccc3e9285b742a79153ae48b17f64f9					
2	urlPrefix	https://cloud.iexapis.com/stable/stock/					
3							
4	Symbols	latestPrice	week52High	latestUpdate			
5	AAPL	235.28	238.13	10/17/19 20:00			
6	GOOG	1253.07	1289.27	10/17/19 4:00		更新	
7	BAC	30.26	31.17	10/17/19 20:01			

上述 B2 儲存格是 API 網址，A5 ～ A14 儲存格是股票代碼，B4 ～ D4 儲存格依序查詢最新股價、52 週最高價和最新股價的日期，B1 儲存格為 API Token 字串。

➲ 使用 XMLHttpRequest 物件測試 Web API

ch14_1_2.xlsm

Excel VBA 可以使用 XMLHttpRequest 物件送出 REST API 呼叫來取得回應資料，因為 IEX Cloud 是 REST API，所以回傳的是 JSON 資料。REST API 呼叫就是一個 URL 網址，其格式如下所示：

⁂ **基礎 URL**：IEX 基礎網址是：https://cloud.iexapis.com。

⁂ **API 版本**：IEX 的版本，beta 是測試版；stable 是穩定版。

⁂ **認證 Token 字串**：所有 REST API 呼叫需要有合法的認證 Token 字串，在 URL 網址需要加上 token 參數的認證 Token 字串。

例如：取得 Apple 公司的股價交易資訊（詳見 IEX 的 API 教學文件），如下所示：

```
https://cloud.iexapis.com/stable/stock/aapl/quote?token=<TOKEN>
```

上述 stock/aapl/quote 是端點（支援的端點有：quote、stats、financials、cash-flow、balance-sheet、income 和 dividends），其中 aapl 是查詢 Apple 公司的股價資訊。同理，我們也可以取得 Apple 公司的最新股價，如下所示：

```
https://cloud.iexapis.com/stable/stock/aapl/quote/latestPrice?token=<TOKEN>
```

上述 latestPrice 就是最新股價，如下所示：

```
01: Dim xmlhttp As New MSXML2.XMLHTTP60
02: Dim myurl As String
03: Dim PublicToken As String
04:
05: PublicToken = "pk _ 5ccc3e9285b742a79153ae48b17f64f9"
06:
07: myurl = " https://cloud.iexapis.com/stable/stock/aapl/quote/" & _
           "latestPrice?token=" & PublicToken
08: 'myurl = "https://cloud.iexapis.com/stable/stock/aapl/quote?token="& _
             PublicToken
09:
10: xmlhttp.Open "GET", myurl, False
11: xmlhttp.SetRequestHeader "If-Modified-Since", _
                          "Sat, 1 Jan 2000 00:00:00 GMT"
12: xmlhttp.send
13:
14: If xmlhttp.Status = 200 Then
15:    MsgBox (xmlhttp.ResponseText)
16: End If
...
```

* 第 5 列：PublicToken 變數值是 API Token 認證字串。

* 第 7 ～ 12 列：在指定 REST API 呼叫的 URL 網址變數 myurl 後（第 8 列註解是另一個 REST API 呼叫），使用 GET 方法開啟和設定 HTTP 請求，在第 11 列指定標頭資訊，讓回應資料不保留在瀏覽器的快取，也就是說，每一次回應都是最新資料，第 12 列送出請求。

* 第 15 列：使用 MsgBox() 函數顯示回應的 JSON 字串。

請啟動 Excel 開啟 ch14_1_2.xlsm，按下**測試 IEX API** 鈕，會顯示從 REST API 取得的 Apple 公司最新股價資訊，如右圖所示：

如果在第 7 列的最前面加上「'」讓此列成為註解，並取消第 8 列的註解符號，此時回應的 JSON 資料是 Apple 公司的完整股票資訊，如下下圖所示：

➲ 在 Excel 顯示取得的股價資訊

ch14_1_2a.xlsm

我們準備使用 IEX API 取得 Facebook、Apple、Google 和 TSM 四家公司的股價資訊，並且將資料填入 Excel 儲存格，如下所示：

```
01: Dim xmlhttp As New MSXML2.XMLHTTP60
02: Dim myurl1, myurl2 As String
03: Dim SymbLst, JSONStr As String
04: Dim PublicToken As String
05: Dim JSON As Object
06: Dim i As Integer
07:
08: SymbLst = Array("fb", "aapl", "goog", "tsm")
09: PublicToken = "pk_5ccc3e9285b742a79153ae48b17f64f9"
10:
11: myurl1 = "https://cloud.iexapis.com/stable/stock/"
12: myurl2 = "/quote?token=" & PublicToken
13:
14: JSONStr = "["
15:
16: For i = 0 To 3
17:     xmlhttp.Open "GET", myurl1 & SymbLst(i) & myurl2, False
18:     xmlhttp.SetRequestHeader "If-Modified-Since", _
                    "Sat, 1 Jan 2000 00:00:00 GMT"
19:     xmlhttp.send
20:
21:     If xmlhttp.Status = 200 Then
22:       If i <= 2 Then
23:           JSONStr = JSONStr & xmlhttp.responseText & ","
24:       Else
25:           JSONStr = JSONStr & xmlhttp.responseText
26:       End If
27:     End If
28: Next
29: JSONStr = JSONStr & "]"
30:
31: Set JSON = ParseJson(JSONStr)
32: i = 2
```

```
33: For Each Stock In JSON
34:     Sheets(1).Cells(i, 1).Value = Stock("symbol")
35:     Sheets(1).Cells(i, 2).Value = Stock("open")
36:     Sheets(1).Cells(i, 3).Value = Stock("close")
37:     Sheets(1).Cells(i, 4).Value = Stock("high")
38:     Sheets(1).Cells(i, 5).Value = Stock("low")
39:     Sheets(1).Cells(i, 6).Value = Stock("latestPrice")
40:     Sheets(1).Cells(i, 7).Value = Stock("latestSource")
41:     Sheets(1).Cells(i, 8).Value = Stock("latestTime")
42:     Sheets(1).Cells(i, 9).Value = Stock("latestVolume")
43:     Sheets(1).Cells(i, 10).Value = Stock("change")
44:     Sheets(1).Cells(i, 11).Value = Stock("avgTotalVolume")
45:     Sheets(1).Cells(i, 12).Value = Stock("volume")
46:     i = i + 1
47: Next
...
```

⁂ 第 16 ～ 28 列：使用 For 迴圈送出 4 次請求來取得 SymbLst 陣列四家公司的 JSON 字串，和在第 14 和 29 列的前後加上「[ ]」建立成 JSON 陣列。

⁂ 第 31 列：呼叫 ParseJson() 函數將取得的 JSON 字串轉換成 Dictionary 物件的 Collection 物件。

⁂ 第 33 ～ 47 列：使用 For Each/Next 迴圈從第 2 列開始（變數 i=2），每次取出一個 Dictionary 物件 Stock，然後使用 Stock("鍵") 的鍵索引取出 JSON 的值。

請啟動 Excel 開啟 ch14_1_2a.xlsm，按下**清除**鈕清除儲存格內容後，再按下**測試 IEX API** 鈕，會顯示從 REST API 取得的 JSON 資料轉換成的表格，這是四家公司的股價資訊，如下圖所示：

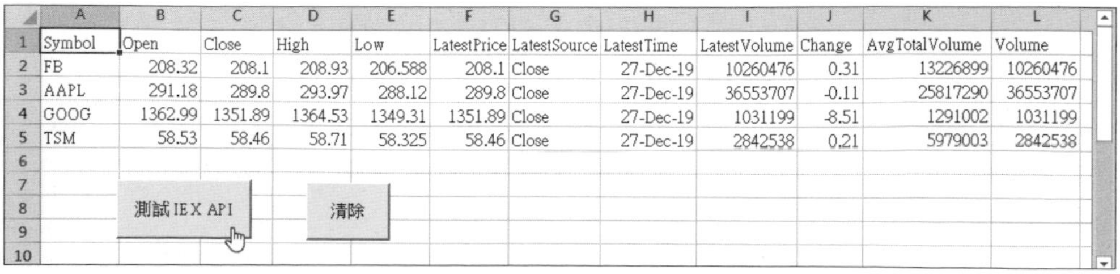

	A	B	C	D	E	F	G	H	I	J	K	L
1	Symbol	Open	Close	High	Low	LatestPrice	LatestSource	LatestTime	LatestVolume	Change	AvgTotalVolume	Volume
2	FB	208.32	208.1	208.93	206.588	208.1	Close	27-Dec-19	10260476	0.31	13226899	10260476
3	AAPL	291.18	289.8	293.97	288.12	289.8	Close	27-Dec-19	36553707	-0.11	25817290	36553707
4	GOOG	1362.99	1351.89	1364.53	1349.31	1351.89	Close	27-Dec-19	1031199	-8.51	1291002	1031199
5	TSM	58.53	58.46	58.71	58.325	58.46	Close	27-Dec-19	2842538	0.21	5979003	2842538
6												
7												
8		測試 IEX API		清除								
9												
10												

14-2 爬取表單送回的「集保戶股權分散表」

如果 HTML 表單是 POST 請求的表單送回網頁，我們只需找出表單欄位送回的資料，在此同樣可以使用 XMLHttpRequest 物件送出 POST 請求來爬取資料。

➲ 步驟一：實際瀏覽網頁內容

在「臺灣集中保管結算所」網頁中可以查詢集保戶股權分散表，其網址如下：

⁂ https://www.tdcc.com.tw/smWeb/QryStock.jsp

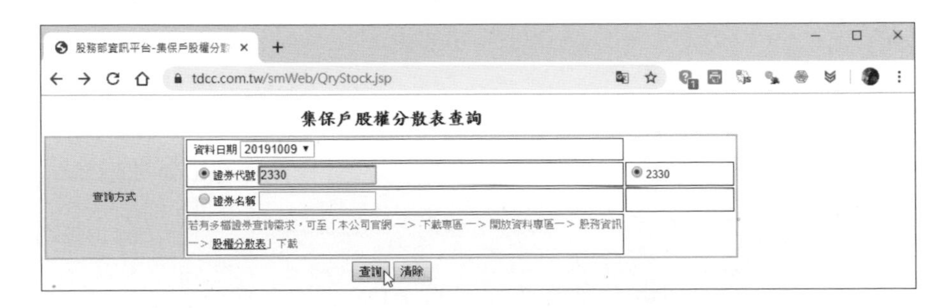

在上述表單欄位輸入證券代號 **2330**，按下**查詢**鈕，會顯示台積電股票的集保戶股權分散表，如下圖所示：

集保戶股權分散表

證券代號：2330　證券名稱：台積電　資料日期：108年10月09日

序	持股/單位數分級	人　數	股　數/單位數	占集保庫存數比例 (%)
1	1-999	148,524	31,599,173	0.12
2	1,000-5,000	136,184	275,696,880	1.06
3	5,001-10,000	22,633	163,402,387	0.63
4	10,001-15,000	8,659	105,744,712	0.40
5	15,001-20,000	4,141	72,912,738	0.28
6	20,001-30,000	4,467	109,327,579	0.42
7	30,001-40,000	2,096	72,706,374	0.28
8	40,001-50,000	1,392	62,710,743	0.24
9	50,001-100,000	2,622	183,809,461	0.70
10	100,001-200,000	1,592	221,550,771	0.85
11	200,001-400,000	1,019	283,220,255	1.09
12	400,001-600,000	432	211,145,317	0.81
13	600,001-800,000	266	183,839,843	0.70
14	800,001-1,000,000	175	156,362,198	0.60
15	1,000,001以上	1,454	23,796,352,027	91.77
	合　計	335,656	25,930,380,458	100.00

在 Chrome 瀏覽器中使用 Quick JavaScript Switcher 擴充功能關閉執行 JavaScript，會發現查詢結果的 HTML 表格並沒有消失，所以此頁面並不是使用 AJAX 技術顯示的 HTML 表格。

接著，在 Chrome 開發人員工具的 **Elements** 標籤找到 <form> 表單標籤，會看到 action 參數值是 QryStockAjax.do，這是伺服端的表單處理程式（.do 是 JSP 伺服端網頁技術），如下所示：

```
<form method="POST" action="QryStockAjax.do" name="Qform" id="Qform">
   ...
</form>
```

從上述的 <form> 標籤可以看出這是 HTML 表單送回網頁，QryStockAjax.do 是位在 **Doc** 標籤的 HTTP 請求，如下圖所示：

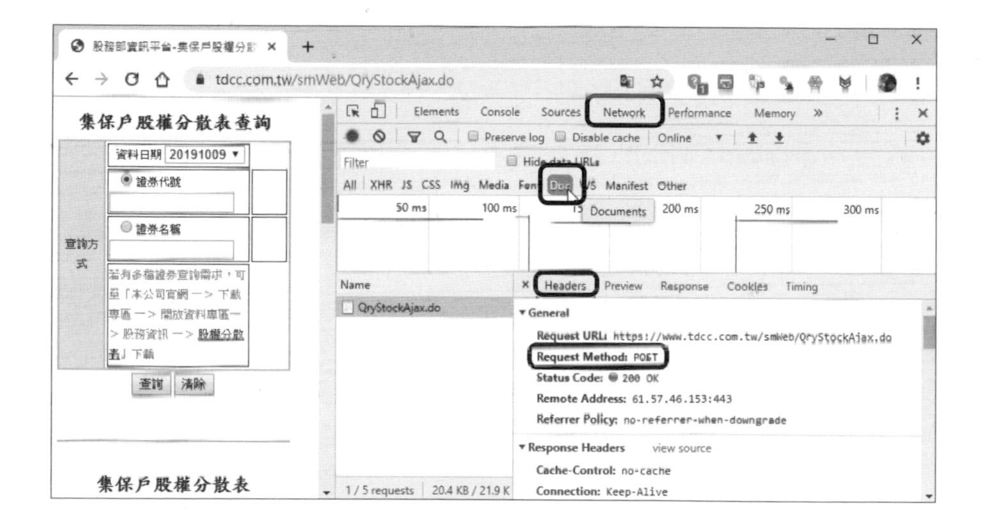

點選 **QryStockAjax.do** 項目後，再點選 **Headers** 標籤，會看到是 POST 方法的 HTTP 請求。

➲ 步驟二：找出 HTML 表單送回的欄位資料

因為是 HTTP POST 請求的 HTML 表單送回，我們可以使用 Chrome 開發人員工具找出表單送出的資料，請在 **Headers** 標籤捲動視窗至最後，如下圖所示：

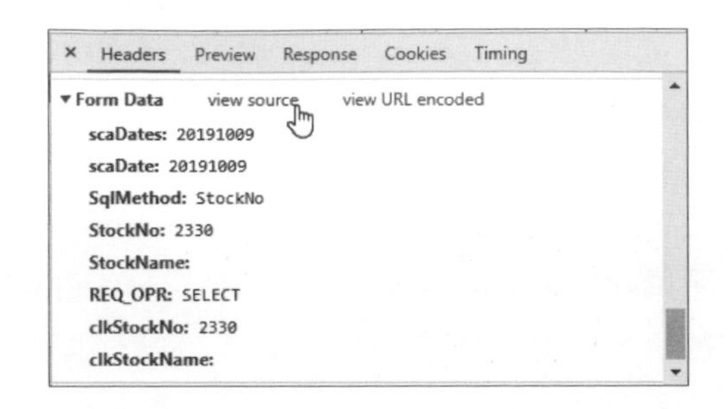

上述「Form Data」區段的資料是對應 HTML 表單欄位，點選 **view source**，會顯示 HTTP 標頭送回的原始資料，如下所示：

```
scaDates=20191009&scaDate=20191009&SqlMethod=StockNo&StockNo=2330&StockName=
&REQ_OPR=SELECT&clkStockNo=2330&clkStockName=
```

從 **Headers** 標籤可以找出 POST 請求的 URL 網址（在「General」區段）：

```
https://www.tdcc.com.tw/smWeb/QryStockAjax.do
```

➲ 步驟三：測試 HTTP POST 請求的表單送回

在找到目標資料的 HTTP POST 請求和表單送回的資料後，我們可以使用第 12-2-2 節的 Servistate HTTP Editor 擴充功能測試表單送回的 HTTP POST 請求。

請按下 **Quick Request** 鈕後，選擇 **POST** 方法並輸入 URL 網址 https://www.tdcc.com.tw/smWeb/QryStockAjax.do，如下圖所示：

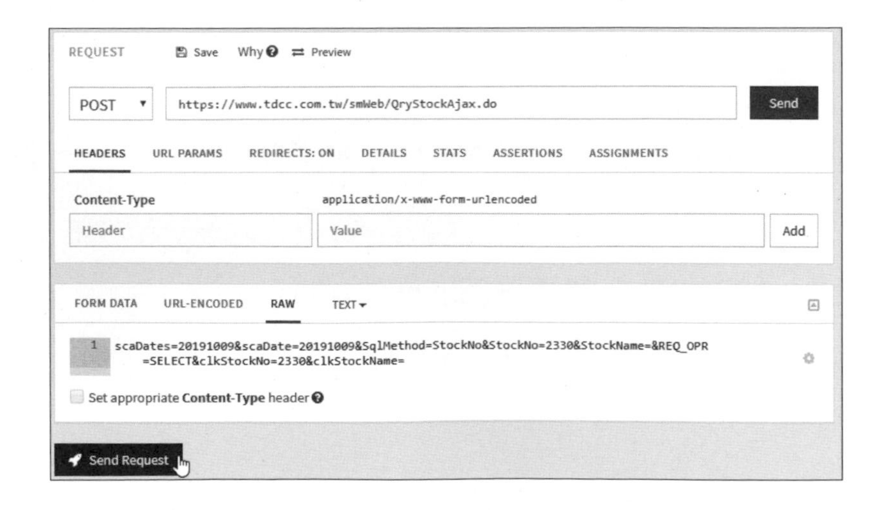

在上述中間新增 HEADERS 標頭資訊，在 Header 欄輸入 **Content-Type**；Value 欄輸入 **application/x-www-form-urlencoded** 後，按下 **Add** 鈕新增表單送回的標頭資訊。

然後在下方 FROM DATA 處，切換到 **RAW** 標籤，輸入之前取得表單送回欄位值的標頭原始資料，按下 **Send Request** 鈕，稍待一會兒，捲動視窗，即可看到回應的 HTML 網頁內容，點選 **PREVIEW** 標籤，會看到之前相同的 HTML 表格資料。

➲ 步驟四：使用 XMLHttpRequest 物件送出 POST 請求

Excel 檔案：ch14_2.xlsm 是使用 POST 請求，執行 HTML 表單送回和擷取 HTML 表格資料，如下所示：

```
01: Dim xmlhttp As New MSXML2.XMLHTTP60
02: Dim html As New HTMLDocument
03: Dim table As Object
04: Dim i As Integer, j As Integer
05:
06: Dim myurl As String
07:
08: myurl = "https://www.tdcc.com.tw/smWeb/QryStockAjax.do"
09:
10: xmlhttp.Open "POST", myurl, False
11: xmlhttp.setRequestHeader "Content-Type", _
                "application/x-www-form-urlencoded"
12: xmlhttp.send "scaDates=20191009&scaDate=20191009&SqlMethod=StockNo&S
tockNo=2330&StockName=&REQ _ OPR=SELECT&clkStockNo=2330&clkStockName="
13:
14: If xmlhttp.Status = 200 Then
15:     html.body.innerHTML = xmlhttp.responseText
16:
17:     Set table = html.getElementsByTagName("table")(7)
18:
19:     For i = 0 To table.Rows.Length - 1
20:         For j = 0 To table.Rows(i).Cells.Length - 1
```

```
21:             Sheets(1).Cells(i + 1, j + 1).Value = _
                        table.Rows(i).Cells(j).innerText
22:         Next
23:     Next
24: End If
...
```

⁂ 第 10 ～ 12 列：設定和送出 HTTP POST 表單送回的 HTTP 請求，send() 方法的參數字串就是 HTML 表單送回的欄位資料。

⁂ 第 17 列：使用 getElementsByTagName() 方法取得第 8 個 <table> 標籤（索引值是 7）。

⁂ 第 19 ～ 23 列：使用兩層 For/Next 巢狀迴圈，從每一列至每一欄將表格資料依序在 Excel 工作表的儲存格填入 innerText 屬性值的標籤內容。

請啟動 Excel 開啟 ch14_2.xlsm，按下**清除**鈕清除儲存格內容後，再按下**爬取**鈕，會在儲存格中顯示從表單處理的回應網頁所擷取的 HTML 表格資料，如下圖所示：

序	持股/單位數分級	人　數	股　數/單位數	占集保庫存數比例(%)
1	1-999	148,524	31,599,173	0.12
2	1,000-5,000	136,184	275,696,880	1
3	5,001-10,000	22,633	163,402,387	1
4	10,001-15,000	8,659	105,744,712	0
5	15,001-20,000	4,141	72,912,738	0
6	20,001-30,000	4,467	109,327,579	0
7	30,001-40,000	2,096	72,706,374	0.28
8	40,001-50,000	1,392	62,710,743	0.24
9	50,001-100,000	2,622	183,809,461	0.7
10	100,001-200,000	1,592	221,550,771	0.85
11	200,001-400,000	1,019	283,220,255	1.09
12	400,001-600,000	432	211,145,317	0.81
13	600,001-800,000	266	183,839,843	0.7
14	800,001-1,000,000	175	156,362,198	0.6
15	1,000,001以上	1,454	23,796,352,027	91.77
	合　計	335,656	25,930,380,458	100

14-3 爬取 AJAX 網頁的摩台指數和未平倉量

新加坡交易所 SGX 網站中，有提供摩根台股指數相關資訊，包含指數和約 60 天的未平倉量，其 URL 網址如下所示：

⁂ https://www2.sgx.com/derivatives/delayed-prices-futures?cc=TW&category=equityindex

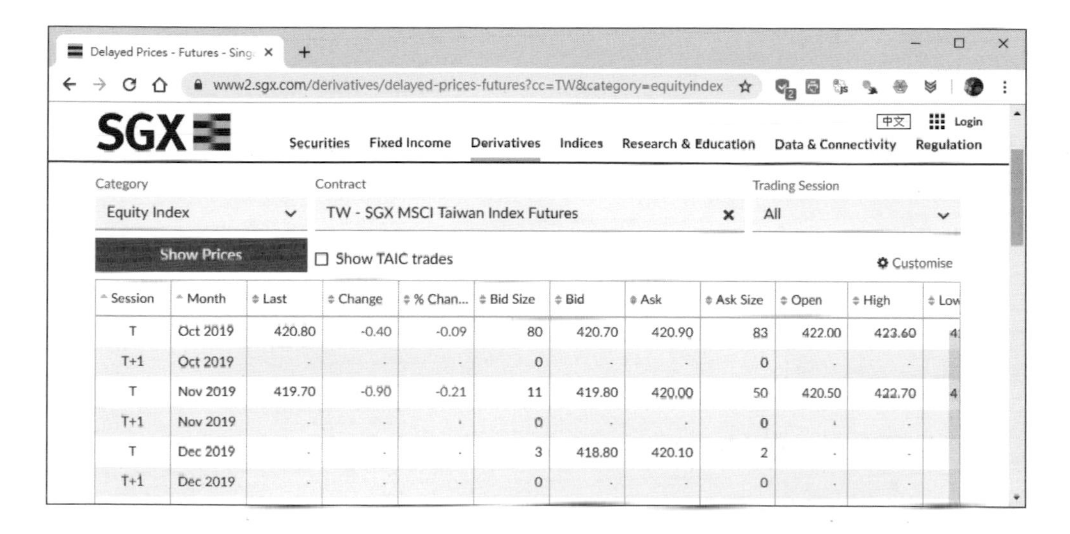

➲ 步驟一：判斷網頁內容是否為 JavaScript 動態產生

請在 Chrome 瀏覽器使用 Quick Javascript Switcher 擴充功能關閉執行 JavaScript，會看到網頁內容和表格都不見了，因為這是使用 JavaScript 程式碼產生的網頁內容：

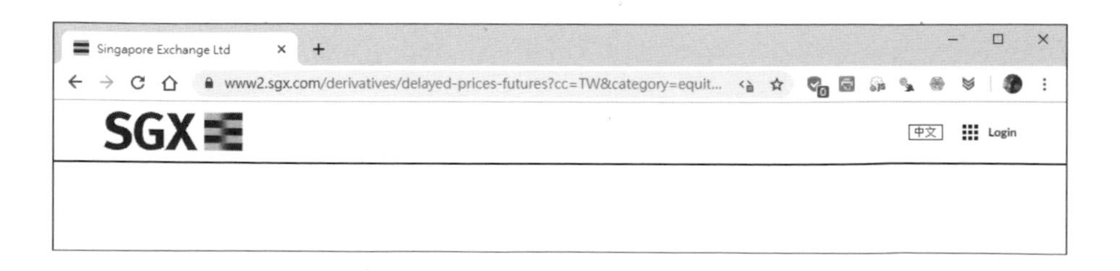

上述網頁內容很明顯是在背景使用 AJAX 請求取得摩台指數和未平倉量的資料。

➲ 步驟二：使用 Chrome 開發人員工具分析 AJAX 請求

現在，請點選 Quick Javascript Switcher 擴充功能圖示切換執行 JavaScript，然後使用 Chrome 開發人員工具分析 AJAX 請求，其步驟如下所示：

1. 在 Chrome 瀏覽器按下 F12 鍵切換至開發人員工具，點選 **Network** 標籤，按下 F5 鍵重新載入網頁，即可開始擷取網路流量，點選 **XHR** 只顯示 AJAX 請求，會在下方看到擷取的多個請求，如下圖所示：

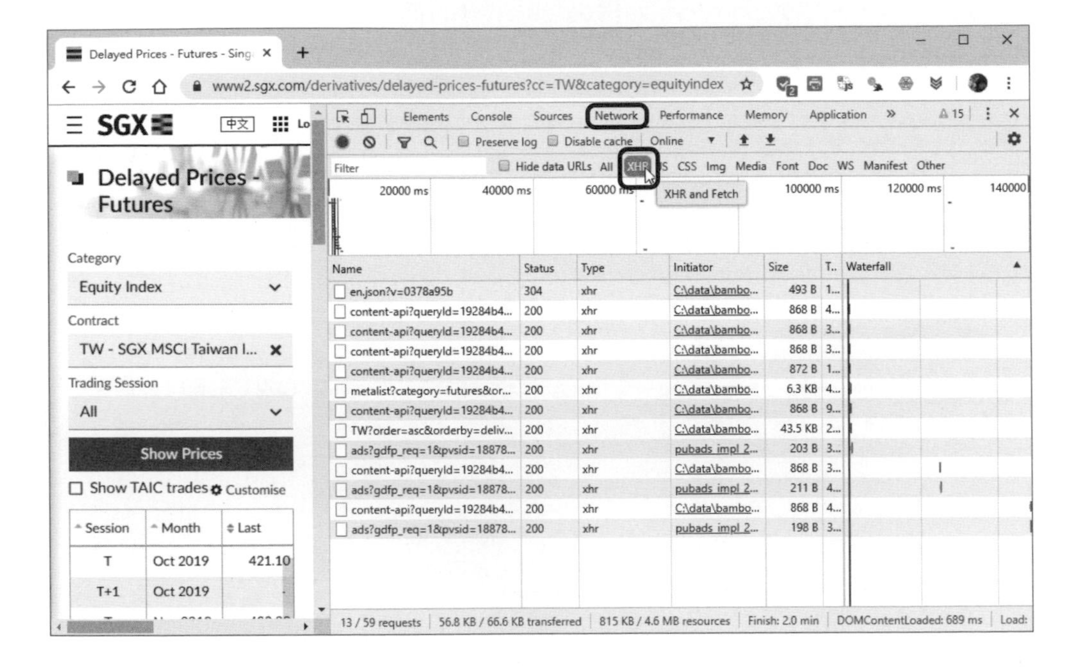

2. 在一一檢視 AJAX 請求後，可以找出資料來源是「TW?」開頭的項目，選此項目，再點選 **Preview** 標籤，會看到回應資料，如下圖所示：

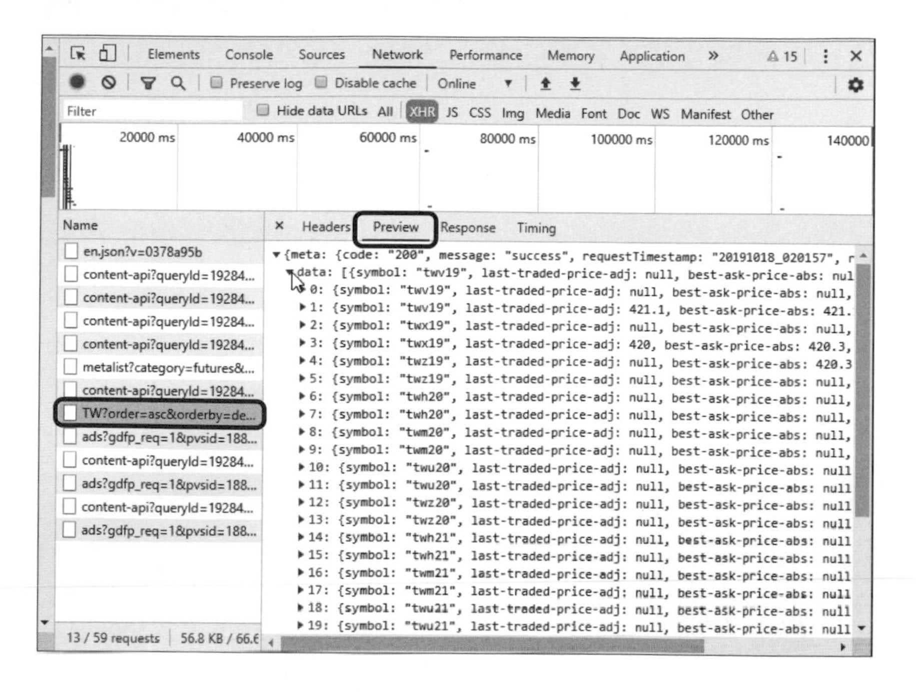

3 展開 data 可以看到摩台指數和未平倉量的資料，我們再進一步檢視 HTTP 標頭資訊，即 **Headers** 標籤，會看到請求方法是 GET 請求，如下圖所示：

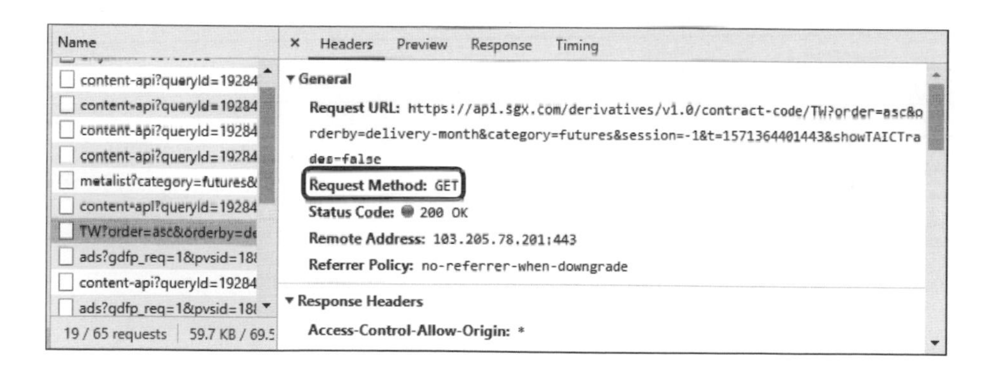

4 點選 **Response** 標籤，可以看到回應的原始 JSON 字串內容。

5 請在 XHR 項目上，執行**右**鍵快顯功能表的「Copy/Copy link address」命令，將 AJAX 請求的 URL 網址複製至剪貼簿。

➲ 步驟三：測試 AJAX 請求的 URL 網址

在步驟二已經找出目標資料的 AJAX 請求和取得其 URL 網址，事實上，AJAX 請求的 URL 網址就是類似第 14-1 節 IEX 的 REST API 呼叫，如下所示：

```
https://api.sgx.com/derivatives/v1.0/contract-code/TW?order=asc&orderby=
delivery-month&category=futures&session=-1&t=1571364401443&showTAICTrades=
false
```

我們可以用 Chrome 瀏覽器測試 AJAX 請求的 URL 網址，會看到回應的 JSON 資料，如下圖所示：

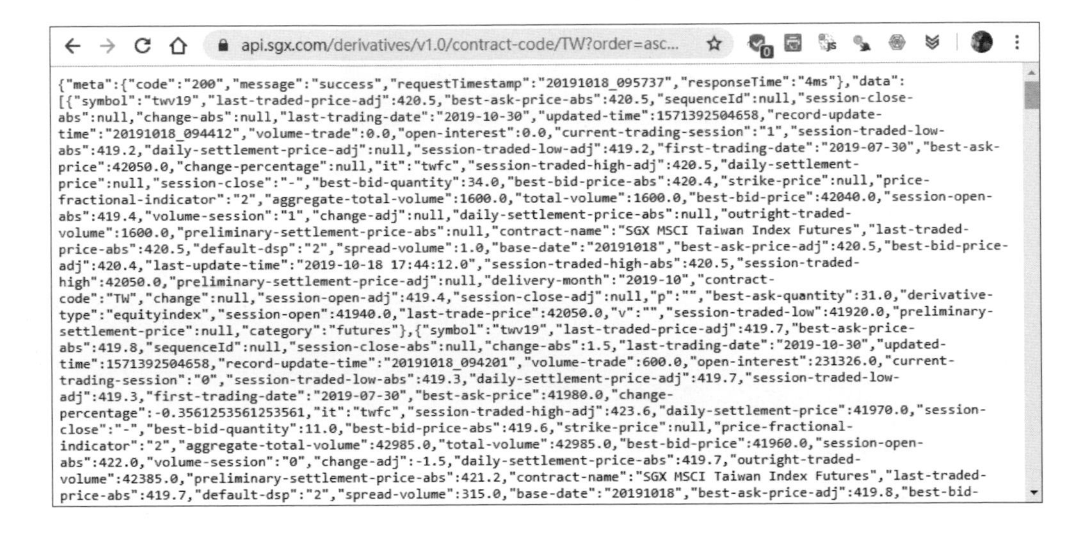

上述回應的 JSON 資料並不容易閱讀，請改用 Servistate HTTP Editor 擴充功能來測試 AJAX 請求，可以顯示格式化後的 JSON 資料。

請按下 **Quick Request** 鈕後，選擇 **GET** 方法和輸入 URL 網址，按下 **Send** 鈕送出後，在 **FORMATTED** 標籤下會顯示格式化的 JSON 資料，如下圖所示：

FORMATTED RAW PREVIEW Copy

```
1  {
2      "meta": {
3          "code": "200",
4          "message": "success",
5          "requestTimestamp": "20191018_022406",
6          "responseTime": "7ms"
7      },
8      "data": [
9          {
10             "symbol": "twv19",
11             "last-traded-price-adj": null,
12             "best-ask-price-abs": null,
13             "sequenceId": null,
14             "session-close-abs": null,
15             "change-abs": null,
16             "last-trading-date": "2019-10-30",
17             "updated-time": 1571365204191,
18             "record-update-time": "20191017_220008",
19             "volume-trade": 0,
20             "open-interest": 0,
```

上述 data 鍵的值是 JSON 陣列，陣列元素的每一個 JSON 物件就是摩根台股指數和未平倉量的相關資訊。

➲ 步驟四：建立 Excel VBA 爬蟲程式爬取 AJAX 請求的資料

現在，我們可以使用 XMLHttpRequest 物件建立 Excel VBA 爬蟲程式 ch14_3.xlsm，能夠爬取 AJAX 請求的摩根台股指數和未平倉量的相關資訊，在取得回應的 JSON 資料後，匯入 Excel 儲存格，如下所示：

```
01: Dim xmlhttp As New MSXML2.XMLHTTP60
02: Dim JSON As Object
03: Dim i As Integer
04:
05: myurl = "https://api.sgx.com/derivatives/v1.0/contract-code/
TW?order=asc&orderby=delivery-month&category=futures&session=-1&t=15713
64401443&showTAICTrades=false"
06: xmlhttp.Open "GET", myurl, False
07: xmlhttp.Send
08:
09: If xmlhttp.Status = 200 Then
10:     Set JSON = ParseJson(xmlhttp.responseText)
```

```
11:    i = 2
12:    For Each Data In JSON("data")
13:       Sheets(1).Cells(i, 1).Value = Data("last-update-time")
14:       Sheets(1).Cells(i, 1).NumberFormat = "yyyy/mm//dd"
15:       Sheets(1).Cells(i, 2).Value = Data("last-trading-date")
16:       Sheets(1).Cells(i, 2).NumberFormat = "yyyy/mm//dd"
17:       Sheets(1).Cells(i, 3).Value = Data("symbol")
18:       If Data("current-trading-session") = 0 Then
19:          Sheets(1).Cells(i, 4).Value = "T"
20:       Else
21:          Sheets(1).Cells(i, 4).Value = "T+1"
22:       End If
23:       Sheets(1).Cells(i, 5).Value = Data("change-abs")
24:       Sheets(1).Cells(i, 6).Value = Data("change-percentage")
25:       Sheets(1).Cells(i, 7).Value = Data("session-open-abs")
26:       Sheets(1).Cells(i, 8).Value = Data("session-traded-high-abs")
27:       Sheets(1).Cells(i, 9).Value = Data("session-traded-low-abs")
28:       Sheets(1).Cells(i, 10).Value = Data("last-traded-price-abs")
29:       Sheets(1).Cells(i, 11).Value = _
                   Data("daily-settlement-price-abs")
30:       Sheets(1).Cells(i, 12).Value = Data("totla-volume")
31:       Sheets(1).Cells(i, 13).Value = Data("open-interest")
32:       i = i + 1
33:    Next
34: End If
...
```

⁂ 第 5 ～ 7 列：在指定 AJAX 請求的 URL 網址變數 myurl 後，使用 GET 方法開啟和設定 HTTP 請求，即可送出請求。

⁂ 第 10 列：呼叫 ParseJson() 函數，將回應的 JSON 字串轉換成 Dictionary 物件的 Collection 物件。

⁂ 第 12 ～ 33 列：因為 JSON("data") 是 JSON 陣列的 Collection 物件，使用 For Each/Next 迴圈從第 2 列開始（變數 i=2），每次取出一個 Dictionary 物件 Data，然後使用 Data(" 鍵 ") 的鍵索引取出 JSON 的值，可以依序取出來建立成表格的每一列。

請啟動 Excel 開啟 ch14_3.xlsm，按下**清除**鈕清除儲存格內容後，再按下**爬取**鈕，會在儲存格中顯示從 JSON 格式轉換成的表格資料，如下圖所示：

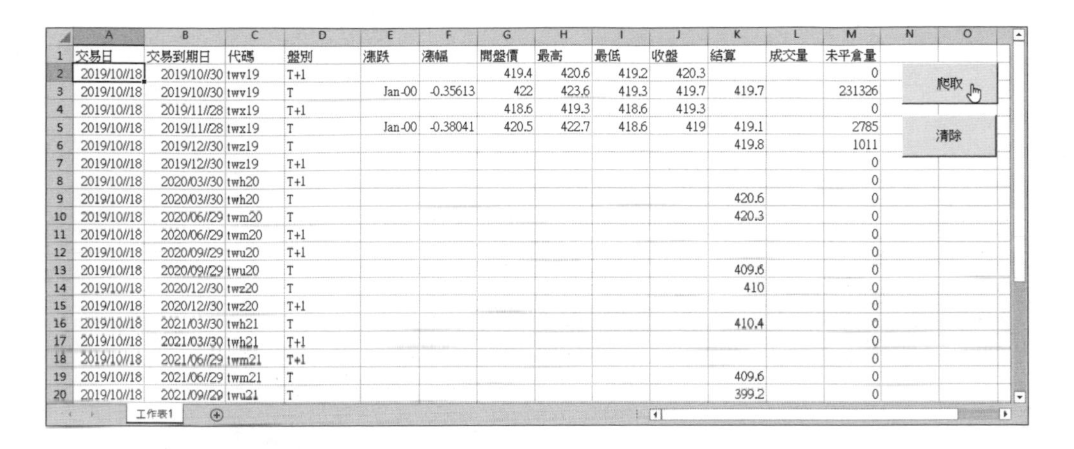

交易日	交易到期日	代碼	盤別	漲跌	漲幅	開盤價	最高	最低	收盤	結算	成交量	未平倉量
2019/10//18	2019/10//30	twv19	T+1			419.4	420.6	419.2	420.3			0
2019/10//18	2019/10//30	twv19	T	Jan-00	-0.35613	422	423.6	419.3	419.7	419.7		231326
2019/10//18	2019/11//28	twx19	T+1			418.6	419.3	418.6	419.3			0
2019/10//18	2019/11//28	twx19	T	Jan-00	-0.38041	420.5	422.7	418.6	419	419.1		2785
2019/10//18	2019/12//30	twz19	T							419.8		1011
2019/10//18	2019/12//30	twz19	T+1									0
2019/10//18	2020/03//30	twh20	T+1									0
2019/10//18	2020/03//30	twh20	T							420.6		0
2019/10//18	2020/06//29	twm20	T							420.3		0
2019/10//18	2020/06//29	twm20	T+1									0
2019/10//18	2020/09//29	twu20	T+1									0
2019/10//18	2020/09//29	twu20	T							409.6		0
2019/10//18	2020/12//30	twz20	T							410		0
2019/10//18	2020/12//30	twz20	T+1									0
2019/10//18	2021/03//30	twh21	T							410.4		0
2019/10//18	2021/03//30	twh21	T+1									0
2019/10//18	2021/06//29	twm21	T+1									0
2019/10//18	2021/06//29	twm21	T							409.6		0
2019/10//18	2021/09//29	twu21	T							399.2		0

14-4 使用互動操作爬取「下一頁」資料

當爬取資料是多分頁的 HTML 表格資料，而且分頁內容是使用 JavaScript＋AJAX 動態產生的內容，此時，我們可以使用 IE 自動化或 Excel VBA＋Selenium，摸擬按下一頁鈕來切換和顯示分頁資料，即爬取下一頁 HTML 表格的資料。

例如：NBA 官網球員使用得分排序的統計資料，以此例是分成 11 頁的 HTML 表格，其網址如下所示：

⁂ http://stats.nba.com/players/traditional/?sort=PTS&dir=-1

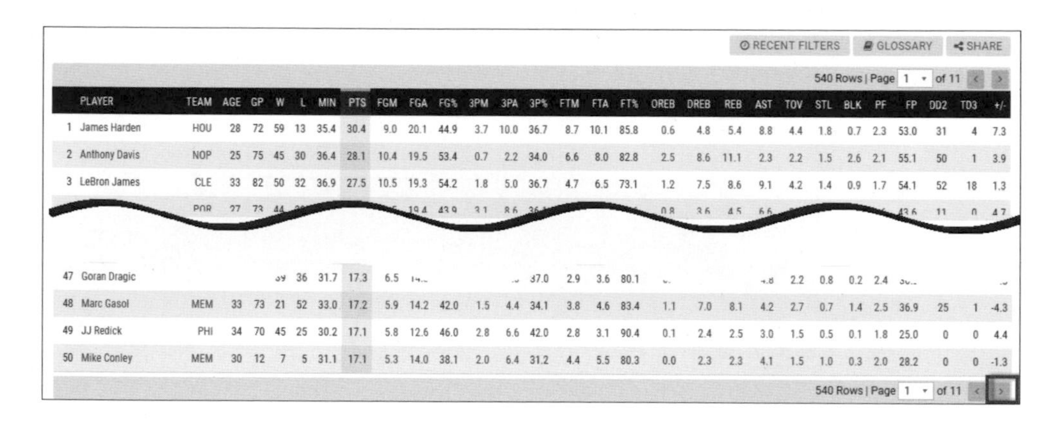

RECENT FILTERS | GLOSSARY | SHARE

540 Rows | Page 1 of 11

	PLAYER	TEAM	AGE	GP	W	L	MIN	PTS	FGM	FGA	FG%	3PM	3PA	3P%	FTM	FTA	FT%	OREB	DREB	REB	AST	TOV	STL	BLK	PF	FP	DD2	TD3	+/-
1	James Harden	HOU	28	72	59	13	35.4	30.4	9.0	20.1	44.9	3.7	10.0	36.7	8.7	10.1	85.8	0.6	4.8	5.4	8.8	4.4	1.8	0.7	2.3	53.0	31	4	7.3
2	Anthony Davis	NOP	25	75	45	30	36.4	28.1	10.4	19.5	53.4	0.7	2.2	34.0	6.6	8.0	82.8	2.5	8.6	11.1	2.3	2.2	1.5	2.6	2.1	55.1	50	1	3.9
3	LeBron James	CLE	33	82	50	32	36.9	27.5	10.5	19.3	54.2	1.8	5.0	36.7	4.7	6.5	73.1	1.2	7.5	8.6	9.1	4.2	1.4	0.9	1.7	54.1	52	18	1.3
[illegible]	[illegible]	POR	27	73	44	[illegible]	[illegible]	[illegible]	[illegible]	19.4	43.9	3.1	8.6	[illegible]	[illegible]	[illegible]	[illegible]	0.8	3.6	4.5	6.6	[illegible]	[illegible]	[illegible]	[illegible]	43.6	11	0	4.7
47	Goran Dragic	[illegible]	[illegible]	[illegible]	[illegible]	36	31.7	17.3	6.5	[illegible]	[illegible]	[illegible]	[illegible]	37.0	2.9	3.6	80.1	[illegible]	[illegible]	[illegible]	[illegible]	2.2	0.8	0.2	2.4	[illegible]	[illegible]	[illegible]	[illegible]
48	Marc Gasol	MEM	33	73	21	52	33.0	17.2	5.9	14.2	42.0	1.5	4.4	34.1	3.8	4.6	83.4	1.1	7.0	8.1	4.2	2.7	0.7	1.4	2.5	36.9	25	1	-4.3
49	JJ Redick	PHI	34	70	45	25	30.2	17.1	5.8	12.6	46.0	2.8	6.6	42.0	2.8	3.1	90.4	0.1	2.4	2.5	3.0	1.5	0.5	0.1	1.8	25.0	0	0	4.4
50	Mike Conley	MEM	30	12	7	5	31.1	17.1	5.3	14.0	38.1	2.0	6.4	31.2	4.4	5.5	80.3	0.0	2.3	2.3	4.1	1.5	1.0	0.3	2.0	28.2	0	0	-1.3

540 Rows | Page 1 of 11

在上述分頁 HTML 表格按右上方或右下方的向右箭頭鈕，就會使用 JavaScript 程式碼切換至下一頁分頁的 HTML 表格資料。

14-4-1 使用 IE 自動化爬取「下一頁」資料

首先我們準備使用 IE 自動化，建立 Excel VBA 程式來爬取 NBA 官網的分頁球員資料，可以模擬按下按鈕來爬取下一頁資料。請使用 Chrome 開發人員工具找出下一頁鈕的 CSS 選擇器字串，如下所示：

```
.stats-table-pagination__inner--bottom a.stats-table-pagination__next
```

然後是球員 HTML 表格的 CSS 選擇器字串，如下所示：

```
.nba-stat-table__overflow table
```

Excel 檔案：ch14_4_1.xlsm 使用 IE 自動化來爬取 NBA 官網的分頁球員資料，如下所示：

```
01: Dim IE As New InternetExplorer
02: Dim Table As Object
03: Dim count As Integer, curr_row As Integer
04: Dim i As Integer, j As Integer
05:
06: IE.Visible = True
07: IE.navigate "http://stats.nba.com/players/raditional/?sort=PTS&dir=-1"
08: Do While IE.Busy = True Or IE.readyState <> 4: DoEvents: Loop
09:
10: curr_row = 1
11: For count = 1 To 11      ' 共有11頁
12:     If count <> 1 Then   ' 不是第1頁，需要按下一頁鈕
13:         IE.document.querySelector( _
            ".stats-table-pagination__inner--bottom a.stats-table-" & _
            "pagination__next").Click
14:         Do While IE.Busy = True Or IE.readyState <> 4: DoEvents: Loop
15:         Application.Wait (Now + TimeValue("0:00:02"))
16:     End If
17:
18:     Set Table = IE.document.querySelector( _
                        ".nba-stat-table__overflow table")
19:
20:     For i = 1 To Table.Rows.Length - 1
21:         For j = 0 To Table.Rows(i).Cells.Length - 1
22:             Sheets(1).Cells(curr_row + i, j + 1).Value = _
                        Table.Rows(i).Cells(j).innerText
23:         Next
24:     Next
```

```
25:     curr _ row = curr _ row + Table.Rows.Length - 1
26: Next
27:
28: IE.Quit
…
```

⁂ 第 11 ～ 26 列：For/Next 迴圈共執行 11 次（因為有 11 頁），可以按下 10 次下一頁鈕來切換至下一頁。

⁂ 第 12 ～ 16 列：用 If 條件判斷如果不是第 1 頁，表示需要按下一頁鈕，所以在第 13 列取得下一頁鈕後，呼叫 Click 方法按下按鈕。因為是 AJAX 網頁，所以在第 15 列使用 Application.Wait() 方法等待 2 秒鐘來完成 AJAX 請求。

⁂ 第 18 列：呼叫 querySelector() 方法使用 CSS 選擇器字串來取得 <table> 標籤。

⁂ 第 20 ～ 24 列：使用兩層 For/Next 巢狀迴圈，從每一列至每一欄將表格資料依序在 Excel 工作表的儲存格填入 innerText 屬性值的標籤內容。

請啟動 Excel 開啟 ch14_4_1.xlsm，按下**清除**鈕清除儲存格內容後，再按下**爬取**鈕，會開啟 Internet Explorer 視窗顯示按下一頁鈕切換至下一頁，然後在 Excel 儲存格中顯示 NBA 球員的表格資料，如下圖所示：

	F	G	H	I	J	K	L	M	N	O	P	Q	R	S	T	U	V	W	X	Y	Z	AA	AB	AC	AD
1	W	L	MIN	PTS	FGM	FGA	FG%	3PM	3PA	3P%	FTM	FTA	FT%	OREB	DREB	REB	AST	TOV	STL	BLK	PF	FP	DD2	TD3	+/-
2	3	2	27.7	29	8	17.2	46.5	3.6	10	36	9	11.6	77.6	0.6	6.2	6.8	9.4	4	1.4	0.6	2.6	53	2	1	14
3	3	0	24	27	10	16.3	61.2	1.3	3.7	36.4	6	8	75	1.7	10.3	12	3.3	2.7	1.3	1.3	3.7	52	3	0	18
4	1	2	21.6	25	8.3	15.7	53	3.3	7.3	45.5	5	5.3	93.8	1.3	2	3.3	3.7	3	2	1	1.7	41	0	0	0
5	4	0	27.2	23	8.8	12.3	71.4	0.3	1	25	6	8	68.8	1.8	4.8	6.5	2.3	2	1.5	0	2.8	37	1	0	7.3
6	2	2	24.1	23	8	13.5	59.3	3.5	6.3	56	3.8	4.5	83.3	0.5	4	4.3	3	3.3	1.3	0	1.5	33	0	0	8.8
7	1	2	24.9	21	8	13.3	60	3.3	6	55.6	1.3	3	44.4	0.3	2.3	2.7	3	2.3	1	0.3	1.3	29	0	0	6.3
8	2	2	25.9	21	5.5	13	42.3	3.3	7.8	41.9	6.3	8.5	73.5	1	8.5	9.5	4.3	5.3	1.3	0.3	2	38	2	0	4.8
9	1	1	24.4	20	6.5	13.5	48.1	2	5.5	36.4	5	6	83.3	1.5	7.5	9	4	4	1.5	0.5	3	39	1	0	2.5
10	3	2	27.5	19.2	7.2	15	48	3	7.4	40.5	1.8	2	90	0.4	2.6	3	4	2.6	0.6	0	3.6	28	0	0	9
11	2	3	25.8	19.2	7	15.4	45.5	3.2	7.4	43.2	2	3	66.7	0.8	3.4	4.2	1	0.6	0.4	0.2	1.6	27	0	0	5
12	2	2	26.5	18.8	6.8	13.5	50	1	4.3	23.5	4.3	4.8	89.5	0.8	4	4.8	1.3	3	0.3	0.8	1.8	26	0	0	-5
13	3	0	19.4	18.7	5	10.3	48.4	0.3	2.3	14.3	8.3	8.7	96.2	2	4.7	6.7	0.7	1.7	0	0.3	2	27	0	0	13
14	0	4	25.7	18.3	6.5	13.5	48.1	1.8	4.8	36.8	3.5	4.3	82.4	0.8	3.5	4.3	3.3	1.3	0.3	0	1.3	28	0	0	-13
15	3	2	27.7	18.2	6.8	13.4	50.7	0.6	1.8	33.3	4	5.6	71.4	2.8	7	9.8	0.4	1.4	0.8	1.2	3.6	35	3	0	3.4
16	1	1	19.7	18	6	10	60	3.5	5	70	2.5	2.5	100	0.5	2	2.5	0.5	0.5	0.5	0	1.5	23	0	0	1.5
17	3	0	22.9	18	6.3	10	63.3	4.7	6.3	73.7	0.7	0.7	100	0.7	3.3	4	1.3	2	1	0	2.7	26	0	0	7
18	1	2	25.7	17.3	6.3	12	52.8	2.3	4.7	50	2.3	3	77.8	1	6	7	1.3	1	0.3	1	2.7	31	0	0	4
19	2	3	21.1	17.2	5.8	11.2	51.8	2.4	6.2	38.7	3.2	3.4	94.1	1	5	6	3.2	2	1	1.4	1.4	34	2	0	0
20	1	4	26.1	16.8	5.6	13.2	42.4	1.2	4.8	25	4.4	5.2	84.6	1.2	3.8	5	6.6	4.8	1	0.2	1.8	32	0	0	-6

爬取

清除

工作表1

14-4-2 用 Excel VBA+Selenium 爬取下一頁資料

如同第 14-4-1 節的 IE 自動化，我們準備改用 Excel VBA+Selenium 來爬取 NBA 的分頁球員資料，如下所示：

```
01: Dim driver As New ChromeDriver
02: Dim table_tag As WebElement
03: Dim tr_tags As WebElements
04: Dim tr_tag As WebElement
05: Dim td_tags As WebElements
06: Dim td_tag As WebElement
07: Dim row As Integer, col As Integer
08: Dim curr_row As Integer
09:
10: driver.Start "chrome", ""
11: driver.Get "http://stats.nba.com/players/traditional/?sort=PTS&dir=-1"
12: driver.Wait 2000
13:
14: curr_row = 0
15: For count = 1 To 11        ' 共有11頁
16:     If count <> 1 Then     ' 不是第1頁，需要按下一頁鈕
17:         driver.FindElementByCss( _
            ".stats-table-pagination__inner--bottom a.stats-table-" & _
            "pagination__next").Click
18:         driver.Wait 2000
19:     End If
20:
21:     Set table_tag = driver.FindElementByCss( _
                     ".nba-stat-table__overflow table")
22:     Set tr_tags = table_tag.FindElementsByTag("tr")
23:
24:     row = 1
25:     For Each tr_tag In tr_tags
26:         col = 1
27:         Set td_tags = tr_tag.FindElementsByTag("td")
```

第 14 章

Excel VBA 爬蟲實戰：Web API、AJAX 與互動網頁資料爬取

```
28:         For Each td _ tag In td _ tags
29:            Sheets(1).Cells(curr _ row + row, col).Value = td _ tag.Text
30:            col = col + 1
31:         Next
32:         row = row + 1
33:     Next
34:     curr _ row = curr _ row + tr _ tags.count - 1
35: Next
36:
37: driver.Quit
…
```

⁂ 第 15 ～ 35 列：For/Next 迴圈共執行 11 次（因為有 11 頁），可以按下 10 次下一頁鈕來切換至下一頁。

⁂ 第 16 ～ 19 列：用 If 條件判斷如果不是第 1 頁，表示需按下一頁鈕，所以在第 17 列使用 FindElementByCss() 方法的 CSS 選擇器取得下一頁鈕後，呼叫 Click 方法按下按鈕。因為是 AJAX 網頁，所以在第 18 列等待 2 秒鐘來完成 AJAX 請求。

⁂ 第 21 ～ 22 列：使用 FindElementByCss() 方法取得 <table> 標籤後，呼叫 FindElementsByTag() 方法取得所有表格列的 <tr> 標籤（**請注意！是 Elements**）。

⁂ 第 25 ～ 33 列：使用兩層 For Each/Next 巢狀迴圈，在外層是每一表格列，內層 For Each/Next 迴圈在第 27 列取得所有 <td> 標籤的儲存格後，在第 28 ～ 31 列的內層 For Each/Next 迴圈顯示資料列，可以依序在 Excel 工作表的儲存格填入 <td> 標籤的 Text 屬性值。

請啟動 Excel 開啟 ch14_4_2.xlsm，按下**清除**鈕清除儲存格內容後，再按下**爬取**鈕，會開啟 Chrome 視窗顯示按下一頁按鈕，在 Excel 儲存格中會顯示和第 14-4-1 節相同 NBA 球員的表格資料，共有 5 百多筆記錄資料。

15
CHAPTER

Excel 資料清理

15-1 認識資料清理

「資料清理」(Data Cleaning) 的主要目的是將資料處理成可以進行資料視覺化的表格資料 (即結構化的資料表資料)。基本上，從網頁取得的資料大多有多餘字元、格式不一致和資料遺失等問題，在進行第 16 章的 Excel 資料視覺化前，我們需要先進行資料清理。

在實務上，使用 Web Scraper 或 Excel VBA 爬取到資料後，可以直接使用 Excel 來執行資料清理，其常見的處理工作如下所示：

- **刪除不需要的字元**：刪掉儲存格中多餘不可列印和空白字元。
- **資料剖析**：將儲存格中的資料，利用分隔符號分割成多個欄位。
- **將文字資料轉換成數值**：若儲存格中的數值資料 (如：價格) 被當成「文字」格式，那麼得先轉換成數值格式後，才能進行相關的計算。
- **處理遺漏值**：沒有資料的儲存格無法執行計算，我們需要針對遺漏值來進行所需的處理。
- **刪除重複資料**：對於表格中的重複資料，我們可以刪除整列記錄，或是只刪除重複的欄位值。

15-2 將 CSV、JSON 檔案匯入成 Excel 表格資料

在 Excel 2016 之後的版本已經內建 Power Query（之前的版本需自行下載安裝 Microsoft Power Query for Excel），可以直接匯入 CSV 和 JSON 檔案成為 Excel 表格資料。

15-2-1 匯入 CSV 檔案

雖然 Excel 可以直接開啟 CSV 檔案，不過，由於編碼的問題，有時會顯示亂碼，此時我們可以改用匯入方式來匯入 CSV 檔案，例如：匯入 CSV 檔案 company.csv，其步驟如下所示：

1. 請啟動 Excel 新增空白活頁簿後，在上方功能區點選**資料**索引標籤，執行「取得及轉換」群組的「新查詢 / 從檔案 / 從 CSV」命令。

2. 開啟「匯入資料」對話方塊後，請切換路徑至書附檔案的「Ch15」資料夾，點選 company.csv 檔案後，按下**匯入**鈕。

3 接著，可以預覽 company.csv 檔案內容，請按下右下角的**載入**鈕匯入 CSV 檔案至 Excel 工作表。

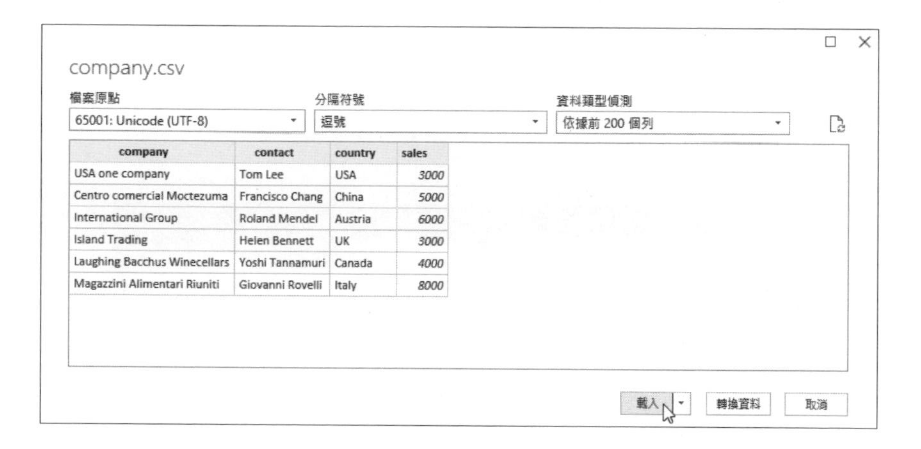

company	contact	country	sales
USA one company	Tom Lee	USA	3000
Centro comercial Moctezuma	Francisco Chang	China	5000
International Group	Roland Mendel	Austria	6000
Island Trading	Helen Bennett	UK	3000
Laughing Bacchus Winecellars	Yoshi Tannamuri	Canada	4000
Magazzini Alimentari Riuniti	Giovanni Rovelli	Italy	8000

4 在 Excel 工作表匯入的 CSV 檔案會自動格式化成表格樣式，如下圖所示：

	A	B	C	D	E
1	company	contact	country	sales	
2	USA one company	Tom Lee	USA	3000	
3	Centro comercial Moctezuma	Francisco Chang	China	5000	
4	International Group	Roland Mendel	Austria	6000	
5	Island Trading	Helen Bennett	UK	3000	
6	Laughing Bacchus Winecellars	Yoshi Tannamuri	Canada	4000	
7	Magazzini Alimentari Riuniti	Giovanni Rovelli	Italy	8000	
8					

工作表1　工作表2

15-2-2 匯入 JSON 檔案

若您電腦中的 Excel 有「新查詢 / 從檔案 / 從 JSON」命令，請執行此命令來匯入 JSON 檔案，若是沒有此命令，可執行「新查詢 / 從其他來源 / 從 Web」命令，來匯入 JSON 檔案。例如：匯入 JSON 檔案 company.json，其步驟如下所示：

1 請啟動 Excel 新增空白活頁簿後，在上方功能區點選**資料**索引標籤，執行「取得及轉換」群組的「新查詢 / 從其他來源 / 從 Web」命令。

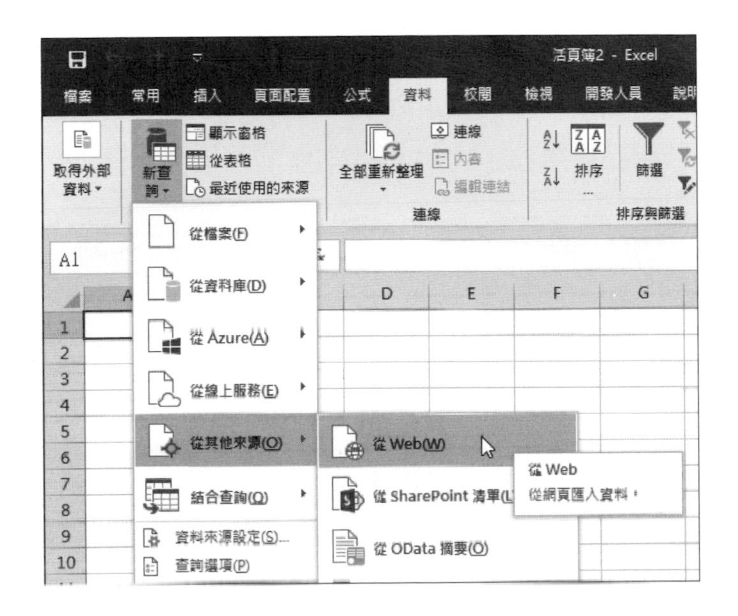

2 在「從 Web」對話方塊中點選**基本**後，在 **URL** 欄輸入「file://D:\ExcelVBA\Ch15\company.json，即可載入本機 JSON 檔案，「file://」之後是存放 JSON 檔案的完整路徑，請以您電腦中的存放位置為主，輸入後按下**確定**鈕。

從 Web

◉ 基本 ○ 進階

URL

file://D:\ExcelVBA\Ch15\company.json

確定 取消

3 開啟「Power Query 編輯器」對話方塊後，可預覽匯入的 6 筆記錄 Record，請在上方功能區點選**轉換**索引標籤，執行「轉換」群組的**到表格**命令，將資料轉換成資料表。

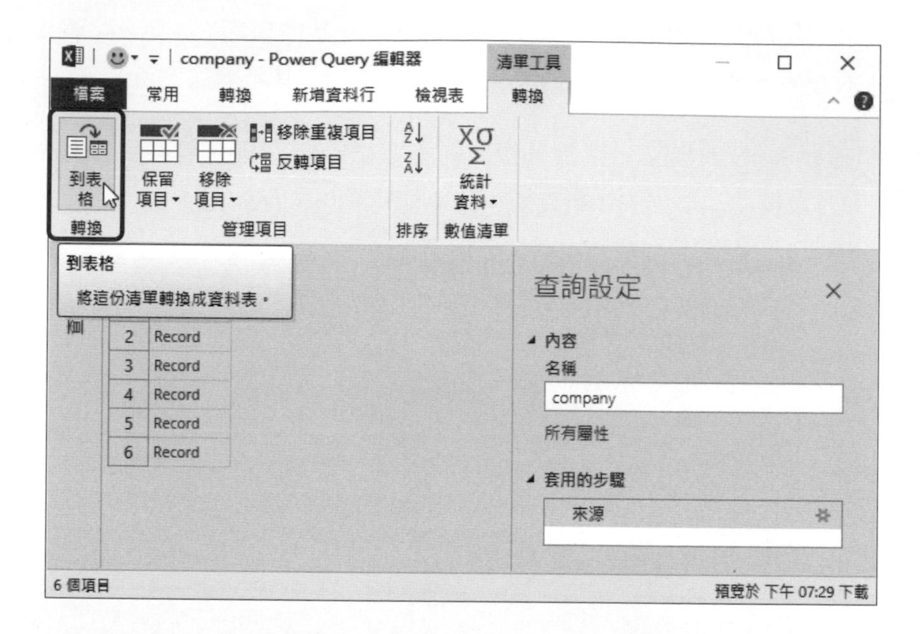

4 在「到表格」對話方塊可設定轉換方式，在此不做更改，請按下**確定**鈕。

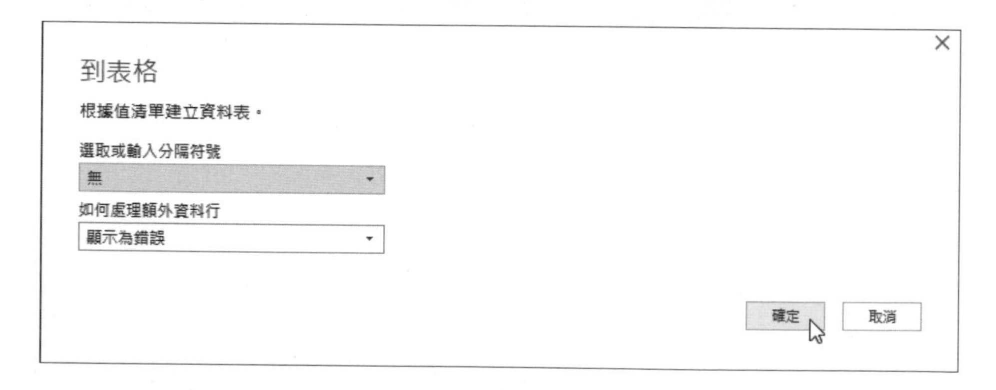

5 成功轉換成表格後，因為記錄有多個欄位，我們需要展開欄位，請點選 **Column1** 後的圖示，勾選 **(選取所有資料行)**（即所有欄位），按下**確定**鈕展開每一筆 JSON 物件的鍵值成為欄位。

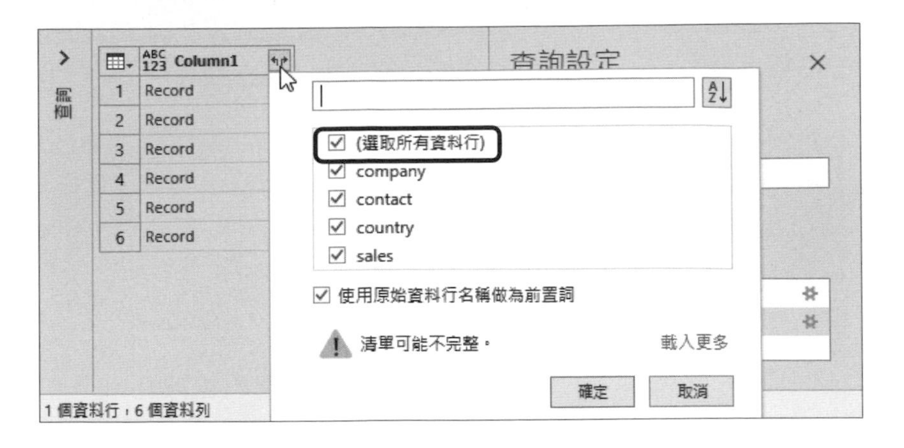

6 現在，每一個 JSON 物件已經轉換成記錄，請在上方**檔案**索引標籤，執行「關閉」群組的**關閉並載入**命令匯入 JSON 資料。

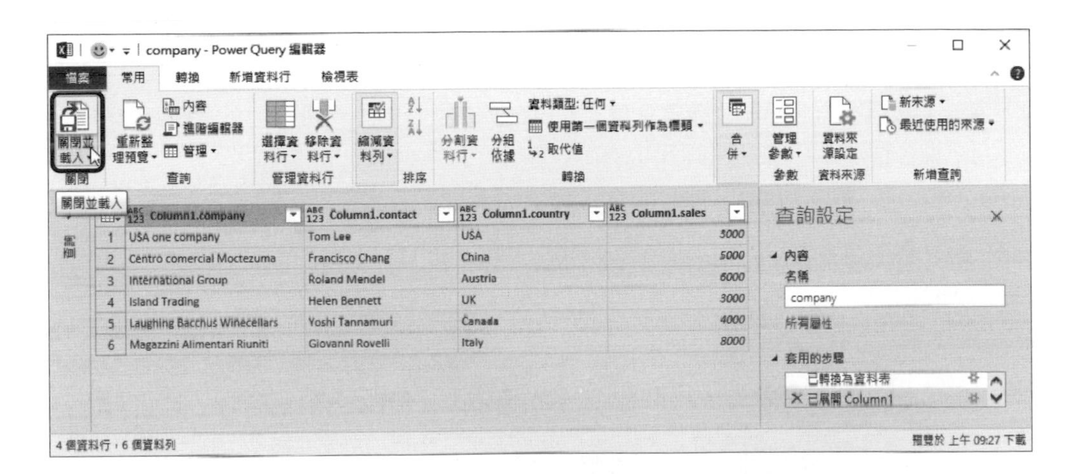

7 在 Excel 工作表匯入的 JSON 資料會自動格式化成表格樣式，如下圖所示：

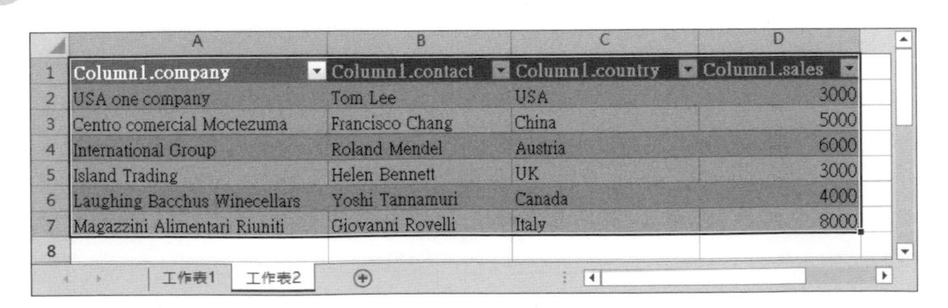

說 明

類似第 10-1-1 節「取得外部資料」群組的**從 Web** 命令，我們也可以執行「新查詢 / 從其他來源 / 從 Web」命令，來匯入 HTML 網頁資料，例如：使用和第 10-1-1 節相同的 URL 網址（https://fchart.github.io/vba/ex10_01.html），如下圖所示：

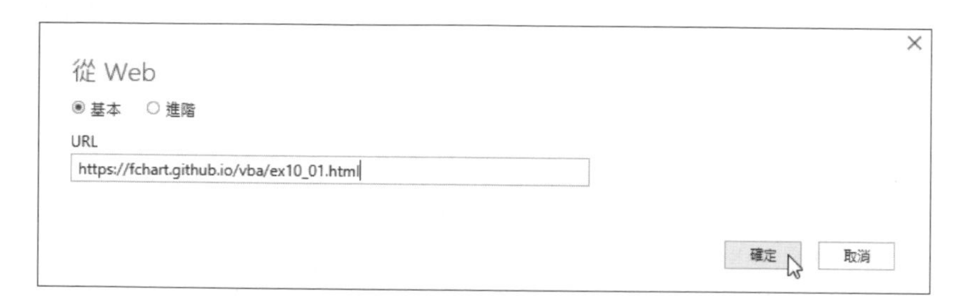

在輸入 URL 網址後，按下**確定**鈕，會在「導覽器」對話方塊看到識別出的項目清單，點選**第一季的每月存款金額**，會在右邊顯示 HTML 表格（勾選**選取多重項目**選取多個項目），如下圖所示：

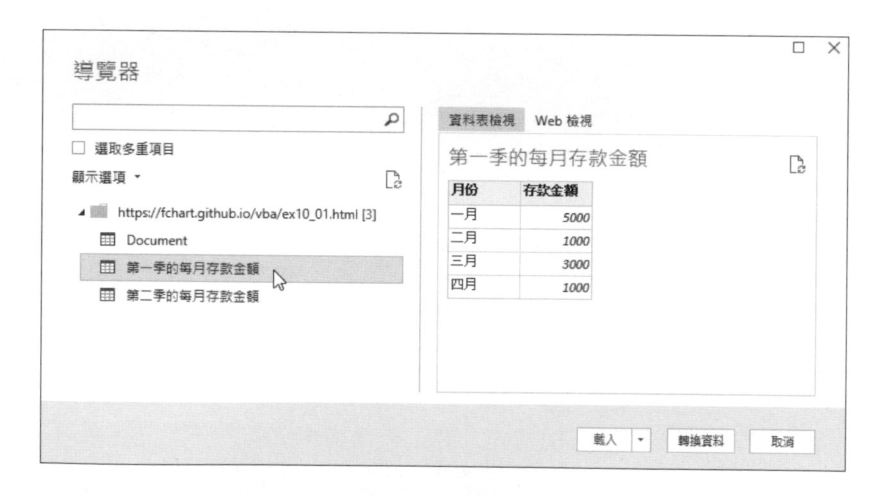

按右下方**載入**鈕，會載入 HTML 表格資料至 Excel 工作表。

15-2-3 轉換成 Excel 表格資料

基本上，結構化資料就是一種表格資料，Excel 提供現成的表格樣式，讓我們可在工作表中建立資料表檢視，只要有標題列和資料列的儲存格，就可以轉換成表格樣式，其步驟如下所示：

1. 請啟動 Excel，開啟 ch10_1_3.xlsm 並另存新檔為 ch15_2_3.xlsx（這是沒有巨集的 Excel 檔案類型）。

2. 選取 A4：B9 儲存格範圍後（包含標題列和資料列），請在上方功能區的**常用**索引標籤，執行「樣式」群組的**格式化為表格**命令，點選下方第 2 列的第 1 個表格樣式。

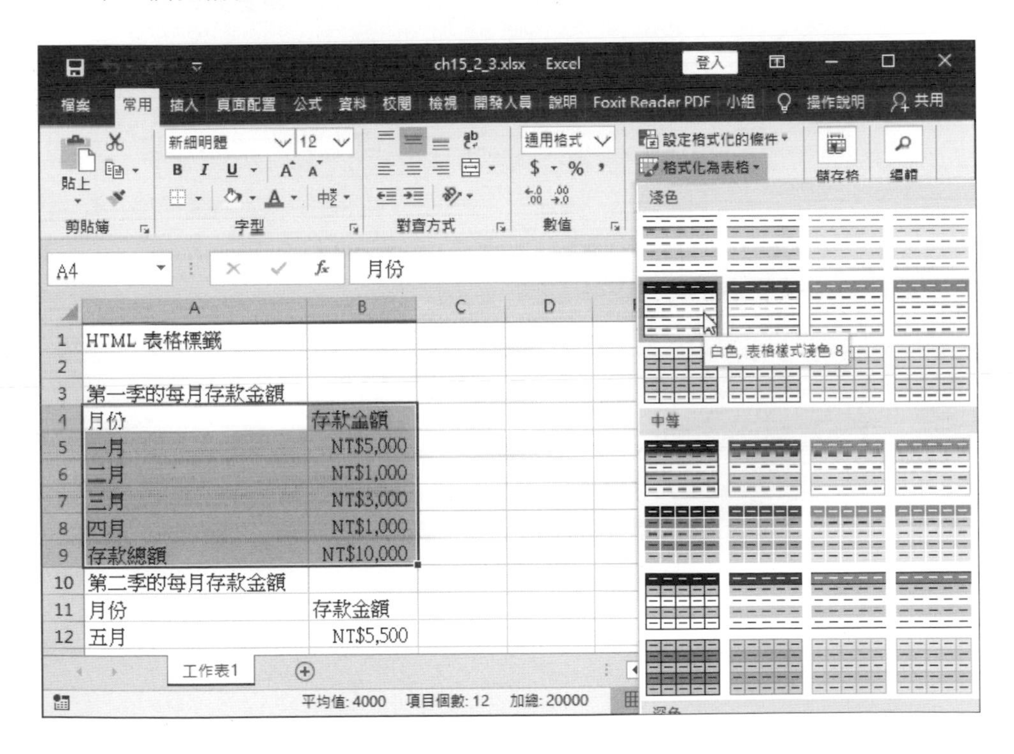

3 在「格式化為表格」對話方塊中，會顯示表格資料來源的範圍，請確認已勾選**我的表格有標題**，按下**確定**鈕轉換成表格樣式。

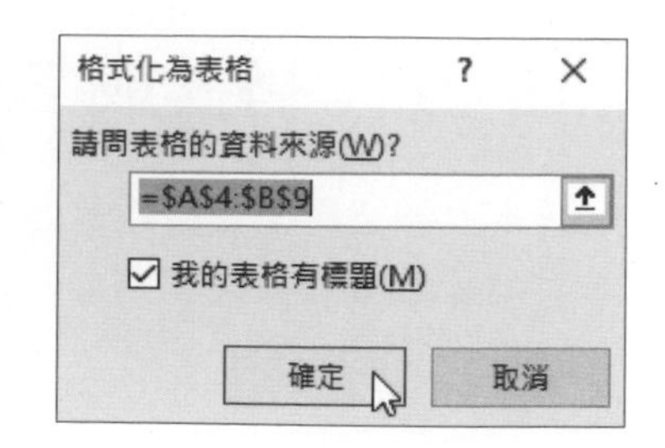

4 由於此儲存格範圍的資料是外部資料範圍，所以會顯示一個警告訊息，說明轉換成表格會移除外部連線，請按下**是**鈕確認移除。

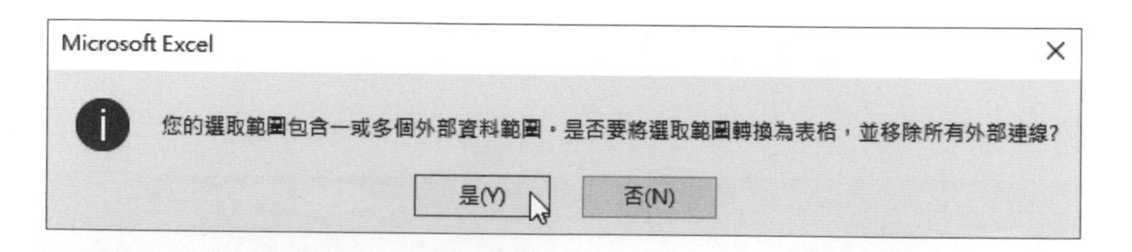

5 剛才選取的儲存格範圍已經轉換成表格樣式，如下圖所示：

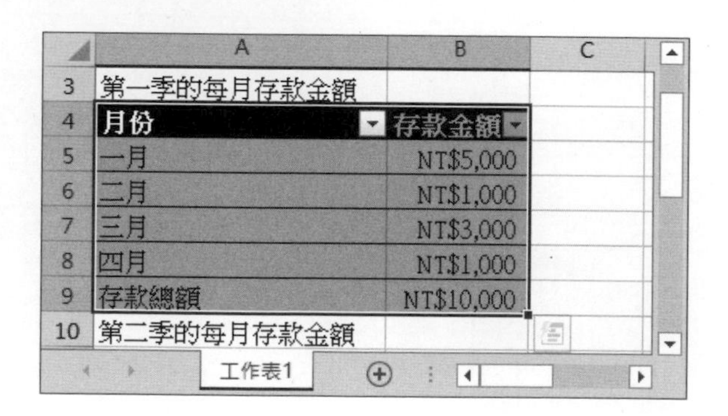

15-3 刪除多餘字元、分割欄位及資料格式轉換

最基本的資料清理是在處理資料本身的格式，簡單地說，就是在整理儲存格的資料。例如：刪除多餘字元、將資料抽出到新欄位和轉換資料格式等操作。

15-3-1 刪除不需要的字元

一般來說，從網頁擷取下來的資料，可能會有多餘的空白字元或是無法列印的符號（例如換行符號），我們可以使用相關字串函數來刪除不需要的字元，如下表所示：

函數	說明
CLEAN()	刪除參數字串中所有不可列印的字元
TRIM()	刪除參數字串前後的空白字元

在 Excel 中刪除不需要字元的步驟，如下所示：

1. 請雙按「Ch15」資料夾下的 company2.csv 檔案，直接用 Excel 開啟 CSV 檔案，CSV 檔案內容是各公司名稱清單，可以看出有很多空白字元，部分是不可列印字元，請選取 B2：B7 範圍的儲存格：

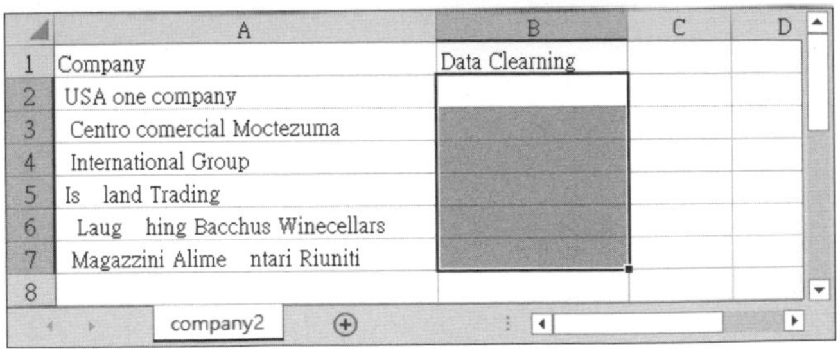

	A	B	C	D
1	Company	Data Clearning		
2	USA one company			
3	Centro comercial Moctezuma			
4	International Group			
5	Is　land Trading			
6	Laug　hing Bacchus Winecellars			
7	Magazzini Alime　ntari Riuniti			
8				

company2

2 在上方的**資料編輯列**輸入公式 **=TRIM(CLEAN(A2))**，按下 Ctrl ＋ Enter 鍵後，就可以刪除多餘的字元，並列出各公司名稱清單，如下圖所示：

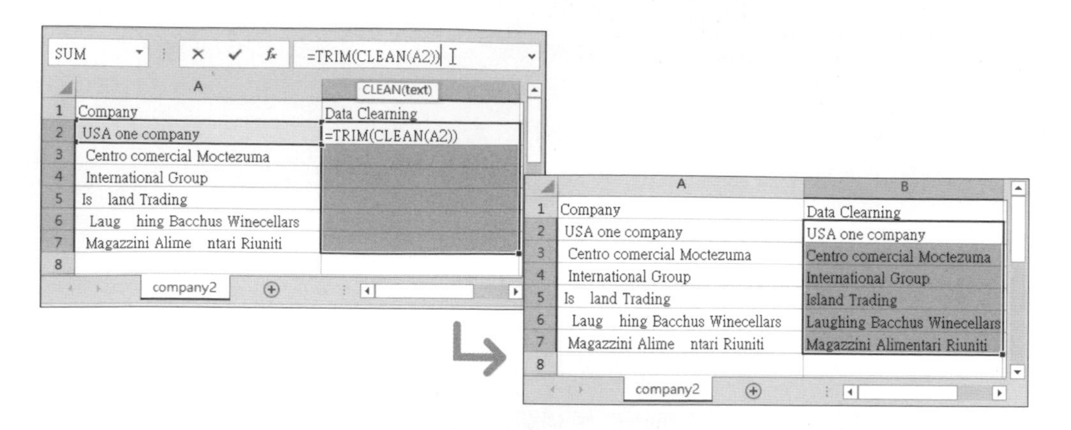

15-3-2 使用「資料剖析」功能抽出欄位資料

想要將儲存格中的資料分拆到其他欄位，若資料的分隔符號不是「,」逗號時，我們可以使用**資料剖析**功能來抽出欄位資料，其步驟如下所示：

1 請雙按「Ch15」資料夾下的 company3.csv，直接用 Excel 開啟 CSV 檔案，儲存格中的資料是使用「|」符號分隔字串，請選取 A1：A7 儲存格範圍，在上方**資料**索引標籤，執行「資料工具」群組的**資料剖析**命令，即會開啟**資料剖析精靈**的步驟 1。

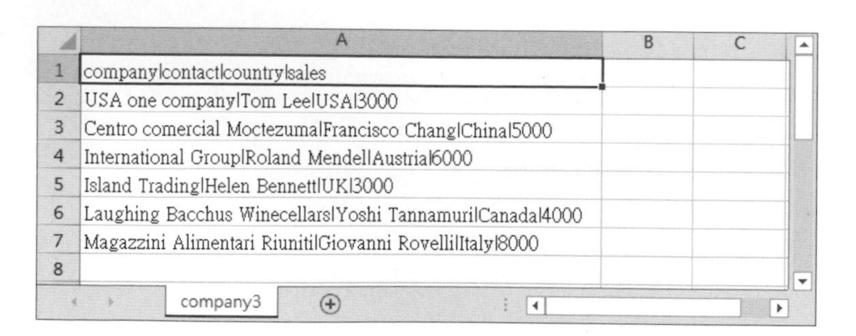

2 請點選**分隔符號**，下方會顯示預覽資料，按**下一步**鈕，可以在步驟 2 輸入使用的分隔符號。

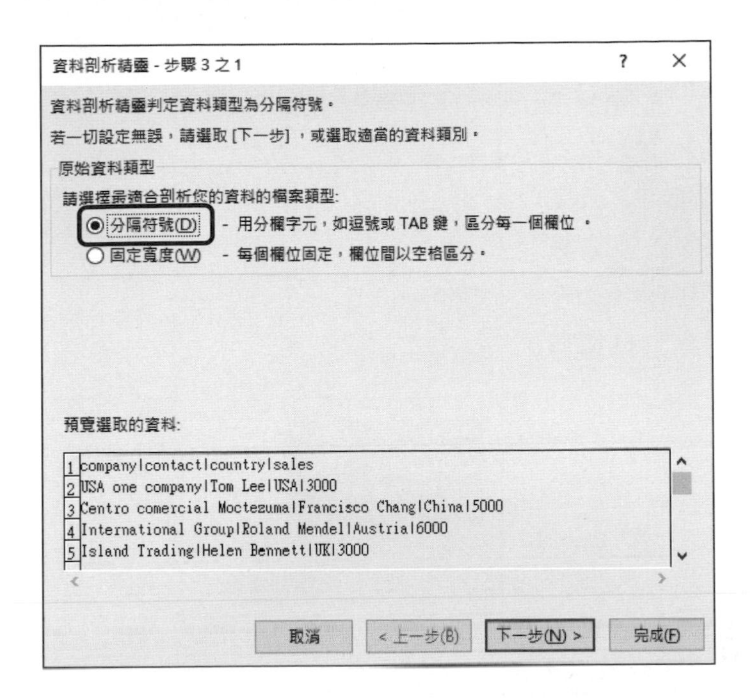

3 在「資料剖析精靈 - 步驟 3 之 2」中輸入使用的分隔符號。由於不是常用符號，請勾選**其他**後，在後方輸入 | 分隔字元，按**下一步**鈕。

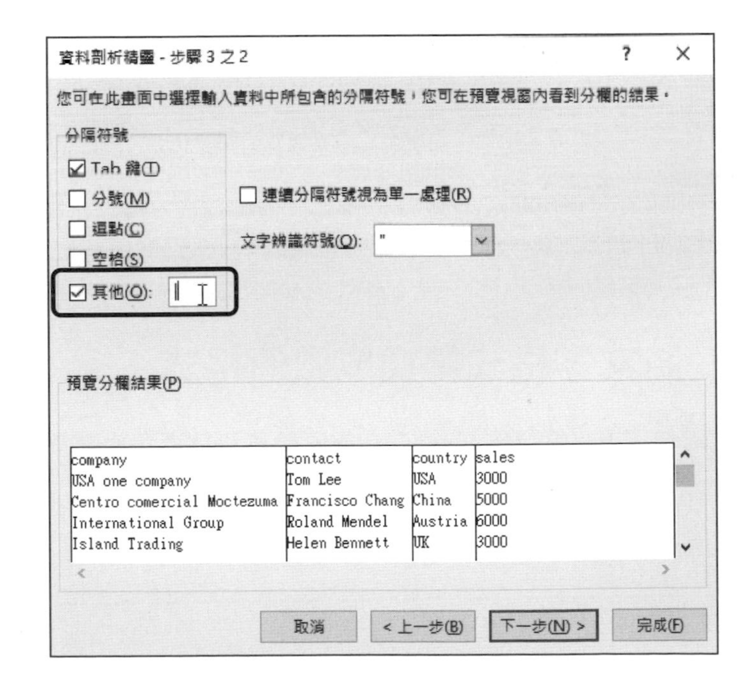

4 在「資料剖析精靈 - 步驟 3 之 3」中設定欄位的格式。在此選**一般**即可。設定格式後，按下**完成**鈕，會在 Excel 工作表中看到分拆成四欄資料：

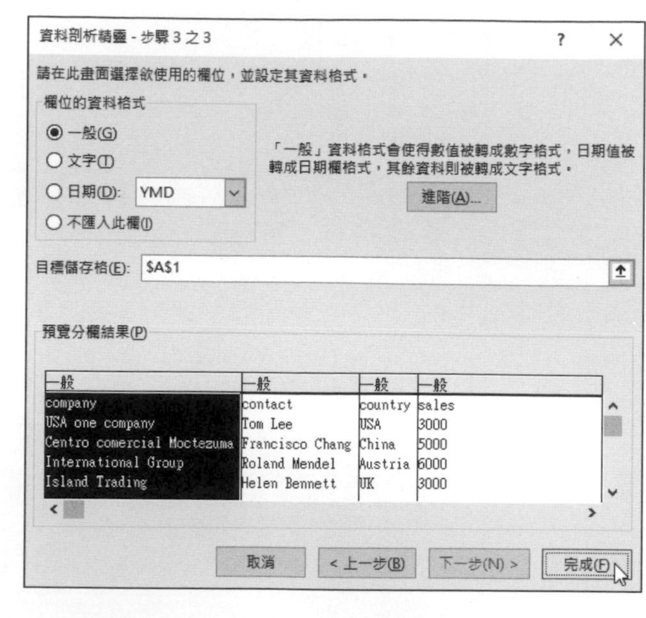

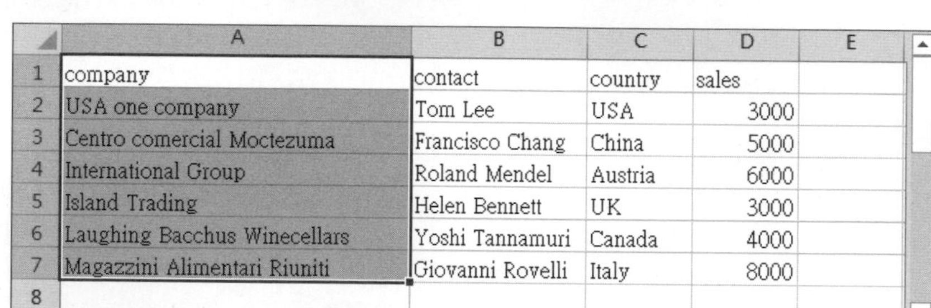

	A	B	C	D	E
1	company	contact	country	sales	
2	USA one company	Tom Lee	USA	3000	
3	Centro comercial Moctezuma	Francisco Chang	China	5000	
4	International Group	Roland Mendel	Austria	6000	
5	Island Trading	Helen Bennett	UK	3000	
6	Laughing Bacchus Winecellars	Yoshi Tannamuri	Canada	4000	
7	Magazzini Alimentari Riuniti	Giovanni Rovelli	Italy	8000	
8					

請參閱第 15-2-3 節的步驟，將上述儲存格轉換成 Excel 表格樣式。

15-3-3 將文字格式轉換成數值格式

基本上，從資料庫或檔案匯入 Excel 儲存格的數值資料大多會被當作文字格式，文字格式的資料無法運算，所以在運算前，我們需要將文字資料先轉換成數值，其步驟如下所示：

1 請啟動 Excel 開啟 ch15_3_3.xlsx 檔案，會看到 **sales** 欄中的數值靠左對齊（Excel 預設文字靠左對齊，數字靠右對齊），表示這些數值為文字格式，所以儲存格 D9 的加總數值為 0（無法運算），如下圖所示：

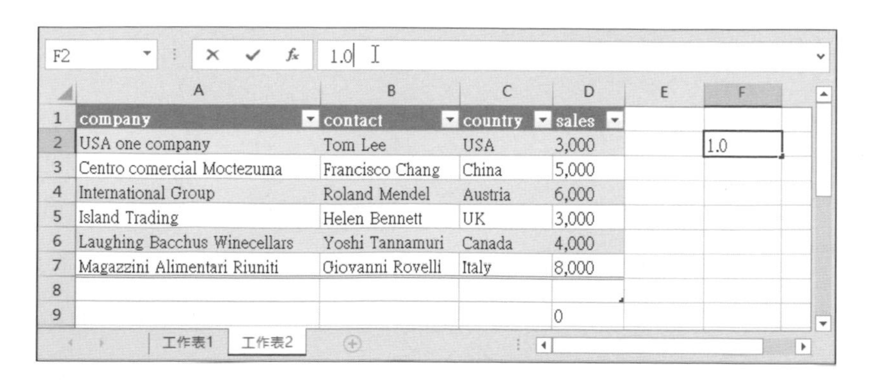

2 請在任何一個 Excel 儲存格，例如：F2，輸入 1.0 後，按下 Ctrl + C 鍵複製此儲存格的內容。

3 選取欲轉換成數值格式的儲存格範圍 D2：D7，在上方**常用**索引標籤，執行「剪貼簿」群組的「貼上 / 選擇性貼上」命令。

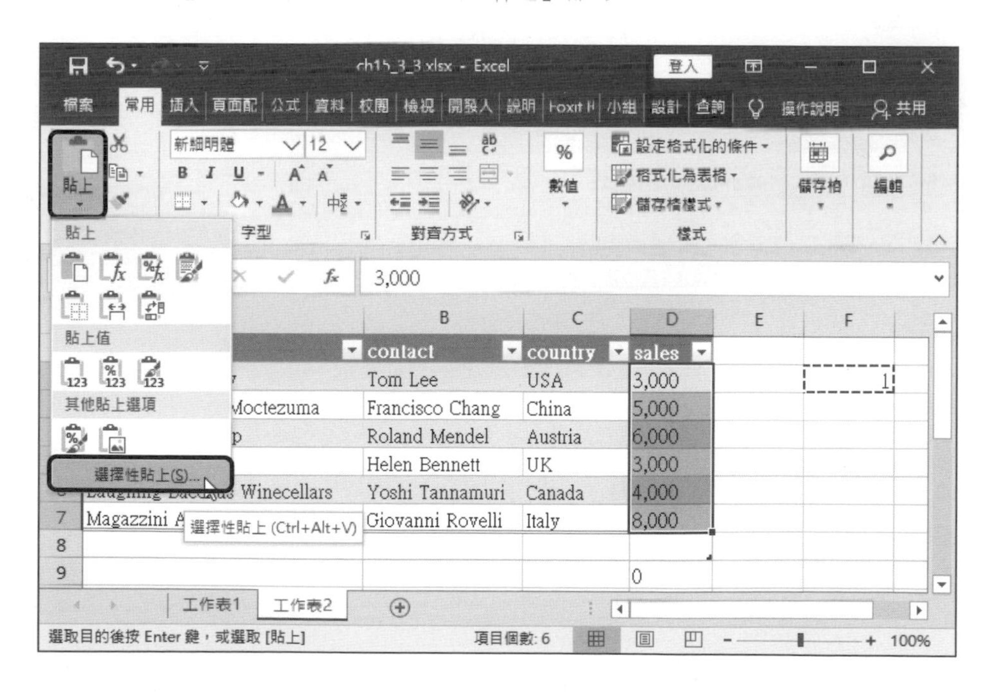

4 在「選擇性貼上」對話方塊，點選「運算」框的**乘**，按下**確定**鈕，將這些儲存格都乘以 1 來轉換成數值。

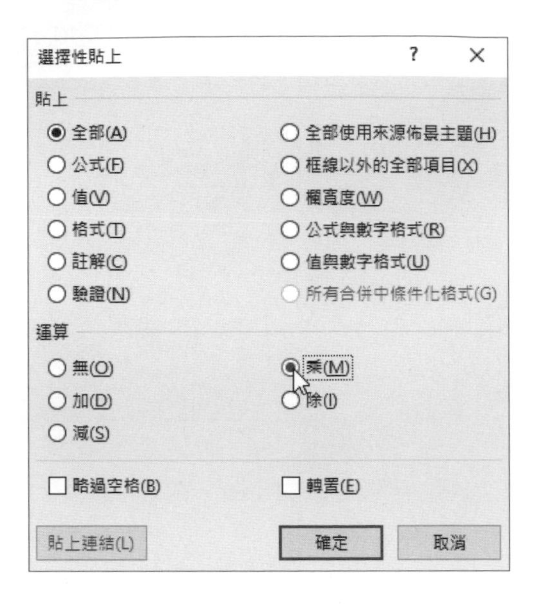

5 剛才選取的 D2：D7 儲存格範圍已改成數值格式了，同時下方的 D9 儲存格也會顯示此欄位的加總，如下圖所示：

	A	B	C	D	E	F
1	company	contact	country	sales		
2	USA one company	Tom Lee	USA	3000		1
3	Centro comercial Moctezuma	Francisco Chang	China	5000		
4	International Group	Roland Mendel	Austria	6000		
5	Island Trading	Helen Bennett	UK	3000		
6	Laughing Bacchus Winecellars	Yoshi Tannamuri	Canada	4000		
7	Magazzini Alimentari Riuniti	Giovanni Rovelli	Italy	8000		
8				(Ctrl)		
9				29000		

15-4 處理「遺漏值」及重複資料

Excel 資料清理的另一項重要工作是處理 Excel 表格的空白或重複資料，也就是處理遺漏值和重複資料。

15-4-1 處理「遺漏值」

遺漏值是指欄位中沒有資料，可能是空白或是特殊字串。基本上，我們有兩種方式來處理資料中的遺漏值，如下所示：

⁂ **刪除遺漏值**：如果資料量夠大，可以直接刪除遺漏值的資料列。

⁂ **補值**：將遺漏值填補成固定值、平均值、中位數和亂數值等。

在這一節我們準備使用鐵達尼號資料集（Titanic Dataset），這是 1912 年 4 月 15 日在大西洋旅程中撞上冰山沈沒的一艘著名客輪，這次意外事件造成 2224 名乘客和船員中 1502 名死亡，資料集就是船上乘客的相關資料。

請啟動 Excel 新增空白活頁簿後，匯入 CSV 檔案 titanic_test.csv，這是一個精簡版的資料集，只有前 100 筆記錄，如下圖所示：

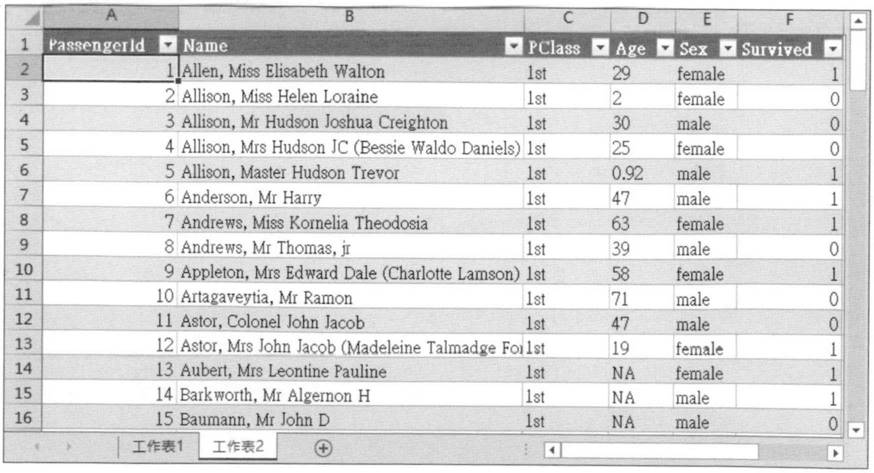

	A	B	C	D	E	F
1	PassengerId	Name	PClass	Age	Sex	Survived
2	1	Allen, Miss Elisabeth Walton	1st	29	female	1
3	2	Allison, Miss Helen Loraine	1st	2	female	0
4	3	Allison, Mr Hudson Joshua Creighton	1st	30	male	0
5	4	Allison, Mrs Hudson JC (Bessie Waldo Daniels)	1st	25	female	0
6	5	Allison, Master Hudson Trevor	1st	0.92	male	1
7	6	Anderson, Mr Harry	1st	47	male	1
8	7	Andrews, Miss Kornelia Theodosia	1st	63	female	1
9	8	Andrews, Mr Thomas, jr	1st	39	male	0
10	9	Appleton, Mrs Edward Dale (Charlotte Lamson)	1st	58	female	1
11	10	Artagaveytia, Mr Ramon	1st	71	male	0
12	11	Astor, Colonel John Jacob	1st	47	male	0
13	12	Astor, Mrs John Jacob (Madeleine Talmadge Fo	1st	19	female	1
14	13	Aubert, Mrs Leontine Pauline	1st	NA	female	1
15	14	Barkworth, Mr Algernon H	1st	NA	male	1
16	15	Baumann, Mr John D	1st	NA	male	0

工作表1　工作表2

上述 Age 欄位中有很多 NA 字串值的儲存格，這些值不是年齡，雖然並非空白字元，也一樣是資料中的遺漏值。

➲ 顯示資料中的遺漏值

ch15_4_1.xlsx

處理遺漏值前，我們可以先找出欄位中共有多少個遺漏值，其步驟如下所示：

1. 請啟動 Excel 開啟 ch15_4_1.xlsx，在上方功能區選**常用**索引標籤，執行「編輯」群組的「尋找與選取 / 尋找」命令。

2. 在「尋找及取代」對話方塊的**尋找目標**欄位，輸入 **NA**，按下**選項**鈕，搜尋方式選擇**循欄**，勾選**大小寫須相符**，再按下**全部尋找**鈕尋找 NA 字串。

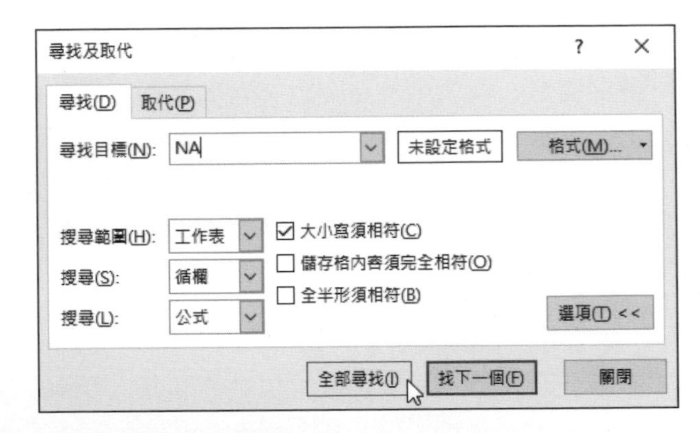

3. 在下方可以看到共找到 24 個儲存格有遺漏值，如下圖所示：

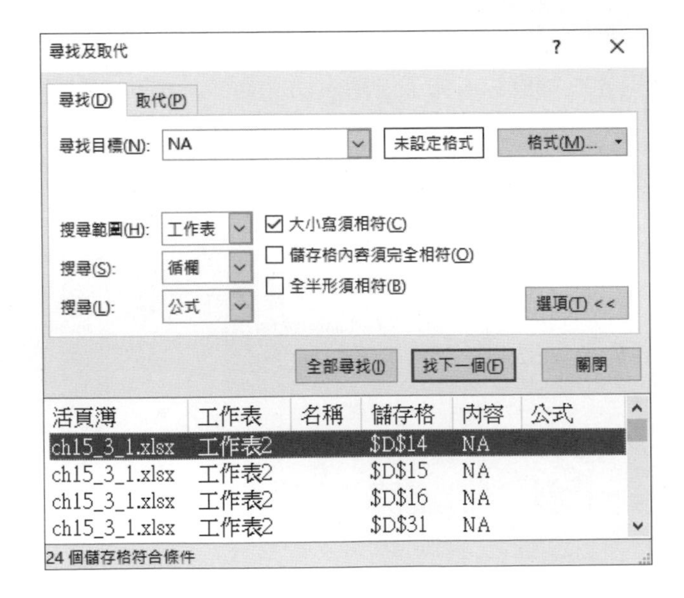

4 為了方便處理，我們準備將 NA 字串取代成空字串，請點選上方的**取代**標籤，在**取代成**欄位輸入空字串（即沒有輸入），按下**全部取代**鈕將 NA 取代成空字串。

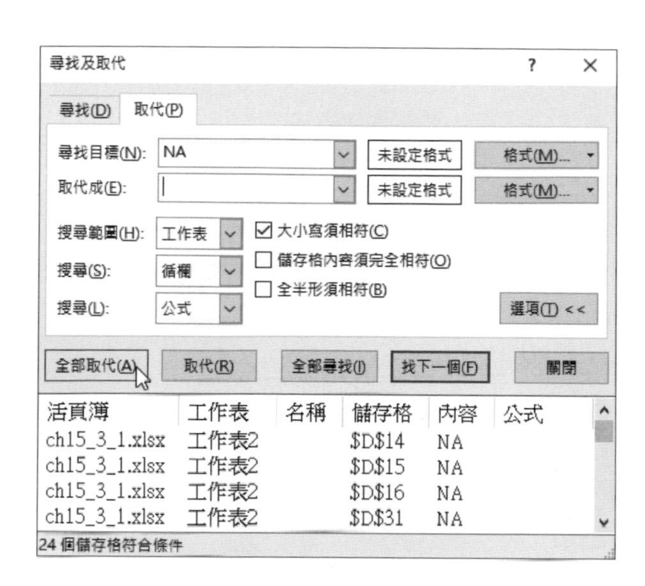

5 在 Excel 工作表中，會看到 NA 儲存格已經成為空字串，如下圖所示：

	A	B	C	D	E	F
1	PassengerId	Name	PClass	Age	Sex	Survived
2	1	Allen, Miss Elisabeth Walton	1st	29	female	1
3	2	Allison, Miss Helen Loraine	1st	2	female	0
4	3	Allison, Mr Hudson Joshua Creighton	1st	30	male	0
5	4	Allison, Mrs Hudson JC (Bessie Waldo Daniels)	1st	25	female	0
6	5	Allison, Master Hudson Trevor	1st	0.92	male	1
7	6	Anderson, Mr Harry	1st	47	male	1
8	7	Andrews, Miss Kornelia Theodosia	1st	63	female	1
9	8	Andrews, Mr Thomas, jr	1st	39	male	0
10	9	Appleton, Mrs Edward Dale (Charlotte Lamson)	1st	58	female	1
11	10	Artagaveytia, Mr Ramon	1st	71	male	0
12	11	Astor, Colonel John Jacob	1st	47	male	0
13	12	Astor, Mrs John Jacob (Madeleine Talmadge Fo	1st	19	female	1
14	13	Aubert, Mrs Leontine Pauline	1st		female	1
15	14	Barkworth, Mr Algernon H	1st		male	1
16	15	Baumann, Mr John D	1st		male	0

工作表1 工作表2

相同的方式，我們可以將資料中的遺漏值取代成其它固定值。

➲ 刪除空白儲存格的記錄 ch15_4_1a.xlsx

因為遺漏值不能進行運算，如果資料量足夠，最簡單方式就是刪除掉這些遺漏值的記錄，其步驟如下所示：

1 請啟動 Excel 開啟 ch15_4_1a.xlsx，選取 **Age** 欄位後，在**常用**索引標籤，執行「編輯」群組的「尋找與選取 / 特殊目標」命令。

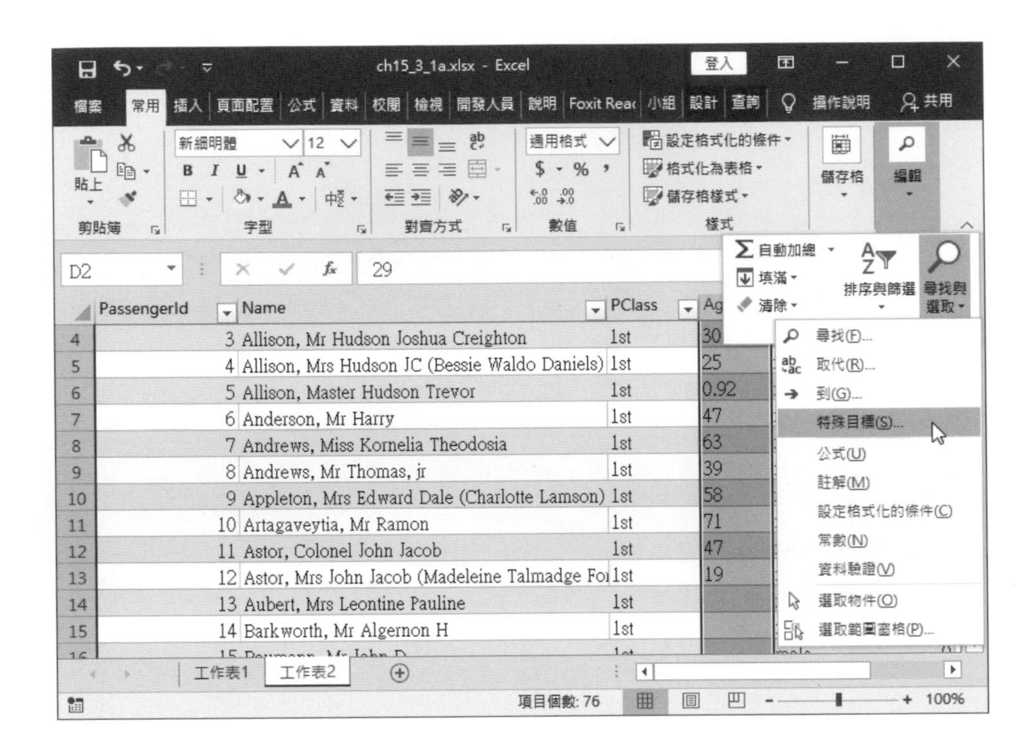

2 在「特殊目標」對話方塊中，點選**空格**後，按下**確定**鈕，尋找空白的儲存格。

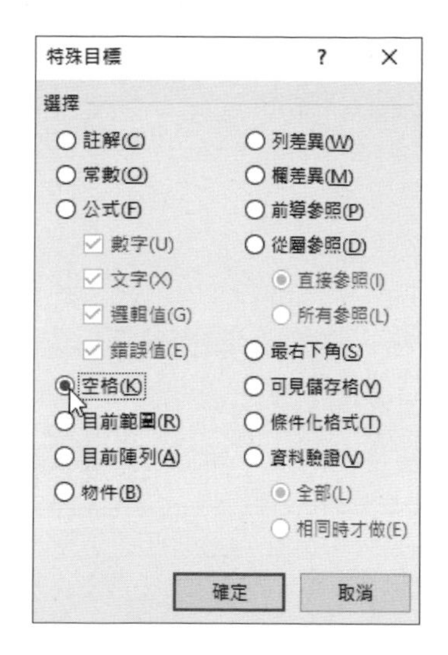

3 在工作表中會看到已經選取空白的儲存格，請在選取的儲存格上，執行**右鍵快顯功能表**的「刪除 / 表格列」命令，即可刪除空白儲存格的資料列。

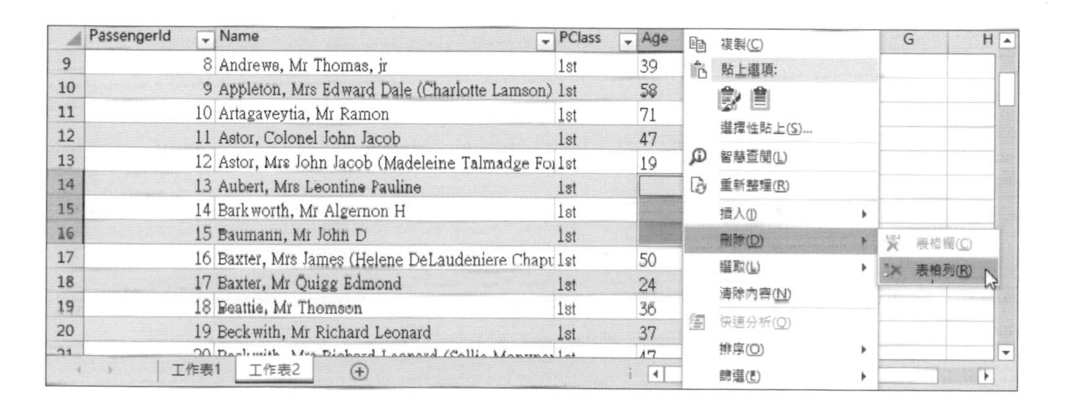

➲ 填補遺漏值

ch15_4_1b.xlsx

如果資料量不足，我們不能刪除記錄，所以需要填補這些遺漏值，在實務上，我們可以將遺漏值指定成固定值、平均值或中位數等。例如：將空白儲存格都改成此欄位的平均值，其步驟如下所示：

1. 請啟動 Excel 開啟 ch15_4_1b.xlsx，選取 **Age** 欄位後，複製至**工作表 1**，參考第 15-3-3 節改成數值格式的方法後，計算出平均值是 28.609，其公式如下所示：

```
=AVERAGE(A1:A100)
```

2. 在複製平均值 28.609 後，切換至**工作表 2**，選取 **Age** 欄位後，在**常用**索引標籤，執行「編輯」群組的「尋找與選取 / 特殊目標」命令，開啟「特殊目標」對話方塊，點選**空格**，再按下**確定**鈕，選取此欄位的空白儲存格。

3. 在**常用**索引標籤下，執行「剪貼簿」群組的「貼上 / 貼上值 / 值」命令。

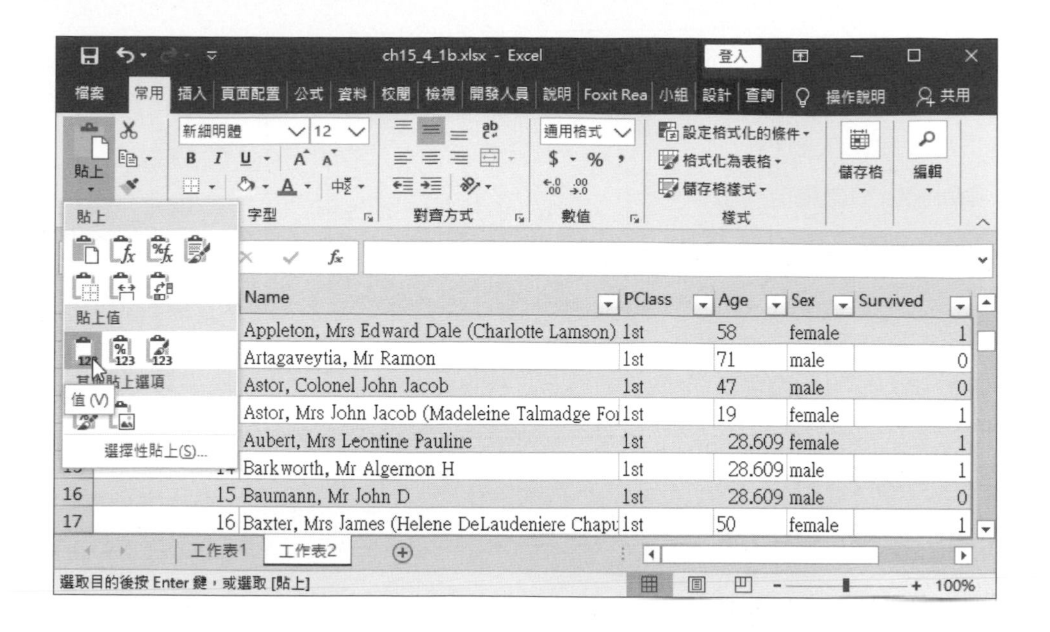

4 會看到此欄位的空白儲存格都填入 28.609。

	PassengerId	Name	PClass	Age	Sex	Survived
10	9	Appleton, Mrs Edward Dale (Charlotte Lamson)	1st	58	female	1
11	10	Artagaveytia, Mr Ramon	1st	71	male	0
12	11	Astor, Colonel John Jacob	1st	47	male	0
13	12	Astor, Mrs John Jacob (Madeleine Talmadge Foı	1st	19	female	1
14	13	Aubert, Mrs Leontine Pauline	1st	28.609	female	1
15	14	Barkworth, Mr Algernon H	1st	28.609	male	1
16	15	Baumann, Mr John D	1st	28.609	male	0
17	16	Baxter, Mrs James (Helene DeLaudeniere Chapu	1st	50	female	1

工作表1 工作表2

15-4-2 處理重複資料

除了處理遺漏值外，Excel 還能幫助我們處理重複欄位值或重複記錄，我們可以在表格中刪除單一儲存格重複的值，或刪除整筆重複的記錄。

本節範例是使用 sales.csv，我們採用匯入的方式將 CSV 檔案匯入到 Excel，會看到記錄和欄位值有很多重複，如右圖所示：

Date	Sales Rep	Country	Amount
2019/10/22	Tom	USA	32434
2019/10/22	Joe	China	16543
2019/10/22	Jack	Canada	1564
2019/10/22	John	China	6345
2019/10/22	Mary	Japan	5000
2019/10/22	Tom	USA	32434
2019/10/23	Jinie	Brazil	5243
2019/10/23	Jane	USA	5000
2019/10/23	John	Canada	2346
2019/10/23	Joe	Brazil	6643
2019/10/23	Jack	Japan	6465
2019/10/23	John	China	6345

➲ 找出重複的欄位值

ch15_4_2.xlsx

處理重複資料首先需要找出目標欄位的重複值，其步驟如下所示：

1. 請啟動 Excel 開啟 ch15_4_2.xlsx，選取 Country 欄位後，在**常用**索引標籤，執行「樣式」群組的「設定格式化的條件 / 醒目提示儲存格規則 / 重複的值」命令。

2 在「重複的值」對話方塊中，選擇重複值的標示方式，預設是**淺紅色填滿與深紅色文字**，按下**確定**鈕。

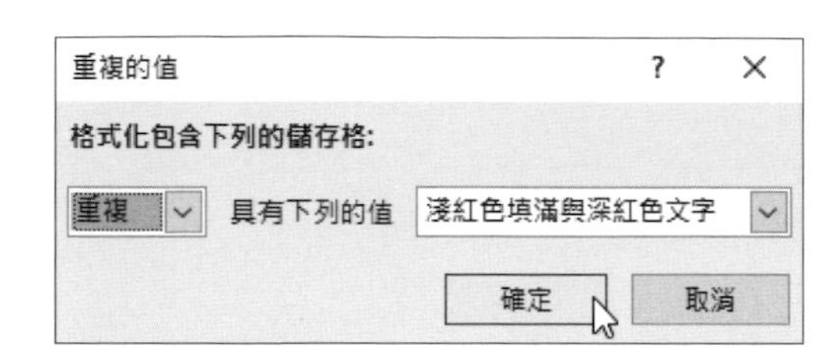

3 在 Excel 工作表中會看到 Country 欄位全部都是淺紅色填滿與深紅色文字，因為此欄位的儲存格都有重複值，如下圖所示：

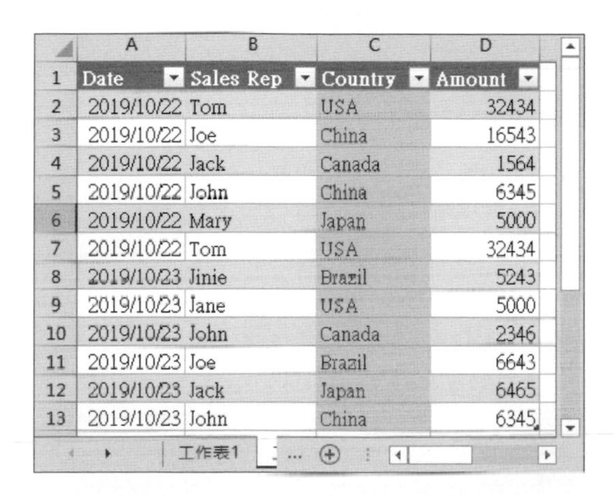

	A	B	C	D
1	Date	Sales Rep	Country	Amount
2	2019/10/22	Tom	USA	32434
3	2019/10/22	Joe	China	16543
4	2019/10/22	Jack	Canada	1564
5	2019/10/22	John	China	6345
6	2019/10/22	Mary	Japan	5000
7	2019/10/22	Tom	USA	32434
8	2019/10/23	Jinie	Brazil	5243
9	2019/10/23	Jane	USA	5000
10	2019/10/23	John	Canada	2346
11	2019/10/23	Joe	Brazil	6643
12	2019/10/23	Jack	Japan	6465
13	2019/10/23	John	China	6345

工作表1

4 請重複步驟 1～3，標示 Amount 欄位的重複值，如下圖所示：

	A	B	C	D
1	Date	Sales Rep	Country	Amount
2	2019/10/22	Tom	USA	32434
3	2019/10/22	Joe	China	16543
4	2019/10/22	Jack	Canada	1564
5	2019/10/22	John	China	6345
6	2019/10/22	Mary	Japan	5000
7	2019/10/22	Tom	USA	32434
8	2019/10/23	Jinie	Brazil	5243
9	2019/10/23	Jane	USA	5000
10	2019/10/23	John	Canada	2346
11	2019/10/23	Joe	Brazil	6643
12	2019/10/23	Jack	Japan	6465
13	2019/10/23	John	China	6345

工作表1

➲ 找出重複的記錄

ch15_4_2a.xlsx

在 Excel 表格中找出重複的記錄比找出欄位重複值複雜一些，其步驟如下所示：

1. 請啟動 Excel 開啟 ch15_4_2a.xlsx，選取 E2 儲存格後，在上方的**資料編輯列**輸入公式 **=A2&B2&C2&D2**，按 Ctrl + Enter 鍵，會看到一個新欄位，其欄位值就是各欄位值連接在一起的單一字串，如下圖所示：

	Date	Sales Rep	Country	Amount	欄1
2	2019/10/22	Tom	USA	32434	43760TomUSA32434
3	2019/10/22	Joe	China	16543	43760JoeChina16543
4	2019/10/22	Jack	Canada	1564	43760JackCanada1564
5	2019/10/22	John	China	6345	43760JohnChina6345
6	2019/10/22	Mary	Japan	5000	43760MaryJapan5000
7	2019/10/22	Tom	USA	32434	43760TomUSA32434
8	2019/10/23	Jinie	Brazil	5243	43761JinieBrazil5243
9	2019/10/23	Jane	USA	5000	43761JaneUSA5000
10	2019/10/23	John	Canada	2346	43761JohnCanada2346
11	2019/10/23	Joe	Brazil	6643	43761JoeBrazil6643
12	2019/10/23	Jack	Japan	6465	43761JackJapan6465
13	2019/10/23	John	China	6345	43761JohnChina6345

2. 選取**欄 1** 欄位後，在**常用**索引標籤，執行「樣式」群組的「設定格式化的條件 / 醒目提示儲存格規則 / 重複的值」命令。

3 在「重複的值」對話方塊中，選擇預設的標示方式，再按下**確定**鈕。

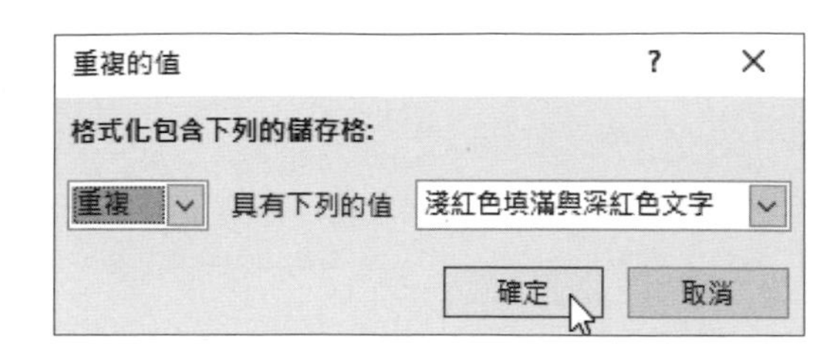

4 在 Excel 工作表中，會看到**欄 1** 欄位有兩筆是重複值，也就是說這兩筆是重複記錄，如下圖所示：

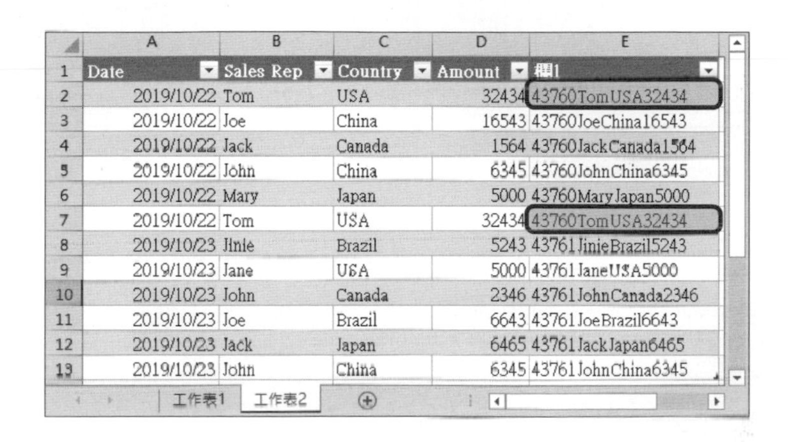

	A	B	C	D	E
1	Date	Sales Rep	Country	Amount	欄1
2	2019/10/22	Tom	USA	32434	43760TomUSA32434
3	2019/10/22	Joe	China	16543	43760JoeChina16543
4	2019/10/22	Jack	Canada	1564	43760JackCanada1564
5	2019/10/22	John	China	6345	43760JohnChina6345
6	2019/10/22	Mary	Japan	5000	43760MaryJapan5000
7	2019/10/22	Tom	USA	32434	43760TomUSA32434
8	2019/10/23	Jinie	Brazil	5243	43761JinieBrazil5243
9	2019/10/23	Jane	USA	5000	43761JaneUSA5000
10	2019/10/23	John	Canada	2346	43761JohnCanada2346
11	2019/10/23	Joe	Brazil	6643	43761JoeBrazil6643
12	2019/10/23	Jack	Japan	6465	43761JackJapan6465
13	2019/10/23	John	China	6345	43761JohnChina6345

工作表1　工作表2

➲ 刪除重複的記錄

ch15_4_2b.xlsx

在找出重複資料後，我們可以刪除欄位值有重複的記錄，其步驟如下所示：

1 請啟動 Excel 開啟 ch15_4_2b.xlsx，選取 Amount 欄位（不含標題）後，在**資料**索引標籤，執行「資料工具」群組的**移除重複項**命令。

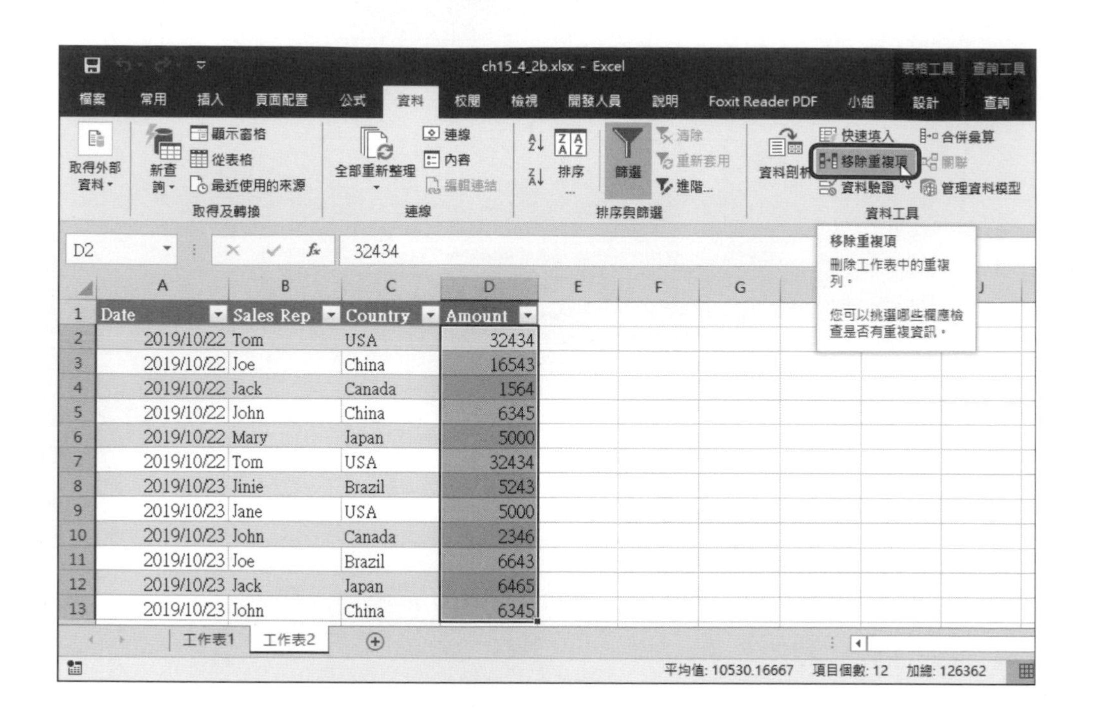

2 在「移除重複項」對話方塊，勾選重複值欄位，預設為全選，我們只要保留 Country，並且勾選**我的資料有標題**，再按下**確定**鈕。

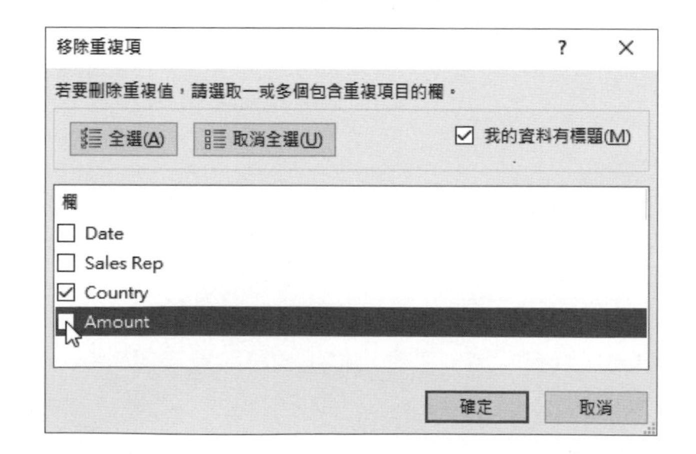

3 接著，會顯示「找到並移除 7 個重複值；剩 5 個唯一的值」訊息。

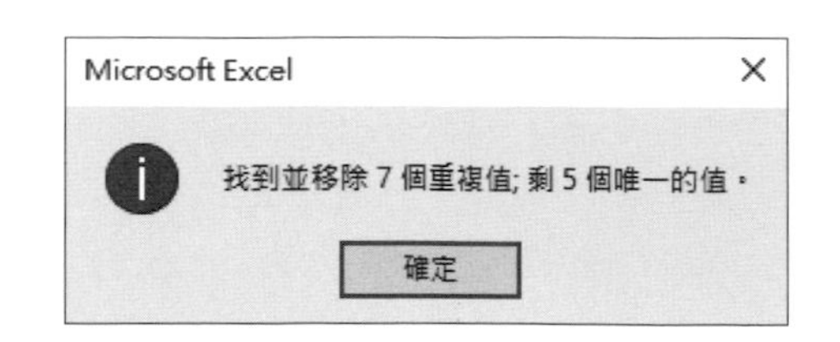

4 按下**確定**鈕，會在 Excel 工作表中看到表格的 Amount 欄位已經沒有重複值，如下圖所示：

	A	B	C	D	E
1	Date	Sales Rep	Country	Amount	
2	2019/10/22	Tom	USA	32434	
3	2019/10/22	Joe	China	16543	
4	2019/10/22	Jack	Canada	1564	
5	2019/10/22	Mary	Japan	5000	
6	2019/10/23	Jinie	Brazil	5243	
7					

工作表1　工作表2

如果在「移除重複項」對話方塊中，勾選全部欄位，這就是刪除重複記錄，如下圖所示：

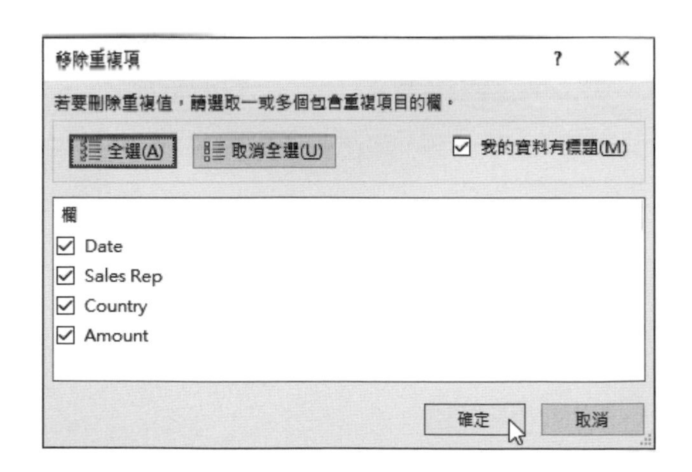

學習評量

1. 請說明什麼是資料清理？其主要工作有哪些？

2. 請問 Excel 如何匯入 JSON 檔案的資料？

3. 請說明如何將 Excel 工作表的儲存格轉換成表格樣式的資料？

4. 請問 Excel 資料剖析精靈的用途為何？

5. 請舉例說明 Excel 如何處理遺漏值和重複資料？

6. 請修改 ch15_4_1.xlsx 檔案，將空白儲存格填入固定值 30。

在 Excel 中進行「資料視覺化」

16-1 認識「資料視覺化」

16-2 在 Excel 中設定「格式化的條件」

16-3 Excel 的視覺化圖表

16-1 認識「資料視覺化」

資料視覺化（Data Visualization）是指將複雜的資料用圖形化工具轉換成容易閱讀的資訊，透過圖形或圖表的呈現，可以更容易識別出資料中的**模式**（Patterns）、**趨勢**（Trends）和**關聯性**（Relationships）。

資料視覺化並不是一項新技術，早在西元前 27 世紀，蘇美人已經將城市、山脈和河川等原始資料繪製成地圖以幫助辨識方位，這就是資料視覺化。在 18 世紀出現了曲線圖、面積圖、長條圖和派圖等各種圖表，更奠定現代統計圖表的基礎。從 1950 年代開始人們使用電腦處理複雜資料，並且繪製成圖形和圖表，逐漸讓資料視覺化深入日常生活中。現在，你隨時可以在報章雜誌、新聞媒體、學術報告和公共交通指示中，發現資料視覺化的圖形和圖表。

在 Excel 中可以用**設定格式化的條件**和**圖表**功能來執行資料視覺化。在進行資料視覺化時需要考量三個要點，如下所示：

- **資料的正確性**：不能為了視覺化而視覺化，資料在使用圖形抽象化後，仍然需要保有資料的正確性。
- **閱讀者的閱讀動機**：資料視覺化的目的是為了讓閱讀者快速了解和吸收，如何引起閱讀者的興趣，讓閱讀者能夠突破心理障礙，理解不熟悉領域的資訊，這就是視覺化需要考量的重點。
- **有效率的傳遞資訊**：資訊的傳達不只要正確，還需要有效率，資料視覺化可以讓閱讀者在短時間內理解圖表和留下印象，這才是真正有效率的傳遞資訊。

說 明

資訊圖表（Infographic）是另一個常聽到的名詞，資訊圖表和資料視覺化的目的相同，都是使用圖形化方式來簡化複雜資訊。不過，兩者之間有些不一樣，資料視覺化是客觀的圖形化資料呈現，資訊圖表則是主觀呈現創作者的觀點、故事，並且使用更多圖形化方式來呈現，需要較高深的繪圖技巧。

16-2 在 Excel 中設定「格式化的條件」

Excel 可以使用**設定格式化的條件**來執行資料視覺化，這是依據內容來套用儲存格範圍的特殊樣式，當儲存格內容符合條件，就自動套用樣式，此條件稱為**規則**（Rules），例如：台積電股價超過 265 元（>=265）時顯示綠色。

16-2-1 醒目提示儲存格規則

在 Excel 中可以使用**醒目提示儲存格規則**來指定儲存格要套用的樣式，基本上，儲存格內容只需符合下列條件，就會套用指定的樣式：

- 數值資料在特定範圍，例如：大於、小於、介於及等於特定值。
- 文字資料包含特定字串。
- 日期資料在相對於目前日期的範圍，例如：昨天、今天、明天、上星期、這星期、下星期、上月、這月和下月等。
- 儲存格內容是重複值（在第 15-4-2 節已經介紹過）。

現在，我們就以台積電 2019 年 9 月份的股價為例，說明如何使用**醒目提示儲存格規則**，其步驟如下所示：

1. 請啟動 Excel 開啟 ch16_2_1.xlsx，選取 **Close** 欄的 E2：E19 儲存格後，在上方功能區點選**常用**索引標籤，執行「樣式」群組的「設定格式化的條件 / 醒目提示儲存格規則」命令，就會看到子功能表。

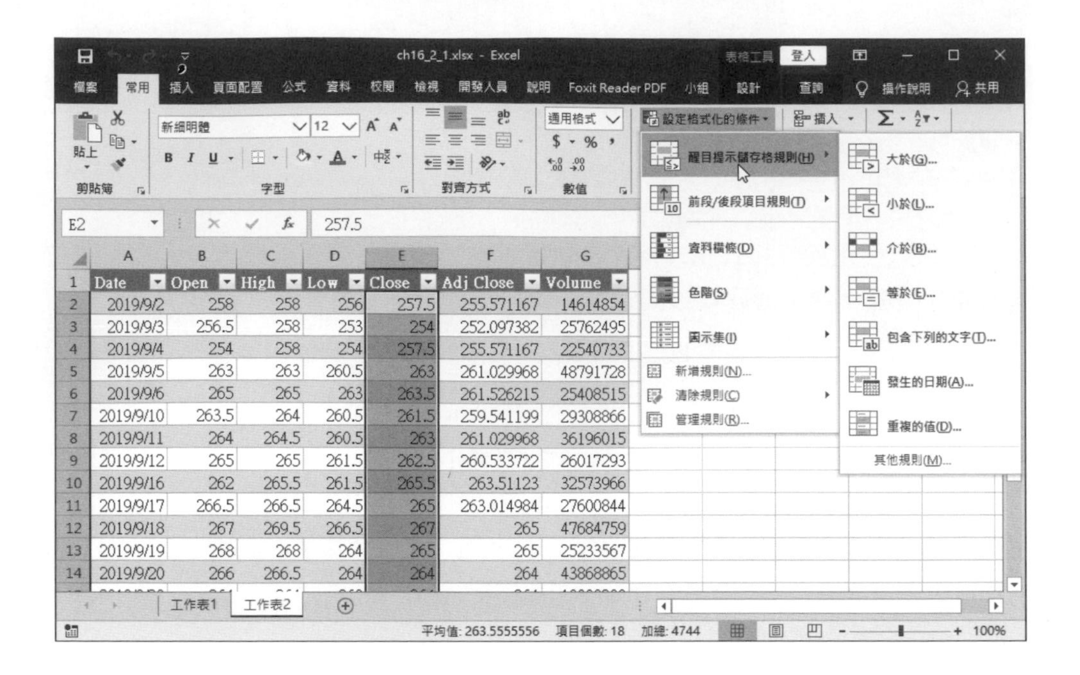

2 執行**大於**命令，在「大於」對話方塊輸入 **265**，在**顯示為**欄，點選**綠色填滿與深綠色文字**，再按下**確定**鈕。

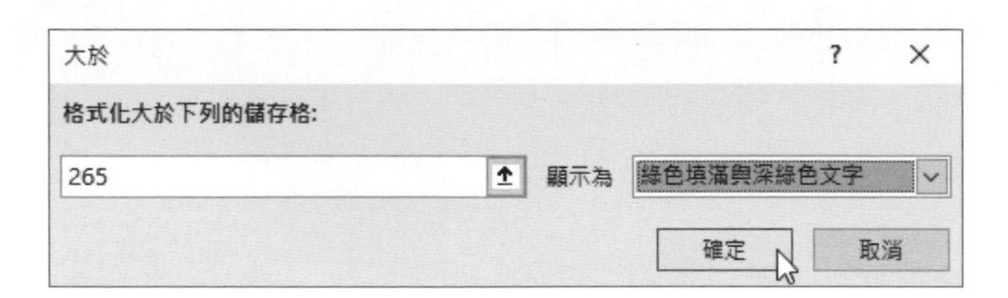

3 接著，執行**小於**命令，在「小於」對話方塊輸入 **255**，在**顯示為**欄，點選**淺紅色填滿與深紅色文字**，再按下**確定**鈕。

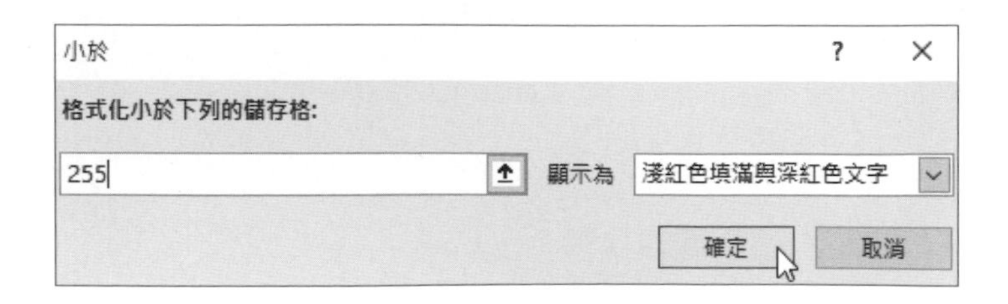

4 執行**介於**命令，在「介於」對話方塊輸入 **255 ～ 265**，在**顯示為**欄，點選**黃色填滿與深黃色文字**，再按下**確定**鈕。

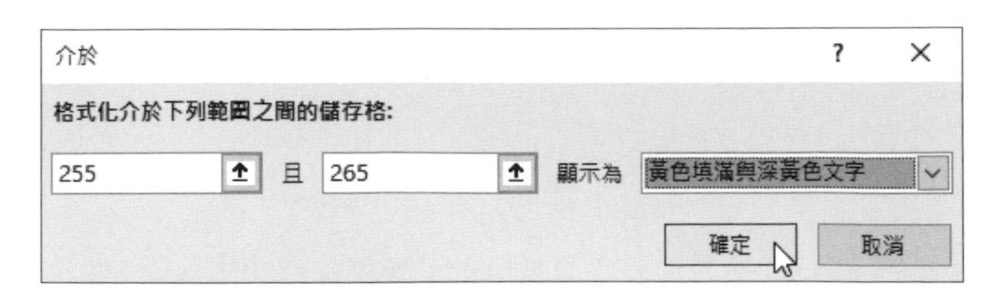

5 在 Close 欄中會看到不同色彩標示的儲存格內容，如下圖所示：

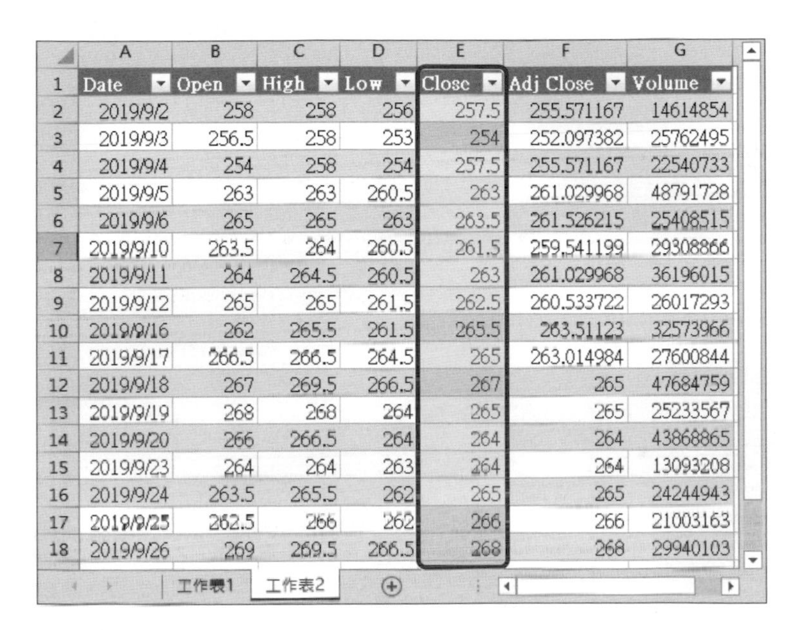

	A	B	C	D	E	F	G
1	Date	Open	High	Low	Close	Adj Close	Volume
2	2019/9/2	258	258	256	257.5	255.571167	14614854
3	2019/9/3	256.5	258	253	254	252.097382	25762495
4	2019/9/4	254	258	254	257.5	255.571167	22540733
5	2019/9/5	263	263	260.5	263	261.029968	48791728
6	2019/9/6	265	265	263	263.5	261.526215	25408515
7	2019/9/10	263.5	264	260.5	261.5	259.541199	29308866
8	2019/9/11	264	264.5	260.5	263	261.029968	36196015
9	2019/9/12	265	265	261.5	262.5	260.533722	26017293
10	2019/9/16	262	265.5	261.5	265.5	263.51123	32573966
11	2019/9/17	266.5	266.5	264.5	265	263.014984	27600844
12	2019/9/18	267	269.5	266.5	267	265	47684759
13	2019/9/19	268	268	264	265	265	25233567
14	2019/9/20	266	266.5	264	264	264	43868865
15	2019/9/23	264	264	263	264	264	13093208
16	2019/9/24	263.5	265.5	262	265	265	24244943
17	2019/9/25	262.5	266	262	266	266	21003163
18	2019/9/26	269	269.5	266.5	268	268	29940103

工作表1 工作表2

16-2-2 前段 / 後段項目規則

Excel 可以使用**前段 / 後段項目規則**來指定儲存格套用的樣式，只需儲存格內容符合下列條件：

⁂ 前 10 個項目。

⁂ 前 10%。

⁂ 最後 10 個項目。

⁂ 最後 10%。

⁂ 高於平均。

⁂ 低於平均。

我們以台積電 2019 年 9 月份的成交量為例，説明如何使用**前段 / 後段項目規則**，其步驟如下所示：

1 請啟動 Excel 開啟 ch16_2_2.xlsx，選取 **Volume** 欄的 G2：G19 儲存格後，在上方功能區點選**常用**索引標籤，執行「樣式」群組的「設定格式化的條件」的「前段 / 後段項目規則」命令，即可看到子功能表。

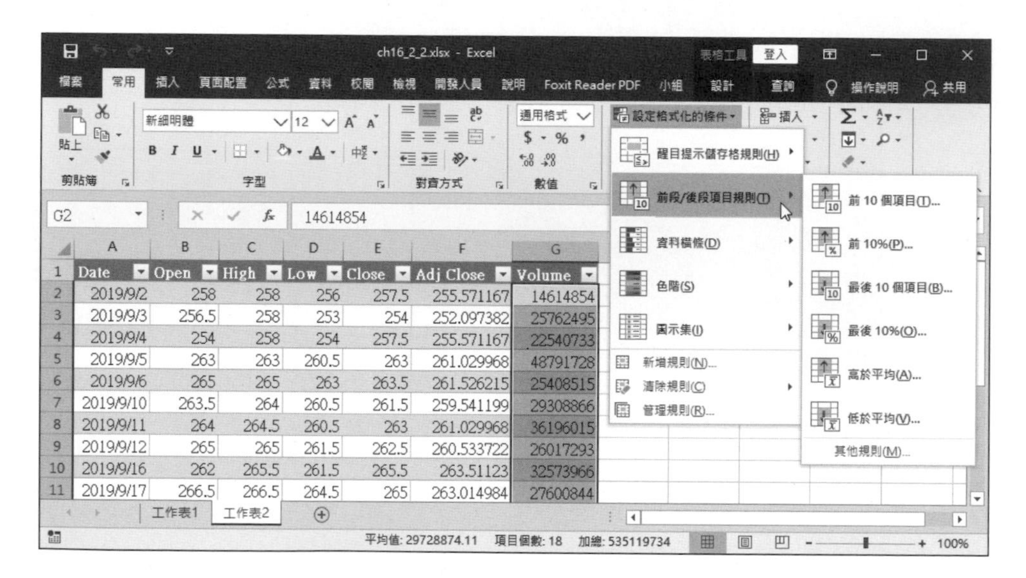

2 執行**前 10 個項目**命令，在「前 10 個項目」對話方塊中輸入 **5**，在**顯示為**欄，點選**綠色填滿與深綠色文字**，再按下**確定**鈕。

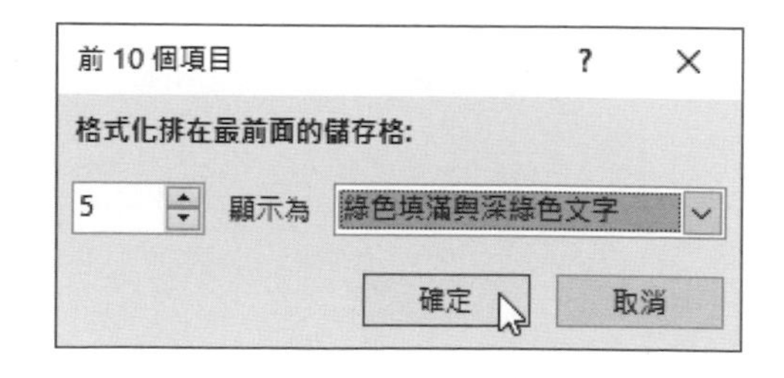

3 繼續執行**最後 10 個項目**命令，在「最後 10 個項目」對話方塊中輸入 **5**，**顯示為**欄點選**淺紅色填滿與深紅色文字**，按下**確定**鈕。

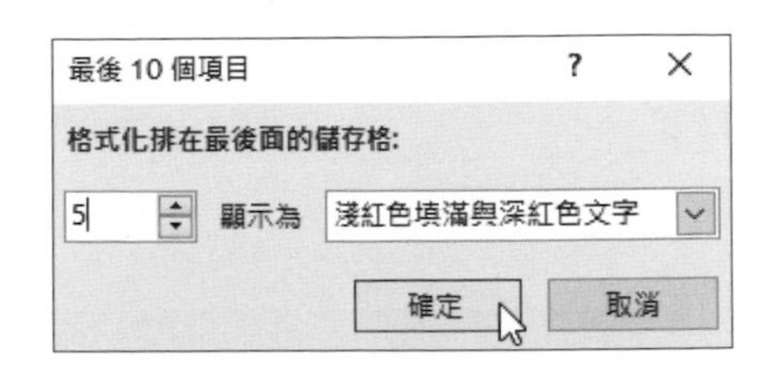

4 在 Volume 欄中會看到以不同色彩標示，前五個及後五個成交量的內容，如下圖所示：

	A	B	C	D	E	F	G
1	Date	Open	High	Low	Close	Adj Close	Volume
2	2019/9/2	258	258	256	257.5	255.571167	14614854
3	2019/9/3	256.5	258	253	254	252.097382	25762495
4	2019/9/4	254	258	254	257.5	255.571167	22540733
5	2019/9/5	263	263	260.5	263	261.029968	48791728
6	2019/9/6	265	265	263	263.5	261.526215	25408515
7	2019/9/10	263.5	264	260.5	261.5	259.541199	29308866
8	2019/9/11	264	264.5	260.5	263	261.029968	36196015
9	2019/9/12	265	265	261.5	262.5	260.533722	26017293
10	2019/9/16	262	265.5	261.5	263.5	263.51123	32573966
11	2019/9/17	266.5	266.5	264.5	265	263.014984	27600844
12	2019/9/18	267	269.5	266.5	267	265	47684759
13	2019/9/19	268	268	264	265	265	25233567
14	2019/9/20	266	266.5	264	264	264	43868865
15	2019/9/23	264	264	263	264	264	13093208
16	2019/9/24	263.5	265.5	262	265	265	24244943
17	2019/9/25	262.5	266	262	266	266	21003163
18	2019/9/26	269	269.5	266.5	268	268	29940103
19	2019/9/27	271.5	272.5	271	272	272	41235817

工作表1 工作表2

16-2-3 資料橫條

Excel 可以使用**資料橫條**（Data Bars）的彩色漸層來標示儲存格的值相對於其他儲存格值的差異，這是使用資料橫條的長度標示儲存格的值，比較長是較高值；較短是較低值，共有六種色彩可選擇：藍色、綠色、紅色、黃色、淺藍色和紫色。

當資料量龐大時，我們可以使用資料橫條清楚看出較高、較低和中間值。 例如：台積電 2019 年 9 月份的日成交量，我們可以使用漸層色彩來標示相對於其他儲存格的值，其步驟如下所示：

1 請啟動 Excel 開啟 ch16_2_3.xlsx，選取 **Volume** 欄的 G2：G19 儲存格後，在上方功能區點選**常用**索引標籤，執行「樣式」群組的「設定格式化的條件 / 資料橫條」命令，點選「漸層填滿 / 藍色資料橫條」圖示。

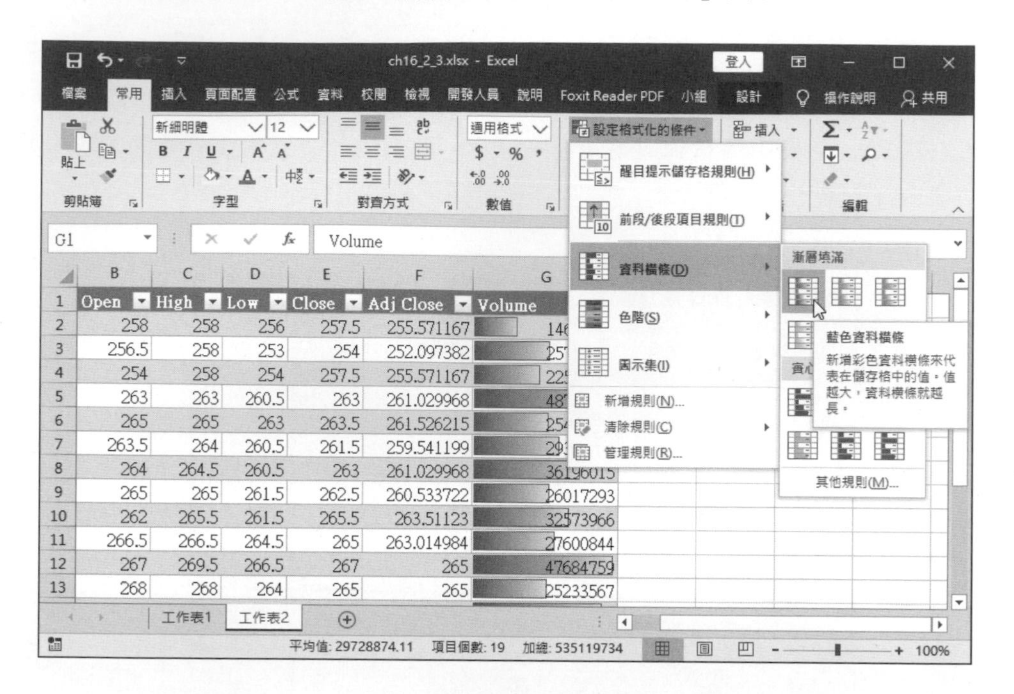

2 在 Volume 欄中，會看到以漸層橫條來標示儲存格的值，數值較多橫條較長，反之橫條較短，如下圖所示：

	B	C	D	E	F	G
1	Open	High	Low	Close	Adj Close	Volume
2	258	258	256	257.5	255.571167	14614854
3	256.5	258	253	254	252.097382	25762495
4	254	258	254	257.5	255.571167	22540733
5	263	263	260.5	263	261.029968	48791728
6	265	265	263	263.5	261.526215	25408515
7	263.5	264	260.5	261.5	259.541199	29308866
8	264	264.5	260.5	263	261.029968	36196015
9	265	265	261.5	262.5	260.533722	26017293
10	262	265.5	261.5	265.5	263.51123	32573966
11	266.5	266.5	264.5	265	263.014984	27600844
12	267	269.5	266.5	267	265	47684759
13	268	268	264	265	265	25233567
14	266	266.5	264	264	264	43868865

工作表1　工作表2

3 在選取 G2：G19 儲存格的狀態下，點選上方功能區的**常用**索引標籤，執行「樣式」群組的「設定格式化的條件 / 資料橫條」命令，點選「實心填滿 / 橘色資料橫條」圖示。

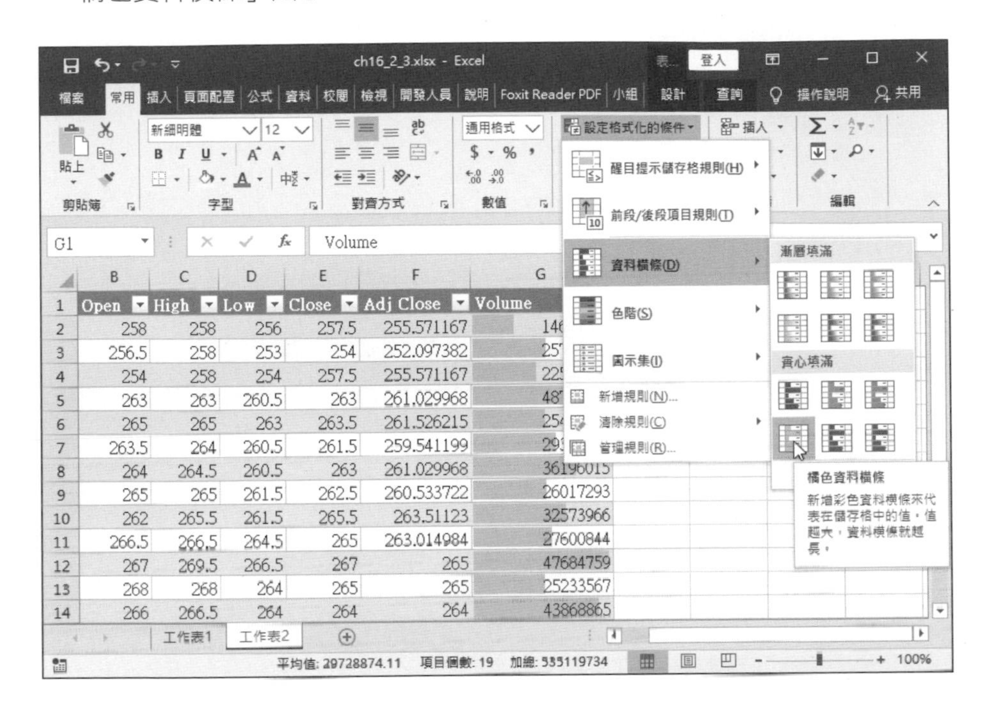

4 Volume 欄會顯示使用純色的資料橫條來標示儲存格的值，如下圖所示：

	B	C	D	E	F	G
1	Open	High	Low	Close	Adj Close	Volume
2	258	258	256	257.5	255.571167	14614854
3	256.5	258	253	254	252.097382	25762495
4	254	258	254	257.5	255.571167	22540733
5	263	263	260.5	263	261.029968	48791728
6	265	265	263	263.5	261.526215	25408515
7	263.5	264	260.5	261.5	259.541199	29308866
8	264	264.5	260.5	263	261.029968	36196015
9	265	265	261.5	262.5	260.533722	26017293
10	262	265.5	261.5	265.5	263.51123	32573966
11	266.5	266.5	264.5	265	263.014984	27600844
12	267	269.5	266.5	267	265	47684759
13	268	268	264	265	265	25233567
14	266	266.5	264	264	264	43868865

工作表1 工作表2

16-2-4 色階

Excel 可以使用**色階**（Color Scales）標示一個儲存格的值相對於指定範圍其他儲存格的值，即使用儲存格背景的色階來顯示儲存格值的差異。當我們套用在一系列儲存格範圍時，可以使用顏色標示儲存格值在該範圍的位置，提供**雙色色階**及**三色色階**，如下所示：

⁂ **雙色色階**：可以使用「白色 - 紅色」、「紅色 - 白色」、「綠色 - 白色」、「白色 - 綠色」、「綠色 - 黃色」和「黃色 - 綠色」。

⁂ **三色色階**：可以使用「綠色 - 黃色 - 紅色」、「紅色 - 黃色 - 綠色」、「綠色 - 白色 - 紅色」、「紅色 - 白色 - 綠色」、「藍色 - 白色 - 紅色」和「紅色 - 白色 - 藍色」。

我們以台積電 2019 年 9 月份的成交量為例，說明如何使用色階的資料視覺化：

1. 請啟動 Excel 開啟 ch16_2_4.xlsx，選取 **Volume** 欄的 G2：G19 儲存格後，在上方功能區點選**常用**索引標籤，執行「樣式」群組的「設定格式化的條件 / 色階」命令，點選**綠 - 黃 - 紅色階**圖示。

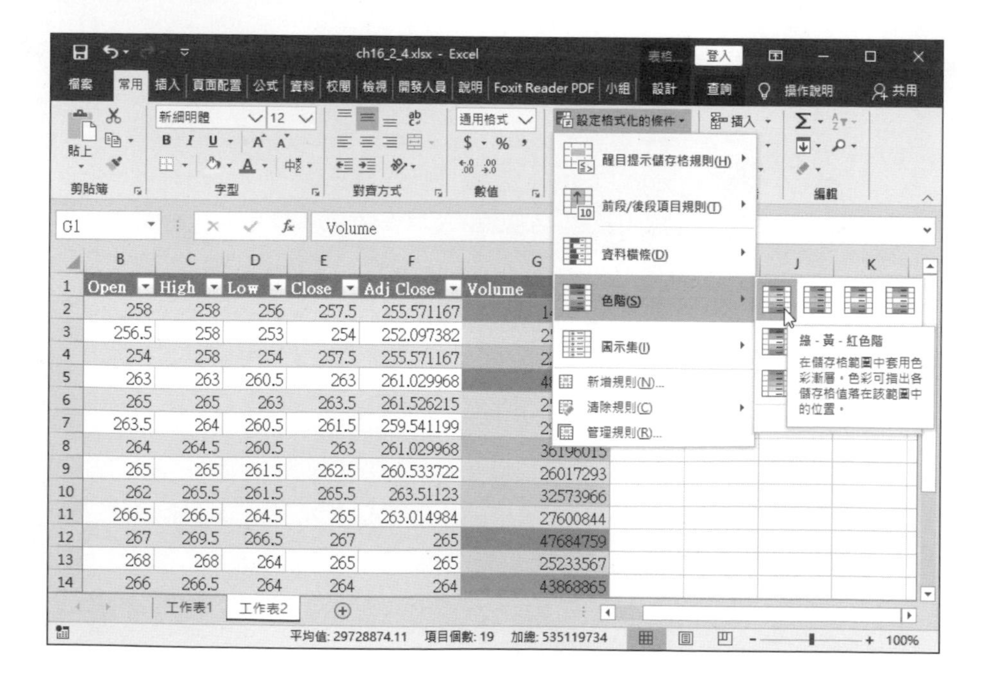

2 在 Volume 欄中，會看到使用儲存格背景的色階來顯示儲存格值的差異，如下圖所示：

	B	C	D	E	F	G
1	Open	High	Low	Close	Adj Close	Volume
2	258	258	256	257.5	255.571167	14614854
3	256.5	258	253	254	252.097382	25762495
4	254	258	254	257.5	255.571167	22540733
5	263	263	260.5	263	261.029968	48791728
6	265	265	263	263.5	261.526215	25408515
7	263.5	264	260.5	261.5	259.541199	29308866
8	264	264.5	260.5	263	261.029968	36196015
9	265	265	261.5	262.5	260.533722	26017293
10	262	265.5	261.5	265.5	263.51123	32573966
11	266.5	266.5	264.5	265	263.014984	27600844
12	267	269.5	266.5	267	265	47684759
13	268	268	264	265	265	25233567
14	266	266.5	264	264	264	43868865

工作表1　工作表2

16-2-5 圖示集

我們也可以使用**圖示集**（Icon Sets）來標示數字之間的差異，右表是 Excel 提供的圖示集：

圖示集種類	圖示集
方向性	
圖形	
指標	
評等	

在此以台積電 2019 年 9 月份的成交量為例，説明如何使用圖示集來執行資料視覺化，其步驟如下所示：

1 請啟動 Excel 開啟 ch16_2_5.xlsx，選取 **Volume** 欄的 G2：G19 儲存格後，在上方功能區點選**常用**索引標籤，執行「樣式」群組的「設定格式化的條件 / 圖示集」命令，即可看到子功能表。

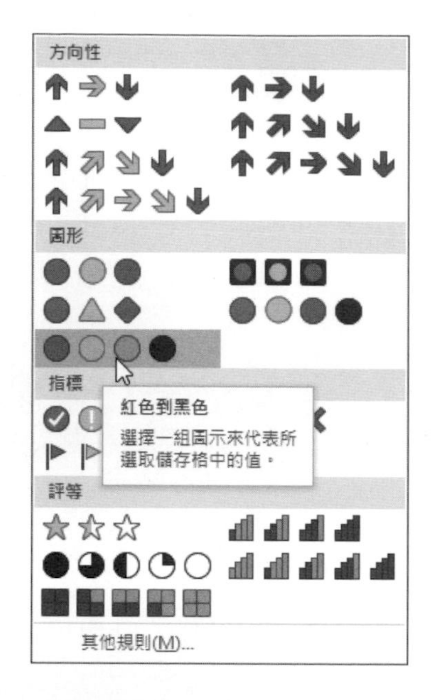

2 點選「圖形 / 紅色到黑色」圖示集，Volume 欄會顯示此儲存格值差異，如下圖所示：

	B	C	D	E	F	G
1	Open	High	Low	Close	Adj Close	Volume
2	258	258	256	257.5	255.571167	14614854
3	256.5	258	253	254	252.097382	25762495
4	254	258	254	257.5	255.571167	22540733
5	263	263	260.5	263	261.029968	48791728
6	265	265	263	263.5	261.526215	25408515
7	263.5	264	260.5	261.5	259.541199	29308866
8	264	264.5	260.5	263	261.029968	36196015
9	265	265	261.5	262.5	260.533722	26017293
10	262	265.5	261.5	265.5	263.51123	32573966
11	266.5	266.5	264.5	265	263.014984	27600844
12	267	269.5	266.5	267	265	47684759
13	268	268	264	265	265	25233567
14	266	266.5	264	264	264	43868865

工作表1 工作表2

16-3 Excel 的視覺化圖表

Excel 內建多種圖表可幫助我們執行資料視覺化，這一節我們將介紹如何新增常用的折線圖、直條圖、散佈圖和組合圖來進行視覺化圖表。

16-3-1 折線圖

折線圖（Line Charts）是一種常用的視覺化圖表，這是使用一序列資料點的標記，用直線連接標記來建立圖表，一般來說，折線圖可以顯示以時間為 x 軸的趨勢（Trends），例如：使用折線圖顯示台積電 2019 年 9 月份的開盤和收盤價趨勢圖，其步驟如下所示：

1. 請啟動 Excel 開啟 ch16_3_1.xlsx，按住 Ctrl 鍵同時選取 **Date** 和 **Close** 兩個欄位的儲存格後，在上方功能區點選**插入**索引標籤，按下「圖表」群組的**建議圖表**鈕。

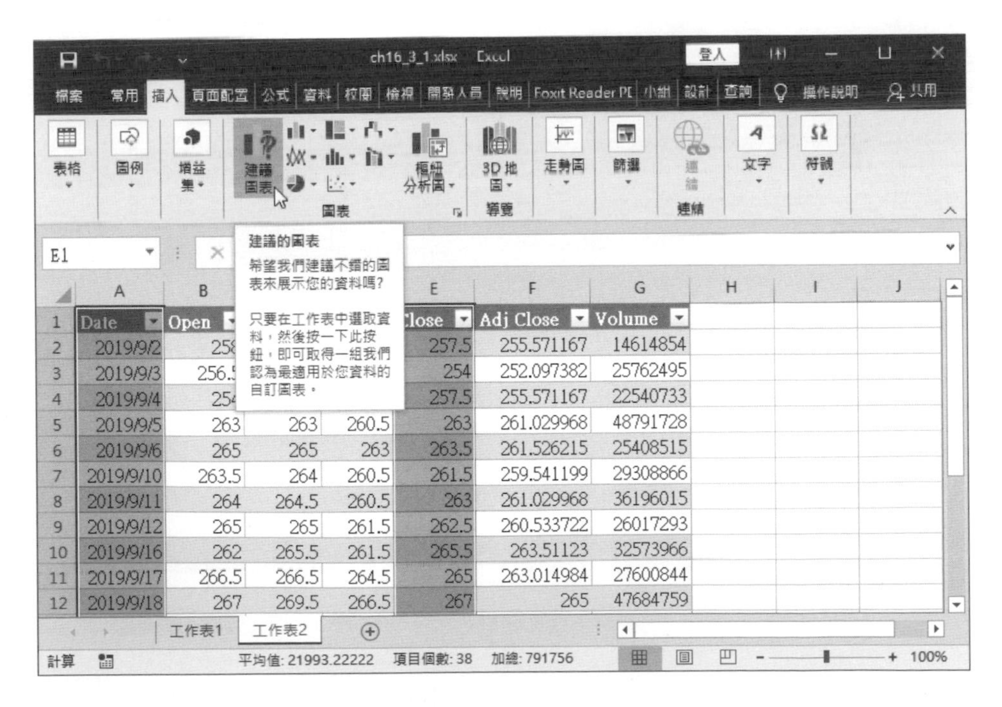

2 在「插入圖表」對話方塊中建議的圖表是**折線圖**，在此不需更改，請按下**確定**鈕。

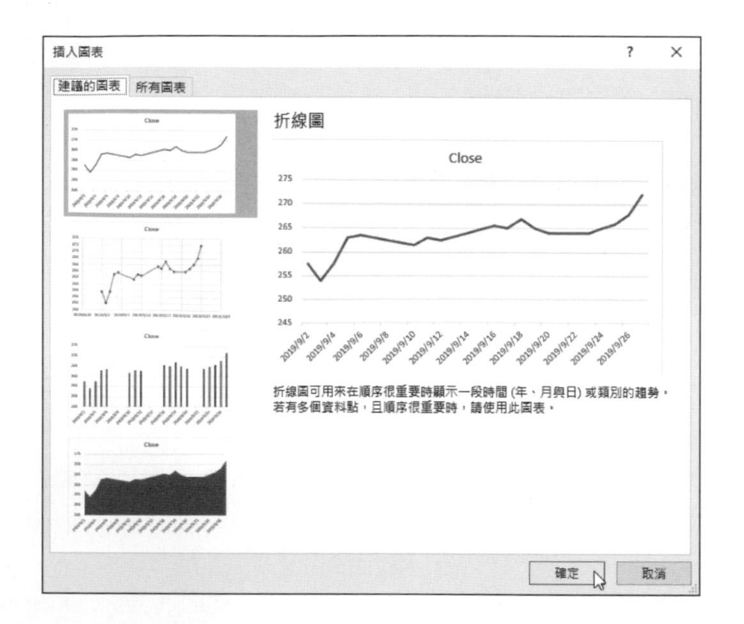

3 在工作表中新增折線圖後，按住圖表拖曳，可以將圖表移到適當的位置：

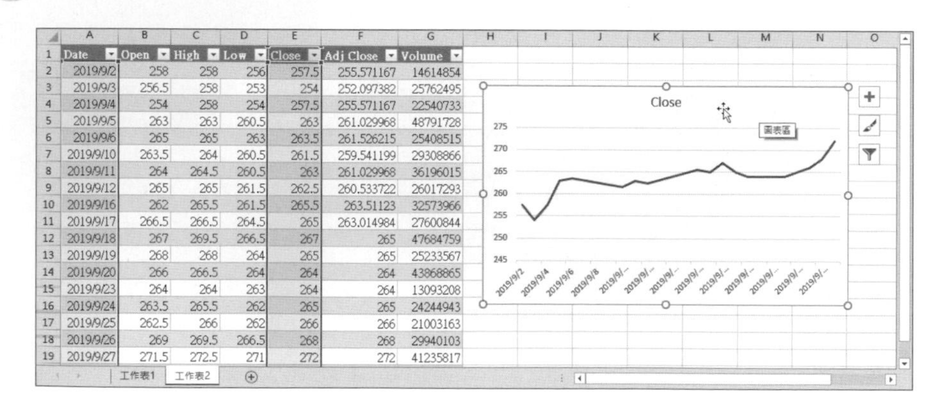

Date	Open	High	Low	Close	Adj Close	Volume
2019/9/2	258	258	256	257.5	255.571167	14614854
2019/9/3	256.5	258	253	254	252.097382	25762495
2019/9/4	254	258	254	257.5	255.571167	22540733
2019/9/5	263	263	260.5	263	261.029968	48791728
2019/9/6	265	265	263	263.5	261.526215	25408515
2019/9/10	263.5	264	260.5	261.5	259.541199	29308866
2019/9/11	264	264.5	260.5	263	261.029968	36196015
2019/9/12	265	265	261.5	262.5	260.533722	26017293
2019/9/16	262	265.5	261.5	265.5	263.51123	32573966
2019/9/17	266.5	266.5	264.5	265	263.014984	27600844
2019/9/18	267	269.5	266.5	267	265	47684759
2019/9/19	268	268	264	265	265	25233567
2019/9/20	266	266.5	264	264	264	43868865
2019/9/23	264	264	263	264	264	13093208
2019/9/24	263.5	265.5	262	265	265	24244943
2019/9/25	262.5	266	262	266	266	21003163
2019/9/26	269	269.5	266.5	268	268	29940103
2019/9/27	271.5	272.5	271	272	272	41235817

4 在上方功能區的**設計**索引標籤提供多種圖表樣式，請按下「圖表樣式」群組的**樣式 3** 更改圖表樣式。

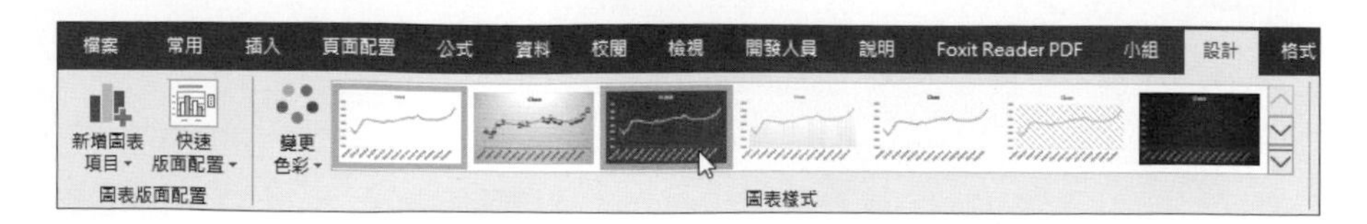

5 折線圖已經套用選擇的圖表樣式，如右圖所示：

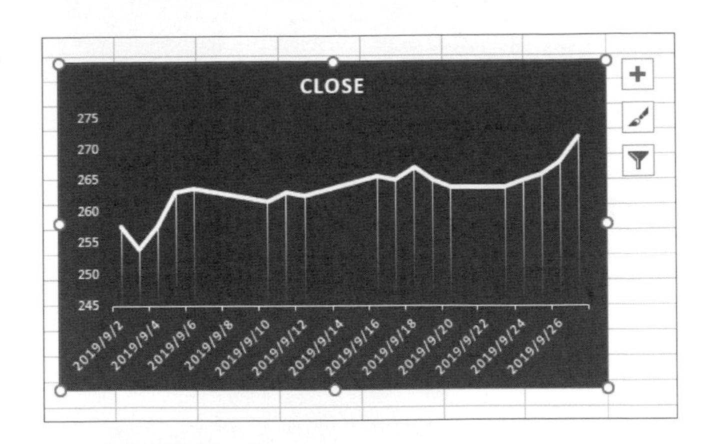

6 按兩下圖表上方的標籤文字，可以編輯圖表標題，如右圖所示：

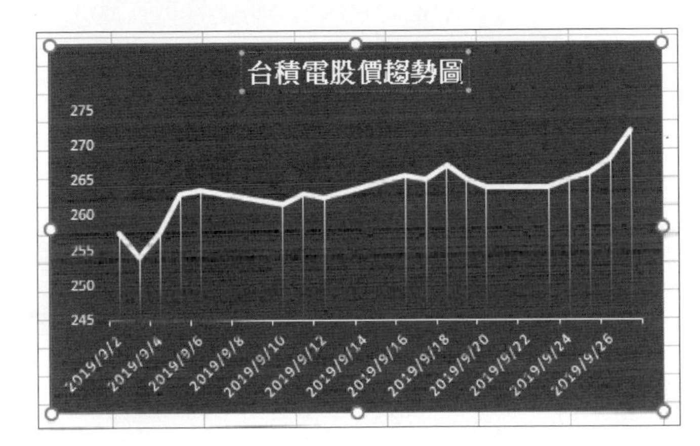

7 點選圖表後，按右上方的＋號圖示可以新增圖表項目，請新增**座標軸標題**和**趨勢線**，勾選項目後圖表就會立新增這些項目，如下圖所示：

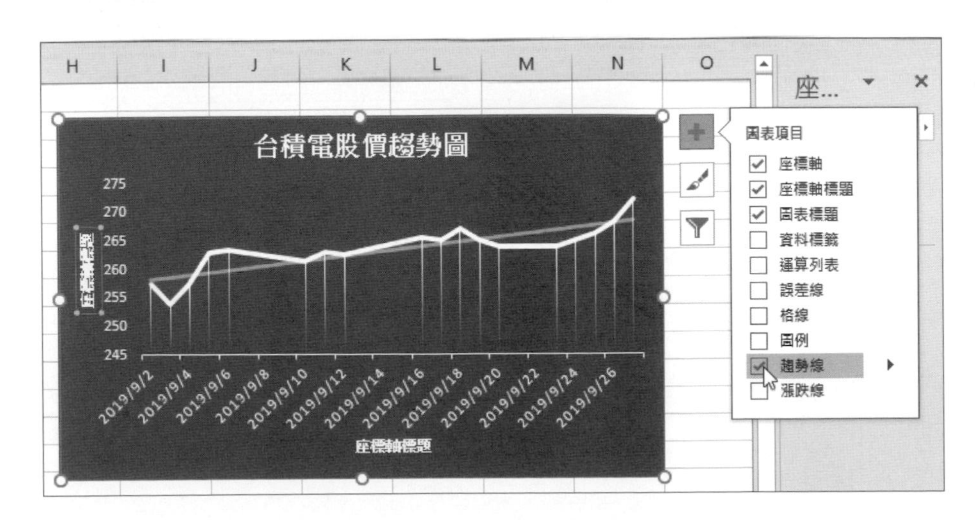

8 請分別按兩下座標軸的標題文字，將垂直座標軸改成**收盤價**；水平座標軸改為**日期**，如右圖所示：

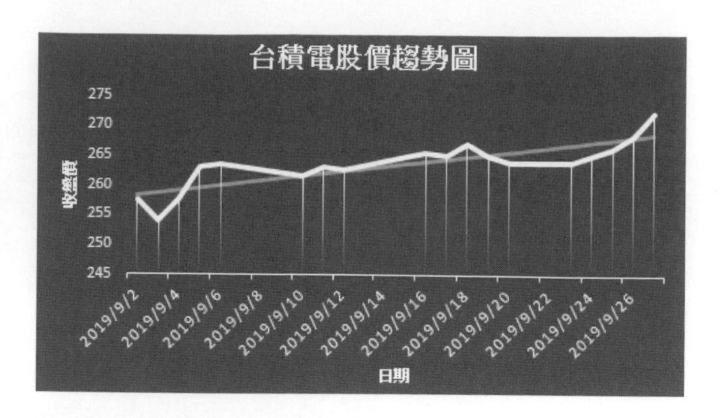

9 在圖表上執行**右**鍵快顯功能表的**選取資料**命令，可以新增其他欄位資料。

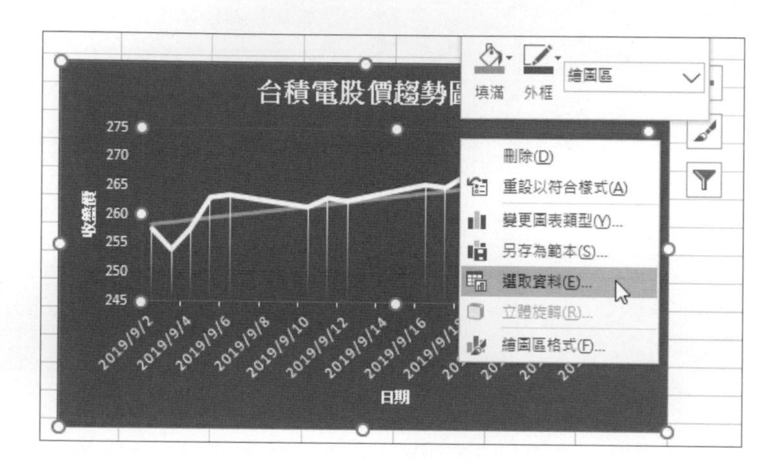

10 在「選取資料來源」對話方塊中，會看到垂直和水平資料，請按下**新增**鈕新增垂直的圖例項目。

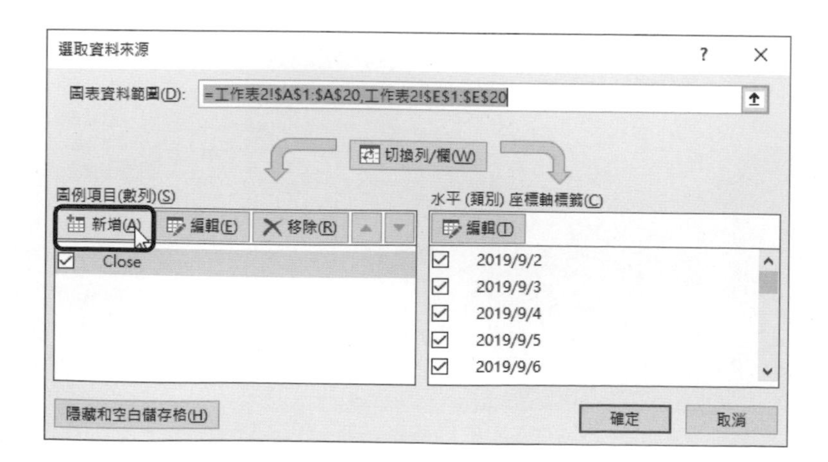

11 在「編輯數列」對話方塊中，選擇新資料的數列名稱和值。請按下**數列名稱**欄後的 ⬆ 鈕。

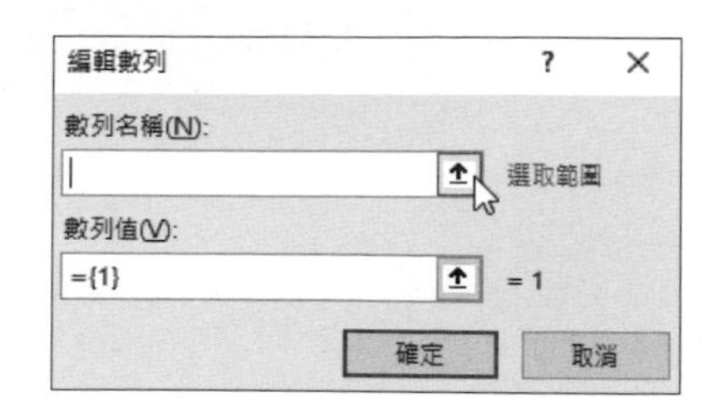

12 點選 **B1** 儲存格的標題文字後，再按下**數列名稱**欄後的 ⬆ 鈕，展開對話方塊。

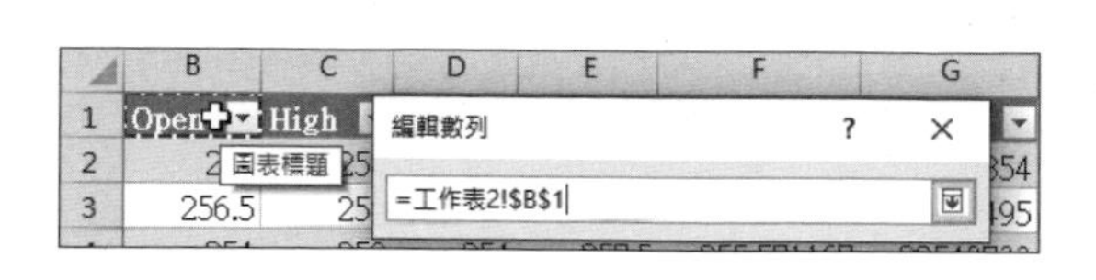

13 接著，按下**數列值**欄後的 ⬆ 鈕，選取 **B2：B19** 儲存格。

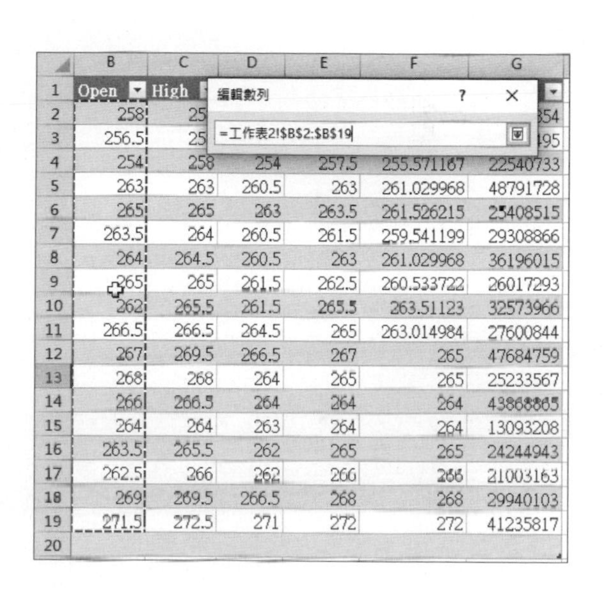

	B	C	D	E	F	G
1	Open	High				
2	258	25				354
3	256.5	25				495
4	254	258	254	257.5	255.571167	22540733
5	263	263	260.5	263	261.029968	48791728
6	265	265	263	263.5	261.526215	25408515
7	263.5	264	260.5	261.5	259.541199	29308866
8	264	264.5	260.5	263	261.029968	36196015
9	265	265	261.5	262.5	260.533722	26017293
10	262	265.5	261.5	265.5	263.51123	32573966
11	266.5	266.5	264.5	265	263.014984	27600844
12	267	269.5	266.5	267	265	47684759
13	268	268	264	265	265	25233567
14	266	266.5	264	264	264	43868865
15	264	264	263	264	264	13093208
16	263.5	265.5	262	265	265	24244943
17	262.5	266	262	266	266	21003163
18	269	269.5	266.5	268	268	29940103
19	271.5	272.5	271	272	272	41235817
20						

14 在「編輯數列」對話方塊，會看到我們選取的數列名稱和值，請按下**確定**鈕。

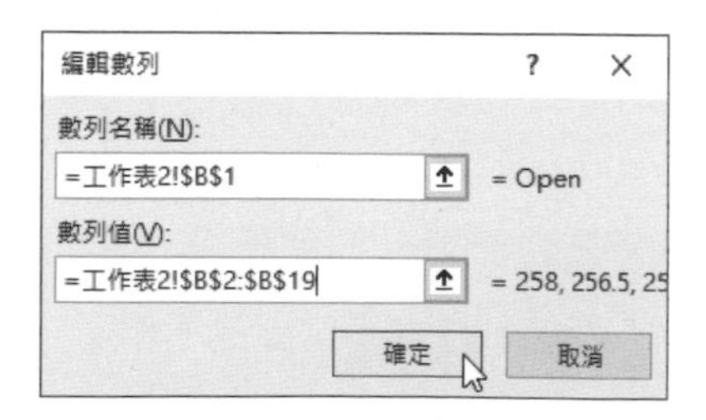

15 在「選取資料來源」對話方塊，會看到新增的圖例項目 **Open**，請按**確定**鈕。

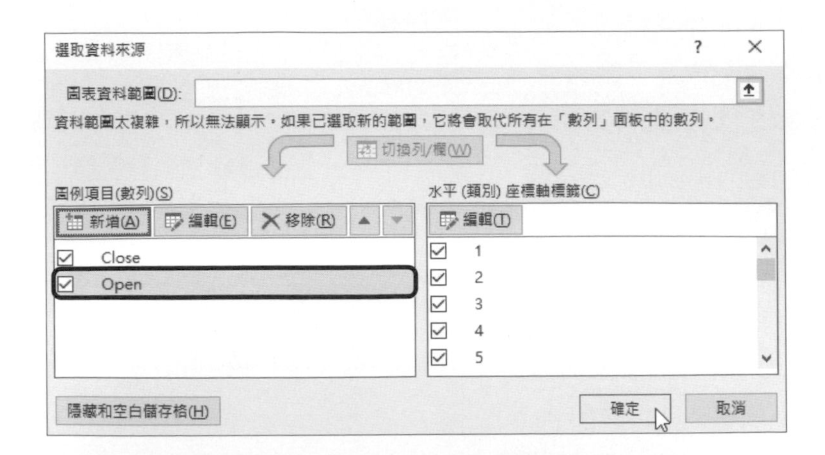

16 點選圖表後，按右上方的＋號鈕，繼續新增圖表項目**圖例**。

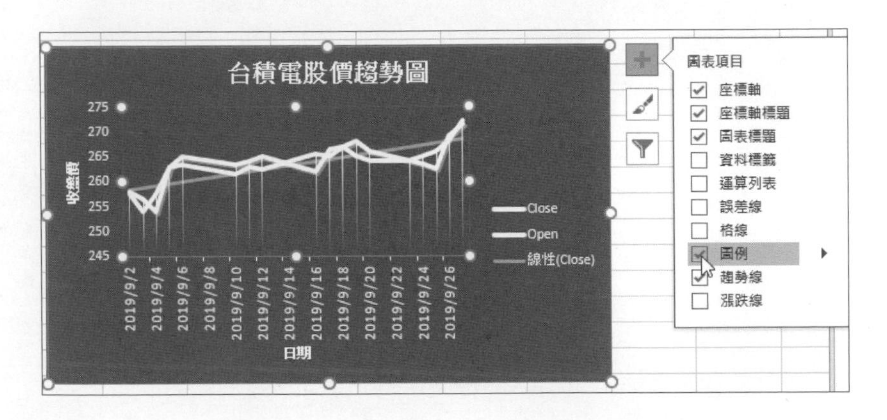

17 在此要調整垂直座標軸的範圍，請點選垂直座標軸，執行**右**鍵快顯功能表的**座標軸格式**命令，將**最小值**改成 250；**最大值**改成 270。

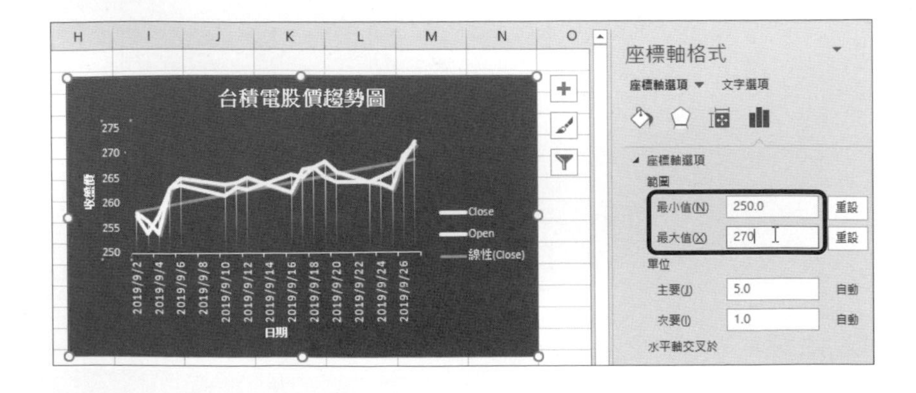

18 由於兩條折線的色彩相近，請點選折線，在折線上按滑鼠**右**鍵，會在功能選單的上方看到**數列 "Open"**，請點選**外框**，再點選**深紅**色來更改折線色彩。

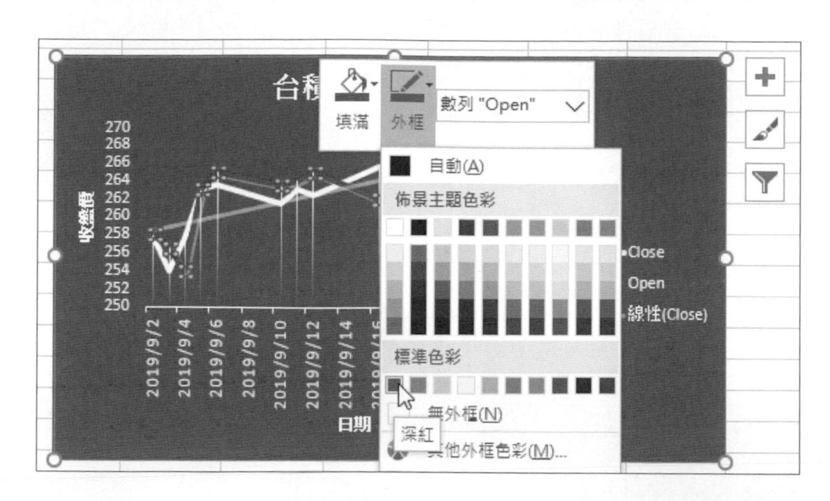

19 最後，會看到我們建立的折線圖，如右圖所示：

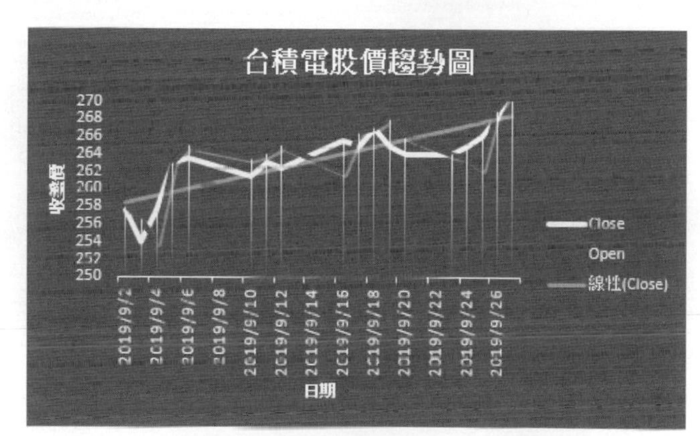

16-3-2 直條圖

直條圖（Column Charts）是使用長條型色彩區塊的高度來比較不同分類的值。例如：早餐店的飲料有奶茶、豆漿和紅茶三種，我們可以建立直條圖來比較各種飲料的銷售量，其步驟如下所示：

1 請啟動 Excel 開啟 ch16_3_2.xlsx，選取**日期**、**奶茶**、**豆漿**和**紅茶**欄位的所有儲存格後，在上方功能區點選**插入**索引標籤，再按下「圖表」群組下**直條圖**圖示的**群組直條圖**。

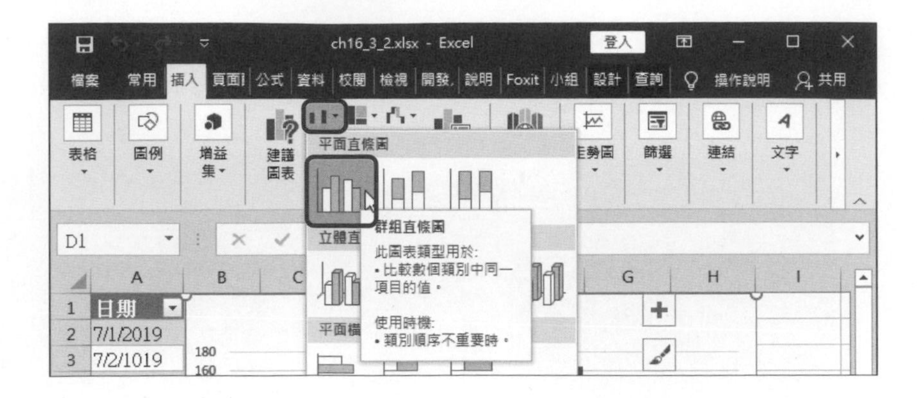

2 在工作表中新增直條圖後，請拖曳圖表移到適當的位置，如下圖所示：

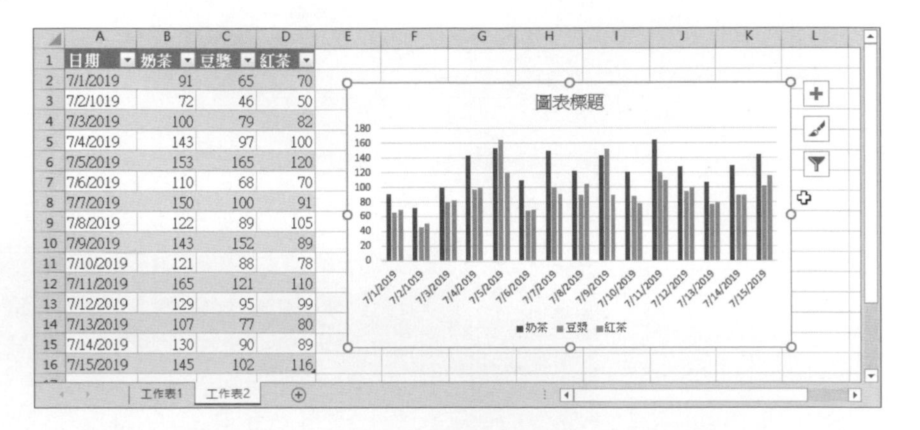

3 點選圖表，按下右上方的第 2 個圖示，可以更改圖表樣式，如下圖所示：

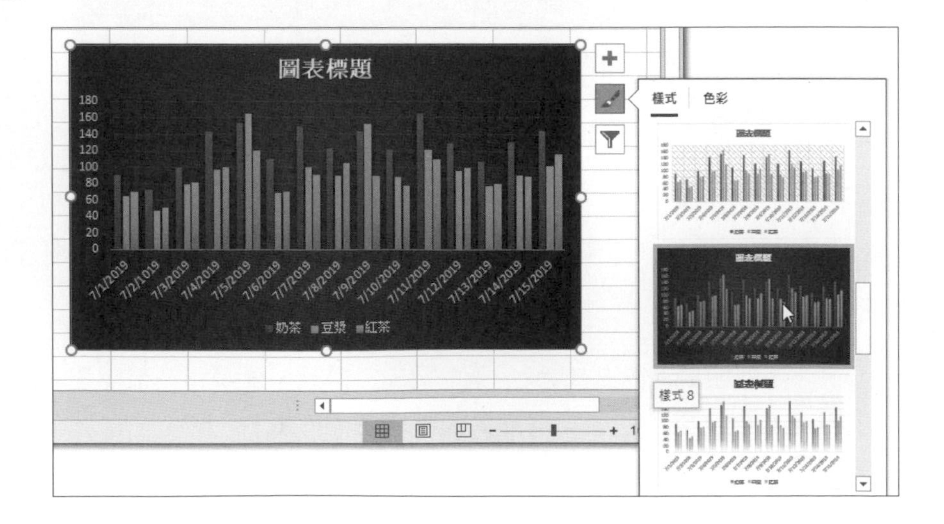

4 請點選圖表的標題文字，將標題文字改為**早餐店飲料**，如下圖所示：

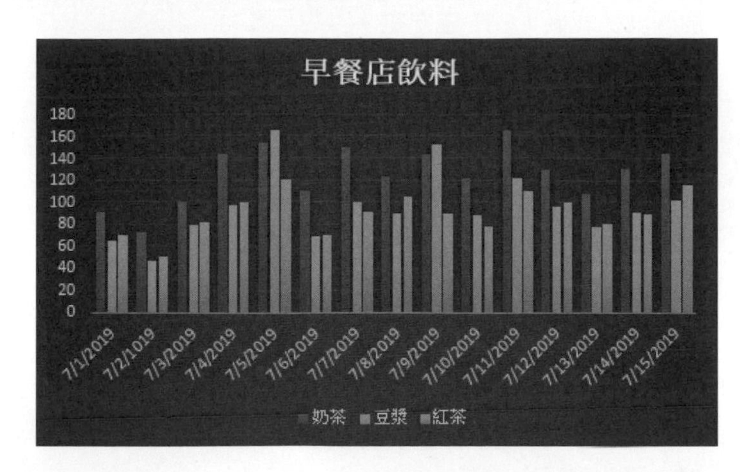

5 接著要修改圖表類型，請點選圖表，在上方功能區點選**設計**標籤，按下「類型」群組的**變更圖表類型**鈕。

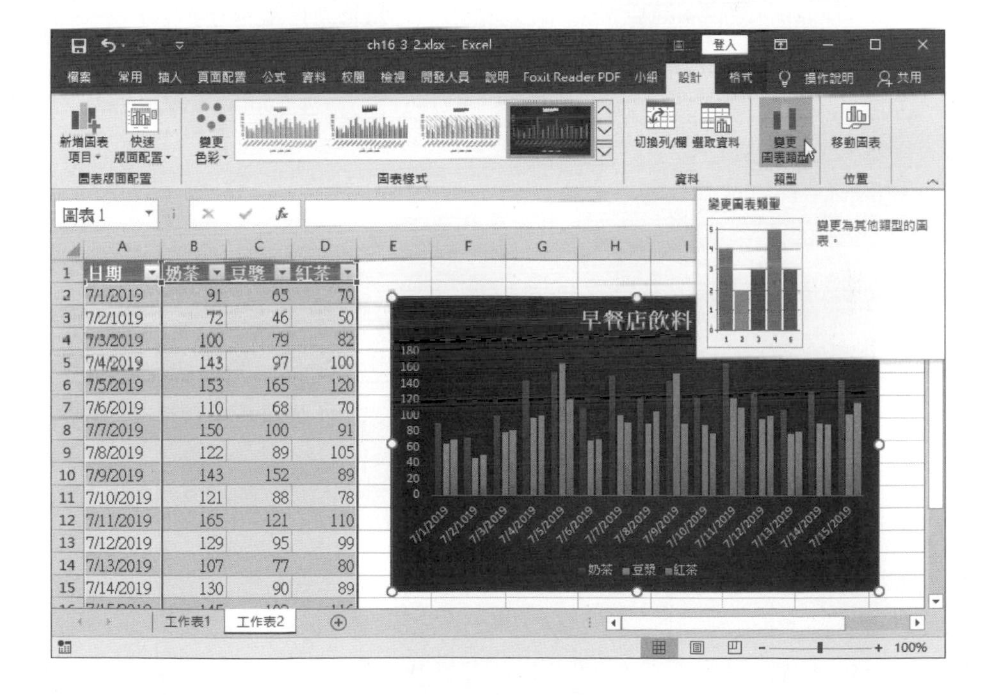

6 開啟「變更圖表類型」對話方塊後，點選**直條圖**下的**立體堆疊直條圖**，選取第 1 個圖表樣式後，按下**確定**鈕。

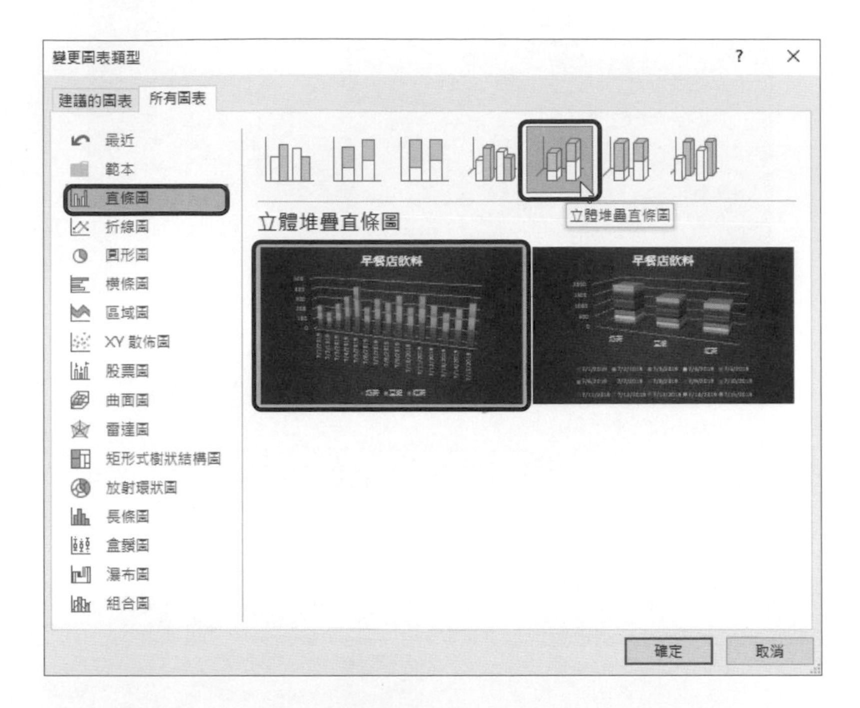

7 原本的直條圖改成立體堆疊直條圖了。

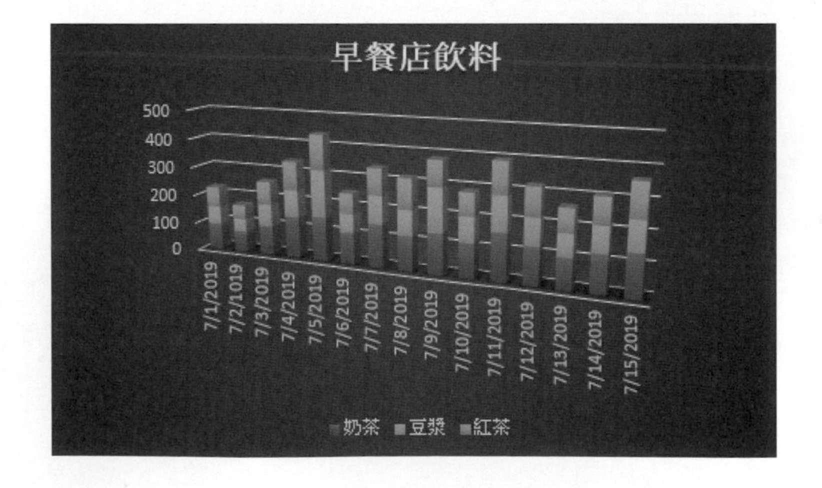

16-3-3 散佈圖

散佈圖（Scatter Plots）是兩個變數分別在垂直的 y 軸和水平的 x 軸座標繪製資料點，可以顯示一個變數受另一個變數的影響程度，也就是識別出兩個變數之間的關係。例如：NBA 球員的薪水是 y 軸、得分是 x 軸，以這兩項資料來繪製散佈圖，可以看出薪水和得分之間的關係，其步驟如下所示：

1 請啟動 Excel 開啟 ch16_3_3.xlsx，按住 Ctrl 鍵同時選 **salary**（年薪）和 **PTS**（得分）欄位的儲存格後，在上方功能區點選**插入**索引標籤，再點選「圖表」群組下**散佈圖**圖示的第 1 種散佈圖。

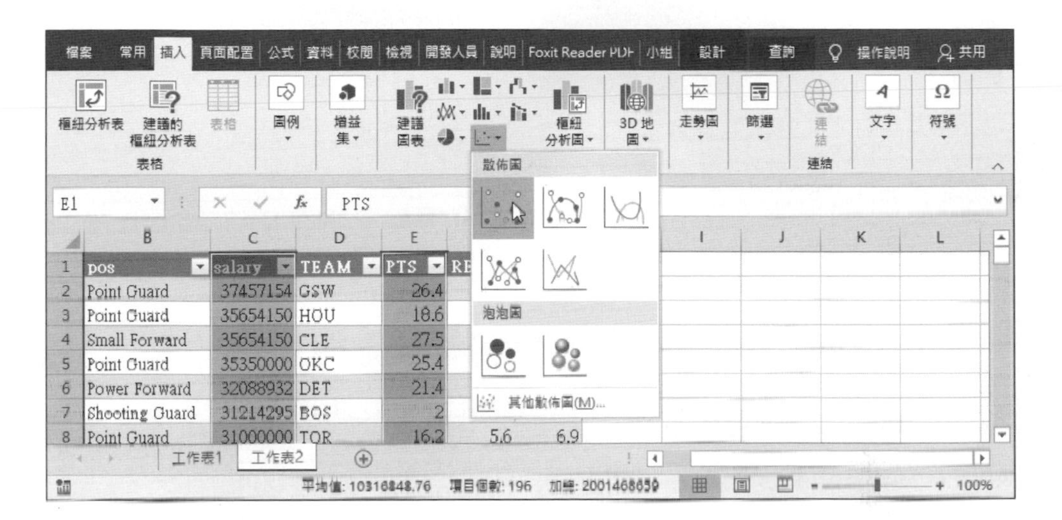

2 在工作表中新增散佈圖後，請拖曳圖表移到適當的位置，如下圖所示：

	pos	salary	TEAM	PTS	REB	AST
2	Point Guard	37457154	GSW	26.4	5.1	6.1
3	Point Guard	35654150	HOU	18.6	5.4	7.9
4	Small Forward	35654150	CLE	27.5	8.6	9.1
5	Point Guard	35350000	OKC	25.4	10.1	10.3
6	Power Forward	32088932	DET	21.4	7.4	5.8
7	Shooting Guard	31214295	BOS	2	1	0
8	Point Guard	31000000	TOR	16.2	5.6	6.9
9	Small Forward	30560700	OKC	21.9	5.7	3.3
10	Point Guard	30521115	MEM	17.1	2.3	4.1
11	Shooting Guard	30421854	HOU	30.4	5.4	8.8
12	Small Forward	30000000	GSW	26.4	6.8	5.4
13	Power Forward	29230769	DEN	14.6	6.4	2.8
14	Center	28928709	BOS	12.9	7.4	4.7
15	Point Guard	27977689	POR	26.9	4.5	6.6
16	Small Forward	27928140	OKC	16.2	5.8	1.3

3 點選圖表後，可以依序更改圖表樣式和圖表的標題文字，最後完成的散佈圖，如下圖所示：

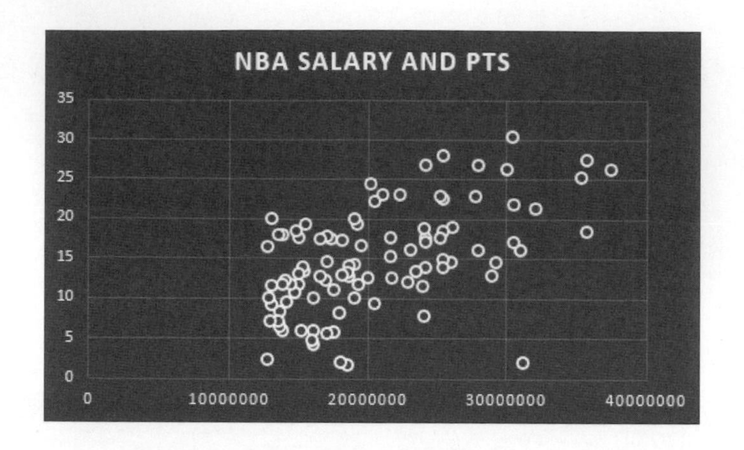

16-3-4 組合圖

Excel 的組合圖可以結合多種圖表在同一張圖表上，例如：我們可以新增組合圖，同時顯示台積電收盤價趨勢的折線圖和成交量的直條圖，其步驟如下所示：

1 請啟動 Excel 開啟 ch16_3_4.xlsx，在工作表中會看到已經建立好成交量的直條圖，由於 x 軸是日期座標軸，所以有休市的間隔日期，請點選圖表下方的 x 軸，在其上執行**右**鍵快顯功能表的**座標軸格式**命令。

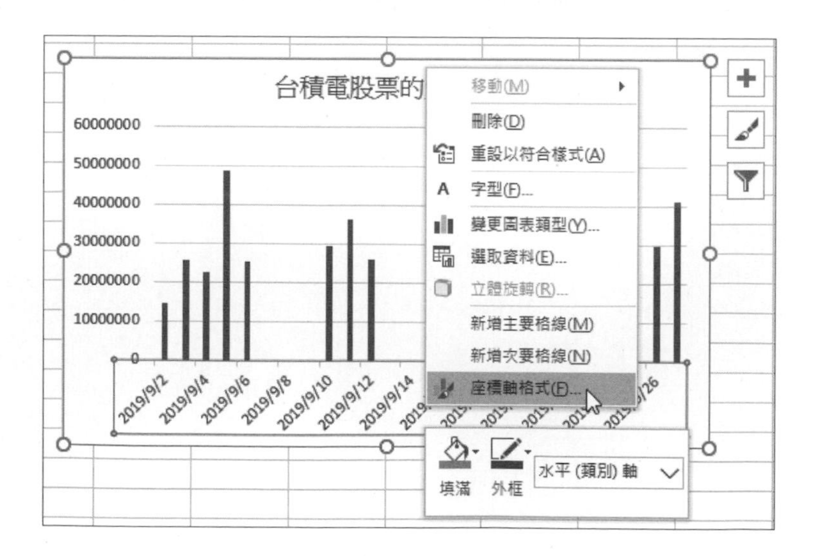

2 在**座標軸類型**點選**文字座標軸**，成交量的日期就不會有間隔了。

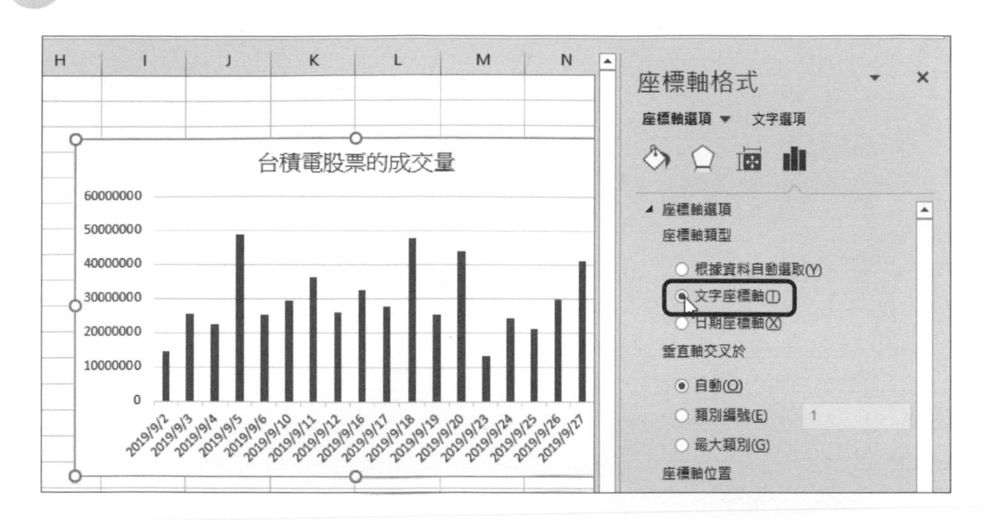

3 請在選取圖表後，執行**右**鍵快顯功能表的**選取資料**命令，我們要新增 Close 欄位資料，在「選取資料來源」對話方塊中，按下**新增**鈕新增圖例項目。

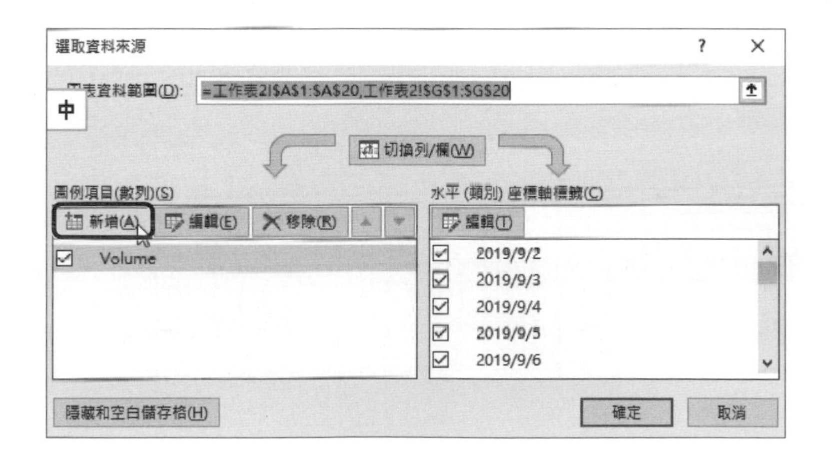

4 在「編輯數列」對話方塊的**數列名稱**欄選取 **E1** 儲存格，**數列值**欄選取 **E2：E19**，按下**確定**鈕，即可新增圖例項目。

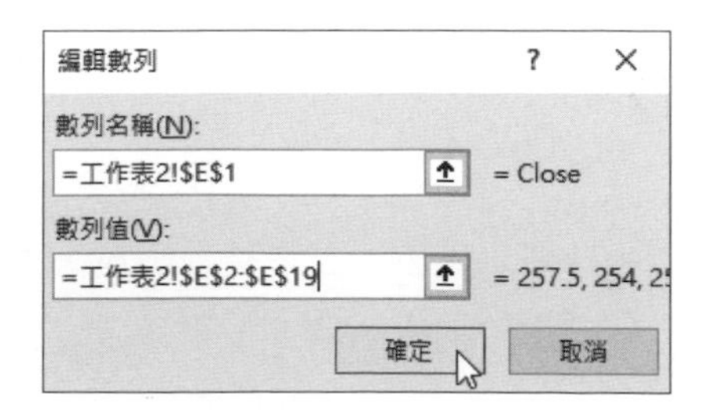

5 在「選取資料來源」對話方塊中，會看到新增的圖例項目 **Close**，請按下**確定**鈕。

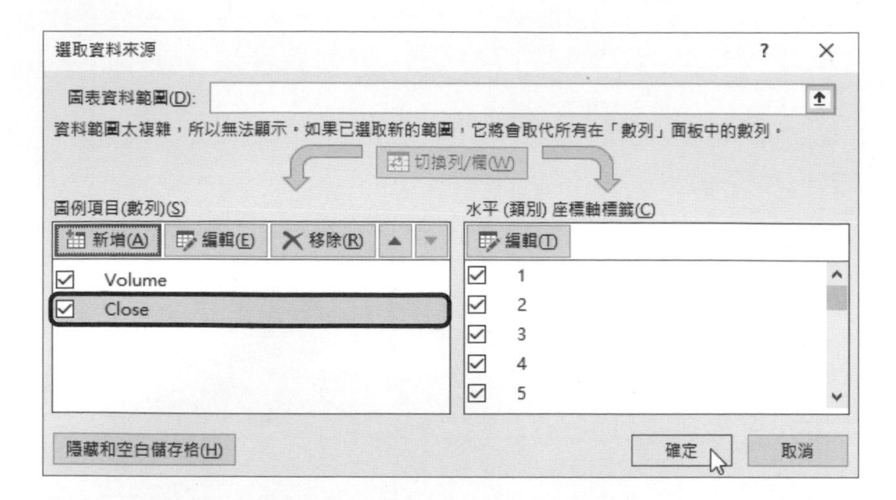

6 由於收盤價和成交量的數字範圍差異太大，收盤價在直條圖上幾乎看不到，所以我們要將圖表類型改為組合圖：

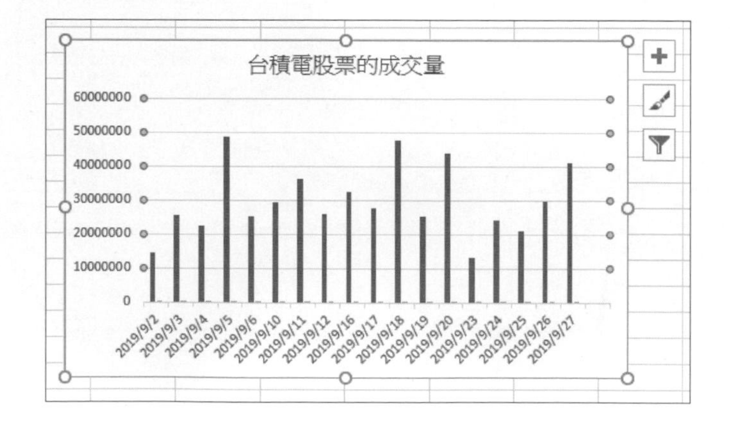

7 請點選圖表，在上方功能區點選**設計**標籤，按下「類型」群組的**變更圖表類型**鈕。

8 在「變更圖表類型」對話方塊，點選最後一個**組合圖**下的**群組直條圖 - 折線圖於副座標軸**，按下**確定**鈕。

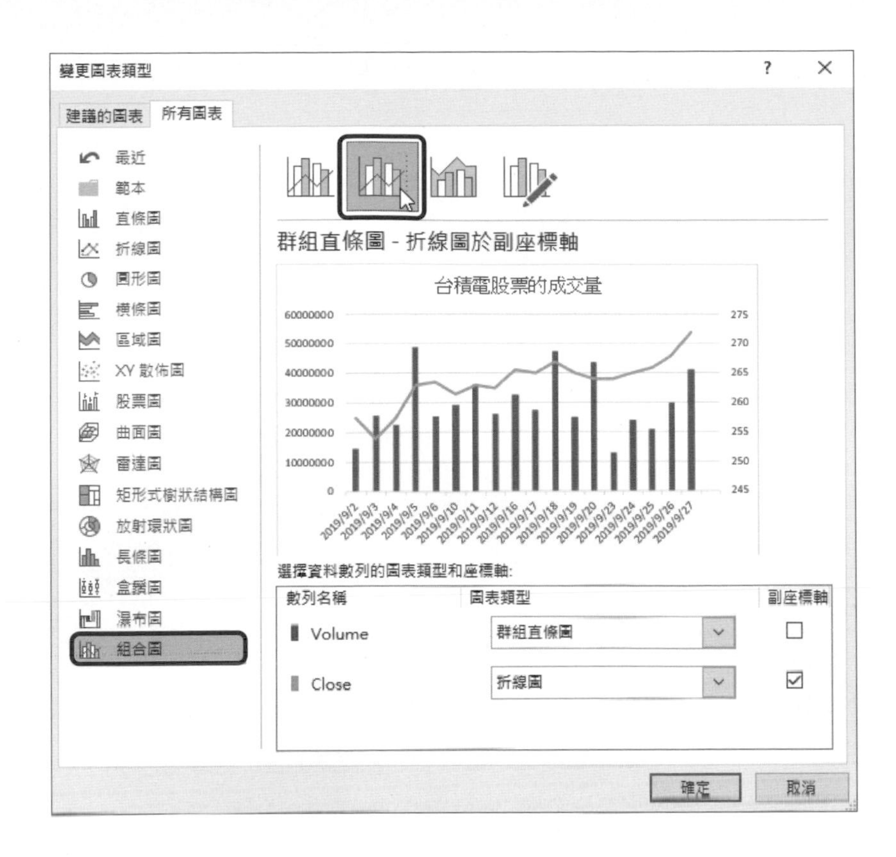

9 請更改標題文字、增加圖例和變更圖表樣式後，就會看到最後建立的組合圖（直條圖＋折線圖），如下圖所示：

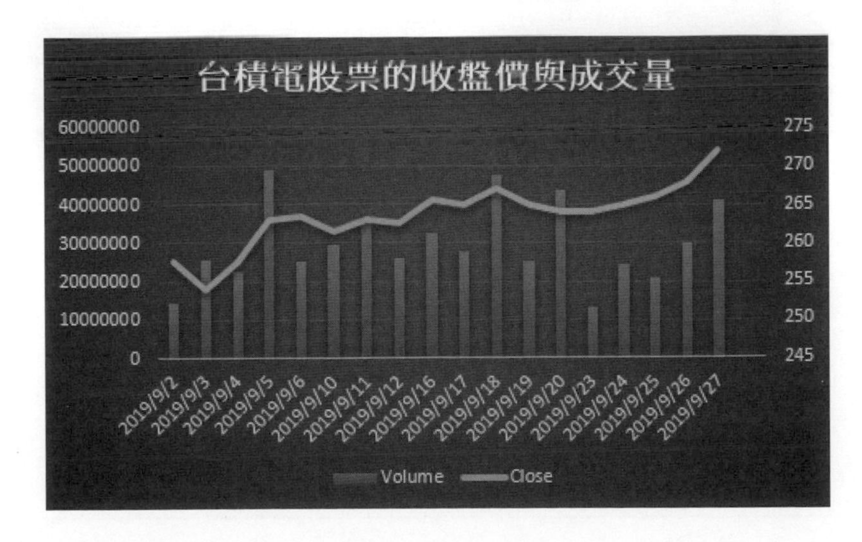

學 習 評 量

1. 請簡單說明什麼是「資料視覺化」？ Excel 可以使用哪兩種方式來執行「資料視覺化」？

2. 請簡單說明如何使用 Excel「設定格式化的條件」來進行資料視覺化？

3. 請問什麼是折線圖、直條圖、散佈圖和組合圖？

4. 請說明如何在 Excel 的圖表中新增圖例項目？和更改圖表的座標範圍？

5. 請變更第 16-3-1 節的折線圖，改成含有資料標記的折線圖。

6. 請啟動 Excel 匯入 iris.csv 檔案後，建立兩張散佈圖。第一張散佈圖為：sepal_length 和 sepal_width 欄位，第二張散佈圖為：petal_lngth 和 petal_width 欄位。

Excel VBA 程式設計入門

A-1 開啟 Excel 的 VBA 功能

「VBA」(Visual Basic for Applications)是微軟 Office 支援的程式語言，可以讓我們輕鬆使用 Visual Basic 語法來擴充 Office 的功能。

Excel 的 VBA 屬於開發人員的功能，預設並沒有開啟，換句話說，在 Excel 撰寫 VBA 程式前需要先開啟 VBA 功能，其步驟如下所示：

1. 請啟動 Excel 新增空白活頁簿後，執行「檔案 / 選項」命令，開啟「Excel 選項」對話方塊，在左側點選**自訂功能區**後，在右側勾選**開發人員**，按下**確定**鈕，即可啟用**開發人員**功能。

2 在 Excel 上方的功能區中，會看到新增**開發人員**索引標籤，如下圖所示：

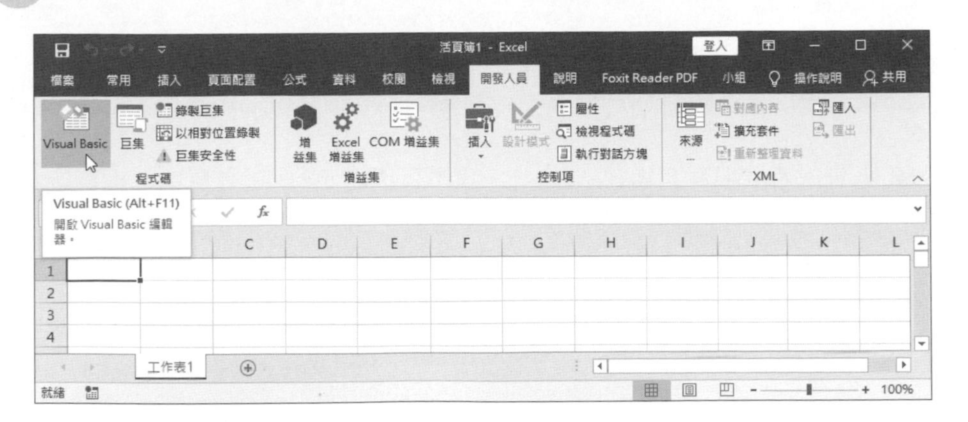

3 點選**開發人員**索引標籤後，再按下「程式碼」群組的 **Visual Basic** 鈕，會啟動 VBA 編輯器，以撰寫 VBA 程式碼。

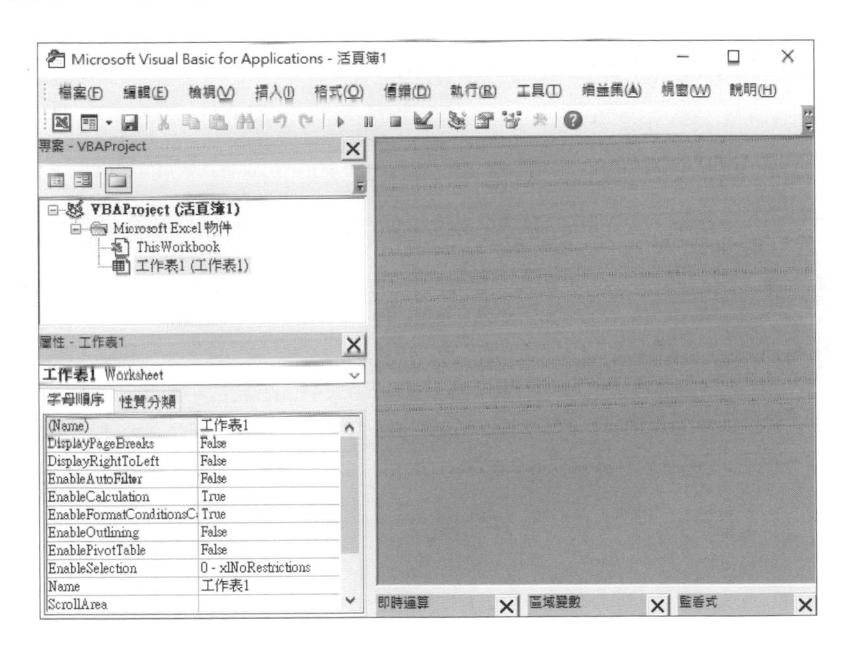

以上圖而言，當新增模組的 VBA 程式後，會在右側看到程式碼編輯視窗，這就是編輯 VBA 程式的編輯器，如果沒有看到左側的**專案**與**屬性**視窗，請分別執行「檢視 / 專案總管」命令和「檢視 / 屬性視窗」命令來顯示這兩個視窗。

A-2 建立 VBA 程式

Excel 的 VBA 程式稱為巨集（Macros），我們可以在 Excel 新增巨集，也可以在插入控制項後，新增控制項的事件處理程序，事實上，這也是一種巨集程式。

A-2-1 新增第一個 VBA 巨集程式

開啟 VBA 功能後，就可以在 Excel 中新增第一個 VBA 巨集程式，在此以「顯示一個訊息視窗」作示範，內容是**第一個 VBA 程式**，其步驟如下所示：

1 請啟動 Excel 新增空白活頁簿後，在上方功能區點選**開發人員**索引標籤後，按下「程式碼」群組的**巨集**鈕來新增巨集程式。

2 在「巨集」對話方塊的**巨集名稱**欄，輸入巨集名稱 Hello，按下**建立**鈕，即可建立巨集程式。

3 接著，會啟動 VBA 編輯器新增名為 VBAProject 的專案，和建立名為 Module1 的模組，在此模組擁有名為 Hello 的程序，這個程序就是我們建立的巨集，如下圖所示：

上述左邊專案視窗的模組下可以看到 Module1，在右邊新增的就是 Module1 模組的程式碼，預設產生和巨集同名的 Sub 程序 Hello，事實上，VBA 的模組就是程序和函數的集合。

4 請在 Sub 和 End Sub 之間輸入底下的程式碼，MsgBox() 函數會顯示一個訊息視窗，參數就是顯示的內容，如下所示：

```
MsgBox ("第一個VBA程式")
```

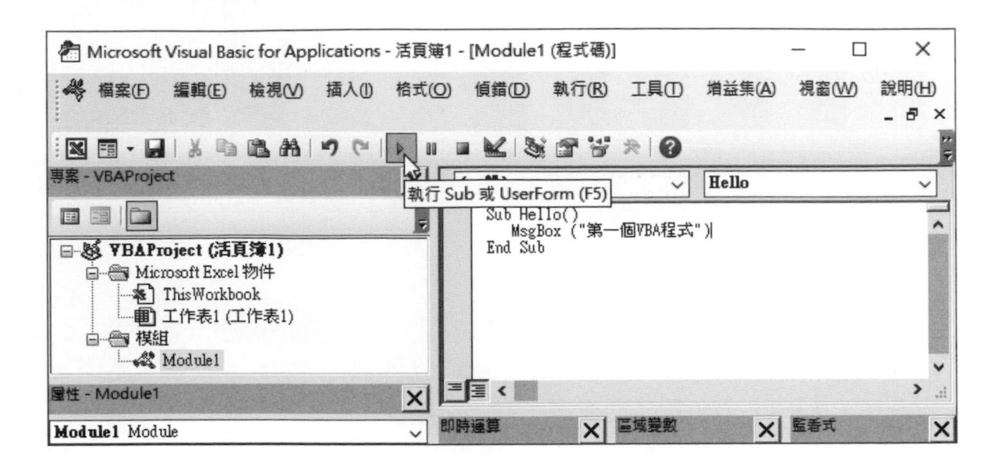

5 輸入程式碼後，請執行「執行 / 執行 Sub 或 UserForm」命令，或按上方工具列的 ▶ 鈕（或按下 F5 鍵），執行結果會顯示一個訊息視窗。

6 按下**確定**鈕完成 VBA 程式的執行。

我們也可以在「巨集」對話方塊，選取 **Hello** 後，按下**執行**鈕來執行 VBA 程式的巨集，如右圖所示：

A-2-2 新增按鈕控制項和事件處理程序

Excel 可以在工作表中新增控制項來執行所需的操作，例如：在工作表中新增一個按鈕，按下此按鈕即會在 A1 儲存格輸入 Hello 文字，其步驟如下所示：

1 請啟動 Excel 新增空白活頁簿後，點選上方功能區的**開發人員**索引標籤，在「控制項」群組，執行「插入 / 按鈕」命令，即可在工作表新增按鈕控制項。

2 在工作表中按住滑鼠左鍵，從左上方往右下方拖曳出按鈕的大小後，即會建立名稱為**按鈕 1** 的按鈕控制項，並開啟「指定巨集」對話方塊。

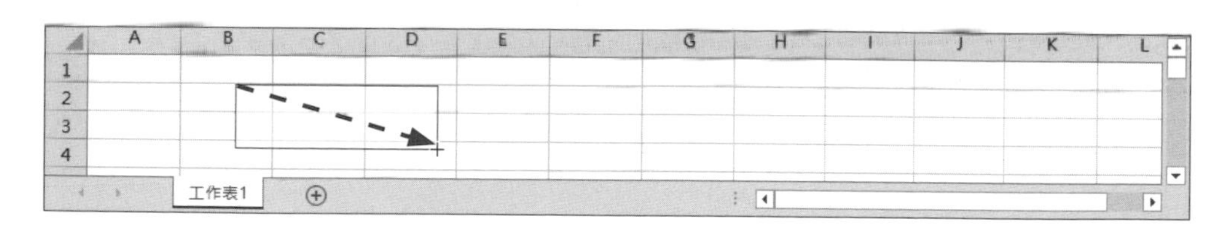

3 在**巨集名稱**欄預設會填入名稱為**按鈕 1_Click** 的事件處理程序，按下**新增**鈕新增**按鈕 1_Click()** 事件處理程序。

4 在 Sub 和 End Sub 之間輸入底下的程式碼，即可在 A1 儲存格填入字串 "Hello"，如下所示：

```
Worksheets(1).Range("A1").Value = "Hello"
```

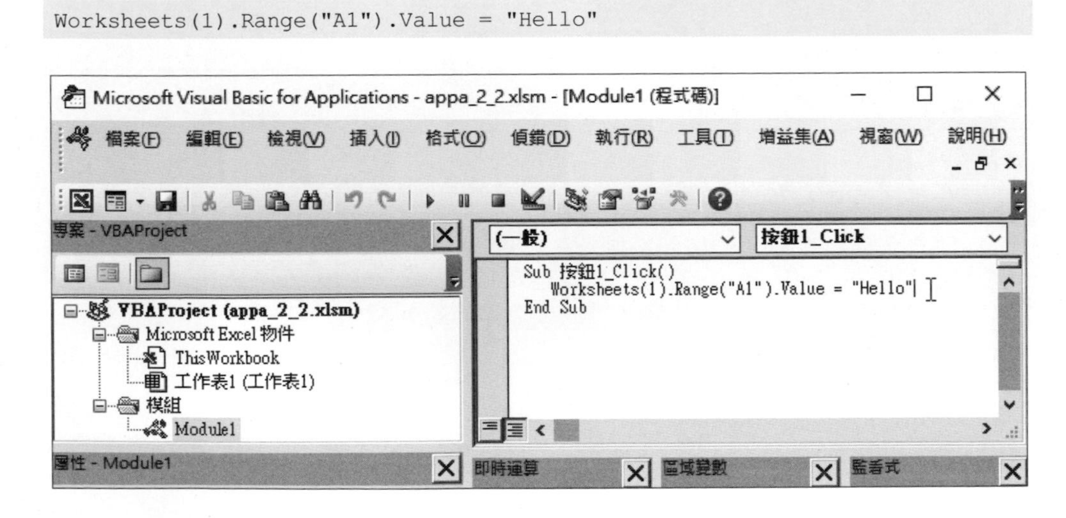

5 輸入程式碼後，請按下工具列中的 ▶ 鈕執行程序，或在工作表中按下剛才新增的按鈕 1 鈕，都會在 A1 儲存格中填入 Hello 字串，如下圖所示：

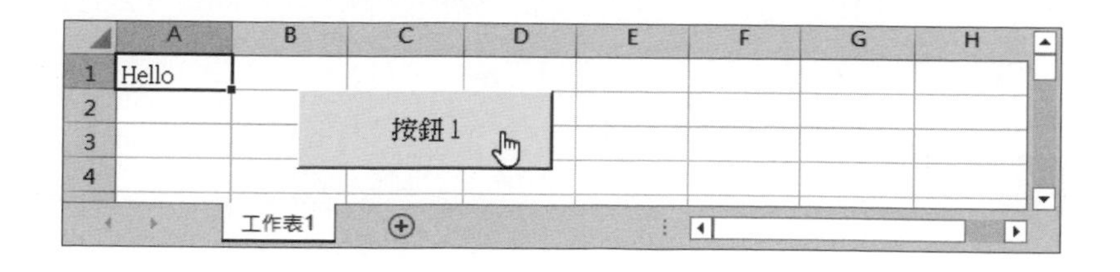

6 剛才建立的按鈕，預設為「按鈕 1」，我們也可以自行更改按鈕上的文字，請使用滑鼠**右**鍵選取按鈕控制項後（四周會出現控制點），執行快顯功能表的**編輯文字**命令，如下圖所示：

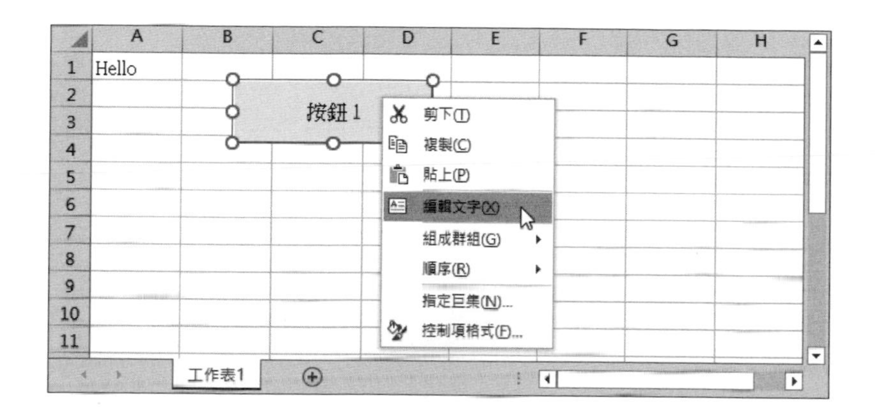

7 直接在按鈕上輸入文字即可，請改成測試執行，如下圖所示：

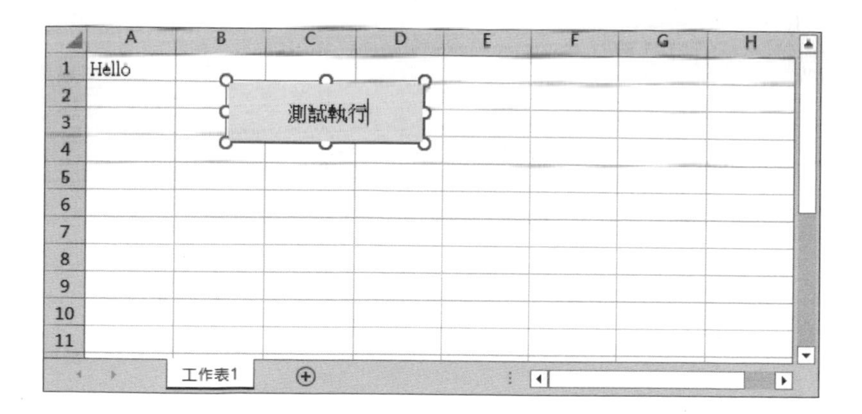

A-3 VBA 的程序與函數

VBA 模組的程式碼單位是 Sub 程序或 Function 函數（即巨集），這些程式碼單位需要指定一個名稱，以便可以使用名稱來呼叫這些程序或函數。

A-3-1 程序與函數

VBA 程序和函數的差別是函數有回傳值；程序沒有回傳值。

➲ Sub 程序

Sub 程序是一個程式區塊的 VBA 程式碼，使用 Sub 和 End Sub 包圍，程序沒有回傳值，我們可以在括號中加上傳入參數，如下所示：

```
Sub Hello()
    MsgBox ("第一個 VBA 程式")
End Sub
```

基本上，因為事件程序沒有回傳值，所以是使用 Sub 程序。

➲ Function 函數

Function 函數是改用 Function 和 End Function 包圍，在括號中一樣可以加上傳入參數，函數需要回傳值，指定回傳值的方式是將函數名稱指定成回傳值：

```
Function Sum2N(MaxValue As Integer) As Integer
   Dim i, TotalValue As Integer
   For i = 1 To MaxValue Step 1
      TotalValue = TotalValue + i
   Next
   Sum2N = TotalValue
End Function
```

上述函數是從 1 加到參數值，會回傳最後相加結果，回傳值是指定函數名稱給回傳值的 **Sum2N = TotalValue**。

A-3-2 呼叫程序與函數

在其他模組的 VBA 程式碼可以呼叫函數或程序，只有在呼叫程序時才需要使用 Call 指令，如下所示：

```
Call Hello()
```

函數因為有回傳值，通常是使用指定敘述來進行呼叫，並且位在指定敘述的右邊，如下所示：

```
TotalValue = Sum2N(10)
```

A-3-3 跳出程序與函數

在程序與函數中可以呼叫 Exit 指令來中斷程序或函數的執行。程序使用的指令，如下所示：

```
Exit Sub
```

函數使用的指令，如下所示：

```
Exit Function
```

A-4 VBA 的變數與資料型別

VBA 程式碼的變數是用來儲存程式執行期間的暫存資料，例如：運算的中間結果。資料型別則是指定變數是儲存哪一種資料，例如：儲存整數或字串等。

A-4-1 變數型別與宣告

在 VBA 程式宣告變數是使用 Dim 指令，並且在之後使用 As 指令指定變數的資料型別，我們也可以不指定資料型別，預設是 Variant。

Variant 資料型別能夠儲存任何資料類型的資料，隨著變數指定不同的資料，例如：指定成數字，就是數字；指定成字串，就是字串。

➲ 變數的宣告

變數在程式中可以儲存執行時的暫存資料，其命名原則如下所示：

- 不能超過 255 字元，而且不區分英文大小寫。
- 名稱中間不能有標點符號的句點、分號、逗號或空白，而且第 1 個字元不能是數字。
- 不能使用 Excel 和 VBA 的關鍵字和內建函數的名稱。

在 VBA 程式是使用 **Dim** 指令宣告變數；**As** 指定資料型別，如下所示：

```
Dim i, TotalValue As Integer
Dim str As String
```

上述程式碼宣告 3 個變數，i 和 TotalValue 為整數，變數 str 為字串。如果要在一列程式碼宣告多個變數，請使用「,」逗號分隔。

如果宣告的變數沒有使用 As，如下所示：

```
Dim i, Count
```

上述程式碼宣告 2 個資料型別為 Variant 的變數，可以儲存任何資料型別的資料。

事實上，VBA 程式碼的變數並不需要事先宣告，我們可以在需要時，直接在指定敘述中使用變數，不過，這會造成程式維護上的困擾，為了要求程式碼中的每一個變數都需事先宣告，請在模組前使用以下指令：

```
Option Explicit
```

如此一來，VBA 程式的變數都需要先宣告才能使用。

變數的資料型別

VBA 變數最常使用的資料型別是數字和字串，進一步詳細區分的資料型別說明和範圍，如下表所示：

型別	說明	範圍
Boolean	布林值	True 或 False
Byte	正整數	0 到 255 間的正整數
Integer	整數	-32,768 到 32,768 間的整數
Currency	貨幣	-922,337,203,685,477.5808 到 922,337,203,685,477.5807
Long	長整數	-2,147,483,648 到 2,147,483,647 間的整數
Single	單精度的浮點數	負數範圍 -3.402823E38 到 -1.401298E-45 正數範圍 1.401298E-45 到 3.402823E38
Double	雙精度的浮點數	負數範圍 -1.79769313486232E308 到 -4.94065645841247E-324 正數範圍 4.94065645841247E-324 到 1.79769313486232E308
Date	日期	西元 100 年 1 月 1 日到西元 9999 年 12 月 31 日
String	字串	固定長度為 65536，可變長度為 20 億字元
Object	物件	物件的參考
Variant	未定型別	依指定敘述的資料而定

➲ 常數的宣告

常數是使用一個名稱取代固定值的數字或字串，與其說是一個變數，不如說是一種名稱轉換，將一些值用有意義的名稱取代，常數在宣告時需要指定其值，如下所示：

```
Const PI As Single = 3.1415926
```

上述程式碼宣告圓周率的常數 PI。

A-4-2 指定敘述

在宣告變數後就可以指定變數值，稱為**指定敘述**。指定敘述是使用「=」等號，其目的是指定變數的值，如下所示：

```
i = 101
str = "VBA 程式 "
```

上述程式碼指定變數值，變數分別是整數和字串資料型別的變數。

A-5 VBA 的運算子

VBA 指定敘述的等號右邊若為運算式或條件運算式，這些運算式都是由運算子和運算元組成，VBA 支援算術、比較、字串和邏輯運算子，如下所示：

```
A + B - 1
A >= B
A > B And A > 1
```

上述運算式中 A、B 變數和數值 1 是運算元，+、- 為運算子。

A-5-1 運算子的優先順序

VBA 的運算子有很多種，當在同一運算式使用多種運算子時，為了讓運算式得到相同的運算結果，運算式是使用運算子預設的優先順序進行運算，其優先順序的說明，如下所示：

- 正常情況，如果沒有優先順序的差異，運算式依照出現的順序，由左到右依序的執行。
- 括號內比括號外的先執行，通常括號的目的是為了推翻現有的優先順序，在括號內是依照正常的優先順序執行。
- 當運算式超過一個運算子時，算術運算子最先，接著是比較運算子，最後才是邏輯運算子。
- 對於運算子內的各種運算，比較運算子的優先順序相同，算術和邏輯運算子，請參考後面表格，位在前面列的優先順序比較高，也就是先執行。
- 算術運算子中加和減法優先順序相同，乘和除法擁有相同的優先順序，不過乘除高於加減。

A-5-2 算術與字串運算子

字串連接運算子「&」並不屬於算術運算子，其優先順序在算術運算子之後；比較運算子之前。運算子依照優先順序排列，如下表所示：

運算子	說明	運算式範例
^	次方	5 ^ 2 = 25
-	負號	-7
*	乘法	5 * 6 = 30
/	除法	7 / 2 = 3.5
\	整數除法（傳回商）	7 \ 2 = 3
MOD	餘數	7 MOD 2 = 1
+	加法	4 + 3 = 7
-	減法	4 - 3 = 1
&	字串連接	"ab" & "cd" = "abcd"

A-5-3 比較運算子

比較運算子之間並沒有優先順序的分別，通常是使用在迴圈和條件敘述的判斷條件，is 運算子並非比較物件，而是檢查 2 個物件是否參考相同的物件，如下表所示：

運算子	說明
=	等於
<>	不等於
<	小於
>	大於
<=	小於等於
>=	大於等於
is	物件比較
Like	子字串比較

A-5-4 邏輯運算子

如果迴圈和條件敘述的判斷條件不只一個，我們需要使用邏輯運算子來連接多個條件。運算子依照其優先順序，如下表所示：

運算子	說明
Not	回傳與運算元相反的值。若運算元為 True，回傳結果為 False；若運算元為 False，回傳結果為 True
And	兩個運算元都為 True，回傳結果為 True；否則為 False
Or	兩個運算元中，任一個為 Ture，回傳結果為 True；否則為 False
Xor	兩個運算元中，只有一個為真，回傳結果為 True；否則為 Flase （若兩個運算元皆為 True 或皆為 False，回傳結果為 False）
Eqv	兩個運算元皆為 True 或皆為 False，回傳結果為 True；否則為 False

A-6 VBA 的流程控制指令

VBA 程式碼預設是一列指令接著一列指令循序執行，為了達到預期的執行結果，程式碼的執行需要加上流程控制，以產生不同的執行順序。

程式碼的流程控制只是配合條件判斷來執行不同區塊的程式碼，或像迴圈一般重複執行區塊的程式碼，流程控制指令主要分為兩類，如下所示：

- **條件控制**：條件控制是一個選擇題，可能為單選或多選一，依照條件運算子的結果，決定執行哪一個區塊的程式碼。
- **迴圈控制**：迴圈控制是重複執行區塊的程式碼，擁有結束條件可以結束迴圈的執行。

A-6-1 VBA 的條件控制指令

VBA 的條件敘述可以分為單選、二選一或多選一等幾種條件敘述指令。

If 單選條件敘述

If 條件敘述是一種是否執行的單選條件，只是決定是否執行區塊內的程式碼，如果 If 條件為 True，就執行 Then/End If 之間的程式碼，如下所示：

```
If TestValue > 0 Then
   UserName = "無宗憲"
End If
```

上述條件為 True，就執行區塊的程式碼，指定變數 UserName 的預設值，如果為 False 就不執行程式碼。

➲ If/Else 二選一條件敘述

如果有兩個區塊需要二選一，我們可以加上 Else，如果 If 條件為 True，就執行 Then/Else 之間的程式碼；如果 If 條件為 False，就執行 Else/End If 之間的程式碼：

```
If TestValue > 0 Then
   UserName = "無宗憲"
Else
   UserName = "胡瓜"
End If
```

上述 If 條件可以因條件而指定不同的變數值。

➲ If/ElseIf 多選一條件敘述

If/ElseIf 條件敘述是 If 條件敘述的延伸，使用 ElseIf 指令建立多選一條件：

```
If thisDay = 1 Then
   str="星期日"
ElseIf thisDay = 2 Then
   str="星期一"
ElseIf thisDay = 3 Then
   str="星期二"
ElseIf thisDay = 4 Then
   str="星期三"
ElseIf thisDay = 5 Then
   str="星期四"
ElseIf thisDay = 6 Then
   str="星期五"
ElseIf thisDay = 7 Then
   str="星期六"
Else
   Msgbox ("無法分辨星期")
End If
```

上述程式碼以變數 thisDay 決定指定變數 str 的星期字串，如果為 1 是星期日，不是 1，就接著檢查是不是 2，是 2 就為星期一，否則繼續檢查，直到最後都沒有符合的條件，就顯示錯誤的訊息視窗。

➲ Select/Case 多選一條件敘述

VBA 還提供另一種多選一條件敘述 Select/Case，這種條件敘述比較簡潔，依照符合條件執行不同區塊的程式碼，如下所示：

```
Select Case thisDay
   Case 1: str="星期日"
   Case 2: str="星期一"
   Case 3: str="星期二"
   Case 4: str="星期三"
   Case 5: str="星期四"
   Case 6: str="星期五"
   Case 7: str="星期六"
   Case Else
      Msgbox ("無法分辨星期")
End Select
```

在 Select/Case 的架構只有一個運算式，不同於 If/ElseIf 結構在每一個程式區塊前都需要運算式，最後的例外指令為 Case Else。

A-6-2 VBA 的迴圈控制指令

VBA 支援多種迴圈控制敘述，能夠輕易設計出複雜執行流程的程式碼。

➲ For/Next 計數迴圈

For/Next 迴圈敘述可以執行固定次數的迴圈，以 Step 控制遞增（遞減）值，如果 Step 為 1 可以省略 Step 指令，例如：使用 For/Next 迴圈每次增加 1，執行 1 到 10 相加的迴圈，如下所示：

```
Dim i, Total
For i = 1 To 10 Step 1
   Total = Total + i
Next
```

上述 For/Next 迴圈是計算 1 加到 10 的總和，如果使用負數的 Step，則是倒過來從 10 加到 1，如下所示：

```
For i = 10 To 1 Step -1
   Total = Total + i
Next
```

➲ For Each/Next 迴圈

For Each 迴圈和 For Next 迴圈敘述十分相似，只不過此迴圈主要是使用在物件和集合物件用來顯示所有元素，特別適合用在不知道有多少元素的集合物件，如下所示：

```
Public Sub ClearTextField(frm As Form)
    Dim ctl As Control
    For Each ctl In frm.Controls
       If ctl.ControlType = acTextBox Then
          ctl.Value = ""
       End If
    Next ctl
End Sub
```

上述程序 ClearTextField() 可以清除表單所有文字方塊控制項的內容（傳入參數 frm 是表單物件），使用 For Each/Next 迴圈取出表單物件的所有的控制項物件 ctl，然後將屬性 Value 設為空字串。

➲ Do/While...Until/Loop 條件迴圈

Do/While...Until/Loop 迴圈擁有多種組合，可以在迴圈開始或結束使用 While 或 Until 測試迴圈條件。如果在迴圈尾測試條件，迴圈至少執行一次，請注意！這種迴圈需要自己處理迴圈的結束條件和計數器。

⁂ **While 當條件成立時**：Do/Loop 迴圈使用 While 條件，條件是在迴圈開頭時檢查，例如：計算從 1 加到 10 的總和，結束條件為 i > 10，如下所示：

```
i = 1
Total = 0
Do While i <=10
   Total = Total + i
   i = i + 1
Loop
```

⁂ **Until 直到條件成立**：Do/Loop 迴圈使用 Until 條件，條件是在迴圈尾進行檢查，例如：從 1 加到 10 計算總和，結束條件為 i > 10，如下所示：

```
i = 1
Total = 0
Do
   Total = Total + i
   i = i + 1
Loop Until i > 10
```

➲ While/Wend 迴圈

While/Wend 迴圈控制是在迴圈開始時測試條件，決定是否繼續執行迴圈的程式碼，其功能和 Do/Loop 迴圈相同，如下所示：

```
i = 1
Total = 0
While i <= 10
   Total = Total + i
   i = i + 1
Wend
```

上述 While/Wend 迴圈計算從 1 加到 10 的總和，結束條件為 i > 10。

➲ Exit For：跳離 For/Next 迴圈

迴圈在尚未到達結束條件時，可以使用 Exit For 指令強迫跳出 For/Next 迴圈，即馬上結束迴圈的執行，如下所示：

```
For i = 1 To 100 Step 1
   …
    Exit For
   …
Next
```

上述範例，在 For/Next 迴圈插入 Exit For 指令，當迴圈執行到此指令就會中斷迴圈的執行。

➲ Exit Do：跳離 Do/Loop 迴圈

如果沒有使用 While 或 Until 指令在迴圈頭尾測試條件，單純 Do/Loop 迴圈是一個無窮迴圈，我們可以使用 Exit Do 指令結束迴圈的執行，如下所示：

```
Do
   …
     Exit Do
   …
Loop
```

上述範例在 Do/Loop 迴圈中插入 Exit Do 指令，當迴圈執行到此指令就會中斷迴圈的執行。

A-7 在 VBA 程式使用 Excel 物件

我們可以建立 VBA 程式碼來控制 Excel 工作表，例如：在指定儲存格填入資料，所以，我們需要使用 Excel 物件來定位目標的儲存格。

A-7-1 認識 Excel 物件模型

Excel 物件模型是從最上層 Application 物件開始，Application 物件就是 Excel 應用程式，其下擁有幾個主要物件，如下表所示：

物件	說明
Workbook	Workbook 物件就是 Excel 應用程式的單一活頁簿，這是 Workbooks 集合的成員
Worksheet	Worksheet 物件是 Worksheets 集合的成員，這就是活頁簿中的工作表物件
Sheets	Sheets 物件是所有工作表的集合，其成員可以是 Chart 或 Worksheet 物件
Range	Range 物件代表工作表上的一個儲存格、一列資料、一欄資料、也可以是一或多個不連續的儲存格範圍，或多個工作表上的儲存格群組
Modules	Modules 物件是 VBA 模組集合物件，Excel 允許擁有多個 Module 物件

➲ Worksheet 物件的屬性

Worksheet 物件的屬性可以取得每一列、每一欄或每一個儲存格，其回傳的資料就是一個 Range 物件，如右表所示：

屬性	說明
Rows	Rows 屬性代表工作表的一整列
Columns	Columns 屬性代表工作表的一整欄
Cells	Cells 屬性代表工作表上的單一儲存格

➲ 在 VBA 使用 Workbooks 和 Worksheets 物件

VBA 程式碼可以使用 Workbooks 物件來指定使用中的活頁簿，如下所示：

```
Workbooks(1).Activate
```

上述程式碼的 1 是活頁簿的索引編號，這是開啟或建立活頁簿的順序，Workbooks(1) 就是第一個建立的活頁簿，我們可以使用 Count 屬性取得共有幾個活頁簿，如下所示：

```
Workbooks.Count
```

我們可以使用 Name 屬性傳回活頁簿的名稱，如下所示：

```
Workbooks(1).Name
```

除了使用索引編號，我們也可以使用檔名，例如：指定 test.xlsx 活頁簿中的 Sheet1 工作表是使用中的工作表，如下所示：

```
Workbooks("test.xlsx").Worksheets("工作表1").Activate
```

上述 Worksheets 物件就是工作表，我們可以指定工作表名稱，也一樣可以使用索引編號，如下所示：

```
Worksheets(1).Visible = False
```

上述程式碼可以隱藏工作表，因為 Visible 屬性值是 False。我們也可以使用 Sheets 物件來取得 Worksheet 物件，如下所示：

```
Sheets(1).Visible = False
```

A-7-2 使用 Range 物件和 Cells 屬性定位儲存格

VBA 程式碼可以使用 Range 物件定位工作表中的單一儲存格或儲存格範圍，或使用 Worksheet 物件的 Cells 屬性來定位儲存格。

➲ 使用 Range 物件定位儲存格

Range 物件的參數可以指定單一儲存格，例如：A1 儲存格，如下所示：

```
Sheets(1).Range("A1").Value = "Hello"
```

上述程式碼可以將 A1 儲存格的值指定成 "Hello" 字串，清除儲存格內容就是指定成空字串，如下所示：

```
Sheets(1).Range("A1").Value = ""
```

Range 物件的參數也可以是一個連續的儲存格範圍，如下所示：

```
Sheets(1).Range("A1:A5").Value = 5
```

上述程式碼使用「:」符號指定 A1：A5 的儲存格範圍，會將這些儲存格的值都指定為 5，這是同一欄的連續儲存格。如果是整欄儲存格，可以直接使用 Columns 屬性，如下所示：

```
Sheets(1).Columns(2).Value = 5
```

上述程式碼將第 2 欄的值都指定成 5。Range 物件的範圍也可以是同一列的連續儲存格，如下所示：

```
Sheets(1).Range("A1:F1").Value = 5
```

上述程式碼的範圍是同一列的連續儲存格，如果是整列儲存格，可以使用 Rows 屬性，如下所示：

```
Sheets(1).Rows(2).Value = 5
```

上述程式碼將第 2 列的值都指定成 5。Range 物件的儲存格範圍也可以是不連續的多個儲存格範圍，如下所示：

```
Sheets(1).Range("A1:A5,B3:C4").Value = 5
```

上述程式碼是使用「,」號分隔不連續的多個儲存格範圍。

➲ 使用 Cells 屬性定位儲存格

Worksheet 物件的 Cells 屬性可以使用欄和列索引編號來定位儲存格，如下所示：

```
Sheets(1).Cells(4, 2).Value = 10
```

上述程式碼指定第 4 欄第 2 列的儲存格值為 10。

離線安裝本書使用的 Chrome 擴充功能

B-1 下載指定的 Chrome 擴充功能

Chrome 擴充功能除了可以從 Google 的 Chrome 商店下載外，我們也可以自行從網路下載指定 Chrome 擴充功能的 CRX 檔案。

首先需要取得 Chrome 擴充功能的 ID，請啟動 Chrome 執行功能表的「更多工具 / 擴充功能」命令，會看到 Chrome 瀏覽器已經安裝的擴充功能清單，請開啟右上角**開發人員模式**，即可顯示擴充功能的 ID，如下圖所示：

請複製準備下載的 Chrome 擴充功能 ID，例如：Web Scraper 工具的 ID：

```
jnhgnonknehpejjnehehllkliplmbmhn
```

➲ 方法一：使用 Chrome Extension Downloader 下載 CRX 檔

我們可以在網路上找到一些下載 Chrome 擴充功能的網站，例如：Chrome Extension Downloader，其網址如下所示：

⁂ https://chrome-extension-downloader.com/

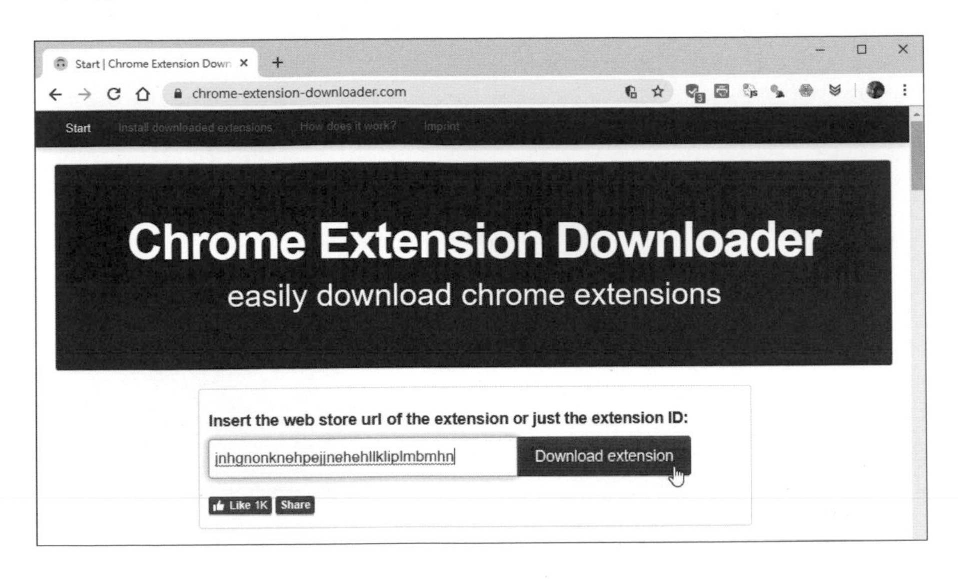

請在欄位中輸入 Chrome 商店的擴充功能網址，或 ID 值，按下 **Download extension** 鈕就可以下載 CRX 檔。

➲ 方法二：手動下載 Chrome 擴充功能的 CRX 檔

Chrome 擴充功能的 CRX 檔也可以手動下載，其下載網址的格式，如下所示：

```
https://clients2.google.com/service/update2/crx?response=redirect&prodversio
n=<Chrome 版本 >&x=id%3D< 擴充功能 ID>%26uc
```

上述 <Chrome 版本 > 是電腦安裝的 Chrome 瀏覽器版本，請執行功能表的「說明 / 關於 Google Chrome」命令，可以查詢 Chrome 版本，如下圖所示：

關於 Chrome

Google Chrome

Google Chrome 目前是最新版本
版本 77.0.3865.120 (正式版本) (64 位元)

前往 Chrome 說明頁面

回報問題

上述版號只需取小數點前的版號 77。現在，我們可以建立下載 Web Scraper 工具的網址，如下所示：

```
https://clients2.google.com/service/update2/crx?response=redirect&prodversio
n=77&x=id%3Djnhgnonknehpejjnehehllkliplmbmhn%26uc
```

請注意！不能使用 Chrome 瀏覽器手動下載擴充功能的 CRX 檔，請使用 Microsoft Edge 或 Firefox 瀏覽器來下載 CRX 檔案。

B-2 離線安裝未封裝的 Chrome 擴充功能

成功下載 Chrome 擴充功能後，因為 Chrome 67 之後版本已經不再支援離線安裝 CRX 檔案（已封裝的擴充功能），只允許從 Chrome 網路商店來安裝 CRX 檔。不過，我們仍然可以離線安裝未封裝的 Chrome 擴充功能，其步驟如下所示：

1. 請將下載的 CRX 檔案的副檔名從 .crx 改為 .zip，換句話說，就是讓擴充功能成為未封裝的 Chrome 擴充功能。

2. 啟動 Chrome 執行功能表的「更多工具 / 擴充功能」命令，會看到 Chrome 瀏覽器已經安裝的擴充功能清單，開啟右上角的**開發人員模式**後，將更名的 .zip 檔案拖曳至擴充功能清單的頁面，即可安裝未封裝的擴充功能，如下圖所示：

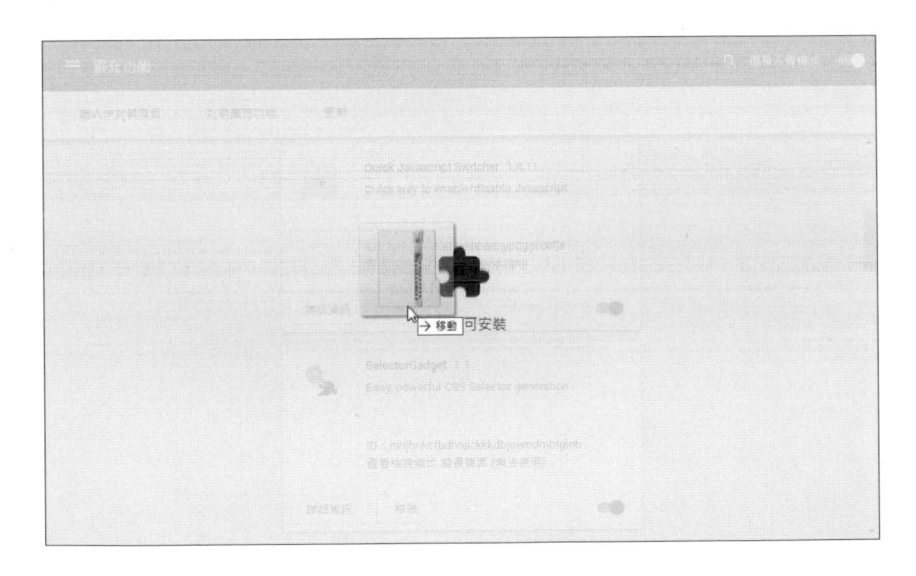

3. 因為有權限設定問題，離線安裝未封裝 Web Scraper 工具會顯示錯誤，不用理會此錯誤，因為是未封裝安裝，在工具圖示右下角有紅色圖示指出其來源，如下圖所示：

4 為了避免顯示過多的錯誤訊息，請按詳細資訊鈕，關閉允許存取檔案網址和收集錯誤資訊功能，即可完成離線 Chrome 擴充功能的安裝。

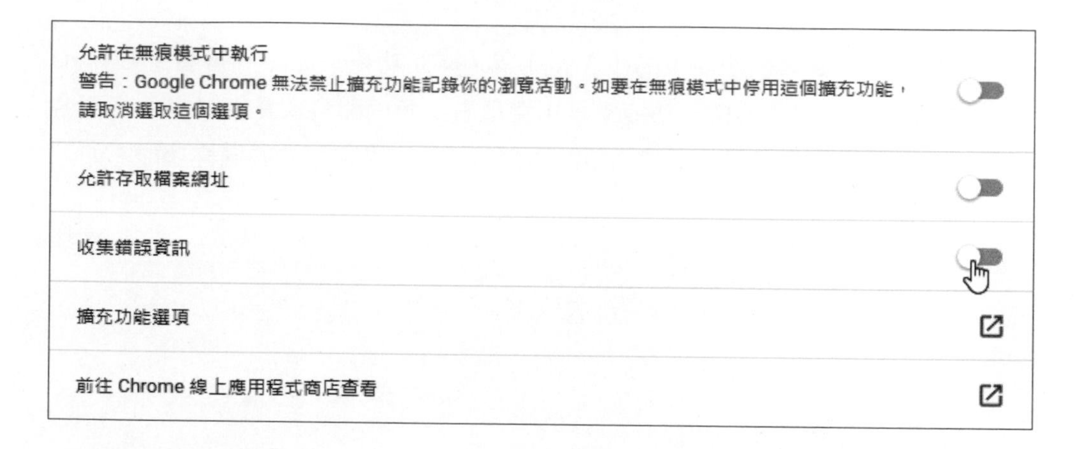

因為未封裝的擴充功能通常是自行開發或仍在開發中的 Chrome 擴充功能，所以預設會開啟收集錯誤資訊功能來收集程式錯誤。